양자혁명 : 양자물리학 100년사

양자혁명 :
양자물리학 100년사

만지트 쿠마르

이덕환 옮김

까치

QUANTUM : Einstein, Bohr and the Great Debate about
the Nature of Reality

by Manjit Kumar

Copyright © 2008 by Manjit Kumar
All rights reserved including the rights of reproduction in whole or in part
in any form.
Korean translation copyright © 2014 by Kachi Publishing Co., Ltd.
Korean edition is published by arrangement with Janklow & Nesbit Limited
through Imprima Korea Agency.

이 책의 한국어판 저작권은 Imprima Korea Agency를 통해서 Janklow & Nesbit
Limited사와의 독점계약으로 (주)까치글방에 있습니다. 저작권법에 의하여
한국 내에서 보호를 받는 저작물이므로 무단전재와 무단복제를 금합니다.

역자 이덕환(李悳煥)
서울대학교 화학과 졸업(이학사). 서울대학교 대학원 화학과 졸업(이학석사).
미국 코넬 대학교 졸업(이학박사). 미국 프린스턴 대학교 연구원. 서강대학교
에서 34년 동안 이론화학과 과학커뮤니케이션을 가르치고 은퇴한 명예교수
이다. 저서로는 『이덕환의 과학세상』이 있고, 옮긴 책으로는 『거의 모든 것
의 역사』,『같기도 하고 아니 같기도 하고』,『아인슈타인 ― 삶과 우주』,『춤
추는 술고래의 수학 이야기』,『화려한 화학의 시대』 등 다수가 있으며, 대한
민국 과학문화상(2004), 닮고 싶고 되고 싶은 과학기술인상(2006), 과학기술
훈장웅비장(2008), 과학기자협회 과학과 소통상(2011), 옥조근정훈장(2019),
유미과학문화상(2020)을 수상했다.

편집_교정 박종만(朴鍾萬)

양자혁명 : 양자물리학 100년사

저자 / 만지트 쿠마르
역자 / 이덕환
발행처 / 까치글방
발행인 / 박후영
주소 / 서울시 용산구 서빙고로 67, 파크타워 103동 1003호
전화 / 02 · 735 · 8998, 736 · 7768
팩시밀리 / 02 · 723 · 4591
홈페이지 / www.kachibooks.co.kr
전자우편 / kachibooks@gmail.com
등록번호 / 1-528
등록일 / 1977. 8. 5
초판 1쇄 발행일 / 2014. 4. 3
    5쇄 발행일 / 2022. 8. 1
값 / 뒤표지에 쓰여 있음

ISBN 978-89-7291-561-4 93420

람버 람과 구르미트 카우르
판도라, 라빈더, 그리고 야스빈더에게

차례

IV 신은 주사위 놀이를 할까?

서문

거인들의 만남

파울 에렌페스트는 눈물을 글썽이고 있었다. 그는 이미 결심을 했다. 그는 양자혁명의 주역들이 스스로 초래한 결과를 이해하기 위해서 마련한 일주일간의 모임에 참석할 예정이었다. 그곳에서 그는 오랜 친구인 알베르트 아인슈타인에게 자신이 닐스 보어의 편을 들기로 했다는 사실을 밝힐 생각이었다. 오스트리아 출신으로 네덜란드 라이덴 대학교의 이론물리학 교수였던 마흔일곱 살의 에렌페스트는 원자의 세상이 보어의 주장처럼 이상하고 신비스러운 것이라고 확신하고 있었다.[1]

에렌페스트는 회의용 테이블에 둘러앉은 아인슈타인에게 "비웃지 말게! 지옥에 가면 양자이론 교수들을 위한 특별실이 있는데, 매일 10시간씩 반드시 고전물리학 강의를 들어야 한다네"라고 적은 쪽지를 보여주었다.[2] 아인슈타인은 "나는 그들의 순진함에 웃음이 나올 뿐이네. 몇 년 후에 누가 [마지막으로] 웃게 될지 누가 알겠는가?"라고 대답했다.[3] 그러나 그에게 실재(實在, reality)의 근본적인 본질과 물리학의 영혼이 달려 있는 문제가 웃음으로 끝날 일은 아니었다.

1927년 10월 24일부터 29일까지 "전자와 광자(Electrons and Photons)"를 주제로 브뤼셀에서 개최되었던 제5회 솔베이 학술회의에 참석한 사람들의 사진에는 물리학의 역사에서 가장 극적인 기간에 대한 이야기가 담겨 있었다. 초청을 받은 29명 중 17명이 노벨상을 받았거나 받게 될 학술회의는 역사상 가장 화려한 거인들의 모임이었다.[4] 17세기 갈릴레오와 뉴턴에 의해서 시작되었던 과학혁명 이후에 유례없는 과학적 창의성의 시대였던 물리학의 황금기가 막을 내리고 있었다.

파울 에렌페스트는 뒷줄 왼쪽에서 세 번째 자리에 몸을 앞으로 조금 숙인 구부정한 자세로 서 있다. 앞줄에는 9명이 앉아 있다. 8명의 남성과 1명의 여성 중 6명이 물리학이나 화학에서 노벨상을 수상했다. 그 여성은 두 개의 노벨상을 받았다. 하나는 1903년의 물리학상이었고, 다른 하나는 1911년의 화학상이었다. 그녀의 이름은 마리 퀴리였다. 상석인 중앙에는 또다른 노벨상 수상자이고, 뉴턴 이후 가장 유명한 과학자였던 알베르트 아인슈타인이 앉아 있다. 앞을 똑바로 바라보면서 오른손으로 의자를 잡고 앉아 있는 그의 모습은 조금 불편해 보인다. 깃이 달린 칼라와 넥타이 때문이었을까? 아니면 지난 한 주일 동안 들었던 이야기 때문이었을까? 두 번째 줄 오른쪽 끝에서 조금 엉뚱한 웃음을 짓고 있는 닐스 보어는 편안해 보인다. 그에게는 더없이 훌륭한 학술회의였다. 그러나 보어는 아인슈타인에게 양자역학이 밝혀주는 실재의 본질에 대한 자신의 "코펜하겐 해석"을 수용하도록 설득하지 못했다는 실망감을 안고 덴마크로 돌아가게 된다.

아인슈타인은 양보는커녕 일주일 내내 양자역학이 일관성이 없고, 보어의 코펜하겐 해석에 오류가 있다는 사실을 밝혀내려고 애를 썼다. 몇 년 후에 아인슈타인은 "내 입장에서 이 이론은 앞뒤가 맞지 않는 생각으로 뒤죽박죽이 된 지나치게 똑똑한 편집증 환자의 망상을 떠올리게 해준다"고 말했다.[5]

양자(量子, quantum)를 처음 발견한 사람은 마리 퀴리의 오른쪽에 모자와 시가를 들고 앉아 있는 막스 플랑크였다. 1900년에 그는 빛을 포함한 모든 전자기 복사(電磁氣輻射, electromagnetic radiation)가 다양한 크기의 에너지 덩어리로 방출되거나 흡수될 수밖에 없다는 사실을 인정할 수밖에 없었다. 플랑크는 그런 에너지 덩어리를 "quantum"(量子)이라고 부

제5회 솔베이 학술회의 : 1927년 10월 24일부터 27일까지 개최된 학술회의의 주제는 새로운 양자역학과 그에 관련된 질문이었다.

(뒷줄, 왼쪽에서부터) 오귀스트 피카르, E. 앙리오, 폴 에렌페스트, E. 헤르젠, T. 드 동데, 에르빈 슈뢰딩거, J. E. 베르샤펠트, 볼프강 파울리, 베르너 하이젠베르크, 랠프 파울러, 레옹 브릴루앙, (가운데 줄, 왼쪽에서부터) 피터 디바이, 마르틴 크누센, 윌리엄 L. 브래그, 헨드릭 크라머스, 폴 디랙, 아서 H. 콤프턴, 루이 드 브로이, 막스 보른, 닐스 보어, (앞줄 왼쪽에서부터) 어빙 랭뮤어, 막스 플랑크, 마리 퀴리, 헨드릭 로런츠, 알베르트 아인슈타인, 폴 랑주뱅, 샤를 외젠 구예, C. T. R. 윌슨, 오언 리처드슨.

(사진 : 뱅자맹 쿠프리, 솔베이 국제물리화학연구소, AIP Emilio Segrè Visual Archives 제공)

르고, 복수는 "quanta"라고 썼다. 에너지가 양자라는 아이디어는, 에너지가 수도꼭지에서 물이 흘러나오듯이 연속적으로 방출되거나 흡수된다는 오랜 생각을 정면으로 부정하는 것이었다. 뉴턴의 물리학이 지배하는 거시적 일상의 세계에서는 에너지가 수도꼭지에서 떨어지는 물방울처럼 여러 크기의 방울로 교환되지는 않는다. 그러나 원자와 원자보다 작은 세상은 양자의 영역이다.

결국 원자 내부에 존재하는 전자의 에너지가 "양자화"되어 있다는 사실이 밝혀졌다. 전자의 에너지가 특정한 양이 될 수는 있지만, 다른 양이 될 수는 없다. 다른 물리적 성질의 경우에도 마찬가지이다. 그래서 미시적 세계는 온통 울퉁불퉁하고 불연속적이다. 더욱이 물리적 성질이 완만하고 연속적으로 변하고, A에서 C로 가기 위해서는 반드시 B를 통과해야만 하는 인간이 살고 있는 큰 규모의 세상을 단순히 작게 압축시킨 것이 아니라는 사실이 밝혀졌다. 양자물리학(量子物理學, quantum physics)에 따르면, 원자 속에 들어 있는 전자는 중간을 거치지 않고도 마술적으로 한 곳에서 다른 곳으로 옮겨갈 수 있고, 그 과정에서 양자화된 에너지를 방출하거나 흡수한다. 그런 현상은 고전적이고 비(非)양자적인 물리학의 범위를 넘어서는 것이고, 런던에서 신비스럽게 사라진 물체가 순간적으로 파리, 뉴욕, 또는 모스크바에 갑자기 나타나는 것처럼 괴상한 일이다.

1920년대 초에 이르자, 즉흥적이고 단편적인 근거에서 시작된 양자물리학에 확실한 기초나 논리적 구조가 빠져 있다는 사실이 분명해졌다. 이런 혼란과 위기 상황에서 등장한 것이 바로 양자역학(量子力學, quantum mechanics)이라고 알려지게 될 용감한 새로운 이론이었다. 지금도 일부 학교에서 가르치고 있듯이 전자들이 원자핵 주위를 회전하는 작은 태양계라고 생각하던 원자 모형은 시각화할 수 없는 새로운 모형으로 대체되었다. 그리고 1927년에 독일의 양자역학 신동으로 알려진 베르너 하이젠베르크가 자신도 그 중요성을 이해하기 어려울 정도로 상식에 어긋나는 새로운 사실을 발견했다. 그의 불확정성 원리(不確定性原理, uncertainty principle)에 따르면, 입자의 정확한 속도를 알게 되면 그 입자의 정확한 위치는 알 수가 없게 된다. 물론 그 역도 성립한다.

양자역학의 방정식을 어떻게 해석해야 하고, 양자 수준에서 실재의 본질이 무엇인지에 대해서는 아무도 알지 못했다. 플라톤이나 아리스토텔레스 이래로 원인과 결과에 대한 의문이나, 쳐다보지 않는 달이 실제로 존재하는지와 같은 의문은 본래 철학자의 전유물로 알려져 있었다. 그런데 양자역학이 등장한 20세기에는 가장 위대한 물리학자들이 그런 의문에 대한 심각한 논의를 시작했다.

양자물리학의 모든 기본 요소들이 확보된 상황에서 개최된 제5회 솔베이 학술회의는 양자 이야기에 새로운 장을 열어주었다. 학술회의 기간 동안 아인슈타인과 보어 사이에 벌어졌던 논쟁을 통해서 지금까지도 수많은 물리학자와 철학자들을 사로잡고 있는 이슈들이 제기되었다. 실재(實在, reality)의 본질은 무엇인가? 실재에 대한 어떤 설명을 의미 있는 것으로 생각해야 하는가? 과학자이며 저술가인 C. P. 스노는 "이보다 더 심오한 지적 논쟁이 벌어진 적은 없었다. 그러나 논쟁의 성격 탓에 그런 논쟁이 공용 화폐가 되지 못한 것이 아쉽다"고 했다.[6]

논쟁의 두 주인공 중 한 사람인 아인슈타인은 20세기의 아이콘이다. 런던에서는 팔라디움 공연장에서 3주간의 쇼 공연을 요청받기도 했고, 제네바에서는 여자 아이들이 그를 쫓아다니기도 했다. 오늘날 팬들이 팝 가수나 영화배우들을 쫓아다니는 것과 같은 일이었다. 제1차 세계대전으로 혼란스러웠던 1919년에 그의 일반상대성이론으로 예측했던 빛의 휘어짐이 실험으로 확인되면서 아인슈타인은 과학에서 최초의 슈퍼스타가 되었다. 아인슈타인이 미국 강연 여행 중 로스앤젤레스에서 찰리 채플린의 걸작 영화 "도시 경계"를 관람했을 때도 상황은 다르지 않았다. 채플린과 아인슈타인을 본 군중들은 열렬하게 환호했다. 채플린은 아인슈타인에게 "사람들이 나를 반기는 것은 모두가 나를 이해하기 때문입니다. 그런데 사람들이 당신을 반기는 것은 아무도 당신을 이해하지 못하기 때문입니다"라

고 말했다.[7]

아인슈타인은 과학 천재의 상징이었지만, 닐스 보어는 끝까지 잘 알려지지 않은 인물이었다. 그렇지만 그도 역시 분명한 과학의 거인이었다. 양자역학의 발전에 결정적인 역할을 했던 막스 보른에 따르면, 1923년의 보어는 "다른 어떤 과학자보다 당시의 이론과 실험 연구에 큰 영향을 미쳤다."[8] 40년이 지난 1963년에 베르너 하이젠베르크도 "보어는 물리학과 이 세기의 물리학자들에게 다른 어떤 사람보다, 심지어 알베르트 아인슈타인보다 더 큰 영향을 주었다"고 했다.[9]

아인슈타인과 보어는 1902년 베를린에서 처음 만났다. 두 사람은 각자 아무 거부감이나 반감 없이 상대를 몰아붙이고 자극하면서 자신의 양자에 대한 생각을 갈고 다듬는 지적 논쟁의 상대로 생각했다. 두 사람을 포함해서 1927년 솔베이에 모였던 사람들은 양자물리학의 개척기의 모습을 보여 주었다. 1920년대에 학생이었던 미국의 물리학자 로버트 오펜하이머에 따르면, "그때는 연구실에서 끈질긴 노력과 중요한 실험과 과감한 행동, 실패로 끝난 시도와 엉터리 가설이 뒤섞여 있던 시기였다. 진심이 담긴 편지와 어설프게 준비된 학술회의의 시기였고, 논쟁과 비판과 훌륭한 수학적 발전의 시기였다. 참여했던 사람들에게는 창조의 시기이기도 했다."[10]

양자가 없었더라면 우리가 살고 있는 세상은 지금과 크게 달랐을 것이다. 그러나 20세기의 물리학자들은 양자역학이 자신들의 실험적 측정을 넘어서는 실재가 존재한다는 사실을 부정한다고 인식했다. 노벨상을 수상한 미국의 물리학자 머리 겔만은 양자역학을 "아무도 제대로 이해하지는 못하지만, 누구나 사용 방법을 알고 있는 신비스럽고 혼란스러운 분야"라고 설명했다.[11] 우리는 그런 양자역학을 이용해왔다. 컴퓨터에서 세탁기에 이르는 모든 것을 가능하게 만들어준 양자역학은 현대의 세상을 이끌고 만들어왔던 원동력이었다.

양자 이야기는, 전자, X-선, 방사선에 대한 새로운 발견과 원자의 존재에 대한 오랜 논란에도 불구하고 많은 물리학자들이 더 이상 중요한 발견은 남아 있지 않다고 확신하고 있던 19세기 말에 시작되었다. 1899년에 미국의 물리학자 앨버트 마이컬슨은 "물리 과학의 중요한 기본 법칙이나 사실들이 모두 발견되었고, 그런 사실은 너무나도 확실해서 새로운 발견의 결과로 대체될 가능성은 거의 없다. 앞으로 우리의 발견은 소수점 아래 여섯째 자리에서 찾아야만 할 것이다"라고 주장했다.[12] 많은 사람들이 소수점의 물리학에 대한 마이컬슨의 입장에 동의했다. 해결되지 못한 문제들은 기존의 물리학을 위협하는 것이 아니라 언젠가 유서 깊은 이론과 법칙에 의해서 해결될 것이라고 믿었다.

그러나 19세기의 가장 위대한 이론물리학자였던 제임스 클러크 맥스웰은 1871년에 이미 그런 안이한 생각에 대해서 경고했다. "주로 측정으로 구성된 현대적 실험의 이런 특징이 지나치게 강조되면서, 이제는 모든 중요한 물리 상수들을 몇 년 안에 근사적으로 추정을 할 수 있게 될 것이고, 과학자에게 남겨진 일은 그런 측정을 통해서 소수점 아래의 더 많은 숫자를 찾아내는 것이 될 것이라는 소문이 널리 퍼져 있는 모양이다."[13] 맥스웰은 "세심한 측정을 위한 노력"에 대한 진정한 보상은, 더 높은 수준의 정확성이 아니라 "새로운 연구 분야의 발견"과 "새로운 과학적 아이디어의 개발"이라는 사실을 분명하게 지적했다.[14] 양자의 발견이 바로 그런 "세심한 측정을 위한 노력"의 결과였다.

1890년대의 선도적인 독일 물리학자들 중 몇 사람이 오래 전부터 자신들을 괴롭혀왔던 문제를 집요하게 파고들었다. 뜨겁게 달궈진 쇠막대기의 온도와 쇠막대기에서 방출되는 빛의 색깔과 세기 사이에 어떤 관계가 있을까? 그것은 물리학자들이 실험실로 몰려가서 노트를 집어들도록 만들었던 X-선이나 방사선의 신비로움과는 비교할 수 없을 정도로 사소한 것으로 보이는 문제였다. 그러나 1871년에 세워진 독일제국에게 "흑체 문제(blackbody problem)"로 알려지게 되는 뜨거운 쇠막대기 문제를 해결하는 것은 궁극적으로 독일의 조명 산업이 영국이나 미국의 경쟁자들과 승부를 해야 하는 문제와 관련된 심각한 과제였다. 독일의 뛰어난 물리학자들은 적극적으로 노력했지만 문제를 해결할 수 없었다. 1896년에는 성공했다고 생각했지만, 몇 년 안에 그런 성공을 부정하는 새로운 실험 결과가 밝혀졌다. 상당한 대가를 치르면서 흑체 문제를 해결한 사람이 바로 막스 플랑크였다. 그리고 그 대가가 바로 양자였다.

I

....

양자

"간단히 요약하자면,
내가 한 일은 단순히 절망적인 행위였다고 할 수 있다."
— 막스 플랑크

"땅이 밑으로 꺼져버려서
집을 지을 수 있는 단단한 바닥을 어디에서도 찾을 수 없는 것 같았다."
— 알베르트 아인슈타인

"양자이론을 처음 알게 되었는데도 충격을 받지 않은 사람은
아마도 그것을 이해할 수 없었기 때문일 것이다."
— 닐스 보어

1
소극적인 혁명가

"새로운 과학적 진실의 승리는 상대를 설득해서 그 진실이 빛을 보게 되어서가 아니라 오히려 상대가 결국 사망하고 새로운 과학적 진실에 익숙해진 새로운 세대가 자라나기 때문이다."[1] 막스 플랑크는 긴 일생을 마치기 얼마 전에 그런 글을 남겼다. 상투적인 주장에 가까운 것이기는 하지만, 만약 그가 자신이 오랫동안 아껴왔던 아이디어를 포기하는 "절망적인 행위"를 선택하지 않았더라면 자신을 위한 과학적 조사(弔辭)로 쓸 수도 있었던 지적이었다.[2] 검은 정장과 풀을 먹인 하얀 셔츠에 검은 나비넥타이를 맨 플랑크는 19세기 말의 전형적인 프로이센 공무원처럼 보였지만, "벗겨진 넓은 이마 밑에서 강렬하게 빛나는 눈"을 가진 인물이었다.[3] 전형적인 관료풍이었던 그는 과학은 물론이고 다른 문제에 대해서 이야기를 할 때도 매우 신중했다. 그는 언젠가 "내 원칙은 언제나 이렇다. 모든 단계에서 미리부터 신중하게 생각하고, 자신이 책임을 질 수 있다고 믿는다면, 결코 멈추지 않는다"고 학생들에게 말했다.[4] 플랑크는 생각을 쉽게 바꾸는 사람이 아니었다.

그의 자세와 모습은 거의 변하지 않았다. 1920년대의 학생들 중에는 훗날 "이 사람이 혁명을 일으킨 사람이라고 믿을 수가 없었다"고 기억하는 경우도 있었다.[5] 소극적인 혁명가는 스스로도 자신이 그런 일을 했다고 믿기 어려웠을 것이다. 스스로 인정했듯이 그는 "평화를 지향"했고, "의심스러운 모든 모험"은 회피했다.[6] 그는 자신이 "지적 자극에 빠르게 반응하는 능력"을 가지고 있지는 않다고 고백했다.[7] 뿌리 깊은 보수주의자였던 그는 새로운 아이디어를 받아들이기까지 몇 년이 걸리기도 했다. 그렇지만 흑체(黑體, blackbody)에서 방출되는 복사의 분포를 나타내는 공식을 발견해서 1900년 12월의 양자혁명을 일으켰던 사람은 분명히 마흔두 살의 플랑크였다.

모든 물체는 뜨거워지면 열과 빛을 방출한다. 방출되는 빛의 세기와 색깔은 온도에 따라서 달라진다. 쇠막대기를 불 속에 넣어두면 처음에는 어둡고 희미한 붉은 빛이 나오기 시작한다. 온도가 올라가면 진홍색이 되었다가, 밝은 황적색이 되고, 결국에는 푸르스름한 흰색이 된다. 쇠막대기를 불에서 꺼내서 식히면 반대의 순서로 색깔이 변하다가 결국에는 눈에 보이는 가시광선은 더 이상 방출되지 않을 정도로 식어버린다. 그런 상태에서도 쇠막대기는 여전히 눈에 보이지 않는 열복사(熱輻射)를 방출한다. 그러나 시간이 더 지나서 쇠막대기가 손으로 만질 수 있을 정도로 식으면 그마저도 중단된다.

　백색광은 색깔이 있는 빛이 혼합된 것이다. 그런 백색광을 프리즘에 통과시키면 빨강, 주황, 노랑, 초록, 파랑, 남색, 보라의 일곱 가지 색깔로 분리된다는 사실을 처음 밝혀낸 것은 1666년 당시에 스물세 살이었던 아이작 뉴턴이었다.[8] 빨강과 보라가 스펙트럼의 끝을 나타내는 것인지, 아니면 인간이 가지고 있는 눈의 한계를 나타내는 것인지가 밝혀진 것은 1800년이 되어서였다. 당시에 개발되었던 충분히 민감하고 정확한 수은 온도계 덕분이었다. 천문학자 윌리엄 허셜은 스펙트럼의 보라에서 빨강에 이르는 서로 다른 색깔의 빛 앞에 온도계를 놓아두면 온도가 올라간다는 사실을 발견했다. 그런데 우연히 빨간색의 빛으로부터 1인치나 떨어진 곳에 두었던 온도계에서도 온도가 계속 올라간다는 놀라운 사실을 발견했다. 허셜은 사람의 눈에는 보이지 않지만, 열을 발생시키는 빛이 있다는 사실을 알게 된 것이다.[9] 훗날 적외선(赤外線)이라고 부르게 된 빛이었다. 1801년에는 요한 리터가 질산은이 빛에 노출되면 검게 변한다는 사실을 이용해서 스펙트럼의 보라색 바깥에도 역시 눈이 보이지 않는 빛이 있다는 사실을 발견했다. 그 빛이 바로 자외선(紫外線)이었다.

같은 온도의 뜨거운 물체들이 똑같은 색깔의 빛을 방출한다는 사실은 도자기공들에게도 잘 알려져 있었다. 하이델베르크 대학교의 물리학자 구스타프 키르히호프가 서른네 살이던 1859년에 이런 관계의 본질에 대한 이론적인 연구를 시작했다. 키르히호프는 분석을 단순화시키기 위해서 복사를 완벽하게 흡수하거나 방출하는 흑체의 개념을 도입했다. 그가 선택한 이름은 적절한 것이었다. 완벽한 흡광체는 복사를 반사하지 않기 때문에 검게 보인다. 그러나 충분히 높은 온도에서 스펙트럼의 가시광선에 해당하는 파장을 가진 빛을 방출하는 완벽한 발광체의 경우에는 그 모습이 검게 보일 수는 없을 것이다.

키르히호프는 속이 비어 있고, 벽에 작은 구멍이 뚫려 있는 단순한 상자를 흑체라고 가정했다. 우리 눈에 보이는지 여부에 상관없이 상자에 쪼여진 모든 빛은 구멍을 통과해서 상자 속으로 들어간다. 속이 빈 상자를 완벽한 흡수체인 흑체로 만들어주는 것은 작은 구멍이다. 구멍을 통해서 속으로 들어간 빛은 상자 속에서 이리저리 반사되는 과정에서 상자의 벽에 흡수된다. 키르히호프는 외부를 단열(斷熱)시킨 흑체의 경우에는 벽의 내부 표면에서 복사광이 방출되어 공동(空洞)을 채우게 된다는 사실을 알고 있었다.

뜨거운 쇠막대기와 마찬가지로 흑체의 벽도 처음에는 대부분 적외선 영역의 복사광을 내놓지만, 결국에는 짙은 진홍색으로 빛나게 된다. 그리고 온도가 더욱 높아지면 적외선에서 자외선에 이르는 스펙트럼 전체의 파장에서 복사가 방출되면서 벽은 푸르스름한 흰색으로 빛나게 된다. 구멍을 통해서 빠져나오는 복사광에는 주어진 온도에서 공동의 내부에 존재하는 모든 파장의 빛이 섞여 있기 때문에 구멍은 완벽한 발광체의 역할을 하게 된다.

키르히호프는 도자기공들이 오래 전부터 가마에서 관찰했던 사실을 수학적으로 증명했다. 키르히호프 법칙에 따르면, 공동을 채우고 있는 복사광의 범위와 세기는 흑체를 구성하는 물질은 물론이고 흑체의 모양이나 크기와는 상관이 없고, 오직 온도에 따라서 달라질 뿐이다. 키르히호프는 뜨거운 쇠막대기 문제를 독창적인 형식으로 환원시켰다. 주어진 온도의 물체에서 방출되는 빛의 색깔과 세기 사이의 정확한 관계를 파악하는 문제를 같은 온도의 흑체에서 방출되는 에너지의 양을 알아내는 문제로 변환시킨 것이다. 키르히호프가 동료와 함께 해결하려던 과제는 흑체 문제로 알려지게 되었다. 주어진 온도에서 적외선에서부터 자외선에 이르는 모든 파장에서 방출되는 에너지의 양에 해당하는 흑체 복사의 스펙트럼 에너지 분포를 측정해서 모든 온도에서의 분포를 재현하는 공식을 유도하는 것이 목표였다.

실재의 흑체에 대한 실험이 없이는 이론적으로도 더 이상의 진전이 불가능했지만, 키르히호프가 물리학자들에게 옳은 방향을 제시해준 셈이었다. 그는 흑체가 방출하는 복사광의 에너지 분포가 흑체를 구성하는 물질의 종류에 무관하다는 사실로부터 자신이 찾고 있는 공식에는 흑체의 온도와 방출되는 복사의 파장에 해당하는 변수만 포함되어야 한다는 결론을 얻었다. 빛은 파동(波動, wave)으로 알려져 있기 때문에 특정한 색깔과 색조는 연속되는 두 개의 마루 또는 골 사이의 거리를 나타내는 파장에 의해서 결정된다. 단위 시간에 고정된 곳을 지나가는 마루나 골의 수를 나타내는 진동수는 파장에 반비례한다. 파장이 길어지면 진동수는 줄어들고, 그 반대도 성립된다. 파동의 진동수를 설명하는 다른 방법도 있다. 파동이 1초당 아래위로 "오르내리는" 횟수가 바로 그것이다.[10]

실재의 흑체에서 방출되는 복사광을 확인하고, 그 세기를 정확하게 측정하는 정밀 측정 장치를 만드는 일은 기술적으로 쉽지 않았다. 거의 40년 동안 중요한 발전이 이루어지지 못했던 것도 그런 이유 때문이었다. 흑체

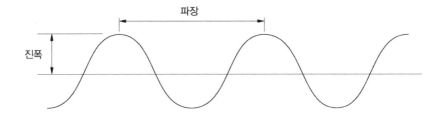

그림 1. 파동의 특징

의 스펙트럼을 측정하고, 키르히호프가 찾고 싶었던 전설적인 공식을 찾아내는 일이 우선순위에 오르게 된 것은 1880년대에 이르러서였다. 독일 기업들이 미국이나 영국의 경쟁자들보다 훨씬 더 효율적인 전구와 램프를 개발하려는 노력을 시작한 덕분이었다.

전력 산업을 빠르게 발전시킨 아크 램프, 발전기, 전기 모터, 전신을 비롯한 발명 중에서 가장 마지막에 등장한 것이 백열 전구였다. 새로운 발명품이 등장할 때마다 전기적 측정에 대해서 세계적으로 합의된 단위와 표준을 설정해야 할 필요성이 더욱 절실해졌다.

1881년에 22개국의 대표단 250명이 전기의 단위를 결정하는 첫 국제회의에 참석하기 위해서 파리에 모였다. 볼트와 암페어 같은 단위의 정의와 이름에는 합의를 했다, 그러나 광도(光度)의 표준에 대해서는 합의를 하지 못했고, 그런 사실이 인공적으로 빛을 만들어내는 효율적인 기술 개발에 걸림돌이 되기 시작했다. 주어진 온도의 흑체를 발광체로 사용하면 대부분의 열이 적외선의 형태로 방출되어버린다. 그래서 흑체의 스펙트럼은 전구에서 발생하는 열을 최소화하여 가능한 한 많은 양의 빛을 방출하도록 전구를 개선하는 기준 역할을 할 수 있다.

"국가들 사이의 치열한 경쟁에서는 새로운 길에 가장 먼저 들어서서 확실한 산업으로 발전시킨 국가가 결정적인 우위를 차지하게 된다"는 것이 발전기를 발명한 기업가 베르너 폰 지멘스의 주장이었다.[11] 전력 산업에서 선두를 차지하고 싶었던 독일 정부는 1887년에 왕립물리학기술연구소

(Physikalisch-Technische Reichsanstalt, PTR)를 설립하기로 결정했다. 지멘스가 기부한 베를린 외곽 샬롯텐베르크의 부지에 설립된 PTR은 영국과 미국에 도전하려는 제국에 어울리는 연구소로 설계되었다. 가장 값비싼 장비를 갖춘 세계 최고의 연구 기관으로 만들겠다는 의욕 때문에 PTR의 건설은 10년 이상 계속되었다. 새 표준을 개발하고, 새로운 제품을 시험하는 과학의 응용 분야에서 독일이 선두를 달리도록 만드는 것이 연구소의 궁극적인 목표였다. 국제적으로 인정받는 광도의 단위를 고안하는 것도 우선순위에 포함되었다. 더 좋은 전구를 만들어야 한다는 필요성이 1890년대 PTR 흑체 연구 사업의 원동력이었다. 결과적으로 그런 노력이 우연한 양자의 발견으로 이어졌고, 플랑크는 적절한 시기에 적절한 곳에 있던 적절한 인물이었다.

막스 카를 에른스트 루트비히 플랑크는 1858년 4월 23일 당시 덴마크의 홀슈타인에 속해 있던 킬의 교회와 국가에 헌신하는 가정에서 태어났다. 그가 학문적으로 뛰어났던 것은 가문의 내력 덕분이었다. 그의 증조할아버지와 할아버지는 훌륭한 신학자였고, 그의 아버지는 뮌헨 대학교의 헌법학 교수였다. 천인(天人)의 법을 숭배했고, 의무에 충실했으며, 정직했던 플랑크 가문의 사람들은 변함없고 애국적이었다. 막스도 예외가 아니었다.

플랑크는 뮌헨에서 가장 유명한 막시밀리안 김나지움을 다녔다. 1등을 한 적은 없지만 늘 상위권이었던 그는 적극적으로 노력하고, 자기 수양이 몸에 밴 뛰어난 학생이었다. 엄청난 양의 지식을 무작정 암기해야 하는 교육 제도에서 학생들에게 요구되는 것이 바로 그런 자세였다. 성적표에 따르면, 플랑크는 "철이 없기는 했지만", 열 살 때 이미 "아주 명석하고 논리적인 사고력"을 가지고 있었고, "바르게 자랄 것"이 분명한 학생이었다.[12] 열여섯 살 무렵의 플랑크가 관심을 가지고 있었던 것은 뮌헨의 유명한 술집이 아니라 오페라 하우스와 음악 홀이었다. 훌륭한 피아노 연주자이기도 했던 그는 직업 음악가의 길을 꿈꾸기도 했다. 자신의 진로를 선택하기 위해서 조언을 구했던 그에게 돌아온 반응은 간단했다. "그런 질문을 할 시간이 있으면 공부나 하거라."[13]

열여섯 살이었던 1874년에 뮌헨 대학교에 입학한 플랑크는 자연의 작동원리를 이해하고 싶다는 강한 욕망 때문에 물리학을 공부하기로 결심했다. 군대식 분위기의 김나지움과는 반대로 독일의 대학교에서는 학생들에게 거의 완전한 자유를 허용했다. 학업을 지도해주지도 않고, 정해진 졸업 요건도 없었다. 학생들은 여러 대학교를 돌아다니면서 자기가 좋아하는 과목을 수강할 수 있었다. 언젠가 학자의 길을 걷고 싶은 학생들은 가장 권위 있는 대학교에서 유명한 교수의 강의를 수강했다. 3년 동안 뮌헨 대학교를 다니는 동안 새로 발견해야 할 중요한 문제가 남아 있지 않았기 때문에 "더 이상 물리학을 공부할 가치가 거의 없다"는 이야기를 들었던 플랑크는 독일어를 사용하는 지역에서 가장 훌륭한 대학인 베를린 대학교로 옮겨갔다.[14]

베를린은 1870-1871년 프랑스와의 전쟁에서 승리하면서 탄생한 새로운 통일 독일의 수도였다. 하벨 강과 슈프레 강의 합류 지점에 위치한 베를린은 프랑스에서 받은 전쟁 배상금 덕분에 런던이나 파리에 버금가는 도시로 빠르게 발전하고 있었다. 1871년에 86만5,000명이었던 인구가 1900년에는 거의 200만 명으로 늘어났다. 베를린은 당시 유럽에서 세 번째로 큰 도시였다.[15] 제정 러시아를 비롯한 동유럽의 탄압을 피해서 도망친 유대인들도 대거 유입되었다. 어쩔 수 없이 주택 가격과 생활비가 치솟았고, 많은 사람들이 노숙자로 전락해서 궁핍하게 살았다. 여러 곳에 판자촌이 생겨나자 골판지 상자를 생산하는 회사가 "거주하기에 좋은 저렴한 상자"라는 광고를 내보내기도 했다.[16]

베를린에 정착한 많은 사람들의 절망적인 생활에도 불구하고, 독일은 전례 없는 산업 성장, 기술 발전, 경제 번영의 시대로 접어들고 있었다. 통일 이후의 [영방들 사이의] 내부 관세 철폐와 프랑스의 전쟁 배상금 덕분에 제1차 세계대전이 시작될 즈음에 독일의 산업과 경제력은 미국 다음의 수준으로 성장했다. 독일은 유럽 철강의 3분의 2 이상과 석탄의 절반을 생산했고, 영국, 프랑스, 이탈리아를 합친 것보다 더 많은 양의 전기를 생산했다. 1873년의 증권시장 폭락으로 유럽을 강타했던 불경기와 불안 속에서도 독일의 발전은 잠깐 주춤했을 뿐이다.

통일과 함께 새로운 제국의 중심으로 자리를 잡은 베를린은 최고의 대학교를 가져야 한다는 욕망에 휩싸이기 시작했다. 독일의 가장 유명한 물리학자였던 헤르만 폰 헬름홀츠가 하이델베르크에서 베를린으로 옮겨왔다. 외과의사였던 헬름홀츠는 검안경(檢眼鏡)을 발명했고, 인간의 눈이 어떻게 작동하는지를 밝히는 중요한 업적을 이룩한 유명한 생리학자이기도 했다. 쉰 살의 박식가는 자신의 가치를 잘 알고 있었다. 헬름홀츠는 평균소득의 몇 배에 해당하는 봉급과 함께 훌륭한 물리학연구소를 새로 만들어줄 것을 요구했다. 플랑크가 베를린에 도착해서 운터덴린덴 가의 오페라 하우스 건너편 옛 궁전 건물을 개조한 대학 본부에서 강의를 수강하기 시작했던 1877년에도 그 연구소는 여전히 건설 중이었다.

헬름홀츠의 강의는 매우 실망스러웠다. 훗날 플랑크는 "헬름홀츠는 강의 준비도 제대로 하지 않았던 것이 분명했다"고 기억했다.[17] 역시 하이델베르크에서 옮겨왔던 이론물리학 교수 구스타프 키르히호프의 강의는 철저하게 준비해서 "암기한 교과서처럼 건조하고 단조로웠다."[18] 훌륭한 강의를 기대했던 플랑크는 "그분들의 강의에서는 아무것도 배울 수가 없었다."[19] "첨단 과학지식에 대한 갈증"을 풀고 싶었던 그는 우연히 본 대학교에 있던 쉰여섯 살의 독일 물리학자 루돌프 클라우지우스의 연구에 대해서 알게 되었다.[20]

유명한 두 교수의 재미없는 강의에 실망했던 플랑크는 "분명한 추론의 스타일과 계몽적인 명쾌함"을 보여주는 클라우지우스의 강의에 사로잡혔다.[21] 클라우지우스의 열역학 논문을 읽어본 그는 다시 물리학에 대한 열정에 휩싸이게 되었다. 열과 다양한 형태의 에너지 사이의 관계를 다루는 열역학의 기초가 단 두 개의 법칙에 모두 담겨 있었다.[22] 제1법칙은 겉으로 드러나는 형태에 상관없이 모든 에너지가 보존되어야만 하는 특별한 성질을 가지고 있다는 사실을 완벽하게 표현한 것이다. 에너지는 생성되거나 소멸되지 않고, 다만 한 형태에서 다른 형태로 변환될 뿐이다. 나무에 달려 있는 사과는 지구 중력장에서의 위치, 즉 땅으로부터의 높이에 의해서 결정되는 퍼텐셜 에너지(potential energy, 위치 에너지)를 가진다. 사과가 떨어지면 사과의 퍼텐셜 에너지가 운동 에너지로 변환된다.

플랑크는 학생 시절에 에너지 보존법칙을 처음 알게 되었다. 훗날 그는 에너지 보존법칙이 "인간의 모든 능력과 상관없이 절대적이고 보편적으로 유효"해서 마치 "계시(啓示)와도 같은 것"으로 느꼈다고 말했다.[23] 그에게는 영원한 진리의 모습을 본 것과 같은 순간이었다. 그때부터 그는 자연의 절대적이고 기본적인 법칙을 찾아내는 것이 "평생 추구해야 할 가장 숭고한 과학적 목표"라고 생각하기 시작했다.[24] 플랑크는 "열이 차가운 물체에서 뜨거운 물체로 **자발적으로** 흘러가지 않는다"는 열역학 제2법칙에 대한 클라우지우스의 설명에 넋을 빼앗기기 시작했다.[25] 클라우지우스가 사용했던 "자발적(spontaneous)"이라는 말의 뜻은 훗날 발명된 냉장고를 통해서 밝혀졌다. 차가운 물체에서 뜨거운 물체로 열이 흘러가도록 만들려면 냉장고를 전기와 같은 외부 에너지원에 연결해야만 한다.

플랑크는 클라우지우스의 주장이 하찮은 것이 아니라 매우 중요한 것이라는 사실을 이해했다. 온도차 때문에 A에서 B로 에너지가 이동하는 과정에서 나타나는 열은 뜨거운 커피 잔이 차가워지거나 물 잔 속의 얼음이 녹는 것과 같은 일상적인 현상을 설명해준다. 그러나 가만히 놓아두면 반대 방향으로 진행되는 현상은 절대 일어나지 않는다. 왜 그럴까? 커피 잔이 더 뜨거워지거나, 주위의 공기가 더 차가워지거나, 물 잔의 물이 더 뜨거워지는 일이 에너지 보존법칙에 의해서 금지된 것은 아니다. 열이 차가운 물체에서 뜨거운 물체로 저절로 흘러가는 것이 불법은 아니다. 그렇지만 무엇인가가 그런 일이 일어날 수 없도록 가로막고 있는 것이다. 클라우지우스는 그 무엇의 정체를 발견했고, 그것을 엔트로피(entropy)라고 불렀다. 자연에서 어떤 변화는 일어나지만 그 반대의 변화는 일어나지 않는 이유의 중심에 엔트로피가 있다는 것이다.

뜨거운 커피 잔이 식을 때는 주위의 공기가 뜨거워지면서 에너지가 회복 불가능하게 소멸되어 사라져버린다. 그래서 반대의 변화는 일어날 수가 없다. 에너지 보존은 모든 **가능한** 물리적 거래에서 장부의 잔고를 맞추는 자연의 방법이지만, 자연은 **실제로** 일어나는 모든 거래에 대해서 대가를 요구한다는 뜻이다. 클라우지우스에 따르면, 엔트로피가 바로 어떤 일이 일어날 것인지 아닌지를 결정하는 대가에 해당된다. 모든 고립계에서는 엔트로피가 일정하게 유지되거나 증가하는 변화나 거래만 허용된다. 엔트로피가 줄어드는 변화는 엄격하게 금지된다.

클라우지우스에 따르면, 엔트로피는 물체나 시스템을 드나드는 열의 양을 그런 변화가 일어나는 온도로 나눈 값으로 정의된다. 500도의 뜨거운 물체가 250도의 차가운 물체에 1000단위의 에너지를 빼앗기는 경우에 뜨거운 물체의 엔트로피는 −1000/500 = −2만큼 줄어든다. 250도의 차가운 물체는 1000단위의 에너지를 얻기 때문에 엔트로피가 +1000/250 = +4만큼 늘어난다. 그래서 뜨거운 물체와 차가운 물체를 합친 시스템의 전체 엔트로피는 2엔트로피 단위(에너지/온도)만큼 늘어난다. 현실에서 일어나는 실제 변화는 엔트로피의 증가 때문에 비가역적(非可逆的)이 된다. 그것이 바로 열이 차가운 것에서 뜨거운 것으로 자발적으로 또는 저절로 이동하는 변화를 막아주는 자연의 방법이다. 엔트로피가 변하지 않는 이상적인 과정만 가역적(可逆的)으로 일어날 수 있다. 그런 가역적 과정은 물리학자의 마음에서는 일어날 수 있지만, 실제로는 절대 일어나지 않는다. 우주의 엔트로피는 언제나 최댓값을 향해서 증가한다.

플랑크는 에너지와 함께 엔트로피가 "물리적 시스템의 가장 중요한 성질"이라고 믿었다.[26] 베를린에서 1년 동안을 지낸 후 다시 뮌헨 대학교로 돌아온 그는 비가역성의 개념을 연구하는 박사학위 논문에 주력했다. 그것이 그의 운명이 될 수도 있었다. 그러나 실망스럽게도 그는 "주제에 관심을 가지고 있던 물리학자들 중에서 자신의 연구를 인정해주기는커녕 관심을 보이는 사람도 찾을 수가 없었다."[27] 헬름홀츠는 그의 논문을 읽어보지도 않았고, 키르히호프는 읽어보기는 했지만 이의를 제기했다. 그에게 큰 영향을 주었던 클라우지우스는 그의 편지에 답장도 보내주지 않았다. 70년이 지난 후에도 플랑크는 "내 학위 논문은 당시의 물리학자들에게 아무 영향도 주지 못했다"면서 당시의 일을 씁쓸하게 기억했다. 그러나 "내적 충동"에 이끌린 그는 포기하지 않았다.[28] 학자의 길로 들어선 플랑크에게 제2법칙을 포함한 열역학은 중요한 연구 주제였다.[29]

독일대학교는 국립 기관이었다. 정교수와 부교수는 교육부 장관이 임명하는 공무원이었다. 1880년 플랑크는 뮌헨 대학교의 무보수 객원강사(privatdozent)에 임용되었다. 정부나 대학에 의해서 고용된 것이 아니라, 강의를 수강하는 학생들로부터 수강료를 받고 강의를 할 수 있는 권리를 얻었을 뿐이다. 그는 5년 동안 부교수로 임용되기를 기다렸지만, 소용이 없었다. 실험 연구에 흥미가 없는 이론학자였던 플랑크가 승진을 할 가능성은 크지 않았다. 이론물리학은 여전히 분명하게 정립된 분야가 아니었다. 1900년에 독일 전체에서 이론물리학 교수는 16명뿐이었다.

플랑크는 학자로 성공하려면 "어떻게 해서든지 과학 분야에서 명성을 얻어야 한다"는 사실을 알고 있었다.[30] 마침내 그에게 기회가 찾아왔다. 괴팅겐 대학교가 "에너지의 본질"을 유명한 논술 경시의 주제로 제시했다. 그가 경시에 제출할 논문을 준비하고 있던 1885년 5월에 "구원의 메시지"가 도착했다.[31] 킬 대학교가 스물일곱 살의 플랑크에게 부교수직을 제안했다. 그는 자신에게 온 제안이 킬의 물리학과 주임교수와 아버지의 친분 덕분이라고 생각했다. 플랑크는 자신보다 훨씬 더 인정받는 사람들 중에도 승진을 기다리고 있는 사람들이 있다는 사실을 알고 있었다. 그럼에도 불구하고 그는 킬의 제안을 받아들였고, 자신이 출생한 도시에 도착한 직후에 괴팅겐 경시에 제출할 논문을 완성했다.

경시에 제출된 논문은 3편뿐이었지만, 수상자가 없다는 발표가 나오기까지는 2년이 걸렸다. 플랑크는 2위를 차지했다. 그러나 심사위원들은 그가 괴팅겐 대학교의 교수와 벌였던 과학 논쟁에서 헬름홀츠를 지지했다는 이유로 그에게 상을 주는 것을 거부했다. 헬름홀츠는 심사위원들의 그런 결정 때문에 플랑크와 그의 논문에 관심을 가지게 되었다. 킬에서 3년을 조금 넘게 보냈던 1888년 11월에 플랑크에게 기대하지 않았던 영예가 돌아왔다. 그는 후보자 중에서 1위는커녕 2위도 아니었다. 그러나 다른 사람들이 사양한 덕분에 헬름홀츠의 지지를 받은 플랑크가 구스타프 키르히호프의 후임으로 베를린 대학교 이론물리학 교수가 되었다.

1889년 봄의 수도는 더 이상 플랑크가 11년 전에 떠났던 도시가 아니었다. 오래된 개방형 하수구가 새로운 하수도로 대체되면서 방문객들을 놀라게 했던 악취는 사라졌고, 밤에는 중심가에 현대적 전기 램프가 켜졌다. 헬름홀츠는 대학교의 물리학연구소가 아니라 대학에서 대략 5킬로미터나 떨어진 곳에 새로 세워진 장엄한 연구소인 PTR을 운영하고 있었다. 그의 후임이었던 아우구스트 쿤트는 플랑크의 임용에는 관여하지 않았지만, 그의 임용을 "탁월한 임용"이고, 그를 "훌륭한 인물"이라고 환영했다.[32]

1894년에는 일흔세 살이었던 헬름홀츠와 쉰다섯 살이었던 쿤트가 몇 달 간격으로 사망했다. 정교수로 승진하고 고작 2년이 지났던 플랑크는 서른여섯 살의 젊은 나이에 독일에서 가장 유명한 대학교의 선임 물리학자가 되었다. 그는 『물리학 연보(Annalen der Physik)』의 이론물리학 자문위원을 포함한 여러 업무를 떠맡아야 했다. 최고의 독일 물리학 학술지에 투고된 모든 이론 논문에 대한 거부권을 가지게 된 그는 엄청난 영향력을 행사하게 되었다. 새로운 직위에 대한 책임감과 두 동료 교수의 죽음에 의한 상실감에 빠진 그는 연구에서 위안을 찾기 시작했다.

긴밀하게 단결된 베를린 물리학계의 주역이 된 그는 당시 기업체의 주도로 진행 중이던 PTR의 흑체 연구 사업에 대해서도 잘 알고 있었다. 흑체에서 방출되는 빛과 열에 대한 이론적 분석의 핵심 문제는 열역학이었다. 그러나 플랑크는 신뢰할 수 있는 실험 자료가 부족했기 때문에 키르히 호프의 미완성 공식을 더 이상 발전시킬 수가 없었다. 그러나 PTR에서 연구하던 오랜 친구가 이룩한 성과 덕분에 그는 더 이상 흑체 문제를 외면할 수가 없게 되었다.

1893년 2월, 스물아홉 살의 빌헬름 빈이 온도의 변화가 흑체 복사의 분포에 미치는 영향을 설명하는 간단한 수학적 관계를 발견했다.[33] 흑체의 온도가 올라가면 가장 강한 세기의 복사가 나오는 파장이 점점 짧아진다.[34] 온도가 높아지면 방출되는 에너지의 총량이 늘어난다는 사실은 이미 알려져 있었지만, 빈의 "변위법칙(變位法則, displacement law)"은 매우 정밀한 사실을 보여주었다. 최대의 복사가 나타나는 파장에 흑체의 온도를 곱한 값이 언제나 일정하다는 것이었다. 온도가 2배가 되면 "피크(peak)" 파장은 절반으로 줄어든다.

빈의 발견은, 주어진 온도에서 가장 강한 복사가 나타나는 피크 파장을 측정해서 상수의 값을 계산하고 나면 다른 온도에서 나타나는 피크 파장도 예측할 수 있게 된다는 뜻이었다.[35] 그의 발견은 쇠막대기가 뜨겁게 달궈질 때 나타나는 색깔의 변화도 설명해주었다. 낮은 온도에서는 쇠막대기가 방출하는 복사의 대부분이 스펙트럼의 적외선 부분에 해당한 긴 파장에 속하게 된다. 온도가 올라가면, 각각의 파장 영역에서 더 많은 에너지가 방출되지만, 동시에 피크 파장도 줄어든다. 피크 파장이 짧은 파장 쪽으로 "옮겨가는" 것이다. 결과적으로 방출된 빛의 색깔은 빨강에서 주황으로 바뀌고, 다시 노랑을 거쳐서 결국 스펙트럼의 자외선 끝 부분의 복사량이 늘어나면 푸른 흰색이 된다.

빈은 유능한 이론학자이면서 동시에 숙달된 실험학자의 자질도 갖추었으나 사라질 위기에 놓여 있던 물리학자 집단에 속한 사람이었다. 그는 여가 시간에 변위법칙을 발견했기 때문에 자신이 얻은 결과를 PTR의 허가를 받지 않은 "사신(私信)"으로 발표를 할 수밖에 없었다. 당시에 그는

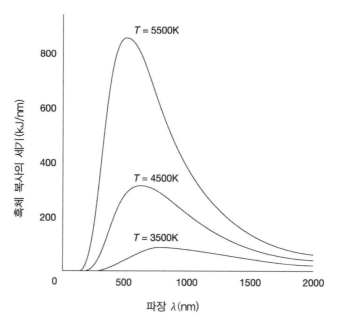

그림 2. 빈의 변위법칙을 보여주는 흑체 복사의 분포

PTR의 광학 실험실에서 오토 루머의 지도를 받는 조수로 일하고 있었다. 근무 시간 중에 빈에게 맡겨진 일은 흑체 복사에 대한 실험을 준비하는 것이었다.

그들의 첫 번째 임무는, 가스 램프나 전구와 같은 여러 가지 광원(光源)이 방출하는 빛 중에서 주어진 파장 영역에서 방출되는 에너지의 양을 비교할 수 있는 광도계를 개량하는 것이었다. 루머와 빈이 균일한 온도로 가열할 수 있도록 개량한 속이 빈 새로운 흑체의 개발에 성공한 것은 1895년 가을이었다.

빈은 근무 시간에는 루머와 함께 새로운 흑체를 개발했고, 저녁에는 흑체 복사의 분포에 대한 키르히호프의 공식을 찾는 일로 시간을 보냈다. 빈은 1896년에 공식을 찾아냈고, 하노버 대학교의 프리드리히 파셴은 곧바로 그의 공식이 흑체 복사 실험에서 얻은 짧은 파장 영역의 에너지 분포 자료와 일치한다는 사실을 확인했다.

학술지에 "변위법칙"을 발표한 그해 6월에 빈은 PTR을 떠나 아헨 공과 대학교의 부교수로 부임했다. 그는 흑체 복사에 대한 자신의 성과 덕분에 1911년 노벨 물리학상을 받게 되지만, 실제로 자신의 분포법칙에 대한 본 격적인 실험은 루머에게 맡겨버렸다. 그런 실험을 위해서는 훨씬 더 높은 온도와 훨씬 더 넓은 온도 범위에 대한 측정이 필요했다. 페르디난트 쿠를 바움에 이어 에른스트 프링스하임과 함께 연구를 수행했던 루머는 실험을 개선하고, 측정 장치를 개량하는 일에 길고 긴 2년의 세월을 보내야만 했 다. 결국 1898년에 그는 전기를 이용해서 가열하는 최첨단의 흑체를 만들 수 있었다. 섭씨 1500도까지 도달할 수 있게 된 것은 PTR에서 10년 이상 의 고된 연구에서 얻은 성과의 정점이었다.

루머와 프링스하임은, 수평축을 복사의 파장으로 하고, 수직축을 복사 의 세기로 하는 그래프를 이용해서 파장에 따라서 복사의 세기가 증가하 다가 다시 줄어들게 된다는 사실을 발견했다. 흑체 복사의 스펙트럼 에너 지 분포는 상어의 등지느러미를 닮은 종 모양의 곡선과 비슷했다. 온도가 높을수록 방출되는 복사의 세기가 증가해서 종 모양이 더욱 도드라지게 된다. 흑체의 온도를 변화시키면서 읽은 값을 이용해서 그린 그래프는, 온도가 높아질수록 최대 세기가 방출되는 피크 파장이 스펙트럼의 자외선 쪽으로 이동한다는 사실을 보여주었다.

루머와 프링스하임은 1899년 2월 3일에 베를린에서 개최된 독일물리학 회 학술회의에서 자신들의 결과를 발표했다.[36] 루머는 플랑크를 비롯한 물리학자들에게 자신들의 발견이 빈의 변위법칙을 확인하는 것이라고 설 명했다. 그러나 변위법칙에 대해서는 여러 가지 분명하지 않은 문제들이 있었다. 그들이 얻은 자료는 빈의 이론적 예측과 대체로 일치했지만, 스 펙트럼의 적외선 부분에서는 상당한 차이가 있었다.[37] 그런 차이가 실험 오차 때문일 가능성도 있었지만, 참석자들은 "더 넓은 파장 영역과 더 넓 은 온도 범위에 대한 실험이 이루어져야만" 해결될 수 있는 문제라고 주 장했다.[38]

석 달도 지나지 않아서 프리드리히 파셴이, 비록 루머와 프링스하임보다 낮은 온도에서 얻은 것이기는 하지만 자신의 측정 결과가 빈의 변위법칙과 완벽하게 일치한다고 발표했다. 플랑크는 프로이센 과학원의 발표장에서 안도의 한숨을 쉬면서 파셴의 논문을 읽어내려갔다. 그 법칙은 그에게 깊은 감동을 주었다. 플랑크에게 흑체 복사의 스펙트럼 에너지 분포를 이론적으로 정복하는 일은 완벽함에 대한 추구였다. "나는 언제나 완벽함에 대한 추구를 모든 과학 활동의 가장 고귀한 목표로 여겼기 때문에 열정적으로 작업을 계속했다."[39]

1896년에 빈이 자신의 분포법칙을 발표한 직후에, 플랑크는 그의 법칙에 대한 확실한 근거를 마련하기 위해서 기본 법칙으로부터 공식을 유도하는 연구를 시작했다. 그는 3년이 지난 1899년 5월에 열역학 제2법칙의 위력과 권위를 이용한 연구에 성공했다고 생각했다. 다른 사람들도 동의했다. 실험학자들의 반박과 재반박에도 불구하고 사람들은 빈 법칙을 빈-플랑크 법칙이라는 새로운 이름으로 부르기 시작했다. 확신에 찬 플랑크는 "만약 이 법칙의 유효성에 한계가 있다면, 그것은 열이론의 제2기본법칙의 한계와 일치할 것"이라고 주장했다.[40] 그는, 분포법칙에 대한 검증이 제2법칙에 대한 검증과 같은 것이기 때문에 연구가 시급하다고 주장하기도 했다. 결국 그의 소원이 이루어진 것이었다.

실험 오차의 원인을 제거하고, 측정 범위를 확장하는 일에 9개월을 보낸 루머와 프링스하임은 1899년 11월 초에 "이론과 실험 사이에 체계적인 성격의 차이점"을 발견했다고 발표했다.[41] 그들은 빈 법칙이 짧은 파장에서는 완벽하게 일치하지만, 긴 파장에서는 복사의 세기가 일관되게 과장된다는 사실을 발견했다. 그러나 파셴은 루머와 프링스하임과는 상반되는 결과를 발표했다. 그는 전혀 새로운 자료를 제시하면서 분포법칙이 "완벽하게 유효한 자연법칙처럼 보인다"고 주장했다.[42]

독일의 수도에서 개최된 독일물리학회 학술회의는 베를린에서 활동하는 중요한 물리학자들이 모두 참석해서 흑체 복사와 빈 법칙의 위상에 대해서 논의하는 중요한 무대였다. 1900년 2월 2일부터 2주일 동안 개최되어 루머와 프링스하임이 자신들의 최신 측정 결과를 공개했던 학술회의에서는 흑체 복사가 가장 중요한 주제였다. 그들은 적외선 영역에서 자신들의 측정과 빈 법칙의 예측 사이에 실험 오차라고 볼 수 없는 체계적인 차이가 있다는 사실을 발견했다.

빈 법칙에 문제가 있다는 사실이 드러나면서 새로운 대안을 찾기 위한 노력이 시작되었다. 그러나 임시변통의 대안들도 역시 만족스럽지 못한 것으로 밝혀지게 되면서 빈 법칙의 오류가 어느 정도인지를 분명하게 확인하기 위해서 더욱 긴 파장에서의 추가적인 실험이 필요해졌다. 어쨌든 빈 법칙은 짧은 파장 쪽의 측정 자료와는 일치했지만, 루머-프링스하임의 실험을 제외한 다른 측정 결과들은 모두 빈 법칙에 유리했다.

플랑크가 충분히 알고 있었듯이, 모든 이론은 엄격한 실험적 사실 앞에서는 속수무책이 된다. 그러나 그는 "여러 관찰자들의 숫자들이 상당한 수준에서 서로 일치하는 경우에, 관찰과 이론 사이의 갈등이 의심의 여지 없이 유효한 것으로 확인될 수 있다"고 굳게 믿었다.[43] 그러나 실험의 결과들조차 서로 일치하지 않는 상황에서는 그도 자신의 아이디어가 타당한 것인지에 대해서 다시 검토하지 않을 수 없었다. 1900년 9월 말, 자신의 유도 과정을 살펴보던 그는 실제로 원적외선 영역에서는 빈 법칙이 성립하지 않는다는 사실을 확신했다.

결국 플랑크의 가까운 친구인 하인리히 루벤스와 페르디난트 쿠를바움에 의해서 문제가 해결되었다. 베를리너 가의 공과대학에서 얼마 전 서른다섯 살의 나이에 정교수로 승진한 루벤스는 대부분의 시간을 근처에 있는 PTR에서 객원 연구원으로 일했다. 그가 쿠를바움과 함께 잘 알려지지 않았던 스펙트럼의 원적외선 영역의 측정이 가능한 흑체를 만든 것도 바로 그곳이었다. 여름 동안에 그들은 섭씨 200도에서 1,500도 사이의 온도 범위와 0.03밀리미터(mm)에서 0.06밀리미터 사이의 파장 범위에서 빈 법칙을 시험해보았다. 그들은 이 정도의 긴 파장에서는 이론과 관찰의 차이가 너무 분명해서 빈 법칙이 잘못되었다는 충분한 증거가 될 수밖에 없다는 사실을 밝혀냈다.

루벤스와 쿠를바움은 자신들의 결과를 독일물리학회에 논문으로 발표하고 싶었다. 다음 학술회의는 10월 5일 금요일에 예정되어 있었다. 논문을 쓸 시간이 없었던 그들은 2주일 후에 열리는 다음 학술회의까지 기다리기로 했다. 루벤스는 플랑크가 자신들의 새로운 결과를 기다리고 있다는 사실을 알고 있었다.

플랑크가 50년 동안 살았던 훌륭한 정원을 가진 거대한 저택은 베를린 서부의 부유한 그루네발트 교외에 있었던 은행가, 변호사, 교수들의 우아한 저택들 중 하나였다. 10월 7일 일요일에 루벤스와 그의 부인이 점심 식사를 하러 플랑크의 집을 방문했다. 당연히 두 사람은 물리학과 흑체 문제에 대해서 이야기를 나누었다. 루벤스는 빈 법칙이 긴 파장과 높은 온도에서는 의심의 여지없이 틀렸다는 자신의 최신 측정 결과에 대해서 설명했다. 플랑크는 그런 파장에서는 흑체 복사의 세기가 온도에 비례한다는 실험적 사실을 알게 되었다.

그날 저녁 플랑크는 흑체 복사의 에너지 스펙트럼을 재현할 수 있는 공식을 만들어보기로 했다. 이제 그는 도움이 될 수 있는 세 가지 핵심 정보를 가지고 있었다. 첫째, 빈 법칙은 짧은 파장에서의 복사 세기를 잘 설명해준다. 둘째, 루벤스와 쿠를바움의 측정에 따르면 적외선 영역에서는 복사의 세기가 온도에 비례한다. 셋째, 빈의 변위법칙은 옳다. 플랑크는 세 부분으로 된 흑체의 조각 그림을 꿰어맞추어서 공식을 만들어야만 했다. 그는 그동안 어렵게 얻은 경험을 활용해서 자신이 알고 있는 공식의 다양한 수학 기호들을 동원하기 시작했다.

플랑크는 탁월한 과학적 추론과 통찰력의 조합을 통한 몇 차례의 실패 후에 결국 공식을 만들었다. 희망적으로 보였다. 그러나 그것이 키르히호프가 오랫동안 찾고 싶어했던 공식일까? 모든 온도와 스펙트럼 전체에서 유효한 것일까? 플랑크는 서둘러 루벤스에게 쓴 편지를 부치려고 한 밤중에 외출했다. 며칠 후 루벤스가 답을 들고 플랑크의 집을 방문했다. 그는 플랑크의 공식과 자신의 자료가 거의 완벽하게 일치한다는 사실을 발견했던 것이다.

10월 19일 금요일의 독일물리학회 학술회의에서 루벤스와 플랑크가 참석한 가운데, 빈 법칙이 짧은 파장에서만 유효하고, 적외선 영역의 긴 파장에서는 적용되지 않는다는 사실을 공식적으로 발표한 것은 페르디난트 쿠를바움이었다. 쿠를바움이 자리에 앉은 후, 플랑크가 일어나서 "빈의 스펙트럼 공식의 개선"이라는 제목의 "논평"을 발표했다. 그는 "빈 법칙은 어쩔 수 없이 옳을 수밖에 없다"고 믿었고, 이미 학술회의에서 그렇게 밝혔다고 했다.[44] 발표가 계속되면서 플랑크가 단순히 빈 법칙에 사소한 땜질을 하는 "개선안"을 제안하는 것이 아니라, 전혀 새로운 법칙을 발표하고 있다는 사실이 분명해졌다.

채 10분도 안 되는 발표에 이어서 플랑크는 칠판에 흑체 스펙트럼을 나타내는 자신의 공식을 적었다. 청중을 향해서 돌아선 그는 낯익은 동료들의 얼굴을 보면서 "내 생각으로는 내 공식이 지금까지 발표된 모든 관찰 자료와 일치합니다"라고 말했다.[45] 자리에 앉은 플랑크는 동료들로부터 정중한 동의의 인사를 받았다. 조용한 반응은 이해할 수 있는 것이었다. 결국 플랑크가 제안한 것은 실험 결과를 설명하기 위해서 만들어진 또 하나의 특별한 공식이었다. 빈 법칙이 긴 파장에서는 성립되지 않는다는 의심이 사실로 확인된다면, 그 빈틈을 채워줄 수 있을 것이라고 기대하면서 공식을 제시했던 사람들도 있었다.

다음날 루벤스가 그를 안심시키기 위해서 다시 플랑크의 집을 방문했다. 플랑크는 "그는 학술회의가 끝난 바로 그날 밤에 내 공식과 그 자신의 측정 결과를 다시 확인해본 결과 모든 부분에서 만족스럽게 일치한다는 사실을 발견했음을 알려주려고 왔다"고 기억했다.[46] 일주일도 지나지 않아서 루벤스와 쿠를바움은 자신들의 측정 결과를 다섯 가지의 서로 다른 공식과 비교해보았는데, 플랑크의 공식이 다른 공식보다 훨씬 더 정확하게 일치했다고 발표했다. 파셴도 역시 플랑크의 공식이 자신의 자료와 일치한다고 확인해주었다. 그러나 자신이 제안한 공식의 우월성에 대한 실험학자들의 신속하고 긍정적인 반응에도 불구하고, 플랑크는 만족하지 못했다.

자신이 찾아낸 공식이 무엇을 뜻하는 것일까? 근본적인 물리학은 무엇일까? 플랑크는, 그런 의문에 대한 답을 찾지 못하면, 자신의 주장이 기껏해야 빈 법칙에 대한 단순한 "개선"일 뿐이고, "형식적인 중요성" 이상의 의미는 찾을 수 없는 "운 좋은 직관에 의해서 밝혀진 법칙"의 지위를 가지게 될 뿐이라는 사실을 잘 알고 있었다.[47] 훗날 플랑크는 "그런 이유 때문에 이 법칙을 만든 바로 그날부터 나는 진정한 물리학적 의미를 찾아내기 위한 노력에 온 힘을 기울이기 시작했다"고 기억했다.[48] 그는 물리학법칙을 이용해서 자신의 공식을 단계별로 유도해야 했다. 플랑크는 자신의 목표를 잘 알고 있었지만, 목표에 도달하는 길을 찾아야만 했다. 그는 값을 따질 수 없을 정도로 중요한 안내자 역할을 해줄 공식을 가지고 있었다. 그러나 그런 힘든 여정을 위해서 그는 어떤 대가를 치를 준비를 하고 있었을까?

플랑크의 기억에 따르면, 그후 6주일은 "내 인생의 가장 힘든 기간"이었고, 그런 다음에는 "어둠이 걷혔고, 기대하지 않았던 풍경이 나타나기 시작했다."[49] 11월 13일에 그는 빈에게 "내가 새로 만든 공식이 아주 만족스럽다. 이제 나는 그 공식을 설명해주는 이론도 찾아냈고, 이 곳[베를린]에서 4주 후에 개최되는 물리학회에서 발표할 예정이다"라는 편지를 보냈다.[50] 플랑크는 자신의 이론을 찾아내기까지의 강렬한 지적 투쟁이나 이론 자체에 대해서는 빈에게 아무것도 말해주지 않았다. 그는 몇 주 동안 19세기 물리학의 두 가지 위대한 이론인 열역학과 전자기학을 조화시키기 위해서 열심히 노력했다. 그러나 성공하지는 못했다.

그는 "아무리 비싼 대가를 치르더라도 새로운 이론적 해석 방법을 찾아야만 한다"는 현실을 인정했다.[51] 그는 "물리학법칙에 대해서 내가 지금까지 가지고 있던 모든 확신을 포기할 준비가 되어 있었다"고 기억했다.[52] 플랑크는 "긍정적인 결과를 얻을 수만 있다면" 자신이 치러야 할 대가에 대해서는 더 이상 신경을 쓰지 않기로 했다.[53] 감정적으로 절제하고, 피아노 앞에서 자신을 정말 자유롭게 표현할 수 있는 사람에게 이와 같은 표현은 매우 격한 것이었다. 자신의 새로운 공식을 이해하기 위한 노력이 한계에 도달한 상황에서 플랑크는 어쩔 수 없이 양자 발견에 이르는 "절망적인 행위"를 선택할 수밖에 없었다.[54]

뜨거운 흑체의 벽에서는 공동(空洞)의 중심으로 적외선, 가시광선, 자외선 복사가 방출된다. 플랑크는 자신의 법칙을 이론적으로 일관된 방법으로 유도하기 위해서 흑체 복사의 스펙트럼 에너지 분포를 재현해주는 물리학적 모형을 생각해야만 했다. 그는 이미 아이디어를 가지고 있었다. 그의 모형이 실제로 일어나고 있는 일을 제대로 설명하는지는 문제가 아니었다. 플랑크에게 필요했던 것은 공동 내부에 존재하는 복사의 정확한 진동수, 즉 파장의 혼합 비율을 얻어내는 방법이었다. 그는 가능한 한 가장 단순한 모형을 개발하기 위해서 흑체 복사의 에너지 분포는 흑체의 온도에만 의존하고, 흑체를 만드는 데에 사용된 물질과는 상관이 없다는 사실을 이용했다.

1882년 플랑크는 "그때까지 원자론이 엄청난 성공을 거두었지만, 결국 연속적 물질의 가정을 유지하기 위해서 원자론을 포기할 수밖에 없었다"고 썼다.[55] 그는, 그로부터 18년이 지난 후에도 원자의 존재에 대한 확실한 증거가 없다는 이유로 원자론을 믿지 않았다. 플랑크는 전자기학 이론으로부터 주어진 진동수로 진동하는 전하(電荷)는 바로 그 진동수의 복사만을 방출하거나 흡수한다는 사실을 알고 있었다. 그는 진동하는 전하를 진동자(振動子, oscillator)라고 명명했다. 그리고 흑체의 벽을 진동자의 거대한 배열로 생각하기로 했다. 각각의 진동자는 오직 하나의 진동수를 가진 빛만 방출하지만, 집단적으로는 흑체의 내부에서 발견되는 모든 영역의 진동수를 가진 빛을 방출한다.

진자(振子)는 진동자이고, 진동자의 진동수는 초당 흔들리는 횟수에 해당하고, 한 번의 진동은 진자가 흔들리다가 출발점으로 되돌아오는 과정이다. 스프링의 끝에 매달려 있는 추도 진동자이다. 그런 진동자의 진동수는 균형점에 있는 추를 잡아당겼다가 놓아주었을 때 추가 초당 아래위로 오르내리는 횟수에 해당한다. 그런 진동자의 물리학은 오래 전부터 알려져 있었다. 자신의 모형에서 사용하던 진동자에 대해서 그가 사용했던 이름은 "단순 조화 운동"이었다.

플랑크는 전하가 매달려 있는, 질량이 없고 강도와 진동수가 서로 다른 스프링으로 구성된 진동자의 집합을 상상했다. 흑체의 벽을 가열하면 진동자들을 움직이도록 만드는 에너지가 공급된다. 진동자가 움직이는지 아닌지는 오로지 온도에 의해서만 결정된다. 진동자가 움직이면 공동 속으로 복사가 방출되거나 흡수된다. 시간이 지나도 온도가 일정하게 유지되면, 공동 속의 진동자와 복사 사이에 복사 에너지를 주고받는 동적 현상이 균형점에 도달해서 열적 평형 상태가 이루어진다.

플랑크는, 흑체 복사의 스펙트럼 에너지 분포는 총 에너지가 서로 다른 진동수에 어떻게 분배되는지를 나타내고, 주어진 진동수를 가진 진동자의 수가 그런 분배 비율을 결정한다고 가정했다. 가상적인 모형을 만든 그는 진동자들 사이에 에너지를 분배하는 가능한 방법을 알아내야만 했다. 발표를 한 후 몇 주일 동안 플랑크는, 자신이 오랫동안 교리처럼 믿었던 물리학으로는 자신의 공식을 유도할 수 없다는 놀라운 사실을 깨달았다. 절망적인 상황에서 그는 가장 앞장서서 원자론을 주장해왔던 오스트리아의 물리학자 루트비히 볼츠만의 아이디어에 눈을 돌렸다. 플랑크는 자신의 흑체 공식에 도달하기 위해서는 지난 몇 년 동안 공개적으로 "원자론에 적대적"이었던 자신의 입장에서 개종하여 원자가 단순히 편리한 소설이 아니라는 사실을 인정해야만 했다.[56]

세무 공무원의 아들이었던 루트비히 볼츠만은 19세기 말기풍의 인상적인 수염을 기른 작은 키에 단단한 체구의 인물이었다. 1844년 2월 20일에 빈에서 출생한 그는 한동안 작곡가 안톤 부르크너로부터 피아노를 배웠다. 피아니스트보다 물리학자로 더 뛰어났던 볼츠만은 1866년에 빈 대학교에서 박사학위를 받았다. 그는 곧바로 기체운동론(kinetic theory of gases)에 대한 기본적인 연구를 통해서 명성을 얻었다. 기체운동론은 기체가 연속적인 운동 상태에 있는 원자나 분자로 구성되어 있다고 믿었던 원자론 지지자들이 붙인 이름이었다. 1884년에 볼츠만은 흑체에서 방출되는 총 에너지가 온도의 4제곱, 즉 T^4 또는 $T \times T \times T \times T$에 비례한다는 자신의 지도교수 요제프 슈테판의 발견에 대한 이론적 근거를 제공하기도 했다. 흑체의 온도가 2배로 높아지면, 방출되는 에너지는 16배로 늘어난다는 뜻이었다.

볼츠만은 유명한 강연자였고, 비록 이론학자이고 근시가 심했지만, 아주 유능한 실험학자이기도 했다. 유럽의 유명한 대학에서 교수직에 공석이 생기면 가능성이 높은 후보 목록에 그의 이름이 포함되는 경우가 많았다. 그가 구스타프 키르히호프가 사망한 후에 공석이 된 베를린 대학교의 교수직 제안을 사양한 덕분에 플랑크가 더 낮은 부교수 직위로 제안을 받게 되었다. 여러 대학을 옮겨다녔던 볼츠만은 1900년에 라이프치히 대학교에 있었고, 어디에서나 위대한 이론학자로 인정을 받았다. 그러나 플랑크처럼 열역학에 대한 그의 접근 방법을 받아들일 수 없었던 사람들도 많았다.

볼츠만은 압력과 같은 기체의 성질들은 역학법칙과 확률에 의해서 지배되는 미시적 현상의 거시적 발현이라고 믿었다. 원자론을 믿는 사람들의 입장에서는, 뉴턴의 고전역학이 각각의 기체 분자의 움직임을 지배한다. 그러나 수많은 기체 분자들 하나하나의 움직임을 뉴턴의 운동법칙으로 설명하는 것은 현실적으로 불가능했다. 기체 분자 하나의 속도를 측정하지 않고도 기체 분자의 움직임을 설명할 수 있도록 해준 것은 1860년 스물여덟 살의 스코틀랜드 물리학자 제임스 클러크 맥스웰이었다. 맥스웰은 통계학과 확률을 이용해서 끊임없이 다른 분자나 상자의 벽과 충돌하는 기체 분자들의 가장 가능성이 높은 속도 분포를 알아냈다. 통계학과 확률을 도입한 것은 과감하고 혁신적인 시도였다. 맥스웰은 그런 시도를 통해서 기체에서 관찰된 여러 성질들을 설명할 수 있었다. 열세 살이나 젊었던 볼츠만은 맥스웰의 발자취를 쫓아간 덕분에 기체운동론을 완성할 수 있었다. 1870년대에 그는 한 걸음 더 나아가서 엔트로피를 무질서와 연결시킴으로써 열역학 제2법칙에 대한 통계학적 해석에도 성공했다.

볼츠만 법칙에 따르면, 엔트로피는 시스템이 특별한 상태에 있을 확률을 나타내는 척도이다. 예를 들어 놀이에 사용하는 카드를 잘 섞으면 엔트로피가 큰 값을 가지는 무질서한 상태가 된다. 카드의 종류에 따라서 에이스에서 킹에 이르는 순서로 배열된 상자에서 꺼낸 새 카드는 엔트로피가 작은 값에 해당하는 잘 정리된 상태가 된다. 볼츠만에게 열역학 제2법칙은 낮은 확률과 낮은 엔트로피의 시스템이 확률이 더 큰 높은 엔트로피의 시스템으로 진화하는 변화에 대한 것이었다. 제2법칙은 절대적인 법칙이 아니다. 뒤섞은 카드를 다시 섞으면 정리가 될 수 있는 것과 마찬가지로, 시스템도 무질서한 상태에서 더 정돈된 상태로 변할 수 있다. 그러나 그런 일이 일어날 가능성은 천문학적으로 낮기 때문에 그런 일이 일어나기까지는 우주 나이의 몇 배에 해당하는 시간이 필요하게 된다.

플랑크는 열역학 제2법칙이 절대적인 것이기 때문에 엔트로피는 언제나 증가한다고 믿었다. 그러나 볼츠만의 통계적 해석에서는 엔트로피가 거의 언제나 증가한다. 플랑크의 견해에서는, 이런 두 가지 입장 사이에 엄청난 차이가 있었다. 그에게 볼츠만의 입장을 인정하는 것은 자신이 물리학자로서 소중하게 여기던 모든 것을 포기하는 것이었다. 그러나 자신의 흑체 공식을 유도하기 위해서는 다른 길이 없었다. "그때까지만 해도 나는 엔트로피와 확률 사이의 관계에 주목하지 않았다. 모든 확률법칙에는 예외가 인정되기 때문에 관심이 없었다. 그리고 당시에 나는 열역학 제2법칙이 예외 없이 성립한다고 생각했다."[57]

최대 엔트로피의 상태, 즉 최대 무질서 상태는 시스템의 가장 가능성이 높은 상태이다. 흑체의 경우에는 그런 상태가 바로 열적 평형이고, 플랑크가 찾아내려고 노력하던 자신의 진동자들 사이에서 가장 가능성이 높은 에너지 분포가 바로 그런 상태이다. 모두 합쳐서 1,000개의 진동자가 있고, 그중 10개가 진동수 v를 가지고 있다면, 그 진동수에서 방출되는 복사의 세기를 결정하는 것은 바로 그런 진동자의 수가 된다. 플랑크의 전기 진동자 중 어느 것의 진동수가 고정되면, 그것이 방출하고 흡수하는 에너지의 양은 오로지 진폭(振幅), 즉 진동의 크기에 의해서만 결정된다. 5초에 5번 흔들리는 진자는 초당 1의 진동수를 가진다. 그러나 진폭이 큰 진자는 진폭이 작은 진자보다 더 많은 에너지를 가진다. 진동수는 진자의 길이에 의해서 결정되기 때문에 변하지 않지만, 추가적인 에너지를 흡수하면 진자는 더 크고 빠르게 움직이게 된다. 따라서 진자는 조금씩 흔들릴 때와 같은 시간에 같은 진동의 횟수를 기록하게 된다.

볼츠만의 기법을 응용한 플랑크는 진동자가 진동수에 비례하는 에너지의 덩어리를 흡수하거나 방출하는 경우에만 자신의 흑체 복사 분포 공식을 유도할 수 있다는 사실을 발견했다. 플랑크에 따르면, 훗날 그가 양자(量子, quantum)라고 부른 몇 개의 동일하고 더 이상 쪼갤 수 없는 "에너지 요소"가 주어진 진동수로 방출되는 에너지를 구성한다고 생각하는 것이 "전체 계산에서 가장 중요한 핵심"이었다.[58]

플랑크는 자신의 공식을 위해서 어쩔 수 없이 에너지(E)를 hv 크기의 덩어리로 잘라야만 했다. 여기서 v는 진동자의 진동수이고, h는 상수이다. E = hv는 현대 과학에서 가장 유명한 공식 중의 하나로 자리를 잡게 된다. 예를 들어, 진동수가 20이고, h가 2라면, 에너지의 양자는 각각 $20 \times 2 = 40$의 크기를 가지게 된다. 이 진동수에서 가능한 총 에너지가 3,600이라면, 3600/40 = 90개의 양자가 그 진동수의 진동자 10개에 분포하게 된다. 플랑크는 볼츠만으로부터 이 양자들이 진동자들 사이에 분포할 수 있는 가능성이 가장 큰 분포를 알아내는 방법을 배웠다.

그는 자신의 진동자들이 0, hv, 2hv, 3hv, 4hv⋯⋯으로 이어져서 nhv 까지의 값 중에서 어느 하나를 가진다는 사실을 발견했다. 여기서 n은 정 수이다. 그것이 바로 hv 크기의 "에너지 요소" 또는 "양자"의 정수 개를 흡수하거나 방출하는 것에 해당한다. 마치 은행원이 £1, £2, £5, £10, £20, £50의 액면가로만 돈을 수납하거나 지급할 수 있는 것과 같은 상황이다. 플랑크의 진동자는 다른 에너지 값을 가질 수 없기 때문에 그런 진동자의 진폭도 제한을 받게 된다. 이런 이상한 상황의 의미는 일상 세계에서 추가 달린 스프링으로 규모를 확대하면 분명하게 드러난다.

추가 1센티미터의 진폭으로 진동하면, (에너지 측정의 단위를 무시하고) 1의 에너지를 가지게 된다. 추를 2센티미터까지 잡아당긴 후에 진동을 하도록 만들면, 진동수는 전과 마찬가지로 유지된다. 그러나 에너지는 진 폭의 제곱에 비례하기 때문에 그 값이 4가 된다. 플랑크의 진동자에 대한 제한을 추에 적용하면, 진동자가 2와 3의 에너지만 가질 수 있기 때문에 1센티미터와 2센티미터 사이에서는 진동자가 1.42센티미터와 1.73센티미 터의 진폭으로만 진동을 할 수 있게 된다.[59] 예를 들어, 진동자는 에너지가 2.25가 되는 1.5센티미터의 진폭으로는 진동을 할 수 없다. 에너지의 양자 는 더 이상 쪼갤 수 없다. 진동자는 에너지 양자의 일부를 받을 수가 없다. 전부 아니면 0이 될 수밖에 없다. 그런 일은 일상적인 물리학에는 맞지 않는다. 진동의 크기에는 아무런 제한이 없고, 그래서 한 번의 거래에서 진동자가 방출하거나 흡수할 수 있는 에너지의 양에도 제한이 없다. 어떤 값이라도 허용이 된다.

플랑크는 절망적인 상황에서 너무나도 훌륭하고 기대하지 못했던 사실 을 발견했던 탓에 그 중요성을 제대로 파악하지 못했다. 그의 진동자는 수도꼭지에서 흘러내리는 물처럼 연속적으로 에너지를 흡수하거나 방출 할 수 없다. 그 대신 작고 쪼갤 수 없는 E = hv를 단위로 하는 불연속적인 방법으로 에너지를 얻거나 잃을 수 있을 뿐이다. 여기서 v는 진동자의 진 동수인데, 진동자가 흡수하거나 방출할 수 있는 복사가 가지고 있는 진동수와 정확하게 일치한다.

거시적 규모의 진동자들이 플랑크의 원자 규모의 진동자처럼 행동하지 않는 이유는 h가 0.00000000000000000000000006626에르그 초(erg sec) 또는 6.626을 1,000조(千兆)의 조(兆)로 나눈 값에 해당하기 때문이다. 플랑크 공식에 따르면, 에너지의 증가나 감소에서 h보다 더 작은 간격은 불가능하다. 그러나 h의 값이 지나치게 작기 때문에 진동자나 아이들의 그네나 진동하는 추와 같은 일상의 세상에서는 양자 효과가 나타나지 않게 된다.

플랑크의 진동자는 복사 에너지를 작은 조각으로 토막내서 한 입 크기에 적당한 hv의 덩어리로 잘라서 공급해주게 된다. 그는 복사의 에너지가 정말 양자로 조각이 나는 것이라고 믿지는 않았다. 그것은 그의 진동자가 에너지를 받아들이고 방출할 수 있는 방법일 뿐이라고 생각했다. 플랑크에게 문제는 에너지를 조각내는 볼츠만의 방법이 결국에는 조각이 점점 더 얇아져서 두께가 0이 되어 완전히 사라지게 되면 모든 것이 회복되어야 한다는 것이었다. 조각을 낸 양이 그런 방식으로 재결합하는 것은 미적분의 핵심이 되는 수학적 기술이었다. 플랑크에게는 불행하게도 그렇게 하면 자신의 공식도 함께 사라져버린다는 것이 문제였다. 그는 양자를 억지로 떠맡았지만, 신경을 쓰지는 않았다. 그는 공식을 가지고 있었고, 남은 문제는 나중에 해결할 수 있다고 믿었다.

베를린 대학교 물리학연구소의 강연장에 앉아 있는 독일물리학회 회원들 앞에 선 플랑크가 "여러분!" 하고 말했다. "정상 스펙트럼의 에너지 분포 법칙의 이론에 대하여"라는 제목의 강연을 시작한 그는 객석에 앉아 있는 루벤스, 루머, 프링스하임을 보았다. 1900년 12월 14일 금요일 오후 5시가 막 지났을 때였다. "몇 주일 전에 나는 영광스럽게도 내 입장에서는 정상 스펙트럼의 모든 영역에서 복사 에너지의 분포법칙을 표현하는 데에 적절할 것 같은 새로운 공식을 소개했습니다."[60] 플랑크는 이제 자신이 유도했던 방식으로 새로운 공식의 물리학을 설명했다.

회의가 끝난 후에 그의 동료들은 요란하게 그를 축하해주었다. 플랑크가 에너지의 덩어리인 양자의 도입을 스스로 "정말 깊이 생각해보지 않은 채 순전히 형식적인 가정"으로 여겼듯이, 그날 모였던 다른 모든 사람들도 마찬가지였다. 그들에게 중요했던 것은 플랑크가 10월에 제시했던 공식을 물리학적으로 정당화시키는 일에 성공했다는 사실이었다. 분명히 말하면, 에너지를 진동자의 양자로 조각내는 아이디어는 정말 이상했지만, 시간이 지나면 해결될 것이라고 믿었다. 모두가 그것은 이론학자들의 흔한 술수, 즉 정답을 얻어내는 과정에서 사용하는 단순한 수학적 속임수에 지나지 않는다고 믿었다. 그런 속임수에는 진정한 물리학적 중요성은 없었다. 그의 동료들을 감동시켰던 것은, 그가 제시한 새로운 복사법칙의 정확성이었다. 플랑크 자신을 포함해서 아무도 에너지 양자의 의미에 대해서 크게 주목하지 않았다.

어느 날 이른 아침, 플랑크는 일곱 살의 아들 에르빈과 함께 집을 나섰다. 부자는 근처의 그루네발트 숲으로 향했다. 그곳을 산책하는 것은 플랑크가 좋아하던 소일거리였고, 아들을 데려가는 것도 좋아했다. 훗날 에르빈의 기억에 따르면, 두 사람이 이야기를 나누면서 걷는 동안 그가 아들에게 "오늘 나는 뉴턴의 발견만큼이나 중요한 발견을 했다"고 말했다.[61] 몇 년 후 다시 그 이야기를 하게 되었던 에르빈은 산책을 했던 시기를 정확하게 기억하지는 못했다. 그것은 아마도 12월 강연 전의 어느 날이었을 것이다. 플랑크가 이미 양자의 완전한 의미를 이해하고 있었을까? 아니면 단순히 어린 아들에게 자신의 새로운 복사법칙의 중요성을 강조하고 싶었던 것일까? 어느 것도 아니었다. 그는 단순히 하나의 상수가 아니라, 그가 볼츠만 상수(Boltzmann's constant)라고 불렀던 k와 그가 작용 양자(quantum of action)라고 불렀고 훗날 물리학자들은 플랑크 상수라고 부르게 된 h라는 두 개의 기본 상수를 찾아낸 즐거움을 표현했을 뿐이었을 것이다. 그 상수들은 자연의 궁극적 진리를 나타내는 두 가지 핵심적인 상수로 영원히 자리

를 잡았다.[62]

플랑크는 자신이 볼츠만에게 빚을 졌다는 사실을 인정했다. 흑체 공식을 찾아내게 된 자신의 연구에서 발견한 상수 k에 오스트리아 과학자의 이름을 붙였던 플랑크는 1905년과 1906년에 볼츠만을 노벨상 수상자로 추천하기도 했다. 그러나 그의 추천은 너무 늦은 것이었다. 볼츠만은 오래 전부터 천식, 편두통, 시력 악화, 협심증을 비롯한 질병으로 고통을 받고 있었다. 그러나 그런 증상들 중 어느 것도 그가 겪었던 심각한 우울증만큼 치명적이지는 않았다. 트리에스테 근처의 두이노에서 휴가를 보내던 1906년 9월에 그는 목을 매 자살했다. 그는 예순두 살이었고, 그의 친구들 중 몇 사람은 오래 전부터 최악의 상황을 걱정했었지만, 그의 죽음에 대한 소식은 엄청난 충격이었다. 볼츠만은 자신이 점점 더 고립되고 인정을 받지 못하게 되었다고 느꼈다. 그것은 사실이 아니었다. 그는 당시에 가장 널리 알려져 있고 존경받는 물리학자들 중 한 사람이었다. 그러나 원자의 존재에 대해서 논쟁이 계속되자 우울증에 빠진 그는 자신의 평생이 무너져버렸다고 느꼈던 것이다. 1902년에 볼츠만은 세 번째이자 마지막으로 빈 대학교로 돌아갔다. 플랑크에게 그의 자리를 물려받으라는 제안이 있었다. 볼츠만의 업적을 "이론 연구의 가장 아름다운 승리 중 하나"라고 했던 플랑크는 빈의 제안에 유혹을 느꼈지만, 거절했다.[63]

h는 에너지를 양자로 조각내는 도끼였고, 플랑크는 그것을 휘두른 최초의 인물이었다. 그러나 그가 양자화시켰던 것은 자신의 가상적인 진동자가 에너지를 받거나 방출할 수 있는 방법이었다. 플랑크는 에너지 자체를 hν 크기의 덩어리로 양자화하지는 않았다. 발견과 그것을 완전히 이해하는 것 사이에는 상당한 차이가 있다. 과도기에는 더욱 그렇다. 플랑크의 유도 과정에는 모호하여 심지어 자신에게도 분명하지 않았던 부분이 많았다. 그는 그렇게 했어야 했지만, 실제로 각각의 진동자를 분명하게 양자화시킨 적은 없었다. 다만 진동자의 집단을 양자화시켰을 뿐이었다.

플랑크가 양자를 제거해버릴 수 있다고 생각했던 것이 문제였다. 그는 훨씬 오랜 시간이 지난 후에야 자신이 했던 일의 엄청난 결과를 깨닫기 시작했다. 심각한 보수주의적 본능을 가지고 있던 그는 거의 10년 동안이나 기존 물리학의 틀 속에서 양자를 수용하기 위해서 노력했다. 그는 일부 동료들이 자신의 그런 노력을 비극에 가까운 것으로 보고 있다는 사실을 잘 알고 있었다. 플랑크는 "그렇지만 나는 다르게 생각했다"고 했다.[64] "이제 나는 기본 작용 양자[h]가 물리학에서 내가 처음에 짐작하고 있었던 것보다 훨씬 더 중요한 역할을 한다는 사실을 분명하게 알고 있다."

플랑크가 1947년 여든아홉 살의 나이로 사망하고 몇 년이 지난 후에 그의 학생이었고 동료였던 제임스 프랑크는 "양자이론을 사용하지 않거나, 아니면 적어도 양자이론의 영향을 가능한 한 최소화하기 위해서" 절망적으로 애쓰던 그를 지켜보던 일을 기억했다.[65] 프랑크에게는 "결국에는 '어쩔 수 없다. 우리는 양자이론과 함께 살아야만 한다. 그리고 정말이다. 양자이론은 더욱 확대될 것이다'라는 결론에 도달할" 수밖에 없었던 플랑크는 "자신의 의지와는 정반대의 혁명가"로 보였던 것이 분명했다.[66] 소극적인 혁명가에게 어울리는 묘비명이었다.

물리학자들은 양자와 "함께 사는 법"을 배워야만 했다. 그렇게 했던 최초의 인물은 플랑크의 훌륭한 동료 중 한 사람이 아니라 스위스 베른에 살고 있던 젊은이였다. 그는 양자의 극단적인 본질을 스스로 깨달았다. 당시에 그는 전문적인 물리학자가 아니라, 에너지 자체가 양자화되어 있다는 사실을 발견한 플랑크의 공로를 인정한 초급 공무원이었다. 그의 이름은 알베르트 아인슈타인이었다.

2

특허 노예

1905년 3월 17일, 금요일의 스위스 베른. 아침 8시경에 흔치 않은 체크무늬 양복을 입은 젊은이가 서류 봉투를 들고 출근을 서두르고 있었다. 알베르트 아인슈타인은 자신이 꽃무늬가 새겨진 낡은 녹색 슬리퍼를 신고 있다는 사실을 잊어버린 모양이었다.[1] 그는 일주일 중 엿새의 아침마다 같은 시각에 베른의 아름다운 구시가지의 중심에 있는 방 2개짜리 작은 아파트에 아내와 어린 아들 한스 알베르트를 남겨두고 10분 정도의 거리에 있는 사암(沙巖)으로 지은 장엄한 건물로 걸어갔다. 유명한 시계탑 차이틀록켄투름과 자갈 포장 거리의 양쪽에 상점들이 늘어선 크람가세는 스위스의 수도에서 가장 아름다운 거리들 중 하나였다. 아인슈타인은 연방 우편전화국의 관리본부로 걸어가는 도중에도 깊은 생각에 빠져서 주변에는 신경을 쓰지 않았다. 건물에 들어서면 곧바로 계단으로 가서 스위스 특허사무소로 더 잘 알려진 연방 지적재산권 사무국이 있는 3층으로 올라갔다. 사무소에는 수수한 짙은 색의 옷을 입은 10여 명의 기술전문가들이 하루 8시간을 책상에 앉아서 가능성이 있는 신청서와 심각한 오류가 있는 신청서를 가려내는 일을 하고 있었다.

아인슈타인은 사흘 전에 스물여섯 살 생일을 맞이했다. 그는 거의 3년 동안 자신을 "특허 노예"라고 부르면서 일을 하고 있었다.[2] 그 일 덕분에 그는 "굶주림이라는 성가신 일"에서 벗어날 수 있었다.[3] 그는 "다면적 사

49

고"를 요구하는 다양성과 사무실의 편안한 분위기를 좋아했다. 훗날 자신의 "세속적 왕국"이라고 부르던 분위기가 바로 그런 것이었다. 3급 기술전문가의 자리는 소박했지만 보수가 좋았고, 자신의 연구를 할 수 있는 여유도 즐길 수 있는 자리였다. 아인슈타인은 만만치 않은 상사였던 할러 씨의 감시에도 불구하고 특허 서류를 심사하는 도중에도 몰래 자신이 원하는 계산에 필요한 시간을 낼 수 있었다. 그의 책상이 곧 "이론물리학 연구실"이었던 것이다.[4]

흑체 문제에 대한 플랑크의 논문을 읽은 후에 아인슈타인은 당시의 느낌을 "마치 땅이 밑으로 꺼져버려서 집을 지을 수 있는 단단한 바닥을 어디에서도 찾을 수 없는 것 같았다"고 기억했다.[5] 그가 1905년 3월 17일에 세계에서 가장 유명한 물리학 학술지인 『물리학 연보』의 편집자에게 보낸 편지의 내용은 플랑크가 처음 양자를 도입한 것보다 훨씬 더 과격했다. 아인슈타인은 빛의 양자이론에 대한 자신의 제안이 지나칠 정도로 이단적이라는 사실을 잘 알고 있었다.

아인슈타인은 두 달 후인 5월 중순에 친구 콘라트 하비흐트에게 연말까지 발표할 4편의 논문을 보내주겠다고 약속하는 편지를 보냈다. 첫 번째가 양자 논문이었다. 두 번째는 원자의 크기를 결정하는 새로운 방법을 제안한 자신의 박사학위 논문이었다. 세 번째는 액체에 떠 있는 꽃가루처럼 작은 입자들이 제멋대로 춤을 추면서 움직이는 브라운 운동을 설명한 것이었다. 아인슈타인은 "네 번째 논문은 아직 어설픈 초고이지만, 공간과 시간의 이론을 수정한, 움직이는 물체의 전기동력학에 대한 것"이라고 했다.[6] 그것은 놀라운 목록이었다. 과학의 역사에서 1905년의 아인슈타인과 그의 업적에 버금가는 경우가 또 한 번 있었다. 1666년의 아이작 뉴턴이었다. 그해에 스물세 살이었던 이 영국인은 미적분과 중력이론의 기초를 마련했고, 빛의 이론을 제시했다.

아인슈타인은 자신의 네 번째 논문을 통해서 처음 제시했던 상대성이론과 동의어가 될 인물이었다. 그의 상대성이론은 공간과 시간에 대한 인류의 이해를 근본적으로 변화시켜놓았지만, 정작 그가 "아주 혁명적인 것"이라고 생각했던 것은 상대성이 아니라 플랑크의 양자 개념을 빛과 복사(輻射)에까지 확장한 이론이었다.[7] 아인슈타인은 상대성을 단순히 뉴턴과 같은 사람들이 이미 개발해서 정립한 결과를 "수정한" 정도라고 생각했다. 그러나 광양자(光量子, light-quantum)의 개념은 오로지 자신에 의해서 개발된 전혀 새로운 것으로 과거의 물리학에서 가장 확실하게 벗어난 것이라고 생각했다. 심지어 아마추어 물리학자에게도 신성모독적으로 느껴질 정도로 과격한 것이었다.

빛이 파동 현상이라는 것은 반세기 이상 보편적으로 인정되어왔던 사실이었다. 아인슈타인은 「빛의 생성과 변환에 대한 발견적 견해」라는 논문을 통해서 빛이 파동이 아니라 입자형의 양자(量子)로 구성된 것이라는 새로운 아이디어를 제시했다. 플랑크는 흑체 문제를 푸는 과정에서 어쩔 수 없이 에너지가 불연속적인 덩어리인 양자로 흡수되거나 방출된다는 아이디어를 도입했다. 그러나 다른 사람들과 마찬가지로, 전자기 복사 자체는 물질과 상호작용하는 과정에서 에너지를 교환하는 메커니즘에 상관없이 연속적인 파동 현상이라고 믿었다. 그런데 아인슈타인의 혁명적인 "견해"에서는 빛을 포함한 모든 전자기 복사가 파동적인 것이 아니라 작은 조각인 광양자로 쪼개져 있다는 것이다. 그후 20년 동안 그가 제시한 광양자를 믿는 사람은 아무도 없었다.

처음부터 아인슈타인은 힘겨운 투쟁을 해야 한다는 사실을 알았다. 앞의 논문의 제목에도 "발견적 견해(On a Heuristic Point of View)"라는 표현을 써서 그런 사실을 적극적으로 알리려고 했다. 『간편 옥스퍼드 영어 사전』에 정의된 "발견적(heuristic)"이라는 단어는 "발견하는 역할을 한다"는 뜻이다. 그가 물리학자들에게 전달하려고 했던 것은 기본 법칙으로부터 유도하여 완전히 정리된 이론이 아니라 빛에 대해서 설명하지 못했던 것을 설명하는 방법에 대한 것이었다. 그의 논문은 그런 이론을 향한 이정표였다. 그러나 그런 주장은 오래 전부터 정립되었던 빛의 파동이론과 정반대 방향에 있는 목표를 향해서 떠날 준비를 하지 못한 사람들에게는 몹시 부담스러운 것이었다.

3월 18일부터 6월 30일 사이에 『물리학 연보』에 접수된 아인슈타인의 논문 4편은 물리학의 모습을 바꿔놓기 시작했다. 놀랍게도 그는 그해에 21편의 서평을 학술지에 발표할 정도의 시간과 에너지를 가지고 있었다. 하비히트에게 미리 말하지 않았던 것으로 보면, 그의 다섯 번째 논문은 우연히 생각이 나서 발표하게 된 것처럼 보인다. 그 논문에는 거의 모든 사람들이 알게 된 $E = mc^2$이라는 공식이 들어 있었다. 그는, 영광스러운 베른에서 1905년의 봄과 여름 동안 숨 막힐 정도로 계속 논문을 쏟아낸 창조성의 폭발을 "내 마음속에서 폭풍이 빠져나갔다"고 표현했다.[8]

『물리학 연보』의 이론물리학 자문위원이었던 막스 플랑크도 「움직이는 물체의 전기동력학에 대하여」라는 논문을 가장 먼저 읽은 사람 중 한 사람이었다. 플랑크는 곧 바로 그 논문을 이해했다. 훗날 상대성이론(the theory of relativity)이라는 이름을 붙인 사람은 아인슈타인이 아니라 플랑크였다. 플랑크는 빛의 양자 논문에 대해서 전혀 다른 생각을 하고 있었지만, 아인슈타인의 논문을 발표하도록 허락했다. 그런 과정에서 플랑크는 고상하면서도 터무니없는 능력을 가진 낯선 물리학자의 정체에 대해서 궁금하게 여기게 되었던 것이 분명하다.

알베르트 아인슈타인이 태어난 독일 서남부의 다뉴브 강변에 있는 도시는 중세부터 "울름 사람들은 모두 수학자이다"라는 독특한 구호를 써왔다. 울름은 1879년 3월 14일에 탄생한 과학 천재의 전형이 될 사람에게 적절한 출생지였다. 그의 어머니는 뒤통수가 너무 크고 일그러진 갓난 아들이 기형이 아닐까 걱정했다. 나중에는 말을 하기까지 너무 오래 걸려서 혹시 그가 커서도 말을 하지 못하는 것이 아닌지 걱정했다. 아인슈타인은 1881년 11월에 유일한 형제였던 여동생 마야가 태어난 후에야 말을 하기 시작했다. 그러나 그는 소리를 내어 말을 하기 전에 자신이 하고 싶은 모든 문장을 완벽하게 외울 때까지 작은 소리로 반복하는 이상한 습관을 가지게 되었다. 그의 부모 헤르만과 파울리네에게는 다행스럽게도, 그는 일곱 살이 되면서 정상적으로 말을 하기 시작했다. 헤르만이 동생 야콥과 함께 전기회사를 운영하기 위해서 그의 가족을 뮌헨으로 이사시키고 6년이 지난 후였다.

뮌헨의 유대인 사립학교가 모두 문을 닫고 10년이 지난 후였던 1885년 10월에 여섯 살의 아인슈타인은 집에서 가장 가까운 학교에 입학했다. 독일 가톨릭의 중심부였던 뮌헨에서 종교 교육이 교육 과정에 포함되어 있는 것은 조금도 놀랄 일이 아니었다. 그러나 훗날 그는 교사들이 "진보적이었고, 어떠한 종교적 차별도 하지 않았다"고 기억했다.[9] 교사들은 진보적이고 너그러웠지만, 독일 사회에 번지고 있던 반(反)유대인 정서는 깊이 숨겨져 있지 않았다. 심지어 교실에서도 그랬다. 아인슈타인은 종교 시간의 교사가 학생들에게 유대인들이 어떻게 예수를 십자가에 못 박았는지를 가르쳐준 일을 평생 잊지 못했다. 훗날 아인슈타인은 "아이들 사이에 반유대인 정서가 살아 있었고, 특히 초등학교에서 그랬다"고 기억했다.[10] 그에게 학교 친구가 거의 없었던 것은 놀라운 일이 아니었다. 그는 1930년에 "나는 정말 외로운 여행자였고, 한번도 국가나 가족이나 친구나 심지어 가족에게도 진심으로 소속되어본 적이 없었다"고 했다. 그는 자신을 단두마차(單頭馬車, Einspänner)라고 불렀다.

학생 시절의 그는 혼자 공부하기를 좋아했고, 트럼프로 높은 집을 짓는 놀이를 즐겼다. 열 살에 이미 14층 높이의 트럼프 집을 지을 정도의 인내와 끈기를 보였다. 그는 이미 그의 가장 중요한 기질로 자리를 잡은 그런 성격 덕분에 다른 사람들이라면 포기했을 때에도 자신의 과학적 아이디어를 끈질기게 고집할 수 있었다. 그는 훗날 자신에 대해서 "신이 나에게 노새의 고집과 상당히 예리한 향기를 주었다"고 했다.[11] 사람들은 쉽게 동의하지 않겠지만, 아인슈타인은 자신이 특별한 재능이 아니라 열정적인 호기심을 가지고 있다고 믿었다. 그러나 다른 사람들도 가지고 있는 그런 기질이 그의 고집과 결합된 덕분에 동료들은 물어보지도 말라고 배운 참으로 유치한 질문에 대한 답을 찾기 위해서 끈질기게 노력할 수 있었다. 광선에 올라타면 어떨까? 그가 10년이 넘는 세월 동안 상대성이론에 매달리게 된 것도 그런 질문에 대한 답을 찾으려던 노력의 결과였다.

1888년에 아홉 살이었던 아인슈타인은 루이트폴트 김나지움에 입학했다. 훗날 그는 그 시절이 자신에게 가장 혹독했던 것으로 기억했다. 어린 시절의 막스 플랑크는 엄격한 군대식 암기 교육을 즐겼지만, 아인슈타인은 그렇지 못했다. 교사와 권위적 교육 방법은 물론이고 인문학에 집중되어 있던 교육 과정에 대해서도 아쉬워했지만, 그의 학업 성적은 뛰어났다. "그에게는 아무것도 기대할 수 없다"고 지적한 교사도 있었지만, 그는 라틴어에서 최고 점수를 받았고, 그리스어의 성적도 좋았다.[12]

폴란드 출신의 가난한 의대 학생이 그에게 미친 교육적인 영향은 학교에서는 물론이고 가정에서의 음악 교습에서도 강조되던 숨 막힐 듯했던 기계적인 분위기와 대비되는 것이었다. 알베르트가 열 살이었을 때, 숙부였던 스물한 살의 막스 탈무드는 매주 목요일마다 아인슈타인 가족과 함께 저녁 식사를 했다. 안식일에 가난한 종교 학자를 초청해서 점심 식사를 하는 유대인의 오랜 전통을 자신들에게 맞도록 수정한 관행이었다. 탈무드는 강한 탐구심을 가진 어린 소년과 마음이 상통한다는 사실을 깨달았다. 얼마 지나지 않아 탈무드가 그에게 읽으라고 가져다주거나 추천해준 책에 대해서 그들은 몇 시간씩 토론하기 시작했다. 아인슈타인이 "어린 시절의 종교적 천국"이라고 부르던 시절은 두 사람이 교양과학에 대한 책을 읽기 시작하면서 막을 내렸다.[13]

몇 년 동안 가톨릭 학교를 다니고, 집에서는 친척으로부터 유대교에 대해서 교육받은 것이 효과가 있었다. 세속적인 부모에게는 놀랍게도, 아인슈타인은 스스로 "깊은 종교성"이라고 불렀던 자질을 갖추게 되었다. 그는 돼지고기를 먹지 않았고, 학교 가는 길에 신앙의 노래를 부르고, 창조론에 대한 성경 이야기를 기정사실로 받아들였다. 그러나 그는 과학에 대한 책에 빠져들면서 성경의 대부분이 진실이 아닐 수 있다는 사실을 깨달았다. 그는 그런 깨달음을 통해서 소위 "정부가 의도적인 거짓말로 어린 아이들을 속이고 있다는 인식과 함께 광적인 자유사상"을 가지게 되었다.[14] 평생 동안 모든 권위를 의심하던 씨앗이 뿌려진 것이다. 그는 "종교적 천국"을 잃어버리게 된 것을 "소망과 희망과 원시적 감정에 의해서 지배되는 '단순히 개인적인 존재'"로부터 벗어나기 위한 최초의 시도라고 생각했다.[15]

그는, 한 권의 종교 교리서의 가르침에 대한 믿음을 잃어버린 대신 자신의 세속적인 작은 기하학 책의 신비와 경이를 경험하기 시작했다. 아직 초등학교에 다니던 그에게 야콥 숙부가 대수학의 기초를 소개해주면서 숙제를 내주기 시작했다. 탈무드가 유클리드 기하학 책을 주었을 때, 아인슈타인은 이미 보통 열두 살 소년에게서 기대하기 어려운 수준으로 수학에 익숙해져 있었다. 탈무드는 아인슈타인이 책을 읽으면서 법칙을 증명하고, 문제를 풀어가는 속도에 놀랐다. 그는 학교에서 다음 학년에 배울 수학을 여름 방학 동안에 완전히 익힐 정도로 열정적이었다.

아인슈타인은 아버지와 숙부가 전기 사업에 종사한 덕분에 언제나 독서를 통해서 과학을 배울 수 있었고, 과학을 응용해서 만들 수 있는 기술도 쉽게 경험할 수 있었다. 사실 아인슈타인이 스스로 깨닫지도 못하는 사이에 그에게 과학의 경이와 신비를 소개해준 것은 그의 아버지였다. 어느 날 헤르만 아인슈타인은 고열로 침대에 누워 있던 아들에게 나침반을 보여주었다. 바늘의 움직임을 기적처럼 여겼던 다섯 살의 소년은 "사물에는 깊이 숨겨진 무엇이 있는 것이 분명하다"는 생각에 몸이 떨리면서 오싹해지는 경험을 했다.[16]

아인슈타인 형제의 전기 사업은 처음에는 성공적이었다. 그들은 전력 장치를 생산하던 사업을 그만두고 전력과 조명 네트워크를 구축하는 사업을 시작했다. 뮌헨의 유명한 10월 축제를 위한 최초의 전기 조명 시설을 설치하는 계약에 성공을 했을 때는 미래가 밝아 보였다.[17] 그러나 결국에는 지멘스나 AEG와 같은 대기업에 밀려나게 되었다. 거대 기업의 그늘 속에서도 성공적으로 생존하던 작은 전력회사들도 많았지만, 그런 환경에서 살아남기에 야콥은 지나치게 야심찼고, 헤르만은 너무 우유부단했다. 실패를 인정할 수 없었던 형제는 이제 막 전기 공급이 시작되고 있던 이탈리아에서 다시 시작을 해보기로 결정했다. 1894년 6월에 아인슈타인 가족은 밀라노로 이사를 했다. 자신이 싫어했던 학교에서 남은 3년의 학업을 마치기로 한 열다섯 살의 알베르트는 먼 친척에게 맡겨졌다.

그는 부모를 위해서 뮌헨에서 모든 일이 잘되어가는 것처럼 행동했다. 그러나 시간이 지나면서 그는 강제 징집 문제에 대해서 걱정하기 시작했다. 아인슈타인이 열일곱 살 생일까지 독일에 남아 있게 된다면 독일 법에 따라서 군대에 입대해야만 했다. 군대에 입대하지 않으면 기피자 신세가 된다. 홀로 우울하게 지내던 생활에서 도망칠 궁리를 하던 그에게 갑자기 완벽한 기회가 찾아왔다.

아인슈타인이 결코 아무것도 성취할 수 없을 것이라고 생각했던 그리스어 교사 데겐하르트 박사가 그의 담임교사가 되었다. 열띤 논쟁을 벌이던 데겐하르트는 아인슈타인에게 학교를 떠나야 한다고 말했다. 더 이상 기대할 것이 없었던 그는 자신이 탈진해서 회복을 위한 휴식이 필요하다는 진단서를 발급받았고, 그것을 핑계로 학교에서 자퇴를 했다. 아인슈타인은 수학 교사로부터 졸업에 필요한 수준의 수학을 배웠다는 증명서를 발급받았다. 그는 가족이 떠난 후 여섯 달 만에 알프스를 넘어 이탈리아로 갔다.

부모가 그를 설득하려고 노력했지만, 아인슈타인은 뮌헨으로 돌아가기를 거부했다. 그는 다른 계획을 가지고 있었다. 그는 밀라노에 머물면서 이듬해 10월 사람들이 폴리(poly)라고 부르던 취리히 공과대학의 입학시험을 준비하고 싶어했다. 이 학교는 1854년에 개교해서 1911년에 스위스 연방공과대학(ETH)으로 이름을 바꾸었는데, 독일의 좋은 대학만큼 유명하지는 않았지만, 김나지움을 졸업하지 않아도 입학할 수가 있었다. 아인슈타인은 입학시험에 합격하기만 하면 된다고 부모를 설득했다.

그들은 아들이 생각하고 있는 또다른 계획에 대해서도 알게 되었다. 그는 제국의 군대에 입대하지 않기 위해서 독일 국적을 포기하려고 했다. 그러나 아인슈타인은 국적을 포기하기에는 나이가 너무 어렸기 때문에 아버지의 동의가 필요했다. 헤르만은 절차에 따라서 동의를 했고, 공식적으로 당국에 자신의 아들을 놓아줄 것을 요청했다. 알베르트가 3마르크를 내면 독일 국적을 포기하게 된다는 공식 통보를 받은 것은 1896년 1월이었다. 그후 스위스 국적을 얻기까지 5년 동안 그는 법적으로 무국적 상태였다. 훗날 유명한 평화주의자가 된 아인슈타인은 새 국적을 취득한 후, 자신의 22번째 생일 바로 전날이었던 1901년 3월 13일에 스위스 병역 문제 때문에 신체검사장에 나타났다. 다행히 그는 다한성 편평족(多汗性扁平足)과 확장사행정맥(擴張蛇行靜脈) 때문에 입대에 적절하지 못하다는 판정을 받았다.[18] 뮌헨에서의 청소년 시기에 그를 괴롭히던 것은 군대에 가야 한다는 사실이 아니라 자신이 증오했던 독일제국의 군국주의를 위해서 회색 제복을 입어야 한다는 사실이었다.

"이탈리아에서 몇 달 동안 행복하게 지냈던 것이 가장 아름다운 기억이다." 50년이 지난 후에도 아인슈타인은 새로 경험하게 된 당시의 자유분방한 생활을 그렇게 기억했다.[19] 아인슈타인은 아버지 형제의 전기 사업을 돕고, 친구와 가족을 방문하기 위해서 이곳저곳을 여행했다. 1895년 여름에 아인슈타인 가족은 밀라노 남쪽의 파비아로 이사했다. 형제는 다시 문을 닫기까지 1년 정도 새 공장을 운영했다. 그런 혼란 속에서도 아인슈타인은 열심히 준비했지만, 폴리의 입학시험에서 떨어지고 말았다. 그러나 수학과 물리학 성적이 뛰어나다는 사실을 알게 된 물리학 교수가 그에게 강의를 청강하도록 허락해주었다. 감질 나는 제안이었지만, 아인슈타인은 그의 제안을 받아들였다. 그러나 언어, 문학, 역사의 성적이 매우 나빴던 그에게 폴리의 책임자는 고등학교에서 1년을 더 공부할 것을 요구하면서 스위스의 한 학교를 추천했다.

10월 말에 아인슈타인은 취리히에서 서쪽으로 48킬로미터 떨어진 아라우 마을에 있었다. 이 마을에 있는 진보적 학풍의 아르가우 주립학교는 아인슈타인이 잘 적응할 수 있는 활기찬 분위기를 제공했다. 고전 교사의 집에서 기숙했던 경험도 잊을 수 없는 기억으로 남게 된다. 요스트 빈텔러와 그의 아내 파울리네는 세 딸과 네 아들에게 자유사상을 강조했고, 매일 저녁 식사는 언제나 활기차고 떠들썩했다. 그는 얼마 지나지 않아 빈텔러 부부를 양부모로 삼아서 그들을 "아빠 빈텔러"와 "엄마 빈텔러"로 불렀다. 성인이 된 아인슈타인은 고독한 여행자로 살아가는 것에 대해서 여러 가지 이야기를 했지만, 어린 시절에는 자신을 돌봐주고 챙겨줄 사람이 필요했던 것이다. 1896년 9월에 다시 입시의 계절이 돌아왔다. 어렵지 않게 합격을 한 아인슈타인은 취리히의 연방공과대학으로 향했다.[20]

"행복한 사람은 현재에 너무 만족함으로써 미래에 대해서 충분히 생각하지 못한다." 아인슈타인은 2시간에 걸친 프랑스어 시험에 제출한 "나의 미래 계획"이라는 짧은 글의 첫 머리에 그렇게 적었다. 그러나 추상적인 사고를 좋아했고, 현실 감각이 부족했던 그는 수학과 물리학 교사의 길을 선택했다.[21] 아인슈타인은 1896년 10월에 폴리의 수학 및 과학 특별교사 양성학과에 입학한 11명의 신입생 중 가장 나이 어린 학생이 되었다. 그는 수학과 과학 교사 자격 취득을 준비하는 5명 중 한 명이었다. 그들 중 유일한 여성이 미래에 그의 아내가 된다.

알베르트의 친구들은 그가 밀레바 마리치에게 매력을 느끼는 이유를 이해할 수 없었다. 헝가리 출신의 세르비아인이었던 그녀는 알베르트보다 네 살이나 나이가 많았고, 어린 시절에 앓았던 결핵 때문에 다리를 조금 절었다. 그들은 첫 해에 필수 수학 강의 다섯 과목을 함께 수강했다. 물리학 강의는 한 과목을 수강했다. 뮌헨에서는 경전처럼 생각했던 작은 기하학 책을 좋아했던 아인슈타인이 이제는 더 이상 수학에 흥미를 느끼지 못했다. 폴리에서 그의 수학 교수였던 헤르만 민코스프스키는 아인슈타인이 "게으른 개"였다고 기억했다. 훗날 아인슈타인의 고백에 따르면, 그것은 무관심이 아니라 "물리학의 기본 법칙에 대한 심오한 지식에 접근하는 것이 가장 정교한 수학적 방법과 연관되어 있다"는 사실을 알아차리지 못했기 때문이었다.[22] 그는 훗날 연구 경험을 통해서야 어렵게 그런 사실을 알게 되었다. 그는 "훌륭한 수학 교육"을 받기 위해서 더 열심히 노력하지 않았던 것을 후회했다.[23]

다행히 아인슈타인과 밀레바와 함께 수학 강의를 들었던 세 학생 중 한 사람이었던 마르셀 그로스만이 다른 학생들보다 수학을 더 잘했고, 더 열심히 공부를 했다. 훗날 아인슈타인이 일반상대성이론을 정립하기 위해서 필요했던 수학과 씨름하는 과정에서 도움을 청했던 사람이 바로 그로스만이었다. 가까운 친구가 된 두 사람은 "눈을 뜨고 있는 젊은 사람들이 관심을 가질 만한 모든 것"에 대해서 서로 이야기를 나누기 시작했다.[24] 아인슈타인보다 한 살이 많았던 그로스만은 사람을 볼 줄 아는 예리한 판단력을 가진 학생이었다. 그는 자신이 좋아하게 된 아인슈타인을 집으로 데려가서 부모에게 인사를 시켰다. 그리고 "이 아인슈타인은 언젠가 아주 위대한 사람이 될 것"이라고 소개를 했다.[25]

그가 1898년 10월의 중간시험에 합격한 것은 그로스만의 훌륭한 노트 덕분이었다. 훗날 아인슈타인은 그로스만의 도움이 없었더라면, 강의를 자주 빼먹었던 자신에게 무슨 일이 일어났을지 상상도 할 수 없었다고 말했다. 그러나 상황은 하인리히 베버의 물리학 강의가 시작되면서 완전히 달라졌다. 아인슈타인은 "강의를 들을 때마다 다음 강의를 애타게 기다렸다."[26] 50대 중반이었던 베버는 학생들에게 물리학을 살아 움직이는 것처럼 가르쳤고, 아인슈타인도 그가 열역학에 대해서 "대단히 숙달된" 강의를 했다고 인정했다. 그러나 그는 베버가 맥스웰의 전자기학이론이나 최신 연구에 대해서 가르쳐주지 않은 것에는 실망했다. 그리고 아인슈타인의 유아독존적인 성격과 남을 업신여기는 듯한 태도가 교수들과의 사이를 소원하게 만들었다. 베버는 그에게 "자네는 똑똑한 청년이야"라고 했다. "그러나 자네에겐 심각한 문제가 있어. 다른 사람의 이야기를 들으려 하지 않는다는 점이야."[27]

그는 1900년 7월의 마지막 시험에서 5명 중 4등을 했다. 아인슈타인은 시험에 심한 부담을 느꼈고, 결국 "1년 동안 내게는 어떤 과학 문제든지 생각만 해도 입맛이 떨어질 정도였다"고 할 정도로 부정적인 영향을 받았다.[28] 5등을 한 밀레바는 동급생들 중에서 유일하게 낙제를 한 학생이었다. 서로를 다정하게 "요혼젤(요니)"과 "독세를(돌리)"이라고 부르던 두 사람에게는 충격적인 일이었다. 곧 다른 일도 이어졌다.

아인슈타인에게 미래의 학교 교사는 더 이상 매력적인 직업이 아니었다. 취리히에서 4년을 지내는 동안 그에게 새로운 꿈이 생겼다. 이제 그는 물리학자가 되고 싶었다. 그러나 가장 뛰어난 학생이라도 대학에서 전임 교수직을 얻기는 어려웠다. 폴리의 교수 중 누군가의 조교가 되는 것이 첫 단계였다. 그러나 아무도 아인슈타인을 원하지 않았다. 아인슈타인은 다른 대학을 찾아보기 시작했다. 그는 부모의 집에 있었던 1901년 4월에 밀레바에게 쓴 편지에서 "나는 이제 곧 북해에서 이탈리아 남쪽 끝에 이르는 모든 지역의 물리학자들에게 내 제안을 받을 수 있는 영광을 베풀 것이다"라는 편지를 보냈다.[29]

그런 영광을 경험한 사람들 중 한 사람이 바로 라이프치히 대학교의 화학자 빌헬름 오스트발트였다. 아인슈타인은 두 번이나 편지를 보냈지만, 답장을 받지는 못했다. 그의 아버지는 아들이 절망에 빠져 있는 것을 두고 보기가 어려웠다. 당시에는 물론이고 나중에도 알베르트에게는 알리지 않은 채 헤르만이 직접 나섰다. 그는 오스트발트에게 "아들을 위해서 존경하는 교수님에게 용기를 내어 도움을 청하는 아버지를 용서해주시기 바랍니다"라고 시작하는 편지를 보냈다.[30] "그를 평가할 수 있는 위치에 있는 사람들은 모두 그의 재능을 칭찬합니다. 어쨌든 저는 제 아이가 놀라울 정도로 학구적이고 부지런하고 과학에 대한 애정을 가지고 있다고 교수님에게 보장할 수 있습니다."[31] 그러나 아버지의 진심어린 호소에도 답장은 없었다. 훗날 오스트발트는 아인슈타인을 노벨상 후보를 지명하는 첫 번째 인물이 된다.

아인슈타인은, 자신이 조교 자리를 얻지 못한 이유가 유대인에 대한 거부감 때문일 수도 있지만, 사실은 베버의 나쁜 추천서 때문일 것이라고 믿었다. 점점 더 실의에 빠져들고 있을 때, 보수도 좋고 괜찮은 직장이 생길 것 같다는 그로스만의 편지가 도착했다. 아인슈타인의 어려운 사정을 전해들은 그로스만의 아버지는 자신의 아들이 그렇게 높이 평가하는 젊은이를 도와주고 싶었다. 그는 베른의 스위스 특허사무소 소장이었던 친구 프리드리히 할러에게 아인슈타인을 적극적으로 추천했다. 아인슈타인은 마르셀에게 "어제 자네의 편지를 받고, 박복하지만 자네의 오랜 친구로서 절대 잊을 수 없는 자네의 헌신과 열정에 깊은 감동을 받았다"는 답장을 보냈다.[32] 무국적 상태로 5년을 지낸 아인슈타인은 얼마 전에야 스위스 국적을 취득했고, 그것이 직장을 얻는 데에 도움이 될 것이라고 믿었다.

그에게도 드디어 행운이 찾아오기 시작했다. 그는 취리히에서 32킬로미터도 떨어지지 않은 작은 도시인 빈터투르에 있는 학교의 임시 교사직을 수락했다. 오전에 대여섯 시간을 가르치고 나면 오후에는 자유롭게 물리학을 공부할 수 있는 자리였다. "제가 이런 직업에 대해서 얼마나 행복하게 느끼는지는 말로 표현할 수가 없습니다." 그는 빈터투르에서 떠나기 직전에 아빠 빈텔러에게 편지를 썼다. "지금도 저는 저 자신이 과학 연구를 위한 충분한 힘과 의욕을 가지고 있다는 사실을 알고 있기 때문에 대학의 자리를 얻겠다는 꿈은 완전히 포기했습니다."[33] 그러나 얼마 지나지 않아 밀레바가 임신했다는 사실을 알게 되면서 그의 힘은 시험대에 오르게 되었다.

폴리의 시험에서 두 번째로 떨어진 밀레바는 출산을 위해서 헝가리의 부모에게 돌아간 후였다. 아인슈타인은 임신 소식을 침착하게 받아들였다. 보험회사 직원이 될 생각까지 했던 그는 이제 결혼을 위해서 하찮은 직장이라도 찾아야만 했다. 딸이 태어났을 때 아인슈타인은 베른에 있었다. 그는 리제를을 한번도 보지 못했다. 그녀에게 무슨 일이 일어났는지, 그녀가 입양되었는지, 아니면 어려서 사망했는지는 아직도 분명하게 밝혀지지 않고 있다.

1901년 12월에 프리드리히 할러는 아인슈타인에게 공고가 날 예정인 특허사무소의 빈자리에 응모해볼 것을 권하는 편지를 보내왔다.[34] 크리스마스 전에 원서를 제출한 아인슈타인은 마침내 종신 직장을 찾게 되었다고 믿었다. 그는 밀레바에게 "나는 언제나 가까운 미래에 우리에게 행운이 찾아올 것이라고 기대하고 있다"는 편지를 보냈다. "우리가 베른에서 얼마나 넉넉한 생활을 하게 될 것인지에 대해서 이미 말했던가?"[35] 모든 것이 곧바로 안정될 것이라고 확신했던 아인슈타인은 샤프하우젠의 사립 기숙학교에서 시작했던 1년 임기 강사직을 몇 달 만에 그만두었다.

아인슈타인이 1902년 2월의 첫 주일에 도착했던 베른에는 6만 명의 주민이 살고 있었다. 구시가지 지역의 중세식 우아함은 도시의 절반이 불에 타고 나서 복원된 후 500년 동안 거의 변하지 않았다. 아인슈타인이 숙소로 정한 곳은 유명한 곰 동물원에서 멀지 않으면서 중세식 우아함이 남아 있던 게레흐티크카이트가세였다.[36] 밀레바에게 말했듯이, 월세가 23프랑이었던 그의 숙소는 정말 "크고 아름다운 방"이었다.[37] 가방을 풀고 난 아인슈타인은 수학과 과학을 가르치는 가정교사 광고를 내기 위해서 지역 신문사를 찾아갔다. 광고는 2월 5일 수요일 신문에 실렸고, 무료로 시험 강의를 해주겠다는 제안도 포함되어 있었다. 며칠 만에 소득이 있었다. 학생들 중 한 사람은 당시의 가정교사를 이렇게 기억했다. "키는 177센티미터이고, 어깨가 넓고, 약간 웅크리는 자세이고, 옅은 갈색 피부와 감각적인 입에 검은 수염과 매부리코를 가지고 있었고, 빛나는 갈색 눈과 유쾌한 목소리로 정확하지만 약간의 억양이 있는 프랑스어를 쓴다."[38]

루마니아 출신의 젊은 유대인 모리스 솔로빈은 길을 걸으면서 신문을 읽다가 우연히 광고를 보았다. 베른 대학교의 철학과 학생이었던 솔로빈은 물리학에도 관심이 많았다. 수학 실력이 모자라 물리학을 깊이 이해하지 못하는 어려움을 겪고 있던 그는 즉시 신문에 난 주소를 찾아갔다. 솔로빈이 벨을 눌렀고, 아인슈타인은 마음에 드는 사람을 발견했다. 학생과 가정교사는 2시간 동안 이야기를 나누었다. 그들은 여러 가지 공통의 관심사를 가지고 있었고, 30분 동안 이야기를 나누면서 산책을 하고 나서 다음날 다시 만나기로 약속했다. 다음날 다시 만난 그들은 아이디어를 탐구하는 재미에 빠져버렸고, 체계적인 강의에 대한 생각은 완전히 잊어버렸다. 사흘째가 되는 날, 아인슈타인은 그에게 "사실 당신은 물리학 교습을 받을 필요가 없어요"라고 말했다.[39] 두 사람은 곧바로 친구가 되었다. 솔로빈은 주제나 문제를 명쾌하게 제시하려고 노력하는 아인슈타인을 좋아했다.

솔로빈은 아인슈타인에게 책을 정해서 함께 읽고 논의를 하자고 제안했다. 어린 시절 뮌헨에서 막스 탈무드와 함께 비슷한 경험을 했던 아인슈타인은 그의 제안을 훌륭한 아이디어로 받아들였다. 곧 콘라트 하비흐트도 합류했다. 아인슈타인이 샤프하우젠의 기숙학교에서 잠깐 동안 교사로 일하던 때의 친구였던 하비흐트는 대학에서의 수학 논문을 완성하기 위해서 베른으로 이사를 왔다. 오직 자신들의 만족을 위해서 물리학과 철학 문제를 공부하고 이해하려는 열정으로 뭉친 세 사람은 자신들의 모임을 "올림피아 아카데미"라고 부르기 시작했다.

할러는 자신의 친구가 적극적으로 추천해준 아인슈타인의 능력을 직접 확인해야만 했다. 온갖 종류의 전기 장치에 대한 특허 신청이 빠르게 늘어나면서 친구에게 베푸는 호의보다는 기술자들과 함께 일할 수 있는 유능한 물리학자를 채용하는 것이 더 절박했기 때문이다. 아인슈타인은 할러를 충분히 감동시켰고, 잠정적으로 3,500스위스 프랑의 봉급이 주어지는 "3급 기술전문직"으로 임용되었다. 1902년 6월 23일 아침 8시에 아인슈타인은 "존경스러운 스위스 연방의 잉크 낭비 관리"로서 첫 출근을 했다.[40]

할러는 아인슈타인에게 "당신은 물리학자여서 청사진을 읽을 줄 모른다"고 지적했다.[41] 그가 기술제안서를 읽고 평가할 수 있을 때까지는 종신계약은 없을 것이라고 했다. 할러는 자신의 생각을 명백하고, 간결하고, 정확하게 표현하는 기술을 포함해서 그가 알아야 할 것을 직접 아인슈타인에게 가르쳐주었다. 어린 시절이나 학생 때는 가르침을 받는 것을 결코 좋아하지 않았던 그였지만, 이제는 "훌륭하고 영리한 인물"인 할러로부터 모든 것을 배워야 한다는 사실을 알고 있었다.[42] 아인슈타인은 "그의 거친 행동에 익숙해지고 있다"고 말했다. "나는 그를 아주 높이 평가한다."[43] 그가 스스로의 진가를 발휘하게 되자, 할러도 역시 자신의 젊은 제자를 대단한 직원으로 인정하게 된다.

1902년 10월에 고작 쉰다섯 살이었던 그의 아버지가 중병에 걸렸다. 아인슈타인은 마지막으로 아버지를 보기 위해서 이탈리아로 갔다. 헤르만은 숨을 거두기 직전에야 알베르트에게 밀레바와의 결혼을 허락해주었다. 그와 파울리네는 오랫동안 그들의 결혼을 반대했었다. 아인슈타인과 밀레바는 다음 해 1월에 솔로빈과 하비히트가 증인으로 참석한 가운데 베른 등기소에서 시민 결혼을 했다. 훗날 아인슈타인은 "결혼은 뜻하지 않았던 사고를 수습해보려는 실패한 시도"라고 말했다.[44] 그러나 1903년에는 자신을 위해서 요리하고, 청소하고, 돌봐주는 아내를 가진 것만으로도 행복했다.[45] 밀레바는 더 많은 것을 기대했다.

특허사무소의 근무 시간은 일주일에 48시간이었다. 아인슈타인은 월요일에서 토요일까지 매일 아침 8시에 출근해서 정오까지 일을 했다. 그리고 집이나 근처 카페에서 친구들과 함께 점심을 했다. 그리고 2시에 사무실로 돌아와서 다시 6시까지 일했다. 그는 하비히트에게 "매일 8시간 동안 노닥거릴 수 있고, 그리고 일요일도 있다"고 말했다.[46] 아인슈타인의 "임시직" 자리가 종신직으로 바뀌고, 봉급도 400프랑이 인상된 것은 1904년 9월이었다. 1906년 봄에는 "기술적으로 매우 어려운 특허 신청을 다루는" 아인슈타인의 능력에 크게 감동한 할러는 그를 "사무실에서 중요한 전문가 중 한 사람"으로 평가했다.[47] 그는 2급 기술전문직으로 승진했다.

아인슈타인은 특허사무소의 일자리가 자신에게 돌아올 것이라고 기대하면서 베른에 도착한 직후에 밀레바에게 "내가 살아 있는 한 할러에게 감사할 것이오"라는 편지를 보냈다.[48] 그리고 실제로 그랬다. 그러나 그것은 할러와 특허사무소가 그에게 미친 영향의 정도를 인식한 훨씬 후의 일이었다. 사실 그는 "나는 죽지는 않았지만 정신적으로는 성장할 수 없었다"고 불평을 했었다.[49] 할러는 모든 특허 신청에 대해서 어떠한 법적 이의 제기도 불가능할 정도로 철저하게 평가할 것을 요구했다. 그는 아인슈타인에게 "신청서를 집어들 때는 발명자가 주장하는 모든 것이 틀렸다고 생각하라"고 강조했다. 그렇지 않으면 "발명자의 사고방식에 빠져들어 편견을 가지게 된다. 언제나 철저한 경계심을 유지해야만 한다"고 했다.[50] 아인슈타인은 우연히 자신의 기질에도 맞고, 자신의 능력도 신장시킬 수 있는 일자리를 찾았던 셈이다. 신뢰하기 어려운 도면과 부적절한 기술 자료를 근거로 발명자의 희망과 꿈을 평가하면서도 철저한 경계심을 가져야만 하는 일은 아인슈타인이 좋아하던 물리학에도 도움이 되었다. 그는 자신의 일에서 요구되는 "다면적 사고"를 "진정한 축복"이라고 불렀다.[51]

아인슈타인의 친구이고 동료 이론물리학자인 막스 보른은 "그는 다른 사람들이 보지 못하는 눈에 잘 띄지 않는 평범한 사실에 감추어진 의미를 파악하는 재능을 가지고 있다"고 했다. "그가 우리 모두와 다른 점은 수학적 재능이 아니라 자연의 작동에 대한 묘한 통찰력이었다."[52] 아인슈타인은, 자신의 수학적 통찰력이 "불필요한 잡동사니 지식"으로부터 진정으로 기본적인 것을 구별할 수 있도록 해줄 만큼 충분히 뛰어나지 못하다는 사실을 잘 알고 있었다.[53] 그러나 물리학에 대한 그의 후각은 누구에게도 뒤지지 않았다. 아인슈타인은 자신이 "핵심을 가려내도록 배웠고, 마음을 어지럽게 만드는 모든 것에서 핵심적인 것을 가려내서 구분하도록 배웠다"고 했다.[54]

특허사무소에서의 경험은 그의 후각을 강화시켜주었다. 발명자들이 제출하는 특허 신청서에서처럼, 아인슈타인은 물리학자들이 정립해놓은 자연의 작동에 대한 청사진에서 감지하기 어려운 오류와 모순을 찾아내려고 노력했다. 아인슈타인은 이론에서 어떤 모순을 발견하면, 그 모순을 제거할 수 있는 새로운 대안을 찾아내는 통찰력을 얻을 때까지 끊임없이 탐구했다. 빛이 광양자(光量子)라는 입자의 흐름으로 구성된 것처럼 행동하는 경우도 있다는 그의 "발견적" 법칙도 물리학의 중심에 존재하는 모순을 해결하려는 아인슈타인의 해결책이었다.

아인슈타인은 오래 전부터 모든 것이 원자로 구성되어 있고, 불연속적으로 쪼개진 물질의 조각들이 에너지를 가지고 있다는 주장을 인정하고 있었다. 예를 들면, 기체의 에너지는 기체를 구성하는 개별 원자의 에너지를 합친 것이 된다. 그러나 빛의 경우에는 사정이 전혀 달랐다. 맥스웰의 전자기이론이나 그밖의 다른 파동이론에 따르면, 광선의 에너지는 빛의 부피가 점점 증가하면서 연속적으로 퍼져나간다. 연못에 돌이 떨어지면 파동이 바깥쪽으로 넓게 퍼져나가는 것과 마찬가지이다. 아인슈타인은 그것을 "심오한 형식적 차이"라고 불렀고, 그의 "다면적 사고"를 자극하는 그런 차이 때문에 불편했다.[55] 그는 빛이 불연속적인 양자로 구성되어 있다고 생각하면, 물질의 불연속성과 전자기 파동의 연속성 사이에 나타나는 괴리가 해결된다는 사실을 깨달았다.[56]

아인슈타인은 흑체 복사법칙에 대한 플랑크의 유도 과정을 검토하다가 광양자의 아이디어를 떠올렸다. 그는 플랑크가 찾아낸 공식이 옳다는 것은 알았지만, 그의 유도 과정에는 아인슈타인이 언제나 의심하던 문제가 포함되어 있었다. 본래 플랑크는 전혀 다른 공식을 얻었어야만 했다. 그러나 자신이 어떤 공식을 찾고 있는지를 알았던 플랑크는 유도 과정을 자신이 원하는 결과와 부합하도록 손질했다. 아인슈타인은 플랑크가 길을 잃어버린 곳을 정확하게 찾아냈다. 플랑크는 실험 결과와 완벽하게 일치한다고 믿었던 공식을 정당화시키려고 애썼던 탓에 자신이 사용한 아이디어와 방법을 일관되게 적용하지 못했던 것이다. 플랑크가 그런 실수를 저지르지 않았더라면, 실험과 일치하는 공식을 얻을 수 없었다는 것이 아인슈타인의 결론이었다.

플랑크는 자신이 찾은 공식이 사실 1900년 6월 레일리 경이 처음 제안했던 것과 똑같다는 사실도 알지 못했다. 그 당시 플랑크는 원자의 존재를 믿지 않았기 때문에 레일리가 에너지 등분배법칙(等分配法則, equipartition theorem)을 사용한 것을 못마땅해했다. 원자는 오직 위와 아래, 앞과 뒤, 오른쪽과 왼쪽의 세 방향으로만 움직일 수 있다. "자유도(自由度, degree of freedom)"라고 부르는 세 가지 방향은 원자가 에너지를 받아들이거나 저장할 수 있는 독립적인 방법을 뜻한다. 2개 이상의 원자로 구성된 분자는 이런 세 종류의 "병진(竝進)" 운동 이외에도 원자들을 연결시키는 가상적인 축에 대한 세 종류의 회전 운동까지 포함해서 모두 6개의 자유도를 가진다. 등분배법칙에 따르면, 기체의 에너지는 분자들 사이에 똑같이 분포되어야만 하고, 분자가 움직일 수 있는 서로 다른 방법들 사이에도 똑같이 분배되어야만 한다.

레일리 경은 그런 등분배법칙을 이용해서 흑체 복사의 에너지를 공동 내부에 존재하는 서로 다른 파장을 가진 복사에 분배시켰다. 그런 방법은 뉴턴, 맥스웰, 볼츠만 물리학의 완벽한 응용이었다. 그러나 레일리-진스 법칙(Rayleigh-Jeans law)으로 알려진 결과에는 훗날 제임스 진스가 바로잡았던 숫자의 오류 이외에도 심각한 문제가 포함되어 있었다. 스펙트럼의 자외선 영역에 무한한 양의 에너지가 쌓이게 된다는 예측이 문제였다. 고전물리학의 대표적인 실패 사례로 알려지고, 몇 년 후인 1911년부터 "자외선 재앙"이라고 부르게 된 것이 바로 그 문제였다. 다행스럽게도 현실에서는 그런 일이 일어나지 않는다. 만약 그런 일이 실제로 일어난다면, 자외선의 바다에 잠겨 있는 우주에서는 인간의 삶이 불가능하기 때문에 다행스러운 일이다.

스스로 레일리-진스 법칙을 유도해보았던 아인슈타인은 레일리-진스 법칙이 예측하는 흑체 복사 분포가 실제 실험 결과와 맞지 않고, 자외선 영역에 분포하는 복사의 에너지가 무한대가 되는 모순이 생긴다는 사실을 알고 있었다. 레일리-진스 법칙이 긴 파장(매우 낮은 진동수) 영역에서의 흑체 복사에만 한정된다고 생각한 아인슈타인은 빌헬름 빈이 더 먼저 제시했던 흑체 복사법칙에서 출발했다. 짧은 파장(높은 진동수)에서의 흑체 복사 특성을 잘 설명해주는 빈 법칙은 비록 긴 파장(낮은 진동수)의 적외선 영역에서의 실험과 일치하지는 않았지만, 그에게는 그것이 유일하게 안전한 선택이었다. 그럼에도 불구하고 빈 법칙에는 아인슈타인에게 매력적으로 보이는 장점이 있었다. 그의 입장에서는 유도 과정에 문제가 없었고, 적어도 흑체 복사 스펙트럼에서 자신이 설명하려는 영역은 완벽하게 설명해준다는 것이었다.

아인슈타인은 간단하지만 독창적인 방법을 생각해냈다. 기체는 단순히 입자들의 집합이고, 그래서 주어진 온도에서 열적 평형 상태에 있는 기체가 나타내는 압력과 같은 성질은 기체를 구성하는 입자들의 성질에 의해서 결정된다는 것이다. 만약 흑체 복사와 기체의 성질 사이에 닮은 점이 있다면, 전자기 복사도 역시 입자형이라고 주장할 수 있을 것이다. 아인슈타인은 비어 있는 가상적인 흑체에 대한 분석으로부터 시작했다. 그러나 플랑크와 달리, 그는 흑체의 내부가 기체 입자와 전자로 채워져 있다고 생각했다. 흑체의 벽에 있는 원자에도 전자가 들어 있다. 흑체를 가열하면 그런 전자들도 복사의 방출과 흡수에 의해서 넓은 범위의 진동수로 진동한다. 결국 흑체의 내부는 빠르게 움직이는 기체 입자와 전자, 그리고 진동하는 전자들이 방출하는 복사로 가득 채워진다. 조금만 시간이 지나면 공동과 그 속에 들어 있는 모든 것들이 똑같은 온도 T가 되는 열적 평형에 도달하게 된다.

에너지가 보존된다는 열역학 제1법칙은 시스템의 엔트로피를 에너지, 온도, 부피와 연결되도록 해석할 수 있다. 아인슈타인은 열역학 법칙과 빈 법칙, 그리고 볼츠만의 아이디어만을 이용해서 흑체 복사의 엔트로피가 그것이 차지하고 있는 부피에 따라서 어떻게 변하는지를 분석했다. 그는 "복사의 방출이나 전달에 대한 어떠한 모형도 사용하지 않았다."[57] 그렇게 얻은 공식은, 원자로 구성된 기체의 엔트로피가 기체의 부피에 따라서 어떻게 변화하는지를 나타내는 공식과 정확하게 일치했다. 즉, 흑체 복사는 마치 에너지가 개별적인 입자형 조각으로 구성되어 있는 것처럼 행동했다.

아인슈타인은 플랑크의 흑체 복사법칙이나 그의 유도 방법을 전혀 사용하지 않고 빛의 양자를 발견한 셈이었다. 아인슈타인은 플랑크와 적당한 거리를 두기 위해서 공식을 조금 다르게 표현했지만, 그의 공식에는 에너지가 hv의 단위로만 존재하도록 양자화되어 있다는 E = hv와 정확하게 똑같은 뜻이 담겨 있었다. 플랑크는 자신의 가상적 진동자가 흑체 복사의 스펙트럼 분포를 정확하게 만들어낼 수 있는 방법으로 전자기 복사의 방출과 흡수를 양자화시켰지만, 아인슈타인은 처음부터 전자기 복사에 해당하는 빛 자체를 양자화시켰다. 노란색 빛의 양자 에너지는 노란색 빛의 파장에 플랑크 상수를 곱한 것이었다.

전자기 복사가 때로는 기체의 입자처럼 행동한다는 사실을 밝힌 아인슈타인은 자신이 추론에 의존하는 뒷문을 통해서 광양자를 몰래 숨겨서 들여왔다는 사실을 알고 있었다. 빛의 본질에 대한 자신의 새로운 "견해"에 대한 "발견적(heuristic)" 가치를 다른 사람들에게 설득시키고 싶었던 그는 당시에는 거의 이해되지 않았던 다른 현상을 설명하는 데에도 똑같은 방법을 적용했다.[58]

독일 물리학자 하인리히 헤르츠는 전자기 파동의 존재를 보여주기 위한 여러 가지 실험을 하던 1887년에 처음으로 광전 효과(光電效果, photoelectric effect)를 관찰했다. 두 개의 금속 공 사이에서 나타나는 전기방전을 관찰하던 그는 우연히 공 하나에 자외선을 쪼여주면 방전에 의한 빛이 더 밝아진다는 사실을 주목했다. 몇 달 동안 "전혀 새롭고 아주 의심스러운 현상"을 연구했지만, 어떤 이유도 찾아낼 수 없었던 그는 그런 현상이 자외선을 사용하는 경우에만 나타나는 것이라는 잘못된 결론을 내려버렸다.[59]

헤르츠는 "당연히 덜 까다로웠으면 좋았을 것이다. 그러나 이 수수께끼를 풀 수만 있다면 쉬운 수수께끼를 풀었을 때보다 훨씬 더 새로운 사실을 밝혀낼 수 있을 것이라는 희망도 가지고 있었다"고 인정했다.[60] 예언과도 같은 이야기였지만, 그는 자신의 예언이 실현되는 것을 보지 못했다. 그는 1894년 서른여섯 살의 젊은 나이에 비극적으로 사망했다.

1902년에 두 개의 금속판을 유리관에 넣고 공기를 뺀 진공에서도 같은 현상이 나타난다는 사실을 발견하여 광전 효과를 더욱 신비스러운 현상으로 만든 것은 헤르츠의 조수였던 필리프 레나르트였다. 전선을 통해서 금속판을 배터리에 연결한 레나르트는 한쪽 판에 자외선을 쪼여주면 전류가 흐른다는 사실을 발견했다. 광전 효과는 금속 표면에 빛을 쪼여줄 때 전자가 방출되는 현상이다. 금속판에 쪼여진 자외선으로부터 충분한 에너지를 공급받은 전자가 금속으로부터 탈출하여 다른 금속판까지 건너갈 수 있게 되면 "광전 전류"가 흐르는 회로가 완성된다. 그러나 레나르트는 기존의 물리학과 맞지 않는 몇 가지 사실도 발견했다. 바로 여기에서 아인슈타인과 그의 광양자가 등장했다.

레나르트는 빛을 더 밝게 만들어 광선의 세기를 증가시키면, 금속 표면에서 방출되는 전자의 수는 같지만 방출되는 전자 하나하나는 더 많은 에너지를 가지게 될 것으로 예상했다. 그러나 레나르트는 정반대의 사실을 발견했다. 개별적인 전자의 에너지는 변하지 않고, 오히려 더 많은 수의 전자가 방출된다는 것이다. 아인슈타인의 양자적 해석은 간단하고 우아했다. 빛이 양자로 구성되어 있으면, 광선의 세기를 증가시킨다는 것은 광선에 더 많은 수의 양자가 들어가게 된다는 뜻이 된다. 즉, 더 밝은 광선이 금속 표면에 쪼여지면, 금속에 충돌하는 광양자의 수가 증가하게 되고, 따라서 방출되는 전자의 수도 증가하게 된다는 것이다.

레나르트의 두 번째 기묘한 발견은 방출된 전자의 에너지가 광선의 세기가 아니라 진동수에 따라서 달라진다는 것이었다. 아인슈타인은 이미 그 답을 알고 있었다. 광양자의 에너지가 빛의 진동수(색)에 비례하기 때문에 붉은 빛(낮은 진동수)의 양자는 푸른 빛(높은 진동수)의 양자보다 적은 에너지를 가진다. 빛의 색(진동수)이 변한다고 해서 같은 세기의 광선 속에 들어 있는 양자의 수가 변하지는 않는다. 빛의 색깔에 상관없이 같은 수의 양자가 금속판에 충돌하기 때문에 방출되는 전자의 수도 변하지 않는다. 그러나 진동수가 다른 빛은 다른 에너지를 가진 양자로 구성되어 있기 때문에 방출되는 전자는 빛의 색깔에 따라서 더 많거나 더 적은 에너지를 가지게 된다. 자외선을 사용하면 붉은 색의 양자에 의해서 방출되는 전자보다 최대 운동 에너지가 더 큰 전자가 방출된다.

흥미로운 특징은 또 있었다. 특정한 금속에 빛을 아무리 오래 쪼여주거나, 강하게 쪼여주어도 전자가 전혀 방출되지 않는 최소의 "문턱 진동수(threshold frequency)"가 존재한다는 것이다. 그러나 문턱 진동수를 넘어서기만 하면 아무리 희미한 빛을 사용하더라도 전자가 방출된다. 이 경우에도 아인슈타인의 광양자이론은 일 함수(work function)라는 새로운 개념을 이용해서 문제를 분명하게 설명했다.

아인슈타인은 광전 효과를 광양자로부터 충분한 에너지를 얻은 전자가 금속 표면이 자신을 붙잡고 있는 힘을 이기고 탈출하는 결과라고 생각했다. 아인슈타인이 이름을 붙인 일 함수는 전자가 표면에서 탈출하기 위해서 필요한 최소 에너지이고, 그 값은 금속에 따라서 다르다. 빛의 진동수가 너무 적은 광양자는 전자가 금속 내부에 갇혀 있도록 해주는 결합을 끊을 정도로 충분한 에너지를 제공할 수가 없다.

아인슈타인은 이런 모든 것을 하나의 간단한 공식에 담았다. 금속 표면에서 방출되는 전자의 최대 운동 에너지는 전자가 흡수하는 광양자의 에너지에서 일 함수를 뺀 값에 해당한다는 것이다. 아인슈타인은 이 공식을 근거로, 전자의 최대 운동 에너지를 사용한 빛의 진동수에 대해서 나타낸 그래프가 금속의 문턱 진동수에서 시작되는 직선이 될 것이라고 예측했다. 그 직선의 기울기는 사용한 금속의 종류와 상관없이 언제나 정확하게 플랑크의 상수 h가 된다.

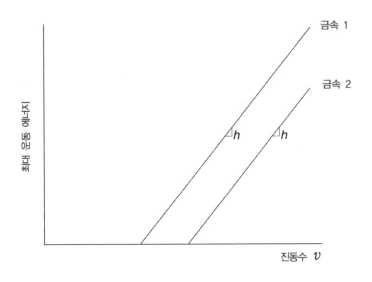

그림 3. 광전 효과. 방출된 전자의 최대 운동 에너지와 금속 표면에 쪼여준 빛의
진동수의 그래프

　미국의 실험물리학자 로버트 밀리컨은 "나는 아인슈타인의 1905년 공
식을 시험하는 일에 내 인생의 10년을 보냈다. 그런데 내 기대와는 정반대
로, 빛의 간섭에 대해서 우리가 알고 있던 모든 것에 맞지 않는다는 불합
리성에도 불구하고 나는 그의 공식에 대한 검증이 확실하게 이루어졌다고
주장할 수밖에 없다"고 불평했다.[61] 밀리컨은 이 연구의 업적을 인정받아
1923년 노벨상을 수상했다. 그러나 그는 자신이 직접 확인한 결과임에도
불구하고 근본적으로 양자가설에 대해서 "이 공식이 근거로 하고 있는 물
리적 이론은 완전하게 입증할 수 없을 것"이라는 유보적인 입장을 가지고
있었다.[62] 대부분의 물리학자들은 처음부터 이와 비슷한 불신과 냉소로
아인슈타인의 광양자를 맞이했다. 광양자가 도대체 존재하기나 하는 것인
지, 또는 광양자가 단순히 계산에서나 실용적 가치가 있는 유용한 허구의
교묘한 장치가 아닌지를 의심하는 경우도 있었다. 심지어 빛을 포함한 모
든 전자기 복사가 양자로 구성된 것이 아니라, 물질과 에너지를 교환할
때만 그렇게 행동할 뿐이라고 생각하는 사람도 있었다.[63] 그런 사람들의

앞장을 섰던 사람이 바로 플랑크였다.

그를 비롯한 세 사람은 1913년에 아인슈타인을 프로이센 과학원의 회원으로 추천하면서 그의 광양자 제안에 대한 변명으로 증언을 끝냈다. "결론적으로, 현대 물리학에 다양하게 존재하는 중요한 문제들 중에서 아인슈타인이 주목할 만한 견해를 가지고 있지 않은 것을 찾기가 쉽지 않다. 그러나 예를 들어 그의 광양자가설의 경우처럼 그가 자신의 추론에서 본래의 목표를 넘어서기도 했다는 사실에 너무 신경을 쓰지는 말아야 한다. 가끔씩 위험을 감수하지 않으면, 가장 정확한 자연과학에서도 진정한 혁신을 이룩하는 것은 불가능하기 때문이다."[64]

그러나 2년 후에는 밀리컨의 고통스러운 실험 덕분에 더 이상 아인슈타인의 광전 효과 공식의 유효성을 무시하기가 어려워졌다. 1922년에 이르러서는 그런 일이 거의 불가능해졌다. 뒤늦게 아인슈타인에게 1921년 노벨 물리학상이 주어졌다. 광양자를 이용한 근본적인 설명 때문이 아니라, 그의 공식으로 설명되는 광전 효과 법칙 덕분이었다. 이제 그는 더 이상 베른의 이름 없는 특허사무원이 아니었다. 그는 상대성이론 덕분에 세계적으로 유명해졌고, 뉴턴 이후에 가장 위대한 과학자로 널리 인정을 받고 있었다. 그러나 빛에 대한 그의 양자이론은 물리학자들이 받아들이기에는 너무 과격했다.

아인슈타인의 광양자 아이디어에 대한 반대가 완강했던 것은 빛의 파동이론을 뒷받침하는 증거가 충분히 많았기 때문이다. 빛이 입자인지 파동인지에 대해서는 과거에도 뜨거운 논쟁이 있었다. 18세기와 19세기 초에는 아이작 뉴턴의 입자이론이 승리했다. 1704년에 발간된 『광학(Optics)』의 초반부에 뉴턴은 "이 책에 담긴 내 생각은 가설에 의해서 빛의 성질을 설명하려는 것이 아니라, 근거와 실험을 통해서 그것을 제시하고 증명하려는 것이다"라고 밝혔다.[65] 그런 실험은 1666년에 최초로 이루어졌다. 그는 프리즘으로 빛을 무지개 색들로 분리시켰다가 두 번째 프리즘을 이용해서 다시 백색광으로 합쳐지도록 만들었다. 뉴턴은 광선이 자신이 "혈구(血球, corpuscle)"라고 불렀던 "반짝이는 물체에서 방출되는 아주 작은 물체"인 입자로 구성되어 있다고 믿었다.[66] 빛의 입자들이 직선을 따라서 움직인다는 이론을 이용하면, 모퉁이를 돌아선 곳에 서 있는 사람은 상대의 말을 들을 수는 있지만, 상대를 직접 볼 수는 없는 일상적인 경험을 설명할 수 있다는 것이 뉴턴의 생각이었다. 빛은 모퉁이를 돌아갈 수 없기 때문이다.

뉴턴은 또한 빛이 밀도가 작은 물질에서 밀도가 큰 물질로 지나갈 때 휘어지는 반사와 굴절을 포함한 다양한 광학적 관찰에 대한 자세한 수학적 설명도 제공했다. 그러나 뉴턴이 설명할 수 없었던 빛의 성질도 있었다. 예를 들면, 빛이 유리 표면에 도달하면, 일부는 통과하고 나머지는 반사된다. 뉴턴이 해결해야 할 의문은 다음과 같았다. 빛의 어떤 입자는 반사가 되는데, 다른 입자는 반사가 되지 않는 이유는 무엇인가? 그는 그런 질문에 대한 답을 찾기 위해서 자신의 이론을 수정해야만 했다. 빛 입자는 에테르 속을 지나가면서 파동처럼 흐트러지는 현상이 나타난다는 것이다. 그의 표현에 따르면, 그러한 "쉬운 반사와 쉬운 통과의 조화"가 빛의 일부가 유리를 통과하고 나머지가 반사되도록 만드는 메커니즘이었다.[67] 그는 그런 흐트러짐의 "크기"를 색과 연결시켰다. 훗날의 용어를 사용하면, 가장 긴 파장을 가진 최대의 흐트러짐이 붉은색을 만들게 된다. 가장 짧은 파장을 가진 가장 작은 흐트러짐이 보라색을 만든다.

그런데 네덜란드 물리학자 크리스티안 하위헌스(호이겐스의 새 표기)는 뉴턴이 제안한 빛의 입자는 존재하지 않는다고 주장했다. 뉴턴보다 열세 살이나 나이가 많았던 하위헌스는 1678년에 반사와 굴절을 설명해주는 빛의 파동이론을 개발했다. 그러나 그런 주제를 다룬 그의 책 『빛에 관한 논문(Traité de la Lumière)』은 1690년에야 발간되었다. 하위헌스는 빛이 에테르를 통해서 이동하는 파동이라고 믿었다. 그것은 돌이 떨어진 곳으로부터 연못의 잔잔한 표면을 가로질러 퍼져나가는 물결과 비슷한 것이었다. 하위헌스는, 빛이 정말 입자로 구성되어 있다면 두 광선이 서로 교차할 경우에 반드시 나타나야만 하는 충돌의 증거가 무엇이냐고 물었다. 하위헌스는 그런 증거는 어디에도 없다고 주장했다. 음파는 서로 충돌하지 않는다. 따라서 빛은 반드시 파동적이어야만 한다.

뉴턴과 하위헌스의 이론이 모두 반사와 굴절을 설명할 수 있었지만, 다른 광학 현상에 대한 예측은 서로 달랐다. 수십 년 동안 그들의 예측 중 어느 것도 비교적 정확하게 확인할 수가 없었다. 그러나 관찰이 가능할 수 있는 예측이 하나 있었다. 직선을 따라서 움직이는 뉴턴의 입자로 구성된 광선은 물체에 닿으면 뚜렷한 그림자가 생겨야 하지만, 하위헌스의 파동은 수면에 생기는 파동이 물체를 만나면 휘돌아가는 것처럼 경계가 약간 흐려진 그림자가 생겨야만 한다. 이탈리아 예수회의 신부이면서 수학자였던 프란체스코 그리말디 신부는 빛이 매우 좁은 슬릿처럼 물체의 가장자리를 돌아서 휘어지는 현상을 회절(回折, diffraction)이라고 불렀다. 그가 사망하고 2년이 지난 1665년에 발간된 책에서 그는 창문 가리개의 작은 구멍을 통해서 어두운 방으로 들어오는 햇빛이 지나가는 좁은 통로에 놓여 있는 불투명한 물체가 빛이 직선을 따라서 움직이는 입자로 구성되어 있다고 생각하는 경우에 예상되는 것보다 훨씬 더 큰 그림자를 만들어내는 이유를 설명했다. 그는 또한 그림자 주위의 경계는 명암(明暗)이 분명한 것이 아니라 색깔이 있고, 흐릿하다는 사실도 발견했다.

뉴턴도 그리말디의 발견에 대해서 잘 알고 있었다. 훗날 하위헌스의 파동이론으로 더 잘 설명된 회절 현상을 살펴보기 위해서 스스로 실험을 해보기도 했다. 그러나 뉴턴은 회절이 빛 입자에 힘이 작용한 결과로서 빛 자체의 본질을 보여주는 것이라고 주장했다. 사실 입자와 파동이 이상하게 혼합된 그의 빛 입자이론이 정통으로 인정받은 것은 뉴턴의 명성 덕분이었다. 1695년 서른두 살의 나이로 사망한 하위헌스보다 뉴턴이 더 오래 살았던 것도 도움이 되었다. "자연과 자연의 법칙은 밤의 어둠 속에서는 감추어진다/신의 말씀은, 뉴턴의 식으로! 그리고 모든 것이 빛이었다." 알렉산더 포프의 유명한 묘비명은 당시 뉴턴에 대한 경외감이 어느 정도였는지를 보여주는 증거였다. 뉴턴의 권위는 그가 사망한 1727년 이후에도 여전했고, 빛의 본질에 대한 그의 견해에 대한 의문이 제기되지도 않았다. 19세기에 들어서서 영국의 박식가 토머스 영이 뉴턴의 이론에 도전하기 시작하면서 마침내 빛의 파동이론이 되살아나기 시작했다.

1773년에 태어난 영은 10명의 자녀 중 맏이였다. 그는 두 살 무렵부터 능숙하게 글을 읽었고, 여섯 살에는 성경을 전부 읽었다. 열 개 이상의 언어에 능통했던 영은 이집트의 상형문자 해독에도 큰 기여를 했다. 의사였던 그는 삼촌이 남겨준 유산 덕분에 경제적으로 안정된 생활을 하면서 자신의 무한한 지적 욕구를 마음껏 즐길 수 있었다. 빛의 본질에 대해서 관심을 가지고 있던 영은 빛과 소리의 닮은 점과 다른 점은 물론이고 "뉴턴 이론의 한두 가지 어려움"에 대해서도 조사하기 시작했다.[68] 빛이 파동이라는 확신을 가지고 있었던 그는 뉴턴 입자이론의 종말을 증명하기 위한 실험을 고안했다.

영은 하나의 슬릿이 있는 스크린에 단색광을 쪼였다. 슬릿을 통과한 광선은 서로 평행인 두 개의 좁은 슬릿이 있는 스크린에 닿는다. 이중 슬릿은 자동차의 전조등처럼 새로운 광원의 역할을 하게 된다. 영은 "빛이 모든 방향으로 산란되는 확산의 중심"이라고 설명했다.[69] 영이 두 개의 슬릿으로부터 어느 정도의 거리에 놓아둔 또다른 스크린에서 발견한 것은 중앙의 밝은 띠 양쪽에 어둡고 밝은 띠가 교대로 나타나는 무늬였다.

영은 밝고 어두운 "띠"가 나타나는 것을 설명하기 위해서 유추(類推)의 방법을 이용했다. 잔잔한 호수면의 인접한 곳에 두 개의 돌을 동시에 떨어뜨린다. 각각의 돌은 수면을 가로질러 퍼져나가는 파동을 만들어낸다. 그런 과정에서 한 돌에서 시작된 물결이 다른 돌에서 시작된 물결을 만나게된다. 두 파동의 골이나 마루가 서로 만나는 곳에서는 두 파동이 서로 합쳐져서 새로운 마루나 골이 만들어진다. 이것이 보강간섭(補强干涉)이다. 그러나 마루가 골을 만나거나 반대로 골이 마루를 만나는 곳에서는 두

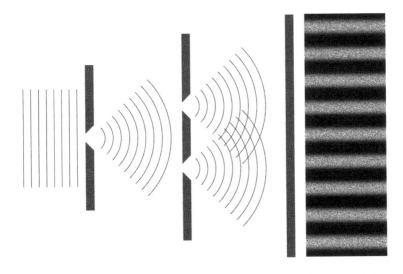

그림 4. 영의 이중 슬릿 실험. 오른쪽 끝이 스크린에 나타나는 간섭 무늬이다

파동이 서로 상쇄되기 때문에 물이 움직이지 않는 상태로 남게 된다. 상쇄 간섭(相殺干涉)이다.

영의 실험에서는 이중 슬릿에서 시작된 빛의 파동이 스크린에 닿을 때까지 비슷한 방법으로 서로 간섭을 하게 된다. 밝은 띠는 보강간섭을 나타내고, 어두운 띠는 상쇄간섭의 결과이다. 영은 빛이 파동 현상일 경우에만 이런 결과가 나타날 수 있다는 사실을 알아냈다. 뉴턴의 입자일 경우에는 이중 슬릿의 밝은 이미지 사이에는 아무것도 없는 어둠이 나타나야만 한다. 밝고 어두운 띠로 이루어진 간섭 무늬는 절대 나타날 수 없다.

1801년 간섭의 아이디어를 처음 제시하는 초기 결과를 발표했던 영은 뉴턴에게 도전했다는 이유로 심한 비난을 받았다. 그는 자신의 주장을 방어하기 위해서 뉴턴에 대한 자신의 생각을 밝힌 논문을 발표했다. "그러나 내가 뉴턴의 명성을 숭배한다고 해서 그가 결코 실수를 하지 않았다고 믿어야만 하는 것은 아니라고 생각한다. 그도 역시 오류를 저지를 수 있고, 그의 권위가 과학의 발전을 지연시키기도 했다는 사실을 알게 되어 기쁜 것이 아니라 유감스럽다."[70] 그의 논문은 단 한 권이 판매되었다.

영의 뒤를 이어서 뉴턴의 그림자 속에서 걸어나온 것은 프랑스의 한 토목기사였다. 영보다 열다섯 살이나 젊었던 오귀스탱 프레넬은 영과 상관없이 독립적으로 간섭 현상을 비롯해서 영이 얻었던 많은 결과를 재발견했다. 그러나 영국의 영과 비교하면, 프레넬의 우아하게 고안된 실험은 훨씬 더 값진 것이었고, 결과와 함께 제시된 수학적 분석도 훨씬 더 완벽했다. 1820년대부터 파동이론을 따르는 유명한 개종자들이 나타나기 시작했다. 프레넬은 그들에게 파동이론이 다양한 광학 현상을 뉴턴의 입자이론보다 훨씬 더 잘 설명한다는 확신을 심어주었다. 그는 빛이 모퉁이를 돌아갈 수 없다는 파동이론에 대한 오랜 반론도 해결했다. 그는 빛도 모퉁이를 돌아갈 수 있다고 주장했다. 그러나 빛의 파동은 소리의 파동보다 수백에서 수만 배나 작기 때문에 광선이 직선으로부터 휘어지는 정도는 매우 작고, 그래서 실제로 그런 사실을 확인하기가 지극히 어렵다고 설명했다. 파동은 장애물이 자신보다 대단히 크지 않은 경우에만 모서리에서 휘어지게 된다. 소리 파동은 아주 길기 때문에 대부분의 장벽 주위를 쉽게 돌아갈 수 있다.

반대론자와 회의론자들이 서로 경쟁하는 두 이론 중 어느 하나를 선택하도록 만드는 방법은 두 이론이 서로 다른 결과를 예측하는 경우를 직접 관찰하는 것이었다. 1850년에 프랑스에서 수행된 실험을 통해서 유리나 물처럼 공기보다 밀도가 큰 매질에서 빛이 더 느리게 전파된다는 사실이 밝혀졌다. 그것은 정확하게 빛의 파동이론이 예측하는 결과였다. 반대로 뉴턴의 빛 입자는 예상했던 것만큼 빨리 움직이지 못했다. 그러나 여전히 의문이 남았다. 빛이 파동이라면 그 성질은 무엇일까? 제임스 클러크 맥스웰과 그의 전자기학이론이 등장한다.

1831년 에든버러에서 스코틀랜드 지주의 아들로 태어난 맥스웰은 19세기의 가장 위대한 이론물리학자가 될 운명이었다. 그는 열다섯 살에 처음으로 타원을 그리는 기하학적 방법에 대한 논문을 발표했다. 그는 1855년에 토성의 고리가 단단한 고체가 아니라 작게 부서진 물질의 조각이어야 한다는 사실을 밝혀서 케임브리지 대학교의 애덤스 상을 받았다. 1860년에는 기체가 움직이는 입자로 구성되어 있다는 입장에서 기체의 성질을 설명하는 기체운동론을 개발하는 마지막 단계에 착수했다. 그러나 그의 가장 위대한 업적은 전자기학이론이었다.

1819년 덴마크의 물리학자 한스 크리스티안 외르스테드가 전선을 통해서 흐르는 전류가 나침반의 바늘을 움직이게 한다는 사실을 발견했다. 1년 후에 프랑스의 프랑수아 아라고는 전류가 흐르는 전선이 자석처럼 철조각을 끌어당길 수 있다는 사실을 발견했다. 곧이어 그의 동료 앙드레 마리 앙페르는 전류가 같은 방향으로 흐르는 두 전선은 서로 끌어당긴다는 사실을 직접 보여주었다. 전류가 서로 반대 방향으로 흐르는 경우에는 두 전선이 서로 밀어내게 된다. 전기의 흐름이 자기력을 만들어낼 수 있다는 사실에 흥미를 느낀 영국의 위대한 실험학자 마이클 패러데이는 반대로 자기력을 이용해서 전기를 만들 수 있는지 알아보기로 했다. 그는 전선으로 만든 나선형 코일에 막대자석을 밀어넣었다가 빼면 전류가 만들어진다는 사실을 발견했다. 자석이 코일 속에서 움직이지 않고 정지해 있으면 전류는 끊어진다.

얼음, 물, 수증기가 H_2O의 서로 다른 표현인 것과 마찬가지로, 맥스웰은 1864년 전기와 자기도 역시 전자기라는 똑같은 기본 현상의 서로 다른 표현이라는 사실을 밝혀냈다. 그는 전기와 자기의 이질적인 행동을 4개의 우아한 수학 공식으로 정리하는 일에 성공했다. 그런 공식을 본 루트비히 볼츠만은 곧바로 맥스웰이 이룩한 업적의 중요성을 깨달았고, "이 기호를 쓴 것은 신이었을까?"라는 괴테의 말로 자신의 느낌을 표현했다.[71] 맥스웰은 이 공식을 이용해서 전자기 파동이 에테르 속에서 빛의 속도로 움직인다는 놀라운 예측을 할 수 있었다. 그의 예측이 옳다면, 빛은 일종의 전자기 복사(輻射)가 된다. 그러나 전자기 파동이 실제로 존재할까? 만약 그렇다면 그것은 실제로 빛의 속도로 움직일까? 맥스웰은 자신의 예측이 실험으로 확인되는 것을 볼 수 있을 정도로 오래 살지 못했다. 암에 걸렸던 그는 아인슈타인이 태어난 해인 1879년 11월에 겨우 마흔여덟 살의 나이로 사망했다. 10년도 지나지 않은 1887년에 하인리히 헤르츠가 전기, 자기, 빛을 통합한 맥스웰의 업적이 19세기 물리학의 최고 업적이었음을 확인시켜주는 실험 결과를 공개했다.

헤르츠는 자신의 연구를 소개한 논문에서 이렇게 설명했다. "내 입장에서는 이 논문에 소개한 실험이 빛, 복사열, 전자기적 파동 운동의 정체에 대한 모든 의문을 훌륭하게 해결해준 것으로 보인다. 나는 이제부터 우리가 확신을 가지고 이런 장점을 이용함으로써 새로 밝혀진 빛의 정체성이 광학과 전기에 대한 연구를 발전시켜줄 수 있을 것이라고 믿는다."[72] 역설적으로 헤르츠가 아인슈타인에게 정체성 오류를 바로잡도록 해준 증거가 되었던 광전 효과의 특성을 발견한 것도 바로 이런 실험을 통해서였다. 아인슈타인의 광양자는 헤르츠를 비롯한 모든 사람들이 잘 정립된 것이라고 믿었던 빛의 파동이론에 대한 도전이었다. 빛을 전자기 복사의 한 형식으로 보는 입장은 대단히 성공적이었기 때문에 물리학자들도 파동을 포기하고 아인슈타인의 광양자를 선택하는 것은 생각조차 할 수가 없었다. 많은 사람들이 광양자를 터무니없는 것이라고 생각했다. 어쨌든 빛의 특정한 양자가 가지고 있는 에너지는 그 빛의 진동수에 의해서 결정되고, 진동수는 공간을 통해서 움직이는 에너지를 가진 입자가 아니라 파동과 연관된 성질이었다.

아인슈타인은 빛의 파동이론이 회절, 간섭, 반사, 굴절을 설명하는 과정에서 "훌륭하게 자명해졌다"는 사실과 그것이 "아마도 다른 이론으로 대체되는 일은 없을 것"이라는 사실을 쉽게 인정했다.[73] 그러나 그는, 모든 광학 현상이 일정한 시각에 일어나는 빛의 행동과 관련된 것이기 때문에 입자형 성질이 드러나지 않게 되고, 그래서 파동이론이 성공적인 것처럼 보인다는 핵심적인 사실을 지적했다. 그러나 거의 "순간적인" 빛의 방출과 흡수 문제에 이르면 사정은 아주 달라진다. 아인슈타인은, 그래서 파동이론으로 광전 효과를 설명하는 일이 "특히 심각한 어려움"에 직면하게 되었

다고 지적했다.[74]

미래의 노벨상 수상자이지만, 1906년에는 베를린 대학교의 객원강사였던 막스 폰 라우에도 빛의 방출과 흡수 과정에 양자가 관여될 수 있다고 인정하는 편지를 알베르트 아인슈타인에게 보냈다. 그러나 그것이 전부였다. 라우에는 빛 자체가 양자로 구성되어 있는 것이 아니라 "물질과 에너지를 교환할 때만 그런 것처럼 행동한다"고 강조했다.[75] 당시에는 그 정도의 동의를 해주는 사람도 거의 없었다. 문제는 아인슈타인 자신에게도 있었다. 첫 논문에서 그는 빛이 양자로 구성되어 있는 것처럼 "행동한다"고 말했다. 그것은 광양자를 확실하게 인정하는 표현이 아니었다. 아인슈타인은 단순한 "발견적 견해" 이상의 완벽하게 갖추어진 이론을 원하고 있었기 때문이다.

광전 효과는 이른바 빛 파동의 연속성과 원자라는 물질의 불연속성 사이의 충돌에 의한 전쟁터로 밝혀졌다. 그러나 1905년까지도 여전히 원자의 존재를 의심하는 사람들이 많았다. 아인슈타인이 양자 논문을 완성하고 두 달도 지나지 않은 5월 11일에 『물리학 연보』에 그의 그해 두 번째 논문이 접수되었다. 그것은 브라운 운동에 대한 설명이었고, 그 논문이 원자의 존재를 증명하는 가장 중요한 근거가 되었다.[76]

1827년에 현미경을 통해서 물에 떠 있는 꽃가루 입자를 관찰하던 스코틀랜드의 식물학자 로버트 브라운은 꽃가루가 어떤 알 수 없는 힘에 의해서 괴롭힘을 당하는 것처럼 끊임없이 제멋대로 움직이고 있는 모습을 보았다. 물의 온도가 높아지면 제멋대로 움직이는 정도도 증가한다는 사실은 이미 다른 사람들에 의해서 확인되었다. 그런 현상에는 어떤 생물학적 설명이 숨겨져 있을 것이라고 짐작하는 사람도 있었다. 그러나 브라운은 20년 이상 지난 꽃가루도 정확하게 똑같은 방법으로 움직인다는 사실을 발견했다. 흥미를 느낀 그는 유리에서 스핑크스의 조각에 이르는 다양한 무기물을 고운 가루로 만들어 물에 띄워보았다. 그는 모든 경우에서 똑같이 우왕좌왕하는 움직임을 발견했고, 결국 그런 움직임은 어떤 생명력에 의해서 만들어지는 것이 아니라는 사실을 깨달았다. 브라운은 자신의 연구 결과를 「1827년 6월, 7월, 8월에 이루어진 식물의 꽃가루에 포함된 입자에 대한 그리고 유기체와 무기체에 포함된 활성 분자의 일반적 존재에 대한 미시적 관찰의 소고」라는 논문으로 발표했다. 많은 사람들이 "브라운 운동"에 대해서 그럴듯한 설명을 제시했지만, 모두가 얼마 지나지 않아서 적절하지 않은 것으로 밝혀졌다. 19세기 말에 이르러 원자와 분자의 존재를 믿었던 사람들은 브라운 운동이 물 분자와의 충돌에 의해서 나타나는 결과라는 사실을 인정하게 되었다.

아인슈타인이 알아낸 것은 꽃가루의 브라운 운동이 물 분자와 단 한 번의 충돌이 아니라 많은 수의 충돌에 의한 것이라는 사실이었다. 매 순간마다 이런 충돌의 집단적 효과에 의해서 꽃가루나 부유 입자의 무작위적인 움직임이 나타나게 된다. 아인슈타인은 예측할 수 없는 움직임을 이해하는 핵심은 물 분자의 평균적인 움직임에 대한 예상으로부터의 벗어남, 즉 통계적 요동(搖動)에 있을 것이라고 추측했다. 물 분자와 꽃가루의 상대적 크기를 고려하면 평균적으로 많은 수의 물 분자들이 서로 다른 방향에서 동시에 꽃가루에 충돌하게 된다. 각각의 충돌은 작은 규모에서도 꽃가루를 한 방향으로 아주 조금 밀어주게 되지만, 이런 모든 충돌의 전체적 효과는 서로 상쇄되기 때문에 꽃가루는 움직이지 않게 된다. 그러나 아인슈타인은 일부 물 분자들이 이런 "정상적인" 행동에서 벗어나 뭉쳐진 상태로 함께 충돌하면 꽃가루가 특정한 방향으로 움직이게 된다고 생각했다.

아인슈타인은 이런 통찰력을 이용해서 주어진 시간에 구불구불하게 움직이는 입자 하나가 실제로 이동한 평균 수평 거리를 계산하는 데에 성공했다. 그는 섭씨 17도의 물에서 1밀리미터의 1000분의 1 정도의 지름을 가진 부유 입자는 평균적으로 1분에 1밀리미터의 1000분의 6 정도를 움직이게 된다고 예측했다. 아인슈타인은 온도계, 현미경, 스톱워치만으로 원자의 크기를 알아낼 수 있는 가능성을 제시하는 공식도 만들었다. 3년 후인 1908년에 소르본의 장 페랭이 정교한 실험으로 아인슈타인의 예측을 확인했고, 그런 성과 덕분에 페랭은 1926년 노벨상을 받았다.

플랑크가 상대성이론을 옹호해주고, 브라운 운동에 대한 분석이 원자의 존재를 입증해주는 결정적인 돌파구로 인정되면서 아인슈타인의 명성은 더욱 높아졌다. 빛의 양자이론이 거부당한 것은 문제가 되지 않았다. 당시에는 그가 특허사무소의 직원이라는 사실을 아는 사람이 많지 않았기 때문에 아인슈타인이 베른 대학교 주소로 오는 편지를 받는 경우도 많았다. 뷔르츠부르크의 야콥 라우프는 "솔직히 말씀드려서 당신이 하루 8시간씩 사무실을 지켜야 한다는 사실을 알고 놀랐습니다. 역사는 고약한 농담으로 채워져 있습니다"라고 했다.[77] 1908년의 일이었고, 아인슈타인도 그의 지적에 동의했다. 그는 거의 6년에 걸친 특허 노예에서 벗어나고 싶어졌다.

그는 취리히의 한 고등학교 수학 교사직에 응모하면서 물리학도 함께 가르칠 준비가 되어 있다고 밝혔다. 그는 응모 서류와 함께 세 번의 시도 끝에 1905년 취리히 대학교로부터 받은 박사학위 논문의 사본도 동봉했다. 브라운 운동에 대한 논문의 배경이 된 논문이었다. 그는 자신에게 도움이 될 것이라는 생각에 자신이 발표한 모든 논문도 함께 보냈다. 그의 인상적인 업적에도 불구하고 아인슈타인은 21명의 응모자 중 3위 안에 들지 못했다.

아인슈타인은 취리히 대학교의 실험물리학 정교수였던 알프레트 클라이너의 간곡한 요청으로 베른 대학교의 무보수 객원강사에 세 번째로 응모를 했다. 처음 응모할 당시에는 학위가 없다는 이유로 거절당했다. 1907년 6월에는 발표하지 않은 연구 논문인 교수 자격 논문(habilitationsschrift)을 제출하지 않아서 실패했다. 클라이너는 아인슈타인이 곧 만들어질 이론물리학과의 부교수가 되기를 바랐고, 무보수 객원강사는 부교수가 되기 위해서 필요한 발판이었다. 그래서 그는 필요한 교수 자격 논문을 제출했고, 결국 1908년에 객원강사에 임명되었다.

열이론에 대한 그의 첫 강의에는 겨우 3명의 학생이 출석했다. 세 사람이 모두 친구였다. 아인슈타인에게 배당된 시간은 목요일과 토요일 아침 7시에서 8시까지였기 때문에 그럴 수밖에 없었다. 대학생들은 객원강사의 과목을 수강할 것인지를 자유롭게 선택할 수 있었지만, 아무도 그렇게 일찍 일어나고 싶어하지 않았다. 그때와 마찬가지로 훗날에도 아인슈타인은 강의 준비를 충분히 하지 않았고, 실수도 잦았다. 그는 실수를 하고 나면 그저 학생들을 향해 돌아서서 "어디서 틀렸는지 말해줄 수 있나요?" 또는 "내가 어디서 실수를 했나요?"라고 물었다. 한 학생이 수학 문제에서의 오류를 지적하면, 아인슈타인은 "자주 말했듯이, 내 수학 실력은 그리 좋은 편이 아닙니다"라고 했다.[78]

아인슈타인이 원했던 직업에서는 가르치는 능력이 결정적인 것이었다. 클라이너는 그가 준비되어 있는지를 확인하기 위해서 그의 강의에 직접 참석해보았다. "검증을 받고 있다"는 사실에 신경을 쓴 탓에 그의 강의는 더욱 형편이 없었다.[79] 그러나 클라이너는 그에게 두 번째 기회를 주었고, 마침내 그는 성공했다. 아인슈타인은 친구 야콥 라우프에게 "나는 운이 좋았다. 평소의 나와 달리 그때는 내가 제대로 강의를 했고, 그래서 합격을 했다"고 편지를 썼다.[80] 1909년 5월에 아인슈타인은 취리히 대학교의 부교수로 임용됨으로써 마침내 자신이 "매춘부 협회의 공식 회원"이 된 것을 자랑할 수 있게 되었다.[81] 아인슈타인은 밀레바와 다섯 살의 한스 알베르트와 함께 취리히로 옮겨가기 전이었던 9월에 독일 자연학-예술협회가 개최한 학술회의에서 독일 물리학계의 주요 인사들에게 기조강연을 하러 잘츠부르크로 갔다. 그는 치밀하게 준비를 했다.

그런 강연을 요청받은 것은 대단한 명예였다. 그런 기회는 겨우 서른 살이 넘어서 처음으로 부교수에 임용된 사람이 아니라 유명한 원로 거물 물리학자에게 주어지는 것이었다. 아인슈타인은 모두가 자신을 주목하고 있는 상황에서 무심하게 연단으로 걸어가서 유명한 강연으로 알려지게 된 "자연과 복사의 구성에 대한 우리의 견해의 발전에 대하여"라는 강연을 했다. 그는 청중들에게 "이론물리학 발전의 다음 단계에서는 우리가 빛의 파동이론과 방출이론이 융합된 빛에 대한 이론을 보게 될 것입니다"라고 말했다.[82] 그것은 단순한 예감이 아니라 흑체의 내부에 떠 있는 거울에 대한 탁월한 사고실험(思考實驗, thought experiment)의 결과를 근거로 한 것이었다. 그는 분명하게 구분되는 두 부분에 담겨 있는 복사의 에너지와 운동량의 요동을 나타내는 공식을 유도할 수 있었다. 하나는 빛의 파동이론에 해당하는 것이었고, 다른 하나는 양자로 구성된 복사의 모든 특징을 포함하는 것이었다. 빛에 대한 두 가지 이론과 마찬가지로 두 부분도 절대 없어서는 안 되는 것처럼 보였다. 빛이 입자이면서 파동이라는 그의 주장은 훗날 파동–입자 이중성(wave-particle duality)이라고 부르게 되는 결과에 대한 최초의 예언이었다.

아인슈타인이 자리에 앉은 후에 의장이었던 플랑크가 처음으로 발언을 했다. 그는 먼저 강연에 대해서 감사를 표시한 후에 자신은 아인슈타인의 주장에 동의하지 않는다고 말했다. 그는 양자가 물질과 복사 사이의 교환에서만 필요한 것이라는 자신의 확고한 생각을 반복해서 설명했다. 플랑크는 아인슈타인처럼 빛이 실제로 양자로 구성되어 있다고 믿는 것은 "아직 꼭 필요한 것은 아닙니다"라고 말했다. 요하네스 슈타르크만이 아인슈타인을 지지했다. 안타깝게도 레나르트와 마찬가지로 그도 역시 훗날 나치가 되었고, 두 사람은 아인슈타인과 그의 업적을 "유대인 물리학"이라고 공격했다.

아인슈타인은 연구에 더 많은 시간을 보내기 위해서 특허사무소를 그만두었다. 취리히에 도착했던 그는 불쾌한 사실을 마주하게 되었다. 매주 7시간의 강의를 준비해야 했던 그는 "실제 자유 시간은 베른에 있을 때보다 적다"고 불평을 하게 된다.[83] 학생들은 새로 부임한 교수의 허름한 모습에 놀랐지만, 설명이 분명하지 않으면 언제든지 질문을 허용하는 허물없는 스타일 덕분에 아인슈타인은 곧 학생들로부터 존경과 사랑을 받게 되었다. 그는 공식적인 강의 이외에 적어도 일주일에 한 번은 학생들을 카페

테라세로 데리고 가서 문을 닫을 때까지 이야기하고 수다를 떨었다. 오래지 않아 그는 자신의 일에 적응했고, 양자를 이용해서 오랜 문제를 푸는 일에 집중하기 시작했다.

1819년에 두 사람의 프랑스 과학자 피에르 뒬롱과 알렉시스 프티가 구리에서 금에 이르는 여러 가지 금속 1킬로그램의 온도를 1도만큼 올리는 데에 필요한 에너지의 양에 해당하는 비열(比熱)을 측정했다. 그로부터 반세기 동안 원자의 존재를 믿는 사람들은 아무도 "모든 단순한 물체를 구성하는 원자는 정확하게 똑같은 비열을 가진다"는 그들의 결론을 의심하지 않았다.[84] 따라서 1870년대에 예외가 발견된 것은 엄청나게 놀라운 일이었다.

물질을 구성하는 원자들이 가열되면 진동한다고 생각한 아인슈타인은 비정상적인 비열 문제를 해결하기 위해서 플랑크의 방법을 이용했다. 원자들은 임의의 진동수로 진동할 수 있는 것이 아니라 어떤 "기본" 진동수의 정수배에 해당하는 진동수만으로 진동할 수 있다는 뜻에서 "양자화"되어 있다고 생각했다. 아인슈타인은 고체가 어떻게 열을 흡수하는지에 대한 새로운 이론에 도달했다. 원자는 불연속적인 양, 즉 양자의 단위로 에너지를 흡수할 수 있다는 것이다. 그러나 온도가 떨어지면 물질이 가지고 있는 에너지의 양이 줄어들고, 결국에는 각각의 원자들은 필요한 크기의 에너지 양자를 제공받지 못하게 된다. 그래서 고체가 흡수할 수 있는 에너지가 줄어들게 되고, 따라서 비열도 감소하게 된다.

아인슈타인이 에너지의 양자화, 즉 원자 수준의 에너지가 작은 크기의 덩어리로 존재한다는 주장으로 전혀 새로운 물리학 영역의 문제를 해결할 수 있다는 사실을 보여주었지만, 3년 동안 아인슈타인의 결과에 대해서 관심을 보인 사람은 아무도 없었다. 아인슈타인을 만나러 취리히에 갔다는 사실이 알려짐으로써 다른 사람들이 관심을 가지도록 해준 사람은 베를린의 유명한 물리학자 발터 네른스트였다. 그 이유는 곧 밝혀졌다. 낮은 온도에서 고체의 비열을 정확하게 측정하는 일에 성공했던 네른스트는 자신의 결과가 양자가설을 근거로 한 아인슈타인의 예측과 완벽하게 일치한다는 사실을 발견했다.

성공이 이어질 때마다 그의 명성은 더욱 높이 치솟았고, 아인슈타인은 프라하의 독일대학교의 정교수직을 제안받았다. 15년을 살았던 스위스를 떠나야 한다는 뜻이기는 했지만, 그에게는 거절할 수 없는 기회였다. 아인슈타인, 밀레바, 그리고 두 아들 한스 알베르트와 한 살이 안 된 에두아르트는 1911년 4월에 프라하로 이사를 했다.

아인슈타인은 새 교수직에 부임한 직후에 친구 미켈레 베소에게 "이제 나는 양자라는 것이 정말 존재하는지에 대해서 더 이상 의문을 제기하지 않기로 했다"고 말했다. "양자이론을 구성하는 일도 더 이상 하지 않을 것이다. 내 머리로는 이런 방식을 이해할 수 없다는 사실을 깨달았기 때문이다." 대신 그는 양자의 의미를 이해하기 위해서 노력하는 일에만 집중하겠다고 베소에게 말했다.[85] 그러나 노력하고 싶어했던 사람들이 더 있었다. 그로부터 한 달도 채 지나지 않은 6월 9일에 아인슈타인은 전혀 예상하지 못했던 사람으로부터 초대의 편지를 받았다. 소다회(탄산소듐) 생산 기술의 혁신으로 엄청난 재산을 모은 벨기에의 사업가 에르네스트 솔베이가 그해 10월 29일부터 11월 4일까지 일주일간 브뤼셀에서 열리는 "과학회의"에 참석해주면 그에게 여행비용으로 1,000프랑을 제공하겠다고 제안했다.[86] 그는 "분자와 운동론에 대한 현재의 문제"에 대해서 논의하기 위해서 전 유럽에서 엄선한 22명의 물리학자들 중 한 사람이었다. 플랑크, 루벤스, 빈, 네른스트도 역시 참석할 것이었다. 양자에 대한 정상회의였다.

플랑크와 아인슈타인은 특정한 주제에 대해서 보고서를 준비해야 하는 8명 중에 속했다. 프랑스어, 독일어 또는 영어로 만든 보고서는 학술회의가 개최되기 전에 참가자들에게 보내져서 예정된 학술회의에서의 논의를 위한 출발점 역할을 하게 될 것이었다. 플랑크는 흑체 복사이론에 대해서 준비하고, 아인슈타인에게는 비열의 양자이론이 맡겨졌다. 아인슈타인에게는 마지막 발표를 하는 명예가 주어졌지만, 빛의 양자이론에 대한 논의는 의제에 포함되지 않았다.

아인슈타인은 발트 네른스트에게 "모든 일이 매우 매력적으로 보이고, 당신이 그 중심에 서 있다는 사실을 조금도 의심하지 않습니다"라는 편지를 보냈다.[87] 1910년에 네른스트는 자신이 "가장 이상하고, 사실 괴상한 성질을 가진 법칙"이라고 여기던 양자이론을 인정해야 할 때가 되었다고 믿었다.[88] 그는 솔베이에게 학술회의 개최를 지원해주도록 설득했고, 벨기에의 사업가는 고급 호텔 메트로폴을 회의 장소로 예약해주었고, 비용도 아끼지 않았다. 필요한 것이라면 모든 것이 제공되는 사치스러운 환경에서 아인슈타인과 그의 동료들은 닷새 동안 양자에 대해서 이야기를 나누었다. 그가 "악마들의 연회"라고 불렀던 학술회의에 큰 기대를 걸었던 것은 아니었지만, 실망해서 프라하에 돌아온 아인슈타인은 자신이 아무것도 새로 배우지 못했다고 불평했다.[89]

그럼에도 불구하고, 그는 몇몇 "악마들"을 사귀게 된 것을 즐거워했다. 그가 "가식 없는 사람"이라고 생각했던 마리 퀴리는 그의 "분명한 정신, 필요한 사실을 수집하는 영민함, 그리고 지식의 깊이"를 높이 평가했다.[90] 학술회의가 열리는 동안에 그녀가 노벨 화학상을 받게 되었다는 소식이 알려졌다. 이미 1903년에 물리학상을 받은 그녀는 노벨상을 두 번 받은 최초의 과학자가 되었다. 학술회의 동안에 터져나왔던 스캔들을 덮을 정도의 엄청난 소식이었다. 프랑스 언론은 그녀가 기혼의 프랑스 물리학자와 불륜을 저질렀다는 정보를 입수했다. 우아한 콧수염을 기른 날씬한 폴 랑주뱅도 역시 학술회의에 참석하고 있었다. 신문은 두 사람이 눈이 맞았다는 이야기로 가득 채워졌다. 두 사람 사이의 특별한 관계를 눈치채지 못했던 아인슈타인은 그런 보도를 형편없는 것이라고 묵살해버렸다. 그는 "반짝이는 지성"에도 불구하고 퀴리가 "다른 사람에게 위험스러울 정도로 매력적이지는 않다"고 생각했다.[91]

가끔씩 불만스러워하는 것처럼 보이기는 했지만, 아인슈타인은 양자를 받아들이는 방법을 배운 최초의 인물이었고, 그런 과정에서 빛의 진정한 본질에 숨겨진 요소를 밝혀냈다. 양자를 이용해서 사람들이 잘못된 것이라고 무시하던 원자 모형을 살려내고 나서부터 양자와 함께 사는 방법을 배운 젊은 물리학자가 한 사람 더 있었다.

3

황금의 덴마크인

1912년 6월 19일, 수요일의 영국 맨체스터. 닐스 보어가 자신의 동생에게 "사랑하는 하랄, 어쩌면 내가 원자의 구조에 대해서 작은 발견을 한 것 같다"는 편지를 보냈다.[1] 그는 "아무에게도 이야기를 하지 말아라. 그렇지 않으면 더 이상 너에게 편지를 쓸 수가 없게 될 것이다"라는 경고도 했다. 과학자라면 누구나 꿈꾸는 "실재의 작은 일부"를 밝혀내는 일을 하고 싶었던 보어에게 침묵은 필수였다. 아직도 해야 할 일이 남아 있었던 그는 "서둘러 일을 끝내고 싶고, 그렇게 하려면 며칠은 실험실에 나갈 수가 없을 것이다(이것도 역시 비밀이다)"라고 했다. 스물여섯 살의 덴마크 청년이 새로 생각한 아이디어를 「원자와 분자의 구성에 대하여」라는 같은 제목의 3부작 논문으로 완성하기까지는 생각했던 것보다 훨씬 더 긴 시간이 필요했다. 보어가 양자가설을 원자에 직접 도입했던 1913년 7월의 첫 논문은 정말 혁명적인 것이었다.

닐스 헨리크 다비드 보어가 코펜하겐에서 태어난 1885년 10월 7일은 그의 어머니 엘렌의 스물다섯 살 생일이었다. 그녀는 둘째 아이의 출산을 위해서 친정에 있었다. 덴마크 국회의사당이 있는 크리스티안보 성에서 자갈로 포장된 넓은 길 건너편에 있는 베드 스트라넨 14번지의 주택은 코펜하겐에서 가장 화려한 주택 중 하나였다. 은행가이자 정치인이었던 그녀의 아버지는 덴마크에서 가장 부유한 부호였다. 보어 가족이 오랫동안 살지는 않았지만, 그 집은 닐스가 일생을 통해서 살았던 거대하고 우아한 여러 저택들 중 첫 번째 집이었다.

크리스티안 보어는 코펜하겐 대학교의 유명한 생리학 교수였다. 그는 헤모글로빈이 산소를 운반하는 과정에서 이산화탄소의 역할을 발견했고, 특히 호흡에 대한 그의 연구 덕분에 노벨 생리의학상 후보가 되기도 했다. 1886년부터 그가 1911년에 쉰여섯 살의 나이로 사망할 때까지 그의 가족은 대학교 외과병원의 큰 아파트에서 살았다.[2] 도시에서 가장 번화한 곳에 위치해 있고, 지역의 학교에서 도보로 10분 거리에 있던 그곳은 닐스보다 두 살 위였던 예니와 18개월 어린 하랄을 비롯한 보어 가문의 아이들에게는 이상적인 곳이었다.[3] 인구가 계속 늘어나면서 주민들의 생활환경은 불결하고 복잡해졌지만, 그들은 세 명의 하녀와 한 명의 유모로부터 보살핌을 받으면서 편안하고 특별한 어린 시절을 즐겼다.

아버지의 대학 지위와 어머니의 사회적 위상 덕분에 보어의 집에는 덴마크의 유명한 과학자와 학자, 작가와 예술가들이 정기적으로 방문했다. 손님들 중에서 물리학자 크리스티안 크리스티안센, 철학자 하랄 회프딩, 언어학자 빌헬름 톰센은 아버지 보어와 함께 왕립 덴마크 과학문학 아카데미의 회원이었다. 그들은 매주 아카데미의 회의가 끝난 후에 네 사람 중 한 명의 집에서 토론을 계속했다. 아버지가 아카데미의 친구들을 초청할 때마다 10대였던 닐스와 하랄은 집에서 벌어지는 활기찬 논쟁을 옆에서 지켜보았다. 세기말적 분위기가 유럽을 휩쓸고 있던 시기에 그런 사람들의 지적 관심에 대한 이야기를 들을 수 있었던 것은 드문 기회였다. 훗날 보어의 기억에 따르면, 그런 경험은 소년들에게 "오래 지속되는 깊은 인상"을 남겼다.[4]

초등학교 시절의 보어는 수학과 과학에서는 뛰어났지만, 언어에 대한 적성은 거의 없었다. 어느 친구는 "그 시절의 그는 학급에서 싸움이 벌어지면 자신의 힘을 쓰는 것을 조금도 두려워하지 않았다"고 기억했다.[5] 그가 당시 덴마크의 유일한 대학이었던 코펜하겐 대학교에 입학해서 물리학을 전공하기 시작했던 1903년은 아인슈타인이 베른의 특허사무소에서 일을 시작하고 1년 이상 지난 때였다.[6] 그가 석사학위를 받았던 1909년에 아인슈타인은 취리히 대학교의 이론물리학 부교수였고, 처음으로 노벨상에 추천되었다. 보어도 훨씬 작은 무대였지만, 역시 두각을 나타내기 시작했다. 그는 스물한 살이었던 1907년에 물의 표면 장력에 대한 논문으로 왕립 덴마크 과학원으로부터 금메달을 받았다. 1885년에 은메달을 받았던 그의 아버지는 "나는 은이지만, 닐스는 금이다"라고 자랑을 했다.[7]

보어는 실험실 대신 한적한 시골에 가서 논문을 완성하라는 아버지의 조언을 따른 덕분에 금메달을 받았다. 마감 몇 시간 전에야 허겁지겁 논문을 제출했던 보어는 이틀 후에 내용을 추가하여 제출했다. 자신이 원하는 내용이 정확하게 표현되었다고 만족할 때까지 글을 고쳐 쓰는 그의 습성은 강박에 가까운 것이었다. 보어는 박사학위 논문을 완성하기 1년 전에 이미 "14편 정도의 논문 초안"을 완성했었다.[8] 편지를 쓰는 것과 같은 단순한 일에도 긴 시간이 걸렸다. 어느 날 닐스의 책상 위에 있던 편지를 본 하랄이 편지를 보내주겠다고 하자, 그는 "아니야. 그건 초고의 첫 번째 원고일 뿐이다"라고 대답했다.[9]

평생에 걸쳐 두 형제는 가장 가까운 친구였다. 그들은 수학과 물리학 이외에 축구와 같은 스포츠에도 관심이 많았다. 덴마크 축구 대표팀의 선수였던 하랄은 1908년 올림픽 결승에서 영국에 패배해서 은메달을 받았다. 사람들에게 더 똑똑하다는 평가를 받았던 그는 실제로 닐스가 1911년 5월에 물리학 박사학위를 받기 1년 전에 수학 박사학위를 받았다. 그러나 아버지는 언제나 자신의 장남인 닐스가 "가족 중에서 특별한 사람"이라고 믿었다.[10]

보어는 관습에 따라서 흰 넥타이와 연미복을 입고 박사학위 논문에 대한 공개 심사를 받았다. 심사는 역사상 가장 짧은 90분 만에 끝났다. 심사위원 두 명 중 한 사람은 아버지의 친구였던 크리스티안 크리스티안센이었다. 그는 "이 주제에 대한 학위 논문을 평가할 수 있을 정도로 금속이론에 대해서 잘 알고 있는" 덴마크 물리학자가 없는 것을 유감스럽게 생각했다.[11] 박사학위를 받은 보어는 막스 플랑크와 헨드릭 로런츠와 같은 사람들에게 학위 논문을 보냈다. 그러나 아무도 답장을 하지 않았다. 그는 번역하지 않은 학위 논문을 보낸 것이 실수였다는 사실을 깨달았다. 보어는 자신의 논문을 유명한 물리학자들이 익숙한 독일어나 프랑스어 대신 영어로 번역하기로 결심하고, 친구를 설득해서 번역 일을 맡겼다.

잘나가는 덴마크 사람들은 독일의 대학교에서 학업을 마치는 당시의 전통에 따라, 그의 아버지는 라이프치히를 추천하고, 동생은 괴팅겐을 추천했지만, 보어는 케임브리지 대학교를 선택했다. 뉴턴과 맥스웰의 학문적 고향이 그에게는 "물리학의 중심"이었다.[12] 번역한 학위 논문이 그의 명함 역할을 해줄 것이었다. 그는 그 논문 덕분에 "모든 사람들에게 길을 보여주는 천재"라고 알려졌던 조지프 존 톰슨 경과 대화를 할 수 있게 될 것이라고 기대했다.[13]

요트 놀이와 하이킹으로 느긋하게 여름을 보낸 보어는 덴마크의 유명한 칼스버그 맥주회사에서 1년간의 장학금을 지원받게 되어 1911년 9월 말에 영국에 도착했다. 그는 약혼자 마르그레테 뇌를란에게 "오늘 아침, 가게 앞에 서서 우연히 출입문에 붙어 있는 '케임브리지'라는 주소를 보고 나니 몹시 유쾌하오"라는 편지를 보냈다.[14] 그는 소개서와 보어라는 이름 덕분에 자신의 사망한 아버지를 기억하는 생리학자들로부터 따뜻한 환영을 받았다. 그들의 도움으로 그는 도시 외곽에 방 2개짜리 작은 아파트를 찾았고, "약속, 방문, 저녁 파티로 매우 바쁘게" 보냈다.[15] 그러나 그의 마음을 사로잡은 것은 친구와 학생들이 모두 J. J.라고 부르던 톰슨과의 만남이었다.

맨체스터의 서점 주인의 아들이었던 톰슨은 1884년 자신의 스물여덟 살 생일에서 일주일이 지난 후에 캐번디시 연구실의 세 번째 소장으로 선출되었다. 제임스 클러크 맥스웰과 레일리 경에 이어서 그가 유명한 연구실의 책임자로 선정된 것은 뜻밖이었다. 그의 젊은 나이 때문만이 아니었다. 훗날 그의 조수 중 한 사람은 "J. J.는 손재주가 없는 사람이었다. 나는 그에게 실험 기구를 직접 만지도록 하지 말아야 한다는 사실을 깨달았다"고 기억했다.[16] 그러나 많은 사람들의 증언에 따르면, 전자를 발견한 공로로 노벨상을 받은 톰슨은 비록 정교한 솜씨는 없었지만, "직접 작동시켜보지 않고도 정교한 실험 장치의 내부 작동원리를 이해할 수 있는 직관적인 능력"을 가지고 있었다.[17]

머리카락이 약간 흐트러진 톰슨의 정중한 태도와 테가 둥근 안경을 쓰고 둥근 칼라의 셔츠와 트위드 재킷을 입은 얼이 빠진 전형적인 교수의 모습이 그를 처음 만난 보어의 긴장을 풀어주었다. 깊은 인상을 남기고 싶었던 그는 자신의 학위 논문과 톰슨이 쓴 책을 움켜쥐고 교수실로 걸어갔다. 보어는 책을 펼쳐서 공식을 가리키면서 "이 공식은 틀렸습니다"라고 말했다.[18] J. J.는 자신의 과거 오류를 눈앞에서 펼쳐놓고 직설적으로 지적하는 모습에 익숙하지는 않았지만, 어쨌든 보어의 학위 논문을 읽어보겠다고 약속했다. 책상 위에 잔뜩 쌓여 있던 논문 더미 위에 보어의 학위 논문을 얹어놓은 그는 덴마크 청년을 일요일 저녁 식사에 초대했다.

보어는 처음에는 기뻐했지만, 시간이 지나도 자신의 학위 논문이 그대로 남아 있는 것을 보고 점점 걱정스러워졌다. 그는 하랄에게 "톰슨은 내가 첫날 생각했던 만큼 쉬운 상대가 아니야"라고 썼다.[19] 그러나 쉰다섯 살의 과학자에 대한 그의 존경심이 줄어든 것은 아니었다. "그는 훌륭한 사람으로, 믿을 수 없을 정도로 영리하고, 상상력이 풍부하고 (그의 초급 강의를 들어봐야만 한다) 지극히 친절해. 그러나 그는 일이 많아서 너무 바쁘고, 자신의 일에 너무 빠져 있어서 그와 대화를 나눌 기회를 찾기가 아주 어렵다."[20] 보어는 자신의 어설픈 영어가 도움이 되지 않는다는 사실도 알고 있었다. 그는 언어 장벽을 극복하기 위해서 사전을 들고 찰스 디킨스의 『피크위크 페이퍼스(*The Pickwick Papers*)』를 읽기 시작했다.

보어는 11월 초에 맨체스터 대학교의 생리학 교수로 재직하고 있는 아버지의 옛 제자를 만나러 갔다. 그곳에서 로레인 스미스가 브뤼셀의 물리학 학술회의에 참석하고 막 돌아온 어니스트 러더퍼드를 소개해주었다.[21] 뉴질랜드 출신의 권위주의적인 인물이었던 그는 몇 년 후에 "자연과학의 다양한 새 전망에 대해서 정말 즐거운 대화를 나누었다"고 기억했다.[22] "솔베이 학술회의에서의 논의에 대한 생생한 이야기"를 마음껏 즐긴 보어는 러더퍼드에게 매력과 감동을 느끼고 맨체스터를 떠났다.[23] 과학자로서도 그랬고 인간적으로도 그랬다.

1907년 5월 맨체스터 대학교 물리학과에 새로 부임한 주임 교수는 첫날부터 자신의 사무실을 찾느라 법석을 떨었다. "러더퍼드는 한 번에 세 계단을 올라갔다. 교수가 그런 식으로 계단을 올라가는 모습을 보는 것은 우리에게 두려운 일이었다"는 것이 어느 실험실 조수의 기억이었다.[24] 그러나 몇 주일도 지나지 않아 서른여섯 살 교수의 끝없는 에너지와 소박하고 간단명료한 접근 방식이 동료들을 사로잡기 시작했다. 러더퍼드는 그로부터 10여 년 동안 대적할 상대가 없는 성공을 거둔 이례적인 연구 팀을 만들어가고 있었다. 러더퍼드의 탁월한 과학적 판단력과 천재성뿐만 아니라 자신의 개성에 의해서 만들어진 연구진이었다. 그는 연구진의 대표였을 뿐만 아니라 심장이기도 했다.

1871년 8월 30일에 뉴질랜드 사우스 섬의 스프링 그로브에 있는 작은 단층 목조 주택에서 태어난 러더퍼드는 12명의 자녀 중 넷째였다. 그의 어머니는 교사였고, 아버지는 이런저런 직업을 전전하다가 제분공장에서 일하고 있었다. 인구가 적은 시골 동네의 거친 생활에도 불구하고 제임스와 마사 러더퍼드는 자식들에게 재능과 행운이 허용하는 만큼 성장할 수 있는 기회를 주기 위해서 최선을 다했다. 어니스트는 자신을 지구의 반대쪽에 있는 케임브리지 대학교로 데려다줄 장학금을 계속 받으면서 공부했다.

1895년 10월에 톰슨의 제자로 공부하기 위해서 캐번디시에 도착한 러더퍼드는 몇 년 후부터 그의 상징이 되어버린 활기차고 자신감 넘치는 사람과는 거리가 멀었다. 그가 뉴질랜드에서 시작했고, 훗날 라디오파로 알려지게 된 "무선" 파동을 검출하는 일을 계속하면서 변화가 시작되었다. 러더퍼드는 몇 달 만에 훨씬 개선된 검출기를 개발했고, 그것으로 돈을 벌 아이디어도 궁리를 했다. 그러나 특허가 일반화되지 않았던 당시 과학계의 문화에서 연구를 이용하여 돈을 버는 것은 명성을 목표로 하는 젊은 이에게 손해가 된다는 사실을 깨달았다. 이탈리아의 굴리엘모 마르코니만큼 재산을 모을 수도 있었던 러더퍼드는 검출기 개발을 포기하는 대신 전 세계 신문의 1면을 장식한 발견을 위해서 노력한 것을 한번도 후회하지 않았다.

1895년 11월 8일에 빌헬름 뢴트겐은 진공으로 만든 유리관에 고압의 전류를 흘려줄 때마다 백금사이안산 바륨으로 코팅된 작은 종이 스크린을 밝게 빛나게 만드는 정체불명의 복사가 방출된다는 사실을 발견했다. 쉰 살의 뷔르츠부르크 대학교 물리학 교수였던 뢴트겐은 훗날 신비로운 이 새로운 빛을 발견했을 때 무슨 생각을 했느냐는 질문에 "나는 아무 생각도 하지 않았다. 나는 연구를 했다"고 대답했다.[25] 거의 6주일 동안 그는 "그 빛이 실제로 존재한다는 사실을 확실하게 확인하기 위해서 같은 실험을 끊임없이 반복했다."[26] 그는 진공 튜브가 형광(螢光)을 방출하는 이상한 발광(發光) 현상의 원인이라는 사실을 확인했다.[27]

뢴트겐은 아내 베르타에게 사진판에 손을 올려놓도록 한 후에 "X-선"을 쪼였다. X-선은 그가 정체를 알 수 없는 복사에 붙여준 이름이었다. 15분 후에 뢴트겐은 사진판을 현상했다. 베르타는 자신의 뼈와 두 개의 반지와 어둡게 나타난 살의 그림자를 보고 두려움에 떨었다. 1896년 1월 1일에 뢴트겐은 상자에 넣은 저울추와 베르타의 손뼈의 사진과 함께 「새로운 종류의 빛」이라는 논문을 독일을 비롯한 여러 나라의 유명한 물리학자들에게 보냈다. 며칠 만에 뢴트겐의 발명과 그의 놀라운 사진에 대한 소식이 들불처럼 번져나갔다. 전 세계의 언론이 아내의 손뼈 모습이 나타난 유령 같은 사진에 매달렸다. 1년도 되지 않아서 49권의 책과 X-선에 대한 과학 논문과 대중적인 글들이 쏟아져나왔다.[28]

1월 23일에 영어로 번역된 뢴트겐의 논문이 주간 과학 잡지 『네이처 (Nature)』에 실리기 전부터 톰슨은 불길해 보이는 X-선에 대한 연구를 시작했다. 기체를 통해서 전기가 전도되는 현상을 연구하던 톰슨은 X-선이 기체를 전기가 통하는 도체로 만들어준다는 이야기를 읽은 후부터 X-선에 관심을 가지기 시작했다. 그런 사실을 간단하게 확인한 그는 러더퍼드에게 X-선이 기체를 통과할 때의 효과를 측정하는 일을 도와달라고 부탁했다. 결국 러더퍼드는 그후 2년 동안 4편의 논문을 발표하고, 국제적인 명성을 얻게 되었다. 톰슨은 첫 번째 논문에 대해서 짤막한 노트로 X-선이 빛과 마찬가지로 일종의 전자기 복사라고 제안했고, 그의 주장은 훗날 옳은 것으로 증명되었다.

러더퍼드가 실험에 바쁜 일정을 보내는 동안, 파리에서는 프랑스 과학자 앙리 베크렐이 어두운 곳에서 빛을 내는 형광 물질도 역시 X-선을 방출할 수 있는지를 확인하려고 노력하고 있었다. 그는 우라늄 화합물이 복사를 방출한다는 사실은 발견했지만, 그것이 형광인지 아닌지를 알 수가 없었다. 그러나 "우라늄 빛"에 대한 베크렐의 논문은 과학적 호기심을 자극하지 못했고, 어떤 신문도 그의 발견을 반갑게 보도하지 않았다. 몇 사람의 물리학자들만 베크렐의 빛에 관심을 보였다. 그들도 대부분 베크렐과 마찬가지로 우라늄 화합물에서만 그런 빛이 방출된다고 믿었다. 러더퍼드는 그런 "우라늄 빛"이 기체의 전기 전도도에 미치는 영향을 조사해보기로 했다. 훗날 그가 자신의 일생에서 가장 중요한 것이었다고 설명한 결정이었다.

구리-아연의 합금인 "네덜란드 금속"을 웨이퍼 정도로 얇은 층으로 만들어서 우라늄 복사의 침투력을 시험한 러더퍼드는 검출된 복사의 양이 사용한 금박의 수에 따라서 달라진다는 사실을 발견했다. 어느 수준에 도달하면 더 많은 층을 추가해도 복사의 세기가 거의 줄어들지 않았다. 그런데 놀랍게도 더 많은 층을 추가하면 복사의 세기가 다시 떨어지기 시작했다. 다른 물질을 사용한 실험에서도 똑같은 일반적 특징을 발견한 러더퍼드가 생각할 수 있는 설명은 오직 한 가지뿐이었다. 두 종류의 복사가 방출되고 있다는 것이다. 그는 각각을 알파선과 베타선이라고 불렀다.

독일 물리학자 게르하르트 슈미트가 토륨과 토륨의 화합물도 역시 복사를 방출한다는 사실을 발표했고, 러더퍼드는 그 결과를 알파선과 베타선의 결과와 비교해보았다. 그는 토륨 복사가 훨씬 더 강력하다는 사실을 발견하고, "침투력이 더 큰 복사가 존재한다"는 결론을 얻었다.[29] 훗날 이것을 감마선이라고 부르게 된다.[30] 복사를 방출하는 성질을 설명하기 위해서 "방사능(放射能, radioactivity)"이라는 말을 도입하고, "베크렐 선"을 방출하는 물질을 "방사성 물질(放射性 物質, radioactive)"이라고 부른 사람은 마리 퀴리였다. 그녀는 방사능이 우라늄에만 한정된 것이 아니라 분명하게 원자적 현상이라고 믿었다. 그녀는 그런 결론 덕분에 남편 피에르와 함께 방사성 원소 라듐과 폴로늄을 발견하는 길로 들어서게 되었다.

퀴리의 첫 논문이 파리에서 발간되었던 1898년 4월에 러더퍼드는 캐나다 몬트리올에 있는 맥길 대학교에 교수직이 생겼다는 사실을 알게 되었다. 러더퍼드는 방사능에 대한 새로운 분야의 개척자로 인정을 받았고, 톰슨으로부터 화려한 추천서를 받았지만, 자신이 임용될 것이라는 기대를 하지 않고 지원서를 제출했다. 톰슨은 추천서에 "나는 러더퍼드 씨만큼 독창적인 연구에 대한 열정이나 능력을 가진 학생을 본 적이 없고, 만약 임용이 된다면 그는 몬트리올에 훌륭한 물리학 학파를 만들 수 있을 것입니다"라고 적었다.[31] 그는 "나는 물리학 교수로 러더퍼드 씨의 서비스를 확보할 수 있는 기관은 행운이라고 생각합니다"라고 추천서를 마쳤다. 막 스물일곱 살이 된 러더퍼드는 거친 항해 후 9월 말에 몬트리올에 도착했고, 그때부터 9년을 그곳에 머무르게 된다.

그는 영국을 떠나기 전부터 많은 사람들이 자신에게 "많은 독창적 연구를 수행하고, 양키의 영광을 무너뜨릴 수 있는 연구진을 구성할 것"을 기대하고 있다는 사실을 알고 있었다.[32] 실제로 그는 그런 성과를 이룩했다. 1분이 지나면 토륨의 방사성이 절반으로 줄어들고, 다음 1분 후에 다시 절반으로 줄어든다는 사실을 발견한 것이 그 시작이었다. 3분 후에는 본래 값의 8분의 1로 줄어든다.[33] 러더퍼드는 방사성의 지수함수적 감소를 방출되는 복사의 세기가 절반으로 줄어드는 데에 걸리는 시간이라는 뜻에서 "반감기(半減期)"라고 불렀다. 모든 방사성 원소는 고유한 반감기를 가지고 있다. 그리고 그에게 맨체스터 대학교의 교수직과 노벨상을 가져다 준 발견이 이루어졌다.

러더퍼드는 1901년 10월에 몬트리올에서 활동하고 있던 스물다섯 살의 영국 화학자 프레더릭 소디와 함께 토륨과 토륨의 복사에 대한 공동 연구를 시작했다. 그들은 곧바로 토륨이 다른 원소로 바뀔 수 있는 가능성을 인식했다. 소디는 자신이 그런 생각에 놀라서 "이것은 변종(變種)이다"라고 중얼거리고 있던 모습을 기억했다. 러더퍼드는 "정말, 맙소사, 소디, 변종이라고 부르지는 말게. 사람들이 우리를 연금술사라고 처단할 것이야"라고 경고했다.[34]

두 사람은 곧 방사능이란 한 원소가 복사를 방출하면서 다른 원소로 변환되는 것이라고 확신하게 되었다. 그들의 이단적 결론에 대해서는 많은 반발이 있었지만, 실험적 증거가 결정적인 역할을 했다. 반대론자들도 물질의 불변성에 대한 오랜 믿음을 버려야만 했다. 변종은 더 이상 연금술사의 꿈이 아니라 과학적 사실이었다. 모든 방사성 원소는 자발적으로 다른 원소로 변환되고, 원자의 절반이 그렇게 되기까지 걸리는 시간이 바로 반감기가 된다.

훗날 이스라엘의 초대 대통령이 되었지만, 당시에는 맨체스터 대학교의 화학자였던 차임 바이츠만은 러더퍼드를 "젊고, 에너지가 넘치고, 활기에 차 있던 그는 과학자임에 틀림이 없었다"고 기억했다. "그는 자신이 전혀 모르는 경우에도 세상 모든 것에 대해서 활기차게 이야기했다. 점심 식사를 위해서 식당으로 가는 동안에도 복도를 올리는 우렁차고, 친근한 목소리가 들렸다."[35] 바이츠만은 러더퍼드를 "어떠한 정치적 지식이나 감정도 없이 오로지 자신의 획기적인 과학 연구에만 매달리는 사람"이라고 평가했다.[36] 그가 추구하던 연구의 핵심이 바로 알파 입자를 이용해서 원자를 살펴보는 문제였다.

그런데 알파 입자가 정확하게 무엇일까? 알파선이 사실은 강한 자기장에 의해서 휘어지는 양전하(陽電荷)를 가진 입자라는 사실을 밝혀낸 후에도 그를 오랫동안 성가시게 만들었던 질문이 바로 그것이었다. 그는 알파 입자가 헬륨 원자에서 두 개의 전자가 떨어져나간 헬륨 이온이라고 믿었지만, 그에 대한 증거는 순전히 정황적인 것뿐이었기 때문에 공개적으로는 그렇게 말하지 않았다. 러더퍼드는 알파선을 발견하고 거의 10년이 지나고 나서야 알파 입자의 정확한 정체를 밝혀줄 확실한 증거를 찾을 수 있게 되었다. 이미 베타선은 빠르게 움직이는 전자라고 확인이 되었다. 이번에는 또 한 사람의 젊은 조수인 스물다섯 살의 독일인 한스 가이거의 도움을 받았다. 러더퍼드는 1908년 여름에 자신이 오랫동안 의심했던 사실을 확인했다. 알파 입자는 실제로 두 개의 전자를 잃어버린 헬륨 원자였던 것이다.

러더퍼드는 가이거와 함께 알파 입자의 정체를 밝히려고 노력하면서 "산란은 악마이다"라고 불평을 했다.[37] 그가 몬트리올에서 그런 효과를 처음 관찰했던 것은 2년 전이었다. 운모판을 통과한 일부 알파 입자가 직선 궤적에서 약간 벗어난 곳의 사진판에 흐릿한 흔적을 남겼다. 러더퍼드는 그 결과에 대해서 더 알아보기로 마음먹었다. 맨체스터로 돌아온 그는 앞으로 해야 할 연구 주제의 목록을 만들었다. 러더퍼드는 자신의 목록에 있던 알파 입자의 산란 연구를 가이거에게 맡겼다.

두 사람은 얇은 금박을 통과한 알파 입자가 황화아연으로 코팅된 종이 스크린에 충돌할 때 나오는 반짝이는 작은 섬광의 수를 세는 간단한 실험을 고안했다. 섬광의 수를 세는 일은 완전히 깜깜한 곳에서 오랜 시간을 보내야 하는 고통스러운 것이었다. 러더퍼드에 따르면, 다행히 가이거는

"실험실에서는 귀신이었고, 평정심을 잃지 않고, 밤을 꼬박 새우면서 불빛을 셀 수 있었다."[38] 그는 알파 입자가 금박을 곧장 지나가지 않으면 방향이 1도에서 2도 정도 바뀐다는 사실을 발견했다. 그것은 예상했던 일이었다. 그런데 놀랍게도 가이거는 몇 개의 알파 입자가 "상당한 각도로 방향이 바뀐다"는 사실도 알아냈다.[39]

가이거가 얻은 결과가 나타내는 의미에 대해서 충분히 생각을 해보기도 전에 러더퍼드는 방사능이 한 종류의 원소가 다른 종류의 원소로 변환되는 현상이라는 사실을 발견한 공로로 노벨 화학상을 받았다. "모든 과학은 물리학이 아니면 우표 수집"이라고 여기던 그는 자신이 물리학자에서 화학자로 순간적인 변종을 하는 우스꽝스러운 경험을 하게 되었다.[40] 스톡홀름에서 상을 받고 돌아온 러더퍼드는 알파 입자의 산란 각도에 대한 확률을 분석하는 방법을 배웠다. 그의 계산에 따르면, 알파 입자가 금박을 통과하는 동안에 여러 차례의 산란이 일어나기는 하지만, 전체적으로 큰 각도로 산란될 가능성은 거의 0에 가까울 정도로 매우 작다는 사실을 알아냈다.

러더퍼드가 그런 계산에 정신이 팔려 있었을 때, 가이거가 유망한 학부생이었던 어니스트 마스든에게 과제를 맡겨보자고 제안했다. 러더퍼드는 "그렇게 하지. 알파 입자가 더 큰 각도로 산란될 수 있는지를 살펴보도록 할까?"라고 했다.[41] 그러나 마스든이 실제로 그런 결과를 얻었다는 사실을 알게 된 그는 크게 놀랐다. 점점 더 큰 산란 각도에서의 관찰을 계속하던 그들은 알파 입자가 황화아연 스크린 속으로 들어가버려서 마스든이 보았던 것처럼 분명한 섬광이 보이지 않게 될 것이라고 기대했다.

"알파 입자 빔을 옆으로 휘어지게 산란시킬 수 있는 엄청난 전기력이나 자기력의 본질"을 이해하기 위해서 애쓰던 러더퍼드는 마스든에게 뒤로 튕겨나가는 알파 입자도 있는지를 확인해보도록 했다.[42] 어떤 것도 발견하지 못할 것이라고 기대했던 그는 마스든이 금박에 의해서 뒤로 튕겨나가는 알파 입자를 발견하자 정말 놀라버렸다. 러더퍼드는 "종잇조각을 향해 쏜 15인치 탄환이 뒤로 튕겨나가서 자네를 맞히는 것처럼 정말 믿을 수

없는 일이다"라고 말했다.[43]

가이거와 마스든은 다른 금속을 이용한 비교 실험도 했다. 금에서 뒤쪽으로 산란되는 알파 입자의 수는 은보다 거의 2배나 많았고, 루비듐보다는 20배나 많은 것으로 밝혀졌다. 백금박의 경우에는 8,000개 중 하나가 뒤로 튕겨졌다. 1909년 6월에 자신들의 실험 결과를 발표한 가이거와 마스든은 단순히 실험을 소개하고 결과를 제시했을 뿐이었고, 그런 결과를 얻게 된 이유를 설명하지는 못했다. 당황한 러더퍼드는 그후 18개월 동안 실험 결과를 설명할 수 있는 방법을 찾아내려고 노력했다.

19세기 전체를 통틀어서 원자의 존재는 상당한 과학적, 철학적 논쟁의 주제였지만, 1909년에 이르러서 원자의 존재는 합리적 의심의 여지가 없을 정도로 확실하게 정립되었다. 원자론에 대한 비판론자들은 반증의 압력 때문에 입을 닫을 수밖에 없었다. 브라운 운동에 대한 아인슈타인의 설명과 확인, 그리고 원소의 방사성 변환에 대한 러더퍼드의 발견이 그런 증거들 중 가장 중요한 두 가지 핵심이었다. 수십 년에 걸친 논쟁에서 많은 훌륭한 물리학자와 화학자들이 그 존재를 부정했지만, 당시에 가장 잘 알려진 원자의 표현은 J. J. 톰슨이 제시했던 소위 "건포도 푸딩(plum pudding)" 모형이었다.

톰슨은 1903년에 원자가 질량이 없고 양전하를 가진 둥근 공 모양의 푸딩 속에 자신이 6년 전에 발견했던 음전하를 가진 전자들이 건포도처럼 박혀 있는 모형을 제시했다. 양전하는 전자들 사이의 반발력 때문에 원자가 부서지지 않도록 중화시켜주는 역할을 한다.[44] 톰슨은 원자형 전자들이 원소마다 고유한 동심 고리 모양으로 배열되어 있을 것이라고 생각했다. 그는 예를 들어 금과 납 원자는 자신들의 속에 들어 있는 전자의 수와 분포가 서로 다르기 때문에 구별이 된다고 주장했다. 그러나 톰슨 원자의 질량은 내부에 들어 있는 전자에 의한 것이기 때문에 가장 가벼운 원자의 경우에도 수천 개의 전자가 들어 있어야만 했다.

영국의 화학자 존 돌턴이 모든 원소의 원자는 무게에 의해서 분명하게 구별된다는 아이디어를 처음 제시했던 것이 정확하게 100년 전인 1803년이었다. 원자의 무게를 직접 측정할 수 없었던 돌턴은 서로 다른 원소들이 결합해서 다양한 화합물을 만드는 비율을 분석해서 상대적인 무게를 결정했다. 그는 기준이 필요했다. 돌턴은 알려진 원소들 중에서 가장 가벼운 수소의 원자량을 1이라고 가정했다. 그리고 수소의 원자량을 기준으로 다른 모든 원소들의 원자량을 결정했다.

X-선과 원자에 의한 베타 입자의 산란에 대한 실험 결과를 살펴본 톰슨은 자신의 원자 모형이 틀렸다는 사실을 깨달았다. 그는 전자의 수를 과대평가했다. 그의 새로운 계산에 따르면, 원자는 원자량에 의해서 정해진 것보다 더 많은 수의 전자를 가질 수가 없었다. 서로 다른 원소의 원자에 들어 있는 전자의 정확한 숫자는 알 수가 없었지만, 이런 상한선은 옳은 방향으로 가는 첫걸음으로 인정을 받았다. 원자량이 1인 수소 원자는 오직 1개의 전자만을 가질 수 있다. 그렇지만 원자량이 4인 헬륨 원자는 2, 3, 또는 4개의 전자를 가질 수 있었고, 다른 원소들의 경우에도 마찬가지였다.

전자 수의 대폭적인 감소는 원자 질량의 대부분이 양전하를 가지고 둥근 모양으로 넓게 퍼져 있기 때문이라는 뜻이었다. 톰슨이 안정적이고 전기적으로 중성인 원자를 만들기 위한 속임수 정도로 제안했던 것이 갑자기 스스로의 존재를 드러낸 것이다. 그러나 새롭게 개선된 모형도 알파 입자의 산란을 설명해줄 수가 없었고, 특정한 원자 속에 있는 전자의 수를 정확하게 알려주지도 못했다.

러더퍼드는 알파 입자가 원자 내부의 엄청나게 강한 전기장에 의해서 산란된다고 믿었다. 그러나 양전하가 원자 전체에 균일하게 분포되어 있다는 J. J.의 원자에는 그렇게 강한 전기장이 존재할 수가 없었다. 결국 톰슨의 원자는 알파 입자를 뒤쪽으로 튕겨나가게 할 수가 없는 것이 분명했다. 러더퍼드는 1910년 12월에 마침내 "J. J.의 원자보다 훨씬 더 뛰어난 원자를 고안할" 수 있었다.[45] 그는 가이거에게 "이제 원자가 어떻게 생겼

느지를 알아냈다!"고 말했다.[46] 그것은 톰슨의 원자와 같은 것이 아니었다.

러더퍼드 원자의 중심에는 양전하를 가지고 있으며, 원자의 거의 모든 질량을 가지고 있는 핵이 위치하고 있다. 그 핵은 원자보다 10만 배나 작아서 "성당 안에 날아다니는 파리"처럼 아주 작은 공간을 차지할 뿐이다.[47] 원자의 내부에 있는 전자가 알파 입자를 심하게 튕겨져나가도록 만들지 못한다는 사실을 알고 있었던 러더퍼드는 전자가 핵 주위에 어떻게 분포하고 있는지에 관심을 가질 이유가 없었다. 그의 원자는 더 이상 한때 그가 믿었던 입속의 혀처럼 "맛에 따라서 붉은색이나 회색을 나타내는 근사하고 단단한 녀석"이 아니었다.[48]

"충돌하는" 알파 입자는 대부분 러더퍼드 원자를 곧바로 지나가버린다. 알파 입자의 운동 방향이 바뀌기에는 중심에 있는 작은 핵으로부터 너무 멀리 지나가버리기 때문이다. 핵에 의해서 만들어지는 전기장 때문에 방향이 약간 바뀌어 작은 휘어짐이 나타나게 될 뿐이다. 중심의 핵에 가까이 지나갈수록 전기장의 효과가 더 커지고, 따라서 본래의 경로에서 벗어나는 정도도 커진다. 그러나 알파 입자가 핵에 정면으로 충돌하게 되면, 두 입자 사이의 반발력 때문에 마치 공이 벽돌담에 튕겨나오는 것처럼 곧장 뒤로 튕겨나오게 된다. 가이거와 마스든이 실험에서 발견했듯이, 그런 직접적인 충돌은 매우 드물게 일어난다. 러더퍼드는 그런 일은 "밤에 앨버트 홀에서 작은 벌레를 향해 총을 쏘는 것"과 같다고 했다.[49]

러더퍼드는 자신의 모형을 이용해서 특정한 각도로 산란되는 알파 입자의 비율을 정확하게 예측하는 간단한 식을 유도할 수 있었다. 그는 세심한 연구를 통해서 산란된 알파 입자의 각도에 따른 분포를 시험하기 전에는 자신의 원자 모형을 공개하고 싶지 않았다. 가이거가 그 일을 수행했고, 알파 입자의 분포가 러더퍼드의 이론적 추정과 완벽하게 일치한다는 사실을 확인했다.

1911년 3월 7일에 러더퍼드는 맨체스터 문학-철학협회의 학술회의에서 발표한 논문에서 자신의 원자 모형을 공개했다. 나흘 후에 그는 리즈

대학교의 물리학 교수인 윌리엄 헨리 브래그로부터 "대략 5-6년 전"에 일본의 물리학자 나가오카 한타로(長岡半太郎)가 "큰 양전하 중심"을 가진 원자 모형을 제시했다는 사실을 알려주는 편지를 받았다.[50] 당시에 브래그는 몰랐지만, 나가오카는 그 전해 여름에 유럽의 첨단 물리학 실험실 시찰단의 한 사람으로 러더퍼드의 연구실을 방문했었다. 브래그의 편지를 받고 2주일도 지나지 않아서 러더퍼드는 도쿄에서도 편지를 받았다. "맨체스터에서 베풀어준 대단한 친절"에 대한 감사 편지에서 나가오카는 자신이 1904년에 원자의 "토성형" 모형을 제안했다는 사실을 설명했다.[51] 크고 무거운 핵이 회전하는 전자들의 고리에 둘러싸여 있는 모형이었다.[52]

러더퍼드는 답장에서 "내 원자에서 가정한 구조는 몇 년 전 당신의 논문에서 제안했던 것과 어느 정도 비슷하다는 사실을 알 수 있을 것입니다"라고 인정했다. 두 모형은 일부 측면에서는 비슷하지만, 중요한 차이도 있었다. 나가오카의 모형에서는 중심 물체가 양전하를 가진 무겁고 납작한 팬케이크 형태로 원자의 대부분을 차지한다. 그러나 러더퍼드의 공 모형에서는 양전하를 가진 핵이 믿기 어려울 정도로 작으면서도 질량의 대부분을 차지하기 때문에 원자 내부는 텅 비어 있게 된다. 그러나 두 모형 모두에 중대한 오류가 있었기 때문에 그 내용을 심각하게 살펴보는 물리학자는 거의 없었다.

양전하를 가진 핵 주위에 정지한 상태로 위치한 전자를 가진 원자는 불안정하다. 음전하를 가진 전자들은 어쩔 수 없이 핵쪽으로 끌려들어갈 수밖에 없기 때문이다. 행성이 태양 주위를 공전하는 것처럼 전자들이 핵 주위를 움직이더라도 원자는 여전히 불안정해서 붕괴될 수밖에 없다. 오래 전에 뉴턴은 원형으로 움직이는 물체는 가속(加速)을 경험하게 된다는 사실을 증명했다. 맥스웰의 전자기학이론에 따르면, 전자처럼 전하를 가진 입자는 가속되는 과정에서 전자기 복사의 형태로 끊임없이 에너지를 잃어버리게 된다. 그래서 핵 주위를 공전하는 전자는 1초의 1조 분의 1000분의 1 안에 핵으로 휘감겨 끌려들어가게 된다. 물질 세계의 존재 자체가 러더퍼드의 핵 원자를 반박하는 절대 무시할 수 없는 증거였다.

러더퍼드는 오래 전부터 풀 수 없는 것 같았던 문제에 대해서 알고 있었다. 그는 자신이 1906년에 발간했던 『방사성 변환(*Radioactive Transformations*)』이라는 책에서 "가속되는 전자의 어쩔 수 없는 에너지 손실은 안정한 원자의 구성을 알아내기 위한 노력에서 직면하는 가장 심각한 어려움 중 하나였다"고 했다.[53] 그러나 그는 1911년에는 그런 어려움을 무시하는 길을 선택했다. "제안된 원자의 안정성에 대한 의문은 이 단계에서 생각할 필요가 없다. 그것은 원자의 작은 구조와 전하를 가진 구성 요소의 운동에 의해서 결정되는 것이 분명하기 때문이다."[54]

러더퍼드의 산란 공식에 대한 가이거의 초기 실험은 신속했지만, 그 범위에는 한계가 있었다. 뒤늦게 합류한 마스든은 다음 해의 대부분을 더욱 철저한 연구를 수행하는 일로 보냈다. 1912년 7월에 그들이 얻은 결과는 산란 공식과 러더퍼드 이론의 중요한 결론을 확인시켜주었다.[55] 몇 년 후 마스든은 "완전한 확인은 힘들지만 흥분되는 일이었다"고 기억했다.[56] 그 과정에서 그들은 실험 오차를 고려하더라도 핵의 전하는 원자량의 절반에 가까울 수밖에 없다는 사실도 발견했다. 원자량이 1인 수소는 예외라고 하더라도, 다른 모든 원자에서 전자의 수는 근사적으로 원자량의 절반과 같아야만 했다. 이제 헬륨 원자에 들어 있는 전자의 수가 2라고 분명하게 정하는 것이 가능해졌다. 그때까지는 전자의 수가 4까지 될 수 있었다. 그러나 전자 수의 감소는 러더퍼드의 원자가 과거에 의심했던 것보다 훨씬 더 심하게 에너지를 방출해야만 한다는 뜻이었다.

러더퍼드는 제1회 솔베이 학술회의에 대한 이야기에서 보어를 두둔했지만, 브뤼셀에서는 그를 비롯해서 어느 누구도 핵 원자에 대해서 논의하지 않았다는 사실은 언급하지 않았다.

케임브리지에서의 보어는 학술적인 면에서 기대했던 만큼 톰슨과 친밀하게 지내지 못했다. 몇 년 후, 보어는 실패의 원인을 이렇게 설명했다. "나는 영어에 대해서 충분한 지식이 없었기 때문에 내 생각을 어떻게 표현해야 하는지를 알 수 없었다. 이것은 옳지 않다고 말하는 정도가 고작이었다. 그런데 그는 단순히 옳지 않다는 지적에는 흥미가 없었다."[57] 또한, 톰슨은 제자나 동료의 논문이나 편지에 신경을 쓰지 않았던 것으로 유명했고, 더욱이 당시에는 전자의 물리학 분야에서 적극적으로 활동하지도 않았다.

실망하고 있던 보어가 캐번디시 연구생들의 연례 만찬에서 러더퍼드를 다시 만났다. 12월 초에 열리는 연례 만찬은 열 가지 음식이 제공되는 식사 후에 건배, 노래, 리머릭(limerick, 오행시)이 이어지는 떠들썩하고 편안한 행사였다. 러더퍼드의 성격에 다시 한번 감명을 받은 보어는 케임브리지와 톰슨을 맨체스터와 러더퍼드로 바꾸는 것에 대해서 심각하게 고민하기 시작했다. 12월 말에 맨체스터를 방문한 그는 그런 가능성에 대해서 러더퍼드와 의논을 했다. 약혼자와 떨어져 있던 보어는 무엇이든지 확실하게 보여줄 수 있는 것을 해내고 싶었다. 톰슨에게 "방사능에 대해서 알고 싶다"는 핑계를 댄 보어는 새 학기가 끝나면 맨체스터로 떠나도 좋다는 허락을 받았다.[58] 몇 년 후 그는 "케임브리지에서는 모든 일이 매우 흥미로웠지만, 별 볼일은 없었다"고 기억했다.[59]

영국에서의 체류 기간 만료를 넉 달 남겨둔 1912년 3월 중순에 보어는 방사능 연구의 실험 기술에 대한 7주간의 강의를 수강한다는 핑계로 맨체스터로 옮겨갔다. 낭비할 시간이 없었던 보어는 금속의 물리적 성질을 이해하기 위해서 전자의 물리학을 적용하는 연구에 저녁 시간을 모두 보냈다. 가이거와 마스든 등의 지도를 받은 그는 강의를 성공적으로 수강했고, 러더퍼드로부터 작은 연구 프로젝트를 받았다.

보어는 하랄에게 "러더퍼드는 틀림없는 사람이다. 그는 정기적으로 나를 찾아와서 연구가 어떻게 진행되는지에 대한 이야기를 듣고, 일상적인 문제에 대해서도 이야기를 나눈다"고 했다.[60] 제자들의 학업에 관심이 없었던 톰슨과 달리 러더퍼드는 "주위에 있는 모든 사람들의 연구에 진심으로 관심"을 가지고 있는 것처럼 보였다. 그는 학생들의 과학적 가능성을 파악하는 확실한 능력을 가지고 있었다. 실제로 그의 학생들 중 11명과 가까운 공동 연구자 몇 명이 노벨상을 받았다. 보어가 맨체스터에 도착한 직후 러더퍼드는 친구에게 "덴마크 학생 보어가 방사능 연구를 위해서 케임브리지에서 이곳으로 왔다"고 했다.[61] 그러나 그때까지만 해도 보어는 이론학자라는 사실을 빼고 나면 실험실의 다른 열정적인 젊은이들과 크게 다르지 않았다.

러더퍼드는 일반적으로 이론학자를 낮게 평가했고, 그런 사실을 공공연하게 밝혔다. 언젠가 그는 동료에게 "그들은 자신들의 심볼을 이용해서 게임을 하지만, 우리는 자연에서 정말 확실한 사실을 밝혀낸다"고 말하기도 했다.[62] 현대 물리학의 동향에 대한 강연자로 초청을 받았을 때는 "논문을 쓸 수도 없는 일이다. 2분이면 해결할 수 있는 일이다. 내가 분명하게 말해줄 수 있는 것은, 이론물리학자들이 부풀려놓은 이야기를 우리 실험학자들이 바로잡아야 한다는 것이다!"[63] 그런 그가 스물여섯 살의 덴마크 청년을 좋아하게 되었다. 그는 "보어는 다르다"고 했다. "그는 축구 선수이다!"[64]

실험실의 연구생과 직원들은 매일 저녁 늦은 시간에 각자 하던 일을 멈추고 함께 모여서 차와 함께 케이크, 빵과 버터를 먹으면서 이야기를 나눴다. 러더퍼드도 의자에 앉아서 모든 주제에 대해서 많은 이야기를 했다. 대부분의 이야기는 물리학에 대한 것이었고, 특히 원자와 방사능에 대한 이야기가 많았다. 러더퍼드는 발명이 거의 눈앞에 다가와 있는 것 같은 분위기를 만들었고, 공개적으로 의견을 교환하고 토론하는 협동 문화를 만들어냈다. 아무도 이야기하는 것을 두려워하지 않았다. 새로 합류한 사람도 마찬가지였다. 그 중심에 러더퍼드가 있었다. 보어에 따르면, 그는 언제나 "아무리 사소한 것이라도 아이디어가 마음에 떠올랐다고 생각하는 모든 젊은이의 이야기를 들을" 준비가 되어 있었다.[65] 러더퍼드가 참지 못했던 유일한 경우는 "거들먹거리는 이야기"였다. 보어도 이야기하기를 좋아했다.

말과 글에 유창했던 아인슈타인과 달리 보어는 자신의 생각을 알맞게 표현하는 단어를 찾지 못해 자주 더듬거렸다. 덴마크어, 영어, 독일어에 상관없이 언제나 그랬다. 보어가 이야기를 한다는 것은 적절한 표현을 찾기 위해서 소리를 내면서 생각을 하고 있다는 뜻이었다. 보어가 헝가리 출신의 게오르크 폰 헤베시를 알게 된 것도 그런 휴식 시간을 통해서였다. 그는 강력한 의료 진단 도구는 물론이고 화학과 생물학 연구에도 유용하게 활용하게 된 방사능 추적 기술을 개발한 공로로 1943년 노벨 화학상을 받게 된다.

낯선 나라에서 온 이방인으로 익숙하지 않은 언어를 사용해야 했던 두 사람은 쉽게 친해져서 평생 친구가 되었다. 생일이 몇 달 빨랐던 헤베시가 실험실 생활에 적응할 수 있도록 도와주던 일을 회고하던 보어는 "그는 외국인에게 도움을 주는 방법을 알고 있었다"고 했다.[66] 보어가 원자에 대해서 관심을 가지게 된 것도 헤베시와의 대화 덕분이었다. 헤베시는 주기율표에서 더 이상 자리를 찾을 수 없을 정도로 엄청나게 많은 방사성 원소가 발견되었다고 설명해주었다. 그런 "라디오원소(radioelement)"에 붙여진 우라늄-X, 악티늄-B, 토륨-C와 같은 이름은 한 원자가 방사성 붕괴를 통해서 다른 원자로 변환되는 과정에서 생긴 것으로, 원자 세계에서의 위치를 둘러싼 불확실성과 혼란의 느낌을 담고 있었다. 헤베시는 보어에게 과거 몬트리올에서 러더퍼드의 동료였던 프레더릭 소디의 제안을 이용하면 그런 문제를 해결할 수 있을 것이라고 알려주었다.

1907년에 방사성 붕괴 과정에서 만들어지는 토륨과 라디오토륨이라는 두 원소가 물리적으로는 다르지만 화학적으로는 동일하다는 사실이 밝혀졌다. 모든 화학적 시험에서 두 원소를 구별할 수 없었다. 그로부터 5년 동안 화학적으로 구분할 수 없는 원소들이 계속해서 추가로 발견되었다. 당시 글래스고 대학교에 근무하던 소디는 새로운 라디오원소들과 "완벽한 화학적 동등성"을 공유하는 원소들 사이의 유일한 차이가 원자량이라고 주장했다.[67] 체중이 조금 다른 점을 빼면 완벽하게 똑같이 생긴 쌍둥이와 같다는 것이었다.

1910년에 소디는 훗날 자신이 "동위원소(isotope)"라고 부르게 된 화학적으로 구별할 수 없는 라디오원소들이 사실은 똑같은 원소의 서로 다른 형식일 뿐이기 때문에 주기율표에서 같은 위치를 공유해야 한다고 제안했다.[68] 그런 제안은 수소에서 우라늄에 이르는 원소들을 원자량이 증가하는 순서로 나열해놓은 주기율표로 표현되는 원소에 대한 기존의 조직과는 맞지 않는 것이었다. 그러나 라디오토륨, 라디오악티늄, 이오늄, 우라늄-X가 모두 화학적으로 토륨과 동일하다는 사실은 소디의 동위원소이론을 지지하는 확실한 증거가 되었다.[69]

헤베시와 이야기를 나눌 때까지만 해도 보어는 러더퍼드의 원자 모형에 아무런 관심도 없었다. 그러나 이제 그는 원자를 물리적, 화학적 성질로 구분하는 것을 넘어서 핵과 원자의 현상으로 구분해야만 한다는 아이디어를 가지게 되었다. 어쩔 수 없이 일어나는 붕괴의 문제를 무시했던 보어는 원자량을 이용해서 정리한 주기율표에 동위원소의 개념을 추가하는 방법을 찾기 위해서 러더퍼드의 핵 원자 모형을 심각하게 살펴보았다. 훗날 그는 "모든 것이 확실하게 들어맞았다"고 말했다.[70]

보어는 원자에 포함된 전자의 수를 결정하는 것은 러더퍼드 원자의 핵이 가지고 있는 전하라는 사실을 이해했다. 그는 전체적으로 전하가 없어서 전기적으로 중성인 원자에서는 핵의 양전하가 전자의 음전하를 합친 것과 균형을 이루어야 한다는 사실을 알아냈다. 따라서 수소 원자의 러더퍼드 모형은 +1의 핵 전하와 −1의 전하를 가진 하나의 전자로 구성된다. +2의 핵 전하를 가진 헬륨에는 2개의 전자가 있다. 전자 수의 증가에 따른 핵 전하의 증가는 92의 핵 전하를 가진 당시의 가장 무거운 원소였던 우라늄까지 이어졌다.

주기율표에서 원소의 위치를 결정하는 것은 원자량이 아니라 핵 전하라는 결론은 보어에게 명백한 것이었다. 거기서부터 동위원소의 개념까지는

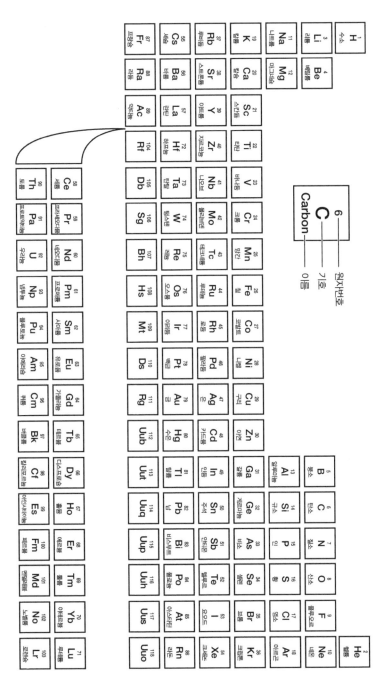

그림 5. 주기율표

거리가 짧았다. 화학적으로 동일하지만 물리적으로는 다른 서로 구분되는 라디오원소들을 서로 연결시켜주는 기본적인 성질이 핵 전하라는 사실을 인식한 것은 소디가 아니라 보어였다. 주기율표는 모든 라디오원소를 수용할 수 있었다. 핵 전하에 따라 배열해야만 할 뿐이었다.

보어는 헤베시가 납과 라듐-D를 분리하지 못했던 이유도 단번에 설명할 수 있었다. 전자가 원소의 화학적 성질을 결정한다면, 전자의 수와 배열이 같은 두 원소는 화학적으로 분리할 수 없는 동일한 쌍둥이가 된다. 납과 라듐-D는 똑같은 핵 전하 82를 가지고 있고, 따라서 전자의 수도 똑같은 82이기 때문에 "완전한 화학적 동일성"을 가지게 된다. 물리적으로는 납과 라듐-D는 각각 약 207과 210의 서로 다른 핵 질량을 가지고 있어서 구분이 된다. 보어는 라듐-D가 납의 동위원소이고, 그래서 어떠한 화학적 방법으로도 둘을 서로 분리하는 것이 불가능하다는 사실을 밝혀냈다. 훗날 모든 동위원소들은 하나의 동위원소였던 원소의 이름과 그 원자량으로 알려지게 된다. 실제로 라듐-D는 납-210이었다.

보어는 방사능이 원자가 아니라 핵 현상이라는 핵심적인 사실을 파악했다. 그가 한 종의 라디오원소가 알파선, 베타선, 또는 감마선을 방출하면서 다른 종으로 붕괴하는 과정을 핵 내부의 사건으로 설명할 수 있었던 것도 그 덕분이었다. 보어는 방사능이 핵에서 비롯된다면 +92의 전하를 가진 우라늄이 알파 입자를 방출하면서 우라늄-X로 변하는 과정에서 양전하 2단위를 잃어버리면서 +90의 전하를 가진 핵이 남게 된다는 사실을 깨달았다. 이렇게 만들어진 새로운 핵은 본래의 92개 원자적 전자 모두를 유지할 수 없기 때문에 곧바로 2개의 전자를 잃어버리고 새로운 중성 원자가 된다. 방사성 붕괴의 결과로 만들어진 모든 새로운 원자는 곧바로 전자를 얻거나 잃어버려서 전기적 중성을 회복하게 된다. +90의 핵 전하를 가진 우라늄-X은 토륨의 동위원소이다. 보어는 그런 원소들이 모두 "똑같은 핵 전하를 가지고 있으면서 핵의 질량과 고유 구조에서만 차이가 있다"고 설명했다.[71] 사람들이 232의 원자량을 가진 토륨과 우라늄-X, 즉

토륨-234를 분리하지 못했던 것도 그런 이유 때문이었다.

훗날 보어는, 방사성 붕괴가 일어나는 동안 핵 수준에서 일어나는 변화에 대한 자신의 이론에 따르면 "방사성 붕괴의 과정에서 원자량의 변화와 상관없이 주기율표에서의 위치가 2단계 아래로 바뀌거나 한 단계 위로 움직이게 되고, 그러한 변화는 알파선 또는 베타선의 방출에 수반되는 핵 전하의 감소 또는 증가에 해당한다"고 말했다.[72] 알파 입자를 방출하면서 토륨-234로 변하는 우라늄 붕괴에서는 우라늄이 주기율표에서 두 자리만큼 뒤로 물러나게 된다.

빠르게 움직이는 전자에 해당하는 베타 입자는 −1의 음전하를 가진다. 핵이 베타 입자를 방출하면, 핵의 양전하는 1만큼 늘어난다. 하나는 양전하를 가지고, 다른 하나는 음전하를 가진 두 개의 입자가 전기적 중성으로 조화를 이루어 존재하다가 갈라져서 전자는 튕겨져나가고 양전하의 입자는 남게 되는 것과 같다. 베타 붕괴에 의해서 만들어진 새 원자는 붕괴된 원자보다 1만큼 더 큰 핵 전하를 가지기 때문에 주기율표에서 오른쪽으로 한 칸을 옮겨가게 된다.

자신의 아이디어를 러더퍼드에게 이야기하던 보어는 "비교적 변변치 않은 실험적 증거를 확장하는" 위험에 대해서 주의를 받았다.[73] 차가운 반응에 놀란 그는 러더퍼드에게 "그가 제안했던 원자에 대한 최종 증거"라고 설득하려고 노력했다.[74] 그러나 그런 노력은 실패했다. 보어가 자신의 아이디어를 분명하게 표현하지 못했던 것도 문제였다. 집필에 매달리고 있던 러더퍼드는 보어가 했던 일이 얼마나 중요한지를 완전히 이해하기 위해서 노력할 여유가 없었다. 알파 입자는 핵에서 방출되지만, 베타 입자는 방사성 원자에서 어떤 식으로 튕겨져나가는 원자의 전자라는 것이 러더퍼드의 생각이었다. 보어가 그를 설득하기 위해서 다섯 번이나 노력했지만 러더퍼드는 그의 결론에 이르기까지의 논리에 동의하기를 주저했다.[75] 이제 러더퍼드가 자신과 자신의 아이디어에 대해서 "약간 짜증"을 내고 있다고 느낀 보어는 더 이상 그 문제를 들먹이지 않기로 했다.[76] 다른 사람들은 그렇지 않았다.

프레더릭 소디도 곧 보어와 똑같은 "변위법칙(displacement law)"에 주목했지만, 덴마크 청년과는 달리 먼저 상급자의 승인을 받을 필요 없이 자신의 연구 결과를 발표할 수 있었다. 소디가 앞장서서 돌파구를 마련했으나, 놀라는 사람은 없었다. 그러나 마흔두 살의 별난 네덜란드 변호사가 핵심적으로 중요한 아이디어를 제시할 것이라고 짐작한 사람도 없었다. 1911년 7월에 안토니우스 요하네스 판 덴 브룩은 학술지『네이처』에 발표한 짧은 편지에서 특정한 원소의 핵 전하는 원자량이 아니라 주기율표에서의 위치에 해당하는 원자번호에 의해서 결정된다고 추정했다. 러더퍼드의 원자 모형에서 영감을 받은 판 덴 브룩의 아이디어는 핵 전하가 그 원소의 원자량의 절반과 같다는 것처럼 나중에 잘못된 것으로 밝혀진 여러 가지 가정을 근거로 하고 있었다. 러더퍼드는 당연히 변호사가 "충분한 근거가 없는데도 재미로 많은 추측"을 발표하는 것을 성가시게 생각했다.[77]

자신의 제안에 대해서 지지를 받지 못한 판 덴 브룩은 1913년 11월 27일『네이처』에 보낸 또다른 편지에서 핵 전하가 원자량의 절반과 같다는 가정을 포기했다. 가이거와 마스든의 알파 입자 산란에 대한 폭넓은 연구 결과가 발표된 후였다. 소디는 일주일 후에 판 덴 브룩의 아이디어가 변위법칙의 뜻을 분명하게 만들어주었다는 편지를『네이처』에 보냈다. 러더퍼드도 그제야 "핵의 전하가 원자량의 절반이 아니라 원자번호와 같다는 판 덴 브룩의 당초 제안은 가능성이 매우 높은 것으로 보인다"고 인정을 했다. 그는 비슷한 아이디어를 내놓았던 보어에게 부정적인 조언을 하고 18개월이 조금 지난 후에 판 덴 브룩의 제안을 수용하는 글을 쓴 것이었다.

보어는 러더퍼드가 관심을 보이지 않아서 원자번호의 개념이나 소디에게 1921년 노벨 화학상을 안겨준 아이디어를 발표하는 최초의 과학자가 되지 못했다는 불평은 결코 하지 않았다.[78] 보어는 "그의 판단에 대한 자신감과 그의 강력한 개성에 대한 우리의 존경은 그의 연구실에 있던 모든 사람들이 느끼는 영감의 토대였고, 우리 모두가 모든 사람들의 연구에 대한 그의 친절하고 지칠 줄 모르는 관심이 계속될 수 있도록 최선을 다하도록 해주었다"고 즐겁게 기억했다.[79] 사실, 보어는 그후에도 러더퍼드의 긍정적인 발언이 "우리 모두가 기대할 수 있는 가장 큰 격려"라고 여겼다.[80] 다른 사람들은 실망스럽고 억울하게 느꼈을 경우에도 보어가 그렇게 너그러웠던 이유는 그후에 일어난 일에서 밝혀졌다.

러더퍼드가 자신의 혁신적인 아이디어의 발표를 가로막은 후에 보어는 우연히 얼마 전에 발표된 논문을 주목하게 되었다.[81] 그것은 러더퍼드 연구실의 유일한 이론물리학자였고, 위대한 자연학자의 손자였던 찰스 골턴 다윈의 연구였다. 그 논문은 알파 입자가 원자핵에 의해서 산란되는 현상이 아니라 물질을 통과하는 과정에서 일어나는 에너지의 손실에 대한 것이었다. 그것은 본래 J. J. 톰슨이 자신의 원자 모형을 이용해서 연구했던 문제였지만, 이제 다윈은 러더퍼드 원자를 근거로 재검토를 했다.

러더퍼드는 가이거와 마스든이 얻었던 알파 입자가 큰 각도로 산란되는 자료를 이용해서 원자 모형을 개발했다. 그는 원자의 전자들이 그렇게 큰 각도의 산란을 일으킬 수 없다는 사실을 알고 있었기 때문에 전자를 무시해버렸다. 러더퍼드는 임의의 산란 각도에서 알파 입자를 발견할 수 있는 확률을 예측하는 자신의 산란법칙을 만드는 과정에서 원자를 벌거벗은 핵으로 취급했다. 그후에 그는 단순히 핵을 원자의 중심에 놓고, 가능한 배열에 대해서는 아무런 설명도 없이 전자가 그 주위를 둘러싸고 있다고 생각했다. 다윈도 자신의 논문에서 비슷한 방법으로 핵이 알파 입자에 미칠 수 있는 영향을 모두 무시하고 원자 내부의 전자에만 집중했다. 그는 알파 입자가 물질을 지나면서 잃어버리는 에너지는 거의 대부분이 알파 입자와 원자 내부의 전자들 사이의 충돌 때문이라고 지적했다.

다윈은 러더퍼드 원자의 내부에서 전자들이 어떻게 배열되어 있는지를 알지 못했다. 원자의 부피 전체나 표면에 균일하게 분포하고 있다는 것이 최선의 짐작이었다. 그의 결과는 핵 전하의 크기와 원자의 반지름에만 의존했다. 다윈은 다양한 원자 반지름의 값이 기존의 추정치와 일치하지 않는다는 사실을 발견했다. 그의 논문을 읽은 보어는 곧바로 다윈이 어디에서 실수를 했는지 깨달았다. 그는 음전하를 가진 전자들이 양전하를 가진 핵에 붙어 있는 대신 자유롭게 움직이는 것으로 취급했다.

보어의 가장 위대한 자산은 기존 이론의 문제를 알아내서 파고드는 능력이었다. 그런 능력은 평생 동안 그에게 큰 도움이 되었다. 그는 연구의 대부분을 다른 사람들의 결과에서 오류와 모순을 찾아내는 것에서 시작했다. 이 경우에도 다윈의 실수가 보어의 출발점이었다. 러더퍼드와 다윈은 핵과 원자 내부의 전자를 분리해서 생각하면서 원자의 다른 구성 요소를 무시했지만, 보어는 알파 입자가 원자 내부의 전자들과 어떻게 상호작용하는지를 설명할 수 있는 이론이 있어야만 원자의 진정한 구조를 규명할 수 있다는 사실을 깨달았다.[82] 그는 다윈의 실수를 바로잡으려는 노력을 시작하면서 자신의 과거 아이디어에 대한 러더퍼드의 반응에서 느꼈던 실망감을 잊어버렸다.

보어는 자신의 동생에게 보내는 편지에서조차 글을 반복해서 고치는 버릇도 포기해버렸다. 보어는 하랄에게 확신에 찬 편지를 보냈다. "나는 지금 잘 지내지 못하고 있다. 며칠 전에 나는 알파선의 흡수를 이해하는 일과 관련된 작은 아이디어를 생각해냈다. (일은 이런 식으로 진행되었다. 이곳의 젊은 수학자 C. G. 다윈[진짜 다윈의 손자]이 이 문제에 대한 이론을 발표했는데 나는 그것이 수학적으로도 완전히 옳지 않고[그러나 틀린 정도는 크지 않다], 기본 개념도 만족스럽지 않다고 생각해서 내가 직접 그것에 대한 작은 이론을 만들었다. 대단한 것은 아닐 수 있지만 어쩌면 원자의 구조와 관련하여 어떤 사실을 밝혀낼 수도 있을 것 같다) 나는 곧 이 문제에 대해서 작은 논문을 발표할 예정이다."[83] 그는 실험실에 갈 필요가 없었던 것이 "내 작은 이론을 연구하는 데에 훌륭하게 도움이 되었다"고 인정했다.[84]

보어가 자신에게 떠오른 아이디어에 살을 붙이는 연구를 하는 동안 맨체스터에서 마음을 털어놓고 싶었던 유일한 사람은 러더퍼드였다. 러더퍼드는 덴마크 청년이 선택한 방향에 놀라기는 했지만 그의 이야기를 들어주었고, 이번에는 연구를 계속하도록 격려했다. 그의 승인을 받은 보어는 실험실에 나가는 일을 중단했다. 그는 자신이 맨체스터에 머물 수 있는 시간이 끝나가고 있던 것이 부담스러웠다. 그는 자신의 비밀을 처음 밝히고 한 달이 지난 7월 17일에 하랄에게 "내가 몇 가지 결과를 얻은 것같아. 그러나 문제를 풀기까지는 내가 처음에 바보처럼 믿었던 것보다는 조금 더 시간이 걸릴 것 같다"고 했다. "지금 나는 떠나기 전에 러더퍼드에게 보여줄 수 있는 작은 논문을 완성하고 싶기 때문에 매우 바쁘다. 그런데 이곳 맨체스터의 믿기 어려운 더위가 내 부지런함에 결코 도움이 되지않는다. 너와 이야기를 나누는 것이 기다려진다!"[85] 그는 러더퍼드의 잘못된 핵 원자의 오류를 수정해서 양자원자로 바꾸고 싶다는 이야기를 동생에게 하고 싶었던 것이다.

4

양자원자

1912년 8월 1일, 목요일, 덴마크 슬라겔세 거리. 코펜하겐에서 서남쪽으로 대략 80킬로미터 정도 떨어진 작고 아름다운 도시의 자갈 포장 도로변은 깃발이 나부끼고 있었다. 닐스 보어와 마르그레테 뇌를란이 경찰서장의 집전으로 2분 동안 진행된 결혼식을 올린 곳은 아름다운 중세 성당이 아니라 공회당이었다. 시장은 휴가 여행 중이었고, 하랄이 들러리였고, 가까운 가족들만 참석했다. 그의 부모들이 그랬던 것처럼 보어도 종교적 결혼식은 원하지 않았다. 청소년 시절부터 신을 믿지 않았던 그는 아버지에게 "사람들이 어떻게 이런 모든 것을 받아들일 수 있는지 이해할 수가 없습니다. 나에게는 정말 아무 의미가 없습니다"라고 고백했다.[1] 만약 크리스티안 보어가 생존해 있었더라도 결혼을 몇 달 앞둔 아들이 루터파 교회에서 공식적으로 탈퇴하는 것을 허락했을 것이다.

신혼부부는 본래 노르웨이로 신혼여행을 떠날 예정이었지만 보어가 알파 입자에 대한 논문을 제 시간에 완성하지 못했기 때문에 계획을 바꾸어야만 했다. 대신 한 달간의 신혼여행 중 2주일을 케임브리지에서 보냈다.[2] 보어는 옛 친구들을 방문하고, 마르그레테와 함께 케임브리지 곳곳을 찾아다니면서 자신의 논문을 완성했다. 논문을 완성하는 일은 공동의 노력이었다. 언제나 자신의 생각을 분명하게 표현하기에 적당한 단어를 찾으려고 애쓰는 닐스가 내용을 읽어주면, 마르그레테가 더 나은 영어로 고쳐

주었다. 그들은 공동 작업에 익숙해졌고, 그로부터 몇 년 동안 아내는 실질적으로 그의 비서가 되었다.

보어는 글쓰기를 싫어했고, 가능하면 그런 기회를 피했다. 그가 박사학위 논문을 완성할 수 있었던 것도 그의 어머니가 받아쓰기를 해준 덕분이었다. 그의 아버지는 "닐스를 많이 도와주지 말아야 한다. 스스로 글쓰기를 배우도록 해야 한다"고 강조했지만 소용이 없었다.[3] 펜을 드는 경우에도 보어는 느린 속도로 거의 알아볼 수 없을 정도로 휘갈겨 썼다. 한 동료는 "무엇보다도 그는 생각하면서 동시에 글을 쓰는 일을 어려워했다"고 기억했다.[4] 그는 생각을 다듬기 위해서 이야기를 하고, 큰 소리로 말을 해야만 했다. 그는 몸을 움직이는 동안에 생각을 했고, 흔히 테이블 주위를 돌면서 생각을 다듬었다. 나중에는 조수나 일을 맡길 수 있는 누군가가 펜을 들고 앉아서 그가 방 안을 돌아다니면서 여러 가지 언어들이나 하나의 언어로 불러주는 내용을 정리했다. 보어는 논문이나 강의 원고에 만족하지 못하면 십여 차례에 걸쳐 "다시 쓰는" 경우도 많았다. 지나칠 정도로 정확하고 명백하게 만들려다가 오히려 읽는 사람들을 나무는 볼 수 있지만 숲을 보기 어려운 곳으로 끌고가는 경우도 많았다.

닐스와 마르그레테는 어렵게 완성한 원고를 안전하게 보관해두고 나서야 기차를 타고 맨체스터로 갔다. 신부를 만난 에른스트와 메리 러더퍼드 부부는 젊은 덴마크 청년이 운 좋게도 좋은 여성을 만났다는 사실을 확인했다. 실제로 그들의 결혼은 여섯 아들 중 두 아들의 죽음도 견뎌낼 정도로 강하고 길고 행복한 것이었다. 마르그레테의 매력에 빠진 러더퍼드는 한동안 물리학에 대한 이야기도 잊어버렸다. 그러나 그는 보어의 논문을 읽어볼 시간을 냈고, 추천문과 함께 논문을 『철학지(*Philosophical Magazine*)』에 보내겠다고 약속했다.[5] 마음을 놓은 보어 부부는 며칠 후 나머지 신혼여행을 즐기려고 스코틀랜드로 떠났다.

9월 초에 코펜하겐으로 돌아온 그들은 해안가의 부유한 사람들이 사는 헬러루트의 작은 집으로 이사를 했다. 대학이 하나뿐인 나라에서 물리학

교수 자리가 생기는 경우는 거의 없었다.[6] 보어는 결혼식 직전에야 공업 전문대학인 뢰레안슈탈트의 강의 조교로 임용되었다. 보어는 매일 아침 자전거를 타고 새 사무실로 나갔다. 훗날 어느 동료는 "그는 다른 어떤 사람보다 더 빠르게 자전거를 타고 마당으로 들어섰다"고 기억했다.[7] "그는 끊임없이 일을 했고, 언제나 쫓기는 것처럼 보였다." 편안하게 파이프를 피우는 물리학계의 원로 거물은 미래의 모습이었다.

보어는 대학교에서 객원강사로 열역학을 가르치는 일도 시작했다. 아인슈타인과 마찬가지로 그도 강의를 준비하는 일을 몹시 힘들어했다. 그럼에도 불구하고 그의 노력을 인정하고, 보어에게 "어려운 내용을 명쾌하고 압축적으로 설명해준 것"과 "품위 있는" 강의에 감사를 하는 학생도 있었다.[8] 그러나 전문대학 조교 일을 하면서 대학 강의까지 해야 했던 그는 러더퍼드 원자를 괴롭히는 문제에 도전할 시간을 내기가 어려웠다. 마음이 급했던 젊은이의 입장에서는 일의 진행 속도가 고통스러울 정도로 느렸다. 그는 맨체스터에서 러더퍼드에게 제출했던 원자 구조에 대한 자신의 어설픈 아이디어를 담은 "러더퍼드 메모런덤"을 논문으로 정리해서 신혼여행 직후에 발표할 계획이었다.[9] 물론 그렇게 되지는 않았다.

보어는 50년이 지난 후 거의 생애 마지막 인터뷰에서 "아시다시피 그 대부분이 틀린 것이어서 부끄럽습니다"라고 말했다.[10] 그러나 그는 러더퍼드 원자의 불안정성에 대한 핵심 문제를 파악했다. 전자기학에 대한 맥스웰 이론에 따르면, 핵 주위를 회전하는 전자는 끊임없이 복사를 방출해야만 한다. 전자의 궤도는 연속적인 에너지의 손실 때문에 빠르게 무너지게 되고, 결국 전자는 핵 속으로 휘말려 들어가게 된다. 그런 복사의 불안정성은 널리 알려진 문제였지만, 보어는 자신의 메모런덤에서 그 문제를 언급조차 하지 않았다. 그에게 정말 관심이 있었던 것은 러더퍼드 원자를 성가시게 만들었던 역학적 불안정성이었다.

러더퍼드는 행성이 태양 주위를 공전하는 것처럼 전자도 핵 주위를 회전한다는 가정 이외에는 전자의 가능한 배열에 대해서 아무것도 구체적으로 밝히지 않았다. 핵 주위를 회전하는 음전하를 가진 전자의 고리는 같은 전하를 가진 전자들 사이의 반발력 때문에 불안정한 것으로 알려져 있었다. 전자는 정지 상태에 있을 수도 없다. 서로 다른 전하를 가진 입자들은 서로 잡아당기기 때문에 전자는 양전하를 가진 핵 쪽으로 끌려들어가게 된다. 그것이 바로 보어가 자신의 보고서 첫 부분에서 "그런 원자에서 전자가 움직이지 않는 평형 배열은 있을 수 없다"고 지적한 내용이었다.[11] 젊은 덴마크 청년이 극복해야 할 문제들이 쌓여가고 있었다. 전자는 고리를 만들 수도 없었고, 정지 상태에 있을 수도 없었고, 핵 주위를 돌 수도 없었다. 그리고 중심에 아주 작은 점과 같은 핵이 있는 러더퍼드의 핵 원자 모형에서는 원자의 반지름을 정할 수 있는 방법도 없었다.

사람들은 그런 불안정성 문제를 러더퍼드 핵 원자를 반박하는 근거로 해석했지만, 보어에게는 그것이 종말을 예측하는 근본적인 물리학의 한계를 나타내는 신호였다. 보어는 러더퍼드 원자가 실제로 안정 상태에 있다는 사실을 확신했다. 방사능을 "원자" 현상이 아니라 "핵" 현상으로 파악한 것과 훗날 소디가 동위원소라고 불렀던 라디오원소와 핵 전하에 대한 선구적인 연구 결과가 그 근거였다. 비록 기존 물리학의 무게를 감당할 수는 없었지만, 러더퍼드 원자가 예상처럼 쉽게 무너지지는 않았다. 보어가 해결해야 했던 문제는 러더퍼드 원자가 왜 무너지지 않느냐는 것이다.

보어는, 완벽하게 적용되어왔던 뉴턴과 맥스웰의 물리학에 따르면, 전자가 핵에 충돌할 수밖에 없기 때문에 "안정성의 문제를 전혀 다른 시각에서 다루어야 한다"는 결론을 얻었다.[12] 러더퍼드 원자를 구하기 위해서 "극단적인 변화"가 필요하다는 사실을 알게 된 그는 소극적인 플랑크에 의해서 발견되어 아인슈타인에 의해서 널리 알려지게 된 양자에 관심을 가지기 시작했다.[13] 복사와 물질 사이의 상호작용에서 에너지가 연속적인 양이 아니라 여러 크기의 덩어리로 흡수되거나 방출된다는 사실은 유서 깊은 "고전"물리학의 영역을 넘어서는 것이었다. 거의 모든 사람들과 마찬가지로 보어도 아인슈타인의 광양자를 믿지 않았지만, 보어가 보기에는 원자가 "어떤 식으로든지 양자에 의해서 통제된다"는 사실이 분명했다.[14] 그러나 1912년 9월까지도 그에게는 어떤 아이디어도 없었다.

보어는 일생 동안 탐정 소설을 즐겨 읽었다. 훌륭한 사설탐정처럼 그도 범죄 현장에서 실마리를 찾았다. 첫째는 불안정성에 대한 예측이었다. 보어는 러더퍼드 원자가 안정하다는 확신으로부터 자신의 연구에 결정적인 것으로 밝혀진 정상 상태(定常狀態, stationary state)라는 개념을 찾아냈다. 플랑크는 알려진 실험 데이터를 설명할 수 있는 흑체 공식을 먼저 만들었다. 그리고 나서야 그는 자신의 공식을 유도했고, 그런 과정에서 우연히 양자라는 개념을 떠올리게 되었다. 보어도 비슷한 전략을 이용했다. 그는 먼저 러더퍼드 원자 모형을 새로 다듬은 후에 전자가 핵 주위를 돌더라도 에너지를 방출하지 않도록 만들었다. 그런 후에야 그는 자신이 한 일을 정당화시키려고 노력했다.

고전물리학에서는 원자 내부에 있는 전자의 궤도에 아무런 제한이 없었다. 그러나 보어는 달랐다. 설계사가 의뢰인의 엄격한 요구에 따라서 건물을 설계하듯이 그는 전자들이 "특별한" 궤도에서만 존재할 수 있다고 제안했다. 그런 궤도에 있는 전자는 연속적으로 복사를 방출하면서 핵 속으로 휘말려 들어가지 않는다. 그것은 천재의 손놀림이었다. 보어는 어떤 물리학법칙이 원자 세계에서는 성립되지 않을 수도 있다는 믿음을 근거로 전자 궤도를 "양자화"시켰다. 플랑크가 가상적인 진동자에 의한 에너지의 흡수와 방출을 양자화시켜서 흑체 공식을 유도했던 것처럼 보어도 전자가 핵 주위를 임의의 거리에서 회전할 수 있다는 일반적인 생각을 포기했다. 그는 전자가 고전물리학에서 허용되는 모든 가능한 궤도 중에서 몇 개의 선택된 "정상 상태"의 궤도만 차지할 수 있다고 주장했다.

그런 조건은 성공적인 원자 모형을 만들어내려고 애쓰는 이론학자였던 보어가 당연히 제안할 수 있는 것이었다. 그것은 극단적인 제안이었다. 당시에 그가 가지고 있었던 것은, 전자가 에너지를 방출하지 않는 특별한 궤도를 차지하고 있지만, 전자는 그런 특별한 궤도를 차지하고 있기 때문에 에너지를 방출하지 않는다는 기존 물리학과 상충되고, 설득력도 없는 순환 논리뿐이었다. 그가 자신의 정상 상태, 즉 허용된 전자 궤도에 대한 진정한 물리학적 설명을 제공하지 못한다면, 그의 주장은 인정받지 못한 원자 구조를 위해서 도입한 이론적 골격 이상의 아무것도 아니라는 이유로 폐기될 수밖에 없었다.

11월 초에 보어는 러더퍼드에게 "몇 주일 안에 논문을 완성할 수 있을 것으로 기대합니다"라는 편지를 보냈다.[15] 편지에서 보어의 고민이 깊어가는 것을 느낀 러더퍼드는 비슷한 방향으로 일을 하고 있는 다른 사람이 있을 것 같지 않으니 "서둘러 발표를 해야 한다는 압력을 느낄" 이유가 없다는 답장을 보냈다.[16] 몇 주일 동안 논문을 완성하지 못한 보어는 점차 자신을 잃어가고 있었다. 다른 사람들이 원자의 신비를 해결하는 일에 적극적으로 노력하지 않는다고 하더라도, 그것은 시간의 문제일 뿐이었다. 문제 해결을 위해서 애쓰던 12월에 그는 몇 달 동안의 휴가를 신청했고, 코펜하겐 대학교의 물리학 교수 크누센의 허락을 받았다. 보어는 원자에 대한 실마리를 찾기 위해서 마르그레테와 함께 시골에 있는 조용한 오두막을 찾아갔다. 크리스마스 직전에 그는 존 니컬슨의 논문에서 하나의 실마리를 찾았다. 처음에는 최악의 상황을 걱정했지만, 그는 곧 그 영국 사람은 자신이 두려워하는 경쟁자가 아니라는 사실을 깨달았다.

보어는 케임브리지에서 아무 성과 없이 머물던 동안에 니컬슨을 만났지만, 크게 감명을 받지는 않았다. 서른한 살로 보어보다 몇 살 위였던 니컬슨은 그후 킹스 칼리지의 수학과 교수로 임용되었다. 니컬슨도 역시 독자적인 원자 모형을 만드는 일로 바빴다. 그는 여러 원소들이 사실은 4종의 "기본 원자들"의 서로 다른 조합으로 만들어진다고 믿고 있었다. 이들 "기본 원자"에서는 핵 주위에 서로 다른 숫자의 전자들이 회전하면서 고리를 만들고 있다. 러더퍼드가 말했듯이, 니컬슨은 원자의 (고기와 감자를 다진) "고약한 해시 요리"를 만들었던 것이다. 그러나 보어는 두 번째 실마리를 찾아냈다. 그것은 바로 정상 상태에 대한 물리적 설명이었고, 전자가 핵 주위의 특정한 궤도에만 들어갈 수 있는 이유였다.

직선을 따라 움직이는 물체는 운동량을 가진다. 운동량은 물체의 질량에 속도를 곱한 것이다. 원을 따라 움직이는 물체는 "각운동량(角運動量)"이라고 부르는 성질을 가지게 된다. 원형 궤도를 따라 움직이는 전자는 전자의 질량에 속도와 궤도의 반지름을 곱해서 L로 표시하는 각운동량을 가진다. 즉 $L = mvr$이다. 고전물리학에서는 전자의 각운동량이나 원을 따라 움직이는 물체에 대해서 아무 제한이 없다.

니컬슨의 논문을 읽은 보어는 자신의 케임브리지 동료가 전자 고리의 각운동량이 $h/2\pi$의 정수배에 의해서만 변할 수 있다고 주장하고 있다는 사실을 발견했다. 여기서 h는 플랑크 상수이고, π는 수학에서 유명한 상수인 3.14……이다.[17] 니컬슨은 회전하는 전자의 각운동량이 $h/2\pi$, $2(h/2\pi)$, $3(h/2\pi)$, $4(h/2\pi)$……으로 $n(h/2\pi)$(n은 정수)의 값만 가질 수 있다는 사실을 밝혀냈다. 보어에게 그것은 자신의 정상 상태를 뒷받침해주는 잃어버린 실마리였다. 전자의 각운동량은 정수 n에 h를 곱한 후에 2π로 나눈 값을 가지는 궤도만 허용이 된다는 것이다. n = 1, 2, 3……이 전자가 복사를 방출하지 않고 영원히 핵 주위를 돌 수 있는 정상 상태를 만들어준다. 다른 비(非)정상 상태의 궤도들은 모두 금지된다. 원자의 속에서는 각운동량이 양자화되어 있어서 $L = nh/2\pi$의 값만 허용되고 다른 값은 허용되지 않는다.

사다리에서 단에는 서 있을 수 있지만 단과 단 사이에는 서 있을 수 없는 것과 마찬가지로, 전자의 궤도가 양자화되어 있기 때문에 원자 내부의 전자가 가질 수 있는 에너지도 양자화되어 있다. 닐스 보어는 고전물리학을 이용해서 수소의 경우에 각 궤도 속에 있는 전자의 에너지를 계산할수 있었다. 허용된 궤도와 연관된 전자 에너지의 집합이 원자의 양자 상태와 그 에너지 레벨 E_n이다. 원자 에너지 사다리에서 바닥의 가로대는 n = 1로 전자의 에너지가 가장 낮은 양자 상태인 첫 번째 궤도에 해당한다. 보어 모형에 따르면, 수소 원자에서 가장 낮은 에너지 레벨로 "바닥 상태"

라고 부르는 E_1은 -13.6eV가 된다. 여기에서 eV(전자볼트)는 원자 수준의 에너지에 사용하는 측정 단위이고, 음의 부호는 전자가 핵에 결합되어 있다는 사실을 알려주고 있다.[18] 전자가 n = 1 이외의 궤도를 차지하면, 원자는 "들뜬 상태"에 있다고 말한다. 훗날 주양자수(主量子數)라고 부르게 된 n은 언제나 정수이고, 전자가 차지할 수 있는 일련의 정상 상태와 그에 대응하는 원자의 에너지 레벨은 E_n이다.

보어는 수소 원자의 에너지 레벨의 값을 계산했고, 각 에너지 레벨의 에너지가 바닥 상태의 에너지를 n^2으로 나눈 (E/n^2) eV라는 사실도 발견했다. 따라서 첫 번째 들뜬 상태인 n = 2의 에너지 값은 -13.6/4 = -3.40eV 이다. 첫 번째 전자 궤도(n = 1)의 반지름이 바닥 상태에 있는 수소 원자의 크기를 결정한다. 보어는 자신의 모형에서는 그 값이 당시 가장 좋은 실험 값과 대체로 일치하는 0.53나노미터(nm)가 된다는 사실을 밝혀냈다. 나노미터는 1미터의 10억분의 1이다. 그는 허용된 다른 궤도의 반지름이 n^2배씩 늘어난다는 사실도 발견했다. n = 1일 때의 반지름이 r이면, n = 2일 때의 반지름은 4r이고, n = 3일 때는 반지름이 9r 등이 된다.

1913년 1월 31일에 보어는 러더퍼드에게 "곧 원자에 대한 논문을 보내드릴 수 있기를 바랍니다. 생각했던 것보다 훨씬 더 오래 걸렸습니다. 그러나 마지막 순간에 어느 정도의 진전이 있었다고 생각합니다"라는 편지를 보냈다.[19] 그는 회전하는 전자의 각운동량을 양자화시켜서 핵 원자를 안정화시켰고, 전자가 모든 가능한 궤도 중에서 특정한 정상 상태만 차지할 수 있는 이유를 설명했다. 러더퍼드에게 편지를 보내고 며칠 안에 보어는 자신의 양자적 원자 모형을 완성하기 위해서 필요했던 세 번째와 마지막 실마리를 찾아내게 된다.

보어보다 한 살 어렸고, 코펜하겐의 학생 시절부터 친구였던 한스 한센이 괴팅겐에서 학업을 마치고 덴마크의 수도로 돌아왔다. 친구를 만난 보어는 그에게 원자 구조에 대한 자신의 새로운 아이디어에 대해서 이야기했다. 독일에서 원자와 분자에 의한 빛의 흡수와 방출에 대한 분광학을 연구했던

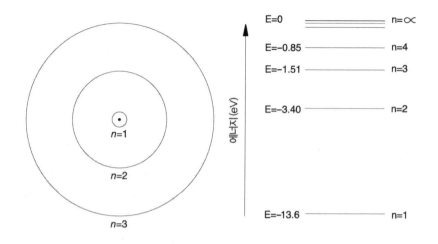

그림 6. 수소 원자의 정상 상태와 그에 해당하는 에너지 레벨(상대적 비율에
따르지 않았음)

한센은 보어에게 그의 연구가 선(線) 스펙트럼의 생성과 관련이 있는지를
물었다. 어떤 금속이 기화되는지에 따라서 불꽃의 색깔이 달라진다는 사실
은 오래 전부터 알려져 있었다. 소듐은 밝은 노란색, 리튬은 진한 붉은색,
포타슘은 보라색을 만들어낸다. 19세기에는 원소들이 빛의 스펙트럼에 나
타나는 뾰족한 선에 해당하는 독특한 선 스펙트럼을 만들어낸다는 사실이
밝혀졌다. 주어진 원소의 원자들이 만들어내는 선 스펙트럼의 수와 간격과
파장은 원소의 정체를 확인하는 목적으로 사용할 수 있을 정도로 독특한
빛의 지문과 같았다.

서로 다른 원소들의 선 스펙트럼이 보여주는 패턴은 매우 다양하다. 스
펙트럼은 너무 복잡해서 아무도 그것이 원자의 내부 작동을 보여주는 열
쇠가 될 것이라고 믿을 수가 없었다. 훗날 보어는 나비 날개의 아름다운
색깔도 흥미롭지만 "아무도 나비 날개의 색깔에서 생물학의 기초를 알아
낼 수 있을 것이라고 생각하지 못했다"고 말했다.[20] 원자와 선 스펙트럼
사이에 관계가 있는 것은 분명했지만, 1913년 2월 초의 보어는 그것이
어떤 것인지를 눈치채지 못했다. 한센은 수소의 선 스펙트럼선에 대한 발

머 공식을 살펴보겠다고 말했다. 보어는 그것에 대해서 한번도 들어본 적이 없었다. 그러나 그가 단순히 잊어버렸을 가능성이 더 크다. 한센은 공식에 대해서 설명했고, 아무도 그 공식이 작동하는 이유를 알지 못한다는 사실을 지적했다.

요한 발머는 스위스 바젤의 여학교에서 근무하는 수학 교사로 지역 대학교의 객원강사이기도 했다. 그가 숫자점에 관심이 있다는 사실을 알고 있던 어느 동료가 발머에게 재미있는 일이 아무것도 없다고 투덜거리면서 수소의 선 스펙트럼 4개에 대해서 이야기를 해주었다. 흥미를 느낀 그는 당시까지 알려지지 않았던 선들 사이의 수학적 관계를 찾기 시작했다. 스웨덴의 물리학자 안데르스 옹스트룀은 1850년대에 수소의 가시광선 스펙트럼의 빨강, 녹색, 파랑, 보라 영역에서 나타나는 선 4개의 파장을 놀라울 정도로 정확하게 측정했다. 그는 알파, 베타, 감마, 델타라는 기호를 붙인 선의 파장이 각각 656.210, 486.074, 434.01, 410.12나노미터라는 사실을 발견했다.[21] 예순에 가까웠던 발머는 1884년 6월에 선 스펙트럼 4개의 파장(λ)을 재현하는 $\lambda = b[m^2/(m^2 - n^2)]$이라는 공식을 발견했다. 여기서 m과 n은 정수이고, b는 실험으로 측정되는 364.5나노미터의 값을 가지는 상수였다.

발머는 그의 공식에서 n이 2로 고정되고, m이 3, 4, 5, 6이 되면 4개의 파장 모두에 거의 정확하게 맞게 된다는 사실을 알아냈다. 예를 들어, n = 2와 m = 3을 공식에 대입하면, 붉은 알파선의 파장이 얻어진다. 그러나 발머는 단순히 수소에서 확인된 4개의 선 스펙트럼을 만들어내는 것 이상의 일을 했다. 4개의 선 스펙트럼에는 훗날 그를 기리는 뜻으로 발머 계열(Balmer series)이라는 이름이 붙여졌다. 스웨덴어로 논문을 발표했던 옹스트룀이 이미 파장을 측정했다는 사실을 알지 못했던 그는 n = 2와 m = 7에 해당하는 다섯 번째 선의 존재도 예측했다. 실험과 이론에서 얻어진 두 값은 거의 완벽하게 일치했다.

만약 옹스트룀이 생존해 있었다면(그는 1874년 쉰아홉 살의 나이에 죽었다), 발머가 당초 4개의 선 스펙트럼을 만들어내기 위해서 자신의 공식에서 n을 1, 3, 4, 5로 하고, n을 2로 했을 때와 마찬가지로 m에 다른 숫자를 넣음으로써 적외선과 자외선 영역에서 수소 원자의 다른 선 스펙트럼들을 예측했다는 사실에 놀랐을 것이다. 예를 들어, 발머가 n = 3과 m = 4, 5, 6, 7……을 사용해서 얻은 스펙트럼 계열은 1908년 프리드리히 파셴에 의해서 적외선 영역에서 발견되었다. 발머가 예측한 각각의 계열은 훗날 실험을 통해서 확인되었지만, 아무도 그의 공식이 성공적으로 성립하는 이유를 설명할 수가 없었다. 과연 시행착오를 통해서 얻게 된 공식이 상징하는 물리적 메커니즘은 무엇일까?

훗날 보어는 "발머의 공식을 보자마자 곧바로 모든 것이 명백해졌다"고 말했다.[22] 원자에서 방출되는 선 스펙트럼을 만들어내는 것은 서로 다른 허용된 궤도 사이에서 일어나는 전자의 도약이었다. 바닥 상태인 n = 1의 수소 원자가 충분한 양의 에너지를 흡수하면, 전자가 n = 2와 같이 높은 에너지 궤도로 "도약(jump)"을 한다. 원자가 들뜬 상태가 되면 불안정해져서 곧바로 전자가 n = 2에서 n = 1로 도약해서 다시 안정한 바닥 상태로 되돌아온다. 그런 도약은 두 레벨 사이의 에너지 차이인 10.2eV와 일치하는 에너지를 가진 양자를 방출해야만 가능하다. 그렇게 만들어진 선 스펙트럼의 파장은 플랑크-아인슈타인 공식 $E = h\nu$를 이용해서 계산할 수 있다. 여기서 ν는 방출된 전자기 복사의 진동수이다.

전자가 높은 에너지 레벨에서 낮은 에너지 레벨로 도약하면, 발머 계열의 4개 선 스펙트럼이 만들어진다. 방출된 양자의 크기는 관련된 초기와 최종 에너지 레벨에만 의존한다. 그것이 바로 발머의 공식에서 n을 2로 하고, m을 순서대로 3, 4, 5, 6으로 하면 정확한 파장들이 만들어지는 이유였다. 보어는 전자가 도약해서 도달하는 가장 낮은 에너지 레벨을 고정시켜서 발머가 예측했던 다른 스펙트럼 계열도 유도할 수 있었다. 예를 들면, 전자가 n = 3으로 도약하는 전이에서는 적외선 영역의 파셴 계열이 만들어지고, n = 1로 끝나는 전이에서는 자외선 영역에서 나타나는 소위

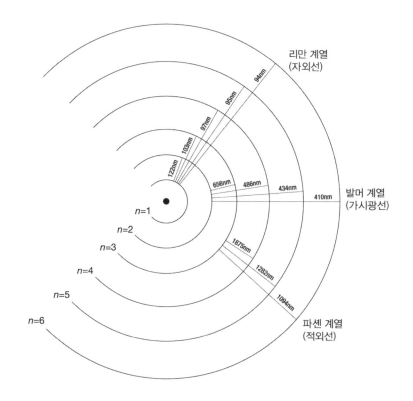

리만 계열
(자외선)

94nm
95nm
97nm
103nm
122nm

656nm
486nm
434nm
410nm

발머 계열
(가시광선)

1875nm
1282nm
1094nm

파셴 계열
(적외선)

$n=1$
$n=2$
$n=3$
$n=4$
$n=5$
$n=6$

그림 7. 에너지 레벨, 선 스펙트럼, 양자 도약(척도에 따르지 않았음)

리만 계열(Lyman Series)이 만들어진다.[23]

보어는 전자의 양자 도약과 관련된 아주 이상한 특징이 있다는 사실도 알아냈다. 도약을 하는 동안 실제로 전자가 어디에 있는지를 말할 수 없다는 것이다. 궤도 또는 에너지 레벨들 사이의 전이는 순간적으로 일어나야 한다. 그렇지 않으면, 전자가 한 궤도에서 다른 궤도로 움직이는 동안에 연속적으로 에너지가 방출되어야 한다. 보어 원자에서 전자는 궤도 사이의 공간을 차지할 수가 없다. 한 궤도에서 사라진 전자가 마술처럼 순간적으로 다른 궤도에 다시 나타난다.

"스펙트럼 선 문제가 양자의 본질에 대한 의문과 밀접하게 관련되어 있다는 확신을 가지고 있다." 놀랍게도 1908년 2월의 노트에 이런 말을 적었던 사람은 플랑크였다.[24] 그러나 양자의 충격을 최소화하려고 애쓰던 플랑크가 러더퍼드 원자가 등장하기 전에 할 수 있었던 것은 그 정도뿐이었다. 보어는 원자가 전자기 복사를 양자 단위로 방출하거나 흡수할 수 있다는 아이디어를 받아들였지만, 1913년까지도 전자기 복사 자체가 양자화되어 있다는 사실은 인정하지 않았다. 심지어 6년이 지난 1919년 플랑크가 자신의 노벨상 강연에서 보어의 양자원자가 "오래 전부터 찾고 있었던 (분광학이라는) 이상한 나라로 들어가는 출입문의 열쇠"라고 밝혔을 때도 아인슈타인의 광양자를 믿는 사람은 거의 없었다.[25]

1913년 3월 6일에 보어는 러더퍼드에게 3부로 된 논문 중 첫 번째 논문을 『철학지』로 보내줄 것을 요청했다. 그때는 물론이고 몇 년 후에도 보어와 같은 젊은 과학자들이 영국 학술지와 신속하게 논문을 "소통하려면" 러더퍼드와 같은 원로의 도움이 필요했다. 그는 러더퍼드에게 "이 모든 것에 대해서 어떻게 생각하는지를 알고 싶습니다"라고 물었다.[26] 그는 특히 양자물리학과 고전물리학을 섞어버린 것에 대한 그의 반응에 관심이 있었다. 보어는 곧바로 답장을 받았다. "수소에서 스펙트럼의 근원에 대한 아이디어는 아주 독창적이고 잘 맞는 것 같네. 그러나 플랑크의 아이디어와 옛날의 역학을 섞은 근거가 무엇인지에 대한 물리적 아이디어를 찾기는 매우 어렵네."[27]

러더퍼드도 다른 사람들과 마찬가지로 수소 원자의 전자가 에너지 레벨 사이를 어떻게 "도약하는지"를 이해하지 못했다. 보어가 고전물리학의 가장 기본적인 원칙을 지키지 않았다는 사실이 문제였다. 원형 궤도를 따라서 움직이는 전자는 일종의 진동계이다. 한 바퀴 도는 것이 진동이고, 초당 회전의 수가 진동의 진동수가 된다. 진동계는 진동의 진동수에서 에너지를 방출하지만, "양자 도약"을 하는 전자의 경우에는 두 에너지 레벨이 있기 때문에 진동수도 2개가 존재하게 된다. 러더퍼드는 두 진동수 사이를 연결시켜주는 것이 없다고 불평하고 있었다. "옛날" 역학과 에너지 레벨들 사이의 전자 도약에서 방출되는 복사의 진동수가 서로 연결되지 않는다는 것이다.

그는 더 심각한 문제도 찾아냈다. "내가 보기에는 자네의 가설에 심각한 어려움이 있는 것처럼 보이네. 물론 자네도 분명히 알고 있을 것이야. 전자가 한 정상 상태에서 다른 정상 상태로 바뀔 때 전자가 진동하는 진동수를 어떻게 결정할 것인가? 내가 보기에는 전자가 어디에서 멈출 것인지를 미리 알고 있다는 가정이 필요할 것 같소."[28] n = 3인 에너지 레벨에 있는 전자는 n = 2나 n = 1 중 한 레벨로 도약할 수 있다. 전자가 도약하면서 올바른 진동수의 복사를 방출하려면 자신이 어떤 에너지 레벨을 목표로 도약하고 있는지를 "알아야" 하는 것처럼 보인다. 이런 문제는 보어도 답을 알지 못했던 양자원자의 약점이었다.

보어가 훨씬 더 심각하게 고민을 했던 또 하나의 더 사소한 비판도 있었다. 러더퍼드는 "긴 논문은 논문에 매달릴 시간이 없다고 느끼는 독자들을 위협하는 방법"이기 때문에 논문의 길이를 "반드시 줄여야 한다"고 생각했다.[29] 꼭 필요한 영어 수정을 제안한 러더퍼드는 추신에 "내 판단에 따라 자네의 논문에서 불필요하다고 생각하는 부분을 잘라내는 것에 이의가 없을 것이라고 생각하네. 답장을 주기 바라오"라고 적었다.[30]

편지를 받은 보어는 경악했다. 모든 단어의 선택에 대해서 고민하고, 끝없이 원고를 수정하는 그의 입장에서는 아무리 러더퍼드라고 하더라도 다른 사람이 자신의 논문을 수정한다는 생각 자체가 끔찍한 것이었다. 논문을 보내고 2주일 후에 보어는 수정하는 과정에서 오히려 더 길어진 원고를 보냈다. 러더퍼드는 수정이 "훌륭하고 상당히 합리적으로 보인다"고 인정했지만, 다시 한번 보어에게 분량을 줄이도록 요구했다. 그는 러더퍼드의 답장을 기다리지도 않고 휴일에 맨체스터로 러더퍼드를 찾아가겠다는 편지를 보냈다.[31]

보어가 현관 문을 노크했을 때, 러더퍼드는 친구 아서 이브와 즐거운 시간을 보내고 있었다. 훗날 그는 러더퍼드가 "가냘프게 보이는 청년"을 곧바로 자신의 서재로 데리고 들어갔고, 러더퍼드 부인은 방문자가 젊은 덴마크 청년이고, 자신의 남편이 "그의 연구를 정말 높이 평가한다"는 변명을 했다고 기억했다.[32] 두 사람은 그로부터 며칠 동안 저녁마다 몇 시간씩 긴 논의를 했고, 보어는 논문에 포함된 거의 모든 단어를 지키려고 애를 쓰던 자신에게 러더퍼드가 "거의 천사와 같은 인내심"을 보여주었다고 인정했다.[33]

기진맥진한 러더퍼드는 결국 항복했고, 그후로 러더퍼드는 당시의 만남에 대한 이야기로 친구와 동료들을 즐겁게 해주었다. "그가 논문에 사용한 모든 단어에 대해서 심사숙고한다는 사실을 알 수 있었고, 모든 문장, 모든 표현, 모든 인용에 대한 신중함에 감명을 받았다. 모든 것에 분명한 이유가 있었다. 처음에는 많은 문장을 삭제할 수 있을 것이라고 생각했지만, 모든 것이 얼마나 긴밀하게 짜여진 것인지에 대한 그의 설명을 듣고 나서는 아무것도 바꿀 수가 없었다."[34] 역설적이지만, 몇 년 후에 보어는 러더퍼드가 "아주 복잡한 논문에 반대한 것"이 옳았다는 사실을 인정했다.[35]

3부로 된 보어의 논문은 거의 수정하지 않은 채 「원자와 분자의 구성에 대하여」라는 제목으로 『철학지』에 발표되었다. 1913년 4월 5일에 접수된 첫 번째 논문은 7월에 발간되었다. 9월과 11월에 발간된 두 번째와 세 번째 논문에는 원자 내부에 들어 있는 전자의 가능한 배열에 대한 아이디어가 소개되었다. 보어는 그로부터 10년 동안 양자원자를 이용해서 주기율표와 원소의 화학적 성질을 설명하는 일에 매달렸다.

보어는 고전물리학과 양자물리학의 멋진 칵테일을 이용해서 자신의 원자를 만들었다. 그런 과정에서 그는 기존 물리학의 교리에 어긋나는 제안을 했다. 그래서 원자 내부의 전자들이 정상 상태에 해당하는 특정한 궤도만 차지할 수 있고, 전자들이 그런 궤도에 있는 동안에는 에너지를 방출할 수 없고, 원자는 가장 낮은 에너지의 "바닥 상태"를 포함하는 일련의 불연속적인 에너지 상태 중 하나에만 있을 수 있고, 전자들은 "어떤 방법으로

든지" 높은 에너지의 정상 상태에서 낮은 에너지의 정상 상태로 도약할 수 있고, 두 상태 사이의 에너지 차이가 에너지의 양자로 방출된다는 것이다. 그리고 그의 모형은 원자 반지름과 같은 수소 원자의 다양한 성질을 정확하게 예측했고, 선 스펙트럼의 생성에 대한 물리적 설명을 제공했다. 훗날 러더퍼드는 양자원자가 "물질에 대한 인간의 승리"이고, 보어가 그것을 밝혀내지 못했다면, 선 스펙트럼의 신비를 해결하기까지에는 "몇 세기가 걸렸을 것"이라고 믿었다고 했다.[36]

보어가 이룩한 업적의 진정한 가치는 양자원자(quantum atom)에 대한 초기의 반응에서 알 수 있다. 양자원자는 1913년 9월 12일에 버밍엄에서 개최된 영국과학진흥회(BAAS)의 제83회 연례 학술회의에서 최초로 공개적으로 논의되었다. 보어와 함께 앉아 있던 객석의 반응은 조용했지만 복잡했다. J. J. 톰슨, 러더퍼드, 레일리, 진스는 물론이고 로런츠와 퀴리를 비롯한 외국의 귀빈들도 참석했다. 보어 원자에 대한 의견을 묻는 질문에 레일리는 "일흔이 넘은 사람들은 새로운 이론에 대한 의견을 밝히는 일에 신중해야만 합니다"라고 외교적으로 대답했다. 그러나 사석에서 레일리는 "자연이 그런 식으로 행동할 것"이라고 믿지 않았고, "그것이 실제로 일어나는 것에 대한 모형이라는 사실을 받아들이기가 어렵다"고 인정했다.[37] 톰슨은 보어가 제시한 원자의 양자화가 전혀 필요하지 않은 것이라고 반대했다. 제임스 진스는 다른 의견을 제시했다. 그는 발표장을 가득 메운 청중을 대상으로 한 발표에서 보어 모형을 정당화시키기 위해서 필요한 것은 "아주 중요한 성공"뿐이라고 주장했다.[38]

유럽에서 양자원자는 신뢰를 얻지 못했다. 어느 열띤 토론에서 막스 폰 라우에는 "이것은 전부 엉터리이다! 맥스웰 공식은 어떤 경우에도 유효하다"고 주장했다. "원형 궤도의 전자는 반드시 복사를 방출해야만 한다."[39] 파울 에렌페스트는 로런츠에게 보어 원자가 "나를 절망하게 만들었습니다"라고 고백했다.[40] 그는 "이것이 목표에 도달하는 방법이라면, 나는 물리학을 포기해야만 할 것"이라고 말했다.[41] 보어의 동생 하랄의 기록에 따르면, 괴팅겐에서는 그의 연구에 대해서 관심이 많았지만, 그의 가정은 지나치게 "용감하고 환상적인" 것으로 받아들여졌다.[42]

보어 이론은 초기의 한 가지 성공 덕분에 아인슈타인을 비롯한 몇몇 사람의 지지를 받게 되었다. 보어는 햇빛의 스펙트럼에서 발견되는 선들이 사실은 2개의 전자가 제거되어 이온화된 헬륨 때문일 것이라고 예측했다. 소위 "피커링-파울러 선"에 대한 이런 해석은 발견자들의 해석과 맞지 않는 것이었다. 누가 옳은 것일까? 그런 문제는 맨체스터의 러더퍼드 연구진이 보어의 요청으로 선 스펙트럼을 자세하게 연구한 결과에 의해서 해결되었다. 버밍엄의 BAAS 학술회의가 개최되기 직전에 피커링-파울러 선을 헬륨 때문이라고 해석한 덴마크 청년이 옳았다는 사실이 확인되었다. 아인슈타인은 9월 말에 빈에서 개최되었던 학술회의에서 보어의 친구 게오르크 폰 헤베시로부터 그 소식을 들었다. 헤베시는 러더퍼드에게 보낸 편지에서 "아인슈타인의 큰 눈이 더 크게 보였고, 그가 '그렇다면 그것은 가장 위대한 발견 중 하나이다'라고 말했습니다"라고 전했다.[43]

3부 중 세 번째 논문이 발표되었던 1913년 11월에는 러더퍼드 연구진의 일원이었던 헨리 모즐리에 의해서 원자번호에 해당하는 원자의 핵 전하가 원소마다 고유한 정수이고, 주기율표에서의 위치를 결정하는 핵심 파라미터라는 사실이 확인되었다. 그해 7월에 맨체스터를 방문한 보어가 다양한 원소에 전자 빔을 쏠 경우에 생기는 X-선 스펙트럼을 연구하고 있던 젊은 영국 청년 모즐리와 원자에 대해서 이야기를 나눈 직후였다.

그 당시에는 이미 X-선의 파장이 가시광선보다 1000분의 1 정도 짧은 전자기 복사이고, 그런 X-선이 충분한 에너지를 가진 전자가 금속에 충돌하는 경우에 만들어진다는 사실이 알려져 있었다. 보어는 가장 안쪽에 있는 전자가 원자에서 제거된 후에 높은 에너지 레벨에 있는 다른 전자가 빈자리를 메우기 위해서 내려오면서 방출되는 것이 X-선이라고 믿었다. 두 에너지 레벨 사이의 차이가 충분히 크기 때문에 그런 전이에서 방출되는 에너지 양자가 X-선이 된다. 보어는 자신의 원자 모형을 이용해서 방출된

X-선의 진동수로부터 핵의 전하를 결정하는 것이 가능하다는 사실을 깨달았다. 그가 모즐리와 의논을 했던 것이 바로 그런 흥미로운 사실이었다.

체력만큼이나 일에 대한 능력이 엄청났던 모즐리는 다른 사람들이 잠을 자는 밤에도 실험실에 남아 있었다. 그는 몇 달 만에 칼슘에서 아연에 이르는 모든 원소에서 방출되는 X-선의 진동수를 측정했다. 그리고 원소가 무거워질수록 방출되는 X-선의 진동수가 증가한다는 사실을 발견했다. 모즐리는 각 원소가 독특한 X-선 영역의 선 스펙트럼을 만들어내고, 주기율표에서 서로 인접한 원소들의 선 스펙트럼들이 매우 비슷하다는 사실로부터 원자번호 42, 43, 72, 75번의 알려지지 않았던 원소들의 존재를 예측했다.[44] 훗날 네 원소가 모두 실험적으로 발견되었지만, 이미 모즐리가 사망한 후였다. 제1차 세계대전이 시작되자 영국 공병대에 입대해서 통신병으로 활동하던 그는 1915년 8월 10일 갈리폴리에서 머리에 관통상을 입고 사망했다. 스물일곱 살이었던 그는 비극적인 죽음으로 수상이 확실했던 노벨상이 허사가 되었다. 러더퍼드는 개인적으로 그에게 가장 높은 찬사를 보냈다. 그는 모즐리를 "타고난 실험가"라고 불렀다.

"피커링-파울러 선"에 대한 보어의 정확한 해석과 모즐리의 핵 전하에 대한 획기적인 결과가 밝혀지면서 양자원자에 대한 지지가 쏟아지기 시작했다. 그런데 양자원자가 인정을 받게 된 더 중요한 전환점은 1914년 4월에 독일의 젊은 물리학자 제임스 프랑크와 구스타프 헤르츠가 수행했던 실험이었다. 프랑크와 헤르츠는 수은 원자에 전자를 충돌시키는 과정에서 전자가 4.9eV의 에너지를 잃어버린다는 사실을 발견했다. 그들은 수은 원자에서 전자를 떼어내기 위해서 필요한 에너지의 측정에 성공했다고 믿었다. 독일의 어수선한 분위기 때문에 보어의 논문을 읽어본 사람이 많지 않았던 탓에 그들의 실험에 대한 정확한 해석은 보어에게 맡겨지게 되었다.

수은 원자를 향해서 발사된 전자가 4.9eV보다 낮은 에너지를 가지고 있을 때는 아무 일도 일어나지 않았다. 그러나 충돌하는 전자가 4.9eV 이상의 에너지를 가지고 있을 경우에는 전자가 그만큼의 에너지를 잃어버렸고, 수은 원자는 자외선을 방출했다. 보어는 4.9eV가 수은 원자의 바닥 상태와 첫 번째 들뜬 상태의 에너지 차이라고 지적했다. 그것은 수은 원자의 첫 두 에너지 레벨 사이에서의 전자 도약에 해당했고, 두 레벨 사이의 에너지 차이는 정확하게 그의 원자 모형으로 예측되는 것이었다. 전자가 첫 에너지 레벨로 떨어져서 수은이 바닥 상태로 되돌아오면 수은의 선 스펙트럼에서 발견되는 253.7나노미터 파장의 자외선에 해당하는 에너지를 가진 양자가 방출된다. 프랑크-헤르츠 결과는 보어의 양자화된 원자와 원자 에너지 레벨의 존재에 대한 직접적인 실험적 증거가 되었다. 프랑크와 헤르츠는 자신들의 실험 결과를 엉터리로 해석했지만, 1925년 노벨 물리학상을 받았다.

보어는 3부작 중 제1부가 발표된 1913년 7월에 마침내 코펜하겐 대학교의 강사로 임명되었다. 그러나 얼마 지나지 않아서 그는 의대 학생들에게 기초 물리학을 가르치는 일에 불만을 가지기 시작했다. 이름이 알려지게 된 보어는 1914년 초부터 새로운 이론물리학 교수직을 마련하기 위해서 노력하기 시작했다. 독일과 달리 다른 나라에서는 이론물리학이 분명한 영역으로 자리를 잡지 못했기 때문에 쉬운 일이 아니었다. 보어와 그의 제안을 지지했던 러더퍼드는 덴마크의 종교-교육부에 "내 의견으로는 보어 박사가 오늘날 유럽에서 가장 유망하고 능력 있는 젊은 수리물리학자 중 한 사람이다"라는 추천서를 보냈다.[45] 보어는 자신의 연구에 대한 국제적 관심 덕분에 동료 교수들로부터 지지를 받았지만, 대학 운영진은 결정을 연기하기로 했다. 보어가 러더퍼드로부터 대안을 제시하는 편지를 받은 것은 바로 그때였다.

러더퍼드는 "다윈의 부교수직 임기가 끝났기 때문에 200파운드 봉급의 후임자를 찾는 광고를 하고 있다는 사실을 알고 있겠지"라고 했다.[46] "미리 알아보았더니 좋은 사람이 많지 않은 것 같네. 독창성이 있는 젊은 사람을 찾아야 하겠지." 이미 덴마크 청년의 연구 성과가 "대단한 독창성과

재능"을 보여주었다고 말했던 러더퍼드는 드러내서 말하지는 않았지만, 보어를 데려오고 싶었다.[47]

1914년 9월에 자신이 원했던 교수직에 대한 결정이 연기되면서 1년간의 휴직을 허락받은 닐스 보어는 마르그레테와 함께 스코틀랜드를 돌아오는 거친 항해를 무사히 마치고 동료들의 따뜻한 환영을 받으며 맨체스터에 도착했다. 제1차 세계대전이 시작되었고, 많은 것이 변했다. 전국을 휩쓸고 있던 애국주의 물결 때문에 실험실은 텅 빈 상태였다. 자격이 되는 사람들은 모두 입대를 했다. 독일이 벨기에를 지나 프랑스까지 쳐들어가면서 전쟁이 곧바로 끝날 것이라는 기대는 하루가 다르게 옅어지고 있었다. 얼마 전까지만 해도 동료였던 사람들이 이제는 반대 진영에서 서로 싸우고 있었다. 마스든은 서부 전선으로 갔다. 가이거와 헤베시는 동맹국의 군대에 입대했다.

보어가 도착했을 때 러더퍼드는 맨체스터에 없었다. 그는 오스트레일리아 멜버른에서 개최되는 영국과학진흥협회의 연례 학술회의에 참석하러 6월에 출발했다. 작위를 받은 직후였던 그는 예정되어 있던 미국과 캐나다 여행에 앞서 뉴질랜드의 가족을 방문했다. 러더퍼드는 맨체스터로 돌아온 후에도 대부분의 시간을 대(對)잠수함 무기 개발에 몰두했다. 덴마크가 중립국이었기 때문에 보어는 전쟁과 관련된 연구에 참여할 수가 없었다. 그는 대부분의 시간을 강의에 집중했다. 학술지를 구독할 수도 없었고, 유럽과의 편지에 대한 검열이 심해지면서 연구를 진행하기도 어려워졌다.

본래 맨체스터에서 1년을 보낼 예정이었던 보어는 새로 만들어진 코펜하겐의 이론물리학 교수직에 공식적으로 임명된 1916년 5월에도 여전히 그곳에 있었다. 그의 명성이 높아진 덕분에 교수직에 임명되었지만, 그의 양자원자로 해결할 수 없는 문제들이 남아 있었다. 여러 개의 전자를 가진 원자에 대한 결과가 실험과 맞지 않았다. 겨우 2개의 전자를 가진 헬륨의 경우도 설명할 수 없었다. 더욱 고약한 문제는 보어의 원자 모형으로 예측되는 스펙트럼에는 실제로 관찰되지 않는 선들이 포함되어 있다는 것이었다. 스펙트럼에서 어떤 선은 관찰되고, 어떤 선은 관찰되지 않는지를 설명하기 위해서 특별한 "선택 규칙"을 도입했고, 1914년 말이 되면서 보어 원자의 핵심 요소들이 모두 인정을 받게 되었다. 불연속적 에너지 레벨의 존재, 궤도를 도는 전자들이 가지고 있는 각운동량의 양자화, 스펙트럼의 선이 나타나는 이유들이 그런 요소였다. 그러나 새로운 규칙을 도입해도 설명할 수 없는 스펙트럼의 선이 하나라도 존재한다면, 양자원자는 문제가 될 수밖에 없었다.

성능이 개선된 장비가 등장한 1892년에 수소 스펙트럼의 발머 선들 중에서 붉은색의 알파선과 푸른색의 감마선이 1개가 아니라 2개로 분리된 것이라는 사실이 밝혀졌다. 그 선들이 "진정한 이중선"인지에 대한 논란은 20년 이상 계속되었다. 보어는 이중선이 아니라고 생각했다. 그러나 새로운 실험을 통해서 붉은색, 푸른색, 보라색의 발머 선들이 모두 이중선이라는 사실이 밝혀지면서 그가 마음을 바꾼 것은 1915년 초였다. 보어는 스펙트럼의 선이 갈라지는 현상인 "미세 구조"를 설명할 수 없었다. 코펜하겐의 교수로 부임한 보어는 자신의 원자 모형을 수정해서 문제를 해결한 독일 과학자가 보낸 한 묶음의 논문을 발견했다.

마흔여덟 살의 아르놀트 조머펠트는 뮌헨 대학교의 유명한 이론물리학 교수였다. 지난 몇 년 동안 가장 총명한 젊은 물리학자들과 학생들이 그의 세심한 지도를 받았다. 그는 뮌헨을 이론물리학의 중심으로 만들었다. 보어와 마찬가지로 스키를 좋아했던 그는 학생과 동료들을 바이에른 알프스에 있는 자신의 집으로 초대해서 스키와 물리학 이야기를 나누는 일을 즐겼다. 특허사무소에 근무하던 아인슈타인은 1908년에 조머펠트에게 "그런데 만약 내가 뮌헨에 있었고, 시간이 있었더라면 수리물리학 실력을 쌓기 위해서 기꺼이 당신 강의를 들었을 것입니다"라는 편지를 보냈다.[48] 취리히의 수학 교수가 "게으른 개"라고 불렀던 그의 입장에서는 상당한 찬사였다.

보어는 자신의 모형을 단순화시키기 위해서 핵 주위를 도는 전자의 궤도를 원형으로 한정했었다. 조머펠트는 그런 제한을 풀어서 태양 주위를 공전하는 행성의 경우처럼 전자도 타원 궤도를 따라서 움직이도록 허용했다. 그는 수학적으로 말해서 원은 타원의 특별한 경우이기 때문에 원형의 전자 궤도는 양자화된 모든 타원 궤도의 부분 집합일 뿐이라고 생각했다. 보어 모형에서 양자수 n은 허용된 원형의 전자 궤도인 정상 상태와 그에 대응하는 에너지 레벨을 나타낸다. n의 값은 주어진 원형 궤도의 반지름을 결정하기도 한다. 그러나 타원의 모양을 결정하려면 2개의 숫자가 필요하다. 그래서 조머펠트는 타원 궤도의 모양을 양자화시키려고 "궤도" 양자수 k를 도입했다. k는 가능한 타원 궤도 중에서 주어진 n 값에서 허용된 것을 결정해준다.

조머펠트의 수정 모형에서 주양자수 n은 k가 가질 수 있는 값을 결정한다.[49] n = 1이면 k = 1, n = 2이면 k = 1 또는 2, n = 3이면 k = 1, 2, 또는 3이 된다. 주어진 n에 대해서 k는 1에서 n까지의 모든 정수가 된다. n = k이면 궤도는 원형이 된다. 그러나 k가 n보다 작으면 궤도는 타원형이 된다. 예를 들면, n = 1이고 k = 1이면 궤도는 반지름이 보어 반지름이라고 부르는 r인 원형이 된다. n = 2이고 k = 1이면 궤도는 타원형이 되지만, n = 2이고 k = 2이면 반지름이 4r인 원형 궤도가 된다. 따라서 수소 원자가 n = 2인 양자 상태에 있으면, 하나의 전자는 k = 1이나 k = 2인 궤도에 있을 수 있다. n = 3인 상태에서는 전자가 n = 3이고 k = 1인 타원형, n = 3이고 k = 2인 타원형, n = 3이고 k = 3인 원형의 세 가지 궤도 중 하나를 차지할 수 있다. 보어 모형에서 n = 3은 하나의 원형 궤도이지만, 조머펠트의 수정된 양자원자에서는 3개의 허용된 궤도가 된다. 이런 정상 상태가 추가되면, 발머 계열의 스펙트럼 선에서 나타나는 분리를 설명할 수 있다.

조머펠트는 스펙트럼 선의 분리를 설명하기 위해서 아인슈타인의 상대성이론을 이용했다. 태양 주위를 공전하는 혜성의 경우처럼 타원 궤도의 전자가 핵을 향해서 접근할 때는 속도가 빨라진다. 그러나 혜성과는 달리 전자의 경우에는 속도가 충분히 빨라서 상대성이론에 따라 전자의 질량이

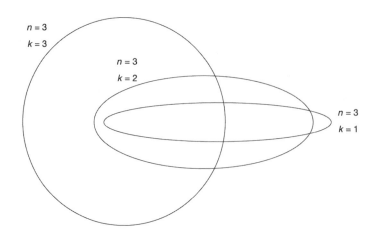

그림 8. 수소 원자의 보어-조머펠트 모형에서 n = 3이고 k = 1, 2, 3인 전자 궤도

늘어나게 된다. 상대성 질량 증가가 아주 작은 에너지 변화를 일으킨다. k = 1과 k = 2의 궤도를 가진 n = 2인 경우에는 k = 1은 타원형이고, k = 2는 원형이기 때문에 서로 다른 에너지를 가지게 된다. 보어 모형에서는 오직 하나의 선이 예측되지만, 이런 작은 에너지 차이 때문에 2개의 에너지 레벨이 생기게 되고, 스펙트럼 선도 2개로 갈라지게 된다. 그러나 보어-조머펠트 양자원자는 두 가지 다른 현상을 설명하지 못했다.

1897년에 네덜란드 물리학자 피터르 제이만은 자기장 속에서 하나의 스펙트럼 선이 여러 개의 분리된 선 또는 성분으로 갈라진다는 사실을 발견하게 되었다. 자기장을 끄면 제이만 효과라고 부르게 된 현상도 사라져버린다. 그리고 1913년에는 독일 물리학자 요하네스 슈타르크가 원자를 전기장 속에 넣은 경우에도 하나의 스펙트럼 선이 몇 개로 분리된다는 사실을 발견했다.[50] 러더퍼드는 슈타르크가 자신의 발견을 공개하자 보어에게 연락을 해서 "제이만 효과와 전기 효과를 자네의 이론으로 설명할 수 있다면, 지금 논문을 발표해야 한다고 생각하네"라고 했다.[51]

러더퍼드와 같은 요청은 처음이 아니었다. 그의 3편의 논문 중 제1부가 발표된 직후에 조머펠트는 보어에게 축하의 편지를 보내면서 "당신의 원자 모형을 제이만 효과에도 적용해보시겠습니까?"라고 물었다. "나도 이 문제를 풀어보고 싶습니다."[52] 보어는 설명할 수 없었지만, 조머펠트는 설명했다. 그의 설명은 훌륭했다. 이미 그는 타원 궤도를 사용해서 원자가 n = 2의 경우처럼 주어진 에너지 상태에 있을 때, 전자가 차지할 수 있는 가능한 양자화된 궤도의 수를 늘여본 적이 있었다. 보어와 조머펠트는 원형이거나 타원형의 궤도가 모두 평면에 있는 것으로 생각했다. 제이만 효과를 설명하려고 노력하는 과정에서 조머펠트는 궤도의 방향이 무시되었다는 사실을 깨달았다. 자기장에서는 전자가 자기장에 대해서 여러 방향을 향하는 더 많은 허용된 궤도들 중 하나를 선택할 수 있게 된다. 조머펠트는 자신이 "자기" 양자수라고 부른 m을 도입해서 그런 궤도의 방향을 양자화시켰다. 주어진 주양자수 n에 대해서, m은 −n에서 n에 이르는 값을 가질 수 있다.[53] n = 2이면 m은 −2, −1, 0, 1, 2의 값을 가질 수 있다.

보어는 1916년 3월에 조머펠트에게 "당신의 아름다운 논문보다 더 즐겁게 논문을 읽은 적이 없었습니다"라는 편지를 보냈다. "공간 양자화(space quantisation)"로 알려지게 된 전자 궤도의 방향성은 5년이 지난 1921년에 실험으로 확인되었다. 외부 자기장에 의한 제이만 효과가 나타나는 경우에 전자가 차지할 수 있는 추가적인 에너지 상태는 이제 n, k, m의 세 양자수로 구분된다.

필요는 발명의 어머니라는 말처럼 조머펠트는 실험에서 밝혀진 사실들을 설명하기 위해서 2개의 새로운 양자수 k와 m을 도입하게 되었다. 조머펠트의 연구에 크게 의존하게 된 다른 과학자들은 슈타르크 효과도 전기장의 존재에 의해서 에너지 레벨 사이의 간격이 변해서 나타나는 것이라고 설명했다. 스펙트럼 선의 상대적 세기를 재현하지 못하는 것과 같은 약점이 있기는 했지만 보어-조머펠트 원자의 성공으로 명성이 더욱 높아진 보어는 코펜하겐에 자신의 연구소를 가지게 되었다. 그는 자신의 연구와 그가 다른 사람에게 준 영감을 통해서 훗날 조머펠트가 붙여준 별명처럼 "원자물리학의 지도자"가 되어가고 있었다.[54]

그것은 보어에게는 반가운 찬사였다. 그는 언제나 러더퍼드가 자신의 실험실을 운영하는 방법과 그곳에서 일하는 모든 사람들에게 성공적으로 보여주었던 정신을 흉내내고 싶어했다. 그는 러더퍼드가 어떻게 젊은 물리학자들을 자극해서 최선의 결과를 낼 수 있도록 해주는지를 보았었다. 1917년부터 보어는 맨체스터에서 운 좋게도 직접 경험할 수 있었던 것을 흉내내기 시작했다. 그는 코펜하겐 당국자들에게 대학교에 이론물리학 연구소를 만들어줄 것을 제안했다. 연구소는 승인을 받았고, 친구들은 건물과 땅을 마련하기 위한 모금을 시작했다. 전쟁이 끝난 다음 해부터 시내 중심지에서 멀지 않은 아름다운 공원 가장자리의 부지에 건설이 시작되었다.

보어를 불안하게 만든 편지가 도착한 것은 그런 일이 시작된 직후였다. 러더퍼드가 그에게 맨체스터의 이론물리학 종신 교수직을 제안하는 편지를 보내왔다. 러더퍼드는 "우리 두 사람이 물리학의 붐을 일으킬 수 있다고 생각한다"고 했다.[55] 그것은 매력적인 제안이었지만, 자신이 원하는 모든 것을 제공받은 보어는 덴마크를 떠날 수가 없었다. 만약 그가 맨체스터로 갔더라면, 러더퍼드도 1919년에 J. J. 톰슨의 뒤를 이어 케임브리지의 캐번디시 연구소 소장으로 부임하기 위해서 맨체스터를 떠나지 않았을 것이다.

보어 연구소로 알려지게 될 이론물리학 대학연구소는 공식적으로 1921년 3월 3일에 문을 열었다.[56] 보어는 늘어난 가족과 함께 7개의 방이 있는 1층의 사택으로 이사를 했다. 전쟁의 혼란 뒤에 이어진 어려움 속에서도 연구소는 보어가 원했던 창조적 천국이었다. 연구소는 곧바로 세계에서 가장 뛰어난 물리학자들을 끌어들이는 자석이 되었고, 그들 중에서 가장 재능이 뛰어났던 사람은 언제나 이방인으로 남게 되었다.

5

아인슈타인이 보어를 만났을 때

프라하의 독일대학교 이론물리학 연구소의 사무실에서 창문을 내다보던 아인슈타인은 어느 동료에게 "저 사람들은 양자이론에 집착하지 않는 정신병 환자들입니다"라고 말했다.[1] 1911년 4월에 취리히에서 이사를 온 그는 오전에는 여성들만 이용하고, 오후에는 남성들만 이용하는 정원에 대해서 궁금하게 생각했다. 자신의 악령과 씨름을 하던 그는 이웃 건물의 아름다운 정원이 정신병원의 소유라는 사실을 알아냈다. 아인슈타인의 입장에서는 양자와 빛의 이중성을 받아들이기가 어려웠다. 그는 헨드릭 로런츠에게 "먼저 당신의 짐작과 달리 나는 정통 광양자의 추종자가 아니라는 사실을 분명하게 밝혀두고 싶습니다"라고 했다.[2] 그의 주장에 따르면, 그런 오해는 "내 논문의 표현이 정확하지 않았기 때문이었다."[3] 실제로 그는 "양자가 정말 존재하는지"에 대해서 묻는 것조차 포기해버렸다.[4] 1911년 11월에 개최되었던 "복사이론과 양자"에 대한 제1회 솔베이 학술회의에 참석했던 아인슈타인은 양자라는 바보짓에 대해서 더 이상 관심을 가지지 않기로 결심을 했다. 보어와 함께 그의 원자가 주목을 받고 있던 4년 동안에도 아인슈타인은 실제로 양자를 포기해버리고 오로지 자신의 상대성으로 중력을 설명하려는 노력에 집중했다.

14세기 중반에 세워진 프라하 대학교는 1882년에 국적과 언어에 따라 체코와 독일의 두 대학교로 분리되었다. 체코인과 독일인들이 서로에 대해서 뿌리 깊은 의심과 불신을 품고 있던 현실을 반영한 조처였다. 스위스의 편안하고 너그러운 분위기와 세계적 도시였던 취리히를 경험했던 아인슈타인은 정교수 직위와 편안한 삶이 보장되는 봉급에도 불구하고 마음이 편하지 않았다. 그런 환경이 오싹한 고독감을 극복하기 위해서 필요한 위안의 양자(量子)를 제공해주었다.

보어가 케임브리지에서 맨체스터로 옮길 생각을 하고 있던 1911년 말에 아인슈타인은 간절하게 스위스로 돌아가고 싶어했다. 오랜 친구가 다시 그를 구해준 것은 바로 그런 때였다. 얼마 전에 스위스 연방공과대학(ETH)의 수학-물리학과 학과장으로 임명된 마르셀 그로스만이 아인슈타인에게 옛 폴리테크닉의 교수직을 제안했다. 어차피 그에게 돌아올 자리였지만, 그로스만은 절차를 밟아야 했다. 아인슈타인의 임용 가능성에 대해서 유명한 물리학자들의 추천서를 받는 것도 중요한 절차였다. 프랑스의 최고 이론학자 앙리 푸앵카레도 그런 요청을 받았다. 그는 아인슈타인을 자신이 알고 있는 "가장 독창적인 사람들 중 하나"라고 추천했다.[5] 프랑스 과학자는 새로운 개념에 쉽게 적응하고, 고전적 원리보다 더 심오한 것을 파악할 수 있고, "주어진 물리학 문제에 대해서 곧바로 모든 가능성을 파악하는" 능력을 높이 평가했다.[6] 최고의 물리학자가 된 아인슈타인이 한때 자신이 조수 자리도 얻지 못했던 대학으로 금의환향한 것은 1912년 7월이었다.

오래지 않아 아인슈타인이 베를린 사람들의 주요 목표가 된 것은 어쩔 수가 없었다. 1913년 7월에 막스 플랑크와 발터 네른스트가 취리히 행 기차에 올랐다. 아인슈타인에게 거의 20년 전에 떠났던 조국으로 돌아가도록 설득하기가 쉽지 않을 것이라고 짐작하고 있었던 그들은 그가 도저히 거부할 수 없는 제안을 준비하고 있었다.

기차에서 내리는 그들을 맞이한 아인슈타인은 플랑크와 네른스트가 자신을 찾아온 이유는 알고 있었지만, 그들이 내놓을 제안의 내용은 알 수 없었다. 얼마 전에 권위 있는 프로이센 과학원의 회원으로 선출되었던 그는 과학원의 유급직 2개 중 하나를 제안받았다. 그것만으로도 엄청난 명예였지만, 독일 과학계의 두 특사는 강의 부담이 없는 특별한 연구 교수직과 앞으로 설립될 카이저 빌헬름 이론물리학 연구소의 소장직도 함께 제안했다.

아인슈타인은 전례가 없는 세 자리의 제안에 대해서 생각할 시간이 필요했다. 그가 제안을 받아들일 것인지를 생각하는 동안 플랑크와 네른스트는 기차를 타고 짧은 관광 여행을 떠났다. 아인슈타인은 그들이 돌아올 때 장미꽃의 색깔로 자신의 결정을 알려주겠다고 약속했다. 그가 들고 있는 장미가 붉은색이면 베를린으로 갈 것이고, 흰색이면 취리히에 머물 것이다. 기차에서 내린 플랑크와 네른스트는 아인슈타인이 들고 있는 붉은색 장미를 보고 자신들이 원하는 사람을 데려가게 되었다는 사실을 알았다.

베를린이 아인슈타인에게 제시했던 미끼 중 하나가 바로 강의 부담 없이 "오직 연구에만 몰두할 수 있는" 자유였다.[7] 그러나 그런 자유의 대가로 그는 자신을 과학의 가장 뜨거운 자산으로 만들어준 물리학 강연을 해야 하는 의무도 주어졌다. 송별 만찬이 끝난 후에 그는 어느 동료에게 "베를린 사람들은 내가 상을 받은 암탉인 것처럼 기대하고 있지만, 나는 내가 알을 낳을 수 있는지조차 모르겠다"라고 말했다.[8] 아인슈타인은 취리히에서 서른다섯 살 생일을 맞이하고 난 1914년 3월 말에 베를린으로 이사를 했다. 그는 독일로 돌아가는 것에 대해서 어느 정도의 거부감을 가지고 있었지만, 얼마 지나지 않아서부터 "이곳에는 지적 자극이 풍부한 정도가 아니라 너무 많다"고 열을 올렸다.[9] 플랑크, 네른스트, 루벤스와 같은 사람들이 가까이 있었던 것도 사실이지만, 그가 "혐오스러운" 베를린에 흥분했던 이유는 따로 있었다. 그의 사촌 엘자 뢰벤탈이 바로 그 이유였다.[10]

아인슈타인은 2년 전이었던 1912년 3월부터 열세 살의 일제와 열한 살의 마고트라는 두 딸을 가진 서른여섯 살의 이혼녀와 불륜을 시작했다.

그는 엘자에게 "나는 아내를 해고할 수 없는 고용원처럼 취급한다"고 말했다.[11] 베를린으로 옮긴 아인슈타인은 아무 설명도 없이 며칠씩 사라져버렸다. 얼마 후에 그는 가족과 함께 살던 집에서 완전히 나와버렸고, 자신이 다시 집으로 돌아가는 데에 필요하다는 기막힌 조건들을 제시했다. 밀레바가 그 조건을 받아들이면, 그녀는 정말 고용원으로 전락해버릴 것이다. 그녀의 남편은 그런 고용원을 해고시키려고 작정을 했었다.

아인슈타인의 요구는 이랬다. "1. 내 옷과 세탁물은 잘 수선해서 정리해줄 것. 2. 내 방에서 규칙적으로 세 끼 식사를 할 수 있도록 해줄 것. 3. 내 침실과 서재는 언제나 깨끗하게 해주고, 특히 책상은 나 혼자 사용할 것." 더욱이 그녀는 "모든 개인적 관계를 포기하고, 아이들 앞에서 말이나 행동으로" 그를 비판하는 것을 자제해야 한다. 마지막으로 그는 밀레바에게 "1. 나에게 친밀감을 기대하지 말고, 어떤 식으로든지 나를 나무라지 말 것. 2. 내가 요구하면 나에게 말을 거는 것을 즉시 중단할 것. 3. 내가 요구하면 내 침실이나 서재에서 항의 없이 즉시 나갈 것"을 요구했다.[12]

밀레바는 그의 요구에 동의를 했고, 아인슈타인은 집으로 돌아왔다. 그러나 그런 약속은 지켜질 수가 없었다. 베를린으로 이사하고 3개월이 지난 7월 말에 밀레바와 아이들은 취리히로 돌아갔다. 승강장에서 작별 인사를 하던 아인슈타인은 눈물을 흘렸다. 밀레바와 그동안의 기억 때문이 아니라 떠나는 자신의 두 아들 때문이었을 것이다. 그러나 그는 얼마 지나지 않아 "큰 아파트와 아무도 방해하지 않는 고요함 속에서" 혼자 사는 삶을 행복하게 즐기고 있었다.[13] 유럽에 전운이 감돌기 시작하면서 그런 고요함을 즐길 수 있는 사람은 많지 않았다.

"어느 날 발칸 지역에서 벌어지는 정말 바보 같은 사건 때문에 유럽에서 엄청난 전쟁이 시작될 것이다." 언젠가 비스마르크가 그렇게 말했던 것으로 알려졌다.[14] 그 날이 바로 1914년 6월 28일 일요일이었고, 그 사건은 사라예보에서 일어난 오스트리아-헝가리 이중제국의 계승자 프란츠 페르디난트 대공의 암살 사건이었다. 독일의 지원을 받은 오스트리아가 세르비아에게 선전포고를 했다. 독일은 8월 1일에 세르비아의 동맹국인 러시아에 선전포고를 했고, 이틀 후에는 프랑스에 대해서도 선전포고를 했다. 영국은 자신들이 독립을 승인해준 벨기에의 중립성을 침해했다는 이유로 8월 4일에 독일에게 선전포고를 했다.[15] 아인슈타인은 8월 14일에 친구 파울 에렌페스트에게 "미쳐버린 유럽이 이제 참으로 어리석은 일을 시작했다"는 편지를 썼다.[16]

아인슈타인의 거부감은 "측은함과 역겨움" 정도였지만, 네른스트는 쉰 살의 나이에 구급차 운전병을 자원했다.[17] 애국심을 통제하지 못했던 플랑크는 "스스로 독일인이라고 자처할 수 있다는 사실이 기쁘다"고 밝혔다.[18] 베를린 대학교의 총장으로서의 삶 자체가 영광이라고 믿었던 플랑크는 "정의의 전쟁"이라는 명분을 앞세워서 학생들을 참호로 보냈다. 아인슈타인은 플랑크, 네른스트, 뢴트겐, 빈이 모두 "문명 세계에 대한 호소문"에 서명한 93명의 유명 인사들에 포함되어 있다는 사실을 믿을 수가 없었다. "적들에 의해서 강요된 생사 고투에서 독일의 순수한 명분을 더럽히기 위한 거짓과 명예훼손"에 항의하는 성명서는 1914년 10월 4일에 독일과 외국의 주요 신문에 발표되었다.[19] 서명자들은 독일이 전쟁에 대해서 아무 책임이 없고, 벨기에의 중립성을 침해하지 않았고, 잔혹행위를 저지르지 않았다고 주장했다. 그들에게 독일은 "괴테, 베토벤, 칸트의 유산을 가정과 땅만큼이나 성스럽게 여기는 문명국"이었다.[20]

곧바로 서명에 참여한 사실을 후회했던 플랑크는 외국 친구들에게 개인적으로 사과를 하기 시작했다. 아인슈타인은 거짓말과 근거 없는 주장으로 가득 찬 소위 "93인 성명서"에 서명했던 사람들 중에서도 플랑크에 대해서는 기대를 했었다. 심지어 독일 수상까지도 벨기에의 중립성을 침범했다고 공개적으로 인정했고, "우리의 군사적 목표를 달성하고 나면, 우리가 저지른 잘못에 대해서 곧바로 보상하도록 노력하겠다"고 했다.[21]

스위스 국적 덕분에 아인슈타인에게는 서명 요청이 없었다. 그러나 성명서에 표현된 노골적인 국수주의의 장기적 효과를 걱정했던 그는 "유럽인에 대한 호소"라는 반박 성명을 마련하는 일에 깊숙이 참여했다. "모든 나라의 지식인들"이 앞장서서 "평화의 조건이 앞으로 일어날 전쟁의 빌미가 되지 않도록" 만들어야 한다고 촉구하는 성명서였다.[22] 93인 성명서에 나타난 자세는 "지금까지 전 세계가 문화라는 이름으로 이해해왔던 것에 어울리지 않고, 그런 자세가 지식인들의 공유 재산이 된다면 비극이 될 것"이라고 밝혔다.[23] 독일 지식인들 중 "거의 마지막 한 사람까지 국제 관계를 이어갈 생각을 포기해버린 것처럼 행동했다"고 맹렬하게 비난했다.[24] 그러나 성명서에 실제로 서명을 한 사람은 아인슈타인을 포함해서 겨우 4명뿐이었다.

1915년 봄에는 국내외 동료들의 태도에 크게 실망한 아인슈타인이 "다른 나라의 학자들까지도 8개월 전에 대뇌를 제거당한 것처럼 행동한다"고 주장했다.[25] 전쟁이 끝날 것이라는 모든 희망은 사라져버렸고, 1917년에 그는 "우리가 목격해야만 하는 끝없는 비극으로 매우 우울해졌다"고 했다.[26] 그는 로런츠에게 "심지어 습관적으로 물리학에 빠져드는 일도 언제나 도움이 되는 것은 아닙니다"라고 털어놓았다.[27] 그러나 4년에 걸친 전쟁은 그에게 가장 생산적이고 독창적인 기간이었다. 아인슈타인은 한 권의 책과 50편의 과학 논문을 발표했고, 1915년에는 최고 걸작인 일반상대성이론을 완성했다.

뉴턴 이전부터 시간과 공간은 고정되어 있고, 분명하게 구별되는 것이고, 우주의 끝없는 드라마가 펼쳐지는 무대라고 알려져 있었다. 우주는 질량, 길이, 시간이 절대적이고 변하지 않는 무대였고, 모든 관찰자에게 사건들 사이의 공간적 거리와 시간 간격이 동일하게 보이는 극장이었다. 그런데 아인슈타인은 질량, 길이, 시간이 절대적이고 변하지 않는 것이 아니라는 사실을 발견했다. 공간적 거리와 시간 간격은 관찰자의 상대적 움직임에 따라서 달라진다. 지구에 남아 있는 한 쌍둥이에 비해서 빛의 속도에 가까운 속도로 여행하는 또다른 쌍둥이 우주인에게 시간은 느려지고(움직이는 시계의 바늘이 느려진다), 공간은 수축되고(움직이는 물체의 길이가 줄어든다), 움직이는 물체의 질량은 늘어난 것처럼 보인다. "특수" 상대성의 이런 결과는 모두 20세기에 수행된 실험을 통해서 확인되었지만, "특수"이론에는 가속(加速)이 포함되지 않았다. "일반"상대성에는 가속이 포함되었다. 일반상대성이론을 만들고 있던 아인슈타인은 특수상대성이론이 "아이들 장난"처럼 보였다고 말했다.[28] 양자가 원자 영역의 실재에 대한 기존의 시각을 바로잡기 위한 도전이었던 것처럼, 아인슈타인에 의해서 인류는 공간과 시간의 진정한 본질을 이해할 수 있었다. 중력에 대한 그의 일반상대성은 다른 사람들을 우주의 시작인 빅뱅으로 데려다주었다.

뉴턴의 중력이론에서는, 태양과 지구의 경우처럼 두 물체 사이에 작용하는 인력의 크기가 두 물체의 질량의 곱에 비례하고, 두 물체의 질량 중심 사이의 거리의 제곱에 반비례한다. 뉴턴 물리학에서 서로 접촉하지 않은 두 물체 사이에 작용하는 중력은 신비스러운 "원격작용"의 힘이다. 그러나 일반상대성이론에서 중력은 큰 질량의 존재 때문에 생기는 공간의 휘어짐에 의해서 나타난다. 지구가 태양 주위를 공전하는 것은 어떤 신비스럽고 눈에 보이지 않는 힘이 끌어당기기 때문이 아니라 태양의 거대한 질량에 의해서 공간이 휘어지기(warp) 때문이다. 간단히 말해서 물질은 공간을 휘어지게 만들고, 휘어진 공간은 물질에게 어떻게 움직일 것인지를 알려준다.

1915년 11월에 아인슈타인은 뉴턴의 중력이론으로는 설명할 수 없는 수성 궤도의 특징에 일반상대성이론을 적용해보았다. 태양 주위를 공전하는 수성은 매번 같은 궤도를 정확하게 반복해서 돌지 않는다. 천문학자들의 정밀한 측정에 따르면, 수성 궤도 자체가 조금씩 회전한다. 아인슈타인은 이런 궤도의 변화를 일반상대성이론으로 계산했다. 계산 결과가 오차 범위 안에서 관측 자료와 일치하는 것을 확인한 그는 심장의 격렬한 고동과 함께 몸 안에서 무엇이 끊어지는 것 같은 느낌을 받았다. 그는 "이 이론은 비교할 수 없을 만큼 아름답다"고 적었다.[29] 자신의 가장 용감한 꿈이 이루어진 것을 본 아인슈타인은 정신적으로는 만족했지만, 엄청난 노력 탓에 완전히 탈진했다. 기운을 회복한 그는 양자로 관심을 돌렸다.

일반상대성에 대해서 연구하던 1914년 5월에 아인슈타인은 프랑크-헤르츠 실험이 원자 에너지 레벨의 존재를 확인시켜주는 "양자가설의 놀라운 증명"이라는 사실을 처음 깨달은 사람들 중 하나였다.[30] 1916년 여름에 아인슈타인은 원자가 빛을 방출하고 흡수하는 현상에 대하여 자신만의 "훌륭한 아이디어"를 가지게 되었다.[31] 그는 "플랑크 공식을 놀라울 정도로 간단하게 유도하는 바로 그 방법"을 찾아냈다.[32] 아인슈타인은 "광양자는 정립된 것이나 마찬가지"라고 확신하게 되었다.[33] 그러나 대가를 치러야만 했다. 고전물리학의 엄격한 인과성을 포기하는 대신 원자의 영역에 확률을 도입해야만 했다.

아인슈타인은 과거에도 대안을 제시한 적이 있었지만, 이번에는 보어의 양자원자로부터 플랑크 법칙을 직접 유도할 수 있었다. 그는 오직 2개의 에너지 레벨만 가진 단순화된 보어 원자에서 전자가 한 레벨에서 다른 레벨로 도약할 수 있는 3가지 방법을 알아냈다. 아인슈타인은, 전자가 높은 에너지 레벨에서 낮은 에너지 레벨로 도약하면서 광양자를 방출하는 것을 "자발적 방출"이라고 불렀다. 그런 일은 원자가 들뜬 상태에 있는 경우에만 일어난다. 양자 도약의 두 번째 형식은 전자가 광양자를 흡수해서 낮은 에너지 레벨에서 높은 에너지 레벨로 도약하여 원자가 들뜨게 될 때 일어난다. 보어는 원자의 방출과 흡수 스펙트럼의 기원을 설명하기 위해서 두 가지 형식의 양자 도약을 모두 사용했다. 그런데 이제 아인슈타인은 세 번째 형식인 "자극 방출"을 밝혀냈다. 자극 방출은 광양자가 원자에서 이미 들뜬 상태에 있는 전자에 충돌할 때 일어난다. 광양자를 흡수하여 "자극을 받은" 전자가 억지로 떠밀려서 광양자를 방출하면서 낮은 에너지로 도약한다. 40년이 지난 후에 자극 방출은 "복사의 자극 방출에 의한 빛의 증폭(light amplification by stimulated emission of radiation)"의 두문자로 만든 단어인 레이저(laser)의 기초로 활용되었다.

아인슈타인은 광양자가 운동량도 가지고 있다는 사실을 밝혀냈다. 운동량은 에너지와 달리 크기는 물론 방향도 가지고 있는 벡터이다. 그러나 그의 공식에 따르면, 한 에너지 레벨에서 다른 에너지 레벨로 자발적 전이가 일어나는 정확한 시각과 원자가 광양자를 방출하는 방향은 완벽하게 무작위적이었다. 자발적 방출은 방사성 시료의 반감기와 같다. 원자는 반감기라고 정해진 시간 안에 절반이 붕괴하게 되지만, 어느 원자가 언제 붕괴하게 될 것인지를 알아낼 수 있는 방법은 없다. 마찬가지로 자발적 전이가 일어날 확률은 원인과 결과 사이에 아무런 관련이 없는 우연에 맡겨져 있다. 아인슈타인의 입장에서는 광양자가 방출되는 시각과 방향이 순전히 "우연"에 맡겨져 있다는 전이 확률의 개념은 자신이 개발한 이론의 "약점"이었다. 그런 약점은 양자물리학이 더욱 발전하게 되면 해결될 것이라고 기대하는 것으로 용납될 수 있었다.[34]

아인슈타인은 보어의 양자원자의 중심에 우연과 확률이 작용하고 있다는 사실을 불편하게 생각했다. 더 이상 양자의 존재를 의심하지는 않았지만, 이제는 인과성이 위험해지는 것처럼 보였다.[35] 그는 3년이 지난 1920년 1월에 막스 보른에게 보낸 편지에서 "인과성에 대한 문제도 역시 나에게는 심각한 문제입니다"라고 했다.[36] "빛의 양자적 흡수나 방출을 완벽한 인과성의 조건으로 이해할 수 있을까? 아니면 통계적 흔적이 남게 될까? 바로 이런 문제에 대해서 확신할 수 있는 용기가 없다는 사실을 인정할 수밖에 없다. 그러나 인과성을 완전히 포기하는 것은 몹시 불편한 일이다."

아인슈타인이 걱정하는 것은 높이 들고 있던 사과를 놓아주었는데, 사과가 아래로 떨어지지 않는 것과 같은 상황이었다. 사과를 놓아주면 땅에 떨어져 있는 상태보다 불안정하기 때문에 즉시 중력이 작용해서 사과가 떨어지게 된다. 그런데 사과가 들뜬 원자 속에 있는 전자와 같이 행동한다면, 놓아주자마자 즉시 땅으로 떨어지는 것이 아니라, 땅 위의 높은 곳에 떠 있다가 확률을 이용해서만 계산할 수 있는 예측할 수 없는 순간이 되어야만 땅으로 떨어지게 된다. 아주 짧은 시간에 사과가 떨어지게 될 확률은 클 것이고, 몇 시간 동안 땅에서 높은 곳에 떠 있다가 떨어질 확률은 작을 것이다. 들뜬 원자의 전자도 결국에는 더 낮은 에너지 레벨로 떨어져서 안정한 바닥 상태가 되겠지만, 전이가 일어날 정확한 순간은 우연에 의해서 결정된다.[37] 아인슈타인은 1924년에도 여전히 자신이 밝혀낸 결론을 받아들이기 위해서 애쓰고 있었다. "내가 찾아낸 아이디어는 정말 용납하기 어려운 것이다. 복사에 노출된 전자는 자신이 뛰어내릴 순간은 물론이고 그 방향까지도 자신의 자유의지로 선택해야만 한다. 그렇다면 나는 물리학자라기보다 오히려 구두 수선공이나 도박장 종업원이 되는 셈이다."[38]

몇 년 동안 독신자의 생활을 고집하면서 학문적 연구에만 열중하면, 대가를 치르게 되는 것은 어쩔 수 없다. 1917년 2월에 겨우 서른여덟 살이었던 아인슈타인은 심한 복통으로 쓰러졌고, 간에 이상이 있다는 진단을 받았다. 건강이 나빠지면서 그의 체중은 두 달 사이에 56파운드나 줄었다. 그후 몇 년 동안 그를 괴롭혔던 담석, 십이지장 궤양과 황달을 비롯한 병치레의 시작이었다. 충분한 휴식과 엄격한 식이요법을 해야 한다는 처방을 받았다. 전쟁의 고난 속에서 삶이 몰라보게 달라진 상황에서는 그런 처방이 말처럼 쉽지 않았다. 당시 베를린에서는 감자도 구하기 어려웠고, 대부분의 독일 사람들이 굶주리고 있었다. 실제로 굶어죽는 사람은 드물었지만, 영양부족으로 죽는 사람은 적지 않았다. 1915년에 8만8,000명이 그렇게 죽은 것으로 추정된다. 다음 해에는 30곳 이상의 독일 도시에서 폭동이 일어나면서, 그 숫자는 12만 명 이상으로 늘어났다. 사람들이 밀 대신 밀짚을 빻아서 만든 빵을 먹을 수밖에 없는 상황에서는 놀랄 일이 아니었다.

대용 식품의 목록은 점점 늘어났다. 식물 껍질에 동물 가죽을 섞어서 고기를 만들었고, 말린 순무로 "커피"를 만들었다. 재가 후추로 둔갑을 했고, 사람들은 소다와 전분을 혼합해서 만든 버터를 빵에 발라서 먹었다. 끊임없는 굶주림에 시달린 베를린 사람들에게는 고양이, 쥐, 말도 맛있는 대안처럼 보였다. 길에 쓰러져 죽은 말은 곧바로 도살되었다. 그런 장면을 목격한 사람에 따르면, "사람들이 좋은 부위를 차지하려고 서로 싸웠고, 얼굴과 옷은 피로 물들었다."[39]

제대로 된 식품은 귀했지만, 여전히 비싼 값을 치를 여유가 있는 사람들은 있었다. 남부의 친척과 스위스의 친구들이 식품이 담긴 소포를 보내주었던 아인슈타인은 대부분의 사람들보다 운이 좋았다. 그러나 고난 속에서 아인슈타인은 "물에 떨어진 한 방울의 기름처럼 정신적으로는 물론이고 앞날에 대해서도 고립되어 있는 것"처럼 느꼈다.[40] 스스로를 돌볼 수 없었던 그는 마지못해 엘자의 옆집에 있던 빈 아파트로 이사를 했다. 밀레바가 여전히 이혼에 동의하지 않았지만 엘자는 마침내 사회적으로 용납되는 범위에서 아인슈타인을 가까이 둘 수 있게 된 것이다. 알베르트가 엘자의 도움으로 서서히 건강을 되찾게 되면서, 그는 이혼을 위해서 물불을 가리지 않게 되었다. 첫 번째 결혼을 "10년 동안의 감옥 생활"이라고 여겼던 아인슈타인은 두 번째 결혼을 서두를 생각이 없었지만, 곧 그런 태도를 누그러뜨릴 수밖에 없었다.[41] 밀레바가 이혼에 동의하는 조건으로 아인슈타인은 생활비를 인상해주고, 그녀를 미망인 연금의 수령자로 하고, 노벨상 상금을 그녀에게 주겠다고 약속했다. 1918년까지 8년 동안 여섯 차례나 후보가 되었던 그가 머지않아 상을 받게 될 것이 분명했다.

아인슈타인과 엘자는 1919년 6월에 결혼했다. 그는 마흔 살이었고, 그녀는 세 살이 더 많았다. 그후에 일어난 일은 엘자의 상상을 훌쩍 넘어서는 것이었다. 그해가 가기 전부터 아인슈타인이 세계적으로 유명해지면서 신혼부부의 삶은 완전히 달라졌다. 그를 "새로운 코페르니쿠스"로 반기는 사람도 있었고, 조롱하는 사람도 있었다.

아인슈타인과 밀레바가 마침내 이혼할 즈음이었던 1919년 2월에 두 팀의 탐사대가 영국을 출발했다. 한 팀은 서아프리카 해안의 프린시페 섬으로 향했고, 다른 팀은 브라질 북서부의 소브랄로 갔다. 두 곳은 천문학자들이 5월 29일의 일식을 관찰하기에 최적의 장소로 신중하게 선택한 곳이었다. 아인슈타인이 제시했던 일반상대성이론의 핵심적인 예측이었던 중력에 의한 빛의 휘어짐을 시험하는 것이 그들의 목표였다. 태양에 너무 가까이 있기 때문에 개기일식으로 태양이 완전히 가려진 몇 분 동안에만 볼 수 있는 별들의 사진을 찍는 것이 탐사대의 임무였다. 물론 실제로 그 별들이 태양 가까이 있는 것이 아니라 그 별빛이 지구에 도달하기 전에 태양에 아주 가까운 곳을 통과하는 것이었다.

그렇게 찍은 사진을 6개월 전에 찍은 사진과 비교해볼 예정이었다. 6개월 전에는 태양과 지구의 상대적 위치 때문에 똑같은 별의 빛이 태양에 가까운 곳을 통과하지 않았다. 주위의 시공간을 휘어지게 만드는 태양의 존재 때문에 생기는 빛의 휘어짐은 두 사진에 찍힌 별들의 위치에서 나타나는 작은 변화로 확인할 수 있게 된다. 아인슈타인의 이론은 빛의 휘어짐이나 꺾임 때문에 관찰되는 변화의 정확한 정도를 예측했다. 영국 과학계의 최고 인물들이 아인슈타인이 맞았는지 틀렸는지에 대한 결과를 들으려고 11월 6일에 런던에서 개최되었던 왕립학회와 왕립천문학회의 드문 공동 학술회의에 모여들었다.[42]

"과학혁명"
우주에 대한 새로운 이론
뉴턴의 아이디어가 뒤집히다

그 다음날 아침 런던 「타임스」 12면의 제목이었다. 사흘 뒤인 11월 10일에 「뉴욕 타임스」는 6개의 제목이 달린 기사를 실었다. "하늘의 빛이, 모두 삐뚤어지다/ 과학자들이 일식 관찰 결과를 궁금하게 여기다/ 아인슈타인 이론의 승리/ 별은 보이는 곳이 아니라 계산된 곳에, 그러나 아무도 걱정할 필요는 없어/ 열두 현인을 위한 책/ 그것을 이해하는 사람은 온 세상에 더 이상 없어, 아인슈타인의 말, 그의 대담한 출판인도 인정" 실제로 아인슈타인은 절대 그런 말을 한 적이 없었지만,[43] 상대성이론의 수학적 난해함과 휘어진 공간의 아이디어에 매달려야 했던 언론에게는 좋은 제목이었다.

자신도 모르는 사이에 일반상대성이론의 신비화에 기여한 사람 중 한 사람이 바로 왕립학회의 회장이었던 J. J. 톰슨 경이었다. 그는 어느 기자에게 "아마도 아인슈타인은 인류 사상에서 가장 위대한 업적을 이룩했을 것이다. 그러나 아인슈타인의 이론이 정말 무엇인지를 분명한 언어로 표현하는 데에 성공한 사람은 아무도 없다"고 했다.[44] 아인슈타인은 이미 1916년 말에 특수이론과 일반이론 모두에 대한 첫 번째 대중서를 발간했다.[45]

아인슈타인은 1917년 12월에 자신의 친구 하인리히 창거에게 "사람들이 일반상대성이론을 열렬하게 받아들이고 있다"고 했다.[46] 그러나 첫 번째 언론 보도가 나간 후 몇 주일 동안 많은 사람들이 나서서 "갑자기 유명해진 아인슈타인 박사"와 그의 이론에 대한 비난을 쏟아냈다.[47] 어느 평론가는 상대성을 "부두교의 엉터리"이고 "정신적 산통(疝痛) 환자의 정신박약적 아이디어"라고 불렀다.[48] 플랑크와 로런츠와 같은 후원자들을 가진 아인슈타인은 분별력 있게 대응했다. 자신을 욕하는 사람들을 무시해버렸다.

「베를린 삽화신문」이 1면 전체를 그의 사진으로 채웠던 아인슈타인은 이미 독일에서 잘 알려진 유명 인사였다. "자연을 완전히 바꿔놓았고, 코페르니쿠스, 케플러, 뉴턴의 통찰력과 견줄 만한 세계사의 새 인물"이라는 사진 설명이 붙어 있었다. 비판적인 평가에 짜증을 내지 않았던 아인슈타인은 역사적으로 위대한 세 과학자의 후계자로 추앙받을 선견지명을 가지고 있었던 셈이다. 「베를린 삽화신문」이 나온 후에 그는 "빛 휘어짐의 결과가 공개되면서 나를 이용하는 사교 집단이 등장했고, 내 자신이 토속신앙의 우상처럼 느껴지기 시작했다"고 했다. "그러나 이것도 역시 신의 뜻에 따라 지나가버릴 것이다."[49] 물론 그렇게 되지는 않았다.

많은 사람들이 아인슈타인과 그의 업적에 매력을 느끼게 된 것은 부분적으로 1918년 11월 11일 오전 11시에 끝난 제1차 세계대전의 여파로 이어진 대혼란에 적응하려는 분위기와 관련이 있었다. 이틀 전이었던 11월 9일에 아인슈타인은 자신의 상대성 강의를 "혁명 때문에" 취소했었다.[50]

그날 늦게 카이저 빌헬름 2세는 제위에서 물러나 네덜란드로 망명했고, 독일 의회의 발코니에서는 공화국이 선포되었다. 독일의 경제 문제가 새로운 바이마르 공화국이 직면한 가장 어려운 도전이었다. 인플레가 시작되었고, 마르크에 대한 신뢰를 잃어버린 독일 사람들은 마르크를 팔거나 가치가 더 떨어지기 전에 어떤 것이든 구매하느라 바빴다.

전쟁 배상금을 지불하기 시작하면서 인플레이션의 악순환은 제어할 수 없게 되었고 경제는 붕괴되었다. 독일은 1922년 말에 목재와 석탄에 대한 수입 대금을 지급하지 못했고, 1달러가 7,000마르크가 되었다. 그러나 그 것은 1923년 내내 계속되었던 하이퍼인플레이션과 비교하면 아무것도 아니었다. 그해 11월에 1달러는 4,210,500,000,000마르크였고, 맥주 한 잔은 1,500억 마르크였고, 빵 한 덩어리가 900억 마르크였다. 나라 전체가 붕괴 위험에 직면한 상황은 미국의 대여금과 배상금 인하의 도움을 받고 나서야 진정되기 시작했다.

"12 현인들"만 이해할 수 있다는 휘어진 공간, 광선의 휘어짐, 별의 이동에 대한 이야기는 고난 속에서도 대중의 상상력을 자극했다. 그러나 누구나 공간과 시간과 같은 개념은 직관적으로 이해하고 있다고 생각하기 마련이다. 결과적으로 "모든 마부와 웨이터가 상대성이론이 옳은지에 대해서 논쟁을 벌이는" 세상이 아인슈타인에게는 "이상하게 정신 나간 곳"처럼 보였다.[51]

국제적 명성과 잘 알려진 반전 입장 탓에 아인슈타인은 인신공격의 쉬운 목표가 되었다. 1919년 12월에 아인슈타인은 에렌페스트에게 "이곳에도 반유대주의가 극심하고, 정치적 반응은 폭력적입니다"라는 편지를 보냈다.[52] 얼마 지나지 않아서 그는 협박 편지를 받기 시작했고, 아파트나 사무실을 드나들 때 욕설을 듣는 경우도 생겼다. 1920년 2월에는 학생들이 집단적으로 그의 강의를 중단시켰고, 그중 한 명은 "내가 저 더러운 유대인의 목을 잘라버릴 것이다"라고 외치기도 했다.[53] 그러나 바이마르 공화국의 정치 지도자들은 전쟁이 끝난 후 국제 학술회의에서 독일 과학자들이 배척을 당하고 있는 상황에서 아인슈타인이 얼마나 큰 자산인지를 알고 있었다. 문화부 장관은 그에게 독일이 "우리 과학계의 가장 훌륭한 사람들 중에서도 당신을 높이 평가하는 교수님으로 여겨왔고, 앞으로도 영원히 그럴 것"이라고 안심시키는 편지를 보냈다.[54]

닐스 보어는 전쟁이 끝난 후에 가능하면 빨리 양측 과학자들의 개인적 관계를 회복시키기 위해서 다른 어떤 사람보다 열심히 노력했다. 중립국에 살고 있던 덕분에 보어는 독일의 동료들에 대해서 거부감을 느끼지 않았다. 그는 아르놀트 조머펠트에게 코펜하겐에서의 강연을 요청함으로써 전후에 처음으로 독일 과학자를 초청하는 사람이 되었다. 보어는 조머펠트의 방문 후에 "우리는 양자이론의 일반 원리와 여러 가지 자세한 원자 문제의 응용에 대해서 긴 대화를 나누었다"고 했다.[55] 국제학술회의에서 소외된 독일 과학자들과 주최자들은 개인적 초청의 가치를 충분히 알고 있었다. 보어는 베를린에서 양자원자와 원자 스펙트럼 이론에 대해서 강연해달라는 막스 플랑크의 요청도 기꺼이 받아들였다. 날짜가 1920년 4월 27일 화요일로 정해졌고, 그는 처음으로 플랑크와 아인슈타인을 만나는 기대에 들떠 있었다.

"그는 큰 그림을 절대 놓치지 않는 매우 비판적이고 통찰력이 있는 최고의 지성인임에 틀림이 없다"는 것이 여섯 살이나 어렸던 젊은 덴마크 청년에 대한 아인슈타인의 평가였다.[56] 그때가 1919년 10월이었고, 그런 평가는 플랑크가 보어를 베를린으로 데려오려는 노력에 도움이 되었다. 아인슈타인은 오래 전부터 그의 팬이었다. 머리에서 터져나오기 시작했던 독창적인 폭풍이 잦아들기 시작하던 1905년 여름에 아인슈타인은 자신이 앞으로 도전할 "정말 흥미로운" 문제를 찾지 못하고 있었다.[57] 그는 친구였던 콘라트 하비흐트에게 "물론 스펙트럼 선 문제가 있지만, 나는 그런 현상과 이미 연구된 것들 사이의 단순한 관계는 절대 존재하지 않을 것이라고 믿는다. 그래서 한동안 가망이 없을 것처럼 보인다"고 했다.[58]

도전해볼 정도로 무르익은 물리학 문제를 찾아내는 아인슈타인의 능력은 누구에게도 뒤지지 않았다. 스펙트럼 선의 수수께끼를 포기해버린 그는 질량과 에너지가 호환된다는 사실을 뜻하는 $E = mc^2$을 찾아냈다. 그러나 그는 전능한 신이 자신을 "떡 주무르듯" 하면서 흉보고 있다는 것을 잘 알고 있었다.[59] 그래서 1913년 보어가 양자화된 원자를 이용해서 원자 스펙트럼의 수수께끼를 해결한 것은 아인슈타인에게 "기적처럼" 보였다.[60]

정거장에서 대학교로 가던 보어를 긴장시켰던 흥분과 우려는 플랑크와 아인슈타인을 만나자마자 사라져버렸다. 그들은 인사를 마치자 곧바로 물리학에 대한 이야기로 편안한 분위기를 만들어주었다. 두 사람은 전혀 다른 사람들이었다. 플랑크는 프로이센의 격식과 강직함의 전형이었지만, 큰 눈과 헝클어진 머리와 조금 짧은 바지를 입은 아인슈타인은 혼란스러운 세상에 살고 있지 않았더라면 낙천적인 인상을 줄 수도 있었다. 보어는 방문 기간 중에 자신의 집에 머물자는 플랑크의 초대를 받아들였다.

훗날 보어는 자신이 베를린에서 "아침부터 저녁까지 이론물리학을 이야기하면서" 지냈다고 밝혔다.[61] 물리학에 대해서 이야기하기를 좋아하는 사람에게는 완벽한 휴식이었다. 그는 특히 대학교의 젊은 물리학자들이 마련해준 점심을 즐겼다. "중요 인물들"은 모두 제외되었다. 그의 강연을 "거의 이해하지 못했다는 생각 때문에 상당히 우울해했던" 그들이 보어에게 질문을 할 수 있는 기회였다.[62] 아인슈타인은 보어의 주장을 완전히 이해하고 있었지만, 좋아하지는 않았다.

거의 모든 사람들이 그랬듯이, 보어도 아인슈타인의 광양자가 실제로 존재한다고 믿지 않았다. 플랑크와 마찬가지로 그도 복사가 양자로 방출되고 흡수된다는 사실은 인정했지만, 복사 자체는 양자화된 것이 아니라고 생각했다. 보어의 입장에서는 빛의 파동이론에 대한 증거가 너무 많다고 생각했지만, 아인슈타인이 청중으로 앉아 있는 상황에서는 물리학자들에게 "복사의 본질에 대한 문제는 생각하지 않겠습니다"라고 말할 수밖에 없었다.[63] 그러나 그는 복사의 자발적 방출과 자극 방출, 그리고 에너지 레벨들 사이의 전자 전이에 대한 아인슈타인의 1916년 결과에 대해서는 깊은 인상을 받았다. 아인슈타인은 그것이 모두 우연과 확률의 문제라는 사실을 밝혀줌으로써 자신이 실패했던 부분에서 성과를 거두었다.

아인슈타인은 전자가 한 에너지 레벨에서 더 낮은 에너지 레벨로 전이할 때 광양자가 언제, 어떤 방향으로 방출될지를 예측할 수 없다는 자신의 이론에 대해서 여전히 불편하게 생각하고 있었다. 1916년에 그는 "그럼에도 불구하고 나는 내가 선택한 길이 믿을 만하다는 사실은 완전히 믿는다"고 했다.[64] 그는 그 길이 궁극적으로 인과성을 회복시켜주는 방향이 될 것이라고 믿었다. 보어는 강연에서 시각과 방향을 정확하게 결정하는 것은 절대 가능하지 않을 것이라고 주장했다. 두 사람은 자신들이 서로 반대쪽에 서 있다는 사실을 깨달았다. 그 이후로 두 사람은 베를린 거리를 함께 걷거나 아인슈타인의 집에서 식사를 하는 동안에도 서로 상대방을 자신의 입장으로 개종시키기 위해서 노력했다.

보어가 코펜하겐으로 돌아간 후에 아인슈타인은 그에게 편지를 썼다. "내 평생에 당신처럼 단순히 함께 있는 것만으로도 즐거움을 주는 사람은 만난 적이 거의 없습니다. 이제 나는 당신의 위대한 논문을 읽고 있습니다. 우연히 어디에선가 막혀버리지만 않는다면, 웃으면서 설명을 해주는 당신의 유쾌하고 젊은 얼굴을 떠올리는 즐거운 기회가 될 것입니다."[65] 덴마크 청년은 깊은 여운이 남는 인상을 주었다. 아인슈타인은 파울 에렌페스트에게 "보어가 이곳에 왔었는데 나도 자네처럼 그를 좋아한다"고 말했다. "민감한 어린아이 같았던 그는 최면에 걸려서 이 세상을 돌아다닌다."[66] 보어도 역시 어설픈 독일어로 아인슈타인을 만난 소감을 전달하려고 노력하려고 했다. "당신을 만나서 이야기를 나눈 것이 저에게는 가장 중요한 경험 중 하나였습니다. 당신으로부터 직접 당신의 견해를 듣는 것이 저에게 얼마나 대단한 감동이었는지 상상을 못하실 것입니다."[67] 얼마 지나지 않아 보어에게는 또 한 번의 기회가 생겼다. 아인슈타인이 8월에 노르웨이 방문을 마치고 돌아가면서 잠깐 코펜하겐을 방문했던 것이다.

보어를 만난 후 아인슈타인은 로런츠에게 보낸 편지에서 "그는 천재적이고 훌륭한 사람입니다. 유망한 물리학자들이 대부분 훌륭한 사람이라는 것은 물리학을 위해서 좋은 징조입니다"라고 했다.[68] 아인슈타인은 그렇지 못했던 두 사람의 목표가 되었다. 아인슈타인이 1905년 자신의 광양자를 뒷받침하는 근거로 사용했던 광전 효과에 대한 실험을 했던 레나르트와 전기장에 의한 스펙트럼 선의 분리 현상을 발견했던 슈타르크는 과격한 반유대주의자로 변해 있었다. 두 노벨상 수상자는 아인슈타인과 상대성을 맹렬하게 비난하는 것이 주목표였던 자칭 순수과학 보존을 위한 독일 과학자 실무 그룹의 후견인이었다.[69] 실무 그룹은 1920년 8월 24일에 베를린 필하모닉 홀에서 열린 회의에서 상대성을 "유대인 물리학"이라고 비난하고, 제안자를 표절자와 사기꾼이라고 공격했다. 당당했던 아인슈타인은 발터 네른스트와 함께 특별석에서 자신을 비난하는 회의가 진행되는 광경을 지켜보았다. 그는 발언하고 싶은 유혹을 물리치고 아무 말도 하지 않았다.

네른스트, 하인리히 루벤스, 막스 폰 라우에는 아인슈타인을 향한 충격적인 비난을 반박하는 글을 신문에 발표했다. 아인슈타인이 「베를린일보」에 "나의 답변"이라는 글을 발표한 것은 그런 친구와 동료들에게 실망스러운 일이었다. 그는 자신이 유대인이나 국제주의자가 아니었더라면 자신이 비난을 받지도 않았을 것이고, 자신의 이론이 공격을 당하지도 않았을 것이라고 지적했다. 아인슈타인은 화가 난 상태에서 글을 쓴 것을 후회했다. 그는 물리학자 막스 보른과 그의 아내에게 "누구나 가끔씩 무지의 제단에 올려져서 신과 인류를 즐겁게 해주게 됩니다"라는 편지를 보냈다.[70] 그는 자신의 명성이 "모든 것을 황금으로 바꾸는 동화 속의 주인공과 같기 때문에 나와 관련된 모든 것이 신문의 호들갑으로 바뀐다"고 했다.[71] 아인슈타인이 독일을 떠날 것이라는 소문이 돌았지만, 그는 "인간과 과학적 관계로 가장 밀접하게 연결된" 베를린에 남기로 했다.[72]

베를린과 코펜하겐에서 만난 후 2년 동안 아인슈타인과 보어는 각자 양자와의 씨름을 계속했다. 두 사람 모두 부담을 느끼기 시작하고 있었다.

1922년 3월에 아인슈타인은 에렌페스트에게 "내 관심을 돌릴 수 있는 일이 많아서 다행이네. 그렇지 않았더라면 나는 양자 문제 때문에 정신병원에 갔을 것이다"라는 편지를 보냈다.[73] 한 달 후에 보어도 조머펠트에게 "지난 몇 년 동안 나는 양자이론의 원리를 체계적으로 개발하는 일에 최선을 다했지만, 사람들이 내 노력을 이해해주지 않는 것 같아서 과학적으로 심한 외로움을 느낍니다"라고 했다.[74] 그러나 그의 고독은 끝나가고 있었다. 1922년 6월에 그는 괴팅겐 대학교에서 11일 동안 열렸던 7회의 강연을 위해서 독일로 갔다. 그의 강연회는 "보어 축제"로 알려지게 되었다.

전국에서 100명이 넘는 젊고 나이든 물리학자들이 원자의 전자껍질 모형에 대한 보어의 설명을 들으려고 모여들었다. 그의 새 이론은 원자 내부의 전자 배열을 이용해서 주기율표에서 원소의 위치와 분류를 설명하는 것이었다. 그는 양파 껍질과 같은 궤도 껍질이 원자핵을 둘러싸고 있다고 제안했다. 각각의 껍질은 실제로 전자 궤도의 집합 또는 부분집합으로 구성되어 있고, 정해진 최대수의 전자를 받아들일 수 있다.[75] 원소들이 같은 화학적 성질을 공유하는 것은 가장 바깥 껍질에 같은 수의 전자를 가지고 있기 때문이라는 것이 보어의 주장이었다.

보어 모형에 따르면, 소듐(나트륨)의 전자 11개는 2, 8, 1로 배열된다. 세슘의 전자 55개는 2, 8, 18, 18, 8, 1로 배열된다. 소듐과 세슘이 비슷한 화학적 성질을 공유하는 것은 각 원자의 가장 바깥 껍질이 한 개의 전자를 가지고 있기 때문이다. 강연에서 보어는 자신의 이론을 이용해서 새로운 예측을 하기도 했다. 원자번호가 72인 미확인 원소는 원자번호가 40인 지르코늄이나 원자번호가 22번인 타이타늄과 화학적으로 비슷한 성질을 가질 것이라고 예측했다. 두 원소는 주기율표에서 같은 행에 있다. 보어는 그 원소들이 사람들의 예측처럼 주기율표의 양쪽에 있는 "희토류(稀土類)" 원소에 속하지 않는다고 주장했다.

아인슈타인은 보어의 괴팅겐 강연에 참석하지 않았다. 독일의 유대인 외무부 장관이 살해된 후에는 자신도 생명에 위협을 느꼈기 때문이었다.

유명한 사업가였던 발터 라테나우는 취임하고 겨우 몇 달만이었던 1922년 6월 24일 대낮에 총으로 살해되었다. 전쟁이 끝난 이후 극우 세력에 의한 354번째의 정치적 암살이었다. 아인슈타인도 라테나우에게 정부의 고위직을 맡지 말라고 충고했던 사람들 중 하나였다. 극우 언론의 입장에서 그의 취임은 "국민에 대한 전대미문의 유례가 없는 도발!"이었다.[76]

아인슈타인은 모리스 솔로빈에게 "라테나우의 수치스러운 암살 이후 이곳에서 우리의 일상은 안심할 수 없게 되어버렸네. 언제나 신경을 곤두세우고 있지. 나는 항상 이곳에 있기는 하지만, 강의도 중단했고, 공식적으로 휴가 중이네"라고 했다.[77] 믿을 만한 곳으로부터 자신이 암살의 최고 목표라는 경고를 받은 아인슈타인은 마리 퀴리에게 자신이 프로이센 과학원의 직책을 포기하고 평범한 시민으로 정착할 수 있는 조용한 곳을 찾을 생각을 하고 있다고 고백했다.[78] 어린 시절에는 권위를 싫어했던 사람이 이제는 스스로 권위자가 되어 있었다. 그는 더 이상 단순한 물리학자가 아니라 독일 과학과 유대인 정체성의 상징이었다.

그런 혼란 속에서도 아인슈타인은 1922년 3월에 『물리학 잡지(*Zeitschrift für Physik*)』에 발표된 "원자의 구조와 원소의 물리적, 화학적 성질"을 비롯한 보어의 논문을 읽었다. 거의 반세기가 지난 후에 그는 보어가 제시했던 "원자의 전자 껍질과 그것의 화학적 중요성이 나에게 기적처럼 보였고, 지금도 기적처럼 보인다"고 기억했다.[79] 그는 그것이 "사상 체계에서 최고 형식의 음악성"이라고 말했다. 보어의 이론은 실제로 과학이면서 예술이기도 했다. 보어는 원자 스펙트럼과 화학을 비롯한 다양한 출처에서 모은 증거를 바탕으로 전자 껍질을 양파 껍질처럼 층으로 쌓아서 주기율표의 모든 원소들을 재구성했다.

그가 선택한 접근 방법의 핵심에는, 원자 수준에서 양자 규칙을 적용해서 얻은 결론은 고전역학이 지배하는 거시적 규모에서의 관찰과 모순이 될 수 없다는 보어의 믿음이 깔려 있었다. 그는 "대응원리(對應原理, correspondence principle)"라고 부르던 그런 믿음을 근거로 거시적 규모로 확장했을 때, 고전물리학의 결과와 일치하지 않는 아이디어를 제거할 수 있었다. 1913년부터 대응원리는 보어가 양자와 고전물리학 사이의 간격을 메우는 일에 도움이 되었다. 그러나 보어의 조수였던 헨드릭 크라머스의 기억에 따르면, 그것을 "코펜하겐 바깥에서는 작동하지 않는 마술 지팡이"라고 보는 사람도 있었다.[80] 그것을 떨쳐버리려고 애쓰는 사람들도 있었지만, 아인슈타인은 동료 마법사의 마술을 인정했다.

주기율표에 대한 보어의 이론을 뒷받침해주는 확실한 수학이 없다는 사실에 대한 거부감에도 불구하고 누구나 덴마크 청년의 새로운 아이디어에 깊은 인상을 받았고, 남은 문제에 대해서도 더 큰 공감을 얻었다. 코펜하겐으로 돌아온 보어는 "괴팅겐 방문이 나에게 훌륭하고 유익한 경험이었고, 모두의 우정 덕분에 내가 얼마나 행복했는지는 말로 표현할 수가 없습니다"라고 했다.[81] 그는 더 이상 제대로 인정을 받지 못하거나 고립되어 있다고 느끼지 않았다. 그해 말에는 사회적으로 더 크게 인정을 받게되었다. 그에게 필요했던 일이었다.

코펜하겐에서 보어가 받았던 축하 전보 중에서 케임브리지에서 온 것만큼 반가운 것은 없었다. 러더퍼드의 전보는 다음과 같았다. "당신의 노벨상 수상 소식에 우리 모두가 기뻐했소. 단순히 시간의 문제라고 알고 있었지만, 기정사실이 되는 것처럼 좋은 일은 없소. 당신의 위대한 업적에 걸맞는 것이고, 이곳의 모든 사람들이 당신의 소식에 즐거워하고 있소."[82] 발표가 있은 후 며칠 동안 보어는 러더퍼드에 대한 생각을 떨쳐버릴 수가 없었다. 그는 옛 스승에게 "제 성과에 대한 당신의 직접적인 영향과 당신의 통찰력뿐만 아니라 맨체스터에서 당신을 처음 만나는 대단한 행운 이후 지난 12년 동안 보여준 당신의 우정에 진심으로 감사드립니다"라고 말했다.[83]

보어가 생각하지 않을 수 없는 또 한 사람이 바로 아인슈타인이었다. 그는 자신이 1922년의 상을 받는 날에 아인슈타인도 1년 동안 연기되었던

1921년의 노벨상을 받는다는 사실이 기쁘면서도 안심이 되기도 했다. 그는 아인슈타인에게 보낸 편지에서 "제가 상을 받을 자격이 거의 없다는 것을 알고 있습니다. 그러나 제가 영예로운 상을 받기 전에, 제가 일했던 특별한 분야에서 당신의 핵심적인 기여와 함께 러더퍼드와 플랑크의 기여가 먼저 인정을 받은 것을 정말 다행스럽게 생각한다는 말씀을 드려야겠습니다"라고 했다.[84]

노벨상 수상자가 발표될 때 아인슈타인은 지구 반대쪽으로 가는 배 안에 있었다. 여전히 자신의 안전을 걱정하던 아인슈타인과 엘자는 10월 8일에 일본으로 강연 여행을 떠났다. 그는 "오랫동안 독일을 떠나서 일시적으로 높아진 위험에서 멀어질 수 있는 기회가 반가웠다"고 했다.[85] 그는 1923년 2월에야 베를린으로 돌아왔다. 당초 6주일의 여행 계획은 5달 동안 이어진 순회 여행이 되었고, 그는 여행 중에 보어의 편지를 받았다. 그는 귀국하는 배에서 답장을 썼다. "[당신의 편지가] 노벨상만큼이나 반가웠다는 것이 절대 과장이 아닙니다. 특히 나보다 먼저 상을 받게 될 것에 대해서 걱정하는 당신의 모습이 매력적이었습니다. 전형적인 보어식입니다."[86]

초청 받은 귀빈들이 노벨상 시상식에 참석하기 위해서 스톡홀름 음악원의 대강당에 모여들었던 1922년 12월 10일에 스웨덴의 수도는 눈에 덮여 있었다. 구스타프 5세가 참석한 시상식은 5시에 시작되었다. 불참한 아인슈타인을 대신해서 스웨덴 주재 독일 대사가 상을 받았지만, 그의 국적에 대해서 스위스와 외교적 분쟁이 있었다. 스위스는 아인슈타인을 자국 국민이라고 주장했다. 그러나 독일 사람들은 아인슈타인이 스위스 국적을 포기하지는 않았지만, 1914년 프로이센 과학원에 들어가면서 자동적으로 독일 국민이 되었다는 사실을 발견했다.

1896년에 독일 국적을 포기하고, 5년 후에 스위스 국적을 취득했던 아인슈타인은 자신이 결국에는 다시 독일인이 되었다는 사실을 알고 놀랐다. 그가 좋아하든 아니든 상관없이, 아인슈타인은 바이마르 공화국의 필요성 때문에 공식적으로 이중국적을 가지게 되었다. 아인슈타인은 1919년 11월 런던 「타임스」에 실린 글에서 "오늘날 독일에서는 나를 독일 과학자라고 부르지만, 영국에서는 나를 스위스 유대인을 대표한다고 보는 것이 상대성이론을 독자들의 입맛에 맞도록 설명하는 예가 된다. 내가 골칫거리가 되면, 상황은 달라질 것이다. 나는 독일 사람들에게는 스위스 유대인이 되고, 영국 사람들에게는 독일 과학자가 될 것이다!"라고 했다.[87] 만약 아인슈타인이 노벨상 수상 축하연회에 참석해서 "다시 한번 우리 국민 중 한 사람이 인류 전체를 위한 업적을 이룩한 것은 독일 국민의 기쁨"이라는 독일 대사의 건배사를 들었다면, 자신의 그런 말을 다시 떠올렸을 것이다.[88]

독일 대사에 이어 보어가 일어나서 전통에 따라 짧은 연설을 했다. J. J. 톰슨, 러더퍼드, 플랑크, 아인슈타인에게 감사를 표한 보어는 과학 발전에 필요한 국제협력을 위해서 건배를 제안했다. "그것은 여러 가지로 힘든 시기에 인간의 존재에서 확인할 수 있는 밝은 면들 중 하나라고 말씀드리고 싶습니다."[89] 어쩔 수 없는 상황에서 독일 과학자들이 국제 학술회의에서 배제당하고 있는 현실을 무시했던 것은 이해할 수 있는 일이었다. 다음날 보어가 "원자의 구조"에 대한 노벨상 강연을 할 때는 사정이 훨씬 더 좋았다. 그는 "원자이론의 현재 상태는 우리가 원자의 존재를 의심의 여지없이 증명했다고 믿을 뿐만 아니라, 개별적인 원자의 구성 요소에 대해서도 자세한 지식을 가지고 있다고 믿는 것입니다"라는 말로 강연을 시작했다.[90] 지난 10여 년 동안 자신이 중심에 서 있었던 원자물리학의 발전에 대해서 설명한 보어는 극적인 발표로 자신의 강연을 마쳤다.

괴팅겐 강연에서 보어는 원자의 전자 배열에 대한 자신의 이론을 근거로 원자번호 72번인 미확인 원소의 성질을 예측했었다. 바로 그때에 파리에서 수행된 실험의 결과에 대한 논문이 발표되었다. 72번 원소가 주기율표에서 57번과 71번 사이를 차지하는 "희토류" 원소에 속한다는 오랜 경쟁 관계에 있던 프랑스의 주장을 확인한 논문이었다. 처음에 충격을 받았던 보어는 프랑스 결과의 타당성을 심각하게 의심하기 시작했다. 다행히 당시 코펜하겐에 있던 그의 오랜 친구 게오르크 폰 헤베시와 디르크 코스테르가 72번 원소에 대한 논란을 해결할 수 있는 실험을 고안했다.

헤베시와 코스테르가 실험을 끝냈을 때는 보어가 이미 스톡홀름으로 출발한 후였다. 코스테르는 강연 직전에 보어와 전화 통화를 했고, 보어는 "상당한 양"의 72번 원소를 분리한 결과에 따르면 72번 원소는 "화학적 성질이 지르코늄과 대단히 비슷하고, 희토류와는 분명하게 다르다"고 발표할 수 있었다.[91] 훗날 코펜하겐의 옛 이름에 따라 하프늄이라고 부르게 된 그 원소는 보어가 10여 년 전 맨체스터에서 시작했던 원자의 전자 배치에 대한 연구와 꼭 맞는 결론이었다.[92]

1923년 7월에 아인슈타인은 스웨덴의 요테보리라는 도시의 300주년 기념식에서 상대성이론에 대한 노벨상 수상 강연을 했다. 그는 전통을 무시하고 상대성이론을 선택했다. 그는 "수리물리학에 대한 기여와 특히 광전효과의 법칙의 발견에 대한 공로"로 노벨상을 받았다.[93] 광전 효과를 설명하는 수학 공식으로 표현된 "법칙"을 수상 업적으로 발표함으로써 노벨상 위원회는 아인슈타인의 근본적인 물리적 설명인 광양자를 인정해주는 것에 대한 논란을 피해갈 수 있었다. 보어는 자신의 노벨상 수상 강연에서, "그러나 발견적 가치에도 불구하고, 소위 간섭 현상과 잘 어울리지 않는 광양자가설은 복사의 본질을 제대로 설명해주지 못한다"고 했다.[94] 자존심을 가진 모든 물리학자들이 보여주는 익숙한 자제력이었다. 그러나 거의 3년 만에 처음으로 보어를 만나러 간 아인슈타인은 젊은 미국 물리학자의 실험 덕분에 자신이 더 이상 홀로 광양자를 지키려고 애를 쓸 필요가 없어졌다는 사실을 알고 있었다. 보어는 아인슈타인보다 먼저 이 두려운 소식을 들었다.

1923년 2월에 보어는 아르놀트 조머펠트가 "미국에서 과학적으로 경험한 가장 흥미로운 사실"을 알려주기 위해서 그에게 1월 21에 보낸 편지를 받았다.[95] 그는 바이에른 주의 뮌헨에서 위스콘신 주의 매디슨으로 가서 1년을 보내고 있었기 때문에 독일을 휩쓸고 있던 최악의 인플레에서 벗어날 수 있었다. 조머펠트에게는 재정적으로 현명한 선택이었다. 유럽의 동료들보다 먼저 아서 홀리 콤프턴의 연구를 처음부터 살펴볼 수 있었던 것도 기대하지 않았던 보너스였다.

콤프턴은 X-선에 대한 파동이론의 유효성에 도전하는 사실을 발견했다. 조머펠트는 모든 긍정적인 증거와는 반대로 X-선은 파장이 짧아서 눈에 보이지 않는 빛의 형태인 전자기 파동이기 때문에 빛의 파동성이 심각한 문제가 된다고 말했다. 콤프턴의 논문은 아직 발표되기 전이었기 때문에 조머펠트는 소극적으로 표현했다. "그의 결과에 대해서 내가 이야기해도 되는지 잘 모르겠습니다. 그렇지만 결국은 우리가 정말 중요하고 새로운 교훈으로 기대할 수도 있는 사실에 주목하기 바랍니다."[96] 그것은 아인슈타인이 1905년부터 다양한 수준의 열정으로 보여주려고 애쓰던 교훈이었다. 빛은 양자화되어 있다는 것이었다.

콤프턴은 미국의 선도적인 젊은 실험학자였다. 그는 겨우 스물일곱 살이었던 1920년에 미주리 주 세인트루이스에 있는 워싱턴 대학교의 물리학과 주임교수로 임명되었다. 2년 후에 수행된 X-선 산란에 대한 그의 연구는 "20세기 물리학의 전환점"으로 알려지게 된다.[97] 콤프턴이 했던 실험은 X-선을 (흑연 형태의) 탄소를 비롯한 다양한 원소에 쏘아서 "2차 복사"를 측정하는 것이었다. X-선이 표적에 충돌하면, 대부분은 곧바로 통과해버리지만 일부는 다양한 각도로 산란이 된다. 콤프턴이 흥미를 느낀 것은 "2차" 또는 산란된 X-선이었다. 그는 표적에 쏘인 X-선과 비교해서 파장의 변화가 있는지를 알고 싶었다.

그는 산란된 X-선의 파장이 언제나 "1차" 또는 입사 X-선보다 조금씩 길다는 사실을 발견했다. 파동이론에 따르면, 산란된 빛의 파장은 언제나 정확하게 같아야만 한다. 콤프턴은 파장(진동수)의 차이가 나타나는 것은 2차 X-선이 표적에 쏘인 1차 X-선과 같지 않다는 뜻이라고 이해했다.

금속 표면에 붉은 광선을 쪼였는데, 푸른빛이 반사되는 것만큼이나 이상한 일이었다.[98] 자신의 산란 실험 결과를 X-선의 파동형이론의 예측과 일치하도록 만들 수 없었던 콤프턴은 아인슈타인의 광양자로 관심을 돌렸다. 거의 순간적으로 그는 "산란광의 파장과 세기가 당구공이 서로 튕겨지는 것과 마찬가지로 복사의 양자가 전자에 의해서 튕겨지는 경우와 똑같다"는 사실을 발견했다.[99]

X-선이 양자로 나타난다면, X-선의 광선은 아주 작은 당구공의 집단이 표적에 충돌하는 것과 비슷하게 된다. 충돌하지 않고 그냥 지나가는 양자도 있겠지만, 표적의 원자 속에 있는 전자와 충돌하는 양자도 있게 된다. X-선의 양자는 그런 충돌에 의해서 산란되면서 에너지를 잃게 되고, 충돌에 의해서 전자가 튕겨져나가게 된다. X-선 양자의 에너지는 $E = h\nu$(h는 플랑크 상수, ν는 진동수)로 주어지기 때문에 에너지의 손실은 진동수의 감소로 나타날 수밖에 없다. 진동수는 파장에 반비례하기 때문에 산란된 X-선 양자의 파장은 늘어나게 된다. 콤프턴은 입사 X-선이 잃어버리는 에너지에 대한 자세한 수학적 분석을 제시하고, 그렇게 나타나는 산란된 X-선의 파장(진동수)의 변화가 산란 각도에 따라서 달라진다는 사실을 밝혀냈다.

그러나 콤프턴이 산란된 X-선과 함께 나타날 것이라고 믿었던 튕겨져나가는 전자를 관찰한 사람은 아무도 없었다. 사실 아무도 그런 전자를 찾아보지도 않았다. 콤프턴은 곧바로 그런 전자를 찾아냈다. 그는 "X-선을 비롯한 빛은 확실한 방향으로 진행하고, 각각 $h\nu$의 에너지와 $h\lambda$의 운동량을 가진 불연속적인 단위로 구성되어 있다는 것이 명백한 결론"이라고 했다.[100] X-선이 전자에 의해서 산란되면서 파장이 늘어나는 "콤프턴 효과"는 그때까지만 해도 많은 사람들이 공상과학 소설에 불과한 것이라고 묵살했던 광양자의 존재에 대한 거부할 수 없는 명백한 증거였다. 콤프턴이 자신의 자료를 설명할 수 있었던 것은 X-선 양자와 전자가 충돌하는 과정에서 에너지와 운동량이 보존된다고 가정했기 때문이었다. 1916년에 광양자가 입자형 성질인 운동량을 가지고 있다고 처음 주장한 사람이 바로 아인슈타인이었다.

콤프턴은 1922년 11월에 시카고의 학술회의에서 자신의 발견을 발표했다.[101] 그는 자신의 논문을 크리스마스 직전에 『피지컬 리뷰(*Physical Review*)』에 보냈지만, 편집자가 그 중요성을 이해하지 못했던 탓에 논문이 게재된 것은 1923년 5월이었다. 충분히 피할 수 있었던 지연 때문에 네덜란드 물리학자 피터 디바이가 콤프턴의 발견을 처음으로 완벽하게 분석한 논문을 콤프턴보다 먼저 발표하게 되었다. 과거 조머펠트의 조수였던 디바이는 자신의 논문을 3월에 독일 학술지에 제출했다. 미국의 편집자와는 달리 독일의 편집자는 논문의 중요성을 곧바로 알아보고 다음 달에 게재했다. 그러나 디바이와 다른 모든 사람들은 유능한 젊은 미국 과학자의 공적을 인정해주었다. 콤프턴이 1927년 노벨상을 받음으로써 그런 사실이 확인되었다. 결국 아인슈타인의 광양자(光量子, light-quantum)는 광자(光子, photon)로 다시 태어나게 되었다.[102]

1923년 7월의 노벨상 수상 강연에는 2,000명의 청중이 참석했지만, 아인슈타인은 대부분의 청중이 자신의 강연을 듣기 위해서가 아니라 자신을 보기 위해서 왔다는 사실을 알고 있었다. 요테보리에서 코펜하겐으로 돌아오는 기차에서 아인슈타인은 자신의 말에 귀를 기울이고, 어쩌면 동의하지 않을 수도 있는 사람을 만날 기대에 부풀어 있었다. 그가 기차에서 내렸을 때, 보어가 그를 반겼다. 거의 40년이 지난 후에 보어는 "전차를 탄 우리는 너무 열심히 이야기를 하는 바람에 내릴 곳을 한참 지나쳐 갔다"고 기억했다.[103] 독일어로 이야기했던 그들은 다른 승객들의 의심에 찬 눈길도 의식하지 못했다. 내려야 할 정거장을 놓치면서 전차를 타고 오가면서 나눈 이야기 중에는 콤프턴 효과도 포함되었을 것이 분명했다. 오래지 않아 조머펠트는 콤프턴 효과를 "아마도 물리학의 현재 상태에서 기대할 수 있는 가장 중요한 발견"이라고 했다.[104] 그럼에도 불구하고, 보어는 빛이 양자로 되어 있다는 사실을 확신하지 못했고, 그런 사실을 인정하기를 거부했다. 이제 소수에 속하게 된 것은 아인슈타인이 아니라 그였다. 조머펠트는 콤 프턴이 "복사의 파동이론에 종말을 알리는 종"을 울렸다는 사실을 의심하 지 않았다.[105]

훗날 즐겨 보았던 서부 영화에 등장하는 비운의 주인공처럼 보어는 마 지막까지 광양자에 저항했지만, 결국은 숫자에 밀려버렸다. 조수 헨드릭 크라머스와 그를 방문 중이던 젊은 미국 이론학자 존 슬레이터와 함께 보어는 에너지 보존법칙을 포기할 것을 제안했다. 그것은 콤프턴 효과에 대한 분석에서 결정적인 요소였다. 원자 수준에서 에너지 보존법칙을 고 전물리학의 일상 세계에서처럼 엄격하게 적용하지 않는다면, 콤프턴 효과 는 더 이상 아인슈타인의 광양자에 대한 분명한 증거가 될 수 없었다. 훗 날 BKS(보어, 크라머스, 슬레이터) 제안으로 알려진 그의 제안은 극단적 인 것처럼 보였지만, 사실은 보어가 빛의 양자이론을 얼마나 싫어했는지 를 보여주는 절망적 행위의 결과였다.

에너지 보존법칙은 원자 수준에서 실험적으로 확인된 적이 없었고, 보 어는 광양자의 자발적 방출과 같은 과정에서도 그런 법칙이 적용되는지를 확인할 필요하다고 믿었다. 아인슈타인은 에너지와 운동량은 광자와 전자 의 모든 충돌에서 보존된다고 믿었지만, 보어는 오직 통계적 평균으로만 유효하다고 믿었다. 그때는, 시카고 대학교로 옮긴 콤프턴과 독일제국물 리-기술연구소의 한스 가이거와 발터 보테가 광자와 전자의 충돌에서 에 너지와 운동량이 보존된다는 사실을 확인하기 전인 1925년이었다. 결국 아인슈타인이 옳았고, 보어가 틀렸다.

회의적인 사람들을 실험으로 설득하기 훨씬 전이었던 1924년 4월 20일 에 여전히 자신만만했던 아인슈타인은 「베를린일보」의 독자들에게 당시 의 상황을 화려하게 정리해주었다. "따라서 이제 빛에 대한 두 가지 이론 이 있다. 두 이론이 모두 중요하지만, 지난 20년 동안 이론물리학자들의 엄청난 노력에도 불구하고 오늘날 두 이론 사이에는 논리적 연결이 없다는 사실을 인정할 수밖에 없다."[106] 아인슈타인의 주장은 빛의 파동이론과 양자이론이 모두 어떤 면에서는 유효하다는 뜻이었다. 광양자는 빛과 관련된 간섭이나 회절과 같은 파동 현상을 설명하는 데에 적용할 수는 없다. 반대로 콤프턴의 실험과 광전 효과에 대한 완전한 설명은 빛의 양자이론을 이용하지 않으면 불가능하다. 빛은 이중적인 파동–입자 특성을 가지고 있고, 물리학자들은 그런 사실을 받아들일 수밖에 없다.

그의 기사가 나가고 얼마 지나지 않은 어느 날 아침에 아인슈타인은 파리 우체국의 소인이 찍힌 소포를 받았다. 소포를 열어본 그는 물질의 본질에 대해서 어느 프랑스 공작이 쓴 박사학위 논문과 함께 그의 의견을 묻는 옛 친구의 편지를 발견했다.

6

이중성의 공작

"과학은 성숙한 남자를 두려워하지 않는 나이 든 여자와 같다."[1] 언젠가 그의 아버지가 했던 말이다. 그러나 그의 형과 마찬가지로 그도 역시 과학에 빠져버렸다. 프랑스의 유명한 귀족 가문의 후손이었던 루이 빅토르 피에르 레이몽 드 브로이는 훌륭한 선조의 발자국을 따라갈 것처럼 보였다. 이탈리아 피에몬테 출신의 드 브로이 가문은 17세기 중엽부터 프랑스 왕가에서 고위직의 군인, 정치인, 외교관으로 활약했다. 그런 공로를 인정받아 1742년 루이 15세로부터 세습 공작의 작위를 받았다. 공작의 아들이었던 빅토르-프랑수아는 신성 로마제국의 적에게 참담한 패배를 안겨주었고, 감동한 제국의 황제는 그에게 대공의 작위를 주었다. 그로부터 그의 후손들은 대공과 대공녀가 되기도 했다. 그래서 젊은 과학자도 언젠가 독일 대공과 프랑스 공작이 되었을 것이다.[2] 아인슈타인이 "우리 물리학의 가장 고약한 수수께끼에 비친 최초의 희미한 불빛"이라고 했던 양자물리학의 핵심적 기여를 했던 사람에게는 어울리지 않는 가족사이다.[3]

생존한 네 아이들 중 막내였던 루이는 1892년 8월 15일 디에프에서 태어났다. 높은 사회적 지위에 따라 드 브로이 가족은 선조로부터 물려받은 집에서 개인 가정교사에게서 교육을 받았다. 평범한 아이들이 당시의 거대한 증기기관의 이름을 외우는 동안, 루이는 제3공화정 시절에 일하던 모든 장관들의 이름을 외웠다. 그는 신문에 난 정치 기사에 관해서 연설을 하여 가족들을 즐겁게 했다. 그의 누이 폴린은 총리를 지낸 할아버지를 가진 루이에게 언젠가 "정치인으로서의 밝은 미래가 기다리고 있었을 것"이라고 기억했다.[4] 그가 열네 살이었던 1906년에 아버지가 사망하지 않았더라면, 그렇게 될 수도 있었을 것이다.

서른한 살이었던 그의 형 모리스가 가장이 되었다. 모리스는 전통에 따라 군인의 길에 들어섰는데, 육군 대신 해군을 선택했다. 해군사관학교에서 그는 과학에 뛰어난 소질을 보였다. 유망한 젊은 장교였던 그에게 해군은 20세기를 향해서 탈바꿈을 하고 있는 것처럼 보였다. 과학에 흥미를 가진 모리스가 군함에서 사용할 무선 통신 시스템 개발에 참여하는 것은 시간 문제였다. 1902년에 그는 "라디오전기 파동(전파)"에 대한 첫 논문을 썼고, 아버지의 반대에도 불구하고 해군을 떠나 과학 연구에 몰두하겠다는 결심을 굳혔다. 9년의 복무를 마친 그는 1904년에 해군을 떠났다. 그러나 2년 후에 아버지가 사망하면서 그는 제6대 공작으로 새로운 책임을 짊어져야만 했다.

루이는 모리스의 충고에 따라 학교에 입학했다. 거의 반세기가 지난 후에 그는 "젊은이들에게 주어지는 공부의 압력을 직접 경험했기 때문에 가끔씩 동생의 우유부단함이 걱정스럽기는 했지만, 공부에 대한 엄격한 지침을 주는 것은 자제했다"고 썼다.[5] 루이는 프랑스어, 역사학, 물리학, 철학을 잘했다. 수학과 화학은 잘하지 못했다. 3년 후인 1909년에 열일곱 살의 루이는 철학과 수학의 대학입학자격(baccalauréat)을 얻고 졸업을 했다. 1년 전에 프랑스 대학에서 폴 랑주뱅으로부터 박사학위를 받았던 모리스는 샤토브리앙 가에 있던 파리풍의 대저택에 실험실을 만들었다. 대학에 직장을 얻는 대신 스스로 새로운 일을 추구하기 위한 개인 실험실을 만든 것은 드 브로이 가문의 자손으로서 과학을 위해서 군인의 길을 포기한 선택에 대한 일부 가족의 실망감을 덜어주는 데에 도움이 되었다.

모리스와 달리 당시 루이는 파리 대학교에서 중세사를 공부하면서 더 전통적인 길을 따르기 시작했다. 그러나 스무 살의 모리스는 곧 자신이 과거의 문헌, 원전, 기록에 대한 비평적 연구에 흥미가 거의 없다는 사실을 발견했다. 훗날 모리스는 자신의 동생이 "스스로에 대한 믿음을 잃어버리기 직전이었다"고 말했다.[6] 실험실에서 모리스와 함께 지내면서 물리학에 깊은 흥미를 가지게 된 것도 문제였다. X-선 연구에 대한 형의 관심은 전염성을 가지고 있었다. 그러나 루이는 물리학 시험에서 낙제하면서 자신의 능력에 대한 심각한 고민에 빠지게 되었다. 루이는 자신이 없었다. 자신이 실패하게 될 운명일까? "청소년 시절의 유쾌함과 혈기는 사라져버렸다! 어린 시절의 총명한 수다쟁이는 깊은 사색으로 입을 다물어버렸다."[7] 모리스는 자신이 거의 인식하지 못했을 정도로 내성적이었던 그를 그렇게 기억했다. 형의 기억에 따르면, 루이는 자신의 집을 떠나고 싶어하지 않는 "순진하고 길들여지지 않은 학자"가 될 것처럼 보였다.[8]

루이의 첫 외국 여행은 1911년 10월의 브뤼셀 여행이었다.[9] 당시에 그는 열아홉 살이었다. 해군에서 제대한 모리스는 X-선 물리학을 전공하는 상당히 존경받는 과학자가 되었다. 그는 제1회 솔베이 학술회의의 원만한 운영을 책임졌던 두 명의 과학 간사 중 한 사람으로 일해달라는 초대를 선뜻 받아들였다. 비록 관리자의 역할이기는 했지만, 플랑크, 아인슈타인, 로런츠와 같은 사람들과 양자를 논의할 수 있는 기회는 포기하기에 너무 아까운 것이었다. 프랑스 과학자들도 많이 참석할 예정이었다. 퀴리, 푸앵카레, 페랭, 그리고 그의 지도교수였던 랑주뱅이 모두 참석할 것이었다.

다른 대표들과 함께 메트로폴 호텔에 머물렀지만 루이는 그들과 거리를 유지했다. 루이가 새로운 물리학에 더 큰 관심을 보이기 시작한 것은 집으로 돌아온 뒤 모리스가 1층의 작은 방에서 회의에서 이루어진 양자에 대한 논의의 내용을 설명해준 후부터였다. 학술회의가 끝난 후에 발간된 논문집을 읽어본 루이는 물리학자가 되기로 결심을 했다. 이미 그는 역사학 책 대신 물리학 책을 준비했고, 1913년에는 학위에 버금가는 이학 학사를 취득했다. 1년 동안의 군 입대 때문에 그의 계획은 연기되었다. 드 브로이

가문은 3명의 프랑스 육군 원수를 배출했지만, 루이는 파리 외곽에 주둔하고 있던 공병 부대의 하찮은 이등병으로 육군에 입대했다.[10] 그는 모리스의 도움으로 곧 무선통신부대로 옮겼다. 그러나 제1차 세계대전이 시작되면서 물리학 공부를 시작하게 될 것이라는 희망은 사라져버렸다. 그는 4년 동안 에펠 탑 밑에 주둔한 통신병으로 생활했다.

1919년 8월에 제대한 그는 스물한 살부터 스물일곱 살까지 6년을 군대에서 보낸 사실을 깊이 후회했다. 루이는 어느 때보다 강하게 자신이 선택한 길을 가겠다는 결심을 굳혔다. 모리스가 도와주고 격려한 덕분에 그는 잘 갖추어진 실험실에서 X-선과 광전 효과에 대한 실험을 지켜볼 수 있었다. 두 형제는 진행 중인 실험의 해석에 대해서 긴 논의도 했다. 모리스는 루이에게 "실험 과학의 교육적 가치"와 "과학의 이론적 구성은 사실에 의해서 뒷받침되지 않는 한 가치가 없다"는 점을 일깨워주었다.[11] 그는 전자기 복사의 본질을 생각하는 동안 X-선의 흡수에 대해서 여러 편의 논문을 썼다. 두 형제는 빛의 파동이론과 입자이론이 모두 어떤 점에서는 옳다고 받아들였다. 어느 것 하나만으로는 회절이나 간섭을 설명할 수 없거나, 광전 효과를 설명할 수 없었기 때문이었다.

랑주뱅의 초청으로 파리에서 강연했던 아인슈타인이 전쟁 중에 베를린에 남아 있었다는 이유로 거친 대접을 받았던 1922년에 드 브로이는 명백하게 "광양자가설"을 인정하는 논문을 썼다. 그는 콤프턴이 자신의 실험에 대해서 어떤 발표도 하지 않았던 때부터 벌써 "빛의 원자"가 존재한다는 사실을 인정했다. 미국 과학자가 전자에 의한 X-선의 산란에 대한 자신의 자료와 분석을 발표하여 아인슈타인이 제안한 광양자의 존재를 확인했을 때, 드 브로이는 이미 빛의 이상한 이중성에 대해서 알고 있었다. 그러나 반농담으로 월, 수, 금요일에는 빛의 파동이론을 가르치고, 화, 목, 토요일에는 입자이론을 가르쳐야만 한다고 불평을 하는 사람도 있었다.

훗날 드 브로이는 "혼자 명상을 하면서 오랜 생각에 빠져 있던 1923년에 갑자기 1905년 아인슈타인의 발견을 모든 물질 입자, 특히 전자로 확대해서 일반화시켜야 한다는 생각이 떠올랐다"고 기억했다.[12] 드 브로이는 간단한 질문을 던질 용기가 있었다. 만약 빛 파동이 입자처럼 행동할 수 있다면, 전자와 같은 입자도 파동처럼 행동할 수 있지 않을까? 그의 답은 그렇다는 것이었다. 드 브로이는 전자에 진동수가 v이고, 파장이 λ인 "가상적 합성파"를 배정하면, 보어가 제안했던 양자화된 원자 궤도의 정확한 위치를 설명할 수 있다는 사실을 발견했다. 전자는 "가상적 합성파"의 정수배를 수용할 수 있는 궤도만 차지할 수 있다.

1913년에 보어는 핵 주위의 정상(定常) 궤도에 있는 전자는 복사를 방출하지 않는다는 조건을 사용할 수밖에 없었다. 러더퍼드의 수소 원자 모형에서 궤도를 회전하는 전자가 에너지를 방출하면서 핵 쪽으로 휘돌며 끌려들어가는 문제를 해결하기 위해서였지만, 그 이유를 설명할 수는 없었다. 전자를 정지파로 취급하는 드 브로이의 아이디어는 전자가 원자핵 주위를 회전하는 입자라는 생각과는 크게 달랐다.

정지파(靜止波, standing wave)는 바이올린이나 기타에서처럼 양쪽을 고정시킨 줄에서 쉽게 만들어낼 수 있다. 그런 줄을 퉁기면 반파장의 정수배로 만들어진 독특한 특징을 가진 다양한 정지파가 만들어진다. 가장 긴 정지파는 파장이 줄 길이의 2배에 해당하는 것이다. 다음 정지파는 그런 반파장 단위 2개로 만들어져서 파장이 줄의 물리적 길이와 같다. 다음은 3개의 반파장으로 구성된 정지파이고, 그런 식으로 점점 늘어난다. 그런 정지파의 정수배 수열은 물리적으로 유일하게 가능한 것이고, 각각의 정지파는 고유한 에너지를 가진다. 진동수와 파장 사이의 관계를 고려하면, 그것은 기타 줄은 가장 낮은 진동수의 기본음에서 시작해서 특정한 진동수로만 진동한다는 사실과 같은 것이다.

드 브로이는 보어 원자에서 허용되는 전자 궤도의 길이가 정지파 형성이 가능한 경우로 한정되는 것이 바로 이런 "정수배"의 조건 때문이라는 사실을 깨달았다. 그런 전자의 정지파들은 악기 줄의 양쪽 끝처럼 묶여 있지는 않지만, 반(半)파장의 정수배가 궤도의 길이와 일치하게 된다. 길

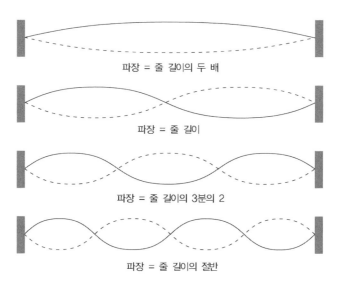

파장 = 줄 길이의 두 배

파장 = 줄 길이

파장 = 줄 길이의 3분의 2

파장 = 줄 길이의 절반

그림 9. 양쪽 끝이 묶여 있는 줄의 정지파

그림 10. 양자원자에서 전자의 정지파

이가 정확하게 맞지 않는 경우에는 정지파가 만들어질 수 없기 때문에 정상 궤도도 만들어질 수 없다.

전자가 궤도를 따라 회전하는 입자 대신 핵 주위를 둘러싸고 있는 정지 파라고 한다면, 전자는 굳이 가속될 필요가 없기 때문에 연속적인 복사 손실에 의해서 원자핵으로 끌려들어가면서 원자가 붕괴되는 일도 일어나지 않게 된다. 드 브로이의 파동-입자 이중성은 바로 보어가 단순히 자신의 양자원자를 구원하기 위해서 도입했던 조건에 대한 근거였다. 드 브로이의 계산 결과에 따르면, 보어의 주양자수 n은 수소 원자의 핵 주위에 존재할 수 있는 전자의 정지 파동이 존재할 수 있는 궤도를 나타내는 표식이었다. 보어 모형에서 전자의 다른 모든 궤도가 금지되는 것도 그런 이유 때문이었다.

드 브로이는 1923년 가을에 3편의 짧은 논문을 통해서 모든 입자가 이중적 파동-입자 특성을 가지고 있다고 생각해야 하는 이유를 밝혔다. 그러나 당구공형의 입자와 "가상적 합성파" 사이에 존재하는 관계의 본질이 무엇인지는 쉽게 이해하기는 어려웠다. 파도타기 선수가 파도를 타는 것과 비슷하다고 주장하는 것일까? 훗날 그런 해석은 옳지 않은 것으로 밝혀졌다. 전자와 다른 모든 입자들이 정확하게 광자와 마찬가지로 파동과 입자 모두에 해당하는 것으로 밝혀졌다.

드 브로이는 1924년 봄에 자신의 아이디어를 더 자세하게 정리해서 박사학위 논문으로 제출했다. 드 브로이는 심사위원들이 논문을 읽기 위해서 필요한 형식적인 절차 때문에 11월 25일이 되어서야 자신의 박사학위 논문에 대한 심사를 받을 수 있었다. 4명의 심사위원 중 3명은 소르본의 교수였다. 브라운 운동에 대한 아인슈타인의 이론을 시험하는 결정적인 역할을 했던 장 페랭, 결정의 성질을 연구하는 유명한 물리학자 샤를 모갱, 유명한 수학자 엘리 카르탕이 그들이었다. 마지막 심사위원은 외부 위원이었던 폴 랑주뱅이었다. 양자물리학과 상대성에 대해서 잘 알고 있던 사람은 랑주뱅뿐이었다. 드 브로이는 공식적으로 논문을 제출하기 전에 그에게 자신의 결론을 검토해달라고 했다. 그는 동의했지만 어느 동료에게 "어린 친구의 논문을 들고 다니는 중이다. 나에게는 설득력이 없는 것처럼 보인다"고 말했다.[13]

루이 드 브로이의 아이디어는 공상적인 것처럼 보였지만, 랑주뱅은 그냥 묵살해버리지는 않았다. 그는 다른 사람과 상의해볼 필요를 느꼈다. 그는 1909년에 앞으로 복사에 대한 연구에서 입자와 파동에 대한 일종의 융합이 밝혀질 것이라고 했던 아인슈타인의 공개적인 발언을 기억하고 있었다. 대부분의 사람들은 콤프턴의 실험 덕분에 빛의 경우에는 아인슈타인이 옳았다고 믿게 되었다. 이제 드 브로이는 모든 물질에 대해서 같은 종류의 융합이라고 할 수 있는 파동–입자 이중성을 주장하고 있었다. 심지어 그는 "입자"의 파장 λ를 운동량 p와 연결시켜주는 $\lambda = h/p$ (h는 플랑크 상수)라는 관계식도 생각하고 있었다. 랑주뱅은 드 브로이에게서 받은 논문의 사본을 아인슈타인에게 보냈다. 아인슈타인은 랑주뱅에게 "그가 엄청난 베일의 한쪽을 들어올렸습니다"는 답장을 보냈다.[14]

아인슈타인의 평가는 랑주뱅을 비롯한 심사위원들에게 충분한 것이었다. 그들은 드 브로이에게 "물리학자들을 휘감고 있는 안개 속에서 어려움을 극복하기 위해서 필요했던 일을 훌륭하게 해냈다"고 칭찬했다.[15] 훗날 모갱은 자신이 "당시에는 물질의 알갱이와 합성파의 물리적 실재를 믿지 않았다"고 인정했다.[16] 페랭이 확실하게 알고 있었던 것은 드 브로이가 "아주 똑똑하다"는 것뿐이었고,[17] 그 이외의 것은 전혀 몰랐다. 서른두 살에 아인슈타인의 지지를 확보한 그는 스스로를 더 이상 루이 빅토르 피에르 레이몽 드 브로이 공작이 아니라 그저 루이 드 브로이 박사라고 소개할 수 있게 되었다.

아이디어를 생각해내기는 했지만, 그것을 시험해볼 수 있을 것인가? 드 브로이가, 물질이 파동의 성질을 가지고 있다면 전자 빔도 광선처럼 퍼져 나가면서 회절이 되어야 한다는 사실을 깨달았던 것은 1923년 9월이었다. 드 브로이는 그해에 발표한 짧은 논문에서 "작은 구멍을 통과하는 전자에서 회절 효과가 나타나야만 한다"는 예측을 내놓았다.[18] 그는 형의 개인 실험실에서 일하는 숙련된 실험학자들에게 자신의 아이디어를 시험해보 도록 설득했지만, 실패했다. 다른 일에 바빴던 그들은 그런 실험이 너무 어려울 것이라고 생각해버렸다. 이미 "복사의 입자와 파동이라는 이중적 성질의 중요성과 명백한 정확성"에 대한 문제로 형 모리스를 충분히 괴롭 혔다고 생각했던 루이는 더 이상 고집을 부리지 않았다.[19]

그러나 괴팅겐 대학교의 젊은 물리학자였던 발터 엘자서가 곧 드 브로 이가 옳다면 간단한 결정(結晶)에 충돌하는 전자 빔에서도 회절이 나타나 야만 한다는 사실을 지적했다. 결정에서 인접한 원자들 사이의 간격은 전 자 크기의 물체가 자신의 파동 성질을 드러내기에 충분할 정도로 작을 것이기 때문이었다. 실험 계획에 대한 설명을 듣고 난 아인슈타인은 엘자 서에게 "젊은이, 자네는 금광에 앉아 있다네"라고 말했다.[20] 단순한 금광 이 아니라 노벨상이라는 훨씬 더 귀한 것이었다. 그러나 모든 골드러시가 그렇듯이 아무리 일찍 시작해도 늦기 마련이다. 엘자서가 실험을 시작했 지만, 다른 두 사람이 우선권을 주장하여 상을 빼앗아가버렸다.

훗날 벨 전화연구소로 더 잘 알려지게 되는 뉴욕의 웨스턴 일렉트릭 사에 근무하던 서른네 살의 클린턴 데이비슨은 다양한 금속 표적에 전자 빔을 충돌시키는 실험을 하고 있던 1925년 4월의 어느 날 이상한 일을 경험했다. 실험실의 액화 공기 병이 터지는 바람에 그가 사용하던 니켈 조각이 들어 있던 진공관이 깨졌다. 공기 때문에 니켈에 부식이 일어났다. 데이비슨이 니켈에 생긴 녹을 제거하기 위해서 가열하던 중에 우연히 작 은 결정들이 서로 녹아 붙어서 전자 회절을 일으킬 수 있을 정도로 커지게 되었다. 실험을 계속하던 그는 자신의 실험 결과가 달라졌다는 사실을 깨 달았다. 전자 빔의 회절이 일어났다는 사실을 몰랐던 그는 자신의 자료를 정리해서 논문으로 발표했다. 1926년 7월에 그는 아내에게 "우리가 한 달 후에 옥스퍼드에 있을 것이라는 사실을 믿을 수가 없어, 그렇지 않아요? 로티, 당신과 함께 첫 번째 여행보다 훨씬 더 달콤한 두 번째 신혼여행이 될 거요”라는 편지를 보냈다.[21] 집에 남겨둔 아이들을 돌봐달라고 친척에게 부탁한 데이비슨 부부는 영국을 여행한 후에 옥스퍼드와 영국 과학진흥협회의 학술회의로 향했다. 그곳에서 데이비슨은 자신의 실험 결과가 프랑스 공작의 아이디어를 증명해주는 것이라고 생각하는 물리학자들이 있다는 사실을 알고 깜짝 놀랐다. 그는 드 브로이도 알지 못했고, 파동–입자 이중성이 모든 물질로 확장된다는 그의 제안에 대해서도 들어본 적이 없었다. 데이비슨만 그랬던 것이 아니었다.

『서평(Compte Rendu)』이라는 프랑스 잡지에 발표된 드 브로이의 짧은 논문 3편을 읽어본 사람은 많지 않았다. 그의 박사학위 논문이 있다는 사실을 알았던 사람은 더 적었다. 뉴욕으로 돌아온 데이비슨과 그의 동료 레스터 거머는 곧바로 전자가 정말 회절을 일으키는지를 확인하는 실험을 시작했다. 그들은 1927년 1월에 물질이 파동처럼 행동해서 회절이 일어난다는 결정적인 증거를 확인했다. 데이비슨은 새로운 결과로부터 회절된 전자의 파장을 계산했고, 그 결과가 드 브로이의 파동–입자 이중성에 대한 이론과 일치한다는 사실을 발견했다. 훗날 그는 자신의 실험이 사실은 경쟁사가 제기한 소송에 대응하고 있던 회사의 지시로 실험을 하던 중에 시도했던 “일종의 부수적 실험”이었다고 털어놓았다.

막스 크놀과 에른스트 루스카는 1931년에 전자의 파동성을 이용해서 전자 현미경을 개발했다. 백색광 파장의 절반보다 작은 입자는 빛의 파동을 흡수하거나 반사할 수 없기 때문에 보통의 현미경으로는 볼 수가 없었다. 그러나 빛의 파장보다 10만 배 이상 짧은 파장을 가진 전자의 파동을 이용하면 그런 입자를 볼 수 있었다. 1935년 영국에서 최초의 상용 전자 현미경이 만들어지기 시작했다.

한편, 데이비슨과 거머가 바쁘게 실험을 하고 있을 때, 영국의 물리학자 조지 패짓 톰슨도 스코틀랜드 애버딘에서 자신의 실험을 하고 있었다. 그도 역시 드 브로이의 결과에 대한 논의가 있었던 옥스퍼드의 BAAS 학술회의에 참석했었다. 개인적으로 전자의 본질에 대해서 많은 관심을 가지고 있던 톰슨은 즉시 전자 회절을 확인하기 위한 실험을 시작했다. 그러나 그는 결정을 사용하는 대신 특별히 준비한 얇은 필름을 이용해서 정확하게 드 브로이가 예측했던 회절 무늬를 얻었다. 때로는 물질은 파동처럼 행동해서 넓은 공간으로 퍼져나가고, 때로는 입자처럼 공간의 일정한 곳에만 존재한다.

물질의 이중성이 톰슨 가문과 밀접한 관련이 있었던 것은 놀라운 운명의 전환이었다. 조지 톰슨은 전자가 파동이라는 사실을 발견한 공로로 데이비슨과 함께 1937년 노벨 물리학상을 받았다. 그의 아버지 J. J. 톰슨 경은 전자가 입자라는 사실을 발견한 공로로 1906년 노벨 물리학상을 받았었다.

플랑크의 흑체 복사법칙에서 아인슈타인의 광양자이론, 보어의 양자원자에서 드 브로이의 파동-입자 이중성에 이르기까지 20여 년에 걸친 양자물리학의 발전은 양자 개념과 고전물리학의 불행한 결합으로 만들어진 것이었다. 1925년이 되면서 그런 결합에서 문제점이 드러나기 시작했다. 아인슈타인은 1912년 5월에 이미 "양자이론은 성공할수록 점점 더 바보스럽게 보인다"고 했다.[22] 필요한 것은 새로운 이론, 즉 양자 세계의 새로운 역학이었다.

미국의 노벨상 수상자 스티븐 와인버그는 "1920년대 중반에 양자역학을 발견한 것은 17세기 근대 물리학의 탄생 이후 물리학이론의 가장 심오한 혁명이었다"고 했다.[23] 현대의 모습을 만들어낸 혁명의 과정에서 젊은 물리학자들의 결정적인 역할을 고려하면 당시는 "청년 물리학(knaben-physik)"의 시대였다.

II
·········
청년 물리학

"현재의 물리학은 다시 매우 혼란스러워졌습니다.
어쨌든 나에게는 너무 복잡합니다. 내가 영화 속 코미디언과 같은 사람이 되어서
물리학에 대해서 아무것도 듣지 않았으면 좋겠다고 생각합니다."
— 볼프강 파울리

"슈뢰딩거 이론의 물리학적 의미에 대해서 생각해볼수록 더 심각한 거부감을 느낀다.
슈뢰딩거가 자기 이론의 시각화에 대해서 쓴 것은 '아마도 정확하게 말해서
옳지는 않을 것'이다. 다시 말해서 그의 주장은 허튼소리이다."
— 베르너 하이젠베르크

"만약 이 고약한 양자 도약이 정말 존재한다면,
나는 양자이론에 관여한 것 자체를 후회할 것입니다."
— 에르빈 슈뢰딩거

7

스핀 닥터들

"아이디어의 개발에 대한 심리학적 이해, 수학적 연역의 확실성, 심오한 물리학적 통찰력, 명쾌하고 체계적인 발표 능력, 학문에 대한 지식, 주제에 대한 완벽한 논의, 비판적 평가에 대한 확신 중 사람들이 어느 것에 가장 감동하는지 알고 싶다."[1] 아인슈타인은 갓 검토를 끝낸 "성숙하고, 화려하게 수행된 연구"에 감명을 받은 것이 확실했다. 그는 스물한 살의 물리학자가 상대성에 대해서 394개의 각주가 달린 237쪽의 논문을 썼다는 사실을 믿을 수가 없었다. 논문을 쓰도록 요청을 받았을 때, 그는 겨우 열아홉 살의 학생이었다. 훗날 "신의 분노"라는 별명으로 알려지게 된 볼프강 파울리는 신랄했고, "아인슈타인과 비교할 수 있는 유일한 천재"로 알려지기도 했다.[2] 한때 그의 지도교수였던 막스 보른은 "사실 순수한 과학의 입장에서 보면, 그는 아인슈타인보다 더 위대한 인물이라고 할 수도 있다"고 했다.[3]

볼프강 파울리는 호황 속에서도 여전히 세기말적 불안감이 남아 있던 빈에서 1900년 4월 25일에 출생했다. 역시 볼프강이었던 그의 아버지는 의사였지만, 과학을 위해서 의사직을 포기하고, 자신의 성(姓)을 파셸레스에서 파울리로 바꾸고 있던 중이었다. 반유대인 정서가 악화되면 자신의 학문적 꿈이 위협받을 것이라는 우려 때문에 가톨릭으로 개종을 하기도 했다. 그의 아들은 자신의 유대인 혈통에 대해서 아무것도 모르고 성장했다. 대학 시절에 다른 학생들이 그에게 유대인이 틀림없다고 말해주었을 때, 젊은 볼프강은 깜짝 놀라서, "내가? 아니야. 아무도 나에게 그렇게 말해준 적이 없었고, 나도 내가 유대인이라고 믿지 않아"라고 했다.[4] 그는 부모를 방문하고 나서야 진실을 알게 되었다. 1922년에 모두가 부러워하는 교수가 되어 빈 대학교에 새로 생긴 의약화학연구소의 소장이 된 그의 아버지는 자신의 동화(同和) 결정이 정당한 것이었다고 생각하고 있었다.

파울리의 어머니 베르타는 빈의 유명한 언론인이면서 작가였다. 그녀의 친구와 지인들 덕분에 볼프강과 여섯 살 아래인 여동생 헤르타는 예술, 과학, 의학 분야의 유명 인사들을 쉽게 만날 수 있는 환경에서 성장했다. 반전(反戰) 사회주의자였던 그의 어머니는 파울리에게 큰 영향을 주었다. 어느 친구의 기억에 따르면, 제1차 세계대전이 그의 성장기였던 10대까지 길어지면서 "전쟁과 '기득권층' 모두에 대한 그의 반감은 더욱 심해졌다."[5] 마흔아홉 살의 생일을 맞이하기 2주일 전이었던 1927년 11월에 그녀가 사망했을 때, 「신자유신문」에 실린 조사(弔辭)는 베르타를 "오스트리아 여성 중에서 몇 안 되는 정말 강한 개성을 가진 사람"이라고 소개했다.[6]

학문적으로는 천재였지만, 학교가 충분히 도전적인 곳은 아니라고 느꼈던 파울리는 모범생과 거리가 멀었다. 그는 물리학 개인 교습을 받았다. 오래지 않아 학교에서의 지루한 강의에 실증을 느낀 그는 아인슈타인의 상대성이론에 대한 논문을 책상 밑에 숨겨두고 몰래 읽기 시작했다. 젊은 파울리는 오스트리아의 영향력 있는 물리학자이며 과학철학자였으며 그의 대부이기도 했던 에른스트 마흐의 영향 때문에 언제나 물리학을 중요하게 느끼고 있었다. 훗날 아인슈타인이나 보어와 같은 사람들과 어울리고 친구가 되는 것을 좋아했던 파울리는 1914년 여름에 마지막으로 만났던 마흐와의 관계를 "내 학문 생활에서 가장 중요한 사건"이었다고 말했다.[7]

1918년 9월에 파울리는 스스로 "정신의 사막"이라고 불렀던 빈을 떠났다.[8] 그에게는 오스트리아-헝가리 이중제국이 무너지고, 빈의 옛 영광이 사라져가면서 가장 훌륭한 물리학자들이 대학을 떠난 것이 유감스러운 일이었다. 어디라도 갈 수 있었던 그는 아르놀트 조머펠트의 지도를 받기 위해서 뮌헨으로 갔다.

얼마 전 빈의 교수직 제안을 거절했던 조머펠트는 파울리가 뮌헨에 도착했을 때 이미 10여 년 동안 뮌헨 대학교의 이론물리학과를 이끌어왔다. 조머펠트는 1906년에 처음부터 "이론물리학의 요람" 역할을 하는 연구소를 만들려고 했다.[9] 그의 사무실, 강연장, 세미나실, 작은 도서실을 비롯한 4개의 방으로 된 조머펠트의 연구소는 보어가 코펜하겐에 만들려고 노력하고 있던 연구소만큼 장엄하지는 않았다. 지하실에는 X-선이 짧은 파장의 전자기 파동이라는 1912년 막스 폰 라우에의 이론을 시험하고 확인함으로써 "요람"의 명성을 알려준 큰 실험실도 있었다.

조머펠트는 학생들에게 능력에 넘치지 않으면서도 그들의 능력을 시험할 수 있는 문제를 주는 묘한 재주를 가진 비범한 선생이었다. 이미 많은 수의 유능한 젊은 물리학자들을 지도한 경험이 있던 조머펠트는 곧바로 파울리가 드물게 뛰어난 재능을 가진 학생이라는 사실을 깨달았다. 그는 쉽게 감동하는 사람이 아니었지만, 1919년 1월에는 파울리가 빈을 떠나기 전에 썼던 일반상대성이론에 대한 논문이 발표되었다. 그의 "요람"에서는 채 열아홉 살도 되지 않은 1학년 학생이 다른 사람들로부터 상대성의 전문가로 인정받고 있었다.

파울리는 새롭고 사변적인 아이디어에 대해서 날카롭고 예리하게 비판하는 사람으로 알려져 두려움의 대상이 되어버렸다. 타협하지 않는 원칙 때문에 훗날 그를 "물리학의 양심"이라고 부른 사람들도 있었다. 불거진 눈과 단단한 몸매를 가진 그는 매서운 말씨를 빼면 모든 면에서 물리학계의 부처와 같은 사람이었다. 파울리는 깊은 생각에 빠져 있을 때마다 무의식적으로 몸을 앞뒤로 흔드는 버릇이 있었다. 물리학에 대한 그의 통찰력은 다른 사람들은 물론 심지어 아인슈타인도 능가한다는 평가가 널리 인정받고 있었다. 그는 자신의 일에 대해서는 다른 사람의 경우보다 훨씬 더 심하게 평가했다. 파울리는 물리학과 물리학의 문제에 대해서 너무 잘 알고 있었던 것이 오히려 창의력에 걸림돌이 되기도 했다. 만약 그가 자신의 상상력과 통찰력을 조금만 더 자유롭게 활용할 수 있었더라면, 그의 것이 될 수 있었던 발견들이 그보다 재능은 떨어지지만 자유롭게 사고하던 다른 동료들에게 돌아가버리기도 했다.

그가 끝까지 조심스러워했던 유일한 사람이 바로 조머펠트였다. 물리학자로 명성을 얻은 후에도 자신의 지도교수와 함께 있을 때는 조심스럽게 행동했다. 파울리로부터 날카로운 비판을 받았던 사람들에게 "네, 교수님"이나 "아니요, 교수님"이라고 대답하면서 쩔쩔매는 "신의 분노"의 모습은 놀라운 것이었다. 동료들에게 "천천히 생각하는 것은 상관이 없지만, 생각하기도 전에 논문을 발표하는 것은 안 된다"고 꾸짖던 모습은 찾아볼 수가 없었다.[10] 논문을 읽고 나서, "틀린 정도가 아니다"라고 말했던 적도 있다.[11] 그에게는 예외가 없었다. 학생 시절에도 그는 사람들로 가득 찬 강연장에서 "아시다시피, 아인슈타인 씨가 했던 말은 그렇게 어리석은 것이 아니었습니다"라고 말하기도 했다.[12] 앞줄에 앉아 있던 조머펠트는 다른 학생들이 그런 발언을 했다면, 절대 용납하지 않았을 것이다. 물론 아무도 그렇게 말하지 않을 것을 알고 있었다. 물리학에 대해서 파울리는 언제나 자신만만했고, 심지어 아인슈타인 앞에서도 거리낌이 없었다.

조머펠트가 파울리에게 『수리과학 백과사전(*Encyklopädie der Mathematischen Wissenschaffen*)』에 실을 상대성이론에 대한 본격적인 논문을 써달라고 청했던 것은 그에 대한 높은 평가를 보여주는 확실한 증거였다. 조머펠트는 물리학을 다루는 『백과사전』의 5권을 편집하는 일을 맡기로 했었다. 아인슈타인이 사양을 하자 조머펠트는 상대성이론에 대해서 스스로 논문을 쓰기로 했지만, 시간을 낼 수 없었다. 도움이 필요했던 그는 파울리에게 도움을 청했다. 초고를 본 조머펠트는 "논문이 워낙 완벽해서 공동 작업을 단념했다."[13] 그의 논문은 특수상대성이론과 일반상대성이론에 대한 결정적인 해설이었을 뿐만 아니라 어떤 기존의 문헌도 대적할 수 없는 총설이었다. 그로부터 수십 년 동안 그의 논문은 걸작으로 평가받았고, 아인슈타인으로부터 진심 어린 찬사를 받기도 했다. 그 논문은 1921년 파울리가 박사학위를 받고 두 달 후에 발간되었다.

학생 시절의 파울리는 여러 카페에서 뮌헨의 밤 문화를 즐긴 후에 숙소로 돌아가서 거의 밤을 새워 공부했다. 정오가 되어서야 학교에 나왔던 그는 아침 강의에 출석하는 경우가 드물었다. 그러나 양자물리학의 신비를 설명하는 조머펠트의 강의에는 꼭 출석했다. 30년이 더 지난 후에 파울리는 "고전적인 사고방식에 익숙해 있던 모든 물리학자들이 처음으로 양자이론에 대한 보어의 기본 가설을 알게 되었을 때 경험했던 충격을 나도 피해갈 수 없었다"고 했다.[14] 그는 박사학위 논문과 씨름을 시작하면서 어려움을 극복했다.

조머펠트가 파울리에게 제시한 문제는 수소 분자를 구성하는 두 개의 수소 원자 중 하나가 전자를 잃어버림으로써 이온화된 수소 분자에 보어의 양자 법칙과 자신의 수정이론을 적용하는 것이었다. 예상했듯이 파울리는 이론적으로는 완전한 분석을 내놓았다. 그의 결과가 실험 자료와 맞지 않는다는 것이 유일한 문제였다. 연이은 성공에 익숙해 있던 파울리는 이론과 실험의 불일치에 낙담했다. 그러나 그의 학위논문은 보어-조머펠트 양자원자가 최종 한계에 도달했다는 최초의 확실한 증거로 알려졌다. 양자물리학을 고전물리학에 접합시키는 임기응변식 방법은 언제나 만족스럽지 않았는데, 이제 파울리가 보어-조머펠트 모형이 더 복잡한 원자에는 말할 것도 없이 이온화된 수소 분자에도 적용할 수 없는 것이라는 사실을 확인시켜준 셈이었다. 박사학위를 받은 파울리는 이론물리학 교수의 조수로 일하기 위해서 1921년 10월에 뮌헨을 떠나 괴팅겐으로 갔다.

양자물리학의 발전에 기여한 핵심 인물이 될 서른여덟 살의 막스 보른은 파울리보다 6개월 앞서 프랑크푸르트를 떠나 작은 대학 도시에 도착했다. 당시 프로이센의 슐레지엔 주의 수도였던 브레슬라우에서 성장한 보른을 유혹했던 것은 물리학이 아니라 수학이었다. 파울리의 경우와 마찬가지로 그의 아버지도 고급 문화를 즐기던 의사이며 학자였다. 발생학 교수였던 구스타프 보른은 브레슬라우 대학교에 입학한 아들에게 너무 일찍 전공을 정하지 말도록 조언했다. 아버지의 조언에 따라 보른은 물리학, 화학, 동물학, 철학, 논리학 강의를 수강한 후에 천문학과 수학을 선택했다. 그의 학업은 하이델베르크와 취리히의 대학을 거쳐 1906년 괴팅겐에서 수학 박사학위를 받으면서 끝났다.

학업을 끝낸 그는 병역을 마치기 위해서 입대했지만 천식 때문에 1년 만에 제대했다. 케임브리지에서 상급 학생으로 6개월을 보내면서 J. J. 톰슨의 강의를 들었던 보른은 브레슬라우로 돌아와서 실험 연구를 시작했다. 그러나 자신이 능숙한 실험가에게 필요한 인내심과 소질을 갖추지 못했다는 사실을 깨달은 보른은 이론물리학으로 관심을 돌렸다. 1912년에는 괴팅겐의 세계적으로 유명한 수학과의 객원강사가 될 정도의 성과를 거두었다. 그들은 "물리학자의 입장에서도 물리학이 지나치게 어렵다"고 생각했다.[15]

대부분의 물리학자들이 낯설어하는 수학의 힘을 이용하여 여러 문제에서 성공을 거둔 덕분에 보른은 1914년에 베를린의 부교수로 임용되었다. 전쟁이 시작되기 직전에 또 한 명의 새로운 인물이 독일 과학계의 중심지에 도착했다. 그 사람이 바로 아인슈타인이었다. 음악에 대한 열정을 공유했던 두 사람은 곧바로 가까운 친구가 되었다. 전쟁이 시작되자 보른은 다시 징집되었다. 그는 공군의 무선 기사로 근무한 후에 전쟁이 끝날 때까지 육군의 포병술 연구에 종사했다. 다행히 베를린 근처에 주둔했던 보른은 대학의 세미나, 독일물리학회의 학술회의, 아인슈타인의 집에서 개최되는 저녁 음악 모임에 참석할 수가 있었다.

전쟁이 끝난 1919년 봄에 프랑크푸르트의 정교수였던 막스 폰 라우에가 보른에게 서로 자리를 바꾸자고 제안을 했다. 결정(結晶)에 의한 X-선의 회절을 설명하는 이론으로 1914년 노벨상을 받은 라우에는 옛 지도교수였고 자신이 우상처럼 숭배하던 플랑크와 함께 일하고 싶어했다. "꼭 받아들여야 한다"는 아인슈타인의 조언에 따라 보른도 그의 제안에 동의했다. 자신도 정교수로 승진하여 독립적으로 일할 수 있게 된다는 뜻이었다.[16] 그는 2년도 채 되지 않아 다시 괴팅겐으로 자리를 옮겨 이론물리학 연구소 소장이 되었다. 작은 방 하나와 조수 한 명, 그리고 임시직 비서가 전부인 소박한 출발이었지만, 보른은 자신의 연구소를 뮌헨의 조머펠트와 경쟁할 수 있는 곳으로 발전시킬 결심을 했다. "물리학에서 최근에 등장한 가장 유능한 인재"라고 평가를 받고 있던 볼프강 파울리를 데려오는 것이 가장 시급했다.[17] 이미 보른은 그를 데려오려고 시도했었지만, 파울리는 뮌헨에서 박사학위를 끝내고 싶어했다. 그러나 이번에는 그를 데려올 수 있었다.

보른은 아인슈타인에게 "이제 W. 파울리가 내 조수가 되었네. 그는 놀라울 정도로 똑똑하고 아주 유능하지"라고 했다.[18] 그는 새로 온 조수가 자신만의 독특한 습성을 가지고 있다는 사실을 알게 되었다. 볼프강 파울리는 똑똑했지만, 연구에 오랜 시간을 보냈다. 그는 한밤중까지 일하고, 늦게 잠자리에 들었다. 보른이 파울리에게 자신의 11시 강의를 대신 맡기려면 오전 10시 30분에 하녀를 보내서 그를 깨워야만 했다.

파울리는 처음부터 명목상으로만 "조수"였다. 훗날 보른은 그의 보헤미아식 생활방식과 허술한 시간 관리에도 불구하고 자신이 "어린 신동"을 가르칠 수 있었던 것보다 파울리로부터 배운 것이 훨씬 더 많았다고 인정했다. 그는 1922년 4월에 함부르크 대학교의 조수로 임명된 파울리를 떠나보내야 했던 것을 몹시 안타까워했다. 작은 대학 도시의 견디기 어려울 정도로 조용한 생활에서 벗어나 대도시의 부산스러운 밤 문화를 즐기고 싶었던 것이 그가 빨리 떠난 유일한 이유는 아니었다. 그는 물리학 문제에 대해서 논리적으로 오류가 없는 논거를 찾으려는 물리학적 직관에 대한 자신의 감각을 믿었다. 그러나 보른은 지나칠 정도로 수학에 의존하려고 했다.

파울리는 두 달 후인 1922년 6월에 보어의 그 유명한 강연을 듣기 위해서 괴팅겐에 가서 처음으로 위대한 덴마크 청년을 만났다. 깊은 인상을 받은 보어는 1년 동안 자신의 조수로 코펜하겐에 머물면서 독일어로 쓰는 논문의 편집을 도와줄 수 있는지를 물었다. 파울리는 그런 제안에 깜짝 놀랐다. "나는 젊은 청년이 할 수 있는 확실한 대답을 했다. '나에게 맡겨질 과학적 요구는 문제가 없지만, 외국어인 덴마크어를 배우는 것은 내 능력을 훨씬 넘어서는 것입니다.' 어쨌든 나는 1922년 가을에 코펜하겐으로 갔고, 나의 두 가지 생각이 모두 틀렸다는 사실을 확인하게 되었다."[19] 그는 그것이 자신의 인생에서 "새로운 국면"의 시작이었다는 사실을 뒤늦게 깨달았다.[20]

파울리는 코펜하겐에서 보어를 돕는 것 이외에 원자 스펙트럼에서 보어-조머펠트 모형으로는 설명할 수 없었던 현상이었던 "비정상(非正常)" 제이만 효과를 설명하기 위한 일도 했다. 원자가 강한 자기장에 노출되면 원자 스펙트럼에 분리된 선이 나타난다. 로런츠는 고전물리학에서는 하나의 선이 이중선이나 삼중선으로 분리되어야 한다는 사실을 밝혀냈다. 그런 현상은 보어 원자로는 수용할 수 없는 "정상(正常)" 제이만 효과로 알려졌다.[21] 다행히 조머펠트는 2개의 새로운 양자수를 이용하는 수정된 양자원자로 문제를 해결할 수 있었다. 궤도의 크기, 궤도의 모양, 궤도가 향하고 있는 방향을 나타내는 3개의 "양자수" n, k, m을 근거로 한 궤도(또는 에너지 레벨)에서 다른 궤도로 도약하는 전자에 적용되는 새로운 규칙이 필요했다. 그러나 수소의 스펙트럼에서 붉은 알파선의 분리가 예상보다 적다는 사실이 밝혀지면서 축제 분위기는 곧바로 식어버렸다. 스펙트럼의 일부 선들이 실제로 이중선이나 삼중선이 아니라 4중선 이상으로 분리된다는 사실까지 밝혀지면서 사정은 더욱 악화되었다.

기존의 양자물리학이나 고전이론으로는 추가적으로 나타나는 선들을 설명할 수 없었기 때문에 "비정상" 제이만 효과라고 부르기는 했지만, 사실 그런 현상은 "정상" 효과보다 훨씬 흔하게 나타나는 것이었다. 파울리에게 그런 현상은 "지금까지 알려진 이론적 원칙의 심각한 실패"를 뜻하는 것이었다.[22] 파울리는 고약한 상황을 바로잡아보려고 시도했지만 해결책을 찾을 수가 없었다. 그는 1923년 6월에 조머펠트에게 "지금까지 내가 완전히 틀렸습니다"라고 썼다.[23] 이 문제에 지쳐버린 파울리는 훗날 자신이 한동안 완전히 절망적이었다고 했다.

어느 날 연구소의 한 물리학자가 코펜하겐의 거리를 걸어가던 중에 그를 만났다. 그의 동료가 그에게 "행복해 보이지 않는군요"라고 말했다. 파울리는 "비정상 제이만 효과에 대해서 고민하는 사람이 어떻게 행복하게 보일 수 있을까요?"라고 대답했다.[24] 파울리는 임시방편적인 규칙으로 원자 스펙트럼의 복잡한 구조를 설명하는 것으로 만족할 수가 없었다. 훨씬 더 심오하고 기본적인 설명을 원했다. 그는 주기율표를 설명하는 보어 이론에 포함된 추론이 문제라고 생각했다. 그것이 원자 내부에 있는 전자들의 배열을 제대로 설명하는 것일까?

1922년까지 사람들은 보어-조머펠트 모형의 전자들이 3차원 "껍질(shell)" 속에서 움직인다고 믿었다. 물리적인 껍질이 아니라 전자들이 모여 있는 것처럼 보이는 원자 내부의 에너지 레벨을 뜻하는 것이었다. 보어가 새로운 전자 껍질 모형을 만들 수 있도록 해준 결정적인 실마리는 헬륨, 네온, 아르곤, 크립톤, 라돈을 비롯한 소위 비활성 기체의 안정성이었다.[25] 원자번호가 2, 10, 18, 36, 54, 86인 비활성 기체에서 전자를 분리하여 양이온으로 만드는 이온화에 필요한 에너지가 비교적 크다는 사실과 다른 원자들과 화학적으로 결합해서 화합물을 만들지 않는다는 성질은 이런 원자들의 전자 배치가 비교적 안정적인 "닫힌 껍질"로 구성되어 있다는 뜻이었다.

비활성 기체의 화학적 성질은 주기율표에서 바로 앞줄에 있는 수소와 플루오린, 염소, 브로민, 아이오다인, 아스타틴을 비롯한 할로겐 원소들의 화학적 성질과는 분명하게 대비된다. 원자번호가 1, 9, 17, 35, 53, 85인 이 원소들은 모두 쉽게 화합물을 형성한다. 화학적으로 활성이 없는 비활성 기체와 달리, 수소와 할로겐은 다른 원소들과 결합하는 과정에서 추가로 하나의 전자를 얻어서 가장 바깥쪽 전자 껍질에 남아 있는 하나의 빈칸을 채우게 된다. 그렇게 만들어지는 음이온은 완전히 채워진 "닫힌" 전자 껍질을 가지게 되고, 비활성 기체의 원자들처럼 매우 안정적인 전자 배치를 가지게 된다. 반대로 할로겐의 거울상에 해당하는 리튬, 소듐, 포타슘, 루비듐, 세슘, 프랑슘을 비롯한 알칼리 금속은 화합물을 형성하는 과정에서 전자 한 개를 쉽게 잃어버려 비활성 기체의 전자 분포를 가진 양이온이 된다.

보어는 부분적으로 이 세 원소 그룹의 화학적 성질을 근거로 주기율표의 어느 열에 있는 원소는 앞에 있는 원소의 바깥쪽 전자 껍질에 다른 전자를 추가해서 만들어진다고 제안하게 되었다. 각각의 열은 바깥쪽 껍질이 채워진 비활성 기체로 끝나게 된다. 원자가전자(原子價電子, valence electron)라고 부르는 닫힌 껍질 바깥의 전자들만 화학 반응에 참여하기 때문에 원자가전자의 수가 같은 원소들은 비슷한 화학적 성질을 공유하게 되고, 주기율표의 같은 열을 차지하게 된다. 할로겐은 모두 가장 바깥쪽 껍질에 7개의 전자를 가지고 있어서, 한 개의 전자만 더 있으면 껍질이 닫힌 비활성 기체의 전자 배치를 가지게 된다. 반대로 알칼리는 모두 한 개의 원자가전자를 가진다.

1922년 6월 보어의 괴팅겐 강연에서 파울리가 들었던 설명이 바로 이런 아이디어였다. 조머펠트는 껍질 모형을 "1913년 이후 원자 구조에서 가장 대단한 발전"이라고 반가워했다.[26] 조머펠트는 보어에게, 만약 그가 주기율표의 열에 있는 원소들의 2, 8, 18……과 같은 숫자를 수학적으로 재구성할 수 있다면, "물리학의 가장 과감한 꿈을 이룩하게 될 것"이라고 말했다.[27] 사실 새로운 전자 껍질 모형을 뒷받침해주는 분명한 수학적 논거가 있었던 것은 아니었다. 심지어 러더퍼드조차 보어에게 "어떻게 그런 결론에 도달하게 해준 아이디어를 생각할 수 있었는지"를 이해하려고 애쓰고 있다고 말했다.[28] 그럼에도 불구하고, 보어의 아이디어는 심각하게 받아들여질 수밖에 없었다. 특히 훗날 하프늄이라고 부르게 된 원자번호 72번의 미확인 원소가 "희토류" 족에 속하지 않는다고 했던 1922년 12월의 보어의 노벨상 수상 강연의 주장이 옳은 것으로 밝혀지면서 더욱 그렇게 되었다. 그러나 보어의 껍질 모형에 대한 구성 원리나 기준은 없었다. 그것은 주기율표의 원소들을 여러 그룹으로 분류했을 때 드러나는 화학적 성질을 대략적으로 설명해주는 다양한 화학적, 물리적 자료를 근거로 한 기발한 발상이었다.

코펜하겐에서 파울리의 시간은 비정상 제이만 효과와 전자 껍질 모형의 문제점에 대해서 계속 조바심을 내던 중에 끝나버렸다. 1923년 9월에 그는 함부르크로 돌아왔고, 다음 해에 조수에서 객원강사로 승진했다. 그러나 코펜하겐은 짧은 기차 여행이나 발트 해를 건너는 페리로 갈 수 있는 곳이었기 때문에 파울리는 여전히 정기적으로 연구소를 방문했다. 그는 보어 모형이 주어진 껍질에 들어갈 수 있는 전자의 수에 제한이 있는 경우에만 작동할 수 있다는 결론을 얻었다. 그렇지 않다면, 원자 스펙트럼의 결과와 달리 원자의 모든 전자들이 같은 정상 상태, 즉 같은 에너지 레벨을 차지하는 것을 막을 수가 없다. 1924년 말에 파울리는 경험적으로 고안된 보어의 전자 껍질 원자 모형에서 빠져 있던 이론적 근거를 제시하는 "배타원리(排他原理)"라는 핵심 구성 원리를 발견했다.

파울리는 케임브리지의 박사후 학생의 연구에서 영감을 얻었다. 서른다섯 살의 에드먼드 스토너는 『철학지(*Philosophical Magazine*)』에 "원자 레벨에서의 전자 분포"라는 논문을 발표했던 1924년 10월에도 여전히 러더퍼드의 지도를 받는 박사과정 학생이었다. 스토너는 알칼리 금속 원소의 원자 내부에서 가장 바깥 궤도를 차지한 전자, 즉 원자가전자는 주기율표에서 바로 뒤에 오는 첫 번째 비활성 기체의 마지막 닫힌 껍질에 들어 있는 전자의 수만큼에 해당하는 에너지 상태 중 하나를 선택할 수 있다고 주장했다. 예를 들면, 리튬의 원자가전자는 네온의 닫힌 껍질에 해당하는 전자의 수와 정확하게 일치하는 8개의 가능한 에너지 상태 중 하나를 차지할 수 있다. 스토너의 아이디어에 따르면, 주양자수 n은 전자의 수가 가능한 에너지 상태 수의 2배가 되면 완전히 채워져서 "닫히게" 되는 보어의 전자 껍질에 해당한다는 뜻이었다.

원자의 전자 하나하나에 양자수 n, k, m이 주어지고, 그런 숫자들의 고유한 집합이 서로 구별되는 전자 궤도나 에너지 레벨을 나타내고, 그래서 n = 1, 2, 3일 경우에 가능한 에너지 상태의 수는 2, 8, 18이 된다는 것이 스토너의 주장이었다. 첫 번째 껍질은 n = 1, k = 1, m = 0이다. 3개의 양자수가 가질 수 있는 가능한 값은 (1, 1, 0) 에너지 상태에 해당하는 경우뿐이다. 그러나 스토너에 따르면, 첫 번째 껍질은 가능한 에너지 상태의 수의 2배에 해당하는 2개의 전자가 들어가면 닫히게 된다. n = 2의 경우에는 k = 1, m = 0 또는 k = 2, m = -1, 0, 1이 된다. 따라서 두 번째 껍질에서는 원자가전자가 차지할 수 있는 양자수의 가능한 집합의 수는 4개가 되고, 전자가 차지할 수 있는 에너지 상태는 (2, 1, 0), (2, 2, -1), (2, 2, 0), (2, 2, 1)이 된다. 따라서 n = 2인 껍질은 완전히 채워지면 8개의 전자를 수용할 수 있다. 세 번째 껍질인 n = 3의 경우에는 (3, 1, 0), (3, 2, -1), (3, 2, 0), (3, 2, 1), (3, 3, -2), (3, 3, -1), (3, 3, 0), (3, 3, 1), (3, 3, 2)에 해당하는 9개의 전자 에너지 상태가 가능하다.[29] 스토너의 법칙에 따르면, n = 3인 껍질은 최대 18개의 전자가 채워질 수 있다.

파울리는 『철학지』 10월호를 보았지만, 스토너의 논문은 읽지 않았다. 파울리가 운동을 좋아한다고 알려진 적은 없었지만, 조머펠트의 교과서 『원자 구조와 스펙트럼 선(*Atomic Structure and Spectral Lines*)』 4판의 서문에서 스토너의 논문에 대해서 읽은 파울리는 논문을 찾으러 서둘러 도서관으로 뛰어갔다.[30] 파울리는 n의 값이 주어진 원자에서 전자가 차지할 수 있는 가능한 에너지 상태의 수 N은 양자수 k와 m이 가질 수 있는 가능한 값의 합인 n^2과 같다는 사실을 알아차렸다. 스토너의 규칙이 주기율표의 열에 들어 있는 원소들에 대해서 2, 8, 18, 32……의 맞는 숫자를 알려주었다. 그러나 닫힌 껍질 속에 있는 전자의 수가 N값의 2배인 $2n^2$이 되는 이유는 무엇일까? 파울리는 답을 찾아냈다. 원자의 전자에 4번째 양자수가 필요하다는 것이었다.

다른 양자수 n, k, m과 달리 파울리의 새로운 양자수는 오직 2개의 값만을 가질 수 있다. 그는 그것을 이중 값(Zweideutigkeit)이라고 불렀다. 전자 상태의 수의 2배가 되는 것은 바로 "이중 값" 때문이었다. 과거에는 양자수 n, k, m으로 주어지는 고유한 에너지 상태 하나가 있었지만, 이제는 n, k, m, A와 n, k, m, B의 두 가지 상태가 가능하다. 이런 추가적인 상태들이 비정상 제이만 효과에서 스펙트럼 선의 수수께끼 같은 분리도 설명해준다. 그리고 파울리는 "이중적인" 4번째 양자수로부터 자연의 위대한 계명 중 하나인 배타원리를 찾게 되었다. 원자 속에 있는 2개의 전자는 똑같은 4개의 양자수를 가질 수 없다.

원소의 화학적 성질은 원자가 가지고 있는 전자의 총수가 아니라 원자가전자의 분포에 의해서 결정된다. 원자의 전자가 전부 가장 낮은 에너지 레벨을 차지하고 있으면, 모든 원소는 같은 화학적 성질을 가지게 될 것이다.

보어의 새로운 원자 모형에서 전자 껍질의 점유도를 관리하고, 모든 전자가 가장 낮은 에너지 레벨로 몰려드는 것을 막아주는 것이 바로 파울리의 배타원리였다. 배타원리는 주기율표에서 원소들의 배열과 화학적으로 비활성인 기체의 껍질이 닫히게 되는 것에 대한 근본적인 설명을 제공했다. 그러나 이런 성공에도 불구하고, 파울리는 1925년 3월 21일의 『물리학 잡지』에 발표된 "원자의 전자 그룹의 닫힘과 스펙트럼의 복잡한 구조 사이의 관계에 대하여"라는 논문에서 "이 규칙에 대한 더 정확한 이유는 알 수 없다"고 인정했다.[31]

원자에서 전자의 위치를 정하기 위해서 3개가 아니라 4개의 양자수가 필요하다는 것은 수수께끼였다. 보어와 조머펠트의 중요한 연구 이후에 핵 주의에서 궤도 운동을 하고 있는 원자의 전자가 3차원에서 움직이고, 따라서 그런 운동을 설명하려면 3개의 양자수가 필요하다는 것은 인정되고 있었다. 파울리의 4번째 양자수의 물리적 근거는 무엇일까?

1925년 늦여름에 사무엘 하우드스미트와 헤오르헤 울렌베크라는 네덜란드 대학원생 두 명은 파울리가 제안했던 "이중 값"의 성질이 단순히 또하나의 양자수가 아니라는 사실을 깨달았다. 궤도를 도는 전자의 각운동량, 궤도의 모양, 그리고 공간적 방향을 정해주는 기존의 세 양자수 n, k, m과 달리 "이중 값"은 하우드스미트와 울렌베크가 "스핀(spin)"이라고 불렀던 전자의 고유한 성질을 나타내는 것이었다.[32] 전자의 "스핀"은 회전하는 물체를 연상시키는 불행한 선택이기는 했지만, 배타원리의 분명한 물리적 정당성을 제공하면서 동시에 원자 구조에 대한 이론에 남아 있던 몇 가지 문제를 해결한 순수한 양자 개념이었다.

스물네 살의 헤오르헤 울렌베크는 네덜란드 대사의 아들을 가르치는 가정교사로 로마에서 즐거운 시간을 즐겼다. 그는 라이덴 대학교에서 물리학 학사에 해당하는 학위를 받은 후인 1922년 9월부터 가정교사로 일했다. 더 이상 부모에게 재정적인 부담을 주고 싶지 않았던 울렌베크에게는 석사학위 공부를 하는 동안 자립할 수 있는 완벽한 기회였다. 공식적인 강의를 수강할 필요가 없었던 그는 필요한 것의 대부분을 책을 통해서 배웠고, 여름에만 대학에 돌아가면 되었다. 1925년 6월에 라이덴으로 돌아왔을 때 박사학위 공부를 계속할 것인지에 대해서 확신이 없었던 울렌베크는 아인슈타인이 1912년에 취리히로 떠난 후에 로런츠의 물리학 교수직을 물려받은 그의 지도교수 에렌페스트를 만나러 갔다.

1880년 빈에서 출생한 파울 에렌페스트는 위대한 볼츠만의 학생이었다. 에렌페스트는 수학자였던 러시아 출신의 아내 타티아나와 함께 빈, 괴팅겐, 세인트 피터스버그에서 물리학자로 생계를 이어가면서도 통계역학 분야에서 중요한 논문을 발표해왔다. 그는 로런츠의 후계자로 20년 동안 활동하면서 라이덴을 이론물리학의 중심으로 만들었고, 그 덕분에 이론물리학 분야에서 가장 존경받는 인물 중의 한 사람이 되었다. 그는 자신의 독창적인 이론보다는 물리학의 어려운 영역을 명쾌하게 만드는 능력을 가지고 있었던 것으로 알려졌다. 그의 친구였던 아인슈타인은 훗날 에렌페스트를 "이 분야에서 최고의 선생"이고, "사람들, 특히 자기 학생들의 발전과 운명에 대해서 열정적인 관심을 보였다"고 평가했다.[33] 에렌페스트가 방황하던 울렌베크에게 박사학위 과정을 시작하면서 2년 임기의 조수로 일하도록 해준 것도 그의 학생에 대한 깊은 관심 덕분이었다. 그의 제안은 거절할 수 없는 것이었다. 연구생들이 가능하면 공동으로 연구를 하도록 했던 에렌페스트는 그에게 사무엘 하우드스미트라는 또 한 사람의 대학원 학생을 소개해주었다.

하우드스미트는 울렌베크보다 한 살 반이 어렸지만, 이미 원자 스펙트럼에 관해서 좋은 논문을 발표했었다. 그는 울렌베크보다 조금 늦은 1919년에 라이덴에 도착했다. 울렌베크는 하우드스미트가 열여덟 살에 발표했던 첫 논문을 "자신감을 가장 건방지게 보여주었지만, 매우 훌륭한 논문"이라고 평가했다.[34] 그에 대한 불확실성을 고려하면, 분명히 유능하면서도 나이가 더 어린 공동연구자가 다른 사람들에게 부담스러울 수도 있었겠지만, 울렌베크에게는 그렇지 않았다. 하우드스미트는 말년에 "물리학은 창조적인 시, 작곡, 그림 그리기처럼 직업이 아니라 소명이었다"고 했다.[35] 그러나 그는 단순히 학교에서 과학과 수학을 좋아했기 때문에 물리학을 선택했다. 십대의 청소년 시기에 스스로 원자 스펙트럼의 미세 구조에서 규칙성을 분석하고 발견하는 숙제를 시작하면서 물리학에 대한 진정한 열정을 키우도록 해준 것은 에렌페스트였다. 하우드스미트는 가장 학구적인 학생은 아니었지만, 실험 데이터에서 의미를 찾아내는 훌륭한 능력을 가지고 있었다.

로마에서 지내던 울렌베크가 라이덴으로 돌아올 무렵에 하우드스미트는 일주일에 3일을 암스테르담에 있는 피터르 제이만의 분광학 실험실에서 보내고 있었다. 하우드스미트의 시험이 늦어지는 것에 대해서 조바심이 난 에렌페스트는 "스펙트럼 선 이외에는 아무것도 모르는 자네에게 무엇을 물어야 하는지를 알 수가 없다는 것이 문제다"라고 불평했다.[36] 분광학에 대한 그의 재주가 오히려 물리학자로서의 균형적인 성장에 부정적인 영향을 줄 것을 걱정했지만, 결국 에렌페스트는 하우드스미트로 하여금 울렌베크에게 원자 스펙트럼의 이론을 가르쳐주도록 했다. 울렌베크가 최신 연구의 동향을 파악하고 나자, 에렌페스트는 두 사람에게 외부 자기장에 의한 스펙트럼 선의 분리와 관련된 알칼리 이중선 문제를 연구하도록 했다. 하우드스미트는 "그는 아무것도 몰랐다. 그의 질문은 모두 내가 한 번도 들어본 적이 없는 것이었다"고 했다.[37] 많은 결점에도 불구하고 고전 물리학에 대해서 완벽한 지식을 가지고 있었던 울렌베크는 하우드스미트의 지식을 반박하는 학술적 질문을 던질 수 있었다. 각자가 상대로부터 배울 수 있도록 해주는 에렌페스트의 탁월한 선택이었다.

1925년 여름 동안 하우드스미트는 울렌베크에게 스펙트럼 선에 대해서 자신이 알고 있는 모든 것을 가르쳐주었다. 그러던 어느 날 두 사람은 배타원리에 대해서 논의했다. 하우드스미트는 배타원리를 원자 스펙트럼에 대한 위험스러운 혼란을 조금 정리해주는 임시방편적 규칙일 뿐이라고 생각했다. 그러나 울렌베크는 곧바로 파울리가 이미 포기해버렸던 아이디어를 떠올렸다.

전자는 아래위, 앞뒤, 양옆으로 움직일 수 있다. 물리학자들은 이런 움직임의 서로 다른 방법을 "자유도(自由度, degree of freedom)"라고 부른다. 각각의 양자수가 전자의 자유도에 대응한다는 사실에서부터 울렌베크는 파울리의 새로운 양자수가 전자의 추가적인 자유도의 존재를 뜻하는 것이라고 생각하게 되었다. 그런 울렌베크에게 4번째 양자수는 전자가 회전을 해야만 한다는 뜻이었다. 그러나 고전물리학에서의 스핀은 3차원에서의 회전 운동이다. 그래서 만약 전자도 지구가 자전축을 중심으로 회전하는 것과 같은 방법으로 회전(스핀)을 한다면 굳이 4번째 숫자는 필요하지 않았다. 파울리는 자신의 새로운 양자수가 "고전적인 견해로는 설명할 수 없는" 어떤 것을 뜻한다고 주장했다.[38]

고전물리학에서는 일상적인 스핀에 해당하는 각운동량이 임의의 방향을 가리킬 수 있다. 울렌베크가 제안하는 것은 양자 스핀이었다. 스핀 "업" 과 스핀 "다운"의 "이중 값" 스핀에 해당하는 것이었다. 그는 두 개의 스핀 상태가 원자핵을 중심으로 수직축에 대해서 전자가 시계 방향이나 시계 반대방향으로 회전하는 것에 해당한다고 생각했다. 결국 전자는 그런 회 전에 의해서 스스로의 자기장을 만들어내는 작은 막대자석처럼 행동한다 는 것이다. 전자는 외부 자기장에 대해서 같은 방향이나 반대 방향을 향하 게 된다. 처음에 한 전자는 스핀 "업"이고 다른 전자는 스핀 "다운"이라면 허용된 전자 궤도가 두 개의 전자를 수용할 수 있다고 믿었다. 그러나 두 스핀 방향은 아주 비슷하지만 정확하게 같지는 않은 에너지를 가지고 있 기 때문에 스펙트럼에서 하나의 선이 아니라 아주 가까이 있는 2개의 선 을 가진 알칼리 이중선으로 나타나는 2개의 조금 다른 에너지 레벨을 만 들어낸다.

울렌베크와 하우드스미트는 전자 스핀이 +1/2과 −1/2의 값을 가질 수 있기 때문에 4번째 양자수가 "이중 값"이어야 한다는 파울리의 구속 조건 을 만족한다는 사실을 밝혀냈다.[39]

10월 중순에 울렌베크와 하우드스미트는 1쪽짜리 논문을 써서 에렌페 스트에게 주었다. 그는 저자의 이름을 알파벳 순서와 반대로 쓸 것을 제안 했다. 하우드스미트는 이미 원자 스펙트럼에 대해서 여러 편의 좋은 논문 을 발표했기 때문에 에렌페스트는 사람들이 울렌베크를 더 어린 공저자로 여기게 될 것을 걱정했다. 하우드스미트는 "스핀을 생각해낸 것이 울렌베 크였기 때문에" 그의 제안에 동의했다.[40] 그러나 에렌페스트는 개념 자체 의 정당성에 대해서는 확신이 없었다. 그는 로런츠에게 "아주 재치 있는 아이디어에 대한 의견과 충고"를 부탁했다.[41]

은퇴 후에 할렘에 살고 있던 일흔두 살의 로런츠는 여전히 일주일에 한 번씩 라이덴으로 가서 강의를 했다. 어느 월요일 아침에 강의를 마친 그는 울렌베크와 하우드스미트를 만났다. 울렌베크는 "로런츠가 우리를 낙담시키지는 않았다. 평소 말이 많지 않았던 그는 재미있는 아이디어에 대해서 생각해보겠다"고 말했다.[42] 한두 주일이 지난 후에 의견을 들으러 간 울렌베크는 로런츠로부터 바로 그 스핀의 개념을 반박하는 계산으로 가득 채워진 서류 더미를 받았다. 로런츠는 회전하는 전자의 표면에 있는 한 점은 빛의 속도보다 더 빠른 속도로 움직여야 하는데, 그것은 아인슈타인의 특수상대성이론 때문에 불가능하다는 것이었다. 그리고 또다른 문제도 발견되었다. 전자의 스핀에서 예측되는 알칼리 이중 스펙트럼 선들 사이의 간격이 측정한 값의 2배였다는 것이다. 울렌베크는 에렌페스트에게 논문을 제출하지 말아달라고 요청했다. 그러나 너무 늦었다. 그는 이미 논문을 학술지에 보낸 후였다. 에렌페스트는 "자네들은 충분히 젊어서 그 정도의 실수는 감당할 수 있네"라고 위로했다.[43]

11월 20일에 발표된 논문을 본 보어는 매우 회의적이었다. 다음 달에 그는 로런츠의 학위 취득 50주년을 기념하는 모임에 참석하러 라이덴에 갔다. 그의 기차가 함부르크에 도착했을 때, 플랫폼에서 기다리고 있던 파울리가 보어에게 전자 스핀에 대해서 어떻게 생각하는지를 물어보았다. 보어는 개념이 "매우 흥미롭다"고 했다. 그의 진부한 표현은 전자 스핀이 잘못된 것으로 생각한다는 뜻이었다. 그는 양전하를 가진 핵의 전기장에서 움직이는 전자가 미세구조를 만들어내기 위해서 필요한 자기장을 어떻게 느낄 수 있는지를 걱정했다. 라이덴에 도착했을 때, 스핀에 대한 그의 의견을 알고 싶어 안달하던 두 사람이 기차역에서 보어를 기다리고 있었다. 아인슈타인과 에렌페스트였다.

자기장에 대한 자신의 반대 의견을 설명한 보어는 아인슈타인이 상대성이론을 이용해서 이미 그 문제를 해결했다는 에렌페스트의 말을 듣고 깜짝 놀랐다. 훗날 보어는 아인슈타인의 설명이 "완벽한 계시"였다고 인정했다. 이제 그는 전자 스핀에 대해서 남아 있는 문제가 곧바로 해결될 것이고 확신하게 되었다. 로런츠의 반대는 자신이 달인이었던 고전물리학을 근거로 한 것이었다. 그러나 전자 스핀은 양자적 개념이었다. 그래서 이 별난 문제는 처음 생각했던 것보다 훨씬 덜 심각한 것이었다. 영국의 물리학자 루엘린 토머스가 두 번째 문제를 해결했다. 그는 핵 주위의 궤도에서 전자의 상대적 움직임에 대한 계산에서의 오류 때문에 이중선의 간격이 2배가 되었다는 사실을 밝혔다. 보어는 1926년 3월에 "우리의 슬픔이 끝나가고 있다는 확신이 그렇게 흔들려본 적이 없었다"고 썼다.[44]

돌아가던 길에 보어는 양자 스핀에 대한 그의 의견을 듣고 싶어하는 더 많은 물리학자들을 만났다. 그의 기차가 괴팅겐에 멈추었을 때는 몇 달 전까지 보어의 조수였던 베르너 하이젠베르크가 파스쿠알 요르단과 함께 기차역에서 기다리고 있었다. 그는 그들에게 전자 스핀이 대단한 발전이라고 말했다. 그리고 그는 베를린에 가서 양자의 공식 탄생일인 1900년 12월 플랑크의 유명한 독일물리학회 강연 25주년 기념식에 참석했다. 덴마크 청년에게 다시 한번 질문을 하기 위해서 함부르크에서 온 파울리가 기차역에서 기다리고 있었다. 걱정했던 것처럼 보어는 마음을 바꾸어서 이제는 전자 스핀의 선지자가 되어 있었다. 그를 개종시키려던 초기의 시도에도 꿈쩍하지 않았던 파울리는 양자 스핀을 "새로운 코펜하겐의 이단자"라고 불렀다.[45]

한 해 전에 그는 스물한 살의 독일계 미국인 랄프 크로니히가 처음 제안했던 전자 스핀의 아이디어를 묵살했었다. 컬럼비아 대학교에서 박사학위를 받고 나서 2년 동안 유럽의 선도적인 물리학의 중심지를 두루 여행하던 크로니히는 보어 연구소에서 10개월을 지내기 전인 1925년 1월 9일에 튀빙겐에 도착했다. 비정상 제이만 효과에 관심이 있었던 크로니히는 자신의 초청자였던 알프레트 란데로부터 다음날 파울리가 도착한다는 말을 듣고 들떠 있었다. 그는 자신의 논문을 발표하기 전에 배타원리에 대해서 란데와 이야기를 나누려고 오는 중이었다. 조머펠트에게 수학한 후에 프랑크푸르트에서 보른의 조수로 일했던 란데는 파울리가 높이 평가하는 사람이었다. 란데는 크로니히에게 한 해 전 11월에 그에게 쓴 파울리의 편지를 보여주었다.

파울리는 일생에 걸쳐 수천 통의 편지를 썼다. 그의 명성이 높아지고,

편지의 수가 늘어나면서 그의 편지는 더욱 높이 평가되었고, 서로 돌려보기도 하고, 연구의 대상이 되기도 했다. 풍자적인 재치가 몸에 밴 보어에게 파울리의 편지는 사건이었다. 그는 며칠 동안 편지를 양복 주머니에 넣고 다니면서 파울리가 파헤치고 있던 문제나 아이디어에 조금이라도 관심이 있는 사람들에게 그의 편지를 보여주었다. 보어는 답장을 쓴다는 핑계로 파이프를 피우면서 앞에 앉아 있는 파울리와 가상적인 대화를 나누었다. 언젠가 그는 "어쩌면 우리 모두가 파울리를 두려워한다. 그러나 다른 한편으로는 우리가 감히 인정하지는 않지만, 그를 그렇게 두려워하지 않기도 한다"고 장난스럽게 말하기도 했다.[46]

훗날 크로니히는 란데에게 보낸 파울리의 편지를 읽던 중에 "탐구심이 발동했다"고 기억했다.[47] 파울리는 원자 속에 있는 모든 전자를 고유한 4개의 양자수로 구분할 필요성과 그 결과에 대해서 설명했다. 크로니히는 즉시 4번째 양자수의 가능한 물리적 해석에 대해서 생각해보았고, 전자가 축에 대해서 회전하는 아이디어를 떠올렸다. 그는 곧바로 그렇게 회전하는 전자에 관련된 어려움도 인식했다. 그러나 그것이 "대단히 매력적인 아이디어"라고 생각한 크로니히는 그날의 나머지 시간 동안 이론을 발전시키고 계산을 하는 일을 했다.[48] 그는 울렌베크와 하우드스미트가 11월에 발표한 결과의 거의 대부분을 확인했다. 그는 자신이 얻은 결과를 란데에게 설명했고, 두 사람은 파울리가 도착해서 자신들의 결과에 동의해줄 것을 초조하게 기다리게 되었다. 크로니히는 파울리가 전자 스핀의 개념에 대해서 "정말 재치 있는 아이디어가 분명하지만, 자연은 그와 비슷하지 않아요"라고 비웃자 깜짝 놀랐다.[49] 파울리가 그의 제안에 대해서 너무 심하게 반박했기 때문에 란데는 사태를 수습하기 위해서 애를 썼다. "그렇지, 파울리가 그렇게 말했다면, 그것은 그와 비슷하지 않을 것이야."[50] 낙심한 크로니히는 그 아이디어를 포기해버렸다.

그러나 전자 스핀의 아이디어가 곧바로 받아들여지는 것을 보고 화를 참을 수 없었던 크로니히는 1926년 3월에 보어의 조수인 헨드릭 크라머스에게 편지를 썼다. 그는 크라머스에게 자신이 최초로 전자 스핀을 제안했지만, 파울리의 조롱 때문에 발표를 하지 못했다는 사실을 다시 말해주었다. 그는 너무 늦게 교훈을 알게 되었다면서 "앞으로는 내 자신의 판단을 더 신뢰하고, 다른 사람의 판단은 믿지 않을 것이다"라고 후회했다.[51] 크로니히의 편지에 마음이 상한 크라머스는 그 편지를 보어에게 보여주었다. 코펜하겐에 머물던 크로니히가 자신은 물론이고 다른 사람들에게도 전자 스핀에 대해서 논의했을 때 자신도 그의 제안을 외면했던 사실을 분명하게 기억했던 보어는 스스로 "실망했고 깊이 후회하오"라는 편지를 보냈다.[52] 크로니히는 "언제나 자신의 의견에 대해서는 빌어먹을 정도로 확신에 차 있고, 우쭐거리면서 잘난 체 하는 물리학자들에게 내팽개쳐지고 싶지 않았더라면, 그 문제에 대해서 언급조차 하지 말았어야 했습니다"라고 답장을 보냈다.[53]

박탈감에도 불구하고 분별력이 있었던 크로니히는 보어에게 "하우드스미트와 울렌베크가 아주 즐겁지는 않을 것"이기 때문에 자신의 유감스러운 일에 대해서 공개적으로 언급하지 말아달라고 부탁했다.[54] 그는 두 사람이 아무 잘못도 저지르지 않았다는 사실을 알고 있었다. 그러나 하우드스미트와 울렌베크도 무슨 일이 있었는지를 알게 되었다. 훗날 울렌베크는 공개적으로 자신과 하우드스미트가 "전자의 양자적 회전을 최초로 제안한 사람이 아닌 것이 분명하고, 크로니히가 1925년 봄에 우리가 찾아낸 아이디어의 핵심 부분을 예상했지만, 파울리 때문에 자신의 결과를 발표하지 못했다는 것이 분명하다"고 인정했다.[55] 어느 물리학자는 하우드스미트에게 그것은 "신의 무오류성이 이 세상의 자칭 목사에게까지 적용되지는 않는다"는 증거라고 말했다.[56]

개인적으로 보어는 크로니히가 "어리석었다"고 생각했다.[57] 만약 자신의 아이디어가 옳다는 확신이 있었다면, 다른 사람들이 어떻게 생각하는지에 상관없이 발표를 했었어야만 했다. "발표하지 않으면 망한다"는 것은 과학에서 절대 잊지 말아야 할 법칙이다. 크로니히도 마음속으로는 비슷한 결론을 얻었을 것이다. 1927년 말이 되면서 전자 스핀을 놓쳐버린 실망감 속에서 파울리에 대한 그의 섭섭한 마음도 크게 잦아들었다. 겨우 스물여덟 살이었던 파울리는 취리히에 있는 ETH의 이론물리학 교수로 임명되었다. 그는 다시 코펜하겐에서 시간을 보내고 있던 크로니히에게 자신의 조수가 되어주도록 요청했다. 크로니히가 그의 제안을 받아들인 후에 파울리는 "내가 무슨 이야기를 할 때마다 자세한 근거를 가지고 반박"을 해 달라는 편지를 보냈다.[58]

1926년 3월에 파울리가 전자 스핀을 반대하도록 만들었던 문제는 모두 해결되었다. 그는 보어에게 "이제는 완전히 항복하는 것 이외에는 내가 할 수 있는 일이 아무것도 없습니다"라는 편지를 썼다.[59] 세월이 흐른 후에 대부분의 물리학자들은 하우드스미트와 울렌베크가 노벨상을 받았을 것이라고 생각했다. 어쨌든 전자 스핀은 전혀 새로운 양자 개념으로 20세기 물리학의 중요한 아이디어 중 하나였다. 그러나 파울리-크로니히 사건이 노벨상 위원회로 하여금 두 사람에게 자신들의 권위 있는 상을 주는 것을 꺼리도록 만들어버렸다. 파울리는 크로니히를 말렸던 일에 죄책감을 느꼈다. 그는 배타원리의 발견에 대한 공로로 1945년 노벨상을 받았지만, 두 사람의 네덜란드 청년들은 노벨상을 거부당했다. 훗날 그는 "젊었을 때 내가 너무 어리석었다!"고 말했다.[60]

1927년 7월 7일에 울렌베크와 하우드스미트는 한 시간도 안 되는 시간 간격으로 박사학위를 받았다. 언제나 사려 깊었던 에렌페스트는 관례를 무시하고 그렇게 주선을 했다. 그는 또한 두 사람 모두에게 미시간 대학교의 일자리를 마련해주었다. 말년에 하우드스미트는 일자리가 많지 않았던 당시 상황에서 미국의 일자리는 "나에게 노벨상보다 훨씬 더 중요했다"고 말했다.[61]

하우드스미트와 울렌베크는 기존의 양자이론이 그 응용성의 한계에 도달했다는 최초의 확실한 근거를 제공했다. 전자 스핀이라는 양자 개념에 대응하는 고전적 개념이 없었기 때문에 이론학자들은 더 이상 기존 물리학의 한 조각을 "양자화"하기 전에 근거를 확보하려는 목적으로 고전역학을 이용하지 못하게 되었다. 파울리와 두 네덜란드 스핀 닥터들의 발견에 의해서 "낡은 양자이론"은 성공의 막을 내리게 되었다. 일종의 위기의식이 있었다. 물리학의 상황은 "방법론적 시각에서 보면 논리적이고 일관된 이론보다 가설, 원리, 법칙, 계산 요령이 통탄스러울 정도로 뒤죽박죽이 된 상태였다."[62] 발전은 대부분 과학적 합리성보다 교묘한 추측과 직관에 의한 것이었다.

파울리는 배타원리를 발견하고 6개월 정도 지난 1925년 5월에 "현재의 물리학은 다시 매우 혼란스러워졌습니다. 어쨌든 나에게는 너무 복잡합니다. 영화 속 코미디언과 같은 사람이 되어서 물리학에 대해서 아무것도 듣지 않았으면 좋겠다고 생각합니다"라고 크로니히에게 편지에 썼다.[63] "그럼에도 불구하고 나는 보어가 새로운 아이디어로 우리를 구원해주기를 바랍니다. 서둘러 그렇게 해주기를 바라고, 나에게 베풀어준 모든 친절과 인내에 대해서 인사와 감사의 뜻을 전하고 싶습니다." 그러나 보어는 "우리가 현재 직면하고 있는 이론적 어려움"에 대한 어떤 답도 가지고 있지 않았다.[64] 그해 봄의 상황으로는 오직 양자 마술사가 등장해야만 애타게 기다리던 "새로운" 양자이론, 즉 양자역학(量子力學, quantum mechanics)을 찾아낼 수 있을 것 같았다.

8

양자 마술사

「운동학과 역학적 관계에 대한 양자이론적 재해석에 대하여」는 모든 사람이 기다려왔고, 몇 사람은 자신들이 직접 쓰고 싶어했던 논문이었다. 『물리학 잡지』의 편집자는 1925년 7월 29일에 그 논문을 접수했다. 과학자들이 "초록(abstract)"이라고 부르는 서문에서 저자는 "오로지 원리적으로 측정할 수 있는 양 사이의 관계만을 근거로 이론 양자역학의 기반을 정립하겠다"는 자신의 야심찬 계획을 과감하게 제시했다. 대략 15페이지 정도 지나서 그의 목표에 도달한 베르너 하이젠베르크는 미래 물리학의 기반을 제시했다. 도대체 이 젊은 독일 신동은 누구이고, 다른 모든 사람들이 실패한 문제를 어떻게 성공적으로 해결했을까?

베르너 카를 하이젠베르크는 1901년 12월 5일 독일 뷔르츠부르크에서 태어났다. 전국에서 유일하게 뮌헨 대학교의 비잔틴 철학 교수에 임명된 아버지와 함께 가족이 바이에른의 수도[뮌헨]로 이사를 간 것은 그가 여덟 살 때였다. 하이젠베르크와 그보다 거의 두 살이 많았던 형 에르빈에게는 도시의 북쪽 외곽에 있는 부촌인 슈바빙에 넓은 아파트가 생겼다는 뜻이었다. 그들은 40여 년 전 막스 플랑크가 다녔던 명문 막시밀리안 김나지움을 다녔다. 그들의 할아버지가 교장으로 있는 학교이기도 했다. 교장의 손자들을 다른 학생들보다 더 관대하게 대해주고 싶은 유혹을 느꼈던 교사들도 있었지만, 곧 그럴 필요가 없다는 사실을 깨달았다. 베르너를 첫 1년 동안 가르쳤던 교사는 "그는 무엇이 핵심인지를 찾아내는 눈을 가지고 있었고, 사소한 일로 시간을 낭비하지 않았다"고 했다.[1] "문법과 수학에서 그의 사고 과정은 아주 빠르게 작동했고, 대부분의 경우에는 실수도 없었다"고 했다.

영원한 선생이었던, 아우구스트 하이젠베르크의 아버지는 베르너와 에르빈을 위해서 온갖 종류의 지적 게임을 고안했다. 특히 그는 수학 게임과 문제 풀이를 강조했다. 두 형제가 경쟁적으로 문제를 푸는 과정에서 베르너가 수학적으로 재능이 더 뛰어나다는 사실이 분명해졌다. 베르너는 열두 살 무렵부터 미적분을 배우기 시작했고, 아버지에게 대학 도서관에서 수학책을 가져다달라고도 했다. 아들의 어학 능력을 키워줄 기회라고 생각했던 아버지는 그리스어와 라틴어로 쓴 책들을 가져다주기 시작했다. 베르너는 그리스 철학자들의 작품에 매력을 느끼기 시작했다. 그러나 그의 편안하고 안전한 세계는 제1차 세계대전이 시작되면서 끝이 나버렸다.

전쟁이 끝나면서 독일 전체가 정치적, 경제적 혼란 속으로 빠져들어갔지만, 뮌헨과 바이에른 주만큼 심각한 혼란을 경험한 곳도 없었다. 1919년 4월 7일에 극단적인 사회주의자들이 바이에른 주를 "소비에트 공화국"으로 선포했다. 베를린에서 보낸 군대가 도착해서 밀려났던 정부가 복귀하기를 기다리는 동안에 혁명에 반대하던 사람들은 스스로 군대식 단체를 조직했다. 하이젠베르크와 몇몇 친구들도 그런 단체에 합류했다. 그의 임무는 대체로 보고서를 쓰고 잡일을 하는 것이었다. 훗날 하이젠베르크는 "우리의 모험은 몇 주일 만에 끝났고, 발포 사건이 줄어들면서 부대 생활은 점점 더 단조로워졌다"고 회고했다.[2] 5월의 첫 주가 끝나갈 무렵 "소비에트 공화국"을 무자비하게 진압하는 과정에서 1,000명 이상의 사망자가 발생했다.

전후의 엄혹한 현실을 경험하게 된 하이젠베르크와 같은 젊은 중산층 청소년들은 파스파인더와 같은 독일식 보이스카우트 조직에 들어가면서 영광스러웠던 과거의 낭만적인 이상에 빠져들었다. 더 많은 독립성을 원했던 청소년들은 스스로의 그룹이나 클럽을 조직하기도 했다. 하이젠베르크도 학교의 후배들로 구성된 그런 그룹의 대표였다. 스스로 하이젠베르크 그룹이라고 부르던 그들은 바이에른 주의 시골로 하이킹이나 캠핑을 가서 자신들이 만들어갈 새 세상에 대해서 이야기를 나누었다.

1920년 여름에 권위 있는 장학금을 받을 정도로 어렵지 않게 김나지움을 졸업한 베르너 하이젠베르크는 뮌헨 대학교에서 수학을 공부하고 싶어 했다. 그러나 면접에서의 치명적인 실수 때문에 기회를 놓쳐버리자 낙담한 하이젠베르크는 아버지에게 조언을 구했다. 그는 아들에게 아르놀트 조머펠트를 만날 수 있도록 약속을 해주었다. 하이젠베르크는 "도전적이고 짙은 콧수염에 작고 땅딸막한 모습의 근엄해 보이는 사람"을 두려워하지 않았다.[3] 오히려 그의 외모에도 불구하고 "젊은 사람들에 대해서 진심으로 관심을 가진" 사람이라고 느꼈다.[4] 아우구스트 하이젠베르크는 조머펠트에게 자신의 아들이 특히 상대성과 원자물리학에 관심이 있다고 미리 말해두었다. 그는 베르너에게 "너무 욕심이 많다"고 했다.[5] "가장 어려운 문제에서 시작함으로써 나머지는 자동적으로 굴러들어올 것이라고 기대하지 말아야 한다." 언제나 숨은 인재를 격려하고, 그런 인재를 찾아서 길러주려고 애쓰던 그가 부드럽게 말했다. "자네가 어느 정도 알고 있을 수도 있고, 전혀 모르고 있을 수도 있으니, 한번 살펴보기로 하자."[6]

조머펠트는 열여덟 살의 청년에게 상급생들을 위한 연구 세미나에 참석하도록 해주었다. 하이젠베르크는 운이 좋았다. 그로부터 몇 년 동안 조머펠트의 연구소는 코펜하겐에 있는 보어의 연구소와 괴팅겐에 있는 보른의 연구진과 함께 양자 연구를 수행하는 황금의 삼각형을 형성하게 된다. 처음으로 세미나에 참석했던 하이젠베르크는 "세 번째 줄에 앉아 있는 짙은 머리와 약간 신비스러운 얼굴을 가진 학생을 주목했다."[7] 볼프강 파울리였다. 이미 조머펠트는 첫 방문 때 연구소를 둘러보던 그에게 통통한 빈 청년을 소개해주었다. 파울리가 자신들의 이야기를 들을 수 없는 거리에 있을 때, 조머펠트 교수는 하이젠베르크에게 주저하지 않고 그 학생을 자신의 가장 유능한 학생으로 생각하고 있다고 말해주었다. 그에게 많은 것을 배울 수 있을 것이라는 조머펠트의 충고를 기억한 하이젠베르크는 파울리 옆에 자리를 잡았다.

"전형적인 경기병(輕騎兵) 장교처럼 보이지?" 조머펠트가 들어서자 파울리가 작은 소리로 말했다.[8] 더 친밀한 개인적 우정의 꽃을 피우지는 못했지만, 평생 이어진 직업적 관계는 그렇게 시작되었다. 두 사람은 너무 달랐다. 파울리보다 더 조용하고 친절했던 하이젠베르크는 파울리처럼 노골적이고 비판적이지 않았다. 자연을 좋아했던 그는 친구들과의 하이킹과 캠핑을 좋아했다. 그러나 파울리는 카바레, 술집, 카페를 좋아했다. 매일 하이젠베르크가 반나절을 일하는 동안 파울리는 침대에서 잠에 빠져 있었다. 그런데도 파울리는 하이젠베르크에게 상당한 영향을 주었지만, 기회만 있으면 빈정대는 투로 그에게 "넌 정말 바보다"라고 했다.[9]

자신은 상대성이론에 대해서 화려한 해설을 쓰고 있었지만, 하이젠베르크로 하여금 아인슈타인의 이론에서 벗어나서 자신의 이름이 붙여진 더욱 비옥한 연구 분야가 된 양자원자(quantum atom)로 방향을 바꾸도록 만든 것도 파울리였다. 파울리는 하이젠베르크에게 "원자물리학에는 아직도 해석하지 못한 실험 결과가 엄청나게 많다"고 말했다. "한 곳에서 자연이 제공한 증거가 다른 곳에서의 결과와 맞지 않는 것처럼 보임으로써 지금까지는 관련된 관계에 대해서 일관성 있는 이해에 절반도 가까이 가지 못했다."[10] 파울리는 모두가 앞으로도 몇 년 동안 "짙은 안개 속에서 손으로 더듬게 될 것"이라고 생각했다.[11] 그의 말을 듣고 있던 하이젠베르크는 대책 없이 양자의 세계로 끌려들어갔다.

조머펠트는 하이젠베르크에게 원자물리학의 "작은 문제"를 주었다. 그는 자기장에서 스펙트럼 선의 분리에 대한 몇 가지 새로운 자료를 분석해서 그런 분리를 재현하는 공식을 만들 것을 요구했다. 파울리는 하이젠베르크에게 그런 자료를 파헤쳐서 새로운 법칙을 찾아내는 것이 조머펠트가 원하는 것이라고 알려주었다. 파울리에게 그런 자세는 "일종의 수비주의(數秘主義, number mysticism)에 가까운 것"처럼 보였지만, 그는 "아무도 더 나은 방법을 제안하지 못했다"는 사실을 인정했다.[12] 배타원리와 전자 스핀은 여전히 미래의 일이었다.

하이젠베르크는 양자물리학에서 이미 인정되고 있는 법칙과 규정에 대해서 무지했던 탓에 더 조심스럽고 합리적인 방법에 익숙한 다른 사람들이 망설이는 곳에도 발을 들여놓을 수 있었다. 그가 비정상(非正常) 제이만 효과를 설명하는 것처럼 보였던 이론을 만들 수 있었던 것도 그런 이유 때문이었다. 초안을 묵살당한 하이젠베르크는 조머펠트가 자신의 가장 새로운 결과를 발표할 수 있도록 허락해주자 마음이 놓였다. 그의 첫 과학 논문은 비록 훗날 옳지 않은 것으로 밝혀지기는 했지만 유럽의 선도적 물리학자들에게 하이젠베르크를 주목하게 만들었다. 자리에서 일어나서 그를 주목했던 사람들 중 한 사람이 바로 보어였다.

그들이 처음 만났던 것은 1922년 6월 괴팅겐에서였다. 조머펠트가 몇 명의 학생과 함께 원자물리학에 대한 보어의 강의를 들으러 왔다. 하이젠베르크는 보어의 정확한 단어 선택에 놀랐다. "조심스럽게 짜여진 그의 문장 하나하나가 암시된 적은 있었지만, 한번도 완전히 표현된 적이 없었던 핵심적 사고와 철학적 생각의 사슬을 드러내서 보여주었다."[13] 보어가 상세한 계산보다는 직관과 영감을 통해서 자신의 결론을 찾아낸다는 사실을 파악한 사람은 그만이 아니었다. 세 번째 강연이 끝났을 때, 하이젠베르크가 일어나서 보어가 칭찬했던 논문에 남아 있던 몇 가지 문제를 지적했다. 질의응답 시간이 끝나고 사람들이 서로 어울리기 시작했을 때, 보어는 스무 살의 젊은 하이젠베르크를 찾아와서 그날 늦게 자신과 함께 산책하지 않겠느냐고 물었다. 근처의 산으로 향한 그들의 산보는 대략 3시간이나 이어졌고, 훗날 하이젠베르크는 "나의 진정한 과학자 생활은 그날 오후에 비로소 시작되었다"고 적었다.[14] 그는 "양자이론의 개척자 중의 한 사람이 양자이론의 문제에 대해서 깊이 고민하고 있는 모습"을 처음으로 보게 되었다.[15] 보어로부터 한 한기 동안 코펜하겐에 머물도록 초청을 받은 하이젠베르크는 갑자기 "희망과 새로운 가능성으로 가득 채워진" 자신의 미래를 보았다.[16]

코펜하겐에 가기까지는 시간이 필요했다. 조머펠트는 미국으로 여행을 떠날 예정이었고, 자신이 없는 동안 하이젠베르크가 괴팅겐에서 막스 보른과 함께 연구를 하도록 주선해주었다. 비록 그가 "짧은 금발과 맑고 큰 눈과 매력적인 표정을 가진 소박한 시골 소년"처럼 보였지만, 보른은 곧바로 그가 겉으로 보이는 것보다 훨씬 더 많은 것을 내부에 가지고 있다는 사실을 알아차렸다.[17] 보른은 아인슈타인에게 그가 "파울리만큼 재능이 있습니다"라고 편지를 썼다.[18] 뮌헨으로 돌아온 하이젠베르크는 난류(亂流, turbulence)에 대한 자신의 박사학위 논문을 완성했다. 하이젠베르크는 물리학에 대한 지식과 이해의 폭을 넓히기 위해서 그런 주제를 선택했다. 그러나 그는 구두시험에서 망원경의 분해능(分解能, resolving power)과 같은 간단한 문제에도 답을 하지 못해서 박사학위를 받지 못할 뻔했다. 실험물리학의 책임자였던 빌헬름 빈은 배터리의 작동원리를 설명하려고 애쓰는 하이젠베르크에게 실망하기도 했다. 그는 건방진 이론학자를 낙제를 시키고 싶었지만, 조머펠트와 타협을 했다. 하이젠베르크는 2번째로 낮은 점수인 3등급으로 박사학위를 받게 되었다. 파울리는 1등급으로 합격을 했다.

부끄러웠던 그는 그날 밤에 가방을 싸서 밤차에 올랐다. 뮌헨에 한시도 더 머물 수 없었던 그는 괴팅겐으로 탈출했다. 훗날 보른은 "어느 날 아침 약속 시간보다 훨씬 이른 시각에 그가 몹시 부끄러워하는 표정으로 내 앞에 나타나서 놀랐다"고 기억했다.[19] 그는 걱정스러운 표정으로 자신의 구두시험에 대해서 이야기하고, 자신은 더 이상 조수로 일할 수 없을 것이라고 걱정했다. 이론물리학에 대한 괴팅겐의 높아져가고 있던 명성을 지키고 싶었던 보른은 하이젠베르크가 다시 일어설 것이라고 확신했고, 그에게도 그렇게 말했다.

보른은 물리학을 바닥에서부터 다시 쌓아올려야만 한다고 믿고 있었다. 보어-조머펠트의 양자원자에서 양자 규칙과 고전물리학이 뒤죽박죽된 이론은 보른이 "양자역학"이라고 불렀던 논리적으로 일관된 새로운 이론으로 대체되어야만 했다. 원자이론의 문제를 해결하기 위해서 노력하는 물리학자들에게 이런 생각은 새로운 것이 아니었다. 그러나 이런 상황은 원자 세계의 루비콘 강을 건널 능력이 없었던 1923년의 물리학자들이 느끼고 있던 위기감의 신호였다. 파울리는 이미 사람들에게 큰 목소리로 비정상 제이만 효과를 설명하지 못하는 것이 "근본적으로 새로운 이론을 만들어야만 한다"는 증거라고 밝히고 있었다.[20] 보어를 만난 하이젠베르크는 보어가 그런 돌파구를 만들어줄 가능성이 가장 높은 사람이라고 믿었다.

파울리는 1922년 가을부터 코펜하겐에서 보어의 조수로 일하기 시작했다. 그와 하이젠베르크는 규칙적으로 주고받은 편지를 통해서 각자의 연구소에서 가장 최근에 얻은 결과를 서로 알려주고 있었다. 파울리와 마찬가지로 하이젠베르크도 역시 비정상 제이만 효과에 대한 일을 하고 있었다. 1923년 크리스마스 직전에 그는 자신의 가장 최근 노력에 대해서 보어에게 편지를 보냈고, 코펜하겐에서 몇 주일을 함께 지내자는 초청을 받았다. 1924년 3월 15일 토요일에 하이젠베르크는 블라이담스바이 가 17번지에 있는 붉은 타일 지붕을 가진 신고전주의풍의 3층 건물 앞에 서 있었다. 출입문 위에 설치된 "이론물리학 대학연구소" 간판이 방문객을 환영하고 있었다. 보어 연구소로 더 잘 알려진 곳이었다.

하이젠베르크는 곧바로 건물의 절반에 해당하는 지하와 1층만 물리학에 사용되고 있다는 사실을 알게 되었다. 나머지는 숙소로 남겨둔 공간이었다. 보어와 그의 대가족은 2층 전체를 우아하게 꾸며서 살고 있었다. 가정부, 관리인, 귀빈들은 3층을 썼다. 1층에는 6줄의 긴 나무 벤치가 있는 강의실 이외에 책이 가득 찬 도서실, 그리고 보어와 조수를 위한 사무실들이 있었다. 그리고 방문자를 위한 아담한 크기의 연구실도 있었다. 그 이름과 달리 연구소에는 2층에 2개의 작은 실험실이 있었고, 중앙 도서관은 지하에 있었다.

연구소는 6명의 상근 연구원과 거의 10여 명의 방문객을 위한 공간을 마련하기 위해서 애쓰고 있었다. 보어는 이미 확장 계획을 세우고 있었다. 그로부터 2년 동안 인접한 토지를 구입해서 2동의 새 건물을 세우면서 연구소의 공간은 2배로 늘어났다. 아파트에 살던 보어와 그의 가족은 옆에 특별히 세워진 큰 집으로 옮겼다. 연구소를 확장하면서, 본래의 건물을 개조한 덕분에 더 큰 사무실 공간과 식당이 생겼고, 3층에는 모든 것이 갖추어진 방 3개의 거주 공간이 마련되었다. 파울리와 하이젠베르크가 말년에 자주 머물렀던 곳이 바로 그곳이었다.

연구소의 누구도 아침에 우편물이 도착하는 시간을 놓치고 싶어하지 않았다. 부모와 친구의 편지도 언제나 환영을 받았지만, 물리학의 최전선에서 뉴스 속보를 전해준 것은 멀리 떨어진 동료들의 편지와 학술지였다. 대부분의 경우에는 그랬지만 모든 것이 물리학을 중심으로 돌아가는 것은 아니었다. 음악의 밤, 탁구 경기, 하이킹 여행, 최신 영화를 보기 위해서 외출하는 경우도 있었다.

큰 기대를 가지고 도착했던 하이젠베르크에게 연구소에서 보낸 처음 며칠은 몹시 실망스러운 것이었다. 출입문을 들어서면서부터 보어와 함께 시간을 보내게 될 것이라고 기대했지만, 실제로는 그를 거의 만날 수가 없었다. 일등에 익숙했던 하이젠베르크는 갑자기 보어 주위를 둘러싸고 있는 여러 나라에서 온 똑똑하고 젊은 물리학자들과 마주치게 되었다. 그는 주눅이 들었다. 몇 가지 언어를 사용하는 그들과 달리 그는 자신의 생각을 독일어로 분명하게 표현하기도 어려웠다. 고작 친구들과 시골길 산책을 즐겨야 했던 하이젠베르크는 연구소의 모든 사람들이 자신에게는 없는 세속적인 능력을 가지고 있다고 생각했다. 그러나 그들이 원자물리학에 대해서 자신보다 훨씬 더 많이 알고 있다는 사실만큼 그를 절망시킨 것은 없었다.

자존심의 상처를 지우려고 애쓰던 하이젠베르크는 과연 자신이 보어와 함께 일을 할 수 있을 것인지가 걱정스러웠다. 그가 방에 앉아 있을 때 노크 소리가 나고, 보어가 들어왔다. 자신이 너무 바빴던 것에 대해서 사과를 한 보어는 둘이 함께 짧은 도보 여행을 떠나자고 제안했다. 연구소에서는 두 사람이 충분한 이야기를 나눌 수 있을 정도로 시간을 낼 수 없을 것이라고 했다. 며칠 동안 걸으면서 이야기를 나누는 것보다 더 좋은 방법이 있겠는가? 그것이 보어가 가장 즐기는 취미였다.

그들은 다음 날 아침 일찍 기차를 타고 북쪽 교외로 가서 여행을 시작했다. 보어는 하이젠베르크에게 어린 시절과 10년 전 전쟁이 시작되었을 때의 기억에 대해서 물었다. 북쪽으로 걷는 동안 그들은 물리학이 아니라 전쟁, 하이젠베르크의 청년 운동, 독일에 대한 다양한 이야기를 나누었다. 여관에서 밤을 보낸 후에 티스빌레에 있는 보어의 시골 별장까지 갔던 그들은 사흘째 되는 날에 다시 연구소를 향해서 출발했다. 100마일의 도보 여행은 보어에게도 만족스러웠지만, 하이젠베르크에게는 더욱 그랬다. 그들은 훨씬 빨리 서로 친해졌다.

원자물리학에 대한 이야기를 나누기도 했지만, 코펜하겐으로 돌아온 하이젠베르크를 사로잡았던 것은 물리학자로서의 보어가 아니라 인간 보어였다. 그는 파울리에게 "물론 나는 여기서 보낸 며칠에 대해서 넋이 빠져버렸다"는 편지를 보냈다.[21] 그는 보어처럼 거의 모든 것에 대해서 이야기를 나눌 수 있는 사람을 만나본 적이 없었다. 조머펠트는 연구소의 모든 사람들에게 진심으로 관심을 가지고 있었지만, 하급자들로부터 한 걸음 물러나 있는 전통적인 독일 교수의 자세를 유지했다. 괴팅겐에서 보어와 자유롭게 의논했던 다양한 주제들을 그는 보른에게 감히 꺼내놓을 수도 없었다. 그는 알지 못했지만, 보어가 그를 그렇게 따뜻하게 받아준 것은 파울리 덕분이었다. 하이젠베르크는 언제나 그의 뒤를 따라가고 있는 것처럼 보였다.

자신들의 새로운 아이디어에 대해서 서로 정보를 교환하는 동안에 파울리는 하이젠베르크가 하고 있던 일에 깊은 관심을 가지게 되었다. 함부르크 대학교로 돌아온 파울리는 하이젠베르크가 코펜하겐에서 몇 주일을 보낼 예정이라는 소식을 듣고 보어에게 편지를 보냈다. 이미 날카로운 비판으로 유명했던 그가 하이젠베르크를 "언젠가 과학 발전에 크게 기여할 천재"라고 소개한 것이 보어에게 깊은 인상을 주었다.[22] 그러나 파울리는 그런 날이 오려면 하이젠베르크의 물리학이 훨씬 더 일관된 철학적 접근으로 뒷받침되어야만 한다고 생각했다.

파울리는 원자물리학의 문제들을 극복하기 위해서는 기존의 이론과 맞지 않는 실험 데이터가 나올 때마다 임기응변에 해당하는 가정을 도입하는 일을 그만두어야 한다고 믿었다. 그런 방법으로는 답을 찾기는커녕 오히려 문제를 정확하게 파악하지도 못하게 된다고 생각했다. 상대성에 대한 깊은 이해를 가지고 있었던 파울리는 몇 가지 원칙과 가정을 이용해서 이론을 구성하는 방법론을 사용하는 아인슈타인의 열렬한 팬이었다. 원자물리학에서도 그런 방법을 받아들여야 한다고 믿었던 파울리는 아인슈타인처럼 바탕이 되는 철학적이고 물리적인 원리를 구축한 후에 이론을 완성하기 위해서 필요한 형식적인 수학적 세부 사항을 채우려고 노력했다. 1923년까지 그런 노력을 하던 파울리는 절망적인 상황이었다. 정당화시킬 수 없는 가정을 도입하지 않으려고 노력했지만, 여전히 비정상 제이만 효과에 대한 일관적이고 논리적인 설명을 찾을 수가 없었던 것이다.

파울리는 보어에게 "어쩌면 당신이 그런 방법으로 원자이론을 상당히 발전시키고, 저에게는 너무 어려워서 공연히 헛고생만 했던 몇 가지 문제를 풀 수 있게 될 것입니다"라는 편지를 보냈다.[23] "그리고 저는 하이젠베르크가 철학적 자세를 배워오기를 바랍니다." 젊은 독일 청년이 도착했을 때, 보어는 이미 그에 대한 충분한 정보를 가지고 있었다. 보어와 하이젠베르크가 2주일 동안 연구소에 연결되어 있는 팔레트 공원을 산책하거나 저녁에 와인을 마시면서 나눴던 대화에서는 언제나 특정한 문제가 아니라 물리학의 원칙이 화제의 초점이었다. 몇 년이 지난 후, 하이젠베르크는 1924년 3월 코펜하겐에서 보낸 시간을 "하늘이 보내준 선물"이었다고 설

명했다.[24]

하이젠베르크가 장기간 코펜하겐에 머물도록 초청을 받은 후에 보른이 보어에게 편지를 보냈다. "당연히 그가 그리울 것입니다(그는 내가 진심으로 정말 소중하게 여기게 된 매력적이고, 훌륭하고, 아주 뛰어난 사람입니다). 그의 관심은 나보다 앞섰고, 당신의 희망 사항은 그에게 결정적일 것입니다."[25] 다가오는 겨울 학기를 미국에서 강의를 하면서 보내기로 했던 보른은 이듬해 5월까지 조수의 도움이 필요하지 않았다. 1924년 7월 말에 교원 자격시험을 위한 논문을 성공적으로 완성하여 독일대학교에서 강의할 수 있는 자격을 얻은 하이젠베르크는 바이에른 지방으로 3주간의 도보 여행을 떠났다.

1924년 9월 17일에 보어의 연구소로 돌아온 하이젠베르크는 아직 겨우 스물두 살이었지만, 양자물리학에 대해서 10여 편의 인상적인 논문을 단독으로 혹은 공동으로 발표한 뒤였다. 그러나 그는 아직도 배워야 할 것이 많다고 생각했고, 보어가 그를 가르쳐줄 사람이라는 사실을 알고 있었다. 훗날 그는 "조머펠트에게는 낙관주의를, 괴팅겐에서는 수학을, 보어에게는 물리학을 배웠다"고 했다.[26] 하이젠베르크는 그로부터 7개월 동안 양자 이론을 괴롭히던 문제를 극복하기 위한 보어의 접근 방법을 직접 경험하게 되었다. 조머펠트와 보른도 역시 똑같은 모순과 어려움 때문에 골치를 앓았지만, 그런 문제에 대해서 아무도 보어만큼 고민을 하지는 않았다. 그는 다른 문제에 대한 이야기에는 관심도 가지기 어려울 정도였다.

하이젠베르크는 그와의 집중적인 논의를 통해서 "서로 다른 실험 결과들을 일관되게 설명하는 일이 얼마나 어려운지를 인식했다."[27] 아인슈타인의 광양자 주장을 뒷받침해주는 콤프턴의 전자에 의한 X-선 산란 실험도 그중 하나였다. 드 브로이가 파동-입자 이중성을 모든 물질로 확장하면서 어려움은 더욱 증폭되는 것처럼 보였다. 하이젠베르크에게 가능한 모든 것을 이야기해준 보어는 자신의 젊은 제자에게 큰 희망을 가지고 있었다. "이제 어려움을 극복하는 길을 찾아내는 모든 일이 하이젠베르크의 손에 달려 있다."[28]

하이젠베르크는 1925년 4월 말에 괴팅겐으로 돌아왔다. 그는 친절을 베풀어준 보어에게 감사했고, "앞으로는 가엾게도 모든 것을 스스로 해결해야만 한다는 사실을 안타까워했다."[29] 그럼에도 불구하고 그는 보어와의 논의와 파울리와 진행 중인 대화에서 무엇인가 근본적인 것이 필요하다는 귀중한 가르침을 얻었다. 하이젠베르크는 수소 스펙트럼 선의 세계를 설명하려는 오랜 문제를 풀려고 노력하는 과정에서 그것이 무엇인지를 알게 되었다고 믿었다. 보어-조머펠트의 양자원자로 수소 스펙트럼 선의 진동수를 설명할 수 있지만, 그 선들이 얼마나 밝거나 어두운지를 설명하지는 못했다. 하이젠베르크의 아이디어는 관찰할 수 있는 것과 관찰할 수 없는 것을 구별해야 한다는 것이었다. 수소의 핵 주위를 회전하는 전자의 궤도는 관찰할 수 없는 것이었다. 그래서 하이젠베르크는 전자가 원자의 핵 주위를 회전하고 있다는 아이디어를 포기하기로 결심했다. 그것은 용감한 결정이었지만, 관찰할 수 없는 것을 이미지로 나타내려는 시도에 오랫동안 혐오감을 느끼고 있었던 그는 그런 자신의 결정을 받아들일 준비가 되어 있었다.

뮌헨에서 청소년 시절을 보내던 하이젠베르크는 "가장 작은 물질의 입자는 어떤 수학적 형태로 환원될 수 있다는 아이디어에 사로잡혀 있었다."[30] 그 즈음에 그는 어느 교과서에서 끔찍한 그림을 보았다. 탄소 원자 한 개와 산소 원자 두 개가 이산화탄소 분자를 만드는 과정을 설명하는 그림이었다. 원자가 서로 연결될 수 있도록 해주는 고리와 눈을 가지고 있는 것으로 그려져 있었다. 하이젠베르크는 양자원자에서 전자가 회전하고 있다는 아이디어도 역시 설득력이 없다는 사실을 깨달았다. 이제 그는 원자의 내부에서 일어나고 있는 일을 시각화하려는 모든 시도를 포기해버렸다. 그는 관찰할 수 없는 모든 것을 포기하고, 전자가 한 에너지 레벨에서 다른 에너지 레벨로 도약하는 과정에서 방출되거나 흡수되는 빛과 관련된 스펙트럼 선의 진동수와 세기처럼 실험실에서 측정할 수 있는 양에만 집중했다.

하이젠베르크가 이런 새로운 전략을 받아들이기 1년 전부터 파울리도 이미 전자 궤도의 유용성에 대한 의문을 가지고 있었다. 그는 1924년 2월 보어에게 "내가 보기에 가장 중요한 의문은 정상 상태에 있는 전자의 궤도에 대해서 어느 정도까지 분명하게 이야기할 수 있을까 하는 생각입니다"라고 했다.[31] 이미 배타원리를 찾아내는 길에 들어서서 전자 껍질이 채워지는 것에 관심을 가지고 있었던 파울리는 12월에 보어에게 보낸 다른 편지에서 자신이 제기한 의문에 대한 답을 밝혔다. "우리는 원자를 우리 스스로 만들어낸 편견의 사슬에 묶어두지 말아야 합니다. 제 의견으로는 전자 궤도가 일상적인 역학적 의미에서 존재한다는 가정도 그런 편견에 속합니다. 반대로 우리는 우리의 개념을 경험에 맞추어야만 합니다."[32] 이제 타협을 포기하고, 편안하고 익숙한 고전물리학의 틀 안에서 양자 개념을 받아들이려는 노력도 그만두어야 했다. 물리학자들은 자유로워져야만 했다. 과학은 관찰할 수 있는 사실에 근거를 두어야만 하고, 오직 관찰할 수 있는 양만을 근거로 이론을 구축해야 한다는 실증주의(實證主義)의 신조를 진보적으로 받아들인 최초의 인물이 바로 하이젠베르크였다.

코펜하겐에서 돌아온 뒤 한 달이 조금 지난 1925년 6월 괴팅겐에서 하이젠베르크는 비참하게 지내고 있었다. 그는 수소 스펙트럼 선의 세기를 계산하는 일이 진척되지 않아 애를 태우고 있었고, 부모에게 보낸 편지에서 그런 사실을 밝혔다. 그는 "이곳의 사람들은 모두 다른 일을 하고 있지만 아무도 가치 있는 일을 하지 않습니다"라고 불평했다.[33] 심각한 화분증(花粉症)이 번진 것도 그의 기분을 우울하게 만들었다. 훗날 하이젠베르크는 "나는 앞을 볼 수가 없었다. 그저 끔찍한 상태였다"고 말했다.[34] 적응하지 못했던 그는 그곳을 벗어나야만 했다. 동정적이었던 보른은 그에게 2주일의 휴가를 주었다. 하이젠베르크는 6월 7일 일요일에 밤기차를 타고 해안가의 쿡스하펜 항구로 갔다. 아침 일찍 도착하여 지치고 배가 고팠던 하이젠베르크는 여관에서 아침 식사를 하고, 북해의 고립되고 척박한 바위섬인 헬골란트로 가는 배에 올랐다. 본래 1890년 잔지바르와 교환할 때까지 영국령이었던 헬골란트는 독일 본토에서 30마일 떨어져 있고, 크기는 1제곱마일도 안 되는 섬이었다. 꽃가루가 없는 상쾌한 바다 바람 속에서 안정을 찾고 싶었던 곳이 바로 그런 곳이었다.

하이젠베르크는 일흔 살이 되었을 때 이렇게 회상했다. "내가 그곳에 도착했을 때 짓무른 얼굴의 내 모습이 심각했던 것이 분명했다. 어쨌든 나를 한번 본 여주인은 내가 싸움을 했다고 생각하고 후유증이 생기지 않도록 돌봐주겠다고 약속했다."[35] 붉은 사암의 여관은 특이한 모양의 섬의 남쪽 끝 높은 단애 위에 서 있었다. 하이젠베르크는 3층 방의 발코니에서 아래쪽 마을과 해변, 그리고 그 너머의 어둡고 우울한 바다를 비롯한 멋진 경치를 볼 수 있었다. 그는 날마다 "무한(無限)이라고 하는 것은 바다를 멀리 바라다보고 있는 사람의 눈에 보이는 범위 속에 있는 것에 지나지 않는다"는 보어의 말에 대해서 생각해볼 여유를 가졌다.[36] 그런 사색적인 기분에서 그는 괴테를 읽고, 매일 작은 휴양지 주변을 산책하고, 수영을 하며 휴식을 취했다. 얼마 지나지 않아서 그는 훨씬 기분이 나아졌다. 관심을 끌 만한 다른 것이 거의 없는 환경에서 하이젠베르크의 생각은 다시 한번 원자물리학의 문제로 향했다. 그는 헬골란트에서 지내는 동안에는 자신을 괴롭히는 불안감을 느끼지 않았다. 편하고 느긋했던 그는 곧바로 스펙트럼 선의 세기에 대한 수수께끼를 풀기 위해서 괴팅겐에서 가져왔던 수학의 조약돌들을 모두 던져버렸다.[37]

원자의 양자화된 세계에 대한 새로운 역학을 찾으려던 하이젠베르크는 전자가 한 에너지 레벨에서 다른 에너지 레벨로 순간적으로 도약하면서 만들어지는 스펙트럼 선의 진동수와 상대적 세계에만 집중했다. 다른 선택의 가능성은 없었다. 그것이 원자의 내부에서 일어나는 일에 대해서 얻을 수 있는 유일한 자료였다. 양자 도약에 대한 이야기에서 흔히 사용하던 가설과 달리 실제로 에너지 레벨 사이를 움직이는 전자는 담장에서 아래쪽 길로 뛰어내리는 소년처럼 "도약(jump)"을 하지 않는다. 전자는 한 순간에 한 곳에 있다가 다음 순간에 다른 곳에 나타나게 되지만, 그 중간을 지나가는 것은 아니다. 하이젠베르크는 관찰 가능한 모든 양이나 그런 양과 관련된 모든 것은 두 에너지 레벨 사이에서 일어나는 전자의 양자 도약에 대한 신비와 마술과 관련되어 있다는 사실을 받아들였다. 전자가 태양 주위를 회전하는 아름다운 미니어처 태양계라는 상상은 영원히 사라졌다.

하이젠베르크는 꽃가루도 없는 헬골란트라는 천국에서 수소의 서로 다른 에너지 레벨들 사이에서 일어날 수 있는 모든 가능한 전자 도약, 즉 전이(轉移, transition)를 추적해서 관리하는 방법을 고안했다. 고유한 에너지 레벨의 쌍과 관련된 관찰 가능한 양을 기록하는 유일한 방법은 배열(配列, array)을 사용하는 것이었다.

v_{11}	v_{12}	v_{13}	v_{14}	$\cdots$	v_{1n}
v_{21}	v_{22}	v_{23}	v_{24}	$\cdots$	v_{2n}
v_{31}	v_{32}	v_{33}	v_{34}	$\cdots$	v_{3n}
v_{41}	v_{42}	v_{43}	v_{44}	$\cdots$	v_{4n}
$\vdots$	$\vdots$	$\vdots$	$\vdots$		$\vdots$
v_{m1}	v_{m2}	v_{m3}	v_{m4}	$\cdots$	v_{mn}

그것은 전자가 서로 다른 두 에너지 레벨 사이에서 도약을 할 때 이론적으로 방출될 수 있는 스펙트럼 선의 가능한 진동수 전체를 기록한 배열이었다. 전자가 에너지 레벨 E_2에서 에너지 레벨 E_1으로 양자적 도약을 하면, 배열에서 v_{21}으로 표시된 진동수를 가진 스펙트럼 선이 방출된다. 진동수 v_{12}의 스펙트럼 선은 에너지 레벨 E_1에 있는 전자가 에너지 레벨 E_2로 도약하기 위해서 필요한 에너지 양자를 흡수하기 때문에 흡수 스펙트럼에서만 나타난다. 진동수 v_{mn}에 해당하는 스펙트럼 선은 E_m과 E_n의 에너지 (m은 n보다 크다)를 가진 두 에너지 레벨 사이에서 도약하는 전자에서 방출되는 것이다. 모든 진동수 v_{mn}가 정확하게 관찰되는 것은 아니다. 예를 들면, 에너지 레벨 E_1에서 에너지 레벨 E_1으로의 "전이"는 물리적으로

불가능하기 때문에 그런 전이에서 방출되는 진동수 v_{11}에 해당하는 스펙트럼 선은 나타나지 않는다. m = n인 경우와 마찬가지로 v_{11}도 0이다. 0이 아닌 모든 진동수 v_{mn}의 집합은 특정한 원소의 방출 스펙트럼에 실제로 나타나게 된다.

여러 에너지 레벨들 사이의 전이 속도로 배열을 만들 수도 있었다. 에너지 레벨 E_m에서 E_n으로 특정한 전이의 확률 a_{mn}이 크면 확률이 낮은 경우보다 전이가 더 잘 일어나게 된다. 결과적으로 v_{mn}의 진동수를 가진 스펙트럼 선은 확률이 낮은 전이에 해당하는 선보다 더 강하게 된다. 하이젠베르크는 간단한 이론적 조작을 통해서 전이 확률 a_{mn}과 진동수 v_{mn}으로부터 뉴턴의 고전역학에서 관찰 가능한 위치와 운동량에 대응하는 양자역학적 양을 얻을 수 있다는 사실을 깨달았다.

하이젠베르크는 모든 것 중에서 전자의 궤도를 생각하는 것으로부터 시작했다. 그는 태양 주위를 공전하는 행성 중 수성보다 명왕성의 경우처럼 전자가 핵으로부터 아주 먼 곳에서 회전하고 있는 원자를 상상했다. 보어가 정상 상태의 궤도라는 개념을 도입했던 것처럼 전자가 에너지를 방출하면서 핵으로 휘돌며 끌려들어가는 것을 막기 위해서였다. 그러나 고전물리학에 따르면, 그렇게 거대한 궤도에 있는 전자가 1초에 궤도를 회전하는 횟수는 전자가 방출하는 복사의 진동수와 같아야만 한다.

이것은 허황한 이야기가 아니라 양자 영역과 고전 영역을 연결해주는 보어의 개념적 다리인 대응원리(correspondence principle)를 교묘하게 응용한 것이었다. 하이젠베르크의 가상적인 전자 궤도는 양자와 고전 왕국을 구분해주는 경계선에 있을 정도로 큰 것이었다. 바로 그런 경계 지역에서는 전자의 궤도 진동수가 그것이 방출하는 복사의 진동수와 같았다. 하이젠베르크는 원자 속에 있는 그런 전자는 스펙트럼의 모든 진동수를 만들어낼 수 있는 가상적인 진동자(振動子, oscillator)와 비슷하다는 사실을 알고 있었다. 막스 플랑크도 사반세기 전에 비슷한 접근법을 이용했다. 그러나 플랑크는 자신이 이미 옳은 것으로 알고 있던 공식을 만들기 위해서 폭력적이고 임기응변식의 가정을 도입했지만, 하이젠베르크는 대응원리를 통해서 고전물리학의 익숙한 풍경으로 인도되고 있었다. 일단 시작을 한 그는 진동자의 운동량 p, 평형 위치로부터의 변위 q, 진동의 진동수와 같은 성질을 계산할 수 있었다. v_{mn}의 진동수를 가진 스펙트럼 선은 각각의 진동자의 영역에서 방출된다. 하이젠베르크는 양자와 고전이 만나는 영역에서 얻어낸 물리학을 원자의 알려지지 않은 내부를 탐험하는 목적으로 확장할 수 있을 것이라는 사실을 알고 있었다.

헬골란트의 어느 늦은 저녁에 모든 조각들이 들어맞기 시작했다. 완전히 관찰량만으로 구성된 이론이 모든 것을 재현해주는 것처럼 보였다. 그것은 에너지 보존법칙에는 어긋나는 것일까? 만약 그렇다면 그것은 트럼프로 지은 집처럼 무너져버릴 것이다. 자신의 이론이 물리적, 수학적으로 일관성이 있다는 사실을 증명하는 일에 더욱 가까워지면서 들뜨고 날카로워진 스물네 살의 물리학자는 자신의 계산을 확인하는 과정에서 단순한 연산 오류를 저지르기 시작했다. 하이젠베르크가 자신의 이론이 물리학의 가장 기본적인 법칙을 위반하지 않는다는 사실에 만족해서 펜을 내려놓은 것은 거의 새벽 3시가 되어서였다. 훗날 하이젠베르크는 "처음에는 무척 놀랐다"고 기억했다.[38] "나는 원자 현상의 표면을 통해서 이상할 정도로 아름다운 내부를 들여다보고 있다고 느꼈고, 이제는 자연이 내 앞에 너그럽게 펼쳐준 엄청난 수학적 구조를 탐험해야 한다는 생각에 아찔해졌다." 너무 흥분했던 그는 잠을 잘 수도 없었다. 하이젠베르크는 새 날이 밝아오자 며칠 동안 올라가기를 망설였던 바다로 돌출한 바위가 있는 섬의 남쪽 끝으로 걸어갔다. 발견의 아드레날린으로 힘을 얻은 그는 바위 위로 "큰 문제없이 올라가서 해가 떠오르기를 기다렸다."[39]

차가운 햇빛 속에서 하이젠베르크의 희열과 낙관도 가라앉기 시작했다. 그의 새로운 물리학은 X 곱하기 Y가 Y 곱하기 X와 같지 않은 이상한 종류의 곱하기를 이용해야만 작동하는 것처럼 보였다. 보통 숫자의 경우에는 곱하기의 순서는 문제가 되지 않는다. 4 × 5는 5 × 4와 마찬가지로 정확하게 20이 된다. 수학자들은 곱하기의 순서가 중요하지 않은 이런 성질을 교환(交換, commutation)이라고 부른다. 숫자는 곱하기의 교환 법칙을 따르기 때문에 (4 × 5) − (5 × 4)는 언제나 0이 된다. 그것은 모든 아이들이 배우는 수학의 규칙이었기 때문에 두 배열을 서로 곱했을 때의 답이 곱하는 순서에 따라서 달라진다는 사실을 발견한 하이젠베르크는 몹시 난처했다. (A × B) − (B × A)가 언제나 0은 아니었다.[40]

어쩔 수 없이 사용할 수밖에 없었던 이상한 곱하기 때문에 고민을 계속하던 하이젠베르크는 6월 19일 금요일에 귀국해서 곧장 함부르크의 파울리에게 갔다. 몇 시간 후 가장 신랄한 비판자로부터 격려의 말을 들은 하이젠베르크는 괴팅겐으로 가서 자신의 발견을 정리해서 논문을 쓰기 시작했다. 일이 빠르게 진행될 것이라고 기대했던 그는 이틀 후에 파울리에게 "양자역학을 꿰어맞추려는 시도는 아주 느리게 진행되고 있다"고 알렸다.[41] 며칠이 지나 자신의 새로운 접근 방법을 수소 원자에 적용하는 일에 실패한 그는 점점 더 불안해졌다.

몇 가지 의문에도 불구하고 하이젠베르크가 확신하는 것이 하나 있었다. 모든 계산에서 현실적으로는 그렇지 않더라도 원칙적으로 측정할 수 있는 "관찰 가능한" 양들 사이의 관계만이 허용된다는 것이었다. 그는 자신의 공식에서 모든 양의 관찰 가능성에만 가설의 지위를 부여했고, 자신의 "변변치 않은 모든 노력"을 "아무도 관찰할 수 없는 궤도의 경로라는 개념을 제외시키거나 적절하게 대체하는 일"에 집중시켰다.[42]

하이젠베르크는 6월 말에 아버지에게 "제 일이 지금은 잘 진행되지 않고 있습니다"라고 썼다. 일주일이 조금 지난 후에야 그는 양자물리학의 새로운 시대로 안내해주는 논문을 완성할 수 있었다. 자신이 해낸 일의 진정한 중요성을 확신하지 못했던 하이젠베르크는 파울리에게 사본을 보냈다. 그는 미안하지만 논문을 읽어보고 이삼일 안에 돌려달라고 했다. 하이젠베르크가 서둘렀던 이유는 7월 28일에 케임브리지 대학교에서 강연을 할 예정이었기 때문이었다. 다른 일정 때문에 9월 말 이전에는 괴팅겐으로 돌아올 수 없었던 그는 "내가 여기에 있는 마지막 며칠 사이에 논문을 완성을 하거나 태워버리고" 싶었다.[43] 파울리는 논문을 보고 "기쁨에 들떴다."[44] 그는 어느 동료에게 이 논문은 "새로운 희망이고, 새로운 인생의 즐거움"이라고 썼다.[45] 그리고 "이제 다시 한번 앞으로 나갈 수 있게 되었다고 믿는다"고 덧붙였다. 바른 방향으로 발걸음을 뗀 사람은 막스 보른이었다.

그는 하이젠베르크가 북해의 작은 섬에서 돌아온 이후에 무엇을 했는지에 대해서는 전혀 모르고 있었다. 하이젠베르크가 논문을 주면서 발표할 가치가 있는지를 평가해달라는 요청을 받은 보른은 깜짝 놀랐다. 많은 일 때문에 지쳐 있던 보른은 그 논문을 옆으로 밀쳐두었다. 며칠 후 하이젠베르크가 "정신 나간 논문"이라고 했던 논문을 읽고 평가하기 위해서 자리에 앉았던 보른은 곧바로 논문에 사로잡혀버렸다. 그는 하이젠베르크가 자신의 생각을 표현하는 데에 평소와 달리 몹시 서두르고 있다는 사실을 깨달았다. 이상한 곱하기 규칙을 이용한 결과였을까? 하이젠베르크는 논문의 결론에서도 여전히 더듬고 있었다. "이 논문에서 제시한 것처럼 관찰 가능한 양들 사이의 관계를 이용해서 양자역학적 데이터를 결정하는 방법이 원칙적으로 만족스러운 것인지, 또는 이 방법이 결국 이론적 양자역학을 구축하는 물리학적 문제에 대한 방법이라고 하기에는 너무 거친 것인지는, 여기서 매우 피상적으로 사용한 방법에 대한 더욱 집중적인 수학적 연구를 통해서 결정될 수 있을 것이다."[46]

신비스러운 곱하기 법칙의 의미는 무엇이었을까? 며칠 동안 밤낮으로 그 문제에 집착했던 보른은 다른 일에 대해서는 생각조차 할 수가 없었다. 그는 어렴풋이 그것과 비슷한 무엇이 있었다는 사실 때문에 골치를 앓았지만, 그것이 무엇인지를 정확하게 기억해낼 수가 없었다. 여전히 이상한 곱하기의 기원을 설명할 수 없었던 보른은 아인슈타인에게 "곧 발표될 하이젠베르크의 최신 논문은 조금 신비스럽게 보이기는 하지만 분명히 진실이고 심오한 것이오"라는 편지를 보냈다.[47]

하이젠베르크를 비롯하여 자신의 연구소에서 일하는 젊은 물리학자들을 자랑하던 보른은 "때로는 단순히 그들의 생각을 따라가기에도 상당한 노력이 필요하다"고 인정했다.[48] 그러나 모든 일을 제쳐두고 며칠을 집중했던 그의 노력은 가치가 있는 것이었다. 어느 날 아침에 보른은 갑자기 오래 전 학생 시절에 수강해서 오랫동안 잊고 있었던 강의 생각이 떠올랐고, 하이젠베르크가 우연히 X 곱하기 Y가 Y 곱하기 X와 언제나 같지 않은 행렬의 곱하기를 만나게 된 것이라는 사실을 깨달았다.

이상한 곱하기 규칙의 신비가 해결되었다는 이야기를 들은 하이젠베르크는 "나는 행렬(行列, matrix)이 무엇인지도 모른다"고 불편해했다.[49] 행렬은 하이젠베르크가 헬골란트에서 만들었던 배열처럼 숫자를 열과 행에 따라서 늘어놓은 것이다. 19세기 중엽에 영국의 수학자 아서 케일리가 행렬을 어떻게 더하고, 빼고, 곱하는지를 알아냈다. A와 B가 모두 행렬인 경우에는 A × B가 B × A와 다른 결과가 될 수 있다. 하이젠베르크가 만들었던 숫자의 배열과 마찬가지로 행렬은 반드시 교환되는 것이 아니다. 수학 분야에서는 행렬의 특징이 밝혀져 있었지만, 하이젠베르크 세대의 이론물리학자들에게는 낯선 분야였다.

이상한 곱하기의 뿌리를 정확하게 파악한 보른은 자신이 하이젠베르크가 그의 독창적인 구상을 다듬어서 원자물리학의 다양한 문제를 모두 수용할 수 있는 일관된 이론적 틀을 만들 수 있도록 도와주어야 한다는 사실을 깨달았다. 보른은 그런 일에 필요한 복잡한 양자물리학과 수학 모두에 충분히 익숙한 적임자를 알고 있었다. 다행스럽게도 그도 역시 보른이 독일물리학회 학술회의에 참석하기 위해서 방문할 하노버에 있었다. 그곳에 도착한 보른은 곧바로 볼프강 파울리를 찾아나섰다. 보른은 자신의 옛 조수에게 자신과 함께 일하자고 청했다. "그렇습니다. 저는 당신이 지루하고 복잡한 형식주의에 빠져 있다는 것을 알고 있습니다"라는 것이 보른의 제안을 거부한 파울리의 답변이었다. 파울리는 보른의 제안을 받아들이고 싶지 않았다. "당신은 쓸모없는 수학으로 하이젠베르크의 물리학적 아이디어를 망쳐버리게 될 것입니다."[50] 혼자서는 어쩔 수가 없다는 생각 때문에 몹시 실망한 보른은 자신의 다른 학생에게 도움을 청했다.

스물두 살의 파스쿠알 요르단을 선택한 보른은 자신도 모르는 사이에 앞으로 해야 할 일에 완벽한 협력자를 발견했던 것이었다. 1921년에 물리학을 공부할 생각으로 하노버 공과대학에 입학했던 요르단은 강의에 만족하지 못하고 결국 수학을 선택했다. 한 해 후에 그는 다시 물리학을 공부하기 위해서 괴팅겐으로 학교를 옮겼다. 그러나 그는 아침 7시나 8시에 시작하는 강의에 출석하는 경우가 많지 않았다. 그러던 중에 보른을 만났다. 요르단은 그의 지도를 받으면서 처음으로 심각하게 물리학을 공부하기 시작했다. 훗날 요르단은 보른에 대해서 "그는 나의 스승이었다. 그는 학생 시절의 나에게 물리학의 넓은 세상을 소개해주었다. 그의 강의는 지적 명쾌함과 지평선을 넓혀주는 개요가 훌륭하게 결합된 것이었다"고 했다. "또한 그는 내 부모님 다음으로 내 일생에 가장 심오하고, 가장 오래 남는 영향을 준 사람이었다는 것을 강조하고 싶다."[51]

보른을 지도교수로 선택한 요르단은 곧바로 원자 구조의 문제에 집중하기 시작했다. 조금 불안정하고 말을 더듬던 그는 원자이론에 대한 새로운 논문에 대해서 논의할 때마다 보른의 인내심을 고마워했다. 우연히 그는 보어 축제에 참석할 수 있는 시기에 괴팅겐으로 옮겼고, 하이젠베르크와 마찬가지로 강연은 물론이고 그후에 이어진 논의에도 감동을 받았다. 1924년에 박사학위를 받고, 잠깐 다른 사람들과 일을 하던 요르단은 보른으로부터 스펙트럼 선을 설명하는 일을 함께 하자는 요청을 받았다. 1925년 7월에 보른은 아인슈타인에게 요르단이 "놀라울 정도로 지적이고 빈틈이 없으며, 나보다 훨씬 빠르고 자신 있게 생각할 수 있다"고 썼다.[52]

그 당시에 요르단은 이미 하이젠베르크의 새로운 아이디어에 대한 소문을 들었다. 7월 말에 괴팅겐을 떠나기 전에 하이젠베르크가 몇 명의 학생들과 친구들에게 관찰 가능한 성질들 사이의 관계만을 근거로 양자역학을 만들겠다는 자신의 시도에 대해서 이야기를 했었다. 보른으로부터 공동 연구를 부탁받은 요르단은 즉시 하이젠베르크의 아이디어를 체계적인 양자역학이론으로 재구성하고 확장하는 일을 시작했다. 보른은 몰랐지만, 그가 하이젠베르크의 논문을 『물리학 잡지』에 제출했을 때, 이미 수학을 공부했던 요르단은 행렬이론에 대해서 충분히 알고 있었다. 이 방법을 양자역학에 적용하는 작업을 통해서 보른과 요르단은 두 달 만에 사람들이 행렬역학(行列力學, matrix mechanics)이라고 부르게 된 새로운 양자역학의 기초를 마련했다.[53]

하이젠베르크의 곱하기 규칙이 행렬 곱하기의 재발견이라는 사실을 깨달은 보른은 곧장 위치 q와 운동량 p를 연결시켜주는 플랑크 상수가 포함된 행렬 공식, pq − qp = (ih/2π)I를 찾아냈다. 여기서 I는 수학자들이 단위행렬(unit matrix)이라고 부르는 것이다. 단위행렬은 공식의 오른쪽도 행렬로 표현할 수 있도록 해준다. 그로부터 몇 달 동안에 구축된 양자역학의 모든 것은 행렬수학의 방법을 이용한 근본적인 공식 덕분에 의한 것이었다. 보른은 "물리학법칙을 교환되지 않은 심볼을 이용해서 나타낸 최초의 사람"이 된 것이 자랑스러웠다.[54] 그러나 훗날 그는 그것이 "오직 추론이었을 뿐이고, 그것을 증명하려는 내 시도는 실패했다"고 기억했다.[55] 요르단은 공식을 보고 나서 며칠 만에 엄격한 수학적 유도 방법을 찾아냈다. 당연히 보른은 곧바로 보어에게 하이젠베르크와 파울리뿐만 아니라 요르단도 "젊은 동료들 중에서 가장 천재적"이라고 말하고 있었다.[56]

보른은 8월에 가족과 함께 스위스로 여름 휴가를 떠났고, 요르단은 9월 말까지 발표할 논문을 쓰기 위해서 괴팅겐에 있었다. 그들은 논문을 발표하기 전에 사본을 당시 코펜하겐에 있던 하이젠베르크에게 보냈다. 하이젠베르크는 보어에게 논문을 전해주면서 "여기, 보른으로부터 논문이 왔는데 저는 전혀 이해를 할 수가 없습니다"라고 했다.[57] "행렬로 가득 채워져 있는데 저는 그것이 무엇인지도 모릅니다."

행렬에 익숙하지 않았던 것은 혼자가 아니었지만, 하이젠베르크는 코펜하겐에 머무는 동안에 새로운 수학을 열심히 배우기 시작해서 보른과 요르단과 함께 일을 할 정도로 능통할 수 있었다. 10월 중순에 괴팅겐으로 돌아온 하이젠베르크는 보른과 요르단과 함께 양자역학에 대한 최초의 논리적이고 일관된 표현을 소개함으로써 "3인 논문(Drei-Männer-Arbeit)"으로 알려지게 된 논문의 마지막 원고의 작성을 도왔다. 오랫동안 찾고 있었던 새로운 원자의 물리학이었다.

그러나 벌써부터 하이젠베르크의 초기 이론에 대한 거부감을 표시하는 사람들이 있었다. 아인슈타인은 파울 에렌페스트에게 "괴팅겐에서는 그것을 믿는 모양이다(나는 아니다)"라는 편지를 보냈다.[58] 보어는 그것이 "어쩌면 핵심적으로 중요한 단계"일 수는 있겠지만, "아직 그런 이론을 원자 구조의 문제에 적용하는 것은 가능하지 않다"고 믿었다.[59] 하이젠베르크가 보른과 요르단과 함께 이론을 개발하는 일에 집중하고 있는 동안, 파울리는 새로운 역학을 이용해서 바로 그 일을 하느라 바쁘게 지냈다. "3인 논문"이 작성되고 있던 중이었던 11월 초에 그는 놀라울 정도로 절묘한 솜씨로 행렬역학을 응용하는 일에 성공했다. 파울리는 보어가 새로운 물리학으로 수소 원자의 선 스펙트럼을 재현해서 옛날 양자이론을 발전시켰던 것과 같은 일을 했다. 파울리가 외부 전기장이 스펙트럼에 미치는 영향을 나타내는 슈타르크 효과를 계산한 것은 하이젠베르크에게 모욕이 아니라 깊은 상처가 되었다. 하이젠베르크는 "나 자신이 새 이론으로부터 수소의 스펙트럼을 유도하지 못한 것에 대해서 조금은 불편했다"고 기억했다.[60] 파울리가 새로운 양자역학에 대한 최초의 확실한 정당성을 제공했다.

「양자역학의 기본 방정식(The Fundamental Equations of Quantum Mechanics)」이 제목이었다. 5개월에 걸친 미국 순회 강연으로 거의 한 달 가까이 보스턴에 머물렀던 보른은 12월의 어느 아침에 우편함에서 일생 동안 읽었던 "가장 놀라운 논문들 중 하나"를 발견했다.[61] 케임브리지 대학교의 상급 연구생이었던 P. A. M. 디랙이 혼자 쓴 논문을 읽은 보른은 "모든 것이 나름대로 완벽하다"는 사실을 깨달았다.[62] 더욱 놀랍게도 보른은 디랙이 양자역학의 기본적인 사항을 담은 자신의 논문을 『왕립학회보(*Proceedings of the Royal Society*)』에 제출한 것이 "3인 논문"을 완성하기 9일 전이었다는 사실도 발견했다. 보른은 궁금했다. 도대체 디랙이 누구이고, 어떻게 그런 일을 했을까?

폴 에이드리언 모리스 디랙은 1925년에 스물세 살이었다. 프랑스어를 사용하는 스위스인 샤를과 영국인 플로렌스의 아들이었던 그는 3남매 중 둘째였다. 그의 아버지는 워낙 고압적이고 엄격해서 1935년 사망했을 때 디랙은 "이제 훨씬 더 자유롭게 느낀다"고 했다.[63] 성장하는 동안 프랑스어 교사였던 아버지 앞에서는 침묵해야만 했던 탓에 디랙은 말수가 적은 사람이 되었다. "아버지는 내가 자신에게 프랑스어로만 이야기하도록 하는 규칙을 세웠다. 아버지는 그렇게 하면 내가 프랑스어를 더 잘 배울 것이라고 생각했다. 그러나 프랑스어로 내 뜻을 제대로 표현할 수 없다고 생각한 나는 영어로 말하는 대신 침묵을 선택했다."[64] 불행했던 어린 시절에서 비롯된 디랙의 과묵함은 전설적이었다.

디랙은 과학에 흥미를 느끼기는 했지만, 아버지의 충고에 따라서 1918년에 전자공학을 공부하기 위해서 브리스톨 대학교에 입학했다. 그는 3년 후에 우등상을 받고 졸업을 했지만, 기술자로 일할 수 있는 일자리를 찾을 수 없었다. 전쟁이 끝난 후 영국의 경기 침체로 취업 전망이 절망적인 상황이 계속되자 디랙은 자신의 모교에서 등록금을 면제받고 2년 동안 수학을 공부하겠느냐는 제안을 받아들였다. 그는 케임브리지에 가고 싶었지만, 그가 받은 장학금으로는 그곳에서의 학업에 필요한 모든 경비를 충당할 수가 없었다. 그러나 수학 학위를 받은 후 정부의 보조금을 받게 된 1923년에 그는 마침내 PhD 학생으로 케임브리지에 도착했다. 그의 지도 교수는 러더퍼드의 사위였던 랠프 파울러였다.

디랙은 자신이 공학부 학생이었던 1919년 무렵에 세계적으로 화제가 되었던 아인슈타인의 상대성이론을 충분히 이해하고 있었지만, 10여 년

된 보어의 양자원자에 대해서는 거의 아는 것이 없었다. 디랙은 케임브리지에 도착할 때까지는 원자가 관심을 가질 가치가 없는 "매우 가상적인 것"이라고 생각했다.[65] 곧 그는 마음을 바꾸었고, 잃어버린 시간을 보충하기 위한 노력을 시작했다.

새내기 케임브리지 이론물리학자의 조용한 은둔 생활은 수줍음이 많고 내성적이었던 디랙에게 안성맞춤이었다. 연구생은 대체로 기숙사나 도서관에서 혼자 일을 할 수 있었다. 매일처럼 사람을 만나지 못하는 생활 때문에 힘들어하는 학생들도 있었지만, 디랙은 자신의 방에서 홀로 생각할 수 있는 것이 만족스러웠다. 디랙의 경우에는 심지어 일요일에 케임브리지셔의 시골길을 산보하며 휴식 시간을 가지는 것마저도 혼자 하는 것을 좋아했다.

그가 1925년 6월에 처음 만났던 보어와 마찬가지로 디랙도 말이나 글에서 단어를 매우 조심스럽게 선택했다. 디랙은 강의 중에 이해하지 못한 부분을 다시 설명해달라는 요청을 받으면 자신이 했던 말을 조금도 바꾸지 않고 반복했다. 보어는 양자이론을 강의하러 케임브리지에 갔는데, 디랙은 그의 주장이 아니라 인간성에게 감동했다. 훗날 그는 "내가 원했던 것은 공식으로 표현할 수 있는 설명이었지만, 보어의 일은 그런 설명을 해주는 경우가 거의 없었다"고 했다.[66] 한편 하이젠베르크는 자신이 몇 달 동안 연구한 물리학에 대해서 강의하러 괴팅겐에서 왔다. 디랙이 관심을 가질 수 있는 종류의 물리학이었다. 그러나 하이젠베르크는 원자분광학에 대해서 이야기하면서 그 문제를 언급하지 않기로 했기 때문에 디랙은 하이젠베르크로부터 그 이야기를 듣지는 못했다.

곧 발표될 하이젠베르크의 논문의 복사본을 디랙에게 준 것은 랠프 파울러였다. 짧은 방문 기간 중에 파울러의 집에 머물던 하이젠베르크는 집주인과 자신의 최신 아이디어에 대해서 이야기를 나눴고, 집주인은 논문의 사본을 달라고 했다. 도착한 사본을 자세히 살펴볼 시간이 없었던 파울러는 디랙에게 그 논문을 주면서 의견을 물었다. 9월 초에 논문을 처음 읽었던 그는 이해하기 어렵다고 느꼈을 뿐 그것이 대단한 돌파구라는 사실을 인식하지는 못했다. 그러나 디랙은 몇 주일 후에 갑자기 하이젠베르크의 새로운 접근에서 A × B가 B × A와 같지 않다는 것이 핵심이고 "모든 신비의 열쇠가 된다"는 사실을 깨달았다.[67]

디랙은 교환되지 않는(AB가 BA와 다른) 소위 q-수와 교환되는(AB와 BA가 같은) c-수를 구별함으로써 역시 pq − qp = (ih/2π)I 의 공식으로 이어지는 수학적 이론을 개발했다. 디랙은 고전역학과 달리 양자역학에서는 입자의 위치와 운동량을 나타내는 변수인 q와 p가 서로 교환되지 않고, 보른, 요르단, 하이젠베르크와는 독립적으로 자신이 발견한 공식을 따른다는 사실을 보여주었다. 1926년 5월에 그는 "양자역학"이라는 주제에 대한 최초의 학위논문으로 박사학위를 받았다. 그 즈음에 물리학자들은 정답을 알려주기는 하지만, 사용하기도 어렵고, 시각화하는 것은 불가능한 행렬역학에 대해서 조금씩 편하게 느끼기 시작하고 있었다.

아인슈타인은 1926년 3월에 "하이젠베르크-보른 개념은 우리 모두의 숨을 멎도록 만들었고, 이론적 성향을 가진 사람들 모두에게 깊은 인상을 남겼다. 우리 무지한 사람들 사이에는 대책 없는 체념 대신 이상한 긴장감이 돌고 있다"고 했다.[68] 사람들은 오스트리아 물리학자에 의해서 마비 상태에서 깨어나게 되었다. 그는 불륜을 저지르면서도 아인슈타인이 하이젠베르크의 "마술에 의한 진정한 계산"이라고 부르던 문제를 해결한 양자역학의 전혀 다른 형식을 만들 시간을 낼 수 있었다.[69]

9

"뒤늦게 폭발한 욕정"

"나는 행렬이 무엇인지도 모른다." 자신의 새로운 물리학의 핵심에 자리를 잡게 된 이상한 곱하기 규칙의 기원에 대한 이야기를 들었을 때 하이젠베르크는 그렇게 한탄을 했다. 그의 행렬역학을 접한 많은 물리학자들의 반응도 마찬가지였다. 그러나 거의 한 달도 되지 않아서 에르빈 슈뢰딩거가 물리학자들이 열렬하게 받아들인 대안을 제시했다. 그의 친구였던 위대한 독일 수학자 헤르만 바일은 훗날 슈뢰딩거의 놀라운 업적을 "뒤늦게 폭발한 욕정(a late erotic outburst)"의 결과라고 설명했다.[1] 바람둥이였던 서른여덟 살의 오스트리아인은 1925년 크리스마스에 스위스의 스키 휴양지인 아로자에서 밀회를 즐기던 중에 파동역학(wave mechanics)을 발견했다. 훗날 나치 독일을 탈출한 그는 아내와 함께 살고 있던 같은 건물에 다른 애인을 두어서 옥스퍼드에 이어 더블린을 스캔들에 휩싸이게 만들었다.

"그의 사생활은 우리와 같은 중산층 사람들에게는 이상하게 보였다." 보른은 1961년에 슈뢰딩거가 사망하고 몇 년 후에 그렇게 말했다. "그러나 이런 모든 것들은 문제가 되지 않는다. 그는 가장 매력적인 사람이었고, 독립적이고, 재미있고, 괴팍하고, 친절하고, 너그러웠을 뿐만 아니라 가장 완벽하고 효율적인 두뇌를 가지고 있었다."[2]

에르빈 루돌프 요제프 알렉산더 슈뢰딩거는 1887년 8월 12일에 빈에서 출생했다. 그의 어머니는 그를 괴테의 이름을 따라서 볼프강이라고 부르고 싶었지만, 어려서 사망한 자신의 형을 기리고 싶어했던 남편의 뜻을 따르기로 했다. 빈 대학교에서 화학을 공부한 슈뢰딩거의 아버지가 과학자의 꿈을 포기하고 리놀륨과 유포(油布) 생산을 하는 날로 번창하는 가업을 이어받게 된 것도 그의 형 때문이었다. 슈뢰딩거는 제1차 세계대전 이전의 편안하고 자유로운 생활이 아버지가 자신의 의무를 위해서 꿈을 포기한 덕분이었다는 사실을 알고 있었다.

슈뢰딩거는 읽고 쓰기를 배우기도 전부터 원하는 어른에게 자신의 하루 일과를 불러주어 적어두도록 했다. 조숙했던 그는 아카데미셰 김나지움에 입학한 열한 살까지 집에서 가정교사로부터 교육을 받았다. 슈뢰딩거는 처음부터 8년 후 졸업할 때까지 학업에 뛰어났다. 그는 크게 노력을 하는 것처럼 보이지도 않았지만, 항상 학급에서 1등을 차지했다. 한 동급생은 "슈뢰딩거는 특히 물리학과 수학에서 숙제를 하지 않고도 수업 시간 중에 모든 학습 자료를 곧바로 이해하고 응용하는 천재적 재능을 가지고 있었다"고 기억했다.[3] 사실 그는 집에 있던 자신의 공부방에서 남모르게 혼자 열심히 공부했던 헌신적인 학생이었다.

아인슈타인과 마찬가지로 슈뢰딩거도 쓸모없는 사실들을 억지로 기억해야 하는 암기식 교육을 매우 싫어했다. 그럼에도 불구하고 그는 그리스어와 라틴어 문법이 가지고 있는 엄격한 논리를 좋아했다. 외할머니가 영국인이었던 그는 일찍부터 영어를 배우기 시작했고, 영어를 독일어만큼이나 유창하게 사용했다. 훗날 그는 프랑스어와 스페인어도 배웠고, 필요한 경우에는 그런 언어로 강의를 할 수도 있었다. 문학과 철학에 능통했던 그는 희곡, 시, 예술도 좋아했다. 슈뢰딩거는 베르너 하이젠베르크를 불편하게 만드는 그런 종류의 사람이었다. 언젠가 폴 디랙은 악기를 연주할 수 있느냐는 질문에 모른다고 대답했다. 그는 한번도 시도해본 적이 없었다. 아버지가 음악을 싫어했던 슈뢰딩거의 경우도 마찬가지였다.

1906년에 김나지움을 졸업한 슈뢰딩거는 빈 대학교의 루트비히 볼츠만에게 물리학을 배우고 싶어했다. 그러나 전설적인 이론학자는 슈뢰딩거가 학업을 시작하기 몇 주 전에 비극적으로 자살을 해버렸다. 회색이 도는 푸른 눈과 머리카락을 뒤로 빗어 넘긴 슈뢰딩거는 167센티미터의 작은 체구에도 불구하고 깊은 인상을 주었다. 김나지움에서 뛰어난 학생으로 알려졌던 만큼 그에 대한 기대도 높았다. 그는 시험을 볼 때마다 일등을 해서 사람들을 실망시키지 않았다. 슈뢰딩거는 이론물리학에 깊은 관심이 있었지만, 놀랍게도 1910년 5월에 「습기가 많은 공기 중에서 절연체 표면의 전기 전도에 대하여」라는 논문으로 박사학위를 받았다. 그것은 파울리나 하이젠베르크와 달리 그가 실험실에서도 전혀 불편하기 느끼지 않았다는 사실을 보여주는 실험 연구였다. 스물세 살의 슈뢰딩거 박사는 1910년 10월 1일 군대에 입대하기까지 여름을 자유롭게 즐길 수 있었다.

오스트리아-헝가리 이중제국의 건강한 젊은 남성은 모두 3년 동안 병역을 치르는 것이 의무였다. 그러나 대학 졸업생이었던 그는 1년간의 장교 교육을 받은 후에 예비군으로 편입되는 길을 택할 수 있었다. 1911년에 민간인 신분으로 돌아온 슈뢰딩거는 모교의 실험물리학 교수의 조수 자리를 얻었다. 그는 자신이 실험학자로 적격이 아니라는 사실을 알고 있었지만, 그런 경험에 대해서 후회하지는 않았다. 훗날 그는 "나는 직접 관찰을 통해서 측정을 한다는 것이 무슨 뜻인지를 이해하는 이론학자에 속했다" 고 썼다.[4] "나는 그런 경험이 많으면 많을수록 좋다고 생각한다."

슈뢰딩거는 스물여섯 살이었던 1914년 1월에 객원강사가 되었다. 다른 곳에서와 마찬가지로 오스트리아에서도 이론물리학에 주어지는 기회는 거의 없었다. 그가 원했던 교수가 되는 길은 길고 어려워 보였다. 그래서 그는 물리학을 포기할 생각도 했었다. 그러던 중이었던 8월에 제1차 세계대전이 시작되면서 현역으로 소집되었는데, 그는 처음부터 운이 좋았다. 포병 장교였던 그는 이탈리아 전선의 요새 진지에서 복무했다. 여러 곳에 근무하는 동안 그가 직면했던 유일한 위험은 지루함이었다. 그는 지루함을 견뎌내는 일에 도움이 되는 책과 과학 학술지를 받아보기 시작했다.

첫 번째 소포가 도착하기 전에 그는 일기에 "잠을 자고, 먹고, 카드놀이를 하는 이것이 인생인가?"라고 적었다.[5] 철학과 물리학이 유일하게 슈뢰딩거를 완전한 절망에서 구해주었다. "나는 더 이상 전쟁이 언제 끝날 것인지를 묻지 않았다. 그러나 과연 전쟁이 끝나기나 할 것인가?"[6]

다행스럽게도 그는 1917년 봄에 대학에서 물리학과 방공(防空) 학교에서 기상학을 가르치기 위해서 빈으로 전출되었다. 훗날 그가 적었듯이 슈뢰딩거는 자신이 "부상도 당하지 않고, 병에 걸리지도 않고, 특별할 것도 없이" 전쟁이 끝났다.[7] 대부분의 다른 사람들과 마찬가지로 가족 사업이 무너져버린 슈뢰딩거와 그의 부모들에게도 전쟁 직후의 시기는 견디기 어려운 것이었다. 합스부르크 제국이 무너지고, 승리한 연합군이 식품 공급을 차단하는 등의 봉쇄가 계속되면서 상황은 더욱 나빠졌다. 암시장의 식품을 살 돈이 없던 수천 명이 굶거나 얼어서 죽었던 1918년과 1919년 겨울에는 빈의 슈뢰딩거 가족도 지역 무료 급식소에서 식사를 해결할 수밖에 없었다. 봉쇄가 풀리고, 황제가 망명을 떠난 1919년 3월부터 사정이 조금씩 나아지기 시작했다. 그런 상황에서 슈뢰딩거에게 다음 해 초에 예나 대학교에서 온 제안은 구원의 손길이었다. 봉급은 그가 스물세 살의 안네 마리 베르텔과 결혼할 수 있을 정도였다.

4월에 예나에 도착한 부부가 고작 6개월을 머물고 난 10월에 슈뢰딩거는 슈투트가르트 공학대학교의 부교수로 임명되었다. 봉급이 더 많았고, 몇 년 동안의 경험 탓에 그에게 봉급은 무엇보다 중요했다. 1921년 봄이 되자 킬, 함부르크, 브레슬라우, 빈의 대학교들이 모두 이론물리학자를 채용하고 싶어했다. 이미 확실한 명성을 얻고 있던 슈뢰딩거는 모든 대학의 유력한 후보가 되었다. 그는 브레슬라우 대학교 교수직을 선택했다.

슈뢰딩거는 서른네 살의 나이에 모든 학자들이 꾸던 꿈을 이루었다고 할 수도 있었다. 그러나 브레슬라우에서 그는 명예를 얻었지만, 그에 걸맞는 봉급을 받지는 못했다. 결국 그는 취리히 대학교의 제안을 받고 떠나게 되었다. 1921년 10월 스위스에 도착한 뒤 얼마 지나지 않아 슈뢰딩거는 기관지염 진단을 받았다. 어쩌면 결핵에 걸렸을 수도 있었다. 그의 미래와 관련된 협상과 지난 2년 동안 부모의 사망으로 그는 상당한 대가를 치러야만 했다. 그는 훗날 볼프강 파울리에게 "실제로 나는 너무 많이 망가져서 더 이상 의미 있는 아이디어를 얻을 수 없었습니다"라고 말했다.[8] 슈뢰딩거는 의사의 지시에 따라서 아로사의 요양원에 들어갔다. 그는 다보스에서 그리 멀지 않은 고지대의 알파인 휴양지에서 9개월 동안 요양을 했다. 물론 그동안 그가 아무 일도 하지 않고 지낸 것은 아니었다. 몇 편의 논문을 발표할 에너지와 열정은 남아 있었다.

세월이 흐르면서 슈뢰딩거는 자신이 최고의 물리학자가 될 정도로 중요한 업적을 남길 수 있을 것인지에 대해서 의문을 가지기 시작했다. 1925년 초에 그는 이미 이론학자의 창조적 일생에서 분수령이라고 하는 30회 생일을 오래 전에 넘긴 서른일곱 살이었다. 물리학자로서 그의 능력이 걱정스러운 형편에 두 사람 모두 불륜을 저질러 부부 관계까지 어려워졌다. 결혼 생활이 어느 때보다 불안했던 연말에 그는 물리학의 만신전에서 자신의 자리를 확보할 수 있는 돌파구를 찾아냈다.

슈뢰딩거는 원자물리학과 양자물리학의 최신 동향에 점점 더 적극적인 흥미를 느끼고 있었다. 1925년 10월에 그는 아인슈타인이 그해에 발표했던 논문을 읽었다. 파동-입자 이중성에 대한 루이 드 브로이의 학위논문이 포함된 각주가 그의 눈길을 끌었다. 거의 모든 사람들은 대부분의 각주를 무시했다. 아인슈타인의 인정에 흥미를 느낀 슈뢰딩거는 거의 2년 전에 프랑스 공작의 논문들이 발간되었다는 사실을 모른 채 학위논문의 사본을 구하려고 노력하기 시작했다. 그는 몇 주일 후인 11월 3일 아인슈타인에게 편지를 보냈다. "며칠 전에 어렵게 사본을 구한 드 브로이의 독창적인 학위논문을 대단히 흥미롭게 읽었습니다."[9]

다른 사람들도 역시 주목하기 시작했지만 실험적 뒷받침이 없었던 탓에 아인슈타인이나 슈뢰딩거처럼 드 브로이의 아이디어를 선뜻 받아들이는 사람은 많지 않았다. 취리히에서는 대학교의 물리학자들이 ETH의 물리학자들과 함께 합동 콜로퀴움을 열기 위해서 2주일마다 모임을 가지고 있었다. 모임을 주선하던 ETH의 물리학 교수 피터 디바이가 슈뢰딩거에게 드 브로이의 연구에 대해서 강연해줄 것을 요청했다. 동료들의 입장에서 보면, 슈뢰딩거는 방사능, 통계물리학, 일반상대성이론, 색이론처럼 다양한 분야에서 40편 이상의 논문으로, 평범하지만 확실한 업적을 쌓은 재능 있고 다재다능한 이론학자였다. 그의 논문 중에는 다른 사람들의 연구 결과를 소화하고, 분석하고, 체계화하는 능력을 보여주는 몇 편의 유명한 리뷰도 있었다.

11월 23일에 스물한 살의 학생 펠릭스 블로흐도 "드 브로이가 어떻게 파동을 입자와 연관시켰고, 어떻게 정상 궤도에 정수배의 파동이 맞추어져야 한다는 조건을 이용해서 닐스 보어와 조머펠트의 양자화 규칙을 얻을 수 있었는지에 대해서 아름다울 정도로 분명하게 설명해준" 슈뢰딩거의 강연에 참석했다.[10] 1927년 이전까지는 파동-입자 이중성을 실험적으로 확인하지 못했기 때문에 디바이는 그런 주장이 설득력이 없고 "상당히 유치한" 것이라고 여겼다.[11] 소리에서 전지기파, 심지어 바이올린 줄을 따라서 움직이는 파동까지 포함하는 모든 파동의 물리학은 나름대로의 공식을 가지고 있었다. 그런데 슈뢰딩거가 설명한 내용에는 "파동 방정식"이 없었다. 드 브로이는 자신의 물질파에 대한 방정식을 유도하려고 노력해본 적이 없었다. 프랑스 공작의 학위논문을 읽고 난 아인슈타인도 그런 시도를 해보지 않았다. 50년이 지난 후에도 블로흐는 디바이의 지적이 "아주 하찮게 보였고, 깊은 인상을 남기지는 못했다"고 기억했다.[12]

그러나 슈뢰딩거는 디바이가 옳다는 것을 알고 있었다. "파동 방정식이 없는 파동은 존재할 수 없다."[13] 곧바로 그는 드 브로이의 물질파에서 잃어버린 방정식을 찾아내기로 결정했다. 크리스마스 휴가에서 돌아온 슈뢰딩거는 신년 초에 개최된 세미나에서 발표를 할 수 있었다. "동료 디바이가 파동 방정식이 있어야 한다고 제안했습니다. 그리고 제가 그것을 찾았습니다!"[14] 슈뢰딩거는 두 번의 세미나가 개최되는 짧은 기간 동안에 드 브로이의 어설픈 아이디어를 양자역학의 본격적인 이론으로 발전시켰던 것이다.

슈뢰딩거는 어디에서 출발해야 하고, 무엇을 해야 하는지를 정확하게 알고 있었다. 드 브로이는 보어 원자에서는 정지 전자 파동의 정수배에 해당하는 전자 궤도만이 허용된다는 사실을 이용해서 파동–입자 이중성에 대한 자신의 아이디어를 시험했다. 슈뢰딩거는 자신이 찾고 있던 교묘한 방정식이 3차원 파동으로써 수소 원자의 3차원 모형을 재현해야 한다는 사실을 알고 있었다. 수소 원자는 그가 찾아내야 하는 파동 방정식의 리트머스 시험지가 될 것이었다.

슈뢰딩거는 사냥을 시작하자마자 곧바로 그 방정식을 발견했다고 생각했다. 그러나 수소 원자에 적용해본 방정식은 틀린 답을 쏟아냈다. 실패의 원인은 드 브로이가 파동–입자 이중성을 아인슈타인의 특수상대성이론과 일관된 방법으로 개발하고 제시했기 때문이었다. 드 브로이의 실마리를 쫓아간 슈뢰딩거는 형식적으로 "상대론적인" 파동 방정식을 찾으려고 했고, 실제로 그런 방정식을 찾았다. 그 사이에 울렌베크와 하우드스미트가 전자 스핀의 개념을 발견했지만, 그들의 논문은 1925년 11월 말에야 발표되었다. 슈뢰딩거는 상대성 파동 방정식을 발견했지만, 당연히 스핀이 포함되지 않았기 때문에 실험과는 일치할 수가 없었다.[15]

크리스마스 휴가가 빠르게 다가오면서 슈뢰딩거는 상대성을 고려하지 않은 파동 방정식을 찾으려는 노력에 집중하기 시작했다. 그는 전자가 상대성을 무시할 수 없을 정도로 빛의 속도에 가까운 속도로 움직이는 경우에는 그런 방정식이 실패하게 될 것이라는 사실을 알고 있었다. 그러나 그의 목적을 위해서는 그런 파동 방정식도 만족스러웠을 것이다. 그렇지만 그는 곧바로 물리학 이외의 다른 문제도 생각을 해야 했다. 그와 아내 아니 사이에 계속되던 심각한 문제가 다시 불거졌고, 이번에는 다른 경우보다 훨씬 더 길어졌다. 불륜과 이혼 이야기에도 불구하고, 두 사람은 서로 상대방과 영원히 헤어질 수도 없었고, 그럴 의사도 없는 것처럼 보였다. 슈뢰딩거는 몇 주일 만이라도 벗어나고 싶었다. 아내에게 어떤 변명을 둘러댔는지 모르지만, 그는 취리히를 떠나 자신이 가장 좋아하는 알파인 휴양지인 아로자의 겨울 세상에서 옛 애인과 재회했다.

슈뢰딩거는 헤르비히 산장의 익숙하고 편안한 환경에 돌아온 것이 기뻤다. 슈뢰딩거가 지난 두 번의 크리스마스 휴가를 아니와 함께 보냈던 곳이었지만, 신비스러운 여성과 함께 열정을 불사르던 2주일 동안은 죄의식을 느낄 시간도 없었다. 슈뢰딩거는 관심이 흐트러지기는 했지만, 파동 방정식을 찾는 일을 계속할 수 있는 시간은 있었다. 그는 12월 27일에 "지금은 새로운 원자이론과 씨름하고 있다"고 썼다. "내가 수학을 조금만 더 알았더라면! 나는 이 일에 대해서 매우 낙관적이고, 내가……문제를 풀 수만 있다면, 그것은 아주 아름다울 것이다!"[16] 그의 일생에서 6개월 동안 터져 나왔던 그의 창의성은 "뒤늦게 폭발한 욕정"으로부터 시작되었다.[17] 이름 없는 뮤즈 신의 영감을 받은 슈뢰딩거는 결국 하나의 파동 방정식을 찾기는 했지만, 그것이 그가 찾고 있던 바로 그 파동 방정식이었을까?

슈뢰딩거는 자신의 파동 방정식을 "유도"하지는 않았다. 고전역학으로부터 그런 방정식을 논리적으로 엄격하게 유도할 수 있는 길은 없었다. 그 대신 그는 입자와 관련된 파장을 운동량과 연결시켜주는 드 브로이의 파동-입자 공식과 고전물리학에서 잘 알려진 방정식으로부터 그의 방정식을 구성했다. 간단한 것처럼 보일 수도 있지만, 그런 공식을 최초로 구성하기 위해서는 슈뢰딩거의 손재주와 경험이 모두 필요했다. 그는 그로부터 몇 달 동안 그런 기초 위에 파동역학의 체계를 세웠다. 그러나 우선 슈뢰딩거는 그것이 바로 그 파동 방정식이라는 사실을 증명해야만 했다. 수소 원자에 적용하면 옳은 에너지 레벨을 얻을 수 있을까?

1월에 취리히로 돌아온 슈뢰딩거는 자신의 파동 방정식이 보어-조머펠트 수소 원자의 에너지 레벨을 재현해준다는 사실을 발견했다. 슈뢰딩거 이론은 원형 궤도에 맞춘 드 브로이의 1차원 정지 전자 파동보다 훨씬 더 복잡했지만, 3차원 파동에 해당하는 전자 궤도를 알려주었다. 그런 궤도에 해당하는 에너지도 슈뢰딩거 파동 방정식의 가능한 답에 포함되었다. 보어-조머펠트 양자원자에서 필요했던 임시방편적인 조건들은 영원히 추방되었다. 불편하게 자리잡고 있던 그동안의 모든 땜질과 비틀기가 이제는 슈뢰딩거 파동 방정식의 틀 속에서 자연스럽게 등장했다. 심지어 궤도 사이에서 전자의 신비스러운 양자 도약도 사실은 허용된 3차원 전자 정지파에서 다른 정지파로 일어나는 부드럽고 연속적 전이에 의해서 제거되는 것처럼 보였다. "고유값 문제로서의 양자화"는 1926년 1월 27일 『물리학 연보』에 접수되었다.[18] 3월 13일에 발표된 그 논문은 슈뢰딩거 방식의 양자역학과 그것을 수소 원자에 응용한 결과를 설명한 것이었다.

슈뢰딩거는 과학자로 활동했던 50여 년 동안 매년 평균 40페이지의 연구 논문을 발표했다. 1926년에는 256페이지의 논문을 통해서 원자물리학의 다양한 문제를 파동역학으로 풀 수 있다는 사실을 증명했다. 슈뢰딩거는 또한 자신의 방정식을 시간에 따라서 변하는 "시스템"에도 응용할 수 있도록 만든 시간 의존 방정식도 개발했다. 복사의 흡수와 방출, 그리고 원자에 의한 복사의 산란이 포함된 문제가 바로 그런 것들이었다.

슈뢰딩거는 첫 번째 논문이 인쇄 중이었던 2월 20일에 자신의 새 이론에 파동역학(Wellenmechanik)이라는 이름을 처음 사용했다. 슈뢰딩거는 물리학자들에게 조금의 시각화조차 허용하지 않는 차갑고 소박한 행렬역학과는 전혀 달리 하이젠베르크의 고도로 추상적인 형식보다 19세기 물리학에 더 가까운 방법으로 양자 세계를 설명할 수 있도록 해주는 편하고 안심할 수 있는 대안을 제공했던 것이다. 슈뢰딩거는 신비스러운 행렬 대신 모든 물리학자들이 사용하는 수학 도구 상자의 필수품인 미분 공식을 이용했다. 하이젠베르크의 행렬역학에서 제시되는 양자 도약과 불연속성은 원자의 내부 작동을 살펴보려는 사람들이 마음의 눈으로 볼 수 없는 것이었다. 슈뢰딩거는 물리학자들에게 더 이상 "직관을 억누르고, 전이 확률이나 에너지 레벨과 같은 추상적인 개념들만 이용해야"할 필요가 없어졌다고 말했다.[19] 그들이 파동역학을 열렬하게 환영하고, 곧바로 그것을 받아들였던 것은 조금도 놀라운 일이 아니었다.

논문의 별쇄본을 받은 슈뢰딩거는 곧바로 의미 있는 의견을 말해줄 수 있는 동료들에게 논문을 보냈다. 플랑크는 4월 2일에 "오랫동안 고민하던 수수께끼의 답을 듣고 싶어 안달하는 어린아이처럼" 논문을 읽었다는 답장을 보내왔다.[20] 2주일 후에는 "당신의 아이디어는 진정한 천재에게서 솟아난 것"이라는 아인슈타인의 편지를 받았다.[21] 슈뢰딩거는 "당신과 플랑크의 긍정적인 의견은 세계의 절반 이상의 의미가 있는 것입니다"라는 답장을 보냈다.[22] "하이젠베르크-보른의 방법에 오해의 소지가 있다는 것도 확신했다"고 믿었던 아인슈타인은 슈뢰딩거가 결정적인 발전을 이룩했다고 확신했다.[23]

다른 사람들이 슈뢰딩거의 "뒤늦게 폭발한 욕정"에서 생긴 생산물을 완전히 인정하기까지는 더 많은 시간이 걸렸다. 처음에는 파동역학을 "완전히 정신 나간 것"으로 생각했던 조머펠트도 결국은 마음을 바꿔서 "행렬역학이 진실이라는 사실은 의심할 이유가 없지만, 그 처리방법은 극도로 복잡하고, 두려울 정도로 추상적이다. 이제 슈뢰딩거가 우리를 구원해주었다"고 선언했다.[24] 다른 사람들도 역시 하이젠베르크와 그의 괴팅겐 동료들의 추상적이고 생경한 방법과 씨름하는 대신 파동역학에 담겨 있는 더 익숙한 아이디어를 배워서 이용하기 시작하면서 훨씬 더 편하게 숨쉴 수 있게 되었다. 젊은 스핀 닥터였던 헤오르헤 울렌베크는 "슈뢰딩거 방정식은 정말 다행스러운 것이다. 이제 우리는 더 이상 이상한 행렬의 수학을 배울 필요가 없게 되었다"고 썼다.[25] 그대신 라이덴의 에렌페스트와 울렌베크를 비롯한 사람들은 몇 주일 동안 파동역학의 화려한 영향에 대해서 공부하기 위해서 매일 "몇 시간씩 칠판 앞에 서서" 시간을 보내야만 했다.[26]

어쩌면 괴팅겐의 물리학자에 더 가까웠을 수도 있었던 파울리도 슈뢰딩거가 이룩한 성과의 중요성을 인식하고 깊은 인상을 받았다. 파울리는 행렬역학을 성공적으로 수소 원자에 적용하는 과정에서 자신의 모든 재능을 소진해버렸다. 그러나 훗날 모두가 그런 일을 해낸 그의 속도와 기교에 감탄을 하게 된다. 파울리는 슈뢰딩거가 첫 논문을 발표하기 열흘 전인 1월 17일에 자신의 논문을 『물리학 잡지』에 보냈다. 그런 파울리는 슈뢰딩거가 파동역학을 이용해서 수소 원자의 문제를 상대적으로 얼마나 쉽게 해결했는지를 살펴보고 깜짝 놀랐다. 그는 파스쿠알 요르단에게 "나는 그의 일이 최근의 논문 중에서 가장 중요한 것이라고 믿습니다. 세심하게 집중해서 읽어보세요"라고 썼다.[27] 보른은 그로부터 얼마 후인 6월에 파동역학을 "양자 법칙의 가장 심오한 형태"라고 설명했다.[28]

하이젠베르크는 보른이 파동역학으로 전향한 것에 대해서 "유쾌하지 않다"고 요르단에게 말했다.[29] 그는 익숙한 수학을 이용한 슈뢰딩거의 논문이 "믿기 어려울 정도로 흥미롭다"는 사실은 인정했지만, 물리학에 관한 한, 자신의 행렬역학이 원자 수준에서의 일들을 설명하는 더 나은 방법이라는 확신이 있었다.[30] 보어는 1927년 5월에 슈뢰딩거에게 "처음부터 하이젠베르크는 당신의 파동역학이 우리의 양자역학보다 물리학적으로 더 중요하다는 내 의견에 동의하지 않았습니다"라고 고백했다.[31] 그 즈음에는 그것을 비밀이라고 할 수도 없었다. 하이젠베르크가 원하던 일도 아니었다. 너무 많은 것이 걸려 있었던 것이다.

1925년 봄이 끝나고 여름이 찾아왔지만, 고전물리학에서 뉴턴 역학이 했던 것과 같은 역할을 맡을 원자물리학에서의 이론에 해당하는 양자역학은 여전히 등장하지 않았다. 1년 후에는 입자와 파동만큼이나 서로 다른 두 가지 이론이 경쟁을 하고 있었다. 같은 문제에 적용하면 두 이론 모두 똑같은 답을 주었다. 행렬역학과 파동역학 사이에 관계가 있다면, 과연 그것은 무엇일까? 슈뢰딩거는 획기적인 첫 논문을 완성하자마자 그 문제에 대해서 고민하기 시작했다. 그는 2주일 동안 열심히 노력했지만 아무 연결 고리도 찾지 못했다. 슈뢰딩거는 빌헬름 빈에게 "결과적으로 더 이상 찾는 일은 포기했습니다"라는 편지를 썼다.[32] 그가 실망했던 것은 아니었다. 그는 "내 이론에 대해서 어렴풋하게라도 생각하기 훨씬 이전부터 행렬 미적분은 이미 나에게 감당할 수 없는 것이었다"고 고백했다.[33] 그러나 멈출 수가 없었던 그는 결국 3월 초에 연결 고리를 찾아냈다.

파동 방정식과 행렬 대수를 이용함으로써 형식과 내용에서 전혀 다른 것처럼 보였던 두 이론은 사실 수학적으로 동등한 것이었다.[34] 두 이론이 정확하게 똑같은 답을 주었던 것은 당연한 일이었다. 양자역학에 대해서 서로 다르기는 하지만, 동등한 표현 방식을 가지게 되면서 얻어지는 장점도 분명해졌다. 물리학자들이 해결해야 하는 대부분의 문제에서는 슈뢰딩거의 파동역학이 답을 찾는 가장 쉬운 길이 되었다. 그러나 스핀과 같은 것이 포함된 문제의 경우에는 하이젠베르크의 행렬 접근이 그 가치를 보여주었다.

사람들의 관심이 이론의 수학적 표현 방식에서 물리적 해석으로 바뀌면서, 두 이론 중에서 어느 것이 옳은지에 대한 논란은 본격적으로 시작되기도 전부터 힘을 잃어버렸다. 두 이론이 기술적으로는 동등할 수 있겠지만, 수학 너머에 있는 실재(reality)의 본질은, 슈뢰딩거의 경우에는 파동과 연속적인 것이었고, 하이젠베르크의 경우에는 입자와 불연속적인 것으로 전혀 다른 것이었다. 두 사람은 각각 자신의 이론이 실재의 진정한 본질을 담고 있다고 확신했다. 두 사람이 모두 더 이상 옳을 수가 없었다.

슈뢰딩거와 하이젠베르크가 양자역학에 대한 서로의 해석에 대해서 질문을 시작하던 초기에는 두 사람 사이에 개인적인 적대감이 없었다. 그러나 얼마 지나지 않아 감정이 격해지기 시작했다. 공개석상이나 논문에서는 두 사람이 모두 자신들의 감정을 억제할 수 있었다. 그러나 편지에서는 요령을 부리거나 감정을 억제할 필요가 없었다. 파동역학과 행렬역학의 동등성을 증명하려던 첫 시도에 실패했던 슈뢰딩거는 "훗날 내가 젊은 학생들에게 행렬 미적분이 원자의 진정한 본질을 설명하는 방법이라고 밝혀야 한다는 생각만으로도 몸서리가 쳐졌기" 때문에 그런 증거가 없다는 사실에 어느 정도 안심을 했다.[35] 슈뢰딩거는 「하이젠베르크-보른-요르단 양자역학과 내 양자역학 사이의 관계에 대하여」라는 논문에서 파동역학을 행렬역학으로부터 거리를 두려고 애썼다. 그는 "내 이론은 L. 드 브로이와 A. 아인슈타인의 간략했지만 무한한 통찰력이 담긴 지적으로부터 영감을 받아서 만들어진 것"이라고 설명했다. "나는 하이젠베르크와의 어떠한 유전적 관계에 대해서도 전혀 알지 못했다."[36] 슈뢰딩거는 "시각화가 불가능한" 행렬역학에 대해서 "나는 등을 돌려버렸다고 말할 수는 없어도 거부감을 느꼈다"고 결론지었다.[37]

하이젠베르크는 슈뢰딩거가 원자 세계에서 복원시키려고 노력하던 연속성에 대해서 훨씬 덜 외교적이었다. 그의 입장에서 원자 세계는 불연속성이 지배하는 곳이었다. 그는 6월에 파울리에게 "슈뢰딩거 이론의 물리학적 의미에 대해서 생각해볼수록 더 심각한 거부감을 느낀다"고 했다.[38] "슈뢰딩거가 자기 이론의 시각화에 대해서 쓴 것은 '아마도 정확하게 말해서 옳지는 않을 것'이다. 다시 말해서 그의 주장은 허튼소리이다." 파동역학이 "믿을 수 없을 정도로 흥미롭다"고 했던 두 달 전까지만 해도 하이젠베르크는 훨씬 더 긍정적이었던 것으로 보였다.[39] 그러나 보어를 알고 있던 사람들은 하이젠베르크가 정확하게 덴마크 사람이 좋아하는 종류의 언어를 사용하고 있다는 사실을 알아차렸다. 보어는 실제로 동의하지 않는 아이디어와 주장에 대해서도 언제나 "흥미롭다"고 했다. 더 많은 동료들이 행렬역학보다 사용하기 쉬운 파동역학을 선택하게 되면서 더욱 불만스러워진 하이젠베르크는 결국 폭발해버렸다. 그는 누구보다도 보어가 슈뢰딩거의 파동 방정식을 사용하기 시작한 사실을 믿을 수가 없었다. 하이젠베르크는 홧김에 그를 "배반자"라고 불러버렸다.

그는 슈뢰딩거의 대안에 대한 인기가 높아지자 샘이 났을 수도 있었지만, 훗날 다음 단계에서 파동역학의 위대한 승리를 가능하게 만들어준 것은 의외로 하이젠베르크였다. 그가 보른에 대해서 짜증이 났을 수도 있지만, 하이젠베르크도 역시 원자 문제에 대해서는 슈뢰딩거 접근법의 수학적 편리함에 매력을 느꼈다. 그는 1926년 7월에 파동역학을 이용해서 헬륨의 선 스펙트럼을 설명했다.[40] 자신이 경쟁적인 방법을 받아들인 것을 다른 사람들이 눈치챌 것을 걱정한 하이젠베르크는 자신의 시도는 단순히 편의주의적인 것이라고 밝혔다. 두 이론이 수학적으로 동등하다는 사실은 그가 파동역학을 이용하면서도 슈뢰딩거가 색칠해놓은 "직관적 묘사"를 무시할 수 있다는 뜻이었다. 그러나 하이젠베르크가 자신의 논문을 발표하기 전에 보른이 슈뢰딩거의 팔레트를 이용해서 같은 캔버스에 전혀 다른 그림을 그려서 파동역학과 양자적 실재의 중심에 확률이 자리잡고 있다는 사실을 발견했다.

슈뢰딩거는 새로운 그림을 그리려고 했던 것이 아니라 옛날 그림을 복원하려고 시도하고 있었다. 그의 입장에서는 서로 다른 에너지 레벨들 사이에는 양자 도약이 있는 것이 아니라, 한 정지파에서 다른 정지파로 부드럽고 연속적인 전이가 일어나는 것이고, 그 과정에서 보통과는 좀더 다른 공명 현상의 결과로 복사가 방출될 뿐이었다. 그는 파동역학이 연속성, 인과성, 결정론으로 대표되는 실재에 대한 고전적이고 "직관적인" 묘사를 복원시켜줄 것이라고 믿었다. 보른은 그런 생각에 동의하지 않았다. 그는 아인슈타인에게 "슈뢰딩거의 업적은 순전히 수학적인 것으로 축소되고, 그의 물리학은 하찮은 것으로 변해버립니다"라고 했다.[41] 보른은 파동역학을 이용해서 뉴턴적 세계관에 토대를 둔 근대 회화의 거장이 되려는 슈뢰딩거의 시도 대신에, 불연속성, 비인과성, 확률로 채워진 비현실적인 존재의 그림을 그렸다. 존재에 대한 이 두 그림은 슈뢰딩거의 파동 방정식에서 그리스 문자 프시(ψ)로 표시되는 소위 파동함수의 서로 다른 해석에 따른 것이다.

슈뢰딩거는 자신이 개발한 양자역학에 문제가 있다는 사실을 처음부터 알고 있었다. 뉴턴의 운동 공식에 따르면, 주어진 시각에 전자의 위치와 속도를 함께 알고 있을 경우에는 어느 정도 시간이 지난 후에 전자가 정확히 어디에 있게 될 것인지를 이론적으로 알 수 있다. 그러나 파동의 경우에는 입자와 달리 그 위치를 정확하게 파악하기가 훨씬 더 어렵다. 돌을 연못에 떨어뜨리면 물결이 생겨 퍼져나간다. 파동은 정확하게 어디에 있을까? 한 곳에 국소화되어 있는 입자와 달리 파동은 매질을 통해서 에너지를 운반하는 교란(攪亂, disturbance)이다. 물의 파동은 물 분자들이 "멕시코식 파도 타기"에 참여하는 사람들처럼 아래위로 오르내리는 현상일 뿐이다.

뉴턴 방정식으로 입자의 움직임을 설명하는 것과 마찬가지로, 크기와 모양에 상관없이 모든 파동은 그 움직임을 수학적으로 표현해주는 방정식으로 설명할 수 있다. 파동함수 ψ는 파동 자체를 나타내는 것으로 주어진 시각에 파동의 모양을 설명한다. 연못 표면을 가로지르는 파동에 해당하는 파동함수는 시각 t와 위치 x에서 물이 나타내는 교란의 크기에 해당하는 진폭을 나타낸다. 슈뢰딩거가 드 브로이 물질파의 파동 방정식을 발견했을 때는 파동함수가 미지의 부분이었다. 수소 원자와 같은 특별한 물리적 상황에서 방정식을 풀면 파동함수가 얻어진다. 그러나 슈뢰딩거가 답을 찾기 어려운 질문이 있었다. 무엇이 물결치고 있는 것일까?

물이나 음파의 경우에는 그 답이 명백하다. 물이나 공기 분자였다. 빛은 19세기의 물리학자들을 당혹스럽게 만들었다. 그들은 빛이 전기장과 자기장이 서로 얽혀서 진동을 하는 전자기 파동이라는 사실을 알아낼 때까지는 어쩔 수 없이 빛이 진행하는 데에 필요한 매질로 신비스러운 "에테르(ether)"의 개념을 도입해야만 했다. 슈뢰딩거는 물질파가 우리에게 더 익숙한 형식의 파동처럼 존재하는 것이라고 믿었다. 그러나 전자 파동이 진행하는 매질은 무엇일까? 그런 질문은 슈뢰딩거의 파동 방정식에서 파동함수가 나타내는 것이 무엇인지를 묻는 것이다. 1926년 여름에 슈뢰딩거와 그의 동료들이 직면하고 있던 상황을 정리한 재미있는 짧은 노래가 있었다.

프시로 무장한 에르빈이

할 수 있는 계산은

상당히 많다

그러나 한 가지

알아내지 못한 것은 도대체

프시가 정말 무엇인지를?[42]

결국 슈뢰딩거는 전자의 파동함수가 공간을 통해서 움직이는 전자가 만들어내는 구름처럼 생긴 전하의 분포와 밀접하게 관계되어 있다는 제안을 했다. 그러나 파동역학에서의 파동함수는 수학자들이 복소수(複素數)라고 부르는 것이기 때문에 직접 측정할 수 있는 양이 아니었다. 4 + 3i가 그런 수의 예이다. 복소수는 "실수"와 "허수"의 두 부분으로 구성되어 있다. 4는 보통의 숫자이고, 4 + 3i라는 복소수의 "실수" 부분이다. i는 −1의 제곱근이기 때문에 "허수" 부분인 3i는 물리적으로 의미가 없다. 어떤 숫자의 제곱근은 제곱을 하면 본래의 숫자가 얻어지는 그저 또다른 숫자일 뿐이다. 2 × 2는 4와 같기 때문에 4의 제곱근은 2가 된다. 제곱이 −1과 같아지는 숫자는 없다. 1 × 1 = 1이지만, 대수학의 법칙에 따라서 "마이너스"곱하기 "마이너스"는 "플러스"가 되기 때문에 −1 × −1도 역시 1이다.

파동함수는 측정할 수 없는 양이다. 그것은 측정할 수 없는 무형의 무엇이다. 그러나 복소수의 제곱은 실험실에서 실제로 측정할 수 있는 무엇과 관련이 있는 실수가 된다.[43] 4 + 3i의 제곱은 25이다.[44] 슈뢰딩거는 전자의 파동함수의 제곱 | $\psi(x,t)$ |^{2}은 시각 t와 위치 x에서 부드럽게 퍼진 전하밀도의 척도라고 믿었다.

슈뢰딩거는 파동함수에 대한 자신의 해석을 바탕으로 하여 자신이 도전하던 입자들이 존재한다는 아이디어에 도전하기 위해서 전자를 나타내는 "파동 묶음(wave packet)"이라는 개념을 도입했다. 그는 전자가 입자라는 사실을 보여주는 실험적 증거가 압도적이기는 하지만, 전자는 오직 입자처럼 "보이지만" 실제로는 입자가 아니라고 주장했다. 슈뢰딩거는 입자형

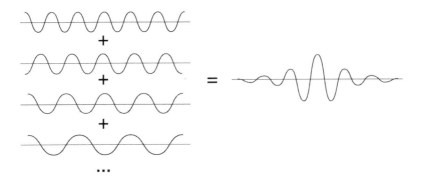

그림 11. 파동 집단의 겹침으로 만들어진 파동 묶음

전자는 환상이라고 믿었다. 실제로는 파동만 있을 뿐이다. 입자형 전자의 모든 징후는 물질파의 집단이 겹쳐져서 파동 묶음을 만들기 때문이다. 움직이고 있는 전자는, 한쪽 끝은 묶어둔 팽팽한 밧줄의 다른 쪽 끝을 손으로 흔들어서 보낸 펄스가 밧줄을 따라서 움직이는 것처럼 움직이는 파동 묶음일 뿐이다. 입자처럼 보이는 파동 묶음이 만들어지려면, 서로 다른 파장을 가진 파동의 집단이 서로 간섭을 해서 파동 묶음의 바깥 부분에서는 서로 상쇄되어야만 한다.

슈뢰딩거의 입장에서는 만약 물리학으로부터 불연속성과 양자 도약을 제거할 수만 있다면, 입자를 포기하고 모든 것을 파동으로 환원시키는 것도 감수할 가치가 있는 일이다. 그러나 그의 해석은 곧바로 물리적으로 의미를 찾지도 못하면서 어려움에 직면하게 되었다. 우선 파동 묶음이 입자형 전자의 실험적 검출과 연관되어 있다면, 파동 묶음을 구성하는 요소(要素) 파동들이 빛의 속도보다 빨리 공간 속으로 퍼져나가야만 한다는 사실이 밝혀지면서, 전자의 파동 묶음 표현은 무너지기 시작했다.

슈뢰딩거는 열심히 노력은 했지만, 파동 묶음의 분산을 막을 수 있는 방법은 찾지 못했다. 다양한 파장과 진동수의 파동들로 만들어진 파동 묶음이 공간을 통해서 움직이면 각각의 구성 파동들이 서로 다른 속도로 움직여서 공간적으로 퍼져나가기 시작한다. 전자가 입자로 검출될 때마다 거의 순간적인 겹침에 의해서 공간의 한 점에서 국소화가 일어나야만 한다. 둘째, 파동 방정식을 헬륨이나 다른 원자에 적용하려고 시도할 때마다 슈뢰딩거의 수학의 기초에 있는 실재는 시각화가 불가능한 추상적인 3차원 공간으로 사라져버렸다.

전자의 파동함수에는 3차원 파동에 대해서 알아야 할 모든 것이 들어 있다. 그러나 헬륨 원자의 두 전자에 대한 파동함수는 보통의 3차원 공간에서 존재하는 두 개의 3차원 파동으로 해석할 수가 없다. 그 대신 수학은 이상한 6차원 공간에 존재하는 하나의 파동을 제공한다. 주기율표를 가로질러 한 원소에서 다음 원소로 옮겨가면, 전자의 수는 하나씩 늘어나고, 그에 따라서 추가적으로 3차원이 더 필요해진다. 주기율표에서 세 번째인 리튬은 9차원 공간을 필요로 하고, 우라늄은 276차원의 공간을 받아들여야만 한다. 이런 추상적인 다차원 공간을 차지하는 파동은 슈뢰딩거가 연속성을 복원시켜주고, 양자 도약을 제거해줄 것으로 기대했던 실제로 존재하는 물리적 파동일 수가 없다.

슈뢰딩거의 해석은 광전 효과와 콤프턴 효과도 설명할 수가 없었다. 답을 찾지 못한 문제도 있었다. 파동 묶음이 어떻게 전하를 가질 수 있을까? 파동역학이 양자 스핀을 포함할 수 있을까? 슈뢰딩거의 파동함수가 일상적인 3차원 공간에서 존재하는 파동을 나타내지 못한다면, 그것은 무엇일까? 답을 찾아낸 사람은 막스 보른이었다.

보른은 슈뢰딩거의 파동역학에 대한 첫 논문이 발표되었던 1926년 3월에 다섯 달에 걸친 미국 체류를 마감하고 있었다. 4월에 괴팅겐으로 돌아온 후에 슈뢰딩거의 논문을 읽은 그는 다른 사람들과 마찬가지로 완전한 "놀라움"으로 받아들였다.[45] 그가 떠나 있었던 동안에 양자물리학의 지평은 엄청나게 변해버렸다. 보른은 곧바로 슈뢰딩거가 거의 아무것도 없는 곳에서 "매력적인 능력과 아름다움"을 가진 이론을 구축했다는 사실을 깨달았다.[46] 그는 곧바로 "핵심적인 원자 문제"인 수소 원자를 상대적으로 쉽게 푼 것으로 증명된 "수학적 도구로서의 파동역학의 우수성"을 인식했다.[47] 어쨌든 행렬역학을 수소 원자에 적용하기 위해서는 파울리와 같은 사람의 엄청난 재능이 필요했다. 보른이 놀랍게 받아들였을 수는 있겠지만, 그는 슈뢰딩거의 논문이 발표되기 훨씬 전부터 물질파의 아이디어에 이미 친근감을 가지고 있었다.

반세기 이상이 지난 후에 보른은 "아인슈타인의 편지 덕분에, 발표 직후 곧장 드 브로이의 학위논문을 주목하게 되었지만, 당시 나는 우리의 추론에 너무 깊이 빠져 있어서 논문을 자세하게 살펴보지 못했다"고 기억했다.[48] 드 브로이의 결과를 연구할 시간을 가진 후였던 1925년 7월에 그는 "물질의 파동이론은 매우 중요한 것일 수 있습니다"는 편지를 보냈다.[49] 그렇지만 열광했던 보른은 아인슈타인에게 이미 "드 브로이의 파동에 대해서 조금씩 의심하기" 시작했다고 말했다.[50] 그러나 그는 하이젠베르크가 보내준 논문의 이상한 곱하기 규칙을 이해하기 위해서 드 브로이의 아이디어를 옆으로 제쳐둘 수밖에 없었다. 보른은 거의 일 년이 지난 후에야 파동역학에서의 몇 가지 문제들을 해결했지만, 그가 치러야 했던 대가는 슈뢰딩거가 입자를 포기한 것보다 훨씬 컸다.

슈뢰딩거가 강조했던 입자와 양자 도약의 제거는 보른에게 너무 지나친 것이었다. 그는 괴팅겐의 원자 충돌 실험에서 자신이 "입자 개념의 풍요로움"이라고 부르던 것을 자주 목격했었다.[51] 보른은 슈뢰딩거 방법론의 풍요로움은 인정했지만, 오스트리아 사람의 해석은 거부했다. 보른은 1926년 말에 "고전적 연속이론을 되살리는 것을 목표로 하는 슈뢰딩거의 물리적 설명은 완전히 포기하고, 방법론만을 유지해서 새로운 물리적 콘텐츠를 채우는 노력이 꼭 필요하오"라고 했다.[52] 이미 "입자를 쉽게 포기할 수 없다"고 확신했던 보른은 파동함수를 새로 해석함으로써 찾아낸 확률을 이용해서 파동을 꿰어맞추는 방법을 찾아냈다.[53]

보른은 미국에 머물렀던 동안 행렬역학을 원자 충돌에 응용하는 일을 하고 있었다. 그러나 독일에 돌아와 느닷없이 슈뢰딩거의 파동역학을 만나게 된 그는 다시 그 문제로 돌아가서 "충돌 현상의 양자역학"이라는 똑같은 제목으로 두 편의 중요한 논문을 발표했다. 4쪽 분량의 첫 번째 논문은 7월 10일『물리학 잡지』에 발표되었다. 열흘 후에는 첫 번째 논문보다 훨씬 더 다듬어지고 개선된 두 번째 논문이 완성되어 발표되었다.[54] 슈뢰딩거는 입자의 존재를 포기했지만, 보른은 입자의 개념을 구해내기 위한 시도로 파동함수의 새로운 해석을 통해서 물리학의 핵심 교리였던 결정론(決定論, determinism)에 도전했다.

뉴턴의 우주는 우연의 가능성이 전혀 없이 완벽하게 결정론적이다. 그런 우주에서 입자는 언제나 명백한 운동량과 위치를 가진다. 입자에 작용하는 힘은 운동량과 위치가 시간에 따라서 변하는 방법을 결정한다. 제임스 클러크 맥스웰이나 루트비히 볼츠만과 같은 물리학자들은 많은 수의 입자들로 구성된 기체의 성질을 설명하기 위한 유일한 방법이 확률이었기 때문에 통계적 설명에 만족했다. 통계적 분석으로 후퇴한 것은 엄청나게 많은 수의 움직임을 추적하기가 어려웠기 때문이었다. 확률은 모든 것이 자연법칙에 따라서 벌어지는 결정론적 우주에서 인간의 무지에 따른 결과였다. 주어진 시스템[界]의 현재 상태와 그에 작용하는 힘이 알려져 있으면, 앞으로 어떤 일이 일어날 것인지는 이미 결정되어 있다. 고전물리학에서 결정론은 탯줄을 통해서 모든 결과에는 반드시 원인이 존재한다는 인과성과 단단하게 이어진다.

원자에 충돌한 전자는 두 당구공이 충돌하는 경우처럼 거의 모든 방향으로 산란될 수 있다. 그러나 이런 놀라운 주장을 내놓은 보른은 그것이 닮은 점의 전부라고 주장했다. 원자 충돌에 대해서 물리학자들은 "충돌 후의 상태는 무엇인가?"라는 질문에는 답을 하지 못하고, "충돌에서 어떤 결과가 나타날 가능성이 얼마나 큰가?"라는 질문에만 답을 할 수 있다.[55] 보른은 "여기서 결정론의 모든 문제가 시작된다"고 인정했다.[56] 충돌이 일어난 후에는 전자가 정확하게 어디에 있는지를 결정하는 것이 불가능하다. 그는 물리학으로 얻을 수 있는 최선의 결과는 전자가 주어진 각도를 통해서 산란될 확률을 계산하는 것뿐이라고 말했다. 이것이 바로 파동함수의 해석에 근거를 둔 보른의 "새로운 물리적 콘텐츠"였다.

파동함수 자체는 실재를 가지고 있지 않고, 신비스럽고 유령 같은 가능성의 영역에서 존재할 수 있을 뿐이다. 전자가 원자와 충돌한 후에 산란될 수 있는 모든 각도와 같은 추상적인 가능성을 다루는 것이다. 가능성과 가능한 것 사이에는 엄청난 차이가 존재한다. 보른은 복소수가 아니라 실수인 파동함수의 제곱만이, 가능한 것(the probable)의 세상에 존재한다고 주장했다. 예를 들면, 파동함수를 제곱한다고 해서 전자의 실제 위치를 알 수 있는 것은 아니다. 다만 저곳이 아니라 이곳에서 발견될 가능성을 나타내는 확률을 알아낼 수 있을 뿐이다.[57] 예를 들면, X에서 전자의 파동함수 값이 Y에서의 값의 2배가 된다면, X에서 전자가 발견될 확률은 Y에서 발견될 확률보다 4배가 크다. 전자는 X, Y, 또는 다른 곳에서도 발견될 수 있다.

닐스 보어는 관찰이나 측정이 이루질 때까지 전자와 같은 미시적 물체는 어느 곳에도 존재하지 않는다고 주장했다. 한 측정과 다음 측정 사이에는 파동함수로 표현되는 추상적인 가능성 이외에는 아무것도 존재하지 않는다. 전자의 "가능한" 상태들 중 어느 하나가 "실제로 존재하는" 상태가 되고, 다른 모든 가능성의 확률은 0이 되는 "파동함수 붕괴"가 일어나는 것은 관찰이나 측정이 이루어질 때뿐이다.

보른의 입장에서 슈뢰딩거 공식은 확률 파동을 설명해준다. 실제로 전자의 파동이 존재하는 것이 아니라 확률의 추상적인 파동이 존재할 뿐이다. 보른은 "우리 양자역학의 입장에서는 각각의 경우에 충돌의 결과를 인과적으로 결정해주는 양은 존재하지 않는다"고 했다.[58] 그리고 "나 자신은 원자 세계에서는 결정론을 포기하고 싶다"고 고백했다.[59] 그러나 그는 "입자의 운동은 확률 규칙을 따르지만, 확률 그 자체는 인과법칙에 따라서 전파된다"고 지적했다.[60]

보른이 물리학에 새로운 종류의 확률을 도입했다는 사실을 완전히 이해하기까지는 두 논문이 발표된 시간 간격만큼의 시간이 필요했다. 더 나은 용어였던 "양자 확률"은 이론적으로 제거할 수 있는 무지(無知)에 의한 고전적 확률은 아니었다. 그것은 원자적 존재의 고유한 특징이었다. 예를 들면, 방사성 시료에서 방사성 붕괴가 일어날 확실성에도 불구하고 개별 원자가 언제 붕괴될 것인지를 정확하게 예측하는 것이 불가능하다는 사실은 지식의 결핍 때문이 아니라 방사성 붕괴를 지배하는 양자 규칙의 확률론적 본질의 결과이다.

슈뢰딩거는 보른의 확률 해석을 묵살해버렸다. 그는 전자나 알파 입자가 원자와 충돌하는 것이 "절대적 우연", 즉 "완전한 비결정론적"이라는 주장을 인정하지 않았다.[61] 만약 보른의 주장이 옳다면, 양자 도약을 회피할 수 있는 방법은 없고, 인과성은 다시 위협받게 된다. 그는 1926년 11월에 보른에게 "그러나 나는 기본적으로 당신의 의견에 동의하는 사람들이 지난 10여 년 동안 우리 사고의 영역에서 시민권을 획득한 그런 개념(정상 상태, 양자 도약 등)에 너무 깊이 빠져들었다는 느낌을 가지고 있습니다. 따라서 당신들은 이런 사고의 틀에서 벗어날 시도를 충분히 할 수가 없습니다"라는 편지를 보냈다.[62] 슈뢰딩거는 파동역학에 대한 자신의 해석과 원자 현상의 시각화 시도를 포기한 적이 없었다. 그는 언젠가 "나는 전자가 벼룩처럼 뛰어다닌다고 상상할 수가 없다"는 인상적인 말을 남겼다.[63]

취리히는 코펜하겐, 괴팅겐, 뮌헨으로 이루어진 양자의 황금 삼각지대에서 멀리 떨어져 있었다. 1926년 봄과 여름에 파동역학의 새로운 물리학이 유럽 물리학계에 들불처럼 퍼지고 있을 때, 슈뢰딩거가 직접 자신의 이론을 소개하는 강연을 듣고 싶어하는 사람들도 많았다. 슈뢰딩거는 뮌헨에서 두 차례의 강연을 해달라는 아르놀트 조머펠트와 빌헬름 빈의 초청을 망설이지 않고 받아들였다. 7월 21일에 조머펠트의 "수요 콜로퀴움"에서의 첫 번째 강연은 일상적이었고, 반응도 좋았다. 7월 23일에 독일물리학회의 바이에른 지부에서 했던 두 번째 강연은 그렇지 못했다. 당시에 코펜하겐에서 보어의 조수였던 하이젠베르크가 하이킹 여행을 떠나기 전에 뮌헨에 돌아와 있었던 덕분에 슈뢰딩거의 두 강연에 모두 참석할 수 있었다.

청중이 가득 찬 강연장에 두 번째로 참석했던 하이젠베르크는 슈뢰딩거의 "파동역학의 새로운 결과"라는 제목의 강연이 끝날 때까지 조용히 앉아 있었다. 강연이 끝난 후의 질의응답 시간이 되면서 그는 점점 더 불안해져서 결국에는 더 이상 조용히 견딜 수가 없게 되었다. 그가 일어나서 말문을 열자 모든 사람들이 그를 주목했다. 그는 슈뢰딩거의 이론이 플랑크의 복사법칙, 프랑크-헤르츠 실험, 콤프턴 효과, 또는 광전 효과를 설명하지 못한다고 지적했다. 슈뢰딩거가 제거하고 싶어하는 바로 그 개념인 불연속성과 양자 도약이 없으면, 아무것도 설명할 수가 없다고 지적했다.

스물네 살 청년의 지적에 동의하지 않는 청중들도 있었지만, 슈뢰딩거가 대답을 하기도 전에 흥분한 빈이 일어나서 이야기를 시작했다. 훗날 하이젠베르크는 원로 물리학자가 "나를 거의 방 바깥으로 던져버렸다"고 파울리에게 말했다.[64] 두 사람의 역사는 하이젠베르크가 뮌헨의 학생으로 박사학위 구두시험에서 실험물리학과 관련된 모든 문제에 대답을 하지 못했던 때까지 거슬러올라간다. 빈은 하이젠베르크에게 자리에 앉으라는 손짓을 하면서 말했다. "젊은이, 시간이 지나면 슈뢰딩거 교수께서 자네가 지적한 모든 문제들을 해결해줄 것이네. 우리가 이제 양자 도약에 대한 말도 안 되는 모든 것을 해결했다는 사실을 이해해야만 하네."[65] 동요하지 않았던 슈뢰딩거는 남아 있는 모든 문제를 극복하게 될 것을 확신한다고 대답했다.

하이젠베르크는 모든 일을 목격했던 조머펠트마저 "슈뢰딩거가 사용한 수학의 설득력에 굴복한 것"에 대해서 한탄하지 않을 수 없었다.[66] 싸움을 제대로 시작하기도 전에 경기장에서 강제로 퇴장당해 화가 나고 실망한 하이젠베르크는 다시 전열을 가다듬어야 했다. 그는 요르단에게 "며칠 전 나는 슈뢰딩거의 두 강연을 들었는데 슈뢰딩거가 제시한 QM(양자역학)의 물리적 해석이 옳지 않다는 것을 바위처럼 분명하게 확신했네"라는 편지를 썼다.[67] 그는 "슈뢰딩거의 수학이 대단한 발전을 뜻한다"는 사실을 인

제5회 솔베이 학술회의 : 1927년 10월 24일부터 27일까지 개최된 학술회의의 주제는 새로운 양자역학과 그에 관련된 질문이었다.
(뒷줄, 왼쪽에서부터) 오귀스트 피카르드, E. 앙리오, 파울 에렌페스트, E. 헤르첸, T. 드 동데, 에르빈 슈뢰딩거, J. E. 페르샤펠트, 볼프강 파울리, 베
르너 하이젠베르크, 랄프 파울러, 레옹 브릴루앙. (가운데 줄, 왼쪽에서부터) 피터 디바이, 마르틴 크누센, 윌리엄 L. 브래그, 헨드릭 크라머스, 폴
디랙, 아서 H. 콤프턴, 루이 드 브로이, 막스 보른, (앞줄, 왼쪽에서부터) 어빙 랭뮤어, 막스 플랑크, 마리 퀴리, 헨드릭 로런츠, 알베르
트 아인슈타인, 폴 랑주뱅, 샤를-외젠 구예, C. T. R. 윌슨, 오언 리처드슨.
(사진 : 뱅자맹 쿠프리, 솔베이 국제물리화학연구소, AIP Emilio Segrè Visual Archives 제공)

막스 플랑크 : 1900년 12월에 흑체에서 방출되는 전자기 복사의 분포를 나타내는 방정식을 유도하던 중에 자신도 모르게 양자물리학을 촉발시키게 되었던 보수적인 이론학자. (AIP Emilio Sergre Visual Archives, W. F. Meggers Collection)

루트비히 볼츠만 : 1906년 자살할 때까지 가장 선도적으로 원자론을 주장했던 오스트리아 물리학자. (빈 대학교, AIP Emilio Sergre Visual Archives)

올림피아 아카데미 : (왼쪽에서부터) 콘라트 하비히트, 모리스 솔로빈, 알베르트 아인슈타인. (© Underwood & Underwood/CORBIS)

알베르트 아인슈타인 : 광전 효과에 대한 그의 양자적 설명과 특수상대성이론을 포함한 5편의 논문을 발표했던 "기적의 해"로부터 7년 뒤인 1912년의 사진. (© Bettmann/ CORBIS)

아인슈타인과 보어 : 1930년 솔베이 학술회의 이후 에렌페스트의 라이덴 집에서. (사진 : 파울 에렌페스트, AIP Emilio Sergre Visual Archives, Ehrenfest Collection 제공)

루이 빅토르 피에르 레몽 드 브로이 공작 : 프랑스의 유명한 귀족집안 출신이었던 그는 단순한 질문을 과감하게 제기했다. 빛 파동이 입자처럼 행동할 수 있다면, 전자와 같은 입자도 파동처럼 행동하지 않을까? (AIP Emilio Sergre Visual Archives, Brittle Books Collection)

볼프강 파울리 : 베타원리의 발견자. 신랄한 유머로 유명했지만, "아인슈타인과 비교할
수 있는 유일한 천재"로 알려지기도 했다. (© CERN, Geneva)

1922년 괴팅겐 대학교 "보어 축제"에서의 화기애애한 순간 : (선 사람, 왼쪽에서부터) 카를 빌헬름 오센, 닐스 보어, 제임스 프랑크, 오스카 클라인. (앉은 사람) 막스 보른. (AIP Emilio Sergre Visual Archives, Archive for the History of Quantum Physics)

1926년 여름, 라이덴 대학교에서 : (왼쪽에서부터) 오스카 클라인과 "스핀 닥터"로 알려진 헤오르헤 울렌베크와 사무엘 하우드스미트. (AIP Emilio Sergre Visual Archives)

베르너 하이젠베르크(스물세 살 때의 모습) : 2년 후에 양자물리학의 역사에서 가장 위대하고 심오한 업적 중 하나로 알려진 불확정성 원리를 발견하게 된다. (AIP Emilio Sergre Visual Archives/Gift of Jost Lemmerich)

제1회 솔베이 학술회의 : 1911년 10월 30일에서 11월 3일까지 브뤼셀에서 개최된 양자에 대한 정상회의.

(앉은 사람, 왼쪽에서부터) 발터 네른스트, 마르셀 루이 브릴루앙, 에르네스트 솔베이, 헨드릭 로런츠, 에밀 바르부르그, 장-바티스트 페랭, 빌헬름 빈, 마리 퀴리, 앙리 푸앵카레. (선 사람, 왼쪽에서부터) 로베르트 B. 골드슈미트, 막스 플랑크, 하인리히 루벤스, 아르놀트 조머펠트, 프레데릭 린드만, 모리스 드 브로이, 마르틴 크누센, 프리드리히 하젠노를, G. 호스텔릿, E. 헤르첸, 제임스 진스 경, 어니스트 러더퍼드, 하이케 카메를링-오너스, 알베르트 아인슈타인, 폴 랑주뱅.

(사진: 뱅자맹 쿠프리, 솔베이 국제물리학연구소, AIP Emilio Segre Visual Archives 제공)

닐스 보어 : 원자에 양자를 도입했던 "황금의 덴마크인." 이 사진은 노벨상을 수상한
다음 해인 1922년에 찍은 것이다. (AIP Emilio Sergre Visual Archives, W. F. Meggers
Collection)

어니스트 러더퍼드 : 카리스마를 가진 뉴 질랜드인. 보어가 자신의 코펜하겐 연구소에 도입했던 운영 방식에 대한 영감을 주었다. 러더퍼드의 문하생 중 11명이 노벨상을 받았다. (AIP Emilio Sergre Visual Archives)

보어 연구소로 더 잘 알려졌던 이론물리학 연구소는 1921년 3월 3일에 공식적으로 문을 열었다. (Niels Bohr Archive, Copenhagen)

아인슈타인과 보어 : 1930년 솔베이 학술회의 기간 중에 브뤼셀 거리를 나란히 걸으면서 두 사람은 아인슈타인의 빛 상자 사고실험에 대해서 이야기하고 있었던 것 같다. 빛 상자 사고실험은 일시적으로 보어에게 유리했다. 그는 아인슈타인의 아이디어가 옳은 것으로 밝혀지면 '물리학의 종말'이 될 것이라고 걱정했다. (사진 : 파울 에렌페스트, AIP Emilio Sergre Visual Archives, Ehrenfest Collection 제공)

보어, 하이젠베르크, 파울리 : 1930년대 중반 보어 연구소에서 점심 식사를 하면서 대화하는 모습. (Niels Bohr Institute, AIP Emilio Sergre Visual Archives 제공)

과묵한 영국인 폴 디랙 : 하이젠베르크의 행렬역학과 슈뢰딩거의 파동역학의 관계를 밝혔다. (AIP Emilio Sergre Visual Archives)

에르빈 슈뢰딩거 : 파동역학의
발견은 "뒤늦게 폭발한 욕정"
의 산물이라고 알려졌다. (AIP
Emilio Sergre Visual Archives)

1933년 스톡홀름 기차역에서 :
(왼쪽에서부터) 하이젠베르크
의 어머니, 슈뢰딩거의 아내, 디
랙의 어머니, 디랙, 하이젠베르
크, 슈뢰딩거, 슈뢰딩거와 디랙
은 노벨상을 공동 수상했고, 하
이젠베르크는 시상이 연기되었
던 1932년 노벨상을 이 해에 받
았다. (AIP Emilio Sergre Visual
Archives)

알베르트 아인슈타인 : 1954
년 프린스턴 자택의 서재에
서. (© Bettmann/CORBIS)

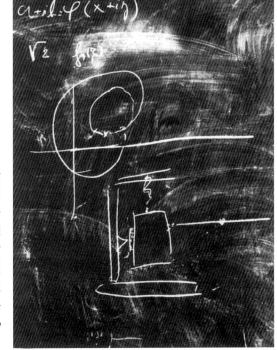

1962년 11월 닐스 보어가 사
망하기 전날 밤에 서재의 칠
판에 마지막으로 그려놓은
그림, 아인슈타인의 1930년
빛 상자 : 보어는 생애 마지막
까지 양자역학과 물리적 실
재의 본질에 대해서 벌였던
아인슈타인과의 논쟁을 분
석하고 있었다. (AIP Emilio
Sergre Visual Archives)

데이비드 봄 : 코펜하겐 해석의 대안을 제시한 그가 미국 의회의 반미활동위원회에서 공산당에 가입했었는지 여부에 대해서 증언을 거부한 직후의 모습. (Library of Congress, New York Wold-Telegram and Sun Collection, AIP Emilio Sergre Visual Archives 제공)

존 스튜어트 벨 : 아인슈타인과 보어가 규명하지 못했던 두 가지 상반되는 철학적 세계관을 구별할 수 있는 수학적 정리를 발견한 아일랜드 출신의 물리학자. (© CERN, Geneva)

정했지만,[68] 그런 확신만으로는 충분하지 않다는 사실을 이미 알고 있었다. 재앙적인 만남 이후에 하이젠베르크는 양자물리학의 최전선에서 보어에게 긴급 보고를 했다.

뮌헨 사건에 대한 하이젠베르크의 설명을 읽고 난 보어는 슈뢰딩거에게 코펜하겐에서 강연을 한 후에 "이곳 연구소에서 일하는 몇몇 사람과 논의함으로써 원자이론의 미해결 문제에 대해서 더 심도 깊게 다룰 수 있도록" 초청을 했다.[69] 슈뢰딩거가 1926년 10월 1일 기차에서 내렸을 때, 보어가 역에서 그를 기다리고 있었다. 놀랍게도 그들은 처음 만나는 것이었다. 인사를 나눈 후에 즉시 싸움이 시작되었고, 하이젠베르크에 따르면 그들의 싸움은 "매일 아침 일찍부터 저녁 늦게까지 계속되었다."[70] 며칠 동안 이어진 보어의 연속적인 질문에 슈뢰딩거는 숨을 돌릴 틈도 거의 없었다. 그는 함께 있는 시간을 극대화하기 위해서 슈뢰딩거를 자신의 집에 있는 객실에 머물도록 했다. 보통 때는 가장 친절하고 사려 깊은 호스트였던 보어는 슈뢰딩거에게 자신의 오류를 인식시키고 싶었던 탓에 하이젠베르크가 보기에도 "자신이 틀렸을 수도 있다는 사실을 결코 인정할 의사가 전혀 없는 무자비한 광신도"처럼 행동했다.[71] 두 사람은 각자 새로운 물리학의 물리적 해석에 대한 자신의 뿌리 깊은 확신을 열정적으로 방어했다. 싸우지 않고는 한점도 양보할 의사가 없었다. 각자가 상대방의 주장에서 약점이나 정교하지 않은 점을 집중적으로 공격했다.

한번은 슈뢰딩거가 "양자 도약의 아이디어 전체가 순진한 꿈"이라고 지적했다. 보어는 "그러나 양자 도약이 존재하지 않는다는 사실을 증명하지는 않았죠"라고 반박했다. 그는 밝혀진 것은 "우리가 그것을 상상할 수 없다"는 것뿐이라고 주장했다. 곧장 감정이 격해졌다. 보어는 "양자이론의 모든 근거에 대해서 의문을 제기할 수는 없어요!"라고 했다. 슈뢰딩거는 아직도 완전히 설명해야 할 것이 많이 남아 있었지만, 보어는 "양자역학에 대한 만족스러운 물리적 해석을 찾지 못했다"고 주장했다. 보어가 계속해서 압박하자, 슈뢰딩거는 결국 폭발했다. "만약 이 고약한 양자 도약이 정말 존재한다면, 나는 양자이론에 관여한 것 자체를 후회할 것입니다." 보어는 "그러나 우리는 당신이 그렇게 생각하는 것에 대해서 매우 고마워할 것입니다. 당신의 파동역학은 수학적 명쾌함과 단순함에 크게 기여함으로써 지금까지 알려진 양자역학의 모든 형식을 크게 발전시켰습니다"라고 대답했다.[72]

며칠에 걸친 끈질긴 대화 끝에 슈뢰딩거는 결국 병에 걸려 침대에 누워버렸다. 보어는 아내가 손님을 간호하기 위해서 최선을 다하는 동안에도 침대 옆에 앉아서 논쟁을 계속했다. 보어는 "그러나 당연히 슈뢰딩거 당신은 반드시 보아야만……" 한다고 했다. 물론 그는 보기는 했지만, 오래전부터 써왔던 안경을 통해서만 볼 수가 있었고, 보어가 처방한 안경으로 바꿔 쓸 생각은 없었다. 두 사람이 합의에 이르게 될 가능성은 거의 없었다. 각자 상대의 이야기에 설득을 당하지도 않았다. 훗날 하이젠베르크는 "당시에는 어느 쪽도 양자역학에 대해서 완전하고 일관된 해석을 제시하지 못했기 때문에 진정한 이해는 기대할 수 없었다"고 썼다.[73] 슈뢰딩거는 양자이론이 고전적 존재와 완전한 결별을 뜻한다는 주장을 인정하지 않았다. 보어의 입장에서는 원자 세계에서 이미 익숙해진 궤도와 연속적 경로의 아이디어에서 후퇴할 수가 없었다. 슈뢰딩거가 좋아하거나 말거나 상관없이 양자 도약은 이미 생활의 일부가 되었다.

슈뢰딩거는 취리히에 도착하자마자 빌헬름 빈에게 보낸 편지에서, 원자 문제에 대한 보어의 "정말 훌륭한" 접근 방법에 대해서 자세하게 설명했다. 그는 빈에게 "그는 일상 언어로 이해하는 것은 불가능하다고 확신하고 있었습니다"라고 말했다. "그래서 대화는 시작과 동시에 철학적 문제로 흘러갔고, 더 이상 그가 공격하고 있는 입장에 있는지, 또는 그가 방어하고 있는 위치를 공격해야만 하는지를 알 수가 없었습니다."[74] 서로의 이론적 차이에도 불구하고, 보어와 "특히" 하이젠베르크는 "감동적일 정도로 친절하고, 즐겁고, 너그럽고, 배려하는 자세"를 보여주었고, 모두가 "완벽하고, 구름 한점 없이 정감이 넘치고 친절했다."[75] 먼 거리와 몇 주일의 짧은 기간 탓에 그들의 만남에 대한 기억은 누그러져버렸다.

1926년의 크리스마스 1주일 전에 슈뢰딩거 부부는 미국으로 갔다. 그는 위스콘신 대학교에서 몇 차례의 강연을 하면 2,500달러라는 엄청난 강연료를 주겠다는 초청을 받아들였다. 그후 그는 전국을 순회하면서 거의 50여 차례에 걸친 강연을 했다. 1927년 4월에 취리히로 돌아온 그는 몇 곳으로부터의 임용 제안을 거절했다. 그는 훨씬 더 큰 보상에 눈독을 들이고 있었다. 베를린의 플랑크가 앉아 있던 자리였다.

1892년에 임용된 플랑크는 1927년 10월 1일에 정년퇴임을 하여 명예교수로 남을 예정이었다. 스물네 살의 하이젠베르크는 그런 자리에 앉기에는 너무 젊었다. 아르놀트 조머펠트가 적격이었지만, 이미 쉰아홉 살이었던 그는 뮌헨에 남기로 결정했다. 이제 슈뢰딩거가 아니면 보른이었다. 결국 슈뢰딩거가 플랑크의 후임으로 선정되었고, 그런 결정은 파동역학의 발견 덕분이었다. 1927년 8월에 슈뢰딩거는 베를린으로 옮겼고, 그곳에서 파동함수에 대한 보른의 확률론적 해석에 대해서 자신만큼 불편하게 느끼는 사람을 발견했다. 아인슈타인이었다.

아인슈타인은 광양자의 자발적 방출이 전자가 한 원자 에너지 레벨에서 다른 에너지 레벨로 도약하면서 일어나는 것이라는 설명을 제시함으로써 1916년에 양자물리학에 확률을 도입했던 최초의 인물이었다. 10년 후에 보른은 양자 도약의 확률론적 특징을 설명하는 파동함수와 파동역학의 해석 방법을 제시했다. 그러나 그 대가는 아인슈타인이 원하지 않는 것이었다. 그의 제안은 인과성의 포기를 뜻했기 때문이다.

1926년 12월에 아인슈타인은 보른에게 보낸 편지에서 인과성과 결정론을 포기한 것에 대해서 자신이 점점 더 불안하게 느끼고 있다고 했다. "양자역학이 인상적인 것은 분명합니다. 그러나 내 마음 속에서는 그것이 아직도 존재하는 것이 아니라는 목소리가 들리고 있어요. 이론이 많은 것을 이야기해주고 있지만, 정말 우리를 '기존 이론'의 신비에 더 가까이 데려다준 것은 아니지요. 어쨌든 '나는 신은 주사위 놀이를 하지 않는다(He is not playing at dice)'고 확신합니다."[76] 전선이 만들어지면서, 아인슈타인은 자신도 모르는 사이에 놀라운 돌파구를 위한 영감을 제공하는 사람이 되어버렸다. 양자의 역사에서 가장 위대하고 가장 심오한 업적들 중의 하나인 불확정성 원리(不確定性原理, uncertainty principle)가 바로 그것이었다.

10

코펜하겐의 불확정성

강연대에 노트를 펴놓고 칠판 앞에 선 베르너 하이젠베르크는 긴장하고 있었다. 스물다섯 살의 총명한 물리학자가 긴장을 해야 할 이유는 없었다. 1926년 4월 28일이었고, 그는 베를린 대학교의 유명한 물리학 콜로퀴움에서 행렬역학에 대한 강연을 시작하고 있었다. 뮌헨과 괴팅겐도 나름대로의 명성을 자랑하고 있었지만, 하이젠베르크가 "독일 물리학의 중심지"라고 불렀던 곳은 역시 베를린이었다.[1] 청중의 얼굴을 둘러보던 그는 앞줄에 앉아 있던 네 사람을 주목했다. 그들은 노벨상을 수상한 막스 폰 라우에, 발터 네른스트, 막스 플랑크, 알베르트 아인슈타인이었다.

하이젠베르크가 스스로 "당시의 가장 독특한 이론의 개념과 수학적 기초에 대한 명쾌한 설명"이라고 평가한 강연을 시작하면서 "이렇게 많은 저명인사들과의 첫 만남"에 대한 긴장은 빠르게 가라앉았다.[2] 강연이 끝나고 청중들이 흩어지는 사이에 아인슈타인은 하이젠베르크를 자신의 아파트로 초대했다. 아인슈타인은 하버란트 거리까지 걸어가는 30분 동안 하이젠베르크에게 가족, 교육, 그리고 초기의 연구에 대해서 물어보았다. 진짜 이야기를 시작한 것은 두 사람이 아인슈타인의 거처에 편하게 자리를 잡은 후였다. 하이젠베르크의 기억에 따르면, 아인슈타인이 "최근의 내 연구의 철학적 배경"에 대해서 물어보았다.[3] 아인슈타인은 "원자의 내부에 전자가 존재한다는 가정을 했고, 어쩌면 그렇게 하는 것이 옳을 수도 있어요"라고 했다. "그러나 구름 상자에서 전자의 궤적을 직접 관찰할 수 있음에도 불구하고 당신은 전자의 궤도는 거부하고 있어요. 그런 이상한 가정을 한 이유에 대해서 더 설명을 해주면 좋겠어요."[4] 마흔일곱 살의 양자이론의 대가를 설득할 기회는 그가 간절하게 바라던 것이었다.

하이젠베르크는 "우리는 원자 내부에 있는 전자 궤도를 관찰할 수는 없지만, 방전 과정에서 원자가 방출하는 복사를 통해서 전자의 진동수와 그에 대응하는 진폭을 추정할 수 있을 뿐입니다"라고 대답했다.[5] 자신이 잘 알고 있는 주제에 힘을 얻은 그는 "좋은 이론은 반드시 직접 관찰할 수 있는 양에 근거를 두어야 하기 때문에 저는 이런 양들을 전자 궤도에 대한 비유로 처리하는 것이 더 적절하다고 생각합니다"라고 대답했다.[6] 아인슈타인은 "그러나 당신은 물리적 이론에는 관찰 가능한 양 이외에는 아무것도 포함되면 절대 안 된다고 심각하게 믿는 것은 아니겠지요?"라고 이의를 제기했다.[7] 그것은 하이젠베르크가 구성하고 있는 새로운 여하이 기초를 흔드는 질문이었다. 그는 "그것이 바로 당신이 상대성이론에서 한 일이 아니었던가요?"라고 반박했다.

아인슈타인은 웃으면서 "좋은 묘책은 두 번 쓰지 말아야 합니다"라고 대답했다.[8] 그는 "어쩌면 내가 그런 종류의 추론을 썼을 수도 있겠지만, 그것 역시 말도 안 되는 것입니다"라고 인정했다. 그는 원칙적으로는 실제로 관찰할 수 있는 것에만 신경을 써야 한다는 것이 발견법적으로는 유용할 수 있겠지만, "관찰할 수 있는 양만으로 이론을 만들어야 한다는 것은 분명히 잘못된 것"이라고 주장했다. "사실은 정반대의 일이 일어납니다. 우리가 측정할 수 있는 것이 무엇인지를 결정해주는 것이 바로 이론입니다."[9] 아인슈타인의 주장은 무슨 뜻이었을까?

거의 한 세기 전이었던 1830년에 프랑스 철학자 오귀스트 콩트는 모든 이론이 관찰에 근거를 두어야 하지만, 관찰하기 위해서는 정신도 필요하다고 주장했다. 아인슈타인은 관찰은 이론에서 사용되는 현상에 대한 가설이 포함된 복잡한 과정이라는 사실을 설명하려고 했다. 아인슈타인은

"관찰하는 현상이 우리가 사용하는 측정 장치에 어떤 사건을 발생시킨다"고 했다.[10] "그 결과로 측정 장치에서는 더 많은 과정들이 일어나게 되어 궁극적으로는 복잡한 경로를 통해서 우리의 인식에 감각적 인식을 발생시키고, 그 효과가 우리의 인식 속에 자리잡도록 한다." 아인슈타인은 그런 효과는 우리의 이론에 따라서 달라진다고 주장했다. 그는 하이젠베르크에게 "그리고 당신의 이론에서는 진동하는 원자에서부터 분광기나 눈까지 빛이 전달되는 전체 메커니즘이 우리가 언제나 믿어왔던 맥스웰 법칙에 따라서 일어난다고 가정한 것이 분명합니다. 만약 그것이 더 이상 사실이 아니라면 관찰 가능하다고 부르는 양들을 더 이상 관찰할 수 없게 됩니다"라고 말했다.[11] 아인슈타인은 계속해서 "따라서 관찰 가능한 양 이외에는 아무것도 도입하지 않았다는 당신의 주장은 당신이 만들고 싶어하는 이론의 성질에 대한 가설일 뿐입니다"라고 주장했다.[12] 훗날 하이젠베르크는 "나는 아인슈타인의 주장이 설득력이 있는 것이라고 생각했지만, 그의 이야기를 듣고 깜짝 놀랐다"고 인정했다.[13]

특허사무소 직원이었던 아인슈타인은 과학의 목표가 실재의 본질을 파악하는 것이 아니라 실험 결과, 즉 "사실"을 가장 경제적으로 서술하는 것이라고 주장했던 오스트리아 물리학자 에른스트 마흐의 주장을 공부한 적이 있었다. 모든 과학 개념은 그것을 어떻게 측정하는지를 구체화시킨 실무적 정의에 따라서 이해되어야만 한다. 아인슈타인이 기존에 정립된 절대 공간과 절대 시간의 개념에 반발했던 것도 그런 철학의 영향을 받았기 때문이었다. 그러나 하이젠베르크에게 말했듯이, 그런 입장이 "오히려 세상이 실제로 존재하고, 우리의 감각적 인식이 객관적인 무엇에 근거를 두고 있다는 사실을 무시한 것"이라는 생각 때문에 그는 마흐의 접근 방법을 오래 전에 포기했다.[14]

아인슈타인을 설득시키지 못해 실망한 채로 아파트를 나선 하이젠베르크는 결정을 해야만 했다. 사흘 후인 5월 1일에 그는 코펜하겐에 가서 보어의 조수와 대학 강사를 겸직하는 일을 시작할 예정이었다. 그러나 그는 얼마 전에 라이프치히 대학교의 정교수직을 제안받았다. 하이젠베르크는 그것이 자신처럼 젊은 사람에게는 대단한 명예라는 사실을 알고 있었지만, 제안을 받아들여야 할까 망설였다. 하이젠베르크는 아인슈타인에게 자신의 어려운 결정에 대해서 이야기했다. 그는 보어와 함께 일하라고 조언했다. 다음날 하이젠베르크는 부모에게 자신이 라이프치히의 제안을 거절하겠다는 편지를 보냈다. 그는 자신과 부모에게 "내가 계속 좋은 논문을 쓰면, 언제나 다른 제안을 받게 될 것입니다. 그렇게 하지 않으면 그것은 나에게 과분한 것입니다"라고 말했다.[15]

보어는 1926년 5월 중순에 러더퍼드에게 "하이젠베르크가 도착했고, 우리는 모두 양자이론의 새로운 발전과 그것이 가지고 있는 대단한 전망에 대해서 의논하는 일에 매달려 있습니다"라는 편지를 보냈다.[16] 하이젠베르크는 연구소에서 펠레드 공원을 내려다볼 수 있는 "경사가 진 벽이 있는 아늑하고 작은 방"에서 지내고 있었다.[17] 보어와 그의 가족도 옆 동에 있는 안락하고 넓은 소장 전용 빌라로 이사를 왔다. 그의 집을 자주 방문했던 하이젠베르크는 곧 "보어 가족과 아주 편하게" 느끼는 사이가 되었다.[18] 연구소를 확장하고 수리하는 일은 예상보다 훨씬 오래 걸렸고, 보어는 지쳐 있었다. 체력이 약해진 그는 심한 독감에 걸렸다. 보어가 회복을 위해서 휴식하던 두 달 동안, 하이젠베르크는 파동역학을 이용해서 헬륨의 선 스펙트럼을 성공적으로 설명했다.

원기를 되찾은 보어의 옆집에 사는 것은 좋기도 하고, 나쁘기도 한 일이었다. "보어가 저녁 8시나 9시에 느닷없이 내 방에 와서 '하이젠베르크, 이 문제에 대해서 어떻게 생각하나?'라고 묻는다. 그리고 우리는 자정이나 새벽 1시까지 함께 이야기를 하는 일이 자주 있었다."[19] 그가 하이젠베르크를 자신의 빌라로 초청해서 와인을 마시며 늦은 저녁까지 이야기를 나누기도 했다.

하이젠베르크는 보어와 함께 일을 하는 이외에도 대학교에서 일주일에 두 번씩 덴마크어로 이론물리학 강의도 했다. 그는 자신이 가르치는 학생들보다 나이가 그리 많지 않았고, 어느 학생은 "기술학교를 갓 졸업한 총명한 목수 제자처럼 보이는 그가 그렇게 똑똑하"고 믿기 어려웠다고 했다.[20] 하이젠베르크는 연구소의 생활에 빠르게 적응했고, 주말에는 동료들과 함께 항해, 승마, 도보 여행을 즐겼다. 그러나 1926년 10월 초에 슈뢰딩거가 방문한 이후로는 그런 활동을 할 여유가 점점 더 줄어들었다.

슈뢰딩거와 보어는 행렬역학이나 파동역학의 물리적 해석에 대해서 어떠한 합의에도 도달하지 못했다. 하이젠베르크는 보어가 "사건의 진상을 밝혀내기 위해" 얼마나 "놀라울 정도로 열성적인지"를 보았다.[21] 그로부터 몇 달 동안 양자역학의 해석은 이론과 실험을 조화시키려는 보어와 그의 젊은 제자의 대화에서 유일한 주제가 되었다. 훗날 하이젠베르크는 "보어가 늦은 밤에 양자이론의 문제에 대해서 이야기를 하러 내 방을 자주 찾아오는 것은 우리 모두에게 고문과도 같은 일이었다"고 말했다.[22] 파동-입자 이중성처럼 고통스러운 것은 없었다. 아인슈타인은 에렌페스트에게 썼다. "한 손에는 파동을, 다른 손에는 양자를! 둘 모두가 존재한다는 것은 바위처럼 확실합니다. 그러나 악마가 그것을 (실제로 운율이 맞는) 시로 만들고 있습니다."[23]

고전물리학에서는 무엇이든 입자이거나 파동이 될 수는 있어도 둘 모두일 수는 없다. 각자의 양자역학을 개발하는 과정에서, 하이젠베르크는 입자를 이용했고, 슈뢰딩거는 파동을 이용했다. 행렬역학과 파동역학이 수학적으로 동등하다는 증명도 파동-입자 이중성에 대한 더 깊은 이해에 도움이 되지 않았다. 하이젠베르크는 아무도 "전자가 파동인지, 아니면 입자인지, 그리고 내가 이러저러한 일을 하면 전자가 어떻게 행동하는지?"와 같은 문제에 대해서 아무도 답을 모른다는 것이 문제의 핵심이라고 말했다.[24] 보어와 하이젠베르크가 파동-입자 이중성에 대해서 더 열심히 생각할수록 사정은 더욱 악화되는 것처럼 보였다. 하이젠베르크는 "우리는 어떤 용액을 가지고 독성 성분을 더욱 더 농축시키려고 애쓰는 화학자처럼 역설의 독을 농축시키려고 애쓰고 있었다"고 기억했다.[25] 그런 과정에서 두 사람이 어려움을 해결하기 위해서 서로 다른 접근 방법을 받아들이면서 그들 사이에 긴장이 더 높아졌다.

양자역학의 이론을 통해서 드러나는 원자 수준에서의 실재의 본질을 찾으려는 물리적 해석을 시도하는 노력에서 하이젠베르크는 철저하게 입자, 양자 도약, 불연속성에 매달렸다. 그에게는 파동-입자 이중성에서 입자적 측면이 압도적이었다. 그는 슈뢰딩거와 조금이라도 관련된 것이라면 어떤 것도 받아들일 여유가 없었다. 그러나 하이젠베르크에게는 놀랍게도, 보어는 "두 가지 모두와 게임을 하기"를 원했다.[26] 그는 젊은 독일 물리학자와 달리 행렬역학에 집착하지 않았고, 사실 어떤 수학적 방법론에 사로잡힌 적도 없었다. 하이젠베르크의 첫 번째 기항지는 언제나 수학이었지만, 보어는 닻을 올리고 나면 수학의 뒤에 숨겨져 있는 물리학을 이해하고 싶어했다. 그는 파동-입자 이중성과 같은 양자 개념을 살펴볼 때도 그것을 포장하고 있는 수학보다는 아이디어의 물리적 콘텐츠를 파악하는 일에 더 많은 관심이 있었다. 보어는 원자적 과정을 완벽하게 서술하기 위해서는 입자와 파동 모두의 동시적 존재를 허용하는 방법을 찾아내야 한다고 믿었다. 그에게는 서로 상반되는 두 개념의 조화가 양자역학에 대한 일관된 물리적 해석의 문을 여는 열쇠였다.

슈뢰딩거의 파동역학이 발견된 이후로 양자이론은 하나만으로 충분하다는 것이 일반적인 인식이었다. 필요한 것은 단 하나의 방법론이었다. 특히 두 가지 방법이 수학적으로 동일한 상황에서는 더욱 그랬다. 그해 가을에 바로 그런 방법론을 찾아낸 것은 서로 독립적으로 일을 했던 폴 디랙과 파스쿠알 요르단이었다. 1926년 9월에 6개월간의 체류 일정으로 코펜하겐에 도착한 디랙은 행렬역학과 파동역학이 변환이론(transformation theory)이라고 부르는 양자역학의 훨씬 더 추상적인 방법론의 특별한 경우에 해당한다는 사실을 발견했다. 빠진 것은 이론의 물리적 해석이었고, 그것을 찾으려는 노력이 상처를 남기기 시작했다.

하이젠베르크는 "우리의 대화가 자정을 넘어 늦은 시간까지 계속되는 일이 잦아지고, 몇 달에 걸친 끈질긴 노력에도 불구하고 만족스러운 결론을 얻지 못하게 되면서, 우리 두 사람 모두 극도로 지치고 긴장하게 되었다"고 회고했다.[27] 더 이상은 안 되겠다고 생각한 보어는 1927년 2월에 노르웨이의 구드브란스달로 4주간의 스키 휴가를 떠났다. 하이젠베르크도 그가 떠나는 것이 반가웠다. 그는 "아무 방해도 받지 않고 절망적으로 복잡해진 문제에 대해서 생각해볼 수 있게 되었다."[28] 구름 상자에서 관찰된 전자의 궤적보다 더 절박한 문제는 없었다.

1911년 케임브리지에서 열렸던 연구생들의 크리스마스 파티에서 러더퍼드를 만난 보어는 C. T. R. 윌슨이 얼마 전에 발명한 구름 상자(cloud chamber)에 대한 뉴질랜드 물리학자의 너그러운 찬사에 충격을 받았다. 스코틀랜드 물리학자는 수증기로 포화된 공기가 들어 있는 작은 유리 상자 속에서 구름을 만들어내는 일에 성공했다. 공기가 팽창하면서 냉각되면 수증기가 작은 물방울로 변해서 먼지 입자에 달라붙으면서 구름이 만들어진다. 오래지 않아 윌슨은 먼지를 완전히 제거한 상자에서도 "구름"을 만들어낼 수 있게 되었다. 그가 찾아낼 수 있는 유일한 설명은 상자의 공기 속에 존재하는 이온에 응축되어 구름이 만들어진다는 것이었다. 그러나 다른 가능성도 있었다. 상자를 통과하는 빛이 공기 원자로부터 전자를 떼어냄으로써 만들어지는 이온이 작은 물방울의 흔적을 남기게 된다는 것이다. 실제로 복사가 정확하게 그런 일을 했다는 사실이 밝혀졌다. 윌슨은 물리학자들에게 방사성 물질에서 방출되는 알파 입자와 베타 입자의 궤적을 관찰할 수 있는 수단을 제공한 것으로 보였다.

입자는 분명한 경로를 따라서 움직이지만, 파동은 퍼져 있기 때문에 그렇지 않다. 그러나 양자역학은 누구나 구름 상자를 통해서 볼 수 있을 정도로 분명하게 가시적인 입자 궤적의 존재를 허용하지 않는다. 문제는 극복할 수 없는 것처럼 보였다. 그러나 하이젠베르크는 "어렵기는 하겠지만" 구름 상자에서 관찰되는 것과 이론 사이의 관계를 정립하는 것이 가능해

야만 한다고 확신했다.[29]

어느 늦은 저녁에 연구소의 작은 다락방에서 일을 하던 하이젠베르크는 구름 상자에서 관찰된 전자 궤적의 수수께끼에 대해서 생각하다가 마음이 흔들리기 시작했다. 행렬역학에 따르면 그런 궤적은 나타나지 말아야 했다. 갑자기 그에게 "우리가 관찰할 수 있는 것을 결정하는 것은 이론이다"라는 아인슈타인의 주장이 메아리처럼 들려왔다.[30] 무엇인가를 알아냈다고 확신한 하이젠베르크는 머리를 맑게 해야겠다고 생각했다. 그는 자정이 훌쩍 넘은 시각에 근처에 있는 공원으로 산책을 나갔다.

추위도 잊은 그는 구름 상자에 남겨진 전자 궤적의 정확한 본질에 대해서 집중하기 시작했다. 훗날 그는 "우리는 언제나 구름 상자에서 전자의 경로를 볼 수 있다고 가볍게 말해왔다"고 썼다.[31] "그러나 어쩌면 우리가 정말 관찰한 것은 그것에 크게 미치지 못한 것일 수도 있었다. 어쩌면 우리가 본 것은 단순히 전자가 통과한 후에 남아 있는 불분명하고 불연속적인 점들이었을 수도 있었다. 사실 우리가 구름 상자에서 본 것은 분명히 전자보다 훨씬 더 큰 개별적인 물방울이었다."[32] 연속적이고 끊어지지 않는 경로는 없다. 하이젠베르크는 그렇게 믿었다. 그와 보어는 잘못된 질문을 던지고 있었던 것이다. 답을 찾아야 할 질문은 "양자역학은 전자가 대체로 주어진 곳에서 발견되고, 대체로 주어진 속도로 움직인다는 사실을 나타낼 수 있는가?"였다.

급하게 방으로 돌아온 하이젠베르크는 그가 잘 알고 있는 방정식들을 꿰어맞추기 시작했다. 양자역학은 알아낼 수 있는 것과 관찰할 수 있는 것에 대해서 제한을 가하는 것이 분명했다. 그러나 이론이 어떻게 무엇이 관찰될 수 있고, 무엇이 관찰될 수 없는지를 결정할 수 있을까? 그 답이 바로 불확정성 원리였다.

하이젠베르크는 양자역학이 주어진 순간에 입자의 위치와 운동량 모두를 정확하게 결정하는 것을 허용하지 않는다는 사실을 발견했다. 전자가 어디에 있는지 또는 얼마나 빠르게 움직이는지는 정확하게 측정할 수 있지만, 두 가지 모두를 동시에 알아내는 것은 불가능하다. 그것이 둘 중 하나를 정확하게 알아낸 것에 대해서 자연이 요구하는 대가였다. 양자적 타협의 춤에서 하나를 더 정확하게 측정할수록 나머지 하나는 정확하지 않게 측정되거나 예측할 수 없게 된다. 만약 자신이 옳다면, 하이젠베르크는 그것이 원자 세계를 탐구하는 어떤 실험으로도 불확정성 원리에 의해서 주어지는 한계를 극복할 수 없다는 뜻이라는 사실을 알았다. 물론 그런 주장을 "증명하는" 것은 불가능하지만, 하이젠베르크는 그런 실험이 포함된 모든 과정이 "양자역학 법칙을 반드시 만족시켜야" 한다면 그럴 수밖에 없다고 확신했다.[33]

그는 며칠 동안 불확정성 원리 또는 그가 선호했던 이름인 비결정성 원리(非決定性 原理, indeterminacy theory)를 시험해보았다. 그는 마음속의 실험실에서 불확정성 원리에 따르면 불가능한 정도의 정확도로 위치와 운동량을 동시에 측정하는 것이 가능할 수도 있는 여러 가지 가상적인 "사고실험(thought experiment)"을 했다. 여러 경우의 계산을 통해서 불확정성 원리에 어긋나는 경우가 없다는 사실이 밝혀졌지만, 하이젠베르크에게 "이것이 우리가 관찰할 수 있는 것과 관찰할 수 없는 것을 결정하는 이론이다"라는 사실을 성공적으로 증명했다고 확신하도록 해준 한 가지 특별한 사고실험이 있었다.

언젠가 하이젠베르크는 어느 친구와 함께 전자 궤도 개념을 둘러싼 어려움에 대해서 이야기를 나누었다. 그의 친구는 원칙적으로 원자 내부의 전자 경로를 관찰할 수 있는 현미경을 만들 수 있어야 한다고 주장했다. 그러나 이제 하이젠베르크에 따르면 "최고의 성능을 가진 현미경이라고 하더라도 불확정성 원리에 의해서 주어지는 한계를 넘어설 수 없기" 때문에 그런 실험은 불가능했다.[34] 이제 그가 해야 할 일은 움직이는 전자의 정확한 위치를 이론적으로 결정하는 노력을 통해서 그런 사실을 증명하는 것이었다.

전자를 "보기" 위해서는 특별한 종류의 현미경이 필요했다. 보통의 현미경은 물체를 비추기 위해서 가시광선을 사용하고, 반사된 빛을 모아서 이미지를 만든다. 가시광선의 파장은 전자보다 훨씬 더 크고, 그래서 자갈 위로 덮쳐오는 파동처럼 전자를 씻어내버릴 것이기 때문에 전자의 정확한 위치를 결정하는 목적으로는 사용할 수가 없다. 필요한 것은 전자의 위치를 정확하게 알아낼 수 있을 정도로 짧은 파장과 큰 진동수를 가진 "빛"인 감마선을 사용하는 현미경이었다. 아서 콤프턴은 1923년에 전자에 부딪히는 X-선을 연구해서 아인슈타인의 광양자의 존재에 대한 결정적인 증거를 발견했다. 하이젠베르크는 서로 충돌하는 두 개의 당구공처럼 감마선의 광자가 전자에 충돌하면 그 충격으로 전자가 튕겨나가고, 산란된 광자는 현미경 속으로 들어갈 것이라고 상상했다.

그러나 전자의 운동량은 감마선 광자의 충격 때문에 부드럽게 변하는 대신 불연속적인 반동이 나타나게 된다. 물체가 가지고 있는 운동량은 질량과 속도의 곱이기 때문에 속도의 변화는 운동량을 변화시키게 된다.[35] 광자가 전자에 충돌하면 전자의 속도에 급격한 변화가 생긴다. 전자의 운동량이 불연속적으로 바뀌는 것을 최소화시키는 유일한 방법은 광자의 에너지를 줄여서 충돌의 충격을 줄여주는 것이다. 그렇게 만들기 위해서는 파장이 더 길고, 진동수가 더 작은 빛을 이용해야만 한다. 그러나 파장을 그렇게 바꾸면 더 이상 전자의 정확한 위치를 분명하게 알아낼 수가 없게 된다. 전자의 위치를 더 정확하게 측정할수록 운동량의 측정은 더욱 불확실해지거나 정밀하지 않게 되고, 그 역도 성립한다.[36]

하이젠베르크는 $\triangle p$와 $\triangle q$(여기서 $\triangle$는 그리스 문자 델타이다)를 운동량과 위치에 대한 "비정밀성" 또는 "불확정성"이라고 한다면, $\triangle p$ 곱하기 $\triangle q$는 언제나 $h/2\pi$ 보다 크거나 같아야 한다. 즉 $\triangle p \triangle q \geq h/2\pi$이라는 사실을 밝혀냈다.[37] (여기서 h는 플랑크 상수이다) 이것이 바로 불확정성 원리 또는 위치와 운동량의 "동시 측정에 대한 지식에서의 비정밀성"의 수학적 표현이었다. 하이젠베르크는 또한 소위 상보적 변수의 쌍인 에너지와 시간에 대한 또다른 "불확정성 관계"도 발견했다. $\triangle E$와 $\triangle t$가 각각

시스템의 에너지 E와 E를 측정하기 위한 시간 t의 불확정성이라면, $\triangle E \triangle t \geq h/2\pi$가 된다.

처음에는 불확정성 원리가 실험에 사용된 장비의 기술적 결함 때문이라고 생각했던 사람도 있었다. 그런 사람들은 장비를 개선시키면, 불확정성은 사라질 것이라고 믿었다. 그런 오해는 하이젠베르크가 불확정성 원리의 중요성을 확인하기 위해서 사용했던 사고실험 때문에 생긴 것이었다. 그러나 사고실험은 이상적인 조건에서 완벽한 장비를 사용하는 가상적인 실험이다. 하이젠베르크가 발견한 불확정성은 실재의 고유한 특징이다. 그는 플랑크 상수의 크기에 의해서 결정되고, 원자 세계에서 불확정성 관계에 의해서 관찰 가능한 것에 대한 정밀도의 한계는 개선이 불가능하다고 주장했다. 그의 놀라운 발견에 대해서는 "불확정성(uncertainty)"이나 "비결정성(indeterminate)"보다 "불가지성(unkowable)"이 더 적절한 표현이었을 수도 있다.

하이젠베르크는 전자의 운동량을 동시에 정확하게 결정할 수 없는 것은 전자의 위치를 측정하는 행위 때문이라고 믿었다. 그의 입장에서는 그 이유가 명백한 것처럼 보였다. 전자의 위치를 파악하기 위한 "전자 보기"에서 사용된 광자에 충돌한 전자는 예측할 수 없는 방법으로 산란된다. 하이젠베르크가 불확정성의 원인으로 파악한 것은 측정 행위 과정에서 어쩔 수 없이 나타나는 교란(攪亂, disturbance)이었다.[38]

그는 그것이 영자역학의 기본 공식인 $pq - qp = -ih/2\pi$(p와 q는 입자의 운동량과 위치)에 의해서 뒷받침되는 설명이라고 믿었다. 그것은 $p \times q$가 $q \times p$와 같지 않다는 비교환성에 감춰진 자연의 고유한 불확정이었다. 전자의 위치를 알아내는 실험에 이어서 전자의 속도(따라서 운동량)를 측정하는 실험을 하면, 두 개의 정밀한 값이 주어진다. 두 값을 함께 곱하면 그 결과는 A가 된다. 그러나 실험을 반대 순서로 수행해서 속도를 먼저 측정한 후에 이어서 위치를 측정하면 전혀 다른 결과 B가 된다. 어떤 경우이든 첫 번째 측정이 두 번째 결과에 영향을 주는 교란을 만들어낸다. 실험에서 서로 다르게 나타나는 교란이 없었다면, p × q는 q × p와 같아질 것이다. 그렇게 되면 pq − qp가 0이 되면서 불확정성도 없고, 양자 세계도 없다.

하이젠베르크는 모든 조각이 깨끗하게 맞아들어가는 것에 기뻤다. 그의 양자역학은 서로 교환되지 않는 위치와 운동량과 같은 관찰량을 나타내는 행렬을 기반으로 하여 만들어졌다. 숫자들의 두 배열을 곱하는 순서가 그가 만든 새로운 역학의 수학적 전략의 핵심 요소로 만들어주는 이상한 규칙을 발견한 이후로 왜 그렇게 되어야 하는지에 대한 물리적 이유는 신비에 가려져 있었다. 이제 그가 베일을 벗긴 것이었다. 하이젠베르크에 따르면, pq − qp = −ih/2π로 주어지는 "관계가 성립할 수 있도록 만들어 주는 것"은 "$\triangle p \triangle q \geq h/2\pi$로 표현되는 불확정성뿐"이었다.[39] 그는 "p와 q라는 양의 물리적 의미를 바꾸지 않으면서도 공식이 성립될 수 있도록 해주는 유일한 방법"이 불확정성이라고 주장했다.[40]

불확정성 원리는 양자역학과 고전역학 사이의 매우 중요한 차이를 노출시켰다. 고전물리학에서는 원칙적으로 물체의 위치와 운동량 모두를 동시에 어떠한 정확도로도 측정할 수 있다. 주어진 순간에 위치와 운동량을 정확하게 알면, 물체의 경로, 즉 과거, 현재, 미래도 역시 정확하게 알아낼 수 있다. 하이젠베르크는 일상적인 물리학에서 오래 전에 정립된 개념들이 "원자 과정에서도 역시 정확하게 정의될 수 있다"고 말했다.[41] 그러나 위치와 운동량이나 에너지와 시간과 같은 상보적 변수들의 쌍을 동시에 측정하려는 경우에는 이런 개념들의 한계가 드러나게 된다.

하이젠베르크에게 불확정성 원리는 구름 상자에서 전자의 궤적처럼 보이는 흔적의 관찰과 양자역학을 연결시켜주는 다리였다. 그는 이론과 실험 사이의 다리를 만들면서 "자연에서는 양자역학의 수학적 방법론으로 표현될 수 있는 실험적 상황만 나타날 수 있다"고 가정했다.[42] 양자역학에서 일어날 수 없는 일은 일어나지 않는다고 확신했다. 하이젠베르크는 불확정성 논문에서 이렇게 썼다. "양자역학의 물리적 해석에는 여전히 연속성 대 불연속성, 입자 대 파동과 같은 논쟁에서 드러나는 것과 같은 내적 모순이 가득하다."[43]

이것은 뉴턴 이후에 정립된 고전물리학의 기초가 되어왔던 개념들이 원자 수준에서는 "자연과 부정확하게 들어맞기" 때문에 생기는 난처한 일이었다.[44] 그는 전자나 원자의 위치, 운동량, 속도, 경로와 같은 개념들을 더 정확하게 분석하면 "양자역학의 물리적 해석에서 지금까지 분명하게 드러났던 모순"을 제거할 수 있을 것이라고 믿었다.[45]

양자 영역에서 "위치"는 무엇인가? 하이젠베르크는 예를 들어 주어진 순간에 공간에서 "전자의 위치"를 측정하기 위해서 설계된 구체적인 실험의 결과 이상도 아니고 이하도 아니라고 대답했다. "그렇지 않다면 이 단어는 아무 의미도 없다."[46] 그의 입장에서는 위치나 운동량을 측정하는 실험이 없으면 분명한 위치나 분명한 운동량을 가진 전자는 존재 자체가 불가능하다. 전자의 위치를 측정하는 것이 "위치를 가진 전자"를 만들고, 운동량의 측정이 "운동량을 가진 전자"를 만든다. 분명한 "위치"나 분명한 "운동량"을 가진 전자라는 아이디어 자체는 그것을 측정하는 실험이 이루어지기 전에는 의미가 없다. 하이젠베르크는 에른스트 마흐와 철학자들이 조작주의(operationalism)라고 부르는 것을 생각나게 하는 측정을 통해서 개념을 정의하는 접근 방법을 받아들였다. 그러나 그것은 옛날의 개념을 재정의하는 것 이상의 의미가 있었다.

구름 상자 속을 지나가는 전자가 남긴 궤적을 분명하게 기억하는 하이젠베르크는 "전자의 경로(path of the electron)"라는 개념을 검토했다. 경로는 시간과 공간에서 움직이는 전자가 차지했던 위치들이 끊어지지 않고 연속적으로 이어진 것이다. 그의 새 기준에서 경로를 측정하려면 연속되는 점들에서 전자의 위치를 측정해야만 한다. 그러나 위치를 측정하는 과정에서 감마선 광자가 전자에 충돌하면 전자의 움직임에 충격을 주어서 미래의 궤적은 확실하게 예측할 수가 없게 된다. 원자의 핵 주위를 "회전하는" 전자의 경우에는 감마선 광자의 에너지가 전자를 원자에서 완전히 분리할 수 있을 정도로 크기 때문에 전자의 "궤도"에서 오직 한 점만을 측정해서 알아낼 수 있을 뿐이다. 불확정성 원리에 의해서 전자의 경로나 원자에서의 궤도를 정의해주는 위치와 속도 모두의 정확한 측정이 금지되기 때문에 그런 경로나 궤도는 존재하지 않는다. 하이젠베르크는 확실하게 알 수 있는 유일한 것은 경로에서의 한 점뿐이고, "따라서 여기서는 '경로'라는 단어는 정의할 수 있는 의미를 가질 수 없다"고 말했다.[47] 측정되는 것을 정의해주는 것이 바로 측정이다.

베르너 하이젠베르크는 연속적인 두 측정 사이에서 무슨 일이 일어나는지를 알 수 있는 방법은 없다고 주장했다. "물론 두 측정 사이에도 어디엔가는 있어야만 하고, 그래서 어떤 경로인지를 알아내는 것은 불가능하다고 해도 전자가 일종의 경로나 궤도를 가지고 있어야만 한다고 말하고 싶다."[48] 하이젠베르크는 그런 유혹에 상관없이 공간에서 연속적이고 끊어지지 않는 경로라는 전자이 궤적에 대한 인식은 정당화될 수 없다고 주장했다. 구름 상자에서 관찰된 전자의 궤적은 경로처럼 "보이지만" 사실은 지나간 흔적에 남겨진 일련의 물방울일 뿐이다.

하이젠베르크는 불확정성 원리를 발견한 이후부터 실험적으로 답할 수 있는 질문을 이해하기 위해서 적극적으로 노력했다. 움직이는 물체는 실제로 측정을 하는지에 상관없이 주어진 시각에 공간에서의 정확한 위치와 정확한 운동량을 가진다는 것이 고전물리학의 명백한 기본적인 교리였다. 하이젠베르크는 전자의 위치와 운동량을 동시에 절대적으로 정확하게 측정할 수 없다는 사실로부터 전자가 동시에 "위치"와 "운동량"이 정확한 값을 가지지 않는다고 주장했다. 전자가 그런 값을 가지거나 "궤적"을 가지고 있다고 말하는 것은 의미가 없다. 관찰이나 측정의 영역을 넘어서는 실재의 본질에 대한 추론은 의미가 없다.

하이젠베르크는 그후 불확정성 원리를 향한 여정에서 결정적인 순간으로 기억되는 베를린에서의 아인슈타인과의 대화에 대해서 여러 차례 이야기했다. 그가 깊은 겨울 밤에 코펜하겐에서 시작된 발견의 길을 따라가고 있는 동안 다른 사람들도 그와 마찬가지로 같은 길의 일부를 함께 걸어가고 있었다. 그에게 가장 영향을 많이 준 중요한 동반자는 보어가 아니라 볼프강 파울리였다.

슈뢰딩거, 보어, 하이젠베르크가 1926년 10월에 코펜하겐에서 논쟁을 벌이고 있을 때, 파울리는 함부르크에서 조용히 전자 두 개의 충돌을 분석하고 있었다. 보른의 확률론적 해석을 이용한 그는 하이젠베르크에게 보낸 편지에서 "난관(dark point)"이라고 부른 사실을 발견했다. 파울리는 전자들이 충돌할 때 각 전자의 운동량은 "통제되고(controlled)", 위치는 "통제되지 않는다(uncontrolled)"는 사실을 발견했다.[49] 운동량이 변화하면 동시에 위치도 변화하지만, 그 변화는 예측이 불가능했다. 그는 운동량 p와 위치 q를 "동시에 물어볼 수" 없다는 사실을 발견했다.[50] 파울리는 "세상을 p의 눈으로 볼 수도 있고, q의 눈으로 볼 수도 있지만, 두 눈을 함께 뜨면 길을 잃어버리게 된다"고 강조했다.[51] 파울리는 더 이상 고민을 하지 않았지만, 그의 "난관"은 불확정성 원리를 발견하기 몇 달 전에 해석의 문제와 파동-입자 이중성에 대해서 보어와 격렬하게 논쟁을 벌였던 하이젠베르크의 마음속에 남게 되었다.

1927년 2월 23일에 하이젠베르크는 불확정성 원리에 대한 자신의 결과를 정리한 14쪽의 편지를 파울리에게 보냈다. 그는 무엇보다도 빈의 "신의 분노"의 비판적인 판단을 존중했다. 파울리는 "양자이론의 날이 열리고 있다"는 답장을 보냈다.[52] 남아 있던 의문도 사라졌고, 3월 9일에 하이젠베르크는 편지의 내용을 발표용 논문으로 다시 작성했다. 그런 후에야 그는 노르웨이에 있던 보어에게 편지를 썼다. "제가 (운동량) p와 (위치) q 모두에 확실한 정확성이 주어지는 경우를 해결하는 일에 성공했습니다. ……이 문제에 대한 논문의 초고를 써서 어제 파울리에게 보냈습니다."[53]

하이젠베르크는 논문의 사본이나 자신이 한 일에 대한 자세한 이야기를 보어에게 보내지 않기로 했다. 그들 사이의 관계가 얼마나 불편해졌는지를 보여주는 일이었다. 훗날 그는 "보어가 돌아오면 내 해석에 대해서 화를 낼 것이라고 생각했기 때문에 그가 돌아오기 전에 파울리의 의견을 듣고 싶었다"고 설명했다.[54] "우선 인정을 받은 후에 다른 사람들이 그것을 좋아하는지를 알고 싶었다." 보어는 하이젠베르크가 편지를 보낸 지 5일 후에 코펜하겐으로 돌아왔다.

한 달간의 휴가로 기분이 상쾌해진 보어는 불확정성 원리를 자세하게 읽어보기 전에 급한 연구소 일을 먼저 처리했다. 다시 만나서 이야기를 시작했을 때, 그는 놀란 하이젠베르크에게 그것이 "옳지 않다"고 말했다.[55] 보어는 하이젠베르크의 해석에 동의하지 않았을 뿐만 아니라 감마선 현미경에 대한 사고실험의 분석에서도 오류를 찾아냈다. 현미경의 작동은 뮌헨의 학생 시절에 하이젠베르크를 난처하게 만들었던 문제였다. 그는 조머펠트가 도와준 덕분에 겨우 박사학위를 받을 수 있었다. 그후로 깊이 뉘우친 하이젠베르크는 현미경에 대한 모든 것을 읽었지만, 여전히 더 배워야 할 것이 있었다는 사실이 밝혀지게 되었다.

보어는 하이젠베르크에게 전자의 운동량에서 나타나는 불확정성의 원인을 전자가 감마선 광자와 충돌하는 과정에 의한 불연속적인 반동(反動) 때문이라고 보는 것은 잘못이라고 말했다. 보어는 전자의 운동량에 대한 정밀한 측정을 불가능하게 만드는 것은 운동량 변화가 불연속적이고 통제할 수 없어서가 아니라 변화 자체를 정확하게 측정하는 것이 불가능하기 때문이라고 주장했다. 그는 광자가 충돌 후에 현미경의 조리개를 통해서 산란되는 각도를 알 수만 있으면 콤프턴 효과를 이용해서 운동량의 변화를 정밀하게 계산할 수 있다고 설명했다. 그러나 광자가 현미경으로 들어가는 위치를 알아내는 것은 불가능했다. 보어는 그것을 전자의 운동량에 불확정성이 나타나는 이유라고 파악했다. 현미경의 유한한 조리개의 분해능(分解能, resolving power)에 따라서 미시물리학적 물체의 위치를 정확하게 파악하는 능력이 제한되기 때문에 광자와 충돌할 때 전자의 위치가 불확실해진다. 하이젠베르크는 이런 모든 사실을 고려하지 못했을 뿐만

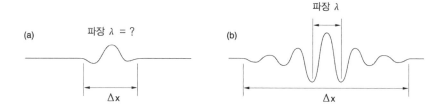

그림 12. (a) 파동의 위치는 정확하게 결정될 수 있지만, 파장(따라서 운동량)은 그렇지 않다 (b) 파장은 정확하게 측정할 수 있지만, 파동이 퍼져 있기 때문에 위치는 그렇지 않다

아니라 그보다 더 심각한 문제도 있었다.

보어는 여전히 사고실험을 제대로 분석하기 위해서는 산란된 광양자에 대한 파동적 해석이 꼭 필요하다는 입장이었다. 슈뢰딩거의 파동 묶음을 하이젠베르크의 새로운 원리와 연결시키려고 노력하던 보어의 입장에서는 양자 불확정성의 핵심은 복사와 물질의 파동–입자 이중성이었다. 만약 전자를 파동 묶음으로 본다면, 전자가 정확하고 분명한 위치를 가지기 위해서는 파동 묶음이 퍼지지 않고 국소화되어야만 한다. 그런 파동 묶음은 파동 집단의 겹침으로 만들어진다. 파동 묶음이 더 분명하게 국소화되거나 공간적으로 한정되기 위해서는 더 다양한 파동이 필요하고, 그래서 필요한 진동수와 파장의 범위도 더 넓어진다. 하나의 파동은 정확한 운동량을 가지지만, 서로 다른 파장을 가진 파동들이 겹쳐진 집단은 분명한 운동량을 가질 수 없다는 것은 잘 알려진 사실이었다. 마찬가지로 파동 묶음의 운동량이 더 분명해지면, 파동 성분의 수가 줄어들고, 더 넓게 퍼지게 된다. 위치와 운동량을 동시에 정확하게 측정하는 것은 불가능하다. 결국 보어는 전자의 파동 모형에서 불확정성 관계를 유도할 수 있다는 사실을 보여주었다.

보어를 괴롭혔던 것은 하이젠베르크가 오직 입자와 불연속만을 근거로 하는 접근 방법을 사용했다는 것이었다. 보어는 파동 해석을 무시할 수 없다고 믿었다. 그는 하이젠베르크가 파동–입자 이중성을 인정하지 않는 것을 심각한 개념적 오류라고 생각했다. 훗날 하이젠베르크는 "보어의 지적에 대해서 나는 무슨 말을 해야 할지 정확하게 알지 못했다. 그래서 보어가 다시 한번 내 해석이 옳지 않다는 것을 보여주었다는 분위기에서 토론이 끝났다"고 했다.[56] 그는 분노했고, 보어는 자신의 젊은 제자의 반응에 속이 상했다.

보어와 하이젠베르크는 서로 이웃에 살았고, 연구소 1층의 사무실도 계단을 사이에 두고 있었지만, 불확정성 논문에 대한 토론을 위해서 다시 만나기까지 며칠 동안은 서로를 피해 다녔다. 보어는 하이젠베르크가 마음을 가라앉힐 시간을 가지고 나면 사리를 분별해서 원고를 다시 쓸 것이라고 기대했다. 그러나 그는 그렇게 하지 않았다. 훗날 하이젠베르크는 "보어는 내용이 옳지 않다는 이유로 논문을 발표하지 말도록 설득하려고 노력했다"고 말했다.[57] "내 기억에 의하면, 보어의 압력을 더 이상 견딜 수 없었던 나는 눈물을 흘리며 밖으로 뛰어나가버렸다."[58] 단순히 보어의 요구를 받아들이기에는 하이젠베르크에게 너무 많은 것이 걸려 있었다.

물리학의 신동이라는 하이젠베르크의 명성은 겨우 스물네 살의 나이에 행렬역학을 발견한 덕분이었다. 그러나 슈뢰딩거의 파동역학에 대한 인기가 높아지면서, 그의 놀라운 성과는 가려지거나 송두리째 무너질 정도로 흔들리기 시작했다. 오래지 않아 그는 처음에 행렬 방법으로 얻은 결과를 다시 파동역학의 언어로 바꾸어서 발표하는 논문이 늘어나고 있다고 불평하기도 했다. 그 자신도 역시 헬륨의 스펙트럼을 계산하기 위한 간편한 수학적 도구로 행렬역학의 대안을 이용하기도 했지만, 하이젠베르크는 슈뢰딩거의 파동역학에 대해서 그리고 연속성을 되살렸다는 이 오스트리아 물리학자의 주장에 대해서 문을 닫아버리기를 바라고 있었다. 그리고 그는 자신이 불확정성 원리를 발견하고, 입자와 불연속성을 근거로 하는 해석에 성공함으로써 문을 닫아 걸었다고 생각했다. 그는 보어가 그 문을 다시 열지 못하도록 막기 위해서 노력하는 과정에서 절망의 눈물을 흘리고 있었다.

하이젠베르크는 원자 영역을 지배하는 것이 입자인지 파동인지, 불연속인지 연속인지가 자신의 미래와 밀접하게 연결되어 있다고 믿었다. 그는 행렬역학이 명료하지 않고, 시각화할 수 없고, 따라서 지지할 수 없다는 슈뢰딩거의 주장에 도전하기 위해서 자신의 논문을 하루 빨리 발표하고 싶었다. 하이젠베르크가 연속성과 파동의 물리학을 꺼리는 것만큼 슈뢰딩거도 불연속성과 입자를 기반으로 하는 물리학을 싫어했다. 불확정성 원리와 양자역학에 대한 옳은 해석으로 무장한 하이젠베르크는 논문의 각주를 통해서 자신의 경쟁자를 궁지에 몰아넣기 위한 공격을 시도했다. "슈뢰딩거는 양자역학을 끔찍하고 역겨울 정도의 추상성을 가진 그리고 시각화가 결여된 형식이론인 것처럼 설명했다. 슈뢰딩거의 이론을 통해서 양자역학적 법칙을 수학적으로 (그리고 어느 정도까지는 물리학적으로) 완성시킨 것은 대단한 일이었다. 그러나 물리적 해석과 원칙의 문제에 관한 한 파동역학에 대한 일반적인 견해 때문에 우리는 아인슈타인과 드 브로이의 논문이나 보어의 논문과 양자역학(즉, 행렬역학)이 제공한 길에서 벗어났다."[59]

1927년 3월 22일에 하이젠베르크는 양자이론 학자들이 가장 선호하는 학술지인 『물리학 잡지』에 「양자이론적 운동론과 역학의 인지 내용에 대하여」라는 논문을 발표했다.[60] 2주일 후에 그는 파울리에게 "보어와 말다툼을 했네"라는 편지를 보냈다.[61] 하이젠베르크는 "새로운 내용이 없어도 어느 한 면만 지나치게 과장하면 많은 논의가 이루어질 수 있다"라고 불평했다. 슈뢰딩거와 그의 파동역학을 완벽하게 처리했다고 믿었던 그는 훨씬 더 강한 적을 만나게 된다.

하이젠베르크가 코펜하겐에서 불확정성 원리의 결과에 대한 연구로 바쁜 시간을 보내고 있는 동안에 노르웨이의 스키장에 있던 보어는 상보성(相補性, complementarity)에 대한 아이디어를 구상했다. 그것은 단순한 이론이나 원리가 아니라 양자 세계의 이상한 본질을 설명하는 과정에서 찾지 못했던 꼭 필요한 개념적 틀이었다. 보어는 파동-입자 이중성의 역설적 본질을 상보성으로 설명할 수 있다고 믿었다. 전자와 광자, 물질과 복사가 보여주는 파동과 입자의 성질은 같은 현상의 상호 배타적이면서 동시에 상보적인 면이었다. 파동과 입자는 동전의 양면이었다.

상보성은 비(非)고전적 세계를 서술하기 위해서 파동과 입자라는 두 이질적인 고전적 설명을 사용하면서 발생하는 어려움을 깨끗하게 해결했다. 보어에 따르면, 입자와 파동은 모두 양자적 실재에 대한 완전한 서술에 필수적인 것이다. 어느 하나에만 의존하는 서술은 부분적으로만 성립된다. 광자가 빛에 대한 한 가지 그림이고, 파동이 다른 한 가지 그림이다. 두 그림이 나란히 걸려 있다. 그러나 모순을 피하기 위해서는 제한이 필요하다. 관찰자는 주어진 순간에 둘 중 하나만을 볼 수 있다. 어떤 실험에서도 입자와 파동을 동시에 볼 수는 없다. 보어는 "서로 다른 조건에서 얻은 증거는 하나의 그림으로는 이해할 수 없고, 현상을 완전히 이해하기 위해서는 모든 가능한 정보를 살펴봐야 한다는 의미에서 서로 **상보적**이라고 생각해야만 한다"고 주장했다.[62]

보어는 파동과 연속성을 싫어했던 하이젠베르크가 불확정성 관계식 $\Delta p \Delta q \geq h/2\pi$과 $\Delta E \Delta t \geq h/2\pi$에서 보지 못했던 것이 자신의 새로운 아이디어에 도움이 된다는 사실을 발견했다. 플랑크-아인슈타인 공식 $E = h\nu$와 드 브로이의 공식 $p = h/\lambda$은 파동-입자 이중성을 담고 있다. 에너지와 운동량은 일반적으로 입자와 관련된 양이고, 진동수와 파장은 파동의 특징이다. 두 공식은 모두 하나의 입자형 변수와 하나의 파동형 변수를 가지고 있다. 보어는 같은 공식에 입자와 파동의 성질들이 결합되어 있는 의미에 신경이 쓰였다. 결국, 입자와 파동은 두 가지 전혀 다른 물리적 양이기 때문이다.

보어는 현미경 사고실험에 대한 하이젠베르크의 분석을 수정해주는 과정에서 불확정성 원리에도 똑같은 문제가 있다는 사실을 깨달았다. 그는 그런 사실로부터 불확정성 원리가 입자와 파동 또는 운동량과 위치와 같은 두 개의 상보적이면서 상호 배타적인 고전적 개념을 양자 세계에 모순 없이 동시에 적용할 수 있는 범위를 보여주는 것이라고 해석하게 되었다.[63]

또한, 불확정성 관계는 에너지 보존법칙과 운동량(불확정성 관계식에서 E와 p)을 근거로 보어가 "인과적" 서술이라고 불렀던 것과 사건을 공간과 시간(q와 t)에 따라서 추적하는 "공간–시간" 서술 중에서 하나를 선택해야 한다는 뜻이기도 했다. 두 가지 서술은 서로 배타적이지만, 모든 가능한 실험의 결과를 설명할 수 있도록 해주는 상보적인 것이다. 하이젠베르크에게는 실망스럽게도, 보어는 불확정성 원리를, 위치나 운동량과 같은 상보적 관찰량의 동시 측정이나 두 가지 상보적 서술의 동시 사용의 경우에 자연의 내재된 한계를 보여주는 특별한 법칙으로 축소시켰다.

또다른 의견 차이도 있었다. 하이젠베르크는 불확정성 원리를 통해서 "입자", "파동", "위치", "운동량", "궤적"과 같은 고전적 개념이 원자 영역에 적용되는 범위에 대한 의문을 가지게 되었지만, 보어는 "실험 자료의 해석은 근본적으로 고전적 개념에 근거를 두고 있다"고 주장했다.[64] 하이젠베르크는 이런 개념들의 조작적 정의, 즉 일종의 측정을 통한 의미 부여와 같은 것을 고집했지만, 보어는 그런 개념들의 의미는 고전역학에서 어떻게 사용되는지에 따라서 이미 정해져 있다고 주장했다. 1923년에 그는 "자연적 과정에 대한 모든 서술은 고전이론에서 소개되고 정의된 아이디어에 근거를 두어야만 한다"고 썼다.[65] 불확정성 원리가 요구하는 제한에 상관없이, 실험실에서 이론을 시험하기 위해서 사용하는 모든 실험 자료와 그에 대한 토론과 해석이 반드시 고전물리학의 언어와 개념으로 표현되어야 한다는 필요성이라는 단순한 이유 때문에 그런 개념들을 포기할수는 없었다.

하이젠베르크는 고전물리학이 원자 수준에서는 부족한 것으로 밝혀졌다면 더 이상 그런 개념들을 고집해야 할 이유가 없다는 문제를 제기했다. 1927년 봄에 그는 "우리가 이 개념들을 충분히 높은 정밀도로 사용할 수 없기 때문에 불확정성 원리가 필요하다면, 어느 정도까지는 이 개념들을 포기해야만 한다고 말하지 말아야 할까?"라고 지적했다.[66] 양자에 대해서는 "우리의 언어가 적절하지 않는다는 사실을 깨달아야만 한다." 언어가 적절하지 않다면, 하이젠베르크에게 유일하게 합리적인 선택은 양자역학의 표현 형식으로 후퇴하는 것이었다. 그는 결국 "그곳에 있을 수 있는 것과 있을 수 없는 것을 구별할 수 있는 새로운 수학적 형식은 충분히 만족스러운 것이다"라고 주장했다.[67]

보어는 납득하지 못했다. 그는 양자 세계에 대한 정보의 수집에는 언제나 결과가 스크린에 번쩍이는 불빛이나 가이거 계수기의 찰칵 소리나 전압계 바늘의 움직임처럼 실제로 기록할 수 있는 실험이 필요하다는 사실을 지적했다. 물리학 실험실이라는 일상 세계에 존재하는 그런 기구들이 양자 수준에서 일어나는 사건을 증폭시키고, 측정하고, 기록하는 유일한 수난이다. 가이기 계수기가 찰칵 소리를 내거나 전압계의 바늘이 움직이도록 해주는 것이 바로 실험 기구와 알파 입자나 전자와 같은 미세 물리학적 대상과의 사이의 상호작용이다.

그런 상호작용에는 적어도 하나의 에너지 양자의 교환이 필요하다. 보어는 그 결과가 "원자적 대상의 행동을, 현상이 일어나는 조건을 정의해주는 측정 기구와의 상호작용으로부터 분명하게 구별하지 못하게 만든다"고 말했다.[68] 다시 말해서, 고전역학에서 존재하는 관찰자와 관찰 대상의 구분이나, 측정에 사용되는 기구와 측정되는 것 사이의 구별은 더 이상 불가능하다.

보어는 전자나 광선이나 물질이나 복사가 입자나 파동의 측면을 드러내는 것은 구체적으로 어떤 실험을 사용하는지에 의해서 결정된다는 점에 대해서 완고했다. 입자와 파동은 현상이 나타나도록 해주는 상보적이면서 상호 배타적인 측면이기 때문에 실제 실험이나 가상적인 실험이거나 상관없이 두 측면이 모두 드러나는 경우는 있을 수가 없다. 영의 유명한 이중 슬릿 실험처럼 장비가 빛의 간섭을 확인하기 위한 경우에는 빛의 파동성이 겉으로 드러난다. 금속 표면에 광선을 쪼여줄 때 나오는 광전 효과를 연구하는 실험에서 관찰되는 것은 입자처럼 행동하는 빛이다. 빛이 파동인지 아니면 입자인지를 물어보는 것은 의미가 없다. 보어는 양자역학에서는 빛이 "실제로 무엇인지"를 알 수 있는 방법은 없다고 했다. 물어볼 가치가 있는 유일한 질문은 빛이 입자나 파동처럼 "행동하는가"일 뿐이다. 그런 질문에 대한 대답은 선택한 실험에 따라서 빛이 입자처럼 행동하는 경우도 있고, 파동처럼 행동하는 경우도 있다는 것이다.

보어는 어떤 실험을 선택하는 행위에 결정적인 역할을 부여했다. 그러나 하이젠베르크는 전자 1개의 위치를 정확하게 결정하기 위한 측정의 행위가 전자의 위치와 운동량을 동시에 정확하게 측정하지 못하도록 만드는 요인이 된다고 인식했다. 보어는 물리적 교란이 생긴다는 사실을 인정했다. 1927년 9월의 강연에서 그는 "실제로 물리 현상에 대한 우리의 모든 일상적인 (고전적) 서술은 심각한 교란을 발생시키지 않고도 관심을 가진 현상을 관찰할 수 있다는 아이디어를 근거로 한다"고 말했다.[69] 그것은 그런 양자 세계에서 현상을 관찰하는 행위에 의해서 교란이 일어나게 된다는 것을 뜻하는 발언이었다. 한 달 후에 그는 논문의 초고에서 더 구체적으로 "중요한 영향이 없이는 원자 현상의 관찰이 불가능하다"고 썼다.[70] 그러나 그는 축약할 수도 없고 통제할 수도 없는 이런 영향의 원인이 측정 행위 자체에 있는 것이 아니라 측정을 수행하기 위해서 파동-입자 이중성의 어느 한 면을 선택해야만 하는 실험자에게 있다고 믿었다. 보어는, 불확정성은 그런 선택을 위해서 자연에게 치러야 할 대가라고 주장했다.

1927년 4월 중순에 상보성을 기반으로 하는 개념적 틀 안에서 양자역학의 일관된 해석을 정리하고 있던 보어는 하이젠베르크의 요청에 의해서 불확정성 원고의 사본을 아인슈타인에게 보냈다. 그는 동봉한 편지에서 그것이 "양자이론의 일반적인 문제에 대한 논의에 매우 중요한 기여"라고 했다.[71] 논쟁이 계속되는 동안 뜨겁게 달아오르기도 했음에도 불구하고, 보어는 아인슈타인에게 "하이젠베르크가 매우 총명한 방법으로 자신의 불확정성 관계가 실제로 양자이론의 개발뿐만 아니라 시각화할 수 있는 콘텐츠의 판단에 어떻게 이용될 수 있는지를 보여주었다"고 설명했다.[72] 그런 후에 그는 "자연에 대한 관행적인 서술에서 사용되고, 언제나 고전이론에 뿌리를 둔 단어보다는 개념과 관련된 양자이론의 어려움"을 설명해 줄 수 있는 자신의 몇 가지 새로운 아이디어를 제시했다.[73] 아인슈타인은 알 수 없는 이유로 답장을 보내지 않았다.

뮌헨에서 부활절을 지내고 코펜하겐으로 돌아온 하이젠베르크가 아인슈타인의 긍정적인 평가를 기대했다면, 몹시 실망했을 것이다. 그에게는 자신의 해석을 받아들이라는 보어의 끈질긴 압력에서 벗어나기 위해서 필요했던 휴가였다. 자신의 27쪽짜리 논문이 발표된 5월 31일에 하이젠베르크는 파울리에게 "그래서 나는 행렬을 지키고, 파동에 반대하기 위해서 싸우게 되었네"라고 편지를 썼다. "이 투쟁의 열기 때문에 내가 보어의 반대를 너무 날카롭게 비판하는 일도 많았다네. 깨닫지도 못했고 그런 의도도 없었지만 개인적으로 그에게 상처를 입힌 경우도 있었지. 이제 와서 그동안의 논의를 돌이켜보면, 보어가 그런 일에 대해서 화가 났던 것을 충분히 이해할 수 있다네."[74] 그가 후회를 했던 것은 결국 보어가 옳았다는 사실을 2주일 전에 파울리에게 인정했기 때문이었다.

감마선이 가상적인 현미경의 조리개를 통해서 산란되는 것이 운동량과 위치에 대한 불확정성 관계식의 근거였다. "실제로 내가 생각했던 그런 방법이 아니지만, $\Delta p \Delta q \approx h$의 관계는 자연적으로 얻어지는 것이었다네."[75] 하이젠베르크는 더 나아가서 "어떤 점들"은 슈뢰딩거의 파동 서술을 사용하면 더 쉽게 취급할 수 있다는 사실도 인정했다. 그러나 그는 양자물리학에서는 "불연속성만이 흥미롭다"는 사실이 부정할 수 없을 정도로 분명하다는 강한 확신을 가지고 있었다. 논문을 취소하기에 너무 늦지는 않았지만, 그럴 필요는 없었다. 그는 파울리에게 "논문의 모든 결과는 결국 옳은 것이고, 그런 사실에 대해서는 보어도 동의한다"고 썼다.[76]

절충안으로 하이젠베르크는 "후기"를 추가했다. "앞에 말한 논문의 결론 이후에 진행된 보어의 최신 연구를 통해서 이 논문에서 시도한 양자역학적 상관성에 대한 분석을 핵심적으로 심화시키고 다듬을 수 있는 견해가 얻어졌다"로 시작하는 후기였다.[77] 하이젠베르크는 보어가 자신이 간과했던 불확정성이 파동-입자 이중성의 결과라는 핵심적인 사실을 지적해주었다는 사실을 밝혔다. 그는 마지막으로 보어에게 감사하고, 그 논문의 발표로 몇 달에 걸친 논쟁과 "총체적인 개인적 오해"가 완전히 풀리지는 않겠지만, 확실하게 해결되었다고 했다.[78] 훗날 하이젠베르크가 말했듯이, 그들의 의견 차이에 상관없이 "신기한 일이지만 모든 물리학자들이 이해하고 인정할 수 있는 방법으로 사실을 설명하게 되었다는 것이 중요하다."[79]

파울리가 코펜하겐을 방문하고 얼마 지나지 않았던 6월 중순에 하이젠베르크는 보어에게 "은혜를 모르는 것 같은 인상을 준 것을 매우 부끄럽게 생각합니다"라는 편지를 보냈다.[80] 두 달 후에도 여전히 회한에 차 있었던 그는 보어에게 자신이 "거의 매일 어떻게 일이 그렇게 되었는지 반성하고, 달리 진행되도록 하지 못했던 것을 부끄러워합니다"라고 했다.[81] 그가 발표를 서둘렀던 것은 일자리에 대한 전망 때문이었다. 라이프치히의 교수직을 포기하고 코펜하겐을 선택했던 하이젠베르크는 자신이 "좋은 논문"을 계속 발표하면, 대학들이 자신을 초청할 것이라고 생각했다.[82] 실제로 불확정성 논문을 발표하고 나자 일자리 제안들이 들어왔다. 보어가 오해를 할 수도 있다고 걱정을 했던 그는 곧바로 불확정성에 대한 최근의 논쟁 때문에 자신이 가능성이 있는 대학에 접근하지는 않았다고 해명했다. 하이젠베르크는 채 스물여섯 살이 되지 않은 나이에 라이프치히 대학교로부터 온 새로운 제안을 수락했고, 독일에서 가장 젊은 정교수가 되었다. 그는 6월 말에 코펜하겐을 떠났다. 그 즈음에 연구소의 일상으로 돌아온 보어는 상보성과 함께 양자역학의 해석에서 상보성의 의미에 대한 논문을 고통스러울 정도로 느린 속도로 구술하는 일을 계속하고 있었다.

4월부터 그 일에 열중했던 보어가 도움을 청했던 사람이 바로 연구소에서 일하던 서른두 살의 스웨덴 물리학자 오스카르 클라인이었다. 불확정성과 상보성에 대한 논쟁이 가열되자 과거 보어의 조수로 일했던 헨드릭 크라머스가 클라인에게 경고했다. "이 논쟁에 끼어들지 말게. 우리 두 사람은 이런 종류의 싸움에 참여하기에는 너무 친절하고 예의바르다네."[83] 보어가 클라인의 도움을 받아서 "파동과 입자가 존재한다"는 근거에 대한 논문을 쓰고 있다는 소식을 처음 알게 된 하이젠베르크는 파울리에게 빈정거리는 투로 "그렇게 시작한다면, 물론 누구라도 모든 것을 일관되게 만들 수 있을 것"이라는 편지를 보냈다.[84]

여러 차례 수정하는 과정에서 원고의 제목은 "양자이론의 철학적 기초"에서 "양자가설과 원자이론의 새로운 발전"으로 바뀌었고, 보어는 다가오는 학술회의에서 논문을 발표하려고 열심히 노력했다. 그러나 또 한 번의 수정이 필요한 것으로 밝혀졌다. 한동안은 그럴 수밖에 없었던 것이다.

1927년 9월 11일부터 20일까지 이탈리아의 코모에서 개최되었던 국제물리학총회는 배터리를 발명했던 이탈리아 물리학자 알레산드로 볼타의 사망 100주년을 기념하기 위한 학술회의였다. 보어는 학술회의가 본격적으로 진행되고 있던 9월 16일, 강연을 해야 하는 그날까지도 여전히 원고를 다듬고 있었다. 카르두치 연구소에서 그의 강연을 들으려고 기다리고 있던 청중 속에는 보른, 드 브로이, 콤프턴, 하이젠베르크, 로런츠, 파울리, 플랑크, 조머펠트도 있었다.

처음으로 상보성에 대한 자신의 새로운 틀에 대해서 소개하고 나서 하이젠베르크의 불확정성 원리와 양자이론에서 측정의 역할을 설명하는 보어의 낮은 목소리를 잘 알아듣지 못하는 청중도 있었다. 보어는 슈뢰딩거 파동함수에 대한 보른의 확률론적 해석까지 포함한 모든 요소들을 함께 꿰어맞추어서 양자역학의 새로운 물리적 이해에 필요한 기초를 만들어냈다. 훗날 물리학자들은 그가 제시한 아이디어의 융합을 "코펜하겐 해석(Copenhagen interpretation)"이라고 불렀다.

보어의 강연은 훗날 하이젠베르크가 말했듯이 "코펜하겐에서 제기되었던 양자이론의 해석에 관련된 모든 의문에 대한 철두철미한 연구"의 정점이었다.[85] 처음에는 젊은 양자 마술사 하이젠베르크마저도 덴마크 물리학자의 답변이 불편하게 느껴졌다. 훗날 하이젠베르크에 따르면, "아주 늦은 밤까지 몇 시간 동안 계속되고, 거의 절망에 싸여 끝났던 보어와의 토론을 기억한다. 그리고 토론이 끝난 후에 근처 공원으로 혼자 산책을 나간 나는 나 자신에게 몇 번이고 반복해서 질문했다. 정말 자연이 이 원자적 실험에서처럼 이렇게 우스꽝스러울 수가 있을까?"[86] 보어의 대답은 명백하게 그렇다는 것이었다. 측정과 관찰의 핵심적인 역할이 자연에서의 규칙적인 패턴이나 인과적 연결을 찾아내려는 모든 시도를 무산시켰다는 것이다.

불확정성 논문을 통해서 처음으로 과학의 핵심 교리 중 하나를 거부하도록 부추겼던 사람은 하이젠베르크였다. "그러나 인과법칙의 분명한 표현 형식에서 잘못된 점은 '우리가 현재에 대해서 정확하게 알면, 미래도 예측할 수 있다'는 것이 결론이 아니라 가정이라는 것이다. 우리는 원칙적이라고 하더라도 현재에 대해서 모든 세부 사항까지 알아낼 수가 없다."[87] 예를 들면, 전자의 정확한 초기 위치와 속도를 동시에 알 수 없기 때문에 미래의 위치와 속도의 "다양한 가능성"에 대해서는 확률을 계산할 수 있을 뿐이다.[88] 그러므로 원자적 과정에 대한 한 번의 관찰이나 측정의 정확한 결과를 예측하는 것은 불가능하다. 다양한 가능성 중에서 주어진 결과가 얻어질 확률을 정확하게 예측할 수 있을 뿐이다.

뉴턴이 마련한 기초 위에 세워진 고전적 우주는 결정론적이고 시계와 같은 우주였다. 아인슈타인의 상대성이론을 고려하더라도 주어진 순간에 물체, 입자, 또는 행성의 정확한 위치와 속도를 알면, 원칙적으로 모든 시간에서 그 위치와 속도는 완벽하게 결정할 수 있다. 그러나 양자 우주에서는 모든 현상을 공간과 시각에서 사건들이 인과성에 의해서 펼쳐지는 것으로 설명하는 고전물리학의 결정론을 위한 틀이 없었다. 하이젠베르크는 자신의 불확정성 논문의 마지막 단락에서 "모든 실험은 양자역학의 법칙과 $\triangle p \triangle q \approx h$이라는 공식의 지배를 받기 때문에 양자역학은 인과성의 최종적인 실패를 뜻한다"고 과감하게 주장했다.[89] 인과성을 회복하려는 모든 기대는 하이젠베르크가 "지각된 통계적인 세계"라고 불렀던 것 뒤에 숨겨져 있는 "진정한" 세계에 대한 미련처럼 "헛되고 무의미한 것"이다.[90] 보어, 파울리, 보른도 그런 입장을 공유했다.

코모 회의에는 두 사람의 물리학자가 참석하지 않았다. 슈뢰딩거는 몇 주일 전에 플랑크의 후계자로 임명되어 베를린으로 이사하느라 바빴다. 아인슈타인은 파시스트가 지배하는 이탈리아에 발을 들여놓는 것을 거부했다. 보어는 브뤼셀에서 그들을 만나기까지 한 달을 기다려야만 했다.

III
....
실재에 대한 거인들의 격돌

"양자 세계는 실제로 존재하지 않는다.
추상적인 양자역학적 설명이 있을 뿐이다."
— 닐스 보어

"나는 여전히 실재에 대한 모형의 가능성을 믿는다 — 다시 말해서,
일어날 확률만이 아니라 사물 자체를 나타내는 이론이 있을 것이라고 믿는다."
— 알베르트 아인슈타인

11

1927년 솔베이

헨드릭 로런츠는 1926년 4월 2일에 "이제 나는 아인슈타인에게 편지를 쓸 수 있습니다"라고 썼다.[1] 네덜란드 물리학계의 원로는 그날 일찍 벨기에 국왕을 알현했다. 로런츠는 기업가 에르네스트 솔베이가 세우는 국제 물리학연구소의 학술위원회 위원으로 아인슈타인을 선출해줄 것을 국왕에게 요청해서 승인을 받았다. 아인슈타인을 "지성과 예리한 감성의 경이"라고 불렀던 로런츠는 1927년 10월에 예정된 제5회 솔베이 학술회의에 독일 물리학자들을 초청하는 것에 대해서도 국왕의 허가를 받았다.[2]

로런츠는 "전하께서 전쟁이 끝나고 7년이 지났으니 그들이 불러일으켰던 거부감도 어느 정도 가라앉았을 것이고, 국민들 사이의 상호 이해가 미래를 위해서 절대적으로 필요하니, 과학이 그런 일에 도움이 될 수 있을 것이라는 의견을 밝히셨다"고 말했다.[3] 독일이 1914년에 벨기에의 중립성을 잔혹하게 침해했던 일이 여전히 기억에 남아 있다는 사실을 알고 있는 국왕은 "독일 국민의 물리학에 대한 기여를 고려하면, 그들을 무시하는 것이 매우 어렵다는 사실을 강조할 필요가 있다"고 느꼈던 것이다.[4] 그들은 전쟁이 끝난 후부터 국제 과학계로부터 무시되고 고립되어 있었다.

제3회 솔베이 학술회의가 열리기 직전이었던 1921년 4월에 러더퍼드는 한 동료에게 "초청을 받은 유일한 독일인은 아인슈타인이었지만, 그는 국제인으로 분류되었지요"라고 말했다.[5] 그러나 아인슈타인은 독일 과학자들이 제외된 학술회의에 참석하는 대신 예루살렘에 히브리 대학교를 설립하기 위한 모금 활동을 하려고 미국 순회강연에 나섰다. 그는 2년 후에도 독일의 참여를 금지한 제4회 솔베이 학술회의의 초청을 거절한다고 말했다. 그는 로런츠에게 "제 의견으로는 과학 문제에 정치를 개입시키는 것은 옳지 않습니다. 개인에게 자신이 속한 국가의 정부에 대한 책임을 물어서도 안 됩니다"라는 편지를 보냈다.[6]

건강 문제로 1921년 학술회의에 참석하지 못했던 보어도 역시 1924년 솔베이의 초대를 사양했다. 그는 자신의 참석이 독일 과학자를 제외시키기로 한 정책을 암묵적으로 인정하는 것으로 해설될 수 있다는 사실을 두려워했다. 1925년 국제연맹의 학술협력위원회 위원장으로 선출된 로런츠는 독일 과학자들의 국제 학술회의 참여 금지 조치가 가까운 미래에 폐지될 가능성이 거의 없다고 보았다.[7] 그런데 그해 10월에 예기치 않은 일 넉분에 그들을 기로막았던 문이 열리지는 않았지만, 자물쇠는 풀리게 되었다.

마조레 호수의 북쪽 끝에 있는 작은 스위스 휴양지인 로카르노의 우아한 궁전에서 많은 사람들이 유럽의 미래에 평화를 보장해줄 것으로 기대하는 조약이 체결되었다. 스위스에서 햇볕이 가장 좋은 곳인 로카르노는 그런 낙관주의에 적절한 곳이었다.[8] 독일, 프랑스, 벨기에의 특사들이 전후의 국경에 대해서 합의하기 위한 회담을 마련하기까지 몇 달에 걸친 집중적인 외교적 협상이 필요했다. 로카르노 협약은 1926년 9월 독일의 국제연맹 가입과 국제무대에서 독일 과학자들을 배제하는 조처를 폐지하는 길을 열었다. 외교 무대에서 최종 조처가 시행되기 전에 벨기에 국왕의 동의를 얻은 로런츠는 아인슈타인에게 제5회 솔베이 학술회의에 참석해줄 것과 그 준비를 위한 위원회의 위원 선임을 수락해줄 것을 요청하는 편지를 보냈다. 아인슈타인은 동의했고, 그로부터 몇 달 동안 참가자들이 선정되고, 발표자 목록이 결정되고, 사람들이 탐내는 초청장이 발송되었다.

초청을 받은 사람들은 모두 세 그룹으로 나누어졌다. 첫 번째 그룹은 학술위원회의 위원인 헨드릭 로런츠(위원장), 마르틴 크누센(간사), 마리 퀴리, 샤를-외젠 구에, 폴 랑주뱅, 오언 리처드슨, 알베르트 아인슈타인이 었다.[9] 두 번째 그룹은 학술위원회 간사와 솔베이 가족 대표, 그리고 예의 상 초청한 브뤼셀 자유대학교의 교수 3명으로 구성되었다. 때맞추어 방문 예정이었던 미국 물리학자 어빙 랭뮤어는 위원회의 초대 손님으로 참여하 게 되었다.

초청장은 "학술회의가 새로운 양자역학과 그것에 관련된 문제에 집중할 것"을 분명히 했다.[10] 그런 결정은 닐스 보어, 막스 보른, 윌리엄 L. 브래 그, 레옹 브릴루앙, 아서 H. 콤프턴, 루이 드 브로이, 피터 디바이, 폴 디 랙, 파울 에렌페스트, 랠프 파울러, 베르너 하이젠베르크, 헨드릭 크라머 스, 볼프강 파울리, 막스 플랑크, 에르빈 슈뢰딩거, C. T. R. 윌슨이 참여하 는 세 번째 그룹의 구성에 반영되었다.

양자이론의 원로들과 양자역학의 청년 장교들이 모두 브뤼셀로 모여들 게 되었다. 조머펠트와 요르단은 교리에 대한 논란을 해결하기 위해서 개 최되는 종교회의와 같은 물리학자들의 모임에 초청을 받지 못한 사람들 중에서 가장 눈에 띄는 경우였다. 학술회의에서는 윌리엄 L. 브래그의 X- 선 반사의 세기, 아서 콤프턴의 실험과 복사에 대한 전자기이론 사이의 불일치, 루이 드 브로이의 새로운 양자 동력학, 막스 보른과 베르너 하이 젠베르크의 양자역학, 파동역학에 대한 에르빈 슈뢰딩거의 강연을 포함한 5편의 보고가 있을 예정이었다. 학술회의의 마지막 두 세션에서는 양자역 학에 대한 광범위한 일반 토론이 예정되어 있었다.

두 사람이 발표자 목록에서 빠져 있었다. 아인슈타인은 요청을 받았지 만, 강연을 할 만큼 "유능하지 않은 것"으로 결정했다. 그는 로런츠에게 "내가 그런 목적에 필요한 만큼 양자이론의 새로운 개발 과정에 집중적으 로 참여할 능력이 없기 때문입니다. 그것은 부분적으로 내가 폭풍 같은 발전을 완전히 따라갈 정도로 충분한 수용적 재능을 가지고 있지 않는 탓이고, 부분적으로 새 이론이 기초를 두고 있는 순수한 통계적 사고방식을 인정하지 않기 때문입니다"라고 했다.[11] "브뤼셀에서 가치 있는 기여"를 하고 싶었던 아인슈타인에게는 쉬운 결정이 아니었지만, 그는 "이제 그런 희망을 포기했다"고 고백했다.[12]

사실 아인슈타인은 새로운 물리학의 "폭풍 같은 발전"을 열심히 살펴보고 있었고, 드 브로이와 슈뢰딩거의 작업을 간접적으로 자극하고 격려했다. 그러나 처음부터 그는 양자역학이 실재에 대한 일관되고 완전한 서술인지에 대해서는 의문을 가지고 있었다. 보어의 이름도 역시 빠져 있었다. 마찬가지로 그도 양자역학의 이론적 발전에 직접 참여하지는 않았지만, 직접 참여했던 하이젠베르크, 파울리, 디랙과 같은 사람들과의 토론을 통해서 자신의 영향력을 행사해왔다.

"전자와 광자"에 대한 제5회 솔베이 학술회의에 초대된 사람들은 모두 자신들이 참여한 학술회의가 당시의 가장 시급한 문제이고, 물리학보다 철학이라고 해야 할 양자역학의 의미를 다루도록 고안되었다는 것을 알고 있었다. 새 물리학이 실재의 본질에 대해서 무엇을 밝혀주었는가? 보어는 자신이 답을 발견했다고 믿었다. 많은 사람들에게 그는 양자의 왕으로 브뤼셀에 도착했지만, 아인슈타인은 물리학의 교황이었다. 보어는 "우리 입장에서는 그 자신이 처음부터 재치 있게 끌어냈던 문제를 규명하는 일에 상당한 성과를 거두었다고 생각하는 최근 단계의 발전에 대한 그의 반응을 몹시 알고 싶었다."[13] 보어에게는 아인슈타인이 어떻게 생각하는지가 매우 중요했다.

그래서 1927년 10월 24일 회색으로 흐린 월요일 아침 10시에 세계의 선도적 양자물리학자들의 대부분이 개회식에 맞추어서 레오폴드 공원에 있는 생리학 연구소에 모이는 것에 대해서 크게 기대하는 분위기였다. 학술회의는 준비에 18개월이 걸렸고, 국왕의 동의와 독일의 고립 상황의 종료가 필요했다.

학술위원회 위원장과 학술회의 조직위원장인 로런츠의 짧은 환영 인사 후에 이어진 첫 강연의 연사는 맨체스터 대학교의 물리학 교수인 윌리엄 L. 브래그였다. 서른일곱 살의 브래그가 X-선을 이용해서 결정 구조를 연구하는 분야를 개척한 공로로 아버지 윌리엄 H. 브래그와 함께 1915년 노벨상을 받았을 때 그의 나이는 겨우 스물다섯 살이었다. X-선의 반사에 대한 새로운 자료와 그런 결과를 통해서 원자 구조에 대한 이해가 어떻게 발전해왔는지에 대한 강연에는 그가 분명히 적임자였다. 브래그의 강연이 끝난 후에 로런츠는 청중들에게 질문과 코멘트를 요청했다. 강연 후에는 충분한 토론을 할 수 있도록 넉넉한 시간이 마련되어 있었다. 영어, 독일어, 프랑스어가 모두 유창한 로런츠가 언어에 능통하지 않은 청중들을 도와준 덕분에 브래그, 하이젠베르크, 디랙, 보른, 드 브로이, 그리고 원로 네덜란드의 거장들 사이의 토론으로 첫 세션이 끝나고 나서 점심 식사를 위한 정회를 했다.

오후에는 복사의 전자기이론이 광전 효과나 전자에 의해서 산란된 X-선의 파장 증가를 설명하지 못하는 문제에 대한 미국 물리학자 아서 콤프턴의 강연이 있었다. 바로 몇 주일 전에 1927년 노벨상을 공동으로 수상했지만, 매우 겸손했던 그는 다른 사람들처럼 그런 현상을 콤프턴 효과라고 부르지는 않았다. 제임스 클러크 맥스웰의 위대한 19세기 이론의 문제가 밝혀지고, 그 대신 "광자(光子, proton)"라는 새 이름으로 알려진 아인슈타인의 광양자(光量子, light-quantum)가 이론과 실험을 결합시켜주었다. 브래그와 콤프턴의 강연은 이론적 개념에 대한 논의를 증진시키기 위한 것이었다. 첫 날이 끝나기까지 아인슈타인을 제외한 모든 선두 주자들이 발언을 했다.

화요일 아침에 브뤼셀 자유대학교에서 개최된 느긋한 환영식에 이어서 오후에는 "양자의 새로운 동력학"에 대한 드 브로이의 논문 발표가 시작되었다. 드 브로이는 파동-입자 이중성을 물질에까지 확장시켰던 자신의 기여와 슈뢰딩거가 어떻게 천재적으로 그것을 파동역학으로 발전시켰는지를 프랑스어로 설명했다. 보른의 아이디어에도 상당한 진실이 담겨 있다고 조심스럽게 동의한 그는 슈뢰딩거 파동함수의 확률론적 해석을 대안으로 제시했다.

훗날 드 브로이가 "파일럿 파동이론(pilot wave theory)"이라고 불렀던 그의 이론에서는 전자가 실재로 입자와 파동 모두로 존재하고 있었다. 그러나 코펜하겐 해석에서는, 사용하는 실험의 종류에 따라서 전자가 입자이거나 파동으로 행동한다. 드 브로이는 파도타기를 하는 사람처럼 입자와 파동이 동시에 존재한다고 주장했다. 입자를 한 곳에서 다른 곳으로 이끌어주거나 "조종해주는" 역할을 하는 파동은 보른의 추상적인 확률의 파동이 아니라 물리적으로 존재한다는 것이다. 코펜하겐 해석의 우수성을 확신하는 보어와 그의 동료, 그리고 자신의 파동역학 관점을 적극적으로 알리고 싶었던 슈뢰딩거가 드 브로이의 파일럿 파동 제안에 대해서 비판적인 의견을 제시했다. 깃대를 들어줄 한 사람의 지지를 원했던 드 브로이는 아인슈타인의 침묵하는 모습에 실망했다.

10월 26일 수요일에는 양자역학에서 서로 경쟁하는 두 이론의 옹호자들이 발표를 했다. 오전에는 하이젠베르크와 보른이 함께 보고를 했다. 발표는 수학적 표현 형식, 물리적 해석, 불확정성 원리, 양자역학의 응용의 네 가지 넓은 영역으로 나누어져 있었다.

보고서의 작성과 마찬가지로 발표도 콤비로 이루어졌다. 선배였던 보른이 서론과 1부와 2부를 발표했고, 이어서 하이젠베르크가 발표했다. 그들은 "양자역학은 원자물리학과 고전물리학의 핵심적인 차이가 불연속성의 발생이라는 직관에 기초를 두고 있다"고 시작했다.[14] 그리고 바로 앞에 앉아 있는 동료들에게 은유적으로 모자를 기울여 감사의 인사를 하듯이 양자역학은 근본적으로 "플랑크, 아인슈타인, 보어에 의해서 정립된 양자이론의 직접적인 연장"이라고 지적했다.[15]

행렬역학, 디랙-요르단 변환이론, 확률론적 해석에 대해서 설명한 그들은 불확정성 원리와 "플랑크 상수 h의 실질적 의미"에 대해서 이야기했다.[16] 그들은 그것이 "파동과 입자의 이중성을 통해서 자연법칙에 도입된 비결정성(indeterminacy)의 보편적 척도"라고 주장했다. 사실상 물질과 복사의 파동–입자 이중성이 없으면, 플랑크 상수도 없고, 양자역학도 없다는 뜻이었다. 끝으로 그들은 "우리는 양자역학을 기본적인 물리적, 수학적 가설에 대해서 더 이상의 수정이 필요 없는 완성된 이론이라고 생각한다"는 도발적인 발언으로 발표를 끝냈다.[17]

"완성되었다"는 주장은 앞으로도 이론의 기본적인 특징은 달라지지 않을 것이라는 뜻이었다. 양자역학이 완전하고 최종적이라는 주장은 아인슈타인이 인정할 수 없는 것이었다. 그에게 양자역학은 정말 인상적인 성과였지만, 여전히 실재로 존재하는 것은 아니었다. 미끼를 물지 않았던 아인슈타인은 발표가 끝난 후에 이어진 토론에도 참여하지 않았다. 아무도 반론을 제기하지 않았고, 보른, 디랙, 로런츠, 보어만 발언을 했다.

양자역학이 완성된 이론이라는 보른과 하이젠베르크의 과격한 주장에 대한 아인슈타인의 거부감을 눈치챈 파울 에렌페스트는 쪽지를 써서 그에게 건넸다. "비웃지 말게! 지옥에 가면 양자이론 교수들을 위한 특별실이 있는데 매일 10시간씩 반드시 고전물리학 강의를 들어야 한다네."[18] 아인슈타인은 "나는 그들의 순진함에 웃음이 나올 뿐이네. 몇 년 후에 누가 [마지막으로] 웃게 될지 누가 알겠는가?"라고 대답했다.

오후에는 슈뢰딩거가 중앙 무대에 올라 파동역학에 대해서 영어로 강연을 했다. 그는 "지금 이 이름으로 두 가지 이론이 연구되고 있는데, 밀접하게 관련되어 있기는 하지만 똑같지는 않습니다"라고 말했다.[19] 실제로는 오직 한 가지 이론이 있지만, 현실적으로는 둘로 분리되어 있다. 한 이론은 일상적인 3차원 공간에서의 파동에 대한 것이고, 다른 하나는 고도로 추상적인 다차원 공간을 필요로 한다. 슈뢰딩거의 설명에 따르면, 움직이는 전자를 제외한 다른 것의 경우에는 그 파동이 3차원 이상의 공간에서 존재한다는 것이 문제였다. 수소 원자 속에 있는 1개의 전자는 3차원 공간에서 설명을 할 수 있지만, 2개의 전자를 가진 헬륨은 6차원이 필요하다. 슈뢰딩거는 그럼에도 불구하고 배치 공간이라고 알려진 이 다차원 공간이 오직 수학적 도구일 뿐이고, 궁극적으로 많은 전자들이 서로 충돌하거나 원자의 핵 주위를 회전하는 문제를 어떻게 설명하든지 간에 과정은 공간과 시간 속에서 일어난다고 주장했다. 그는 두 가지 이론을 설명하기 전에 "그러나 사실은 두 이론이 아직까지 완전히 통합되지 못했다"는 것을 인정했다.[20]

물리학자들의 입장에서는 파동역학을 사용하는 것이 더 편리하지만, 지도적인 이론학자들은 입자의 파동함수가 전하와 질량의 구름 같은 분포를 나타낸다는 슈뢰딩거의 해석에 동의하지 않았다. 보른의 대안적 확률 해석이 널리 받아들여지고 있음에도 불구하고 슈뢰딩거는 자신의 해석을 강조하고, "양자 도약"의 개념에 대해서 의문을 제기했다.

브뤼셀에서 발표를 해달라는 초청을 받았을 때부터 슈뢰딩거는 "행렬주의자들"과의 충돌 가능성을 확실하게 인식하고 있었다. 슈뢰딩거가 강연의 마지막에서 언급했던 "어려움들"이 그가 과거에 말했던 결과가 정확하지 않았다는 것을 뜻하는지를 묻는 보어의 질문으로 논의가 시작되었다. 슈뢰딩거는 보어의 질문을 쉽게 해결했지만, 곧 이어서 보른이 다른 계산의 정확성에 대해서 문제를 제기했다. 짜증이 난 그는 그것이 "완벽하게 옳고, 엄격한 것이고, 보른 씨의 반박은 근거가 없는 것"이라고 말했다.[21]

다른 사람들이 발언을 한 후에 하이젠베르크의 순서가 되었다. "슈뢰딩거 씨는 발표의 끝 부분에서 우리의 지식이 더 깊어지면 다차원 이론에서 얻은 결과를 3차원에서 설명하고 이해하는 것이 가능해질 것이라고 기대할 수 있다고 말씀하셨습니다. 그러나 저는 슈뢰딩거 씨의 계산에서 그런 희망을 정당화시키는 근거를 찾지 못했습니다."[22] 슈뢰딩거는 자신의 "3차원 구상이 달성될 것이라는 기대는 유토피아적인 것이 아닙니다"라고 주장했다.[23] 몇 분 동안의 토론을 마지막으로 학술회의의 전반부인 초청 발표가 끝났다.

날짜를 바꾸기에는 너무 늦은 상황에서 파리 과학원이 10월 27일 목요일에 프랑스 물리학자 오귀스탱 프레넬의 사망 100주년 기념식을 가지기로 결정했다는 사실이 알려졌다. 기념식에 참석하기를 원하는 사람들이 다시 돌아와서, 광범위한 주제를 다루는 두 세션으로 나눠진 일반 토론에 참여할 수 있도록 하루 반 동안 정회하기로 했다. 로런츠, 아인슈타인, 보어, 보른, 파울리, 하이젠베르크, 드 브로이를 비롯한 20명이 프레넬에게 존경을 표시하기 위해서 파리를 다녀왔다.

로런츠로부터 발언권을 얻으려는 사람들의 독일어, 프랑스어, 영어가 뒤섞여 혼란스러운 가운데 파울 에렌페스트가 갑자기 자리에서 일어나 칠판에 "여호와께서 거기서 온 땅의 언어를 혼잡하게 하셨음이니라"(「창세기」 11장 9절)라고 썼다. 에렌페스트가 단순히 성경의 바벨 탑을 말한 것이 아니라는 사실을 깨달은 동료들은 웃음을 터뜨렸다. 일반 토론의 첫 세션은 10월 28일 금요일 오후에 로런츠의 개회사로 시작되었다. 그는 사람들이 인과성, 결정론, 확률과 관련된 문제에 집중해주기를 원했다. 양자 사건에도 원인이 있을까, 없을까? 그의 표현으로는 "결정론을 신조로 지킬 수는 없을까? 비결정론을 반드시 이론으로 격상시켜야만 할까?"[24] 자신의 개인적인 생각을 밝히지 않은 로런츠는 보어에게 이야기를 시작하도록 요청했다. "양자물리학에서 우리가 직면하고 있는 인식론적 문제"에 대한 이야기를 시작한 보어가 코펜하겐 해석의 정당성에 대해서 아인슈타인을 설득하려고 노력하고 있다는 사실은 누구나 알 수 있었다.[25]

　사람들은 1928년 12월에 프랑스어로 발간된 학술회의 회의록에 실린 보어의 발언을 그 이후에 발표된 공식적인 논문의 하나로 오해했다. 회의록에 포함시킬 수 있도록 편집된 발언록을 제출해달라는 요청을 받은 보어는 자신의 발언과 함께 이미 그해 4월에 발표된 자신의 코모 강연의 훨씬 더 자세한 강연록을 포함시켜줄 것을 요구했다. 보어는 보어였기 때문에 그의 요구는 받아들여졌다.[26]

　아인슈타인은 파동-입자 이중성이 상보성의 틀에서만 설명되는 자연의 고유한 특징이고, 상보성이 고전적 개념의 한계를 노출시켜주는 불확정성 원리를 뒷받침한다는 보어의 발언을 듣고 있었다. 그러나 보어는 양자 세계를 탐구하는 실험 결과를 분명하게 이해하려면, 실험 기구뿐만 아니라 관찰 자체도 "고전물리학의 어휘로 적절하게 다듬어진" 언어로 표현되어야만 한다고 설명했다.[27]

보어가 상보성을 향해서 조금씩 접근하고 있던 1927년 2월에 아인슈타인은 베를린에서 빛의 본질에 대한 강연을 했다. 그는 빛의 양자이론이나 빛의 파동이론이 아니라 "두 이론의 통합"이 필요하다고 주장했다.[28] 그가 거의 20년 전에 처음 주장했던 것이었다. 아인슈타인이 오래 전부터 일종의 "통합"을 기대했던 문제에 대해서 보어는 정반대로 상보성을 통한 분리를 주장하고 있었다. 어떤 실험을 선택하는지에 따라서 빛이나 입자가 된다는 주장이었다.

과학자들은 언제나 자신들이 관찰하고 있는 것에 아무 영향을 주지 않고 바라볼 수 있는 자연의 수동적 관찰자라는 무언의 가정을 근거로 실험을 수행한다. 대상과 주체, 관찰자와 관찰 대상 사이에는 면도날처럼 분명한 구분이 있었다. 그런데 코펜하겐 해석에 따르면, 원자 영역에서는 그런 구분이 존재하지 않는다. 보어는 그것을 새로운 물리학의 "핵심"인 "양자가설(quantum postulate)"이라고 불렀다.[29] 자연에서 양자의 비(非)분할성 때문에 나타나는 불연속성의 존재를 표현하기 위해서 도입한 용어였다. 보어는 양자가설에서는 관찰자와 관찰 대상 사이에 분명한 구분이 없다고 주장했다. 보어에 따르면, 원자적 현상을 탐구할 때에 관찰 대상과 관찰 장비 사이의 상호작용은 "일상적인 물리적 의미에서 독립적 존재는 현상의 탓이라고 할 수도 없고, 관찰의 매개체 때문이라고 할 수도 없다"는 뜻이었다.[30]

관찰이 불가능한 곳에서는 보어가 생각하는 실재가 존재하지 않는다. 코펜하겐 해석에 따르면, 미세 물리적 대상은 고유한 성질을 가지고 있지 않다. 위치를 알아내기 위한 관찰이나 측정이 이루어지기까지 전자는 어디에도 존재하지 않는다. 전자는 측정을 하기까지는 속도나 다른 어떤 물리적 특성도 가지고 있지 않다. 측정과 측정 사이에서는 전자의 위치나 속도가 무엇이냐고 묻는 것 자체가 의미가 없는 일이다. 양자역학은 측정 장치와 독립적으로 존재하는 물리적 실재에 대해서 아무것도 말해주지 않기 때문에 전자는 측정의 행위 중에만 "실재적"이 된다. 관찰되지 않은 전자는 존재하지 않는다.

훗날 보어는 "물리학의 임무가 자연이 어떻게 존재하는지를 알아내는 것이라고 생각하면 잘못이다. 물리학은 우리가 자연에 대해서 이야기할 수 있는 것에만 관심을 가진다"라고 주장했다.[31] 그 이상은 아니다. 그는 과학에는 "우리 경험의 영역을 확장하는 것과 그것을 정리하는 것"의 두 가지 목표가 있다고 믿었다.[32] 언젠가 아인슈타인은 "우리가 과학이라고 부르는 것은 무엇이 존재하는지를 결정하는 것이 유일한 목표이다"라고 말했다.[33] 그에게 물리학은 관찰과 독립적으로 존재하는 있는 그대로의 현실을 파악하려는 시도였다. 그는 "'물리적 실재'에 대해서 이야기한다"는 것이 바로 그런 의미라고 말했다.[34] 코펜하겐 해석으로 무장한 보어는 "존재하는" 것이 아니라 우리가 세계에 대해서 서로에게 이야기할 수 있는 것에 관심이 있었다. 훗날 하이젠베르크가 말했듯이, 일상 세계의 대상과 달리 "원자나 기본입자 자체는 사실이 아니다. 그들은 어떤 사물이나 사실이 아니라 잠재력이나 가능성의 세상을 형성할 뿐이다."[35]

보어와 하이젠베르크의 입장에서는 "가능성"에서 "실재"로의 전환은 관찰의 행위 과정에서 일어난다. 관찰자와 독립적으로 존재하는 기본적인 양자적 실재는 없다. 아인슈타인의 입장에서는 관찰자와 독립적인 존재에 대한 믿음이 과학적 추구의 핵심이었다. 아인슈타인과 보어 사이에서 시작되고 있었던 논쟁은 물리학의 영혼과 실재의 본질에 대한 것이었다.

아인슈타인은 보어에 이어서 세 사람이 더 이야기를 한 후에야 로런츠에게 자신이 지켜왔던 침묵을 깨뜨리고 싶다는 의사를 전했다. 그는 "내가 양자역학의 핵심을 충분히 깊이 이해하지 못하고 있다는 사실을 알고 있

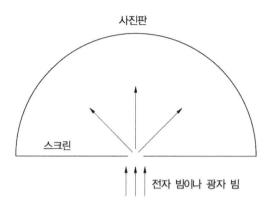

사진판

스크린

전자 빔이나 광자 빔

그림 13. 아인슈타인의 단일 슬릿 사고실험

지만, 그럼에도 불구하고 여기서 몇 가지 일반적인 언급을 하고 싶습니다"
라고 했다.[36] 보어는 양자역학이 "관찰할 수 있는 현상을 설명하는 가능성
에 대해서 철저하게 다루었다"고 했다.[37] 그러나 아인슈타인은 동의하지
않았다. 양자 영역의 미세 물리적 모래밭에 선이 그어졌다. 아인슈타인은
코펜하겐 해석이 일관성이 없으며, 따라서 양자역학이 완성된 완전한 이
론이라는 보어와 지지자들의 주장이 틀렸음을 증명할 책임이 그에게 있다
는 사실을 알고 있었다. 그는 자신이 가장 좋아하는 전략인 마음속의 실험
실에서 수행되는 가상적인 사고실험을 동원했다.

아인슈타인은 칠판으로 가서, 작은 슬릿이 있는 불투명한 스크린을 나
타내는 선을 그었다. 스크린 바로 뒤에는 사진판을 나타내는 반원형의 곡
선을 그렸다. 아인슈타인은 스케치를 이용해서 자신의 실험을 설명했다.
전자 빔이나 광자 빔이 스크린에 닿으면, 그중 몇 개는 슬릿을 통과해서
사진판에 충돌한다. 슬릿이 좁기 때문에 슬릿을 지나가는 전자들은 파동
처럼 모든 가능한 방향으로 회절된다. 아인슈타인은 양자이론에 따라서
슬릿에서 사진판을 향해서 움직이는 전자들은 구형(球形) 파동처럼 진행
한다고 설명했다. 그럼에도 불구하고 실제로 전자는 개별적인 입자로 사
진판에 충돌한다. 아인슈타인은 이런 사고실험에 대해서 두 가지 분명하

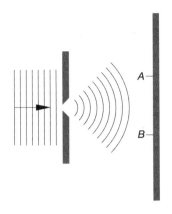

그림 14. 보어가 재현한 아인슈타인의 단일 슬릿 사고실험

게 구별되는 견해가 있다고 말했다.

　코펜하겐 해석에 따르면, 관찰이 이루어지기 전에는 사진판에 충돌하는 횟수로 나타나는 개별적인 전자가 검출될 확률은 사진판의 모든 점에서 0이 아니다. 파동형 전자가 공간의 넓은 영역으로 퍼지기는 하지만, 특정한 전자가 점 A에서 검출되는 바로 그 순간에 사진판의 점 B를 포함한 다른 곳에서 전자를 발견할 확률은 순간적으로 0이 된다. 코펜하겐 해석은 양자역학이 실험에서 나타나는 개별적 전자 사건에 대한 완전한 서술을 제공하기 때문에 전자 각각의 행동은 파동함수로 서술된다.

　아인슈타인은 여기에 어려움이 있다고 말했다. 만약 관찰하기 전에 전자를 발견할 확률이 사진판 전체로 "퍼진다면", 전자가 사진판의 A에 충돌하는 바로 그 순간에 B를 포함한 다른 곳에서의 확률도 순간적으로 영향을 받아야만 한다. 그런 순간적인 "파동함수의 붕괴"는 원인과 결과가 빛보다 빠르게 전파될 수 있다는 뜻이고, 자신의 특수상대성이론에서는 그런 일이 허용되지 않는다. A에서 일어나는 사건이 B에서 일어나는 다른 사건의 원인이 된다면, 신호가 A에서 B로 빛의 속도로 움직일 수 있도록 두 사건 사이에 시간 간격이 있어야만 한다. 아인슈타인은 훗날 국소성(局所性, locality)이라고 부르게 된 이런 요구 조건의 위반은 코펜하겐 해석이 일관성이 없다는 뜻이고, 따라서 양자역학도 각각의 과정에 대한 완전한 이론이 아니라는 뜻이라고 믿었다. 아인슈타인은 대안적인 설명 방법을 제안했다.

슬릿을 지나가는 각각의 전자는 사진판에 닿기까지 여러 가능한 궤적들 중 하나를 따라간다. 그러나 아인슈타인은 구형 파동이 각각의 전자가 아니라 "전자의 구름"에 대응한다고 주장했다.[38] 양자역학은 각각의 과정에 대한 정보를 제공하지는 못하고, 다만 그가 과정들의 "앙상블"이라고 부른 것에 대한 정보만 제공한다.[39] 앙상블을 구성하는 각각의 전자는 슬릿에서 사진판에 이르는 각자의 분명한 궤적을 따라가지만, 파동함수는 각각의 전자가 아니라 전자 구름을 나타낸다. 따라서 파동함수의 제곱인 $|\psi(A)|^2$ 은 A에서 특정한 전자를 발견할 확률이 아니라 그 점에서 앙상블을 구성하는 모든 전자를 발견할 확률을 나타낸다.[40] 아인슈타인은 그것을 "순수한 통계적" 해석이라고 말했다. 사진판에 충돌하는 많은 전자들의 통계적 분포가 독특한 회절 패턴을 만들어낸다는 뜻이었다.[41]

보어, 하이젠베르크, 파울리, 보른은 모두 아인슈타인이 무엇을 말하려고 하는지를 완전히 이해하지 못했다. 그는 양자역학이 일관성이 없고, 따라서 불완전한 이론이라는 자신의 주장을 분명하게 밝히지 않았다. 그들은 파동함수가 순간적으로 붕괴한다는 것에는 동의를 했지만, 그것은 일상적인 3차원 공간에서 움직이는 실제 파동이 아니라 추상적인 확률의 파동이었다. 아인슈타인이 각각의 전자에서 일어나는 일에 대한 관찰을 근거로 설명한 두 가지 견해 사이에서의 선택도 가능하지 않았다. 두 경우 모두에서 전자는 슬릿을 지나가서 사진판의 어느 점에 충돌한다.

보어는 "나는 아인슈타인이 제기하고 싶어하는 핵심이 정확하게 무엇인지를 이해하지 못했기 때문에 스스로 매우 어려운 위치에 있게 되었다고 느꼈다. 물론 그것은 내 실수였던 것이 분명하다"고 말했다.[42] 놀랍게도 그는 "나는 양자역학이 무엇인지 모르겠다. 나는 우리가 우리의 실험을 설명하기에 적절한 어떤 수학적 방법에 대해서 이야기하고 있다고 생각한다"고 말했다.[43] 보어는 아인슈타인의 분석에 답을 하는 대신 자신의 견해를 반복해서 제시했던 것이다. 그러나 덴마크의 대원로는 양자적 체스 게임에서 적의 70회 생일을 축하하기 위해서 1949년에 쓴 논문을 통해서 자신이 그날 저녁에 했던 대답과 1927년 학술회의의 마지막 날을 회고했다.[44]

보어의 기억에 따르면, 아인슈타인은 자신의 사고실험에 대한 분석에서 전략적으로 스크린과 사진판 모두가 공간과 시간에서 분명한 위치를 가지고 있다고 가정했다. 그러나 보어는 그런 두 가지 가정이 스크린과 사진판 모두가 무한한 질량을 가지고 있다는 뜻이라고 지적했다. 그래야만 전자가 슬릿으로부터 나오더라도 위치나 시각에서의 불확정성이 없어지게 된다. 결과적으로 전자의 정확한 운동량과 에너지는 알 수가 없다. 보어는 불확정성 원리 때문에 전자의 위치를 더 정확하게 알수록 그 운동량의 동시 측정은 더 부정확해지므로 그것이 유일한 시나리오라고 주장했다. 아인슈타인의 가상 실험에서 무한히 무거운 스크린은 슬릿에서 전자에 대한 공간과 시간에서의 불확정성이 개입될 수 없도록 만들어준다. 그러나 그런 정밀도에는 대가가 필요하다. 운동량과 에너지가 완전히 비결정적이 된다.

보어는 스크린이 무한한 질량을 가지고 있지 않다고 가정하는 것이 더 합리적이라고 제안했다. 비록 전자보다 훨씬 더 무겁기는 하지만 스크린도 전자가 슬릿을 지나갈 때 움직이게 된다. 그런 움직임이 너무 작아서 실험실에서 감지하기는 불가능하겠지만, 완벽한 정확성을 가진 측정 도구를 사용할 수 있는 이상화된 사고실험의 추상적인 세계에서는 그런 측정도 가능하다. 스크린이 움직이기 때문에 회절이 일어나는 동안 공간과 시간에서 전자의 위치는 불확실해져서 운동량과 에너지 모두에 상응하는 불확정성이 생기게 된다. 그러나 무한히 무거운 스크린의 경우와 비교할 때, 회절된 전자가 사진판의 어디에 충돌하게 될 것인지에 대한 예측은 더 좋아질 것이다. 불확정성 원리에 의해서 주어지는 한계 안에서 양자역학은 각각의 사건에 대한 최대한 완벽한 서술이 된다.

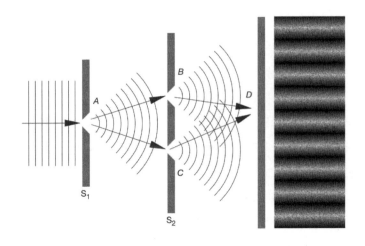

그림 15. 아인슈타인의 이중 슬릿 사고실험. 오른쪽 끝의 그림은 스크린에 나타
나는 간섭 패턴이다

보어의 답에 동의하지 못한 아인슈타인은 그에게 전자나 광자에 상관없
이 그것이 슬릿을 지나는 과정에서 스크린과 입자 사이에 일어나는 운동
량과 에너지의 이동을 통제하고 측정할 수 있는 가능성에 대해서 생각해
볼 것을 요청했다. 그는 그렇게 하면 바로 직후의 입자 상태는 불확정성
원리가 허용하는 것보다 더 정확하게 측정될 수 있을 것이라고 주장했다.
아인슈타인은 입자가 슬릿을 지나가면, 전자는 휘어질 것이고, 사진판을
향한 전자의 궤적은 상호작용하는 두 물체(입자와 스크린)가 가진 운동량
의 합이 일정하게 유지된다는 운동량 보존법칙에 의해서 결정된다고 지적
했다. 만약 입자가 위쪽으로 휘어진다면, 스크린은 아래쪽으로 밀려 내려
가야만 한다. 반대도 성립한다.

　보어가 도입한 움직일 수 있는 스크린을 오히려 자신의 목적을 위해서
사용한 아인슈타인은 가상적인 실험을 더 수정해서 움직일 수 있는 스크
린과 사진판 사이에 이중 슬릿 스크린을 추가했다. 아인슈타인은 빛의 세
기를 줄여서 한 번에 한 개의 입자만 첫 번째 스크린 S_1과 두 번째 스크린
S_2의 이중 슬릿 중 하나를 통과해서 사진판에 충돌하는 상황을 가정했다.

각각의 입자가 사진판에 충돌한 곳에 지울 수 없는 흔적을 남기면서 대단한 일이 일어난다. 처음에는 점들이 무작위적으로 뿌려지는 것처럼 보인다. 그러나 점점 더 많은 점들이 흔적을 남기게 되면서 통계법칙에 의해서 밝고 어두운 띠로 만들어진 독특한 간섭 패턴으로 변환된다. 각각의 입자는 단 하나의 흔적을 만들지만, 어떤 통계적 명령을 통해서 결정적으로 전체적인 간섭 패턴에 기여하게 된다.

아인슈타인은 입자와 첫 번째 스크린 사이의 운동량 전이를 통제하고 측정함으로써 입자가 두 번째 스크린에서 위쪽이나 아래쪽 슬릿을 향해서 휘어졌는지를 결정할 수 있다고 말했다. 사진판에 충돌한 곳과 첫 번째 스크린의 움직임으로부터 입자가 이중 슬릿 중 어느 것을 통과했는지를 추적할 수 있다. 아인슈타인이 불확정성 원리가 허용하는 것보다 더 큰 정밀도로 입자의 위치와 운동량을 동시에 결정할 수 있는 실험을 고안한 것처럼 보였다. 그런 과정에서 그는 코펜하겐 해석의 또다른 중요한 교리를 반박한 것처럼 보였다. 보어가 제시한 상보성의 틀은 주어진 실험에서 전자나 광자의 입자형이나 파동형 성질 중에서 하나가 드러나게 된다고 생각한다.

아인슈타인의 논거에 오류가 있었어야만 했고, 보어는 실험을 수행하기 위해서 필요한 장비를 그림으로 그려서 그 오류를 찾아내는 일을 시작했다. 그가 집중했던 장치는 첫 번째 스크린이었다. 보어는 입자와 스크린 사이에서 운동량 전이의 통제와 측정은 스크린이 수직으로 움직이는 가능성에 달려 있다는 사실을 깨달았다. 입자가 두 번째 스크린의 위쪽이나 아래쪽 슬릿 중 어느 것을 통과해서 사진판에 충돌했는지를 결정할 수 있도록 해주는 것은 입자가 슬릿을 통과할 때 스크린이 위쪽이나 아래쪽으로 움직이는지에 대한 관찰이다.

스위스 특허사무소에서 몇 년 동안 근무한 경력에도 불구하고 아인슈타인은 실험의 세부 사항은 고려하지 않았다. 보어는 양자 악마가 세부적인 곳에 있다는 사실을 알았다. 그는 첫 번째 스크린을 지지틀에 고정된 한

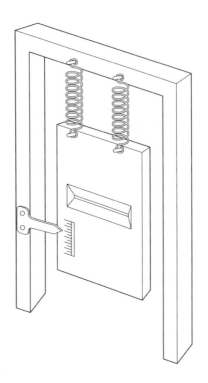

그림 16. 보어가 고안한 움직일 수 있는 첫 번째 스크린

쌍의 스프링에 매단 것으로 바꿔서 슬릿을 지나가는 입자로부터 운동량 전이에 의한 수직 운동을 측정할 수 있도록 만들었다. 측정 장치는 간단했다. 지지대에 연결된 바늘과 스크린 자체에 새겨진 자가 전부였다. 엉성하기는 했지만 가상 실험에서 스크린과 입자 사이의 개별적인 상호작용을 관찰하기에는 충분히 민감했다.

보어는 슬릿을 지나가는 입자와의 상호작용에 의해서 스크린이 정확하게 알 수는 없지만 어떤 속도보다 더 빠른 속도로 움직이고 있으면, 운동량 전이의 정도와 그에 따른 입자의 궤적을 정확하게 확인할 수 없게 된다고 주장했다. 반대로 입자에서 스크린으로의 운동량 전이를 통제하고 측정하는 것이 가능하다면, 불확정성 원리는 스크린의 위치와 슬릿의 위치에서 동시 불확정성을 의미한다. 스크린의 수직 운동량의 측정이 얼마나 정밀한지에 상관없이 그것은 불확정성 원리에 따라서 상응하는 수직 위치 측정의 불확실성과 정확하게 맞먹게 된다.

보어는 더 나아가서 첫 번째 스크린의 위치에 대한 불확정성이 간섭 패턴을 파괴한다고 주장했다. 예를 들면, 사진판에서 D는 상쇄간섭이 일어나서 간섭 패턴에서 어둡게 나타나는 점이다. 첫 번째 스크린이 수직으로 이동하면 ABD와 ACD 두 경로의 길이가 변하게 된다. 새로운 경로의 길이가 파장의 절반이 되면, 상쇄간섭 대신 보강간섭이 일어나서 D에 밝은 점이 나타나게 된다.

첫 번째 스크린 S_1의 수직 변이에서의 불확정성을 수용하려면 모든 가능한 위치에 대한 "평균화"가 필요하다. 그렇게 되면 완전한 보강간섭과 완전한 상쇄간섭의 두 극단 사이에 해당하는 간섭이 생겨서 사진판에는 흐린 패턴이 만들어진다. 입자에서 첫 번째 스크린을 향해서 일어나는 운동량 전이를 통제하면 두 번째 스크린의 슬릿을 통과한 입자의 궤적을 추적할 수 있다. 그러나 그렇게 되면 간섭 패턴이 파괴된다는 것이 보어의 주장이었다. 그의 결론은 아인슈타인이 "제안한 운동량 전이 통제는 슬릿 (S_1)의 위치에 대한 정보의 감소로 이어지고, 문제의 간섭 현상이 나타나지 않게 된다"는 것이었다.[45] 보어는 불확정성 원리를 방어했을 뿐만 아니라 미세 물리적 물체의 파동과 입자적 측면이 가상적이거나 아니거나 상관없이 하나의 실험에서 모두 나타날 수는 없다는 믿음도 방어했다.

보어의 반박은 입자의 진행 방향을 충분히 정확하게 결정할 수 있을 정도로 S_1으로 이동하는 운동량을 통제하고 측정하는 것이 S_1에서 위치의 불확정성으로 이어진다는 가정을 근거로 한 것이었다. 보어의 설명에 따르면, 그 이유는 S_1에 새겨진 자의 눈금 읽기에 숨겨져 있다. 그렇게 하려면 빛을 쪼여야 하고, 스크린으로부터 광자의 산란이 필요하기 때문에 운동량의 전이를 통제할 수 없게 된다. 그것이 입자가 슬릿을 지나가는 동안 입자로 전이하는 운동량의 정확한 측정을 불가능하게 만든다. 광자의 충격을 제거하는 유일한 방법은 자의 눈금에 불을 밝히지 않는 것이지만,

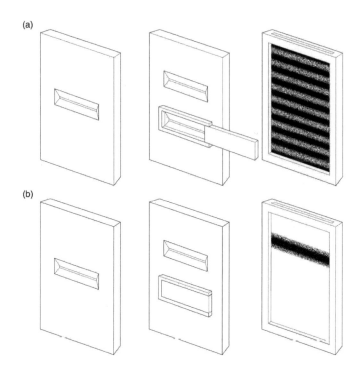

그림 17. 이중 슬릿 실험. (a) 이중 슬릿이 열린 경우, (b) 한쪽이 닫힌 경우

그렇게 되면 눈금을 읽을 수가 없게 된다. 결국 보어는 자신이 하이젠베르크가 미시적 사고실험에서 불확정성의 원인을 설명하면서 사용했다고 비판했던 "교란"이라는 똑같은 개념을 이용했던 것이다.

이중 슬릿 실험과 관련된 이상한 현상은 또 있었다. 이중 슬릿 중 하나를 셔터로 막아버리면 간섭 패턴이 사라진다는 것이다. 이중 슬릿이 동시에 열려 있는 경우에만 간섭이 일어난다. 그러나 어떻게 그런 일이 가능할까? 입자는 오직 하나의 슬릿만 지나갈 수 있다. 입자가 어떻게 다른 슬릿이 열렸는지, 닫혔는지를 "알 수 있을까?"

보어는 이미 답을 알고 있었다. 분명한 경로를 가진 입자와 같은 것은 처음부터 없었다. 간섭 패턴이 나타나는 이유는 전자가 파동이기 때문이 아니라 이중 슬릿 장치를 한 번에 하나씩 지나가야 하는 입자임에도 불구하고 분명한 경로가 없기 때문이다. 이런 양자적 흐려짐 때문에 입자가 가능성이 있는 다양한 경로에 대해서 "표본 조사"를 할 수 있도록 해주고, 그래서 이중 슬릿 중 하나가 열렸는지 닫혔는지를 "알아낼" 수 있다. 다른 슬릿이 열렸는지 닫혔는지가 입자의 미래 경로에 영향을 준다.

만약 이중 슬릿 앞에 검지기를 설치해서 입자가 어느 슬릿을 통과할 것인지를 엿볼 수 있도록 하면, 입자의 궤적에 영향을 주지 않고 나머지 하나의 슬릿을 닫는 것이 가능할 것처럼 보인다. 훗날 실제로 수행된 그런 "지연 선택(delayed-choice)" 실험에서는 간섭 패턴 대신 슬릿의 확대된 이미지가 나타났다. 입자가 통과할 슬릿을 알아내기 위해서 입자의 위치를 측정하는 과정에서 입자는 본래의 경로를 벗어나게 되기 때문에 간섭 패턴이 나타나지 않게 된다.

보어는 물리학자가 "입자의 경로 추적과 간섭 효과의 관찰 중 하나"를 선택해야 한다고 말했다.[46] S_2에 있는 이중 슬릿 중 하나가 닫히면, 물리학자는 입자가 사진판에 충돌하기 전에 어떤 슬릿을 통과한 것인지를 알게 되지만, 간섭 패턴은 사라지게 된다. 보어는 그런 선택이 "전자나 광자의 행동이 통과하지 않은 것으로 증명될 수 있는 스크린(S_2)에 있는 슬릿의 존재에 따라서 달라진다는 역설적 필요성으로부터 벗어날" 수 있게 된다고 주장했다.[47]

보어에게 이중 슬릿 실험은 상호 배타적인 실험 조건에서 상보성 현상이 나타나는 "대표적인 예"였다.[48] 그는 실재의 양자역학적 본질을 고려할 때 빛은 입자도 아니고 파동도 아니라고 주장했다. 두 가지 모두이고, 때로는 입자처럼 행동하고, 때로는 파동처럼 행동한다. 어떤 경우에 입자가 되는지 파동이 되는지에 대한 자연의 대답은 질문의 종류, 즉 수행하는 실험의 종류에 따라서 결정될 뿐이다. 광자가 S_2의 어떤 슬릿을 통과했는지를 결정하는 실험은 "입자"를 찾는 질문이기 때문에 간섭 패턴이 나타나지 않는다. 그것은 아인슈타인이 인정할 수 없다고 판단한 주사위 놀이를 하는 신의 확률이 아니라 독립적이고 객관적인 실재의 상실이다. 따라서 양자역학은 보어의 주장과 달리 자연의 기본이론이 될 수 없다.

보어는 "아인슈타인의 관심과 비판은 우리 모두에게 원자 현상의 서술에 관한 상황의 다양한 측면을 재검토하는 가장 중요한 계기가 되었다"고 회고했다.[49] 또 논쟁의 핵심이 "조사하고 있는 대상과 현상이 나타나는 조건을 고전적 용어로 정의하는 역할을 하는 측정기기 사이의 구분"이었다고 강조했다.[50] 코펜하겐 해석에서 측정기기는 조사 중인 대상과 뗄 수 없을 정도로 밀접하게 연결되어 있다. 구분은 불가능하다.

전자와 같은 미세 물리학적 대상은 양자역학의 법칙을 따르지만, 관찰 장치는 고전역학의 법칙을 따른다. 그러나 아인슈타인의 반박에 직면한 보어는 거시적 대상인 첫 번째 스크린 S_1에 불확정성 원리를 적용하는 것에서 후퇴했다. 그런 과정에서 보어는 고전 세계와 양자 세계 사이의 "분리", 즉 거시 세계와 미시 세계의 경계가 어디인지를 정하지 않고 오만하게도 일상의 대규모 세계의 요소를 양자 영역에 넣어버렸다. 보어가 아인슈타인과 양자 체스 놀이를 하면서 의문스러운 수를 쓴 것은 이것이 마지막이 아니었다. 승자의 전리품은 너무 컸다.

아인슈타인은 일반 토론 중에 질문을 위해서 한 차례 더 발언을 했다. 훗날 드 브로이는 "아인슈타인은 확률 해석에 대해서 아주 단순한 반박을 하는 것 이외에는 거의 아무 말도 하지 않고 침묵했다"고 기억했다.[51] 그러나 모든 참가자들이 메트로폴 호텔에 머물렀기 때문에 가장 예리한 논쟁이 벌어진 곳은 생리학 연구소의 학술회의 발표장이 아니라 우아한 아르데코풍의 식당이었다. 하이젠베르크는 "보어와 아인슈타인이 가장 바빴다"고 했다.[52]

드 브로이는 귀족답지 않게 프랑스어만 썼다. 그도 식당에서 아인슈타인과 보어가 깊은 이야기를 나누고, 하이젠베르크와 파울리와 같은 사람들이 열심히 듣고 있는 모습을 보았던 것이 틀림없다. 그들은 독일어로 이야기를 나누었기 때문에 드 브로이는 그들이 하이젠베르크의 표현으로

"결투"를 벌이고 있다는 사실을 깨닫지 못했다.[53] 사고실험의 공인된 달인 인 아인슈타인은 아침마다 널리 인정되고 있는 불확정성 원리와 코펜하겐 해석의 일관성을 반박하는 새로운 제안을 들고 왔다.

분석은 커피와 크루아상을 앞에 두고 시작되었다. 대화는 아인슈타인과 보어가 생리학 연구소로 향하는 도중에도 계속되었고, 주로 하이젠베르 크, 파울리, 에렌페스트가 함께 걸어갔다. 걸으면서 계속되는 대화는 아침 세션이 시작될 때까지 이어졌고, 그런 대화를 통해서 가정(假定)을 검토 하고 확인했다. 훗날 하이젠베르크는 "발표 시간이나 특히 휴식 시간 중에 파울리와 나를 포함한 우리 젊은 사람들은 아인슈타인의 실험을 분석하려 고 노력했고, 점심에는 보어와 코펜하겐의 다른 사람들 사이에서도 토론 이 계속되었다"고 기억했다.[54] 늦은 오후에는 다른 사람들과의 더 많은 논 의를 통한 집단적인 노력으로 반론이 이루어졌다. 다시 메트로폴 호텔에 서의 저녁에는 보어가 아인슈타인에게 그의 최신 사고실험이 불확정성 원 리가 요구하는 한계를 깨뜨리지 못했다고 설명했다. 아인슈타인이 언제나 코펜하겐의 반론에서 오류를 발견한 것은 아니었지만, 하이젠베르크에 따 르면 그들은 "그가 진심으로 동의하지는 않았다"는 사실을 알고 있었다.[55]

훗날 하이젠베르크의 기억에 따르면, 며칠 뒤에 "보어, 파울리, 그리고 내가 우리 주장의 배경에 대해서 확신을 하게 된 것과 아인슈타인이 양자 역학의 새로운 해석이 그렇게 간단하게 반박될 수 없다는 사실을 이해했 다는 것을 알게 되었다."[56] 그러나 아인슈타인은 양보하기를 거부했다. 그 는 코펜하겐 해석에 대한 반론의 핵심을 파악하지는 못했지만, "신은 주사 위 놀이를 하지 않는다"고 말했다. 한번은 보어가 "그렇지만 신에게 세상 을 어떻게 움직여야 한다고 말해주는 것이 우리일 수는 없다"고 대답했 다.[57] 파울 에렌페스트는 반농담으로 "아인슈타인, 부끄럽네. 마치 당신의 반대자가 상대성이론에 대해서 논쟁을 하듯이 당신도 새로운 양자이론에 대해서 논쟁을 하고 있네"라고 했다.[58]

1927년 솔베이에서 이루어졌던 아인슈타인과 보어의 개인적인 만남에서 유일하게 중립적인 증인은 에렌페스트였다. 보어는 "아인슈타인의 자세는 소수의 사람들 사이에서 열띤 논쟁을 불러일으켰고, 지난 몇 년 동안 우리의 가까운 친구가 된 에렌페스트도 매우 적극적이고 도움이 되는 방법으로 그런 논쟁에 참여했다"고 기억했다.[59] 학술회의가 끝나고 며칠 뒤에 에렌페스트는 라이덴 대학교 학생들에게 브뤼셀에서 일어났던 일을 생생하게 설명하는 편지를 보냈다. "보어가 모든 사람들 위에 완벽하게 우뚝 섰다. 처음에는 사람들이 그를 전혀 이해하지 못했지만(보른도 역시 그곳에 있었다), 그는 모든 사람들을 차례로 굴복시켰다. 당연히 다시 놀라운 보어의 화신과 같은 용어들이었다. (불쌍한 로런츠가 서로를 전혀 이해할 수 없었던 영국 사람과 프랑스 사람들 사이의 통역사였다. 보어의 말을 정리해주고 그리고 보어는 정중했지만 절망에 빠져 대답하고) 매일 새벽 1시에 보어는 나에게 단 한 마디만 하겠다고 내 방으로 와서는 새벽 3시까지 머물렀다. 나는 보어와 아인슈타인의 대화에 함께 있었다는 것이 즐거웠다. 체스 게임과도 같았다. 아인슈타인은 언제나……**불확정성** 관계를 깨뜨리기 위한 새로운 예를 가지고 왔다. 철학적 연기에 휩싸인 보어는 계속 쏟아지는 예를 무너뜨릴 도구를 끊임없이 찾고 있었다. 아인슈타인은 매일 아침 장난감 상자에서 갑자기 튀어나오는 것 같았다. 오. 그것은 대단했다. 그러나 나는 솔직히 친(親)보어였고, 반(反)아인슈타인이었다."[60] 그러나 에렌페스트는 "아인슈타인과의 의견이 일치하기 전에는 마음의 위안을 찾을 수가 없었다"고 인정했다.[61]

훗날 보어는 1927년 솔베이에서 아인슈타인과 "가장 유쾌한 분위기"에서 토론을 했다고 말했다.[62] 그러나 그는 아쉬운 듯이 "견해와 전망에서는 어느 정도 차이가 있었다. 연속성과 인과성을 폐기하지 않고도 겉으로는 상반되는 것 같은 경험들을 조합하는 훌륭한 능력을 가진 아인슈타인은 어쩌면 그런 꿈을 포기하기가 더 싫었을 수도 있었을 것이기 때문이다. 다른 사람들의 경우에는 그런 점에서 포기가 새로운 학문 분야의 탐구에서 매일처럼 축적되고 있는 원자적 현상과 관련된 다양한 증거들을 조합하는 시급한 과제를 진전시키는 유일한 방법처럼 보였다."[63] 보어의 입장에서는 아인슈타인이 자신의 성공 때문에 과거에 묶여버린 것처럼 보였다.

브뤼셀에 모였던 사람들에게 제5회 솔베이 학술회의는 보어가 코펜하겐 해석의 논리적 일관성을 성공적으로 주장했지만, 그것이 "완전하고" 완성된 이론에 대한 유일하게 가능한 해석이라는 사실을 아인슈타인에게 확신시키지는 못하고 끝난 것으로 기억된다. 집으로 돌아가는 길에 아인슈타인은 드 브로이를 포함한 몇 사람들과 함께 파리로 갔다. 공작과 헤어지면서 그는 "계속하세요. 당신은 제 길로 가고 있습니다"라고 말했다.[64] 그러나 브뤼셀에서 지지를 받지 못했던 드 브로이는 곧바로 자신의 주장을 철회하고 코펜하겐 해석을 받아들였다. 베를린에 도착한 아이슈타인은 피곤하고 우울했다. 2주일 안에 그는 아르놀트 조머펠트에게 양자역학이 "통계적 법칙의 옳은 이론일 수는 있겠지만, 각각의 단위 과정에서는 부적절한 방법입니다"라는 편지를 보냈다.[65]

훗날 폴 랑주뱅은 1927년 솔베이에서 "아이디어의 혼란이 절정에 달했다"고 했지만, 하이젠베르크에게 이 석학들의 만남은 코펜하겐 해석이 옳다는 것을 확인한 결정적인 전환점이었다.[66] 학술회의가 끝났을 때, 그는 "나는 과학적 결과에 대해서 모든 측면에서 만족한다"고 했다.[67] "보어와 내 견해가 일반적으로 인정받았다. 적어도 더 이상 심각한 반대는 제기되지 않았다. 심지어 아인슈타인과 슈뢰딩거도 그랬다." 하이젠베르크의 입장에서는 자신들의 승리였다. 그는 거의 40년이 지난 후에도 "우리는 과거의 단어를 사용하면서도 불확정성 관계를 적용하기만 하면 모든 것을 분명하게 밝힐 수 있었고, 완벽하게 일관된 그림을 얻을 수 있었다"고 했다. 하이젠베르크는 "우리"가 누구를 뜻하느냐는 질문에 대해서 "당시에는 실질적으로 보어, 파울리, 그리고 나 자신이었다고 말할 수 있다"고 대답했다.[68]

보어는 "코펜하겐 해석(Copenhagen interpretation)"이라는 말을 사용한 적이 없었고, 1955년 하이젠베르크가 사용하기 전에는 아무도 그런 말을 쓴 적이 없었을 것이다. 그러나 몇 사람의 지지자들에게서 시작하여 빠르게 확산된 "양자역학의 코펜하겐 해석"은 대부분의 물리학자들에게 양자역학과 동의어로 받아들여졌다. "코펜하겐 정신"이 빠르게 확산되고 받아들여진 데에는 세 가지 요인이 있었다. 첫째는 보어와 그의 연구소의 핵심적인 역할이었다. 젊은 박사후 학생으로 맨체스터의 러더퍼드 실험실에 있으면서 영감을 받았던 보어는 자신의 연구소에서 어떤 일이든지 할 수 있다는 의미에서 똑같은 열정적 분위기를 만들 수 있었다.

1928년 여름에 그곳에 도착한 러시아의 조지 가모프는 "보어의 연구소는 빠르게 세계적인 양자역학의 센터가 되어갔고, 고대 로마 사람들의 말을 바꾸어 표현하면 '모든 길은 블라이담스바이 17번지로 통한다'"고 했다.[69] 아인슈타인이 소장을 맡고 있던 카이저 빌헬름 이론물리학 연구소는 서류상으로만 존재했고, 그도 그런 상태를 좋아했다. 아인슈타인은 보통 혼자 일을 하거나 나중에는 계산을 수행하는 조수와 함께 일을 했지만, 보어는 많은 과학자 제자를 길렀다. 처음으로 명성을 얻고, 권위자의 자리에 오른 제자들이 하이젠베르크, 파울리, 디랙이었다. 훗날 랄프 크로니히에 따르면, 그들이 아직은 젊었지만, 다른 젊은 물리학자들은 감히 그들에게 도전하지 못했다. 크로니히의 경우에도 파울리가 비웃었던 전자 스핀의 아이디어를 발표하지 못했다.

둘째로, 1927년 솔베이 회의 즈음에 여러 곳의 교수직이 공석이 되었다는 것이다. 새 물리학의 정립을 도와주었던 사람들이 거의 모든 자리를 차지했다. 곧 독일과 유럽 전역에서 가장 뛰어나고 똑똑한 학생들이 그들이 이끄는 연구소로 모여들었다. 베를린에서 플랑크의 후계자가 된 슈뢰딩거가 가장 권위 있는 자리를 차지했다. 솔베이 학술회의 직후에 하이젠베르크는 라이프치히로 가서 그곳의 교수와 이론물리학 연구소의 소장이 되었다. 6개월 만인 1928년 4월에 파울리는 함부르크에서 취리히 ETH의 교수로 자리를 옮겼다. 행렬역학의 개발에 결정적인 역할을 했던 수학적 재능이 뛰어났던 파스쿠알 요르단은 함부르크에서 파울리의 후계자가 되었다. 하이젠베르크와 파울리는 얼마 지나지 않아 서로는 물론 보어의 연구소 사이에 조수와 학생들의 규칙적인 방문과 교환을 통해서 라이프치히와 취리히를 양자물리학의 중심지로 만들었다. 위트레흐트 대학교에 자리를 잡은 크라머스와 괴팅겐의 보른의 도움으로 코펜하겐 해석은 곧 양자의 교리가 되었다.

마지막으로, 그들의 의견 차이에도 불구하고, 보어와 그의 젊은 제자들은 언제나 코펜하겐 해석에 대한 모든 도전에 대해서 연합 전선을 펼쳤다는 것이다. 유일한 예외가 폴 디랙이었다. 1932년 케임브리지 대학교에서 한때 아이작 뉴턴이 차지하고 있던 루카스 수학 석좌 교수로 임명된 디랙은 해석의 문제에 전혀 관심이 없었다. 그에게 그런 관심은 새 공식을 찾아내는 일과는 상관이 없는 무의미한 집착일 뿐이었다. 그는 고집스럽게 스스로를 수리물리학자라고 불렀다. 그의 동료였던 하이젠베르크나 파울리는 물론이고 아인슈타인이나 보어도 자신들을 그렇게 불렀던 적이 없었다. 그들 중에서 공인된 원로였고 1928년 2월에 사망한 로런츠와 마찬가지로 그들도 마지막 한 사람까지 이론물리학자들이었다. 훗날 아인슈타인은 "개인적으로 내 입장에서 그는 내 평생에 만난 다른 모든 사람들보다 더 의미 있는 사람이었다"고 했다.[70]

얼마 후에 아인슈타인은 자신의 건강이 관심사가 되었다. 그는 1928년 4월의 짧은 스위스 방문 기간 중에 여행 가방을 들고 가파른 언덕을 올라가다가 쓰러졌다. 처음에는 심장마비 증세로 보였지만, 심장 확장증 진단을 받았다. 훗날 아인슈타인은 친구 미켈레 베소에게 자신이 "곧 숨이 넘어갈 것처럼" 느꼈고, "물론 지나치게 방치해서는 안 되는 것"이었다고 했다.[71] 엘자가 지켜보는 중에 베를린으로 돌아온 후에는 친구와 동료들의 방문도 엄격하게 제한되었다. 일반상대성이론을 만들어내는 헤라클라스 같은 일을 마친 후에 병이 들었던 때에 그랬듯이 다시 한번 그녀는 아인슈타인의 문지기 겸 간호사가 되었다. 이번에는 도움이 필요했던 그녀가 친구의 미혼 여동생을 고용했다. 헬렌 두카스는 서른두 살이었는데, 아인슈타인이 신뢰하는 비서 겸 친구가 되었다.[72]

그가 회복 과정에 있을 때에 보어의 논문이 영어, 독일어, 프랑스어의 세 가지 언어로 발표되었다. 「양자가설과 원자이론의 최신 발전」이라는 제목의 영어 논문은 1928년 4월 14일에 발표되었다. "이 논문의 내용은 1927년 9월 16일 코모에서 개최되었던 볼타 기념 학술회의에서의 강연과 기본적으로 같은 것이다"라는 각주가 붙어 있었다.[73] 사실은 보어가 상보성과 양자역학에 관련된 자신의 아이디어를 코모나 브뤼셀에서 발표했던 것보다 훨씬 더 다듬고 발전시킨 것이었다.

보어는 슈뢰딩거에게 사본을 보냈고, 슈뢰딩거는 "시스템, 즉 질점(質點)을 [운동량] p와 [위치] q를 이용해서 설명하고 싶다면, 당신은 이 설명이 제한된 정도의 정확도에서만 가능하다는 사실을 발견하게 될 것입니다"라는 답장을 보냈다.[74] 슈뢰딩거는 그런 한계가 더 이상 적용되지 않는 새 개념을 도입할 필요가 있다고 주장했다. 그는 "그러나 그런 개념적 틀을 발명하는 것은 의심할 나위 없이 매우 어려울 것입니다. 당신이 매우 인상적으로 강조했듯이 새 유행은 공간, 시간, 인과성이라는 우리 경험의 가장 심오한 수준의 이해를 요구하기 때문입니다"라는 결론을 내렸다.

보어는 슈뢰딩거에게 "완전히 매정하지는 않은 의견"을 준 것에 대해서 감사한다는 답장을 보냈지만, 기존의 실험적 개념들이 "인간의 시각화 수단의 핵심"과 불가분의 관계로 연결되어 있기 때문에 양자이론에서 "새로운 개념"의 필요성을 인정하지는 않았다.[75] 보어는 그것이 고전적 개념의 적용성에서 어느 정도 임의적 한계의 문제가 아니라 관찰의 개념에 대한 분석에서 등장하는 상보성의 어쩔 수 없는 특징이라고 자신의 입장을 수정해서 표현했다. 그는 슈뢰딩거에게 자신의 편지 내용을 플랑크와 아인슈타인과 함께 논의해줄 것을 부탁하는 것으로 편지를 끝냈다. 슈뢰딩거가 보어와의 편지 교환에 대해서 알려주자, 아인슈타인은 "하이젠베르크-보어의 안정제 철학(또는 종교?)은 아주 교묘하게 짜여 있어서 당분간 진정한 추종자들이 아주 쉽게 깨어날 수 없도록 만드는 부드러운 베개가 될 것입니다. 그러니까 그를 내버려두세요"라고 대답했다.[76]

쓰러지고 나서 넉 달이 지난 아인슈타인은 여전히 기력이 없었지만, 더 이상 침대에 누워 있지는 않았다. 그는 요양을 계속하기 위해서 발트 해안의 샤르베우츠라는 조용한 도시에 있는 집을 빌렸다. 그곳에서 그는 스피노자를 읽고, "도시에서 만나는 멍청한 존재들"과 멀어진 생활을 즐겼다.[77] 그가 충분히 건강을 되찾고 사무실로 돌아오기까지는 거의 1년이 걸렸다. 그는 오전 내내 일을 하고, 점심을 먹으러 집에 가서 3시까지 휴식을 취했다. 헬렌 두카스는 "그렇지만 그는 언제나 일을 했고, 때로는 밤새도록 일을 하기도 했다"고 회고했다.[78]

파울리는 1929년 부활절 휴가 중에 아인슈타인을 만나러 베를린에 갔다. 그는 여전히 자연 현상이 관찰자와는 독립적으로 자연법칙에 따라서 펼쳐지는 실재(實在)를 믿고 있었던 아인슈타인의 "현대 양자물리학에 대한 태도가 보수적"이라고 파악했다.[79] 아인슈타인은 파울리가 방문한 직후에 플랑크로부터 직접 플랑크 메달을 받으면서 자신의 견해를 완벽하고 분명하게 밝혔다. 그는 청중에게 "나는 젊은 세대의 물리학자들이 이룩한 양자역학이라는 이름으로 알려진 성과를 가장 높이 존중하고, 그런 이론이 진리라는 것을 참으로 깊이 믿습니다. 그러나 나는 통계적 법칙으로 한정하는 것을 잠정적인 것일 뿐이라고 믿습니다"라고 말했다.[80] 아인슈타인은 이미 인과성과 관찰자와 독립적인 실재를 구원해줄 통일장이론 (unified field theory)을 찾기 위한 혼자만의 여행을 시작하고 있었다. 그러는 동안 그는 양자 정설로 자리잡은 코펜하겐 해석에 끊임없이 도전했다. 1930년 브뤼셀에서 개최된 제6회 솔베이 학술회의에서 다시 만났을 때, 아인슈타인은 보어에게 가상적인 빛의 상자를 선물했다.

12

상대성을 잊어버린 아인슈타인

보어는 놀랐고, 아인슈타인은 웃었다.

보어는 지난 3년 동안 1927년 10월의 솔베이 학술회의에서 아인슈타인이 제안했던 가상적인 실험들을 재검토해왔다. 모든 것이 양자역학이 일관성이 없다는 것을 보여주기 위해서 고안되었지만, 그는 모든 경우에 대한 아인슈타인의 분석에서 오류를 발견했다. 월계수에 안주하는 것으로 만족하지 못한 보어는 스스로 자신의 해석에서 약점을 찾아내기 위해서 다양한 슬릿, 셔터, 시계 등으로 구성된 사고실험을 고안하려고 노력했다. 그러나 그는 하나도 찾지 못했다. 보어는 제6회 솔베이 학술회의가 열렸던 브뤼셀에서 아인슈타인이 자신에게 막 설명을 끝냈던 사고실험만큼 단순하고 창의적인 것을 생각하지는 못했다.

1930년 10월 20일부터 엿새 일정으로 시작된 학술회의의 주제는 물질의 자기적 성질이었다. 학술회의의 형식은 똑같았다. 자기학(磁氣學)과 관련된 다양한 주제에 대한 초청 발표가 있었다. 각각의 발표가 끝나면 토론이 이어졌다. 보어는 아인슈타인과 함께 9명으로 구성된 학술위원회의 위원으로 합류했고, 두 사람은 모두 자동적으로 학술회의에 초청되었다. 로런츠가 사망한 후였기 때문에 프랑스의 폴 랑주뱅이 위원회와 학술회의를 총괄하는 어려운 역할을 맡기로 동의했다. 디랙, 하이젠베르크, 크라머스, 파울리, 조머펠트를 비롯한 34명이 참석했다.

석학들의 모임으로 12명의 노벨상 수상자와 미래의 수상자가 참석한 학술회의는 1927년의 솔베이 학술회의에 못지않았다. 양자역학의 의미와 실재의 본질에 대한 아인슈타인과 보어 사이에 진행되는 "제2라운드" 싸움의 배경이 되기도 했다. 아인슈타인은 불확정성 원리와 코펜하겐 해석에 치명적인 상처를 줄 수 있는 새로운 사고실험으로 무장하고 브뤼셀로 왔다. 낌새를 채지 못했던 보어는 공식 세션이 끝난 후에 기습공격을 당했다.

  아이슈타인은 보어에게 빛으로 가득 채워진 상자를 상상해보라고 요구했다. 상자의 벽에는 상자 내부의 시계에 연결된 기계 장치에 의해서 열고 닫히는 셔터가 달린 구멍이 있다. 이 시계는 실험실에 있는 다른 시계와 동기화(同期化, syncronization)가 되어 있다. 상자의 무게를 측정한다. 어떤 시각에 최대한 짧으면서도 광자 한 개가 빠져나오기에 충분한 시간만큼만 셔터가 열리도록 시계를 맞추어놓는다. 아이슈타인은 이제 우리는 광자가 상자를 떠나는 시각을 정확하게 알게 된다고 설명했다. 보어는 무심하게 듣고 있었다. 아인슈타인이 제안하는 모든 것이 너무 간단해서 논쟁의 여지가 없는 것처럼 보였다. 불확정성 원리는 위치와 운동량이나 에너지와 시간 같은 상보성 변수의 쌍에만 적용된다. 쌍을 이루는 두 변수 중 하나를 측정할 때 정확도의 수준에 대해서는 아무런 제한이 없다. 그러자 옅은 웃음을 띤 아인슈타인이 결정적인 말을 쏟아냈다. 상자의 무게를 다시 측정한다. 보어는 곧바로 자신과 코펜하겐 해석이 심각한 위험에 빠졌다는 것을 깨달았다.
  아인슈타인은 하나의 광자 속에 갇혀 있던 빛들 중에서 얼마나 빠져나갔는지를 알아내기 위해서 자신이 베른의 특허사무소에 근무하던 때에 발견했던 에너지가 질량이고, 질량이 에너지라는 놀라운 결과를 사용했다. 아인슈타인은 상대성에 대한 일에서 파생된 놀라운 결과를 $E = mc^2$이라는 가장 간단하고 유명한 공식으로 표현했다. 여기서 E는 에너지이고, m은 질량, c는 빛의 속도이다.

광자가 빠져나가기 전과 후에 빛 상자의 무게를 측정하면 질량의 차이를 쉽게 알 수 있다. 1930년대의 도구로는 믿기 어려울 정도로 작은 차이를 측정하는 것이 불가능했지만, 사고실험의 영역에서는 어린아이의 놀이처럼 쉬운 일이었다. $E = mc^2$을 이용해서 사라진 질량을 대응하는 에너지의 양으로 변환시키면 빠져나간 광자의 에너지를 정확하게 계산할 수 있다. 광자의 탈출에 걸린 시간은 셔터를 조정하는 빛 상자 내부의 시계와 동기화되어 있는 실험실의 시계를 통해서 알 수 있다. 아인슈타인이 하이젠베르크의 불확정성 원리에 의해서 금지된 정확도의 수준에서 광자의 에너지와 탈출 시간을 동시에 측정하는 실험을 고안한 것처럼 보였다.

덴마크 과학자와 오랫동안 계속된 공동 연구를 막 시작했던 벨기에의 물리학자 레온 로젠펠트는 "보어에게는 상당한 충격이었다"고 기억했다.[1] "그는 곧바로 답을 찾지는 못했다." 아인슈타인의 새로운 도전에 대해서 보어는 절망적으로 걱정했지만, 파울리와 하이젠베르크는 달랐다. 그들은 그에게 "아, 글쎄요. 괜찮을 겁니다. 괜찮을 겁니다"라고 했다.[2] 로젠펠트는 "저녁 내내 극도로 불편했던 그는 이 사람 저 사람을 찾아다니면서 그 것은 사실일 수가 없고, 아인슈타인이 옳다면 물리학의 종말이 될 것이라고 설득하려고 노력했지만, 반론을 찾아내지는 못했다"고 기억했다.[3]

로젠펠트는 1930년 솔베이에 초청을 받지는 않았지만, 보어를 만나기 위해서 브뤼셀에 갔다. 그는 그날 저녁 두 사람의 양자 적수들이 메트로폴 호텔로 돌아가는 모습을 결코 잊을 수가 없었다. "큰 키의 위풍당당한 아인슈타인은 얼굴에 약간 역설적인 웃음을 띠고 조용히 걷고 있었고, 보어는 매우 흥분해서 아인슈타인의 장치가 작동하면 물리학의 종말이 될 것이라는 사실을 설명하려고 헛수고를 하면서 그 옆에서 빠른 걸음으로 걷고 있었다."[4] 아인슈타인의 입장에서는 종말도 아니고 시작도 아니었다. 그것은 양자역학이 일관성이 없고, 따라서 보어가 강조하는 것처럼 완전하게 완성된 이론이 아니라는 사실을 증명했을 뿐이었다. 그의 새로운 사고실험은 단순히 관찰자와 독립된 실재를 이해하는 것을 목표로 하는 물리학을 구출하려는 시도였을 뿐이다.

사진에서 아인슈타인과 보어는 발걸음을 맞추지 않고 함께 걷고 있었다. 아인슈타인은 마치 도망치려고 애쓰는 것처럼 앞서간다. 입을 벌린 보어는 보조를 맞추려고 서두르고 있다. 그는 이야기를 하려고 애를 쓰면서 아인슈타인 쪽으로 몸을 기울이고 있다. 왼팔에 코트를 걸치고 있던 보어는 왼쪽 집게손가락으로 자신의 주장을 강조하는 듯한 손짓을 하고 있다. 아인슈타인은 한 손에 서류 가방을 들고, 다른 손에는 아마도 빅토리 시가를 들고 있었을 것이다. 이야기를 듣고 있는 아인슈타인의 수염은 이제 막 승리를 했다고 생각하는 사람이 웃는 웃음을 숨기지 못하고 있다. 로젠펠트는 그날 저녁 보어가 "매 맞은 개"처럼 보였다고 말했다.[5]

보어는 아인슈타인의 사고실험의 모든 면에 대해서 검토를 하느라고 잠을 이루지 못했다. 그는 오류가 있을 것이라는 생각으로 가상적인 빛 상자를 분해했다. 아인슈타인은 마음의 눈으로도 빛 상자의 세부적인 내부 작동이나 그것을 측정하는 방법에 대해서 생각해보지 않았다. 장치와 꼭 필요한 측정을 이해하기 위해서 절망적으로 애쓰던 보어는 도움을 얻으려고 그가 제시한 실험 장치를 상당히 "사실적인" 그림으로 그렸다.

미리 정해진 시각에 셔터가 열리기 전과 광자가 빠져나간 후에 빛 상자의 무게를 측정해야 한다는 점에서 보어는 무게를 측정하는 과정에 집중하기로 했다. 걱정은 커지고 시간은 모자랐던 그는 가장 간단한 방법을 선택했다. 그는 빛 상자를 지지대에 고정된 스프링에 매달았다. 그것을 저울로 변환시키기 위해서 보어는 빛 상자에 바늘을 붙여서 교수대를 닮은 수직 가로대에 부착한 자의 눈금을 읽을 수 있도록 만들었다. 보어는 바늘이 눈금의 0을 가리키도록 만들기 위해서 빛 상자의 바닥에 작은 추를 붙였다. 구조에 기발난 부분은 없었다. 보어는 바닥에 틀을 고정시키기 위한 볼트와 너트도 포함시켰고, 광자가 빠져나갈 구멍을 열고 닫는 것을 통제하는 시계의 기계 장치도 그렸다.

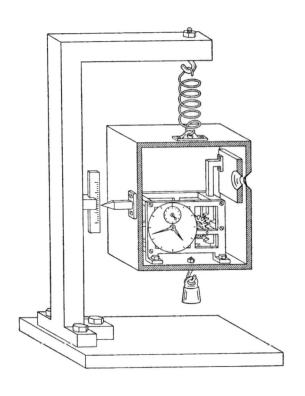

그림 18. 아인슈타인의 1930년대 빛 상자를 보어가 다시 그린 그림 (코펜하겐의 닐스 보어 기록보관소)

빛 상자의 초기 무게를 측정하는 것은 단순히 부착한 추를 조정해서 바늘이 0을 가리키도록 만드는 것이다. 광자가 빠져나가고 나면 빛 상자가 더 가벼워지기 때문에 스프링에 의해서 위쪽으로 끌려올라가게 된다. 바늘을 다시 0으로 돌아오도록 만들기 위해서는 부착된 추를 조금 더 무거운 것으로 바꿔야 한다. 실험자가 추를 바꾸기 위해서 쓸 수 있는 시간에는 제한이 없다. 추 무게의 차이가 빠져나간 광자에 의한 질량 손실이고, $E = mc^2$으로부터 광자의 에너지를 정확하게 측정할 수 있다.

보어는 1927년 솔베이에서 사용했던 논거로부터 빛 상자의 위치 측정에 필요한 눈금을 읽기 위해서 빛을 쪼여주어야 하기 때문에 운동량의 고유한 불확정성이 나타나게 된다고 생각했다. 무게를 측정하는 바로 그

행위가 눈금을 움직이도록 만드는 눈금과 관찰자 사이의 광자 교환 때문에 빛 상자의 운동량 전이를 통제할 수 없게 만든다. 위치 측정의 정확도를 개선하는 유일한 방법은 빛 상자의 균형을 맞추는 행위, 즉 눈금을 0으로 위치시키는 일을 비교적 오랜 시간에 걸쳐 수행하는 것이었다. 그러나 보어는 그렇게 하면 상자의 운동량에 대응하는 불확정성이 생기게 된다고 주장했다. 상자의 위치를 더 정확하게 측정할수록 운동량 측정에 더 큰 불확정성이 생기게 된다.

1927년의 솔베이에서와는 달리, 아인슈타인은 위치-운동량의 화신(化身)이 아니라 에너지-시간 불확정성 관계를 공격했다. 피곤에 지쳐 있던 보어가 갑자기 아인슈타인의 사고실험에서 오류를 찾아낸 것은 아침 이른 시각이었다. 그는 아인슈타인이 정말 믿을 수 없는 실수를 했다는 사실이 만족스럽게 확인될 때까지 자신의 분석을 조금씩 재구성해보았다. 안심한 보어는 아침에 일어나 식사 자리에서 승리를 즐기게 될 것이라는 기대를 안고 몇 시간 동안 잠을 자기로 했다.

양자적 실재에 대한 코펜하겐의 견해를 무너뜨리기를 간절히 바랐던 아인슈타인은 자신의 일반상대성이론을 고려하는 것을 잊어버렸다. 그는 빛 상자 내부의 시계를 이용한 시간 측정에서 중력의 영향을 무시했다. 일반상대성이론은 아인슈타인의 가장 위대한 업적이었다. 막스 보른은 "그때나 지금이나, 나에게 그 이론은 자연에 대한 인간의 사고에서 가장 위대한 승리이고, 철학적 관통, 물리적 통찰, 수학적 기술의 가장 놀라운 조합으로 보였다"고 말했다.[6] 그는 그것을 "먼 거리에서 즐기고 감동할 만한 위대한 예술 작품"이라고 불렀다. 1919년에 일반상대성이론에서 예측했던 빛의 휘어짐이 확인된 것은 전 세계적인 헤드라인이 되었다. J. J. 톰슨은 어느 영국 신문에 아인슈타인의 이론을 "전혀 새로운 과학적 아이디어의 대륙"이라고 소개했다.[7]

그런 새로운 아이디어들 중 하나가 바로 중력에 의한 시간 팽창이었다. 같은 방에서 천장에 매달려 있는 것과 바닥에 놓여 있는 동일하고 동기화된 시계들이 10억 분의 10억 분의 300초 정도씩 틀리게 된다. 바닥에서의 시간이 천장에서의 시간보다 더 느리게 흐르기 때문이다.[8] 그 이유는 중력 때문이었다. 아인슈타인의 중력이론인 일반상대성이론에 따르면, 시계가 똑딱거리는 속도는 중력장에서의 위치에 따라서 달라진다. 또한 중력장에서 움직이는 시계는 정지해 있는 시계보다 더 느리게 똑딱거린다. 보어는 빛 상자의 무게 측정이 내부 시계의 시간 기록에 영향을 받게 된다는 사실을 깨달았다.

지구 중력장에서 빛 상자의 위치는 눈금을 가리키는 바늘을 측정하는 행위에 의해서 변한다. 이런 위치 변화는 시계의 속도를 변화시켜서 상자 속의 시계가 더 이상 실험실 시계와 동기화되지 않게 되기 때문에 셔터가 열리고 광자가 상자에서 빠져나가는 정확한 시간을 아인슈타인이 생각했던 것만큼 정확하게 측정하지 못하게 된다. $E = mc^2$을 이용한 광자의 에너지 측정이 더 정확해질수록 중력장에서 빛 상자의 위치는 더 불확실해진다. 중력이 시간의 흐름에 영향을 주어서 생기는 위치의 불확정성 때문에 셔터가 열려서 광자가 빠져나오는 정확한 시각을 측정하는 것은 불가능해진다. 보어는 이런 불확정성의 사슬을 통해서 아인슈타인의 빛 상자 실험에서는 광자의 에너지와 탈출 시각 모두를 동시에 정확하게 측정할 수 없다는 사실을 밝힐 수 있었다.[9] 결국 베르너 하이젠베르크의 불확정성 원리는 상처를 입지 않았고, 양자역학의 코펜하겐 해석도 마찬가지였다.

아침 식사를 하러 내려온 보어는 더 이상 전날 저녁의 "매 맞은 개"처럼 보이지 않았다. 3년 전에 그랬듯이, 자신의 새로운 도전이 실패한 이유를 설명하는 보어의 말을 듣고 있던 아인슈타인은 놀라서 입을 다물어버렸다. 훗날 보어가 반론에서 바늘, 눈금, 빛 상자와 같은 거시적인 요소들을 마치 양자적 대상인 것처럼 취급해서 불확정성 원리에 의한 제한을 적용했다고 의문을 표시하는 사람들이 있기는 했다. 거시적 물체를 그런 식으로 다루는 것은 실험실의 장비를 고전적으로 취급해야 한다는 자신의 주장에 어긋나는 것이었다. 그러나 보어는 미시적인 것과 거시적인 것 사이의 경계에 대해서 특별히 분명하게 밝히지 않았다. 결국 고전적인 물체도 원자의 집단이기 때문이었다.

훗날 몇 사람들이 의구심을 가지기는 했지만, 당시 물리학계가 그랬듯이 아인슈타인도 보어의 반박 논리를 인정했다. 결과적으로 그는 양자역학이 논리적으로 일관성이 없다는 사실을 증명하기 위해서 불확정성 원리를 피해가려는 시도를 중단했다. 그 대신 아인슈타인은 그때부터 그 이론이 불완전하다는 사실을 밝혀내는 일에 집중했다.

1930년 11월에 아인슈타인은 라이덴에서 빛 상자에 대해서 강연했다. 강연이 끝난 후에 한 청중이 양자역학의 범위 안에서는 모순이 없다고 주장했다. 아인슈타인은 "알고 있습니다. 이 이론에는 모순이 없습니다. 그러나 내 견해로는 어떤 불합리성이 포함되어 있습니다"라고 대답했다.[10] 그럼에도 불구하고 1931년 9월에 그는 다시 한번 하이젠베르크와 슈뢰딩거를 노벨상에 추천했다. 보어와 두 차례에 걸쳐 논쟁을 벌이고, 솔베이 학술회의에 두 번이나 참석했던 아인슈타인이 추천서에 쓴 한 문장은 감동적이었다. "내 의견으로는 이 이론에는 의심할 여지없이 궁극적인 진리가 담겨 있다."[11] 그러나 그의 "마음의 목소리"는 양자역학이 불완전하고, 보어가 다른 사람들을 설득한 것처럼 "완전한" 진리는 아니라고 계속 속삭이고 있었다.

1930년의 솔베이 학술회의가 끝난 후 아인슈타인은 며칠 동안 런던을 방문했다. 그는 10월 28일에 개최될 가난한 동유럽 유대인들을 위한 모금 만찬의 게스트였다. 로스차일드 남작 주최로 사보이 호텔에서 열린 만찬에는 거의 1,000명이 참석했다. 우아하게 차려입은 명사와 자선가들 사이에서 아인슈타인은 모금을 돕기 위해서 기꺼이 흰 넥타이와 연미복을 입고 스스로 그렇게 명명한 "원숭이 코미디"에서 역할을 하기도 했다.[12] 조지 버나드 쇼가 사회자였다.

가끔씩 준비된 원고에서 벗어나기는 했지만, 훌륭하게 행사를 진행한 일흔네 살의 쇼는 "프톨레마이오스와 아리스토텔레스, 케플러와 코페르니쿠스, 갈릴레오와 뉴턴, 중력과 상대성과 현대 천체물리학, 또 누가 알겠습니까……"라고 말문을 열었다.[13] 그런 후에 쇼는 기지를 발휘해서 모든 것을 세 문장으로 정리했다. "프톨레마이오스는 우주를 만들었고, 그 우주는 1,400년 동안 지속되었습니다. 뉴턴도 역시 우주를 만들었고, 300년 동안 지속되었습니다. 아인슈타인도 우주를 만들었는데 얼마나 오래 지속될지는 말할 수 없습니다."[14] 참석자들 중에서 아인슈타인이 가장 크게 웃었다. 뉴턴과 아인슈타인의 업적을 비교한 쇼는 건배를 제의하면서 말을 마쳤다. "현존 인물 중 가장 위대한 아인슈타인을 위하여!"[15]

수행하기 어려운 역할이었지만, 아인슈타인은 필요한 경우에는 쇼맨십을 보여줄 수 있는 사람이었다. 그는 쇼에게 "내 삶을 매우 어렵게 만들어 놓은 신화적인 인물들에 대한 당신의 잊을 수 없는 찬사"에 감사를 표시했다.[16] 그는 "인류 사회를 발전시키고 모멸적인 억압으로부터 개인을 해방시키는 일에 평생을 헌신했던 유대인과 비유대인 모두에게 찬사"를 보냈다. 청중들이 자신에게 호의적이라는 사실을 알고 있었던 그는 "여러분 모두에게, 외부적 요인보다는 우리의 머리 위에서 터져버린 치열한 태풍 속에서도 우리를 수천 년 동안 생존하도록 만들어준 도덕적 전통을 충실하게 지킴으로써 우리 민족의 존재와 운명이 결정된다는 사실을 말하고 싶습니다"라고 했다. 아인슈타인은 "인생에서 희생은 은총이 될 것입니다"라고 덧붙였다.[17] 나치 폭풍의 검은 구름이 모여들기 시작하면서 수백만 명의 사람들에게 희망을 기대하던 말이 시험대에 오르게 되었다.

6주일 전인 1930년 9월 14일의 독일제국의회 선거에서 나치는 640만 표를 얻었다. 나치의 득표 규모는 많은 사람들에게 충격이었다. 나치는 1924년 5월의 선거에서 32석의 의석을 얻었고, 같은 해 12월 선거에서는 겨우 14석을 확보했었다. 1928년 5월에는 12석과 81만2,000표를 얻어서 더욱 어려워졌다. 선거 결과는 나치가 극우 비주류파라는 사실을 확인시켜주었다. 그런데 겨우 2년 남짓한 기간에 득표수가 8배가 늘어난 나치는

제국의회에서 107석을 가진 제2의 대정당으로 자리를 잡게 되었다.[18]

"히틀러의 득표는 반드시 반(反)유대적 증오가 아니라 잘못 판단한 독일 청년들 사이에서 경제난과 실업에 때문에 생기는 일시적인 분노의 증상일 뿐"이라고 믿었던 것은 아인슈타인만이 아니었다.[19] 그러나 나치에 표를 준 유권자 중에서 젊은 투표자들은 4분의 1 정도에 불과했다. 나치를 가장 적극적으로 지지한 것은 중년 이상의 세대, 곧 사무직, 상점주인, 소기업인, 북부의 개신교 농부, 기능직, 중심 산업에서 소외된 미숙련 노동자들이었다. 1928년 선거와 1930년 선거 사이에서 독일의 정치적 지형을 결정적으로 바꾸어놓은 것은 1929년 10월의 월가 붕괴였다.

독일은 뉴욕에서 시작된 재정 충격파에 가장 심각한 타격을 받았다. 지난 5년 동안 위태롭게 추진했던 경제부흥을 가능하게 했던 생명선은 미국의 단기 융자였다. 커져가는 손실과 혼란 속에서 미국 금융기관들은 기존 융자의 즉각적인 반환을 요구했다. 결과적으로 1929년 9월에 130만 명이었던 실업자가 1930년에는 300만 명으로 늘어났다. 한동안 아인슈타인은 나치를 곧 사라지게 될 "공화국의 유치한 질병" 정도로 보았다.[20] 그러나 질병은 명목상으로만 남아 있던 의회 민주주의 대신 권위주의 정권을 선택함으로써 깊이 병들어 있던 바이마르 공화국을 무너뜨리고 말았다.

비관적이었던 지그문트 프로이트는 1930년 12월 7일에 "상황은 나빠지고 있다. 늙은 나이에 무시해야겠지만, 7명의 손자들에게는 미안하게 느끼지 않을 수가 없다"고 썼다.[21] 닷새 전에 아인슈타인은 패서디나의 캘리포니아 공과대학, 곧 칼텍(Caltech)에서 두 달간 체류하려고 독일을 떠났다. 볼츠만, 슈뢰딩거, 로런츠가 모두 미국의 과학적 우월성을 선도하는 중심 대학으로 성장하고 있는 대학들에서 강연했다. 그가 탄 배가 뉴욕에 도착했을 때, 아인슈타인은 기다리던 기자들이 15분간의 기자회견을 요청하자 수락했다. 한 기자가 외쳤다. "아돌프 히틀러에 대해서 어떻게 생각하나요?" 아인슈타인은 "그는 독일의 굶주림을 자신의 생존 수단으로 삼고 있습니다. 경제 사정이 나아지기만 하면 그는 더 이상 중요한 인물이

아닙니다"라고 대답했다.[22]

1년 후 그가 두 번째 칼텍 방문을 위해서 출발하던 1931년 12월에 독일의 경제 사정은 더욱 심각한 불황에 빠졌고, 정치적 혼란도 더욱 악화되었다. 대서양을 건너던 아인슈타인은 일기에 "오늘 나는 베를린에서의 지위를 완전히 포기하고, 남은 인생을 철새처럼 지내기로 결정했다"고 적었다.[23] 캘리포니아에 있는 동안에 아인슈타인은 뉴저지의 프린스턴에 고등연구소라는 독특한 연구소를 만들고 있던 에이브러햄 플렉스너를 우연히 만나게 되었다. 500만 달러의 기부금을 확보한 플렉스너는 학생을 가르쳐야 하는 부담에서 벗어나서 연구에만 전념할 수 있는 "학자들의 세계"를 만들고 싶어했다. 우연히 아인슈타인을 만난 플렉스너는 곧바로 세계에서 가장 유명한 과학자를 영입하는 첫 발걸음을 내딛게 되었다.

아인슈타인은 1년에 5개월을 고등연구소에서 보내고, 나머지는 베를린에 머물기로 플렉스너와 합의했다. 그는 「뉴욕 타임스」에서 "나는 독일을 포기하는 것이 아니다. 내 영주지는 여전히 베를린이다"라고 말했다.[24] 아인슈타인은 이미 칼텍과 약속한 것이 있었기 때문에 고등연구소와의 5년간의 계약은 1933년 가을부터 시작할 예정이었다. 운이 좋게도 히틀러가 수상에 지명되었던 1933년 1월 30일에 그는 패서디나를 세 번째 방문하고 있었다. 독일의 50만 유대인들의 탈출은 서서히 시작되어 6월까지 25만 명이 성공했다. 캘리포니아에 안전하게 머물고 있던 아인슈타인은 말을 하지는 않았지만, 때가 오면 돌아갈 것처럼 행동했다. 그는 프로이센 과학원에 자신의 봉급에 대해서 문의하는 편지를 보내기도 했지만, 이미 결심을 굳힌 상태였다. 그는 2월 27일에 어느 친구에게 "나는 히틀러를 생각하면 감히 독일 땅을 밟지 못할 것 같소"라는 편지를 보냈다.[25] 바로 그날 밤에 제국의회는 방화되었다. 정권이 주도하는 나치 테러의 첫 물결이 시작된 신호였다.

나치가 촉발시킨 폭력의 소용돌이 속에서 진행된 3월 5일의 제국의회 선거에서는 1,700만 명이 나치에게 투표를 했다. 아인슈타인은 패서디나를 떠나기로 했던 닷새 후, 어느 저녁에 인터뷰를 통해서 독일에서 일어나고 있는 사건에 대한 자신의 생각을 공개했다. 그는 "선택을 할 수 있다면, 나는 법 앞에서 모든 시민이 시민적 자유와 관용과 평등이 보장되는 나라에서 살고 싶습니다. 시민적 자유는 말과 글을 통해서 자신의 정치적 신념을 표현할 수 있는 자유를 뜻하고, 무엇이든지 상관없이 다른 사람들의 신념을 존중할 수 있는 것을 뜻합니다. 현재 독일에는 그런 조건들이 존재하지 않습니다"라고 말했다.[26] 그의 발언이 세계적으로 알려지자, 나치 정권에 충성 경쟁을 벌이던 독일 언론은 그를 비난하기 시작했다. 한 신문은 "아인슈타인의 희소식 — 그는 돌아오지 않는다!"라는 제목의 기사를 실었다. 기사는 "우리 입장에서는 결코 독일인이 아니었고, 자신을 오직 유대인이라고 밝힌 한 인간은, 영원히 이해할 수 없는 일이 이 나라에서 이루어지고 있다는 사실도 모르면서, 이 허영심 덩어리가 감히 독일을 제멋대로 재단하고 있다"고 법석을 떨었다.[27]

플랑크는 아인슈타인의 발언 때문에 진퇴양난의 입장이 되었다. 그는 3월 19일에 아인슈타인에게 자신이 "이렇게 시끄럽고 어려운 시기에 당신의 공개적이고 개인적인 정치적 발언에 의해서 생기고 있는 온갖 종류의 소문" 때문에 "심각한 고통"을 받고 있다는 편지를 보냈다.[28] 플랑크는 "이런 보도 때문에 당신을 존경하고 숭배하는 모두가 당신을 옹호하기가 매우 어렵게 되었습니다"라고 불평하고, 아인슈타인이 자신의 "동족과 종교적 동지들"의 어려운 형편을 더욱 어렵게 만들었다고 비판했다. 아인슈타인은 배가 3월 28일 벨기에의 앤트워프에 도착하자 자신을 브뤼셀에 있는 독일 대사관으로 데려다줄 것을 부탁했다. 그곳에서 그는 자신의 여권을 반납하고, 두 번째로 독일 시민권을 포기하고, 프로이센 과학원에 사표를 제출했다.

어디로 가서 무엇을 할 것인가를 고민하던 아인슈타인과 엘자는 벨기에 해안가의 르 코크-쉬르-메르라는 작은 휴양지의 빌라를 거처로 정했다. 벨기에 정부는 아인슈타인의 목숨이 위태로울 수도 있다는 소문이 돌자 그를 보호하기 위해서 두 명의 경호원을 파견했다. 베를린의 플랑크는 아인슈타인이 사퇴했다는 사실에 안도했다. 그는 아인슈타인에게 그것이 과학원과의 관계를 단절하고, "동시에 당신의 친구들을 헤아릴 수 없는 슬픔과 고통에서 구원해주는" 유일하게 명예로운 길이었다는 편지를 보냈다.[29] 새로운 독일에서 그를 옹호해줄 수 있는 사람은 아무도 없었다.

1933년 5월 10일에 나치 표지를 달고 횃불을 든 학생들과 학자들이 운터 덴 린덴에서 베를린 대학교의 정문 건너편에 있는 오페른플라츠까지 행진하면서 도서관과 서점에서 약탈한 2만여 권의 책을 불태웠다. 4만 명의 군중들이 마르크스, 브레히트, 프로이트, 졸라, 프루스트, 카프카, 아인슈타인과 같은 사람들의 "비(非)독일적"이고 "유대-볼셰비키적인" 책들이 불길에 휩싸이는 모습을 지켜보았다. 그런 광경은 독일의 모든 주요 대학도시에서 반복되었고, 플랑크와 같은 사람들은 연기가 전하는 신호의 뜻을 알아차리고 반발조차 하지 않았다. 책을 불태우는 것은 "타락한" 예술과 문화에 대한 나치의 공격이 시작되었다는 신호였을 뿐이고, 현실적으로 반유대주의가 합법화되면서 독일 유대인들에게 훨씬 더 중요한 사건이 일어나고 있었다.

4월 7일에 통과된 "직업 공무원의 복원을 위한 법률"은 200만 명의 공직자들에게 적용되었다. 이 법은 나치의 정치적 반대자, 사회주의자, 공산주의자, 유대인을 목표로 제정된 것이었다. 제3조에는 "아리아 혈통이 아닌 공무원은 퇴직한다"는 유명한 "아리아인 조항"이 포함되어 있었다.[30] 법률에서는 부모나 조부모 중 한 사람이 아리아인이 아닌 사람은 비(非)아리아인으로 정의되었다. 1871년의 해방 이후 62년이 지난 후에 독일 유대인들은 다시 합법화된 국가적 차별의 대상이 되었다. 그것은 뒤이어 벌어진 나치의 유대인 박해를 위한 발판이었다.

국가 기관이었던 대학교에서는 313명의 교수를 포함한 1,000명 이상의 학자들이 해고되거나 사퇴했다. 1933년까지 물리학계의 거의 절반의 학자들이 강제로 망명을 떠났다. 이론학자의 절반도 포함되었다. 1936년까지 1,600명 이상의 학자들이 퇴출되었는데, 3분의 1이 과학자들이었다. 그중에는 노벨상을 받았거나 받게 될 20명의 과학자도 포함되어 있었다. 물리학상 11명, 화학상 4명, 의학상 5명이었다.[31] 공식적으로 새 법률은 제1차 세계대전 이전에 임용된 사람이나 참전 용사이거나 또는 전쟁 중에 아버지나 아들을 잃은 사람들에게는 적용되지 않았다. 그러나 직업 공무원에 대한 나치의 숙청이 계속되면서 면제되었던 사람들 중에서도 점점 더 많은 사람들이 희생되었다. 결국 1933년 5월 16일에 카이저 빌헬름 연구소의 대표였던 플랑크는 히틀러를 만나러 갔다. 그는 독일 과학에 가해지고 있는 피해를 줄일 수 있을 것이라고 생각했다.

놀랍게도 플랑크는 히틀러에게 "유대인에게도 종류가 있습니다. 인류에게 소중한 유대인도 있고, 쓸모없는 유대인도 있습니다. 구분이 꼭 필요합니다"라고 말했다.[32] 히틀러는 "그렇지 않아요. 유대인은 유대인일 뿐입니다. 유대인들은 모두 거머리들처럼 서로 붙어 있어요"라고 대답했다.[33] "유대인이 한 명이라도 있는 곳에는 곧바로 온갖 유대인들이 모여듭니다." 말문이 막혀버린 플랑크는 전략을 바꾸었다. 플랑크는 유대인 과학자들을 무작정 내쫓는 것은 독일의 이익을 해친다고 주장했다. 히틀러는 그런 지적에 "우리의 국가 정책은 철회되거나 수정될 수 없습니다. 과학자에게도 마찬가지예요"라고 화를 내기 시작했다. "만약 유대인 과학자를 해고하는 것이 현대 독일 과학의 중단을 뜻한다면, 우리는 앞으로 몇 년 동안 과학 없이 해나갈 것입니다!"[34]

1918년 11월, 제1차 세계대전 패배 직후의 혼란 속에서 플랑크는 의기소침해진 프로이센 과학원 회원들에게 "적들이 조국으로부터 모든 국방 체제와 힘을 빼앗아가고, 우리 앞에 심각한 국가적 위기가 시작되고, 앞으로 더욱 심각한 위기가 기다리고 있다고 해도, 국내외의 적들이 우리에게서 빼앗아가지 못한 것이 있습니다. 그것이야말로 바로 세계에서 독일 과학이 차지하고 있는 위상입니다"라고 했었다.[35] 전장에서 장남을 잃은 플랑크에게는 모든 희생이 가치 있는 것이었다. 히틀러와의 형편없는 회동이 갑자기 중단되자, 플랑크는 나치가 아무도 할 수 없는 일에 착수할 것이라는 사실을 깨달았다. 독일 과학의 파괴였다.

2주일 전에 나치 물리학자이고, 노벨상 수상자인 요하네스 슈타르크가 물리학-공학 제국연구소의 소장에 임명되었다. 곧이어 정부의 연구비를 지출하는 책임까지 맡게 된 슈타르크는 "아리아인 물리학"을 위해서 더 큰 힘을 행사하게 되었다. 권력을 손에 쥔 그는 보복을 결정했다. 그는 자신의 사명을 위해서 이미 1922년에 뷔르츠부르크 대학교의 교수직에서 사임한 바 있었다. 반유대주의적이고, 독단적이고, 다혈질이었던 슈타르크는 선도적이고 오랫동안 소위 "독일 물리학"을 이끌어왔던 한 마음의 동료였던 노벨상 수상자이며 나치인 필리프 레나르트를 비롯한 거의 모두와 소원해졌다. 뒤에 당초의 위험한 도전에서 좌절한 슈타르크가 학계로 돌아오려고 했을 때, 그럴 위치에 있었던 사람들 중에서 그 누구도 그에게 자리를 마련해주지 않았다. 아인슈타인의 "유대인 물리학"을 격렬하게 반대하고, 현대 이론물리학을 경멸해왔던 슈타르크는 물리학 교수직에 "독일 물리학"의 지지자들을 앉히도록 영향력을 행사했다.

하이젠베르크는 오래 전부터 뮌헨에 있는 조머펠트의 후계자가 되기를 원했었다. 1935년에 슈타르크는 자신이 "아인슈타인 정신의 유령"이라고 불렀던 하이젠베르크와 이론물리학에 대한 조직적인 거부 운동에 착수했다. 그런 움직임은 하이젠베르크를 "백인 유대인"으로 묘사한 기사가 SS 잡지 『검은 군단(Das Schwarze Korps)』에 실렸던 1937년 7월 15일에 절정에 이르렀다. 그때부터 그는 만약 계속된다면 실제로 자신을 고립시키고 해고시킬 위험에 빠뜨릴 수 있는 악성 소문을 제거하기 위해서 노력했다. 그는 SS의 우두머리였고, 가족의 지인이었던 하인리히 힘러에게 도움을 청했다. 힘러는 하이젠베르크의 무죄를 입증해주기는 했지만, 조머펠트의 후계자로 임명되는 것은 저지했다. 앞으로 그는 "과학 연구 결과에 대해서 사의를 표할 때에도 연구자의 개인적이고 정치적 특성을 분명하게 구분해서 말을 해야 한다"는 조건도 있었다.[36] 하이젠베르크는 충실하게 과학자와 과학을 구분했다. 그는 더 이상 공개적으로 아인슈타인의 이름을 들먹이지 않았다.

괴팅겐의 물리학자 제임스 프랑크와 막스 보른은 참전자라는 이유로 "아리아인 조항"에서 면제되었다. 그러나 그들은 나치에 협력하는 것처럼 보이는 것이 싫어서 자신들의 권리를 행사하지는 않았다. 사직서를 제출한 프랑크는 "우리 유대인 혈통의 독일인들은 이방인이고 조국의 적으로 취급되고 있다"는 발언을 해서 반(反)독일 선동에 불을 붙였다는 이유로 42명 이상의 동료들로부터 비난을 받았다.[37] 사직할 의사가 없었던 보른도 지역 신문이 보도한 의심스러운 공무원 명단에서 자신의 이름을 발견했다. 훗날 그는 "지난 12년 동안 열심히 노력한 덕분에 괴팅겐에서 쌓아올렸던 모든 것이 무너졌다"고 했다.[38] "내게는 세상의 종말처럼 보였다." 그는 "어떤 이유에서든지 자신을 내쫓은 학생들 앞에 서거나 이런 상황을 아주 쉽게 받아들이는 동료들과 함께 살아야 한다"는 생각에 몸서리쳤다.[39]

정직은 당했지만 아직 해고되지는 않았던 보른은 아인슈타인에게 자신을 특별히 유대인이라고 느껴본 적이 한번도 없었다고 고백했다. 그러나 이제 그는 "그렇게 취급되고 있기 때문이 아니라 억압과 부당한 처사가 나를 분노하고 저항하도록 만들었기 때문에 그런 사실을 확실히 인식하게" 되었다.[40] 보른은 영국에 정착하고 싶어했는데, "그것은 영국이 망명객들에게 가장 고결하고 관대한 나라였기 때문이다."[41] 그는 케임브리지 대학교로부터 3년 임기의 교수직 제안을 받았다. 자신이 영국 물리학자의 자리를 빼앗은 셈이 될 수도 있다고 걱정한 보른은 자신에게 주어진 교수직이 특별히 그를 위해서 마련된 것이라는 보장을 받은 후에야 수락했다. 아인슈타인이 자신의 "가슴이 아프다"고 말했던 "젊은 친구들"과는 달리,[42] 그는 자신의 물리학에 대한 기여가 국제적으로 인정받은 운이 좋았던 몇 사람 중의 하나였다. 그러나 심지어 보른 수준의 과학자들도 자신들의 미래에 대해서 심한 불안의 시기를 극복해야만 했다. 케임브리지에서의 임기가 끝난 후에 보른은 인도의 방갈로르에서 6개월을 더 체류한 후에 모스크바 대학교 교수직을 심각하게 고민하던 중이었던 1936년에 에든버러 대학교의 자연철학 석좌 교수직을 제안받았다.

하이젠베르크는 "아주 못하는 사람들만 법에 영향을 받고, 당신과 프랑크는 분명히 그렇지 않을 것이기 때문"에 안전하다고 보른을 설득시키려고 노력했다. 다른 사람들과 마찬가지로 그도 모든 것이 결국 안정되고, "괴팅겐 물리학에 아무 상처도 남지 않고 정치적 혁명이 이루어질 수 있을 것"을 기대했었다.[43] 그러나 이미 상처는 생기고 있었다. 나치가 양자역학의 요람이었던 괴팅겐 연구소를 위대한 대학 속의 2류 기관으로 만드는 데는 몇 주일이 걸리지 않았다. 나치의 교육부 장관은 괴팅겐의 가장 유명한 수학자인 다비트 힐베르트에게 "당신의 기관이 유대인과 그 친구들의 이탈로 고통을 받고 있다"는 것이 사실인지 물었다. 힐베르트는 "고통이요? 아닙니다. 고통을 받지 않았습니다. 장관님. 그런 일은 더 이상 존재하지 않습니다"라고 대답했다.[44]

독일에서 일어나고 있는 일에 대한 소식이 알려지면서 과학자들과 전문단체들이 나치 억압으로부터 탈출한 동료들을 돕기 위한 후원금과 직장을 마련하려는 노력을 시작했다. 개인과 민간단체로부터 구호품과 기부금을 지원받는 조직들이 만들어졌다. 영국에서는 1933년 5월에 설립된 학술지원협의회가 러더퍼드를 회장으로 선출하고, 난민 과학자, 예술가, 작가들에게 임시 직장을 찾아주고 지원하는 "정보 센터"의 역할을 시작했다. 처음에는 많은 사람들이 스위스, 네덜란드, 프랑스로 탈출했지만, 얼마 지나지 않아서 영국과 미국으로 옮겨갔다.

코펜하겐에서는 보어의 연구소가 많은 물리학자들에게 정기 기착지가 되었다. 1931년 12월에 덴마크 과학-문학원은 보어를 칼스버그 양조회사의 설립자가 지은 "명예의 전당"인 아이길로프스의 차기 입주자로 선정했다. 덴마크의 저명인사가 되었다는 것은 그가 국내외에서 더 큰 영향력을 행사할 수 있게 되었다는 뜻이고, 그는 자신의 영향력을 이용해서 다른 사람들을 도왔다. 1933년에는 그와 그의 동생 하랄은 "망명 지식인 지원을 위한 덴마크 위원회"의 설립을 도왔다. 보어는 동료와 옛 제자들을 통해서 망명자들을 위한 새로운 자리를 만들거나 빈자리를 채우도록 할 수 있었다. 1934년 4월에 3년 임기의 방문 교수직을 마련하여 제임스 프랑크를 코펜하겐으로 데려온 것도 보어였다. 1년 남짓한 기간 후에 프랑크는 미국의 종신 교수직을 찾아서 떠났다. 덴마크에 도착한 많은 사람들의 최종 목표지는 스웨덴과 미국이었다. 일자리를 걱정할 필요가 없었던 유일한 사람은 아인슈타인이었다.

벨기에에 머물던 그의 안전에 대한 우려가 커지자 아인슈타인은 9월 초에 영국으로 떠났다. 노퍽 해안에 있는 집에서 머물던 한 달 동안 그는 조심스러운 태도를 유지했다. 그러나 아내와 관계가 좋지 않았던 에렌페스트가 절망감에 빠져서 자살했다는 소식이 아인슈타인에게 전해지면서 해변의 정적도 깨져버렸다. 에렌페스트가 다운 증후군을 앓고 있는 열여섯 살의 아들 바실리를 만나러 암스테르담 병원을 방문하던 중에 일어난 일이었다. 에렌페스트가 바실리도 총으로 쏘았다는 소식을 들은 아인슈타인은 충격에 빠졌다. 놀랍게도 아들은 살아남았지만, 한쪽 눈을 실명했다.

아인슈타인은 에렌페스트의 자살로 참으로 상심하기는 했지만, 곧 난민의 어려움을 해결해주기 위한 모금 운동에서 할 강연을 생각하기 시작했다. 러더퍼드가 위원장이었던 모임은 10월 3일 로열 앨버트 홀에서 개최되었다. 그날 밤에는 위대한 인물의 모습을 보고 싶어했던 군중들 때문에 설 자리도 남아 있지 않았다. 아인슈타인은 악센트가 강한 영어로 1만여 명의 청중에게 주최 측의 요구에 따라서 독일이라는 국가명을 한번도 언급하지 않고 연설을 마치는 데 성공했다. 난민지원협회는 "당장 제기된 문제는 유대인 문제만이 아니다. 고통을 받거나 위협을 받은 많은 사람들은 유대인과 아무 관련이 없다"고 믿었기 때문이다.[45] 나흘 뒤인 10월 7일 저녁에 아인슈타인은 미국으로 떠났다. 앞으로 고등연구소에서 5년을 보낼 예정이었던 그는 유럽으로 다시 돌아오지 않았다.

뉴욕에서 프린스턴으로 가는 도중에 아인슈타인은 에이브러햄 플렉스너의 편지를 전달받았다. 연구소 소장은 그에게 공개 행사에 참석하지 말아줄 것과 자신의 안전을 위해서 자제심을 발휘해줄 것을 청했다. 플렉스너가 그런 요청을 했던 이유는 미국에서 활동하고 있던 "무책임한 나치 무리"가 아인슈타인에게 위험이 될 수 있었기 때문이다.[46] 그러나 그가 정말 걱정하고 있던 것은 아인슈타인의 공개적인 발언이 자신이 새로 시작하고 있는 연구소의 명성과 연구소에 꼭 필요한 기부금에 미칠 영향이었다. 몇 주일이 지나지 않아서 아인슈타인은 플렉스너의 제약과 점점 늘어나는 간섭에 숨이 막힐 정도라는 사실을 깨달았다. 언젠가 그는 자신의 새 주소를 "프린스턴, 강제수용소"라고 썼던 적도 있었다.[47]

아인슈타인은 연구소의 이사회 앞으로 편지를 써서 플렉스너의 행동에 대해서 불평을 하고, 자신에게 "모든 단계에서 자존심을 가진 사람이라면 절대 용납할 수 없는 종류의 간섭 없이 다른 사람의 영향을 받지 않고 품위 있게 일할 수 있는 안전 조치"를 보장해줄 것을 요구했다.[48] 만약 그렇게 해주지 못할 경우에는 "품위 있는 방법으로 당신들의 연구소와의 관계를 청산하는 방법과 수단을 당신들과 논의해야" 할 것이라고 했다.[49] 아인슈타인은 자신이 원하는 권리를 얻었지만, 대가를 치러야만 했다. 그는 연구소의 운영에는 실질적으로 어떤 영향력도 행사하지 못하게 되었다. 슈뢰딩거는 아인슈타인이 그의 연구소 자리 마련을 지지한 탓에 실질적으로 후보자에서 탈락되기도 했다.

슈뢰딩거는 반드시 그래야 했던 것은 아니었지만, 원칙의 문제 때문에 베를린을 떠났다. 그는 옥스퍼드 대학교의 마그달렌 칼리지에서 망명 생활을 시작한 뒤 일주일도 지나지 않은 1933년 11월 9일에 전혀 기대하지 않았던 소식을 들었다. 칼리지의 학장이었던 조지 고든이 슈뢰딩거에게 「더 타임스」가 그해 노벨상 수상자에 그가 포함되어 있다는 사실을 전화로 알려주었다고 통보했다. 고든은 "믿으리라고 생각합니다. 「더 타임스」는 자신이 없는 사실은 말하지 않습니다"라고 자랑스럽게 이야기했다.[50] "내 입장에서는 당신이 이미 상을 받았다고 생각했기 때문에 정말 깜짝 놀랐습니다."

슈뢰딩거와 디랙이 1933년 노벨상을 공동 수상했고, 연기되었던 1932년 노벨상은 하이젠베르크 한 사람에게 돌아갔다. 언론의 관심을 원하지 않았던 디랙의 첫 반응은 수상 거부였다. 그러나 상을 거부하면 언론으로부터 더 큰 관심의 대상이 될 것이라는 러더퍼드의 말을 듣고 나서는 상을 받기로 결정했다. 디랙이 수상 거부를 저울질하고 있는 동안, 보른은 스웨덴 과학원이 자신을 무시한 것에 깊은 마음의 상처를 받았다.

하이젠베르크는 보어에게 "나는 슈뢰딩거, 디랙, 보른에 대해서 부담을 느끼고 있습니다"라는 편지를 썼다.[51] "슈뢰딩거와 디랙은 모두 적어도 나만큼 독자적으로 상을 받을 자격이 있고, 나는 보른과 함께 일을 했기 때문에 기꺼이 그와 상을 나눌 수 있었을 것입니다." 그보다 앞서 그는 보른의 축하 편지에 대해서 "괴팅겐에서 당신과 요르단과 내가 공동으로 한 일로 내가 노벨상을 혼자 받는다는 바로 그 사실이 나를 우울하게 만들기 때문에 당신에게 무슨 말을 해야 할지 모르겠습니다"라는 답장을 보냈다.[52] 보른은 20년 후에 아인슈타인에게 "당시에는 하이젠베르크가 행렬이 무엇인지도 몰랐기 때문에 행렬역학에 그의 이름이 붙여진 것은 전혀 정당하지 않았다"고 불평을 했다.[53] "우리가 함께 했던 일에 대해서 노벨상과 같은 보상을 모두 혼자 차지해버린 것은 그였다." 그리고 "지난 20여 년 동안 어느 정도 부당하다는 느낌을 떨쳐버릴 수가 없었다"고 인정했다. 보른은 결국 1954년에 "양자역학에 대한 핵심적인 연구 그리고 특히 파동함수의 통계적 해석"에 대한 공로로 노벨상을 받았다.

어렵게 출발을 했지만, 1933년 11월 말이 되자 아인슈타인은 프린스턴에 흥미를 느끼기 시작했다. 그는 벨기에의 엘리자베트 왕비에게 "프린스턴은 멋있는 작은 곳인데, 기둥들 위에 작은 반신반인(半神半人)의 조각들이 있는 진기하고 예의 바른 마을입니다"라는 편지를 보냈다. "그러나 몇 가지 특별한 관습만 무시하면 저 자신을 위해서 방해받지 않고 연구하기에 좋은 환경을 만들 수 있었습니다."⁵⁴ 1934년 4월에 아인슈타인은 자신이 프린스턴에 영원히 머물겠다는 생각을 공식적으로 밝혔다. "철새"가 여생을 보낼 수 있는 둥지를 틀 곳을 발견한 것이다.

아인슈타인은 특허사무소 시절부터 언제나 아웃사이더였다. 심지어 물리학에서도 그랬다. 그러나 그는 긴 세월 동안 흔히 앞장을 서서 길을 인도했다. 그는 보어와 코펜하겐 해석에 대한 새로운 도전에서 다시 한번 같은 일을 반복하고 싶었다.

13

양자적 실재

로버트 오펜하이머는 "프린스턴은 정신병원"이고, "아인슈타인은 완전히 미쳤다"고 했다.[1] 때는 1935년 1월이었고, 미국 토종의 이 선도적인 이론 물리학자는 서른한 살이었다. 12년 후에 원자폭탄의 개발을 지휘했던 그는 "고립되어 적막감을 어쩔 수 없는 유아독존식 권위자들"이 모여 있는 "정신병원"의 소장으로 고등연구소에 돌아왔다.[2] 아인슈타인은 양자역학에 대한 자신의 비판적인 자세 때문에 "이곳 프린스턴에서 나는 늙은 바보로 취급당하고 있다"는 사실을 인정했다.[3]

이론에 의지하게 된 더 젊은 세대의 물리학자들에게는 양자역학이 "물리학의 대부분과 화학의 전부"를 설명해준다는 폴 디랙의 평가에 동의하는 분위기가 넓게 확산되고 있었다.[4] 이론이 현실적으로 엄청난 성공을 거두고 있는 상황에서 연장자 몇 명이 이론의 의미에 대해서 논쟁을 벌이고 있다는 사실은 전혀 중요하지 않았다. 원자물리학의 문제들이 차례로 해결되고 있던 1920년대 말에 이르자 관심은 원자에서 원자핵으로 옮겨갔다. 1930년대 초에는 케임브리지의 제임스 채드윅이 중성자(中性子)를 발견하고, 로마의 엔리코 페르미와 그의 연구 팀이 원자핵에 중성자를 충돌시킬 때 일어나는 반응을 연구하면서 핵물리학의 새로운 프론티어가 열리기 시작했다.[5] 1932년에는 러더퍼드의 캐번디시 연구실에서 채드윅의 동료였던 존 콕크로프트와 어니스트 월턴이 최초의 입자가속기를 만들어 원자의 핵을 깨뜨리는 실험에 사용했다.

아인슈타인은 베를린에서 프린스턴으로 옮겨갔지만, 그가 없어도 물리학은 계속 발전했다. 그도 그런 사실을 알고 있었다. 그러나 그는 자신이 관심을 가지고 있는 물리학을 추구할 수 있는 권리를 얻었다고 생각했다. 1933년 10월에 연구소에 도착한 아인슈타인은 자신의 연구실을 배당받았고, 어떤 집기를 원하는지를 알려달라는 요청을 받았다. 그는 "책상이나 테이블, 의자, 종이와 연필. 오! 그렇지. 내 실수를 던져버릴 큰 휴지통도 필요하오"라고 답변했다.[6] 아인슈타인은 자신의 성배(聖杯)인 통일장이론을 찾는 과정에서 많은 실수를 했지만, 결코 낙심하지 않았다.

19세기에 맥스웰이 전기, 자기, 빛을 하나의 이론 구조 속에 통합했듯이, 아인슈타인도 전자기학과 일반상대성이론을 통일시키고 싶어했다. 그의 입장에서는 그런 통일이 논리적일 뿐만 아니라 불가피한 단계였다. 결국 모두 휴지통으로 던져져버렸지만, 그런 이론을 구축하기 위한 여러 차례의 시도들 가운데 첫 번째 시도가 시작된 것은 1925년이었다. 양자역학이 등장한 이후, 아인슈타인은 통일장이론의 부산물로 새로운 물리학이 만들어질 것이라고 믿었다.

1930년의 솔베이 학술회의 이후 보어와 아인슈타인 사이에 직접적인 접촉은 거의 없었다. 1933년 9월에 에렌페스트가 자살하면서 유용한 소통의 채널도 끊어져버렸다. 아인슈타인은 자신의 친구가 양자역학을 이해하려고 심적으로 몸부림쳤고, "쉰이 넘은 사람들이 언제나 그렇듯이 새로운 생각에 적응하는 일에 점점 더 큰 어려움"을 겪고 있었다는 감동적인 조사(弔辭)를 썼다. "이 글을 읽는 사람들 중에 얼마나 많은 사람들이 그런 비극을 완전히 이해할 수 있을지 모르겠습니다."[7]

많은 사람들이 아인슈타인의 그 글을 읽었고, 그것이 자신의 어려움에 대한 고백이라고 오해를 했다. 오십대 중반이었던 그는 자신이 양자역학과 함께 살기를 거부하거나, 그럴 능력이 없는 지나간 시절의 유물로 취급된다는 사실을 알고 있었다. 그러나 그는 자신과 슈뢰딩거가 대부분의 동료와 어떻게 다른지도 알고 있었다. "거의 대부분의 다른 사람들은 사실에서 이론을 보는 것이 아니라 이론에서 사실을 본다. 그들은 한때 인정되었던 개념적 틀에서 스스로 벗어나지 못하고 흉측한 방식으로 그 속에 주저앉아버린다."[8]

상호 불신에도 불구하고 아인슈타인과 함께 일하고 싶어하는 젊은 물리학자들은 언제나 있었다. 1934년에 그의 조수로 일하기 위해서 MIT에서 부임한 스물다섯 살의 뉴욕 출신 네이선 로젠도 그중 한 사람이었다. 로젠보다 몇 달 앞서 서른아홉 살의 러시아 출신 보리스 포돌스키도 연구소에 합류했다. 그는 1931년 칼텍에서 아인슈타인을 처음 만났고, 한 편의 논문을 함께 발표했다. 아이슈타인은 또 한 편의 논문에 대한 아이디어를 가지고 있었다. 코펜하겐 해석에 대한 새로운 공격을 시도함으로써 보어와의 논쟁을 새로운 국면으로 전환시키게 될 아이디어였다.

아인슈타인은 1927년과 1930년 솔베이 회의에서 양자역학이 일관성이 없고, 그래서 불완전하다는 사실을 보여주기 위해서 불확정성 원리를 피해가려고 시도했다. 하이젠베르크와 파울리의 도움을 받은 보어는 아인슈타인의 모든 사고실험을 성공적으로 반박했고, 코펜하겐 해석도 방어했다. 그후부터 아인슈타인은 양자역학을 논리적으로는 일관성이 있지만, 보어가 주장하는 것만큼 완전한 이론은 아니라는 수준에서 받아들였다. 아인슈타인은 양자역학이 불완전하고, 물리적 실재를 완전하게 담고 있지 않다는 것을 증명하려면 새로운 전략이 필요하다는 사실을 알고 있었다. 그가 가장 오랫동안 탄탄하게 사용해왔던 사고실험을 이용한 것도 그런 목적 때문이었다.

1935년 초에 아인슈타인은 자신의 사무실에서 몇 주일 동안 포돌스키와 로젠을 만나 자신의 아이디어에 대해서 집중적으로 논의했다. 포돌스키가 논문을 쓰는 일을 맡았고, 로젠은 필요한 수학적 계산의 대부분을 담당했다. 훗날 로젠의 회고에 따르면, 아인슈타인은 "일반적인 견해와 그 의미를 제공했다."[9] 훗날 EPR 논문(세 사람의 이름의 두문자를 따서 작명/역주)으로 알려지게 된 4쪽에 불과한 아인슈타인-포돌스키-로젠의 논문은 3월 말에 완성되어 우편으로 보내졌다. "the"가 빠진 채로 「물리적 실재에 대한 양자역학적 기술은 완전하다고 할 수 있을까?(Can Quantum Mechanical Description of Physical Reality Be Considered Complete?)」라는 제목의 논문은 5월 15일 미국의 학술지 『피지컬 리뷰』에 실렸다.[10] 제기된 질문에 대한 EPR의 대답은 명백하게 "아니다!"였다. 아무도 원하지 않았지만, 아인슈타인의 이름 탓에 EPR 논문은 인쇄가 끝나기도 전부터 언론의 관심을 끌었다.

1935년 5월 4일 토요일에 「뉴욕 타임스」는 11면에 "아인슈타인, 양자이론을 공격하다"라는 제목의 이목을 끄는 기사를 실었다. "아인슈타인 교수가 과학의 중요한 이론이며, 자신에게는 할아버지격이기도 한 양자역학을 공격할 예정이다. 그 이론은 '정확하기는' 하지만, '완전하지' 않다는 것이 그의 결론이다." 사흘 후에 「뉴욕 타임스」는 기분이 상한 것이 분명한 아인슈타인의 발언을 실었다. 언론에 낯설지 않았던 그는 "과학의 문제는 적절한 토론장에서만 논의한다는 것이 나의 변함없는 관행이고, 학술적인 발표에 앞서 그런 문제를 세속의 언론에 공개하는 것에 강력하게 반대한다"고 주장했다.[11]

아인슈타인, 포돌스키, 로젠의 논문은 있는 그대로의 실재(reality)와 물리학자의 실재를 구별하는 것으로 시작했다. "모든 심각한 물리이론에서는 이론과 상관없는 객관적 실재와, 이론에 사용되는 물리적 개념을 분명하게 구별해야만 한다. 이런 개념들은 객관적 실재에 대응시키기 위한 것이고, 우리는 그런 개념들을 이용해서 그런 실재를 우리 스스로의 마음속에 그리게 된다."[12] EPR은 어느 특정한 물리학이론의 성공을 평가하기 위해서는 다음과 같은 두 가지 질문 모두에 대해서 명백하게 "그렇다"는 대답이 있어야만 한다고 밝혔다. 이론이 정확한가? 이론에 의해서 주어지는 설명이 완전한가?

EPR은 "이론의 정확성은 이론의 결론과 인간 경험 사이의 일치 정도에 의해서 판단된다"고 했다. 그것은 물리학에서의 "경험"이 실험과 측정의 형태로 표현되는 경우에는 모든 물리학자가 동의할 수 있는 주장이었다. 그 당시까지는 실험실에서 수행된 실험과 양자역학의 이론적 예측 사이에는 모순이 없었다. 그런 뜻에서 양자이론은 정확한 이론처럼 보였다. 그러나 아인슈타인의 입장에서는 이론이 실험과 일치한다는 의미에서 정확한 것만으로는 충분하지 않았다. 완전하기도 해야만 했다.

"완전하다"는 말의 의미가 무엇이든지 상관없이, EPR은 물리학이론의 완전성에 대해서 필요조건을 제시했다. "물리이론에는 물리적 실재의 모든 요소에 대응하는 것이 있어야만 한다."[13] EPR은 그런 완전성의 기준을 근거로 자신들의 주장을 관철시키기 위해서 소위 "실재의 요소"를 정의할 필요가 있었다.

아인슈타인은 "실재"를 정의하려고 애쓰던 수많은 사람들을 집어삼켜버린 철학적 모래더미에 매달리고 싶지는 않았다. 무엇이 실재를 구성하는지를 정확하게 밝혀내려던 시도에서 탈없이 헤어나온 사람은 아무도 없었다. EPR은 자신들의 목적에는 "실재에 대한 종합적인 정의"가 "불필요하다"는 확고한 원칙 속에서 자신들이 "실재의 요소"로 부르기에 "충분하고", "합리적인" 기준이라고 생각하는 것을 받아들였다. "아무튼 우리가 시스템을 교란시키지 않고 물리량의 값을 확실하게(즉, 확률이 1이 되도록) 예측할 수 있다면, 그런 물리량에 대응하는 물리적 실재의 요소가 존재한다."[14]

아인슈타인은 양자이론이 포착하지 못했던 객관적인 "실재의 요소"가 존재한다는 사실을 증명함으로써 양자역학이 자연에 대한 완전하고 기본적인 이론이라는 보어의 주장을 부정하고 싶었다. 아인슈타인은 보어와 그의 지지자들과 벌이고 있던 논쟁의 초점을 양자역학의 내부적 일관성으로부터 물리적 실재의 본질과 이론의 역할로 옮겼던 것이다.

EPR은 완전한 이론에서는 이론의 요소와 실재의 요소 사이에 일대일의 대응관계가 있어야만 한다고 주장했다. 운동량과 같은 물리량의 존재에 대한 충분조건은 시스템[界]을 교란시키지 않고 확실하게 측정할 수 있는 가능성이다. 이론에 의해서 설명되지 않는 실재의 요소가 존재한다면, 그런 이론은 불완전한 것이다. 도서관에서 어떤 책을 찾고 있는 사람이 대출 신청을 했는데, 사서로부터 장서 목록에 따르면 도서관이 그런 책을 소장하고 있다는 기록이 없다는 말을 듣는 것과 같은 상황이다. 그 책이 실제로 도서관의 장서라는 사실을 밝혀주는 표지가 붙어 있다면, 유일하게 가능한 설명은 도서관의 장서 목록이 완전하지 않다는 것이 된다.

불확정성 원리에 따르면, 미세 물리적 물체나 시스템의 운동량의 정확한 값을 알려주는 측정은 그 위치를 동시에 측정하는 가능성까지 배제시켜버린다. 아인슈타인이 답을 얻고 싶은 의문은 다음과 같은 것이었다. 정확한 위치를 측정할 수 없다는 사실이 직접적으로 전자가 분명한 위치를 가지고 있지 않다는 것을 뜻하는가? 코펜하겐 해석에서는 위치를 결정하는 측정이 없으면, 전자는 위치를 가지고 있지 않게 된다. EPR은 분명한 위치를 가지고 있는 전자의 경우처럼 양자역학이 수용할 수 없는 물리적 실재의 요소가 있고, 그래서 양자이론은 불완전하다는 사실을 밝히려고 시도했다.

EPR은 사고실험으로 자신들의 주장을 보여주려고 했다. A와 B의 두 입자가 짧은 시간 동안 상호작용을 한 후에 서로 반대 방향으로 떨어져나간다. 불확정성 원리에 따르면, 주어진 순간에 두 입자들 중 어느 하나의 위치와 운동량 모두를 정확하게 측정하는 것은 불가능하다. 그러나 A와 B 입자의 전체 운동량과 둘 사이의 상대적 거리를 동시에 정확하게 측정하는 것은 허용된다.

EPR 사고실험의 핵심은 직접적인 관찰을 하지 않음으로써 입자 B를 교란시키지 않고 놓아두는 것이다. A와 B가 몇 광년만큼 떨어져 있다고 해도, 양자역학의 수학적 구조에서는 A의 운동량 측정으로부터 B를 교란시키지 않고 B의 정확한 운동량을 알아내는 것이 불가능할 이유는 없다. 입자 A의 운동량을 정확하게 측정하면, 운동량 보존법칙을 통해서 간접적이기는 하지만 동시에 B의 운동량도 정확하게 알아낼 수 있을 것이다.

따라서 실재에 대한 EPR 기준에 따르면, B의 운동량도 물리적 실재의 요소가 되어야만 한다. 마찬가지로 A와 B 사이의 물리적 거리가 알려져 있기 때문에 직접 측정하지 않고도 A의 정확한 위치 측정으로부터 B의 위치를 측정할 수 있다. 따라서 B의 위치도 역시 물리적 실재의 요소가 틀림없다는 것이 EPR의 주장이다. EPR은 입자 A에 대한 측정으로부터 입자 B를 물리적으로 교란시키지 않고 B의 운동량이나 위치 중 어느 하나의 정확한 값을 확실하게 결정할 수 있는 교묘한 방법을 찾아낸 것처럼 보였다.

EPR은 실재에 대한 자신들의 기준을 근거로 입자 B의 운동량과 위치 모두가 "실재의 요소"이고, B가 동시에 위치와 운동량의 정확한 값을 가질 수 있다는 사실을 증명했다고 주장했다. 양자역학에서는 불확정성 원리에 의해서 입자가 두 가지 성질 모두를 정확하게 가질 수 있을 가능성이 배제되기 때문에 이런 "실재의 요소"에 대응하는 상대가 존재하지 않는다.[15] 따라서 물리적 실재에 대한 양자역학적 설명은 불완전하다는 것이 EPR의 결론이다.

아인슈타인의 사고실험은 입자 B의 위치와 운동량을 동시에 측정하도록 고안된 것이 아니었다. 그도 환원시킬 수 없는 물리적 영향을 주지 않고는 한 입자의 이런 성질들 중 어느 하나라도 직접 측정할 수 없다는 것은 인정했다. 오히려 두 입자의 사고실험은 그런 성질들이 명백하게 동시에 존재할 수 있기 때문에 입자의 위치와 운동량이 모두 "실재의 요소"라는 사실을 보여주기 위해서 만들어진 것이었다. 만약 입자 B가 관찰(측정)되지 않고도 이들 성질들을 결정할 수 있다면, B의 성질들은 관찰(측정)되는 것과 독립적인 물리적 실재의 요소로 존재해야만 한다. 입자 B는 실제 위치와 실제 운동량을 가진다.

EPR은 "두 개 이상의 물리량은 **동시에 측정되거나 예측될 수 있는 경우**에만 실재의 동시적 요소로 생각될 수 있다"는 반론이 가능하다는 사실을 알았다.[16] 그러나 그렇게 되면 입자 B의 운동량과 위치가 몇 광년 이상 떨어져 있어서 어떤 식으로도 입자 B를 교란시킬 수 없는 입자 A에 대한 측정의 과정에 의존하게 된다. EPR은 "실재에 대한 어떠한 합리적인 정의도 그런 일을 허용할 것으로 기대할 수 없다"고 했다.[17]

EPR 논거의 핵심은 신비스럽고 순간적인 원격작용은 존재하지 않는다는 아인슈타인의 국소성 가정이었다. 국소성(局所性)은 어떤 공간 영역에서 일어나는 사건이 순간적으로 빛보다 빠르게 다른 곳에서 일어나는 사건에 영향을 미칠 수 있는 가능성을 부정한다. 아인슈타인의 입장에서 빛의 속도는 무엇이 한 곳에서 다른 곳으로 얼마나 빨리 움직일 수 있는지에 대한 자연의 깨뜨릴 수 없는 한계였다. 상대성의 발명자에게 입자 A에 대한 측정이 멀리 떨어져 있는 입자 B가 가지고 있는 물리적 실재의 독립적 요소에 순간적으로 영향을 미친다는 것은 상상도 할 수 없었다.

EPR 논문이 발표되자 유럽 전체의 선도적인 양자 선구자들 사이에서 경종이 울렸다. 취리히에서는 불같이 화가 난 파울리가 라이프치히에 있는 하이젠베르크에게 "아인슈타인이 또 양자역학에 대해서 공개적인 주장을 했고, 심지어 5월 15일의 『피지컬 리뷰』에도 발표(포돌스키와 로젠과 함께, 그런데 좋은 조합은 아닙니다)를 했다"는 편지를 보냈다.[18] "잘 알려져 있다시피 그런 일은 언제나 재앙이다"라고 했다. 그럼에도 불구하고 파울리는 어쩔 수 없이 "과거에 그의 강의를 들었던 어느 학생이 그런 반론을 제기했더라면, 나는 그를 상당히 지적이고 장래가 촉망되는 학생으로 생각했을 것이다"라고 인정했다.[19]

양자 선교사의 열정을 가지고 있던 파울리는 하이젠베르크에게 아인슈타인의 최근의 도전 때문에 동료 물리학자들 사이에서 일어나는 혼란이나 동요를 막기 위해서 즉각 반론을 발표하도록 요청했다. 파울리는 "교육적인" 이유로 "아인슈타인에게 특별한 지적 어려움을 주고 있는 양자이론에 의해서 요구되는 사실들을 정리하려고 종이와 잉크를 낭비해야 할" 생각을 했다고 인정했다.[20] 마침내 하이젠베르크는 EPR 논문에 대한 반론을 썼고, 파울리에게 사본을 보냈다. 그러나 보어가 코펜하겐 해석을 방어하기 위해서 이미 무기를 빼들었기 때문에 하이젠베르크는 자신의 논문을 철회했다.

당시 코펜하겐에 있던 레온 로젠펠트는 EPR의 "맹렬한 공격이 우리에게는 마른 하늘에 날벼락이었다"고 기억했다.[21] "보어에게 미친 영향은 놀라웠다." 보어는 당장 다른 모든 것을 포기하고 EPR 사고실험에 대해서 철저한 조사를 시작했다. 아인슈타인이 어디에서 어떤 잘못을 저질렀는지를 발견할 수 있을 것이라고 확신했다. 그는 "그것에 대해서 이야기하는 옳은 방법"을 보여줄 각오가 되어 있었다.[22] 들뜬 보어는 로젠펠트에게 반박 논문의 초고를 구술하기 시작했다. 그러나 그는 흔들리기 시작했다. 보어는 "아니다. 이렇게 해서는 안 된다. 완전히 다시 시작해야만 한다"고 중얼거렸다. 로젠펠트는 "한동안 그런 일이 반복되었고, 그[EPR] 논거의 예상하지 못했던 미묘함에 대해서 점점 더 놀라게 되었다. 그는 가끔씩 나에게 '그들이 말하는 것이 무슨 뜻일까? 자네는 이해하는가?'라고 묻기도 했다"고 기억했다.[23] 시간이 흐르면서 점점 더 불안해진 보어는 결국 아인슈타인이 제기한 논거가 독창적일 뿐만 아니라 미묘하기도 하다는 사실을 깨달았다. EPR 논문에 대한 반박은 처음에 생각했던 것보다 훨씬 더 어려웠고, 그는 "하룻밤을 자면서 생각해봐야만 하겠다"고 했다.[24] 다음날 그는 훨씬 더 냉정해졌다. 그는 로젠펠트에게 "그 사람들은 정말 스마트하게 했지만, 중요한 것은 제대로 했는가 하는 것이다"라고 말했다.[25] 보어는 그로부터 6주일 동안 밤낮으로 다른 모든 일을 제쳐두고 그 일에만 매달렸다.

EPR에 대한 반론을 끝내기 전이었던 6월 29일에 보어가 학술지 『네이처』에 자신의 편지를 발표했다. "양자역학과 물리적 실재"라는 제목의 편지는 그의 반론을 간략하게 적은 것이었다.[26] 이번에도 역시 「뉴욕 타임스」가 이야기를 만들어냈다. "보어와 아인슈타인의 불화/실재의 근본적인 본질에 대해서 논쟁을 시작하다"라는 제목의 기사가 6월 28일 신문에 실렸다. 기사에 따르면, "이번 주일 영국의 과학 학술지 『네이처』 최신호에서 보어 교수가 아인슈타인 교수에 대한 예비 도전으로 아인슈타인-보어 논쟁이 시작되었고, 보어 교수는 '자신의 논거에 대한 더 완벽한 내용은 『피지컬 리뷰』에 곧 논문으로 발표될 것'이라고 약속했다."

보어는 의도적으로 아인슈타인과 같은 학술지를 선택했고, 7월 13일에 접수된 그의 6쪽짜리 반박 논문의 제목도 역시 「물리적 실재에 대한 양자역학적 기술은 완전하다고 할 수 있을까?」였다.[27] 10월 15일에 발표된 보어의 답변은 단호하게 "그렇다"였다. 그러나 EPR 논거에서 오류를 발견할 수 없었던 보어의 반박은 양자역학이 불완전하다는 아인슈타인의 근거가 그런 주장에 걸맞을 정도로 강력하지 않다는 수준으로 수위가 낮아졌다. 오래 전부터 잘 알려진 역사를 가진 논쟁의 전략을 이용한 보어는 단순히 불완전성에 대한 아인슈타인의 핵심 논거였던 물리적 실재의 기준에 대한 핵심 요소를 부정하는 것으로부터 코펜하겐 해석에 대한 방어를 시작했다. 보어는 EPR의 정의(定義)에서 약점을 찾아냈다고 믿었다. "어떤 식으로도 시스템을 교란시키지 않고" 측정을 수행해야 하는 필요성이 바로 그것이었다.[28]

보어는 측정의 행위가 어쩔 수 없는 물리적 교란으로 이어지게 된다는 입장에서 공개적으로 후퇴하고, 실재의 기준을 "양자 현상에 적용할 때의 필수적인 모호함"이라고 불렀던 사실을 이용하려고 했다. 그는 교란을 근거로 아인슈타인이 과거에 주장했던 사고실험을 반박해왔다. 어떤 물리량을 측정하는 행위가 통제할 수 없는 교란을 일으키기 때문에 다른 물리량의 정확한 측정을 배제하게 된다는 것을 보여주려고 했다. 보어는 EPR이 하이젠베르크의 불확정성 원리에 도전하려는 의도가 없다는 사실을 잘 알았다. 그들의 사고실험이 입자의 위치와 운동량의 동시 측정을 위해서 고안된 것이 아니었기 때문이다.

보어는 EPR 사고실험에서 "연구하고 있는 시스템의 기계적 영향에 대해서는 의문의 여지가 없다"는 사실을 어느 정도 인정했다.[29] 그것은 몇 년 전 그와 하이젠베르크, 헨드릭 크라머스, 오스카르 클라인이 티스빌레에 있는 그의 시골 별장의 난로 가에 둘러앉아서 이야기를 나눌 때 밝혔던 중요한 공개적 양보였다. 클라인은 "아인슈타인에게 원자물리학에서 우연의 역할을 받아들이는 일이 그렇게 어렵다는 것이 이상하지 않은가요?"라고 물었다.[30] 하이젠베르크는 그것이 "우리가 현상을 교란시키지 않고는 관찰을 할 수 없기 때문"이라고 했다. "우리가 관찰에 도입한 양자 효과 때문에 관찰되는 현상에도 자동적으로 어느 정도의 불확정성이 생깁니다."[31] "이 아인슈타인이라는 사람이 사실을 완벽하게 알고 있으면서도 인정하기를 거부하고 있습니다." 보어는 "나는 자네의 말에 전적으로 동의하지는 않아"라고 하이젠베르크에게 말했다.[32] 그는 계속해서 "어쨌든 '관찰이 현상에 불확정성을 개입시킨다'는 식의 모든 주장이 정확하지 않고, 오해의 소지가 있다고 보아야겠지. 자연은 우리가 어떤 실험적 준비나 어떤 관찰 도구가 관여되는지를 구체적으로 밝히지 않으면, '현상(phenomenon)'이라는 단어는 원자적 과정에 적용될 수 없다는 교훈을 주겠지. 특정한 실험적 구성이 정의되고, 특정한 관찰이 뒤따른다면, 우리가 현상에 대해서 이야기할 수 있다는 사실을 인정할 수 있지만, 관찰에 의한 교란에 대해서는 이야기할 수 없을 것이네."[33] 그러나 솔베이 학술회의 전후로 측정 행위에 의한 관찰 대상의 교란이 보어의 글에 등장하기 시작했고, 아인슈타인의 사고실험을 반박하는 과정에서 핵심적인 역할을 했다.

코펜하겐 해석을 지속적으로 살펴보던 아인슈타인으로부터 오는 압력을 느낀 보어는 과거처럼 "교란"에 의존하는 태도를 포기하기 시작했다. 교란이라는 말이 예를 들면 전자가 교란시킬 수 있는 상태에서 존재한다는 뜻이 될 수 있다는 사실을 알고 있었기 때문이다. 그 대신 보어는 측정되는 모든 미세 물리적 대상과 측정하는 장치가 구분할 수 없는 전체에 해당하는 "현상"을 구성한다는 사실을 강조했다. 측정의 행위에 의한 물리적 교란이 개입될 여지는 없었다. 그것이 바로 보어가 EPR이 제시한 실재의 기준이 모호하다고 믿었던 이유였다.

아쉽게도 EPR에 대한 보어의 반론은 충분히 명쾌하지 못했다. 몇 년이 지난 1949년에 자신의 논문을 다시 읽어본 그는 어느 정도 "표현의 비효율성"을 인정했다. 보어는 자신의 EPR 반론에서 암시했던 "핵심적 모호함"이 "대상 자체의 행동과 측정 장치와의 상호작용 사이의 분명한 구분이 어려운 현상을 취급할 경우에 대상의 물리적 특징"을 의미하는 것이라고 해명하고 싶어했다.[34]

보어는 입자 A에 대한 측정에서 얻은 지식을 근거로 입자 B의 가능한 측정 결과를 예측한다는 EPR의 주장에 이의를 제기하지는 않았다. EPR이 설명했듯이, 입자 A의 운동량을 측정하게 되면, 입자 B의 운동량에 대한 똑같은 측정 결과를 정확하게 예측하는 것이 가능하다. 그러나 보어는 그것이 운동량이 B의 존재에 대한 독립적인 요소라는 뜻은 아니라고 주장했다. B에 대한 "실제(actual)" 운동량 측정이 수행되어야만 B가 운동량을 가지고 있다고 말할 수 있다는 것이었다. 입자의 운동량은 입자가 운동량을 측정하도록 설계된 장치와 상호작용을 할 때에만 "실재하게 (real)" 된다. 입자가 측정의 행위가 이루어지기 전에는 알 수는 없지만 "실재하는" 상태로 존재하는 것이 아니다. 보어는 입자의 위치나 운동량 중 하나를 결정하는 측정이 이루어지기 전에는 입자가 실제로 둘 중 어느 하나를 가지고 있다고 말하는 것 자체가 무의미하다고 주장했다.

보어의 입장에서는 측정 장치의 역할이 EPR의 실재 요소를 정의하는 핵심이었다. 따라서 어느 물리학자가 입자 A의 위치를 정확하게 측정하여 입자 B의 위치를 확실하게 추정할 있도록 해주는 장치를 만들었다면, 입자 A의 운동량 측정과 그로부터 입자 B의 운동량 추정은 불가능해진다.

보어가 EPR에게 동의했듯이, 입자 B에 대한 직접적인 물리적 교란이 없으면, 그것의 "물리적 실재의 요소"는 측정 장치와 A에 대해서 이루어지는 측정의 본질에 의해서 정의되어야만 한다는 것이 그의 주장이었다.

EPR의 입장에서는, B의 운동량이 실재의 요소라면, 입자 A의 운동량 측정이 B에 영향을 미칠 수가 없을 것이다. 입자 B가 어떤 측정과도 상관 없이 가지고 있는 운동량의 계산은 가능할 수밖에 없다. 입자 A와 B가

서로에게 물리적 힘을 작용하지 않는다면, 어느 하나에서 일어나는 일이 다른 것을 "교란"시킬 수 없다는 것이 EPR의 실재 기준의 가정이다. 그러나 보어에 따르면, A와 B가 서로 떨어지기 전에 상호작용을 했기 때문에 그들은 영원히 단일 시스템의 부분으로 서로 얽혀 있게 되고, 두 개의 분리된 개별적인 입자로 취급할 수 없다. 따라서 A에 대해서 운동량 측정을 하는 것은 실질적으로 B에 대해서 직접적인 측정을 수행하는 것과 마찬가지가 되기 때문에 순간적으로 B도 확실한 운동량을 가지게 된다.

보어는 입자 A에 대한 관찰이 행해지더라도 입자 B는 "역학적" 교란을 받지 않는다는 사실에는 동의했다. EPR과 마찬가지로 그도 원격에서 작용하는 밀거나 당기는 물리적 힘의 가능성은 배제시켰다. 그러나 입자 B의 위치나 운동량의 존재가 입자 A에 대한 측정에 의해서 결정된다면, 원격에서 순간적으로 작용하는 "교란"이 가능한 것처럼 보인다. 그것은 A에서 일어나는 일이 순간적으로 B에 영향을 미칠 수 없다는 국소성 (locality)과 A와 B가 서로 독립적으로 존재한다는 분리성(separability) 모두에 어긋나는 것이다. 두 개념이 모두 EPR 논거와 관찰자의 독립적 실재에 대한 아인슈타인의 견해에서 핵심적인 것이다. 그러나 보어는 입자 A의 측정이 어떤 식으로든지 순간적으로 입자 B에 "영향을 준다"는 입장을 고집했다.[35] 그는 "시스템의 미래 행동에 관련된 가능한 예측의 형식을 정의해주는 바로 그 조건에 미치는 이 신비스러운 영향"의 본질에 대해서는 더 자세히 설명하지 않았다.[36] "이런 조건들이, '물리적 실재'라는 용어를 붙이는 것이 적절한 현상의 설명에 내제된 고유한 요소를 구성하기 때문에 앞에서 언급한 저자들의 논거는 양자역학적 설명이 근본적으로 불완전하다는 결론을 정당화시켜주지 못한다"는 것이 보어의 결론이었다.[37]

아인슈타인은 보어의 "주술적 힘"과 "유령 같은 상호작용"을 비웃었다. 훗날 그는 "전능하신 하느님의 카드를 들여다보기는 어려운 모양이다"라고 했다.[38] "그러나 나는 결코 신이 주사위를 던지거나 '텔레파시적' 장치를 사용한다고 믿지 않는다(그는 현재의 양자이론을 만든 사람으로 인정되고 있다)." 그는 보른에게 "물리학은 시간과 공간에서 유령 같은 원격 작용에 의존하지 않고서도 실재를 표현해야만 하오"라고 말했다.[39]

EPR 논문은 양자이론의 코펜하겐 해석과 객관적인 실재의 가능성이 서로 양립할 수 없다는 아인슈타인의 견해를 밝힌 것이었다. 보어는 "양자 세계는 실제로 존재하지 않는다. 추상적인 양자역학적 설명이 있을 뿐이다"라고 주장했다.[40] 코펜하겐 해석에 따르면, 입자들은 독립적인 실재를 가지고 있는 것이 아니고, 관찰되지 않을 때에는 물리량도 가지지 않는다. 그런 입장은 훗날 미국의 물리학자 존 아치볼드 휠러에 의해서 압축적으로 정리되었다. 요소적 현상은 관찰된 현상이 되기까지는 실재하는 현상이 아니라는 것이다. EPR 논문이 발표되기 한 해 전에 파스쿠알 요르단은 "우리 자신이 측정의 결과를 만들어낸다"는 말로 관찰자와 관계가 없는 실재에 대한 코펜하겐의 거부감을 논리적으로 정리했다.[41]

폴 디랙은 "아인슈타인이 그것은 작동하지 않는다는 사실을 증명했기 때문에 이제 우리는 모든 것을 다시 시작해야만 한다"고 했다.[42] 그는 처음에는 아인슈타인이 양자역학에 대해서 치명타를 날렸다고 믿었다. 그러나 대부분의 물리학자들과 마찬가지로 디랙도 곧 보어가 다시 한번 아인슈타인과의 싸움에서 승자가 되었다는 사실을 인정했다. 양자역학은 오래 전부터 그 가치가 입증되었고, 자신의 기준으로도 모호했던 EPR의 논거에 대한 보어의 반론을 충분히 자세하게 살펴보는 일에 관심을 가진 사람은 거의 없었다.

아인슈타인은 EPR 논문이 학술지에 발표된 직후에 슈뢰딩거로부터 편지를 받았다. "저는 『피지컬 리뷰』에 막 발표된 논문에서 당신이 도그마적인 양자역학의 뒷자락을 잡아챈 것이 분명하다는 것을 알고 정말 행복했습니다."[43] 슈뢰딩거는 EPR 논문의 몇 가지 세부 사항에 대한 분석을 제시한 후에 자신이 중요한 기여를 했던 이론에 관한 자신의 의구심을 밝혔다. "제 해석은 우리가 상대성이론과 일관된, 즉 모든 영향이 유한한 속도로 전달되는 양자역학을 가지고 있지 않다는 것입니다. 우리는 과거와 마찬가지의 절대적인 역학과 같은 것을 가지고 있을 뿐입니다.……전통적인 구조는 분리 과정을 전혀 함축하지 못하고 있습니다."[44] 보어가 답변을 준비하려고 애쓰고 있었지만, 슈뢰딩거는 EPR 논거에서 분리성과 국소성의 핵심 역할은 양자역학이 실재에 대한 완전한 설명이 되지 못한다는 것을 의미한다고 믿고 있었다.

슈뢰딩거는 편지에서 EPR의 사고실험처럼 서로 상호작용을 하다가 분리되는 두 입자 사이의 상관관계를 설명하려고 훗날 영어로 "entanglement(얽힘)"로 번역된 "verschränkung"이라는 용어를 사용했다. 슈뢰딩거도 보어와 마찬가지로 상호작용을 했기 때문에 두 개의 1-입자 시스템 대신에 하나의 2-입자 시스템이 존재하고, 따라서 한 입자에서 일어나는 변화는, 두 입자 사이의 떨어진 거리에도 불구하고, 다른 입자에 영향을 준다고 믿었다. 그는 그해 말에 발표한 유명한 논문에서 "나타나는 '예측의 얽힘'은 어느 정도 앞선 시각에 두 물체가 진정한 의미에서 하나의 시스템을 이루고 있었던 상태로 돌아갈 수 있다는 것이 분명하다. 다시 말해서 두 물체가 서로 상호작용을 했고, 서로에게 흔적을 남겼다"고 했다.[45] "서로가 자신에 대해서 최대로 알고 있는 두 개의 분리된 물체가 서로에게 영향을 주는 상황에 있다가 다시 분리되면, 내가 두 물체에 대한 우리의 지식의 얽힘이라고 부르는 것이 규칙적으로 일어나게 된다."[46]

슈뢰딩거는 국소성에 대한 아인슈타인의 지적이면서도 감성적인 주장에 동의하지는 않았지만, 그렇다고 거부할 수도 없었다. 그는 얽힘을 해소하는 논거를 제시했다. 얽혀 있는 두 입자 상태에서 분리된 A 또는 B 가운데 하나에 대한 측정이 이루어지면, 얽힘이 깨지면서 둘 모두가 다시 서로 독립적인 상태가 된다. 그는 "분리된 시스템에 대한 측정은 서로에게 영향을 줄 수 없고, 만약 그런 일이 일어난다면 그것은 마술이 될 것이다"라고 결론지었다.

그런 생각을 하던 슈뢰딩거는 6월 17일에 아인슈타인이 보낸 편지를 읽고 깜짝 놀랐을 것이 분명하다. 그는 "원칙의 입장에서, 나는 양자역학이론의 놀라운 성공에 대해서 잘 알고 있지만, 양자역학적 의미에서 물리학의 통계적 해석은 절대 믿지 않습니다"라고 썼다.[47] 슈뢰딩거도 이미 그런 사실을 알고 있었지만, 아인슈타인은 "이처럼 인식론에 빠져버린 잔치는 끝내야만 한다"고 선언했다. 비록 그렇게 쓰기는 했지만, 아인슈타인은 자신의 말이 어떻게 해석될 것인지를 잘 알고 있었다. "그러나 당신도 결국 젊은 이단자가 늙은 광신도로 변하고, 젊은 혁명가가 늙은 반동분자가 되는 경우가 많다고 생각하면서 나를 비웃을 것이 분명합니다." 그들의 편지는 우체국에서 교차되었다. 자신의 편지를 쓴 이틀 후에 아인슈타인은 EPR 논문에 대한 슈뢰딩거의 편지를 받았고, 즉시 답장을 보냈다. 아인슈타인은 "내가 정말 의도했던 것은 아주 정확하게 전달되지는 않았어요. 오히려 핵심이 격식 속에 묻혀버린 셈입니다"라고 했다.[48] 포돌스키가 쓴 EPR 논문에서는 아인슈타인이 독일에서 발표했던 논문에서 볼 수 있었던 명료성과 스타일을 찾아볼 수 없었다. 아인슈타인은 한 물체의 상태가 공간적으로 떨어진 다른 물체에서 이루어진 측정에 따라서 달라질 수 없다는 분리성의 근본적인 역할이 논문에 확실하게 드러나지 않은 것이 불만스러웠다. 아인슈타인은 분리성 원리가 마지막 페이지에 소개했던 덧붙인 생각이 아니라 EPR 논거의 분명한 핵심이 되기를 원했다. 그는 양자역학의 완전성이 분리성과 양립할 수 없다는 사실을 분명하게 보여주고 싶었다. 두 가지 모두가 동시에 진실일 수는 없었다.

아인슈타인은 슈뢰딩거에게 "실제 어려움은 물리학이 일종의 형이상학이라는 사실에 있습니다. 물리학은 실재를 서술합니다. 우리는 실재에 대한 물리적 서술을 통해서만 실재를 알게 됩니다"라고 말했다.[49] 물리학은 다름 아닌 "실재의 서술"이지만, 아인슈타인은 그런 서술이 "'완전'하거나 '불완전'할 수 있다"고 썼다. 그는 자신의 의도를 분명히 보여주기 위해서 슈뢰딩거에게 두 개의 닫힌 상자들 중 하나에만 한 개의 공이 들어 있는 경우를 상상해보도록 요구했다. 상자의 뚜껑을 열고 속을 들여다보는 것이 "관찰하기"가 된다. 첫 번째 상자 속을 보기 전에는 상자에 공이 들어 있을 확률은 1/2이다. 다시 말해서, 상자 속에 공이 있을 확률이 50퍼센트이다. 그런데 상자를 열고나면, 확률은 1(공이 상자 속에 있다)이거나 0(공이 상자 속에 없다) 중 하나가 된다. 그런데 실제로 공은 언제나 두 상자 중 하나에 들어 있다. 그렇다면 "공이 첫 번째 상자 속에 들어 있을 확률은 1/2이다"라는 서술은 실재에 대한 완전한 설명일까? 그가 물었다. 만약 그렇지 않다면, 완전한 서술은 "공은 첫 번째 상자 속에 있다(또는 없다)"가 될 것이다. 상자를 열기 이전이 완전한 서술이 된다면, 그런 서술은 "공이 두 상자 중 하나에 있지 않다"가 될 것이다. 명백하게 어느 상자에 들어 있는 공의 존재는 두 상자 중 하나를 열 경우에만 확인된다. 아인슈타인의 결론은 "경험의 세계나 그것의 경험적 법칙 체계의 통계적 특성은 그런 식으로 나타난다"는 것이었다. 그는 다음과 같은 질문을 던졌다. 상자를 열기 이전의 상태는 확률 1/2에 의해서 완전히 서술되는가?

그런 질문의 답을 찾기 위해서 아인슈타인은 두 번째 상자와 그 내용물이 첫 번째 상자에서 일어나는 모든 일로부터 독립적이라는 "분리성 법칙"을 도입했다. 아인슈타인에 따르면, 답은 부정적이다. 첫 번째 상자에 공이 들어 있는 것에 1/2의 확률을 부여하는 것은 실재에 대한 불완전한 설명이 된다. EPR 사고실험에서 "유령 같은 원격 작용"이 나타나게 된 것은 보어가 아인슈타인의 분리성 법칙을 어겼기 때문이었다.

1935년 8월 8일에 아인슈타인은 슈뢰딩거에게, 확실성이 존재하는 경우에도 확률만을 제공하는 양자역학의 불완전성을 증명하기 위해서 상자 속의 공보다 더욱 폭발적인 시나리오를 내놓았다. 그는 슈뢰딩거에게 일 년 이내의 어느 시각에 자발적으로 연소되는 불안정한 화약통을 생각해보도록 요구했다. 처음에는 파동함수가 폭발하지 않은 화약통이라는 분명한 상태를 기술한다. 그러나 1년 후에는 파동함수가 "아직 폭발하지 않은 시스템과 이미 폭발해버린 시스템이 혼합된 상태를 기술하게" 된다.[50] 아인슈타인은 슈뢰딩거에게 "어떠한 해석의 예술을 동원하더라도 실제로는 폭발한 것과 폭발하지 않은 것 사이의 중간은 없기 때문에 이 파동함수를 실제 상황에 대한 적절한 기술로 만들 수 없습니다"고 말했다.[51] 화약통은 폭발했거나 폭발하지 않았다. 아인슈타인은 그것이 EPR 사고실험에서 나타났던 것과 같은 "어려움"을 보여주는 "엉성한 거시적 예"라고 말했다.

슈뢰딩거는 1935년 6월부터 8월 사이에 아인슈타인과 부산하게 주고받은 편지 덕분에 코펜하겐 해석을 자세하게 살펴보게 되었다. 이 대화의 결과가 11월 29일과 12월 13일 사이에 발표된 슈뢰딩거의 3부로 된 논문이었다. 슈뢰딩거는 「양자역학의 현재 상황」이라는 논문을 "보고서"라고 불러야 할지, 아니면 "일반적 고백"이라고 불러야 할지를 모르겠다고 말했다. 어쨌든 그의 논문에는 지속적인 영향을 남기게 될 고양이의 운명에 대한 하나의 문단이 포함되어 있었다. "고양이 한 마리가 다음과 같은 (고양이가 직접 건드리지 못하도록 안전하게 만들어져야 하는) 끔찍한 장치와 함께 철제 통 속에 가두어져 있다. 가이거 계수기 속에는 적은 양의 방사성 물질이 들어 있다. 그 양은 너무나도 적어서 **어쩌면** 한 시간 동안에 원자 중 하나가 붕괴하거나 또는 같은 확률로 붕괴하지 않을 정도이다. 만약 방사성 붕괴가 일어난다면, 계수기의 튜브에서 방전이 일어나고, 계전기에 의해서 망치가 떨어지면서 사이안산이 들어 있는 작은 플라스크가 깨질 것이다. **만약** 이런 시스템을 한 시간 동안 건드리지 않고 그냥 두면, 원자가 붕괴되지 않을 경우에는 고양이가 여전히 살아 있을 것이라고 말하게 된다. 최초의 원자 붕괴가 고양이를 독살시켜버릴 수도 있다. 전체 시스템의 파동함수는 이런 상황을 살아 있는 고양이와 죽은 고양이 (표현을 양해해주기 바란다)가 같은 비율로 혼합되거나 또는 뒤섞인 것으로 표현하게 될 것이다."[52]

슈뢰딩거와 우리의 상식에 따르면, 고양이는 방사성 붕괴가 일어났느냐 않느냐에 따라서 죽었거나 살았는가가 결정된다. 그러나 보어와 그의 추종자들에 따르면, 원자보다 작은 영역은 일종의 앨리스의 원더랜드와 같은 곳이다. 관찰의 행위만이 붕괴가 일어났는지 않았는지를 결정할 수 있기 때문에 고양이가 죽었는지 살았는지를 결정할 수 있는 것도 그런 관찰을 통해서만 가능하다. 그런 관찰이 이루어질 때까지 고양이는 죽어 있지도 않고, 살아 있지도 않은 상태의 겹침이라는 양자적 지옥에 놓여 있게 된다.

아인슈타인은 독일 과학자들이 여전히 나치 정권을 용납하고 있는 상황임에도 불구하고 슈뢰딩거가 독일 학술지에 논문을 발표하기로 결정한 것을 나무라기는 했지만 기뻤다. 그는 슈뢰딩거에게 고양이 이야기가 "현재 이론의 성격에 대해서 우리가 완전히 의견을 같이하고 있다"는 것을 보여주고 있다고 말했다. 산 고양이와 죽은 고양이를 포함하는 파동함수는 "실제 상태를 서술하는 것으로 생각할 수 없다."[53] 아인슈타인은 몇 년 후인 1950년에 무심코 고양이를 파괴시켜버렸다. 폭발하는 화약통을 고안했던 사람이 바로 자신이었다는 사실을 잊어버렸던 것이다. 그는 슈뢰딩거에게 보내기 위해서 썼던 "현대 물리학자들"에 대한 글에서 "양자이론이 실재에 대한 서술이고 심지어 그것이 **완전한 서술**"이라고 고집했던 그들에 대한 불쾌감을 감출 수가 없었다.[54] 아인슈타인은 슈뢰딩거에게 그러한 해석은 "당신의 방사성 원자 + 가이거 계수기 + 증폭기 + 화약통 + 상자 속에 가득 채운 장치에 의해서 가장 우아하게 반박되었습니다. 그 장치 속에 있는 시스템의 파동함수는 살아 있는 고양이와 산산이 조각이 나서 흩어져버린 고양이 모두를 포함하고 있기 때문입니다"라고 말했다.[55]

슈뢰딩거의 유명한 고양이 사고실험도 역시 일상적인 거시 세계에 속하는 측정 장치와 양자적 미시 세계에 속하는 측정 대상 사이의 어디에 선을 그어야 할 것인지의 어려움을 강조한 것이었다. 보어에게는 고전 세계와 양자 세계 사이에 분명한 "구분"이 없다. 보어는 관찰자와 관찰 대상 사이의 깨뜨릴 수 없는 연결에 대한 자신의 입장을 설명하기 위해서 지팡이를 짚고 있는 눈먼 사람의 예를 들었다. 그는 질문을 던졌다. 눈 먼 사람과 그가 살고 있는 보이지 않는 세계 사이의 경계선은 어딘가? 보어는 눈 먼 사람은 지팡이로부터 분리될 수 없다고 주장했다. 그는 자신을 둘러싸고 있는 세상에 대한 정보를 얻기 위해서 사용하는 지팡이가 그 자신의 확장이라고 주장했다. 세상은 눈 먼 사람의 지팡이 끝에서부터 시작되는 것인가? 보어는 그렇지 않다고 대답했다. 눈 먼 사람의 촉감이 그의 지팡이 끝을 통해서 세상에 닿게 되고, 그래서 둘은 분리될 수 없도록 서로 결합되어 있다. 보어는 실험자가 미세 물리적 입자의 어떤 성질을 측정하려고 할 때에도 같은 일이 생기게 된다고 주장했다. 관찰자와 관찰 대상은 측정의 행위를 통해서 단단하게 포옹한 상태로 뒤엉키게 되어 어디에서 하나가 시작되고, 어디에서 다른 하나가 끝나는지를 말하는 것은 불가능하다.

그럼에도 불구하고 코펜하겐 해석은 실재의 구성에서 인간이나 기계 장치이거나 상관없이 관찰자에게 우월한 지위를 부여한다. 그러나 모든 물질이 원자로 구성되어 있어서 양자역학 법칙의 지배를 받는다면, 어떻게 관찰자나 측정 기구가 우월한 지위를 가질 수 있을까? 이것이 바로 측정의 문제이다. 처음부터 거시적 측정 장치의 거시적 세계가 존재한다는 코펜하겐 해석의 가정은 순환적이고 역설적인 것처럼 보인다.

아인슈타인과 슈뢰딩거는 양자역학이 완전한 세계관으로는 불완전하다는 사실을 확실하게 보여주는 것이라고 믿었고, 슈뢰딩거는 상자 속 고양이를 통해서 그것을 강조하려고 노력했다. 코펜하겐 해석에서의 측정은 여전히 설명되지 않은 과정으로 남게 되었다. 양자역학의 수학에서는 파동함수가 언제 어떻게 붕괴되는지를 구체적으로 밝혀줄 수 있는 것이 없기 때문이다. 보어는 단순히 측정을 실제로 수행할 수 있다고 주장함으로써 문제를 "해결"했지만, 그 방법에 대해서는 설명하지 않았다.

슈뢰딩거는 영국에 있던 1936년 3월에 보어를 만났고, 그 사실을 아인슈타인에게 알려주었다. "최근에 런던에서 닐스 보어와 몇 시간을 보냈습니다. 그는 친절하고 예의 바른 사람이었지만, 라우에나 나와 같은 사람들, 특히 당신과 같은 사람들이, 그와 같이 필연적으로 존재하지만, 실험으로 확인된 알려진 역설적 상황을 가지고 있는 양자역학을 공격하고 싶어하는 것이 '끔찍하고', 심지어 '대역죄'처럼 보인다고 반복해서 말했습니다. 마치 우리가 '실재'에 대한 우리의 선입견이 포함된 구상을 자연에게 강요하려고 애쓰는 것 같다고 말했습니다. 특별히 지적인 사람의 깊은 내적 확신에 찬 그의 말에 감동을 받지 않기는 어려웠습니다." 그러나 아인슈타인과 슈뢰딩거는 모두 코펜하겐 해석에 대한 반대 입장을 굳게 지키고 있었다.[56]

아인슈타인은 EPR 논문이 발표되기 두 달 전이었던 1935년 9월에 집을 구입했다. 동네에서 특별한 것도 없었던 머서 가 112번지는 소유자 덕분에 세상에서 가장 유명한 주소가 되었다. 그는 자신의 서재에서 일하는 것을 좋아했지만, 집에서 고등연구소의 사무실까지도 쉽게 걸어갈 수 있는 거리였다. 1층에 있는 서재에는 학자의 평범한 집기가 잔뜩 널려 있는 대형 테이블이 자리잡고 있었다. 벽에는 패러데이와 맥스웰의 초상화가 걸려 있었고, 훗날에는 간디의 초상화도 걸리게 된다.

엘자의 작은 딸 마고트와 헬렌 두카스도 녹색 덧문이 달린 참나무 판자의 작은 집에서 함께 살았다. 그러나 얼마 지나지 않아 엘자가 심장병 진단을 받으면서 가정의 평화는 깨져버렸다. 엘자가 친구에게 보낸 편지에 따르면, 아인슈타인은 그녀의 상태가 악화되면서 "비참하고 우울해졌다."[57] 그녀는 뜻밖의 변화에 기분이 좋아졌다. "나는 그가 나를 그렇게 가깝게 생각하고 있는지 몰랐다. 그런 사실도 역시 나에게 도움이 된다."[58] 그녀는 1936년 12월 20일에 예순 살의 나이로 사망했다. 아인슈타인은 두 여성의 정성 어린 보살핌 덕분에 빠르게 슬픔을 극복할 수 있었다.

그는 보른에게 "나는 여기서 훌륭하게 정착하고 있습니다"라고 썼다.[59] "나는 동굴 속의 곰처럼 동면을 하고 있고, 여러 면에서 어느 때보다 정말 편안하게 느끼고 있습니다." 그는 이런 "곰 같은 생활은 내가 인간적으로나 자신보다 더 가깝게 느끼던 아내의 죽음으로 더욱 강해졌습니다"고 했다. 보른은 아인슈타인이 아무렇지도 않게 엘자의 사망 소식을 알려주는 것이 "조금 이상하기는" 했지만, 놀라운 일은 아니라고 생각했다. 훗날 보른은 "그의 모든 친절, 사교성, 인류에 대한 사랑에도 불구하고, 그는 자신의 환경이나 함께 살고 있던 사람들로부터 완전히 고립되어 있었다"고 했다.[60] 거의 그랬다. 그러나 아인슈타인이 깊이 마음을 썼던 사람이 있었다. 그의 여동생 마야였다. 그녀는 무솔리니의 인종 차별법 때문에 어쩔 수 없이 이탈리아를 떠나게 된 1939년부터 사망한 1951년까지 그와 함께 살았다.

엘자가 사망한 후, 아인슈타인은 틀에 박힌 생활을 시작했고, 시간이 흐르면서 그의 생활은 점점 더 규칙적으로 변했다. 9시에서 10시 사이에 아침 식사를 하고 나서 연구소까지 걸어갔다. 오후 1시까지 일을 한 후에 집으로 돌아와서 점심 식사를 하고 낮잠을 잤다. 그후에는 오후 6시 30분이나 7시 사이의 저녁 식사 시간까지 자신의 서재에서 일을 했다. 손님이 없으면 잠자리에 드는 11시나 12시까지 다시 일을 계속했다. 극장이나 공연장에 가는 경우도 거의 없었고, 보어와 달리 영화를 보지도 않았다. 1936년 아인슈타인은 "혼자 산다는 것은 젊은 시절에는 고통스럽게 느껴지지만, 원숙해진 후에는 감미롭기도 하다"고 말했다.[61]

아내와 아들 한스와 함께 6개월 일정의 세계 여행을 하던 보어가 1937년 2월 초에 1주일간 프린스턴을 방문했다. EPR 논문 발표 이후에 아인슈타인과 보어가 처음으로 직접 만나는 기회였다. 보어가 드디어 아인슈타인에게 코펜하겐 해석을 받아들이도록 설득할 수 있었을까? 훗날 아인슈타인의 조수로 일했던 발렌틴 바르그만의 기억에 따르면, "양자역학에 대한 논의는 전혀 달아오르지 않았다. 외부의 관찰자가 보기에 아인슈타인과 보어는 서로 동문서답을 하고 있었다."[62] 그는 의미 있는 대화였다면, "며칠"이 필요했을 것이라고 믿었다. 아쉽게도 그가 보았던 두 사람의 만남에서는 "해결되지 않은 것이 너무 많았다."[63]

그들 사이에 해결되지 않고 남아 있는 것이 무엇인지는 두 사람이 모두 알고 있었다. 양자역학의 해석에 대한 그들의 논쟁은 실재의 위상에 대한 철학적 신념에까지 이어졌다. 그런 것이 정말 존재할까? 보어는 양자역학이 자연에 대한 완전한 근본이론이라고 믿고, 그 위에 자신의 철학적 세계관을 세웠다. 그래서 그는 이렇게 선언했다. "양자적 세상은 없다. 추상적인 양자역학적 서술이 있을 뿐이다. 물리학의 역할이 자연이 어떤 것인지를 찾아내는 것이라는 생각은 잘못된 것이다. 물리학은 우리가 자연에 대해서 무슨 말을 할 수 있는지에 대한 것이다."[64] 반대로 아인슈타인은 대안적 접근을 선택했다. 그가 양자역학의 평가에 이용한 근거는 인과적이고 관찰자와 관계가 없는 실재가 실제로 존재한다는 확고한 믿음이었다. 결과적으로 그는 코펜하겐 해석을 절대 받아들일 수가 없었다. 아인슈타인은 "우리가 과학이라고 부르는 것은 무엇이 **존재하는지**를 결정하는 것을 유일한 목적으로 한다"고 주장했다.[65]

보어에게는 이론이 먼저였고, 실재에 대한 이론적 설명에 의미를 부여할 수 있도록 해석을 하는 철학적 입장은 그 다음이었다. 그러나 아인슈타인은 어떤 과학적 이론의 바탕 위에 철학적 세계관을 세우는 것이 위험하다는 사실을 알고 있었다. 이론이 새로운 실험적 증거에 의해서 부족한 것으로 밝혀지면, 그것을 지지하는 철학적 입장도 함께 무너져버린다. 아인슈타인은 "물리학에서는 모든 인식의 행위와는 상관없이 독립적으로 존재하는 실재 세계를 가정하는 것이 기본이다"라고 말했다. "그런데 그것이 바로 우리가 **알지** 못하는 것이다."[66]

철학적 실재론자였던 아인슈타인은 그런 입장이 정당화될 수 없다는 사실을 알고 있었다. 그것은 증명에 따라서 변하지 않는 실재에 대한 "신념"이었다. 그럴 수도 있겠지만, 아인슈타인에게는 "우리가 이해하고 싶어하는 것은 존재(existence)와 실재(reality)이다."[67] 그는 모리스 솔로빈에게 "인간의 이성으로 접근할 수 있는 범위에서 실재의 합리적 본질에 대한 자신감을 나타내는 것으로는 '종교적'이라는 말보다 더 나은 표현이 없다"고 했다. "그런 느낌이 없는 곳에서의 과학은 영감이 빠진 경험주의로 퇴화되어버린다."[68]

하이젠베르크는 아인슈타인과 슈뢰딩거가 "고전물리학의 실재 개념 또는 더 일반적인 철학적 용어로는 유물론의 존재론으로 돌아가기를 원한 다"고 생각했다.[69] 하이젠베르크의 입장에서 "돌이나 나무가 존재하는 것과 같은 의미에서, 가장 작은 부분들이 우리의 관찰 여부에 상관없이 객관적으로 존재하는 객관적인 실재 세계"에 대한 믿음은 "19세기의 자연과학에 만연했던 지나치게 단순화된 유물론적 입장"으로의 회귀였다.[70] 아인슈타인과 슈뢰딩거가 "물리학은 변화시키지 않고 철학만 변화시키려고 했다"는 하이젠베르크의 분석은 부분적으로만 옳은 것이었다.[71] 아인슈타인은 양자역학이 우리가 활용할 수 있는 최고의 이론이라는 사실은 인정했다. 그러나 그것은 "힘과 물질점(物質點)이라는 기본 개념으로 구축할 수 있는 유일한 것(고전역학의 양자 보정)이지만 실재 사물에 대해서는 불완전한 표현"이었다.[72]

아인슈타인은 물리학도 적극적으로 변화시키려고 했다. 많은 사람들이 생각했던 것과 달리 그는 보수적인 유물(遺物)이 아니었다. 그는 고전물리학의 개념들이 새로운 것으로 대체되어야 한다고 확신했다. 그러나 보어는 거시적 세계가 고전물리학과 그 개념들로 서술되기 때문에 그것을 넘어서려는 시도는 시간 낭비라고 주장했다. 그는 고전적 개념을 지키기 위해서 상보성의 틀을 개발했다. 보어에게는 측정 도구와 독립적으로 존재하는 기본적인 물리적 실재는 없었고, 하이젠베르크가 지적했듯이 그것은 "우리가 양자이론의 역설, 즉 고전적 개념을 사용해야 하는 필요성에서 벗어날 수 없다"는 뜻이었다.[73] 그것은 고전적 개념을 지키려는 보어-하이젠베르크의 요구였고, 아인슈타인은 그것을 "안정제 철학(tranquilizing philosophy)"이라고 불렀다.[74]

아인슈타인은 고전물리학의 존재론, 즉 관찰자와 관계가 없는 실재를 결코 포기하지 않았지만, 고전물리학과 분명하게 결별할 준비는 하고 있었다. 코펜하겐 해석에 의해서 인정을 받은 실재에 대한 견해는 그런 결별이 필요하다는 충분한 증거였다. 그는 양자역학보다 훨씬 더 극단적인 혁명을 원했다. 아인슈타인과 보어가 많은 것을 해결하지 못하고 남겨둔 것은 놀라운 일이 아니었다.

1939년 1월에 보어는 프린스턴으로 돌아와서 넉 달 동안 연구소의 방문 교수로 지냈다. 두 사람은 여전히 따뜻하고, 친근한 관계를 즐겼지만, 양자적 실재에 대한 논쟁은 어쩔 수 없이 차갑게 식어버렸다. 미국까지 보어와 동행했던 로젠펠트는 "아인슈타인은 자신의 그림자였을 뿐이었다"고 기억했다.[75] 그들은 공식적인 환영회 등에서 서로 만나기는 했지만, 두 사람에게 그렇게 중요했던 물리학에 대해서는 더 이상 이야기를 나누지 않았다. 보어가 체류하는 동안, 아인슈타인은 통일장이론을 찾는 일에 대해서 한 차례 강연을 했다. 그는 보어가 청중으로 앉아 있었던 강연에서 그런 이론으로부터 양자역학을 유도할 수 있을 것이라는 희망을 밝혔다. 그러나 아인슈타인은 이미 그 문제에 대해서 더 이상 논의하지 않겠다고 공개적으로 밝혔었다. 로젠펠트는 "보어는 그것에 대해서 매우 불편하게 생각했다"고 말했다.[76] 아인슈타인이 양자역학에 대해서 이야기하고 싶어 하지 않았던 프린스턴에서 보어는 핵물리학의 최신 발전에 대해서 이야기하고 싶어하는 사람들이 많다는 사실을 발견했다. 유럽에서는 다시 한번 전쟁으로 이어지는 불길한 사건들이 일어나고 있었다.

아인슈타인은 벨기에의 엘리자베트 왕비에게 "아무리 일에 깊이 몰입하더라도 피할 수 없는 비극에 대한 잊을 수 없는 두려운 느낌이 계속되고 있습니다"라는 편지를 보냈다.[77] 그 편지는 보어가 미국으로 출발하기 이틀 전인 1939년 1월 9일에 쓴 것이었다. 그는 큰 원자핵을 작은 핵으로 분리시키는 과정에서 에너지가 방출되는 핵분열의 발견에 대한 소식도 알고 있었다. 미국으로 가던 중에 보어는 느리게 움직이는 중성자와 충돌해서 핵분열을 일으키는 것이 우라늄-238이 아니라 우라늄-235 동위원소라는 사실을 깨달았다. 그것은 쉰세 살의 보어로서는 물리학에 대한 마지막 기여였다. 아인슈타인이 양자적 실재의 본질에 대한 논쟁을 하고 싶어하지 않는다는 사실을 알게 된 보어는 프린스턴 대학교의 미국 물리학자 존 휠러와 핵분열의 세부적인 사항에 대한 일에 집중했다.

보어가 유럽으로 돌아간 후였던 8월 2일에 아인슈타인은 루스벨트 대통령에게 독일이 자신들이 새로 지배하게 된 체코슬로바키아의 광산에서 생산된 우라늄 광석의 판매를 중단했다는 소식과 함께 원자탄 개발의 가능성을 검토해줄 것을 요청하는 편지를 보냈다. 루스벨트는 10월에 아인슈타인의 편지에 감사하면서 그가 제기한 문제를 검토하기 위한 위원회를 구성했다는 사실을 알려주는 답장을 보냈다. 그리고 독일은 1939년 9월 1일에 폴란드를 침공했다.

아인슈타인은 여전히 평화주의자였지만, 히틀러와 나치가 패배할 때까지는 자신의 주장을 포기할 의사가 있었다. 그는 1940년 3월 7일에 보낸 두 번째 편지에서 루스벨트에게 일을 서둘러야 한다고 권고했다. "전쟁이 시작된 이후, 독일에서 우라늄에 대한 관심이 높아지고 있습니다. 그곳에서 극비로 연구를 수행하고 있다는 사실을 나는 알게 되었습니다."[78] 아인슈타인은 몰랐지만, 독일의 원자탄 프로그램의 책임자는 베르너 하이젠베르크였다. 이번에도 역시 그의 편지는 충분한 관심을 끌지 못했다. 핵분열을 일으키는 것이 우라늄-235라는 보어의 발견이 아인슈타인이 원자탄 개발에 대해서 루스벨트에게 보낸 2통의 편지보다 훨씬 더 중요했다. 미국 정부는 1941년 10월까지는 맨해튼 프로젝트라는 암호명이 붙여진 원자탄 개발에 대해서 심각하게 생각하지 않았다.

아인슈타인은 1940년에 미국 시민이 되었지만, 당국은 정치적 견해 때문에 그를 위험인물로 여기고 있었다. 그는 원자탄 개발에 참여해달라는 요청을 받지 못했다. 그러나 보어는 요청을 받았다. 그는 폭탄을 만들고 있던 뉴멕시코의 로스 알라모스로 가기 전이었던 1943년 12월 22일에 프린스턴을 방문했다. 그는 아인슈타인과 함께 1940년에 고등연구소에 합류한 볼프강 파울리와 저녁 식사를 했다. 보어가 아인슈타인을 만난 이후로 많은 일들이 일어났다.

1940년 4월에는 독일군이 덴마크를 점령했다. 자신의 국제적 명성이 연구소의 다른 사람들의 보호에 어느 정도 도움이 될 것이라고 기대했던 보어는 코펜하겐에 남기로 했다. 나치가 계엄령을 선포하면서 덴마크의 독립에 대한 환상이 깨졌던 1943년 8월까지는 그의 명성이 도움이 되었다. 덴마크 정부가 비상사태를 선포하고, 사보타주에 대해서 사형을 원하는 나치의 요구를 거부한 것이 발단이었다. 히틀러는 9월 28일 덴마크의 유대인 8,000명에게 추방령을 내렸다. 동정적인 독일 관료가 10월 1일 오후 9시에 소탕 작업이 시작될 것이라는 정보를 두 사람의 덴마크 정치인에게 알려주었다. 나치의 계획에 대한 소문이 빠르게 확산되면서, 거의 모든 유대인은 덴마크인 집에 숨거나, 교회의 대피소를 찾아가거나, 또는 병원에 환자로 위장해서 숨었다. 나치는 300명도 안 되는 유대인을 소탕할 수 있었다. 어머니가 유대인이었던 보어는 가족과 함께 스웨덴으로 탈출할 수 있었다. 영국으로 가기 위해서 영국 폭격기의 폭탄 투하실에 앉아 있던 그는 잘 맞지 않는 산소 마스크 때문에 산소 부족으로 죽을 고비를 넘겼다. 영국 정치인들을 만난 그는 곧바로 미국으로 갔다. 프린스턴을 방문했던 그는 "니컬러스 베이커"라는 가명으로 원자탄 개발에 참여했다.

전쟁이 끝난 후에 보어는 코펜하겐의 연구소로 돌아갔고, 아인슈타인은 "모든 진짜 독일인에 대해서는 우정을 느끼지 않는다"고 말했다.[79] 그러나 그는 첫 번째 결혼에서 얻은 4명의 자식들보다 더 오래 살았던 플랑크에 대해서는 계속 연민의 마음을 가지고 있었다. 막내 아들의 죽음은 플랑크가 오랜 일생에서 견뎌내야 했던 모든 충격 중에서도 가장 쓰라린 것이었다(장남은 제1차 세계대전 때에 전사했고 출가한 쌍둥이 두 딸은 모두 출산 과정에서 죽었다/역주). 나치가 집권하기 전에 제국 수상실의 국무차관이었던 에르빈은 1944년 7월 히틀러 암살 시도의 혐의자가 되었다. 게슈타포에게 체포된 그는 고문을 당한 후에 암살 모의의 공모자로 유죄판결을 받았다. 플랑크의 말대로 "천당과 지옥을 오고 가면서" 사형 선고가 징역형으로 감형되는 희미한 기대를 했던 적도 있었다.[80] 그러나 에르빈은 아무 경고도 없이 1945년 2월 베를린에서 교수형에 처해졌다. 플랑크는 마지막으로 아들을 볼 수 있는 기회도 거부당했다. "그는 내 존재의 소중한 부분이었다. 그는 내 햇빛이었고, 내 자랑이었고, 내 희망이었다. 그와 함께 내가 잃어버린 것을 말로는 설명할 수가 없다."[81]

1947년 10월 4일에 89세의 플랑크가 뇌졸중으로 사망했다는 소식을 들은 아인슈타인은 그의 미망인에게 영광스럽게도 그와 함께 보낼 수 있었던 "아름답고 유익했던 시간"에 대해서 편지를 보냈다. 조의를 표하면서 아인슈타인은 "당신의 집에서 보낼 수 있었던 시간과 그 훌륭한 분과 얼굴을 마주하고 나눴던 수많은 대화가 나의 여생에 가장 아름다운 기억으로 남을 것입니다"라고 회고했다.[82] 그는 그녀에게 그런 기억은 "비극적인 운명이 우리를 갈라놓았다는 사실로도 변할 수 없는 것"이라고 말했다.

전쟁이 끝난 후에 고등연구소의 종신 방문 연구원이 된 보어는 자신이 원할 때는 언제든지 와서 체류할 수가 있었다. 프린스턴 대학교의 개교 200주년 기념식에 참석했던 1946년 9월의 그의 첫 여행은 짧았다. 그러나 1948년에는 2월에 도착해서 6월까지 머물렀다. 이번에는 아인슈타인이 물리학에 대해서 이야기하고 싶어했다. 보어를 도와주던 젊은 네덜란드 출신 물리학자 에이브러햄 파이스는 훗날 "절망적으로 화가 난" 덴마크 과학자가 갑자기 자신의 사무실로 찾아와서 "내 자신이 싫다"고 소리치던 때를 기억했다.[83] 무슨 일이 있었는지를 물었던 파이스에게 보어는 자신이 아인슈타인과 양자역학의 의미에 대해서 논쟁을 시작했다고 대답했다.

아인슈타인이 보어에게 자신의 사무실을 쓰도록 해주었다는 것은 그들 사이의 우정이 되살아난 신호였다. 어느 날 보어는 파이스에게 아인슈타인의 70세 생일을 기념하는 논문의 초고를 구술하고 있었다. 다음에 무슨 말을 해야 할지를 생각하던 보어는 일어서서 창문을 내다보면서 가끔씩 아인슈타인의 이름을 중얼거렸다. 바로 그 순간에 아인슈타인이 발끝걸음으로 사무실에 들어왔다. 의사는 그에게 담배를 구입하지 못하도록 했지만, 담배를 훔치는 일에 대해서는 아무 말도 하지 않았다. 훗날 파이스는 그후의 일을 이렇게 기억했다. "언제나 그랬듯이 발끝걸음으로 걸어 들어온 그는 최단 거리로 내가 앉아 있던 테이블에 놓여 있던 보어의 담배

상자로 다가갔다. 그가 들어온 사실을 몰랐던 보어는 창가에서 서서 계속 '아인슈타인······아인슈타인······'을 중얼거리고 있었다. 나는 어쩔 줄을 몰랐다. 특히 나는 아인슈타인이 무엇을 할 것인지에 대해서 짐작도 할 수가 없었다. 그러던 중에 보어가 명확하게 '아인슈타인'이라고 내뱉으면서 돌아섰다. 두 사람은 마치 보어가 그를 소환한 것 같은 모양새로 얼굴을 마주하고 서 있었다. 순간적으로 보어가 말을 잃어버렸다고 하는 것은 절제된 표현이었다. 그런 일이 벌어지고 있는 상황을 지켜보고 있던 나 자신도 분명히 묘하게 느꼈고, 보어의 반응도 충분히 이해할 수 있었다. 바로 다음 순간, 아인슈타인이 자신의 목적을 설명하면서 모든 마술이 풀려버렸다. 곧장 우리 모두는 웃음보를 터트리고 말았다."[84]

보어는 프린스턴을 여러 차례 방문했지만, 양자역학에 대한 아인슈타인의 마음을 바꿔놓지는 못했다. 전쟁이 끝난 후 미국에서 순회강연을 하던 중 1954년에 보어의 마지막 방문과 겹친 덕분에 그를 만날 수 있었던 하이젠베르크도 마찬가지였다. 아인슈타인은 하이젠베르크를 집으로 초대했고, 그들은 커피와 케이크를 들면서 오후 내내 이야기를 나누었다. 하이젠베르크는 "우리는 정치에 대해서는 아무 이야기도 하지 않았다"고 회고했다.[85] "아인슈타인의 관심은 오직 25년 전에 브뤼셀에서 그랬던 것과 마찬가지로 계속 그를 혼란스럽게 만들고 있던 양자이론의 해석에 집중되었다." 아인슈타인은 여전히 확고했다. "그는 '나는 자네와 같은 종류의 물리학을 좋아하지 않아요' 하고 말했다."[86]

언젠가 아인슈타인은 옛 친구 모리스 솔로빈에게 "자연을 객관적 실재로 인식할 필요성은 약해져버렸고, 양자이론 학자들은 승승장구하고 있다"고 썼다.[87] "사람들은 말[馬]보다 암시에 훨씬 더 취약하고, 언제나 기분에 지배된다. 그래서 대부분의 사람들은 자신들을 지배하는 폭군을 알아보지 못한다."

이스라엘의 초대 대통령 차임 바이츠만이 1952년 11월에 사망했을 때,

다비드 벤구리온 수상은 아인슈타인에게 대통령직을 맡겨야 한다고 생각했다. 아인슈타인은 "나는 우리의 국가 이스라엘의 제안에 깊이 감동을 받았지만, 내가 그 제안을 받아들일 수 없어서 슬프고 부끄럽습니다"라고 했다.[88] 그는 자신이 "사람들을 잘 상대하지 못하고, 업무를 수행할 수 있는 자연적인 적성과 경험 모두"가 부족하다는 사실을 강조했다. 그는 "고령이 내 능력에 점점 더 큰 부담이 된다는 사실은 제쳐두고도 이런 이유 때문에 내가 대통령직의 의무를 다하는 데에 적절하지 않을 것입니다"라고 설명했다.

의사들이 대동맥이 부풀어 오르는 대동맥류(大動脈瘤)를 발견했던 1950년 여름 이후로 아인슈타인은 자신이 덤으로 살고 있다는 사실을 알고 있었다. 그는 유언장을 작성했고, 가족들만 참석한 장례식 후에 화장을 원한다는 사실을 분명히 했다. 그는 76세 생일을 즐겼고, 마지막으로 했던 일 중의 하나가 비핵화를 요구하는 철학자 버틀란트 러셀의 선언에 서명한 것이었다. 아인슈타인은 보어에게도 서명을 요청하는 편지를 썼다. "그렇게 얼굴을 찌푸리지 말아요! 이것은 물리학에 대한 우리의 오랜 논쟁과는 아무 관계가 없고, 오히려 우리가 완전히 동의하는 것과 관련된 문제입니다."[89] 1955년 4월 13일에 아인슈타인은 심한 가슴 통증을 느꼈고, 이틀 후에 병원으로 이송되었다. 수술을 거부한 그는 "내가 원하는 때에 가고 싶다. 인공적으로 생명을 연장하는 것은 무의미하다. 나는 내 몫을 했고, 이제는 떠날 시간이다"라고 말했다.[90]

운명의 장난으로 그의 양녀 마고트도 같은 병원에 머물고 있었다. 그녀는 아인슈타인을 두 번 만나 몇 시간 동안 이야기를 나누었다. 1937년에 그의 가족과 함께 미국에 도착했던 한스 알베르트도 캘리포니아의 버클리에서 아버지의 병상으로 달려왔다. 한동안 아인슈타인은 호전되는 것처럼 보였다. 마지막까지도 통일장이론에 대한 꿈을 버리지 못한 그는 자신의 노트를 찾기도 했다. 4월 18일 새벽 1시 직후에 동맥류가 터졌다. 야간 당직을 하던 간호사에게 이해할 수 없는 독일어 몇 마디를 중얼거린 아인슈타인은 마침내 숨을 거두었다. 그날 늦게 그의 시신은 화장되었지만, 이미 그의 뇌는 제거되었고, 재는 밝혀지지 않은 곳에 뿌려졌다. 언젠가 아인슈타인은 여동생에게 "모든 사람들이 나와 같은 일생을 산다면, 소설은 필요가 없을 것이다"라고 썼다. 때는 1899년이었고, 그는 스무 살이었다.[91]

아인슈타인의 프린스턴 조수 중 한 사람이었던 바네쉬 호프만은 "그가 뉴턴 이후에 가장 위대한 물리학자였다는 사실을 제외하면, 그는 과학자라기보다 과학의 예술가라고 불러야 할 것이다"라고 했다.[92] 보어도 진심으로 조의를 표했다. 그는 아인슈타인의 업적을 "우리 문화의 전체 역사에서 무엇보다도 풍부하고 유익한 것"이라고 인정하고, "인류는 절대 공간과 절대 시간의 원시적 인식에서 비롯된 우리의 전망에 대한 장애물을 제거해준 공로에 대해서 언제나 아인슈타인에게 감사하게 될 것"이라고 말했다. 그는 우리에게 과거의 가장 과감한 꿈을 능가하는 통일성과 조화를 갖춘 세계관을 제공했다.[93]

아인슈타인-보어 논쟁은 아인슈타인의 죽음으로도 끝나지 않았다. 보어는 마치 자신의 오랜 양자의 적이 여전히 살아 있는 것처럼 주장했다. "나는 지금도 인간적이고 친근하게 웃고 있는 아인슈타인을 볼 수 있다."[94] 물리학의 어떤 근본적인 문제에 대해서 생각할 때 그에게 가장 먼저 떠오르는 의문은 아인슈타인이 그것에 대해서 무슨 말을 할 것인지를 생각해보는 것이었다. 1962년 11월 17일 토요일에 보어는 양자물리학의 발전에서 자신의 역할에 대한 5회에 걸친 인터뷰 중 마지막 인터뷰를 했다. 일요일 점심 후에 보어는 평상시와 마찬가지로 낮잠을 잤다. 그가 부르는 소리를 듣고 침대로 달려간 그의 아내 마르그레테는 무의식 상태에 빠진 그를 발견했다. 일흔일곱 살의 보어는 치명적인 심장발작을 일으켰다. 그 전날 서재에서 옛날의 논쟁을 다시 한번 되짚어보면서 그가 마지막으로 칠판에 그려놓은 그림은 아인슈타인의 빛 상자였다.

IV

....

신은 주사위 놀이를 할까?

"나는 신이 이 세상을 어떻게 만들었는지 알고 싶다.
나는 이러저러한 현상이나 이러저러한 원소의 스펙트럼에는 관심이 없다.
나는 신의 생각을 알고 싶다. 나머지는 세부적인 것이다."
— 알베르트 아인슈타인

14

누구를 위해서 벨 정리는 울리나?

아인슈타인은 1944년에 보른에게 "당신은 주사위 놀이를 하는 신을 믿고, 나는 객관성이 존재하는 세상에서 내가 추론적인 방법으로 파악하려고 미칠 듯이 노력하는 완벽한 법과 질서를 믿습니다"라고 썼다.[1] "나는 확실하게 믿지만, 다른 누군가가 내가 발견할 수 있는 것보다 더 합리적인 방법이나 또는 더 명백한 근거를 찾아내기를 바랍니다. 젊은 동료들은 내 주장을 나이 탓이라고 해석하고 있다는 것을 잘 알고 있지만, 양자이론의 초기에 이룩한 엄청난 성공마저도 나에게 근본적인 주사위 놀이를 믿도록 만들지는 못했습니다. 누구의 직관적인 생각이 옳은 것인지를 알게 될 날이 올 것은 분명합니다." 그런 심판의 날이 더욱 가까워진 것은 그로부터 20년이 지난 후였다.

1964년에는 전파 천체물리학자 아노 펜지어스와 로버트 우드로가 대폭발(빅뱅)의 메아리를 탐지했고, 진화생물학자 빌 해밀턴은 사회적 행동의 유전적 진화이론을 발표했고, 이론물리학자 머리 겔만이 쿼크라고 부르는 새로운 기본입자들의 존재를 예측했다. 그해에 등장한 기념비적인 과학적 돌파구는 이들 세 가지만이 아니었다. 물리학자이자 과학사학자인 헨리 스태프에 따르면, "과학에서 가장 심오한 발견"인 벨 정리(Bell's theorem)에 대적할 만한 것은 없었다.[2] 그러나 그것은 충분히 인정받지 못했다.

대부분의 물리학자들은 양자역학을 이용해서 성과를 올리는 일에 너무 바빠서 아인슈타인과 보어가 그 의미와 해석에 대해서 벌였던 미묘한 논쟁에 신경을 쓸 여유가 없었다. 서른네 살의 아일랜드 물리학자 존 스튜어트 벨이 아인슈타인과 보어가 발견하지 못했던 것을 발견했다는 사실조차 깨닫지 못했던 것은 조금도 이상한 일이 아니었다. 그러나 서로 상반되는 두 철학적 세계관을 구별해줄 수 있는 수학적 정리가 발견되었던 것이다. 보어의 입장에서는 "양자 세계가 존재하는 것이 아니라 추상적인 양자역학적 서술만이 존재한다."[3] 그러나 아인슈타인은 인식과는 독립된 실재를 믿었다. 아인슈타인과 보어 사이의 논쟁은 실재에 대한 의미 있는 이론적 서술로 인정될 수 있는 물리학에 대한 것이기도 하지만, 실재 그 자체의 본질에 대한 것이기도 했다.

아인슈타인은 보어와 코펜하겐 해석의 지지자들이 실재에 대해서 "위험스러운 게임"을 하고 있다고 확신했다.[4] 존 벨은 아인슈타인의 입장에 동정적이었지만, 그의 획기적인 정리의 배경이 된 영감의 일부는 강제로 망명을 떠나야 했던 어느 미국 물리학자에 의해서 1950년대 초에 수행된 연구에서 시작된 것이었다.

데이비드 봄은 캘리포니아 대학교의 버클리 캠퍼스에서 로버트 오펜하이머의 유능한 박사학위 학생이었다. 오펜하이머는 1943년에 뉴멕시코 로스 알라모스에 있는 일급비밀의 연구소 소장으로 임명되었지만, 1917년 12월 펜실베니아의 윌크스베리에서 출생한 봄은 원자탄 개발 작업을 하던 연구소에 합류하는 것이 금지되었다. 미국 정부가 유럽에 남아 있던 봄의 친척들을 핑계로 그를 위험인물로 판단했기 때문이었다. 그의 친척 중 19명이 나치의 강제수용소에서 사망하게 된다. 그러나 사실은 맨해튼 프로젝트의 책임자가 되고 싶었던 오펜하이머가 미국 육군정보부대의 조사를 받으면서 봄을 미국 공산당의 당원일 수 있다고 말했기 때문이었다.

4년이 지난 1947년에 "세계의 파괴자"임을 자인했던 오펜하이머는 "정신병원"의 책임자가 되었다.[5] 오펜하이머는 한때 프린스턴의 고등연구소를 그렇게 부르기도 했다. 본인은 몰랐지만, 제자를 모함했던 것에 대한 속죄의 뜻으로 오펜하이머는 봄에게 프린스턴 대학교의 조교수 자리를 마련해주었다. 제2차 세계대전 이후에 미국을 휩쓸던 반(反)공산주의 편집증의 소용돌이 속에서 오펜하이머 자신도 과거의 좌익 경력 때문에 의심을 받게 되었다. FBI는 미국의 원자탄에 대한 비밀을 알고 있던 그를 감시하는 과정에서 그에 대한 방대한 양의 서류를 수집했다.

하원 반미활동위원회는 오펜하이머를 궁지에 몰아넣기 위해서 그의 친구와 동료들을 조사하고, 강제로 소환하기도 했다. 1942년에 미국 공산당에 입당했다가 9개월 만에 탈당했던 봄은 1948년에 불리한 진술로부터 자신을 지키려고 수정 헌법 제5조의 보호를 요청했다. 1년도 되지 않아서 그는 대법원에 소환되었고, 다시 한번 제5조의 보호를 요청했다. 1949년 11월에는 법정 모욕 혐의로 체포되어 수감되었다가 보석으로 풀려나기도 했다. 부유한 후원자들을 잃어버리게 될 것을 걱정한 프린스턴 대학교는 그에게 정직 처분을 내렸다. 1950년 6월에 법원으로부터 무죄 판결을 받았지만, 프린스턴 대학교는 봄이 학교에 다시 발을 들여놓지 않는다는 조건으로 남은 계약기간에 대한 보수를 지급하고 해직시켜버렸다. 아인슈타인은 블랙리스트에 올라 미국에서는 다른 직장을 얻을 수 없게 된 봄을 연구조교로 채용하는 것을 심각하게 고민했다. 그러나 그의 제안을 반대했던 오펜하이머는 다른 사람들과 함께 옛 제자에게 미국을 떠나도록 충고했다. 봄은 1951년 10월에 브라질의 상파울로 대학교로 떠나야만 했다.

브라질에 도착한 봄이 훗날 소련으로 가버릴 수도 있다고 걱정했던 미국 대사관은 그의 여권을 회수하고 대신 미국 여행만 가능한 여권을 재발급해주었다. 미국에 의한 여행 제한으로 국제 물리학계로부터 고립될 것을 걱정한 봄은 브라질 국적을 취득했다. 미국에서는 오펜하이머가 청문회에 소환되었다. 그가 원자탄 개발에 참여시켰던 물리학자 클라우스 푹스가 소련 스파이였다는 사실이 밝혀지면서 그에 대한 압력도 커졌다. 아인슈타인은 오펜하이머에게 위원회에 당당하게 나가서 그들이 얼마나 어리석은지를 말해주고 돌아오라고 조언했다. 그는 그렇게 하지 못했고, 1954년 봄에 열렸던 다른 청문회에서 그에게 주어졌던 비밀취급 허가가 취소되었다.

1955년에 브라질을 떠난 봄은 이스라엘 하이파에 있는 테크니온 연구소에서 2년을 지낸 후에 영국으로 옮겼다. 그는 브리스톨 대학교에서 4년을 지낸 후 1961년에 버크벡 대학의 이론물리학 교수로 임명되어 런던에 정착했다. 봄은 프린스턴에서 어려운 시간을 보내는 동안 양자역학의 구조와 해석에 대한 연구에 몰두했다. 그리고 1951년 2월에 양자이론의 해석과 EPR 사고실험을 자세하게 살펴보는 최초의 교과서 중 하나인 『양자이론(Quantum Theory)』을 완성했다.

아인슈타인, 포돌스키, 로젠은 너무 멀리 떨어져 있어서 물리적으로 서로 상호작용할 수 없는 한 쌍의 상관된 입자 A와 B를 대상으로 하는 가상적인 실험을 생각해냈다. EPR은 입자 A에 대한 측정이 물리적으로 입자 B에 영향을 줄 수 없다고 주장했다. EPR은 두 입자 중 하나에 대해서만 이루어지는 측정의 행위가 "물리적 교란"을 일으킨다는 보어의 역공을 차단할 수 있을 것이라고 믿었다. 그들은 두 입자의 성질이 서로 관계되어 있기 때문에, 위치와 같은 입자 A의 성질을 측정함으로써 입자를 교란시키지 않고도 B의 대응하는 성질을 측정하는 것이 가능하다고 주장했다. EPR의 목표는 입자 B가 측정되는 것과는 독립적인 성질을 가지고 있다는 것과, 그런 사실을 서술하지 못하는 양자역학이 불완전하다는 것을 증명하는 것이었다. 보어는 한 쌍의 입자는 서로 얽혀 있기 때문에 아무리 멀리 떨어져 있더라도 하나의 시스템(界)을 구성한다고 분명하게 반박했다. 따라서 어느 입자를 측정하면 다른 입자도 측정하게 된다.

봄은 "그들[EPR]의 주장이 확인된다면, 숨은 변수가 포함되고, 현재의 양자이론이 한계 상황이 되는 더 완전한 이론을 찾는 일에 착수할 수 있을 것이다"라고 썼다.[6] 그러나 그는 "양자이론은 숨은 인과 변수 가정과는 모순이 된다"고 했다.[7] 봄은 양자이론을 지배적인 코펜하겐 해석의 입장에서 바라보았다. 그러나 책을 집필하는 과정에서 그는 비록 다른 사람들이 EPR 논거를 "정당화될 수 없는 것이고, 처음부터 내적으로 양자이론과 모순되는 물질의 본질에 대한 가정에 근거를 둔 것"이라고 거부하는 데에 동의하기도 했지만, 보어의 해석에 만족하지는 않았다.[8]

봄이 코펜하겐 해석에 의문을 품게 된 것은 EPR 사고실험의 미묘함과 그것에 사용된 가정을 합리적인 것으로 생각했기 때문이었다. 다른 동료들이 꺼져가는 불을 들추어서 미래를 위험에 빠뜨리기보다는 양자이론을 이용해서 명성을 쌓기에 바쁘던 시절에 그것은 젊은 물리학자에게는 용감한 시도였다. 이미 하원 반미활동위원회에 출석했고, 프린스턴에서 정직 처분을 받은 경력을 가지고 있던 봄은 더 이상 잃을 것이 없었다.

봄은 아인슈타인에게 『양자이론』을 보내고, 프린스턴의 가장 유명한 주민에게 자신의 의견을 알렸다. 코펜하겐 해석을 더 자세하게 살펴볼 필요가 있다는 그의 격려의 말을 들은 봄은 1952년 1월에 2편의 논문을 발표했다. 첫 번째 논문에서 그는 "흥미롭고 고무적인 의견"을 제시한 아인슈타인에게 공개적으로 감사를 표했다.[9] 그 당시에 봄은 브라질에 있었지만, 그의 논문은 책이 발간되고 나서 겨우 넉 달이 지난 1951년 7월에 작성되어 『피지컬 리뷰』에 접수되었다. 봄은 다마스커스가 아니라 코펜하겐으로 가는 길에 대해서 바오로와 같은 개종을 했던 셈이다.

봄은 논문을 통해서 양자이론의 대안적 해석을 제시했고, "그런 해석의 가능성만으로도 우리가 양자적 정확성 수준에서 개별적인 시스템에 대한 정밀하고, 합리적이고, 객관적인 서술을 포기해야 할 필요가 없다는 것이 증명된다"고 주장했다.[10] 양자역학의 예측을 재현시켜준 그의 이론은 1927년 솔베이 학술회의에서 심각하게 비판을 받은 프랑스 공작 루이 드 브로이가 폐기해버렸던 파일럿 파동 모형을 수학적으로 더욱 정교하고 일관되게 발전시킨 것이었다.

양자역학에서의 파동함수는 확률을 나타내는 추상적 파동이지만, 파일럿 파동이론에서의 파동함수는 입자를 이끌어주는 실제로 존재하는 물리적 파동이다. 해류가 수영하는 사람이나 배를 이동시키는 것과 마찬가지로 파일럿 파동도 입자의 움직임에 해당하는 흐름을 만들어낸다. 입자는 주어진 시각에 가지고 있는 위치와 속도의 정밀한 값에 의해서 결정되는 분명한 궤적을 가지고 있다. 그러나 불확정성 원리에 의해서 "숨겨지기" 때문에 실험자가 그 값을 측정할 수 없다.

봄의 두 논문을 읽고 난 벨은 "불가능한 일이 해결되는 것을 목격했다"고 말했다.[11] 다른 사람들과 마찬가지로 그도 코펜하겐 해석에 대한 봄의 대안은 불가능한 것이라고 생각했다. 그는 아무도 자신에게 파일럿 파동 이론에 대해서 이야기해주지 않은 이유를 물었다. "파일럿 파동 그림이 교과서에서 무시된 이유는 무엇일까? 유일한 방법은 아니더라도 지배적인 자만심에 대한 해독제라고 가르쳐야만 하지 않을까? 모호함, 주관성, 비결정성은 실험적 사실이 아니라 의도적인 이론적 선택에 의해서 강요되는 것임을 보여주기 위해서?"[12] 그 답의 일부가 바로 전설적인 헝가리 출신의 수학자 존 폰 노이만이었다.

유대인 은행가의 세 아들 중 맏이인 폰 노이만은 수학 신동이었다. 열여덟 살에 첫 논문을 발표한 그는 부다페스트 대학교의 학생이었지만, 대부분의 시간을 독일의 베를린 대학교나 괴팅겐 대학교에서 보냈고 시험을 볼 때만 집으로 돌아왔다. 1923년에 그는 사회에 더 쓸모 있는 일을 하기 위해서는 수학보다 더 실용적인 것을 배워야 한다는 아버지의 주장에 따라서 화학공학을 공부하려고 취리히 공과대학(ETH)에 입학했다. ETH를 졸업하고, 부다페스트 대학교에서 짧은 기간에 박사학위를 취득한 폰 노이만은 스물세 살인 1927년에 베를린 대학교의 역사상 가장 젊은 객원강사로 임용되었다. 3년 후에는 프린스턴 대학교에서 강의를 시작했고, 1933년에는 고등연구소의 교수가 되어 아인슈타인과 함께 일하면서 평생을 보냈다.

그 한 해 전이었던 1932년에 당시 스물여덟 살이었던 폰 노이만은 양자물리학자들에게 성경으로 알려지게 된 『양자역학의 수학적 기초(*Mathe-*

*matical Foundation of Quantum Mechanics)』라는 책을 썼다.[13] 그는 보통의 변수와 달리 측정을 할 수가 없고, 그래서 불확정성 원리에 의한 제한을 받지 않는 숨은 변수를 도입해서 양자역학을 결정론적 이론으로 재구성할 수 있겠느냐는 질문을 제기했다. 폰 노이만은 "요소 과정에 대한 통계적 설명을 대신할 수 있는 다른 설명이 가능하려면 양자역학의 현재 체계가 객관적인 오류가 있어야만 한다"고 주장했다.[14] 다시 말해서, 그의 질문에 대한 답은 "아니다"였고, 폰 노이만은 20년 후에 봄이 수용하게 되었던 "숨은 변수" 접근을 부정하는 수학적 증명을 내놓았다.

그것은 역사가 있는 접근 방법이었다. 17세기 이후로 로버트 보일과 같은 사람들은 다양한 기체의 압력, 부피, 온도가 변화할 때의 성질에 대한 연구를 통해서 기체법칙을 발견했다. 보일은 기체의 부피와 압력 사이의 관계를 설명하는 법칙을 발견했던 것이다. 그는 일정한 양의 기체를 일정한 온도로 유지하면서 압력을 2배로 증가시키면, 부피는 반으로 줄어든다는 사실을 확인했다. 압력을 3배로 증가시키면, 압력은 3분의 1로 줄어든다. 즉, 일정한 온도에서 기체의 부피는 압력에 반비례한다.

기체법칙에 대한 정확한 물리적 설명은 19세기에 루트비히 볼츠만과 제임스 클러크 맥스웰이 기체운동론을 개발할 때까지 기다려야만 했다. 맥스웰은 1860년에 "그래서 물질의 많은 성질들은, 특히 기체 형태일 경우에는 미세한 부분들이 빠르게 움직이고, 온도에 따라서 속도가 빨라진다는 가정으로부터 유추할 수 있다"고 했다. "이런 운동의 정확한 본질은 합리적인 호기심의 대상이 된다."[15] 그는 그런 호기심으로부터 "완전 기체의 압력, 온도, 밀도 사이의 관계는 입자들이 직선을 따라서 균일한 속도로 움직이면서 상자의 벽에 충돌해서 압력을 발생시킨다고 생각하면 설명이 된다"는 결론을 얻었다.[16] 연속적으로 움직이는 상태에서 되는 대로 서로와 기체가 담겨 있는 상자의 벽에 충돌하는 분자들이 기체법칙으로 표현되는 압력, 온도, 부피 사이의 관계식을 만들어낸다. 분자는 직접 관찰할 수는 없지만, 기체에서 관찰된 거시적 성질을 설명해주는 미시적 "숨은 변수"라고 볼 수 있다. 1905년 브라운 운동에 대한 아인슈타인의 설명도 꽃가루 입자가 떠 있는 유체의 분자가 "숨은 변수"의 역할을 하는 예이다. 모든 사람을 당혹스럽게 만들었던 입자들이 제멋대로 움직이는 이유가, 눈에 보이지는 않지만 분명하게 존재하는 분자의 충돌 때문이라는 아인슈타인의 설명에 의해서 갑자기 분명해졌다.

양자역학에서 숨은 변수에 대한 관심은 이론이 불완전하다는 아인슈타인의 주장에서 그 뿌리를 찾을 수 있다. 어쩌면 바로 그 불완전함은 실재의 기반을 정확하게 파악하지 못했기 때문일 수도 있다. 숨은 입자, 힘 또는 전혀 새로운 것일 수 있는 숨은 변수라는 새로운 솔기가 독립적이고 객관적인 실재를 복원시켜줄 수도 있다. 확률론적으로 보이기도 하는 현상이 숨어 있는 변수에 의해서 결정론적인 것으로 밝혀지면, 입자들도 언제나 명백한 속도와 위치를 가지게 될 것이다.

폰 노이만은 당대의 위대한 수학자들 중 한 사람으로 인정받았기 때문에 대부분의 물리학자들은 양자역학에서는 숨은 변수가 금지된다는 그의 주장을 확인해볼 필요도 없는 사실로 인정해버렸다. 그들에게는 "폰 노이만"과 "증명"을 언급하는 것만으로도 충분했다. 그러나 폰 노이만은 비록 작기는 하지만 양자역학이 틀릴 수도 있다는 가능성을 인정했다. 그는 "실험과 잘 맞고, 세상에 대해서 정성적(定性的)으로 새로운 면을 보여주기는 했지만, 양자역학은 경험에 의해서 증명이 된 것이 아니라 경험에 대한 가장 유명한 요약이라고 말할 수 있을 뿐이다"라고 썼다.[17] 그러나 이런 경계의 발언에도 불구하고, 폰 노이만의 증명은 신성불가침한 것으로 여겨졌다. 거의 모든 사람들이 숨은 변수이론으로는 양자역학의 경우처럼 실험 결과를 재현할 수 없다는 사실이 증명되었다고 오해를 했다.

폰 노이만의 주장을 분석해본 봄은 그의 주장에 오류가 있지만 문제가 무엇인가는 분명하게 파악할 수 없었다. 그러나 아인슈타인과의 논의에서 힘을 얻은 봄은 불가능한 것처럼 보이는 숨은 변수이론을 만들려고 했다. 그러나 폰 노이만이 사용했던 가정 중의 하나가 부적절했기 때문에 그의

"불가능" 증명이 정확하지 않다는 사실을 증명한 사람은 벨이었다.

1928년 7월에 태어난 존 스튜어트 벨은 목수, 대장장이, 농장 일꾼, 노동자, 말 장수 가정의 후손이었다. 언젠가 그는 "내 부모는 가난했지만, 정직했다. 두 분 모두 당시 아일랜드의 노동자들이 흔히 그랬듯이 여덟 또는 아홉 명의 대가족 출신이었다"고 했다.[18] 가끔씩 일자리를 얻을 수 있었던 아버지 탓에 벨의 어린 시절은 편안한 중산층 가정에서 성장한 다른 양자 선구자들과의 경우와는 전혀 다른 것이었다. 그렇지만 청소년 시절부터 책을 좋아했던 벨은 가족들에게 자신이 과학자가 되고 싶다고 말하기도 전에 이미 "교수님"이라는 별명을 얻었다.

그에게는 누나 하나와 남동생 둘이 있었다. 어머니는 아이들의 미래를 위해서 훌륭한 교육이 필요하다고 믿었지만, 열한 살에 고등학교에 들어갈 수 있었던 사람은 존뿐이었다. 그의 형제들이 같은 기회를 누리지 못했던 것은 능력이 부족해서가 아니라 겨우 입에 풀칠을 하기 위해서 투쟁해야만 했던 집안 형편 때문이었다. 다행히 가족들이 적은 금액이기는 하지만 돈을 구하게 된 덕분에 벨은 벨파스트 기술고등학교에 입학할 수 있었다. 도시의 다른 학교만큼 유명하지는 않았지만, 그에게 필요했던 학문적이고 실용적인 과목들이 결합된 교육 과정이 제공되었다. 1944년에 열여섯 살의 벨은 자신의 고향에 있는 퀸스 대학교에 입학할 수 있는 자격을 갖출 수 있었다.

입학에 필요한 최저 연령이 열일곱 살이었고, 부모들이 대학 교육에 필요한 비용을 마련할 수 없었던 벨은 일자리를 찾기 시작했다. 운 좋게도 퀸스 대학교의 물리학과 실험실에서 기사 보조원으로 일하게 되었다. 오래지 않아서 두 사람의 원로 물리학자들이 벨의 재능을 알아보고, 시간이 날 때마다 1학년 강의를 들을 수 있도록 허락해주었다. 그의 열정과 분명한 재능 덕분에 받게 된 소액의 장학금과 자신의 저축 덕분에 그는 기사 보조원에서 벗어나서 완전한 자격을 갖춘 물리학과 학생이 될 수 있었다.

그의 부모의 희생으로 대학교를 다니게 된 벨은 열심히 공부했고, 동기도 충분했다. 뛰어난 학생이었던 그는 1948년에 실험물리학의 학위를 얻었다. 1년 후에는 수리물리학의 학위도 받았다.

벨은 자신이 "그렇게 오랫동안 부모에게 의지해서 살았던 것이 매우 떳떳하지 못해서 직장을 얻어야 한다고 생각했다"고 했다.[19] 두 개의 학위와 화려한 추천서를 가진 그는 영국으로 갔고, 영국 원자력연구소에서 일하게 되었다. 1954년에 벨은 동료 물리학자 매리 로스와 결혼을 했다. 1960년에 버밍엄 대학교에서 박사학위를 받은 그와 그의 아내는 스위스 제네바에 있는 유럽 입자물리연구소(CERN)로 자리를 옮겼다. 양자이론학자로 이름이 알려진 벨의 임무는 입자가속기를 설계하는 것이었다. 그는 자신을 양자 엔지니어라고 부르는 것을 자랑스러워했다.

벨은 벨파스트에서 학창 시절의 마지막 해를 보내던 1949년에 막스 보른의 새 책 『원인과 우연의 자연철학(*Natural Philosophy of Cause and Chance*)』을 읽으면서 폰 노이만의 증명에 대해서 처음 알게 되었다. 훗날 그는 "폰 노이만과 같은 사람이 양자역학은 일종의 통계역학으로 해석할 수 없다는 것을 실제로 증명했다는 사실이 매우 인상적이었다"고 기억했다.[20] 그러나 그는 자신이 알지 못했던 독일어로 쓴 폰 노이만의 책을 읽어보지는 못했다. 그 대신 폰 노이만의 증명이 옳다는 보른의 말을 믿었다. 보른에 따르면, 폰 노이만은 양자역학을 "가능성이 높고 일반적인 성격"의 몇 가지 가설로부터 유도함으로써 공리적 근거 위에 올려놓음으로써 "양자역학의 형식이 이런 공리에 의해서 유일하게 결정되도록" 만들었다.[21] 특히 보른은 그의 증명이 "숨겨진 파라미터들을 도입해서 비결정론적 서술을 결정론적으로 변환시킬 필요는 없다"는 뜻이라고 했다.[22] "미래의 이론이 결정론적이어야 한다면, 그것은 현재 이론을 수정한 것이 아니라 근본적으로 다른 것이어야만 한다."[23] 보른은 은연 중에 코펜하겐 해석을 옹호하는 주장을 한 것이었다. 보른의 메시지는 양자역학이 완전하고, 그래서 수정할 필요가 없다는 것이었다.

벨은 폰 노이만의 책이 영어로 출판되기 전이었던 1955년에 숨은 변수에 대한 봄의 논문을 읽었었다. 그는 훗날 "나는 폰 노이만이 분명히 틀렸다는 사실을 알았다"고 했다.[24] 그러나 파울리와 하이젠베르크는 봄의 숨은 변수 대안을 "형이상학적"이고 "이념적"이라고 낙인을 찍어버렸다.[25] 벨의 입장에서는 그들이 폰 노이만의 불가능성 증명을 선뜻 인정한 것은 "상상력 부족"을 보여주는 것이었다.[26] 보어와 코펜하겐 해석의 지지자들 중에는 폰 노이만이 틀렸을 수도 있다고 의심했던 사람도 있었지만, 자신들의 주장을 지킬 수는 있었다. 훗날 봄의 결론을 일축해버리기는 했지만, 파울리도 파동역학에 대한 강의에서 "확장[즉 숨은 변수로 양자역학을 완성하는 일] 불가능성에 대한 증명은 이루어지지 않았다"고 썼다.[27]

폰 노이만의 권위 덕분에 25년 동안 숨은 변수이론은 불가능한 것으로 알려졌다. 그러나 그런 이론이 양자역학과 똑같은 예측을 할 수 있다면, 물리학자들이 단순히 코펜하겐 해석을 받아들여야 할 이유가 없어지게 된다. 코펜하겐 해석이 양자역학의 유일한 해석으로 분명하게 인식되기 때문에 그런 대안이 가능하다는 봄의 주장은 무시되거나 공격을 받았다.

처음에는 그를 격려했던 아인슈타인도 봄의 숨은 변수를 "지나치게 싸구려"라고 일축해버렸다.[28] 아인슈타인의 반응을 이해하려고 노력하던 벨은 "나는 그가 양자 현상에 대해서 훨씬 더 심오한 재발견을 찾고 있었다고 생각했다"고 말했다.[29] "그저 몇 개의 변수를 추가하더라도 해석을 제외한 나머지가 변하지 않는다는 생각은 평범한 양자역학에 대한 사소한 보완으로 보였기 때문에 그에게는 실망스러웠을 것이다." 벨은 아인슈타인이 에너지 보존법칙에 버금가는 무엇인가 대단한 새로운 법칙이 등장하는 것을 보고 싶었을 것이라고 확신했다. 그러나 봄이 아인슈타인에게 제시했던 것은 소위 "양자역학적 힘"의 순간적 전달이 필요한 "비국소적" 해석이었다. 봄의 대안에는 다른 엄청난 사실도 숨겨져 있었다. 벨은 "예를 들면, 기본입자에게 주어진 궤적은 누군가가 우주의 어느 곳에 있는 자석을 움직이면 순간적으로 변화하게 된다"고 밝혔다.[30]

벨이 아인슈타인-보어 논쟁에 대해서 살펴볼 수 있는 시간을 가지게 된 것은 CERN과 입자가속기를 설계하는 일에서 1년 동안 안식년을 얻은 1964년이었다. 벨은 비국소성이 봄의 모형에서 특별한 특징인지 아니면 양자역학의 결과를 재현하려는 모든 숨은 변수이론의 특징인지를 밝히기로 결정했다. 그의 설명에 따르면, "물론 나는 아인슈타인-포돌스키-로젠의 실험이 장거리 상관성을 필요로 하기 때문에 결정적인 것이라는 사실을 알고 있었다. 그들은 어떻게든지 양자역학적 서술을 완성하면 비국소성이 분명히 명백해진다는 주장으로 논문을 끝냈다. 바탕이 되는 이론은 국소적이었다."[31]

처음에 벨은 한 사건이 다른 사건의 원인이 되기 위해서는 두 사건 사이에는 신호가 빛의 속도로 전달되기에 충분한 시간이 있어야만 한다는 "국소적인" 숨은 변수이론을 고안함으로써 국소성을 유지하려고 노력했다. 훗날 그는 "내가 시도했던 모든 것은 작동하지 않았다. 나는 성공하지 못할 가능성이 높다고 느끼기 시작했다"고 말했다.[32] 벨은 아인슈타인이 "유령 같은 원격 작용"이라고 불렀던 두 곳 사이에 순간적으로 전달되는 비국소적 영향을 제거하기 위해서 노력하던 중에 자신의 유명한 이론을 유도하게 되었다.[33]

그는 1951년에 봄의 첫 구상을 더욱 단순화시켜서 EPR 사고실험을 살펴보기 시작했다. 아인슈타인, 포돌스키, 로젠은 입자의 위치와 운동량이라는 두 가지 성질을 이용했지만, 봄은 양자 스핀 하나만을 사용했다. 1925년에 젊은 네덜란드의 물리학자 헤오르헤 올렌베크와 사무엘 하우드슈미트가 처음 제안했던 입자의 양자 스핀은 고전물리학에서는 대응하는 개념을 찾을 수 없는 것이다. 전자는 오직 두 개의 가능한 스핀 상태, "스핀-업"과 "스핀-다운"의 상태를 가지고 있다. 봄이 수정한 EPR 실험에서는 스핀 0인 입자가 자발적으로 붕괴되는 과정에서 두 개의 전자 A와 B가 만들어진다. A와 B가 결합한 스핀은 최초의 입자가 가졌던 스핀 0이어야 하기 때문에, 한 전자가 스핀-업이면, 다른 전자는 반드시 스핀-다운이 되어야만 한다.[34] 두 입자 사이에 물리적 상호작용이 불가능할 정도로 충분히 멀리 떨어질 때까지 서로 반대 방향으로 날아간 후에 스핀 검지기로 개별 전자의 양자 스핀을 정확하게 같은 시각에 측정한다. 벨은 그런 전자쌍에 대해서 수행된 동시 측정의 결과 사이에 존재하는 상관관계에 관심이 있었다.

전자의 양자 스핀은 x, y, z라고 부르는 서로 수직인 세 방향 중 어느 한 방향에 대해서 독립적으로 측정될 수 있다.[35] 이 방향은 모든 것이 움직이는 일상 세상에서 서로 직교하는 세 가지 방향, 좌우(x 방향), 상하(y 방향), 전후(z 방향)와 같은 것이다. 전자 A의 스핀을 그 경로에 위치한 스핀 검지기로 x 방향을 따라서 측정하면, 그 결과는 "스핀-업"이거나 "스핀-다운"이 된다. 확률은 동전을 던졌을 때 앞면이나 뒷면으로 떨어질 확률과 같은 50대 50이다. 두 경우에서 결과가 이것일지 다른 것일지는 순전히 우연에 의해서 결정된다. 그러나 동전을 반복적으로 던지는 경우처럼 실험을 반복한다면 전자 A는 절반의 측정에서는 스핀-업이 되고, 나머지 절반에서는 스핀-다운이 될 것이다.

동시에 두 개의 동전을 던져서 각각의 동전이 앞면이나 뒷면이 될 수 있는 경우와는 달리, 전자 A의 스핀이 스핀-업으로 측정되는 순간, 전자 B의 스핀에 대한 같은 방향의 동시 측정은 스핀-다운이 되어야만 한다. 두 스핀 측정의 결과들 사이에는 완벽한 상관관계가 있다. 훗날 벨은 그런 상관관계의 본질에 대해서는 아무것도 이상한 점이 없다는 사실을 증명하려고 시도했다. "양자역학 강의로 고통을 받지 않았던 길거리 철학자는 아인슈타인-포돌스키-로젠의 상관관계에 아무런 감동을 받지 않는다. 그는 일상생활에서도 비슷한 상관관계가 발견되는 많은 예를 지적할 수 있다. 버틀만의 양말의 경우가 흔히 인용되는 경우이다. 버틀만 박사는 서로 다른 색깔의 양말을 신고 싶어하는데, 어느 날 그가 어느 발에 어떤 색깔의 양말을 신을지는 예측하기가 불가능하다. 그러나 첫 번째 양말이 분홍색이면, 두 번째 양말은 분홍색이 아니라는 사실은 확실하다. 첫 번째 양말에 대한 관찰과 버틀만의 경험으로부터 곧바로 두 번째 양말에 대한 정보를 얻을 수 있다. 그런 취향을 설명할 수는 없지만, 그 이외에는 어떠한 신비도 없다. 그런데 EPR의 경우도 마찬가지가 아닐까?"[36] 버틀만의 양말 색깔의 경우와 마찬가지로, 부모 입자의 스핀이 0이라는 사실로부터 전자 A의 특정 방향 스핀이 스핀-업으로 측정되면, 전자 B의 같은 방향 스핀은 스핀-다운으로 확인된다.

보어에 따르면, 측정이 이루어질 때까지는 전자 A와 전자 B는 모두 어떤 방향으로 미리 정해진 스핀값을 가지고 있지 않다. 벨은 "마치 우리가 버틀만의 양말을 부정하거나, 아니면 적어도 우리가 보지 않을 때에는 그 색깔의 존재까지도 부정하는 것과 마찬가지이다"라고 했다.[37] 그 대신 관찰되기 전에는 전자들이 동시에 스핀-업과 스핀-다운 상태로 존재할 수 있는 유령 같은 겹침 상태에 있다. 두 전자는 얽혀 있기 때문에 그들의 스핀 상태에 관련된 정보는 ψ = (A 스핀-업, B 스핀-다운) + (A 스핀-다운, B 스핀-업)과 같은 파동함수로 주어진다. 전자 A는 그것을 결정하기 위한 측정이 A와 B로 구성된 시스템의 파동함수가 붕괴될 때까지 스핀의 x-성분을 가지고 있지 않다가, 붕괴가 일어나고 나면 비로소 스핀-업이나 스핀-다운이 된다. 바로 그 순간에 얽힌 짝 B는 우주의 반대쪽에 있다고 하더라도 같은 방향으로 반대의 스핀을 가지게 된다. 보어의 코펜하겐 해석은 비국소적인 것이었다.

아인슈타인은 그런 상관관계를 설명하기 위해서, 두 전자들이 모두 측정이 이루어지는지에 상관없이 x, y, z의 세 방향 각각으로 양자 스핀의 분명한 값을 가지고 있다고, 주장할 것이다. 벨은 아인슈타인의 입장에서는 "그런 상관관계가 단순히 양자이론 학자들이 너무 성급하게 미시 세계의 실재를 부정했다는 것을 보여주는 것"이었다고 했다.[38] 양자역학은 전자쌍의 기존 스핀 상태를 수용할 수 없기 때문에 아인슈타인은 그 이론이 불완전하다는 결론을 내렸다. 그는 이론의 정확성에 대해서는 논쟁을 하지 않았고, 다만 그 이론은 양자 수준에서 물리적 실재의 완전한 그림이 아니라고 주장했다.

아인슈타인은 입자가 먼 곳에서 일어나는 사건으로부터 순간적으로 영향을 받을 수 없고, 그 성질은 측정과는 독립적으로 존재한다는 "국소적 실재론(local realism)"을 믿었다. 불행하게도, 본래의 EPR 실험에 대한 봄의 재치 있는 재구성으로는 아인슈타인과 보어의 위치를 구별할 수 없었다. 두 사람 모두 그런 실험의 결과를 설명할 수 있었다. 벨은 천재적 솜씨로 두 스핀 검지기의 상대적 방향을 변화시켜서 교착 상태를 해결하는 방법을 찾아냈다.

전자 A와 B를 측정하는 스핀 검지기를 평행으로 배열하면, 두 세트의 측정 사이에는 100퍼센트의 상관관계가 성립한다. 한 검지기에서 스핀-업이 측정될 때마다, 다른 검지기에서는 스핀-다운이 기록되고, 그 반대도 성립한다. 만약 두 검지기 중 하나를 약간 회전시키면, 두 검지기는 더 이상 평행이 유지되지 않는다. 이제 얽힌 전자쌍들의 스핀 상태를 측정하면, A가 스핀-업으로 발견되고, 그 짝인 B의 대응하는 측정에서도 스핀-업이 되는 경우가 생긴다. 두 검지기 사이의 방향 각도를 증가시키면, 상관관계도 줄어들게 된다. 검지기들이 서로 90도가 되고, 다시 실험을 여러 차례 반복하는 과정에서 A가 x-방향으로 스핀-업이 되면, 이 경우의 절반에서만 B가 스핀-다운으로 나타나게 된다. 만약 검지기들이 서로 180도가 되면, 전자쌍의 스핀은 완전히 반(反)상관적이 된다. A의 스핀 상태가 스핀-업으로 측정되면, B도 역시 스핀-업이 된다.

사고실험이기는 하지만, 검지기의 주어진 방향에서 양자역학에 의해서 예측되는 정확한 스핀 상관도를 계산하는 것은 가능하다. 그러나 국소성이 보존되는 고전적인 숨은 변수이론으로는 그런 계산이 가능하지 않다. 그런 이론이 예측할 수 있는 것은 A와 B의 스핀 상태 사이의 일치도가 완벽하지 못하다는 것뿐이다. 그것으로는 양자역학과 국소적 숨은 변수이론을 충분히 구별할 수 없다.

벨은 양자역학의 예측과 비슷한 스핀 상관관계가 나타나는 실제 실험에 대해서는 이의를 제기하기 쉽다는 사실을 알고 있었다. 어쨌든 앞으로 누군가가 서로 다른 검지기 배열에 대한 스핀 상관관계를 정확하게 예측하는 숨은 변수이론을 개발하는 것이 가능하게 되었던 것이다. 그런데 벨은 놀라운 사실을 발견했다. 주어진 스핀 검지기 배열에서 전자쌍의 상관관계를 측정한 후에 배열을 바꾸어서 같은 실험을 반복하면, 양자역학과 임의의 국소적 숨은 변수이론의 예측을 구별할 수 있다는 것이었다.

벨은 임의의 국소적 숨은 변수이론으로 예측되는 개별적인 결과들을 이용해서 모든 배열에 대한 전체 상관도를 계산할 수 있었다. 임의의 이론에서도 어느 한 검지기의 측정 결과가 다른 검지기의 측정 결과에 영향을 받을 수 없기 때문에 숨은 변수와 양자역학을 구별하는 것이 가능하다.

벨은 봄-수정 EPR 실험에서 얽힌 전자쌍 사이의 스핀 상관도의 한계를 계산할 수 있었다. 그는 양자의 천상(天上) 세상에서는 양자역학이 대권을 장악하고 있을 경우에는 숨은 변수와 국소성에 의존하는 임의의 세계에서보다 상관 수준이 높아진다는 사실을 발견했다. 벨 정리는 임의의 국소적 숨은 변수이론도 양자역학과 같은 정도의 상관관계를 재현할 수 없다는 것이다. 모든 국소적 숨은 변수이론에서는 상관계수라고 부르는 수가 −2에서 +2 사이의 값이 되는 스핀 상관관계가 나타난다. 그러나 스핀 검지기가 임의의 배열을 하고 있을 경우에는 양자역학은 상관계수가 "벨 부등식"으로 알려진 −2에서 +2의 범위를 벗어난 값을 예측한다.[39]

붉은 머리와 뾰족한 턱수염을 가진 벨을 알아보지 못할 수는 없지만, 그의 놀라운 정리는 무시되었다. 1964년 당시에는 주목의 대상이 되었던 학술지가 미국물리학회에서 발간하는 『피지컬 리뷰』이었기 때문에 놀라운 일이 아니었다. 벨에게는 『피지컬 리뷰』에 논문 게재가 결정되면 보통 소속 대학에서 게재료를 지불하는 관행이 문제가 되었다. 당시 스탠퍼드 대학교의 초청 연구원이었던 벨은 자신을 환대해준 대학에 그런 요구를 하고 싶지 않았다. 결국 "아인슈타인, 포돌스키, 로젠 역설에 대하여"라는 그의 6쪽짜리 논문은 투고자에게 원고료를 지급했지만, 아무도 읽지 않는 3류 학술지인 『물리학(Physics)』에 발표되었다.[40]

사실 이 논문은 그가 안식년 동안에 발표했던 두 번째 논문이었다. 첫 번째 논문은 "양자역학이 숨은 변수 해석을 허용하지 않는다"는 폰 노이만을 비롯한 사람들의 평결을 재검토한 것이었다.[41] 불행하게도 『현대 물리학 리뷰(Review of Modern Physics)』에서의 실수와 편집자의 편지가 분실되면서 더욱 지연된 탓에 논문은 1966년 7월에야 발표되었다. 벨에 따르면, 그 논문은 "'그런 숨은 변수의 존재에 대한 의문에 관해서는 양자이론에서 그런 변수의 수학적 불가능성에 대한 폰 노이만의 증명으로 일찍부터 비교적 분명한 답이 주어졌다'고 믿는" 사람들을 대상으로 한 것이었다.[42] 그는 또 폰 노이만이 틀렸다는 것을 분명하게 보여주었다.

실험적 사실과 일치하지 않는 과학이론은 수정되거나 폐기된다. 그러나 양자역학은 그동안의 모든 시험을 통과했다. 이론과 실험 사이에는 어떠한 문제도 없었다. 벨의 동료들은 거의 대부분, 나이에 상관없이 양자역학의 정확한 해석에 대한 아인슈타인과 보어의 논쟁은 물리학이라기보다는 철학의 문제라고 생각했다. 그들은 1954년 보른에게 보낸 편지에서 표현했듯이 "바늘 끝에 몇 명의 천사가 앉을 수 있는지에 대한 옛날 질문보다 아무것도 알 수 없는 어떤 것이 존재하는가에 대한 문제로 더 이상 머리를 괴롭히지 말아야 한다"는 파울리의 견해에 공감했다.[43] 파울리에게는 코펜하겐 해석을 비판하던 "아인슈타인의 질문은 궁극적으로 언제나 그런 종류"였던 것으로 보였다.[44]

벨 정리는 그런 상황을 바꿔놓았다. 보어의 코펜하겐 해석에서 아인슈타인이 강조하던 양자 세계가 관찰과 독립적으로 존재하고, 물리적 효과는 빛보다 빨리 전달될 수 없다는 국소적 실재를 시험해볼 수 있게 되었다. 벨은 아인슈타인-보어 논쟁을 실험철학이라는 새로운 장으로 끌어들였다. 만약 벨의 부등식이 성립한다면, 양자역학이 불완전하다는 아인슈타인의 주장은 옳은 것이 될 것이다. 부등식이 성립하지 않는다면, 보어가 승자가 될 것이다. 사고실험은 더 이상 필요 없게 되었고, 실험실에서 아인슈타인 대 보어의 경쟁이 시작되었다.

실험학자들에게 자신의 부등식을 시험하도록 만든 사람은 1964년에 "필요한 측정을 실제로 수행하기 위한 구상을 하는 데는 상상이 거의 필요하지 않다"고 했던 벨이었다.[45] 그러나 한 세기 전에 구스타프 키르히호프와 그의 상상 속의 흑체와 마찬가지로 실험학자가 실험을 "구상하는" 것은 그의 동료가 실제로 실험을 수행하는 것보다 훨씬 더 쉬웠다. 벨이 버클리 대학교의 젊은 물리학자였던 당시 스물여섯 살의 존 클로저로부터 자신들이 부등식을 시험하는 실험을 고안했다는 편지를 받게 되는 1969년까지는 5년이 걸렸다.

클로저는 벨의 부등식을 처음 알게 되었던 2년 전까지는 뉴욕의 컬럼비아 대학교의 박사과정 학생이었다. 시험해볼 가치가 있다고 확신한 클로저는 자신의 지도교수를 만나러 갔지만, "제대로 된 실험학자라면 실제로 그것을 측정하려고 노력하지 않을 것"이라는 놀라운 이야기를 들었다.[46] 훗날 클로저는 그것이 "양자이론과 코펜하겐 해석을 복음서처럼 보편적으로 받아들이던 관행과 이론의 근거에 대해서 조금이라도 의문을 제기하는 것에 대한 총체적인 거부감"에 의한 반응이었다고 썼다.[47] 그럼에도 불구하고, 1969년 여름에 클로저는 마이클 혼, 아브너 시모니, 리처드 홀트의 도움을 받아서 실험을 설계했다. 네 사람은 벨의 부등식을 미세 조정해서 완벽한 장치를 갖춘 사람의 상상 속에서의 실험실이 아니라 실제 실험실에서 시험할 수 있도록 만들어야만 했다.

박사후 연구원 자리를 찾던 클로저는 버클리 대학교로 가서 전파천문학 연구에 적응해야만 했다. 다행히 클로저의 새 지도교수는 그가 정말 하고 싶은 실험에 대해서 설명을 하자 절반의 시간을 그 일에 할애할 수 있도록 허락했다. 클로저는 자신을 기꺼이 도와줄 대학원 학생 스튜어트 프리드먼도 찾았다. 클로저와 프리드먼은 실험에서 전자 대신 상관된 광자쌍을 이용했다. 광자는 시험의 목적에서 양자 스핀의 역할을 해줄 수 있는 편광이라고 부르는 성질을 가지고 있기 때문에 그런 전환이 가능했다. 단순화시킨 것이기는 하지만, 광자는 "업"이나 "다운"의 편광을 가지고 있는 것으로 생각할 수가 있다. 전자와 스핀의 경우와 마찬가지로, 두 광자의 합쳐진 편광은 반드시 0이기 때문에 한 광자의 x-방향 편광이 "업"으로 측정되면, 다른 광자는 "다운"으로 측정될 것이다.

전자 대신 광자를 이용한 이유는 실험실에서 광자를 만들기가 더 쉬웠기 때문이었다. 특히 실험에서는 수많은 입자쌍에 대한 측정이 필요하다. 클로저와 프리드먼이 벨의 부등식을 시험할 수 있는 준비를 마친 것은 1972년이었다. 그들은 전자가 바닥 상태에서 더 높은 에너지 레벨로 도약하기에 충분한 에너지를 얻을 수 있을 정도로 칼슘 원자를 가열했다. 전자가 바닥 상태로 다시 떨어질 때는 두 단계를 거치면서 녹색과 청색의 서로 엉킨 한 쌍의 광자를 방출한다. 광자는 반대 방향으로 보내져서 검지기가 동시에 편광을 측정하게 된다. 첫 번째 측정에서 두 검지기는 서로 22.5도의 각도가 되도록 배열되었으나, 두 번째 측정에서는 67.5도가 되도록 다시 배열되었다. 클로저와 프리드먼은 200시간에 걸친 측정에서 광자의 상관 수준이 벨의 정리에 맞지 않는다는 사실을 발견했다.

결과는 "유령 같은 원격 작용"이 있는 보어의 양자역학에 대한 비국소적 코펜하겐 해석에 유리했고, 아인슈타인이 지지하던 국소적 실재에는 불리한 것이었다. 그러나 결과의 유효성에 대해서는 심각한 의문이 있었다. 1972년부터 1977년까지 서로 다른 연구진들이 벨의 부등식에 대해서 9번의 독립된 시험을 실시했다. 오직 7번에서만 위반이 발견되었다.[48] 이렇게 뒤섞인 결과가 얻어지자 실험의 정확도에 대한 의혹이 제기되었다. 한 가지 문제는 검지기의 비효율성 때문에 측정을 위해서 생성된 광자쌍 중에서 극히 일부만이 측정된다는 것이었다. 그런 사실이 상관의 수준에 어떤 영향을 주는지에 대해서는 아무도 알지 못했다. 벨의 정리가 누구를 위해서 종을 울리는지를 결정적으로 확인하기 위해서는 또다른 빈틈을 메워야 했다.

클로저를 비롯한 사람들이 바쁘게 계획을 세우고 실험을 하는 동안에 프랑스의 한 물리학과 학생이 아프리카에서 봉사 활동을 하면서 남은 시간에 양자역학에 대한 글을 읽고 있었다. 알랭 아스페는 양자역학에 대한 유명한 프랑스 교과서를 읽고 있던 중에 처음으로 EPR 사고실험에 매력을 느끼게 되었다. 벨의 유명한 논문을 읽고 난 그는 벨의 부등식을 엄격하게 시험하는 방법에 대해서 생각하기 시작했다. 1974년 카메룬에서 3년을 보낸 아스페가 프랑스로 돌아왔다.

스물일곱 살의 아스페는 오르세의 파리수드 대학교의 이론-응용 과학 연구소의 지하 실험실에서 자신의 아프리카 꿈을 실현시키기 시작했다. "정식 직장이 있는가?"[49] 제네바로 찾아간 아스페에게 벨이 물었다. 아스페는 자신이 박사학위 과정의 대학원 학생이라고 설명했다. 벨은 "당신은 용감한 대학원 학생임에 틀림없어요"라고 대답했다.[50] 그는 젊은 프랑스 학생이 그렇게 어려운 실험을 수행하려고 시도하다가 자신의 미래를 망쳐버릴 수 있다는 사실을 걱정했다.

실험은 당초 예상했던 것보다 오래 걸렸지만, 1981년과 1982년에 아스페와 그의 동료들이 레이저와 컴퓨터를 포함한 최신 기술 혁신을 이용해서 벨의 부등식을 시험할 수 있는 정교한 실험을 한 가지가 아니라 세 가지나 수행했다. 클로저와 마찬가지로, 아스페도 개별적인 칼슘 원자에서 동시에 방출된 후에 서로 반대 방향으로 움직이는 얽힌 광자쌍의 편광에서 발견되는 상관성을 측정했다. 그러나 광자쌍이 만들어지고 측정되는 속도가 훨씬 더 빨랐다. 아스페에 따르면, 그의 실험은 "지금까지 관찰된 것 중에서 벨의 부등식의 가장 강력한 위반과 양자역학과의 훌륭한 일치"를 보여주었다.[51]

벨은 1983년 아스페가 박사학위를 받을 때 심사위원 중 한 사람이었지만, 결과에 대해서는 여전히 몇 가지 의혹이 남아 있었다. 양자적 실재의 본질이 걸린 문제이기 때문에 아무리 사소한 것이라고 해도 모든 가능한 틈새를 고려해야만 했다. 예를 들면, 검지기들이 어떤 식으로든지 서로 신호를 주고받을 가능성을 제거하기 위해서 광자가 움직이고 있는 동안에 검지기의 방향을 무작위적으로 바꾸어주었다. 결정적인 실험이 되기에는 여전히 부족했지만, 그 이후로 몇 년에 걸친 추가적인 개선과 다른 연구로 아스페의 최초 결과가 확인되었다. 모든 가능한 틈새가 메워진 실험은 아무도 하지 못했지만, 대부분의 물리학자들은 벨의 부등식이 성립하지 않는다고 인정한다.

벨은 오직 두 가지 가정을 사용해서 부등식을 유도했다. 첫째는, 관찰자와 관계가 없는 실재가 존재한다는 것이다. 그것은 입자가 측정되기 전에도 스핀과 같은 확실한 성질을 가지고 있다는 뜻이다. 둘째는, 국소성이 유지된다는 것이다. 빛보다 빠른 영향은 없기 때문에 이곳에서 일어난 일은 저 멀리 다른 곳에서 일어나는 일에 순간적으로 영향을 미칠 수 없다. 아스페의 결과는 이 두 가지 가정 중에서 하나를 포기해야 한다는 뜻이다. 그러나 어느 것을 포기해야 한단 말인가? 벨은 국소성을 포기할 준비를 하고 있었다. 그는 "사람들은 세계가 실재한다고 생각하고, 관측되지 않더라도 세계가 실재하는 것처럼 이야기할 수 있기를 바란다"고 말했다.[52]

1990년 10월 뇌종양으로 62세에 사망한 벨은 "양자이론은 일시적 처방일 뿐"이고, 궁극적으로 더 나은 이론으로 대체되어야 한다고 확신했다.[53] 그럼에도 불구하고, 그는 실험이 "아인슈타인의 세계관은 쉽게 방어될 수 없는 것이라는 사실"을 보여주었다고 인정했다.[54] 벨의 정리는 아인슈타인과 국소적 실재를 위해서 조종(弔鐘)을 울렸던 것이다.

15

양자 악령

언젠가 아인슈타인은 "나는 일반상대성이론보다 양자 문제에 대해서 백배는 더 많이 생각했다"고 말했다.[1] 양자역학이 원자 세계에 대해서 무엇을 말해주고 있는지를 이해하려고 노력하는 과정에서 드러난 객관적 실재에 대한 보어의 거부감이 아인슈타인에게는 양자이론이 전체 진리의 일부만 포함하고 있다는 분명한 표지였다. 덴마크 물리학자는 관찰의 행위인 실험에 의해서 드러나는 것 이상의 양자적 실재는 없다고 고집했다. 아인슈타인도 "그것을 믿는 것은 모순 없이 논리적으로는 가능하지만, 나의 과학적 직관과는 너무나도 틀리는 것이라서 더욱 완전한 이론을 찾는 일을 포기할 수가 없다"고 했다.[2] 그는 계속해서 "단순히 일어날 확률이 아니라 사건 자체를 대표할 수 있는 실재의 모형을 찾을 가능성을 믿었다."[3] 그러나 결국 그는 보어의 코펜하겐 해석을 반박하는 일에 실패했다. 프린스턴에서 아인슈타인과 함께 지냈던 에이브러험 파이스는 "그는 상대성에 대해서는 무심하게 이야기했지만, 양자이론에 대해서는 열정적으로 이야기했다"고 기억했다.[4] "그에게 양자는 악령이었다."

미국의 유명한 노벨상 수상자 리처드 파인먼은 아인슈타인이 사망하고 10년이 지난 1965년에 "나는 아무도 양자역학을 이해하지 못한다고 확실하게 말할 수 있다고 생각한다"고 말했다.[5] 코펜하겐 해석이 로마에서 발표된 교황의 칙령처럼 확실한 양자 정설로 자리를 잡은 상황에서 대부분의 물리학자들은 그저 파인먼의 충고를 따랐다. 그는 "피할 수만 있다면 스스로에게 '그렇지만 어떻게 이렇게 될 수 있을까?'라고 계속 묻지 말라"고 경고했다.[6] "어떻게 그렇게 될 수 있는지는 아무도 모른다." 아인슈타인은 결코 그렇게 생각하지 않았다. 그러나 그가 벨의 정리와 그것이 자신을 위해서 울린 조종이었음을 보여주는 실험에 대해서 어떻게 생각했을까?

아인슈타인의 물리학에서 핵심은 관찰 여부에 상관없이 독립적으로 "저곳"에 존재하는 실재에 대한 확고부동한 믿음이었다. "달은 쳐다보고 있을 때에만 존재할까?" 다르게 생각하는 것이 얼마나 터무니없는지를 강조하고 싶었던 그는 에이브러햄 파이스에게 그렇게 물었다.[7] 아인슈타인이 구상하던 실재는 국소성을 가지고 있었고, 물리학자들이 반드시 발견해야 할 인과법칙에 의해서 지배되었다. 그는 1948년에 보른에게 "공간의 다른 부분에 존재하는 것이 그 자체의 독립적이고 사실적인 실재를 가지고 있다는 가정을 포기한다면, 나는 물리학이 과연 무엇을 서술해야 하는지를 알 수가 없게 된다"고 말했다.[8] 아인슈타인은 실재론, 인과성, 국소성을 믿었다. 반드시 그래야 한다면 그는 무엇을 희생할 준비를 하고 있었을까?

"신은 주사위 놀이를 하지 않는다." 아인슈타인은 이 기억에 남을 말을 자주 했다.[9] 모든 현대의 광고 카피라이터와 마찬가지로 그는 기억에 남는 구호의 가치를 알고 있었다. 그것은 코펜하겐 해석에 대한 짧고 분명한 비판이었지만, 그의 과학적 세계관의 기초가 될 수는 없는 것이었다. 그러나 그 의미가 언제나 분명했던 것도 아니었다. 심지어 거의 반세기 동안이나 그를 알고 지냈던 보른과 같은 사람에게도 그랬다. 결국 아인슈타인이 실제로 양자역학에 반대하는 중심에 무엇이 있는지를 설명해준 것은 파울리였다.

파울리가 1954년 프린스턴에 두 달 동안 체류하는 동안 아인슈타인은 그에게 결정론에 대해서 언급한 보른의 논문 초고를 주었다. 그것을 읽은 파울리는 자신의 옛 스승에게 "아인슈타인이 '결정론'의 개념을 흔히 생각하는 것처럼 근본적이라고 생각하지 않습니다"라는 편지를 보냈다.[10] 그것은 몇 년에 걸쳐서 아인슈타인이 그에게 "몇 번이나 단호하게" 말했던 것이었다.[11] 파울리는 "아인슈타인의 출발점은 '결정론적인' 것이라기보다 '실재론적인' 것이었고, 그것은 그의 철학적 선호가 다른 것이라는 뜻이다"라고 설명했다.[12] 파울리가 '실재론적'이라고 했던 것은 아인슈타인이 예를 들면 전자는 측정의 행위 이전에 이미 존재하는 성질을 가지고 있다고 생각한다는 뜻이었다. 그는 보른이 "가짜 아인슈타인을 만든 후에 화려하게 쓰러뜨렸다"고 비판했다.[13] 오랜 우정을 고려하면, 보른이 실제로 아인슈타인을 힘들게 만든 것은 주사위 놀이가 아니라 코펜하겐 해석이 "관찰과 독립적인 것으로 널리 생각되고 있는 실재의 표현을 포기한 것"이라는 사실을 완전히 이해하지 못했다는 것은 놀라운 일이었다.[14]

그런 오해는 보른에게 양자역학에서의 확률과 우연의 역할과 인과성과 결정론의 거부에 대한 그의 불편한 마음을 전하려고 아인슈타인이 노력하던 1926년 12월에 처음으로 신은 "주사위 놀이를 하지 않는다"라고 말했기 때문이었을 수도 있다.[15] 그러나 파울리는 아인슈타인의 반대가 단순히 이론이 확률의 언어로 표현되었다는 사실을 훨씬 넘어선 것이었음을 이해하고 있었다. 파울리는 보른에게 "특히 제가 보기에는 아인슈타인과의 논쟁에서 결정론의 개념을 언급하는 것은 오해의 소지가 있는 것처럼 보입니다"라고 경고했다.[16]

1950년에 아인슈타인은 양자역학에 대해서 "문제의 핵심은 인과성이 아니라 실재론이다"라고 했다.[17] 그는 몇 년 동안 자신이 "실재의 표현을 포기하지 않고서도 양자 수수께끼를 해결할 수 있기를" 기대했다.[18] 상대성을 발견한 사람에게 그런 실재는 빛 보다 빠른 영향이 설 자리가 없는 국소적인 것이어야만 했다. 벨 부등식의 위반은 아인슈타인이 관찰자와 독립적으로 존재하는 양자 세계를 원한다면 국소성을 포기해야만 한다는 뜻이었다.

벨 정리는 양자역학이 완전한지 아닌지를 결정해주지는 못하고, 오직 양자역학과 국소적 숨은 변수이론 사이를 구분해줄 수 있을 뿐이다. 당시의 모든 실험적 시험에 합격했다는 이유로 아인슈타인이 그렇게 믿었듯이 양자역학이 옳다면, 벨 정리는 양자역학의 결과를 재현하는 모든 변수이론은 비국소적이어야 한다는 뜻이다. 다른 사람들이 그랬던 것처럼, 보어는 알랭 아스페의 실험 결과를 코펜하겐 해석에 대한 지지로 생각했을 것이다. 아인슈타인도 아마 메워져야 할 상태로 남아 있는 실험의 허점을 통해서 국소적 실재를 지키려고 시도하지 않고, 벨의 부등식을 시험하는 결과의 유효성을 인정했을 것이다. 그러나 벨의 부등식이 실재의 정신에 어긋난다고 말하는 사람이 있기는 했지만, 아인슈타인이 받아들일 수도 있었던 또다른 해결책도 있었다. 무(無)신호 정리가 바로 그것이다.

서로 얽혀 있는 한 쌍의 입자 중 하나에 대한 어떤 측정은 완전히 무작위적 결과를 만들어내기 때문에 비국소성과 양자적 얽힘을 이용해서 한 곳에서 다른 곳으로 순간적으로 유용한 정보를 전달할 수 없다는 사실도 밝혀졌다. 그런 측정을 수행하고 나면, 실험자는 멀리 떨어진 곳에서 동료에 의해서 다른 얽힌 입자를 대상으로 수행된 가능한 측정의 결과에 대한 확률 이상은 아무것도 알 수 없다는 것을 알게 된다. 실재는 떨어진 위치에 있는 얽힌 입자쌍 사이에 빛보다 더 빠른 영향을 허용하는 비국소적인 것일 수는 있지만, 그것은 "유령 같은 원격 소통"이 필요하지 않는 양성적(良性的)인 것이다.

벨 부등식을 시험했던 아스페 연구진과 또다른 연구진은 국소성이나 객관적 실재 중 어느 하나를 배제하고, 비국소적 실재는 허용했지만, 2006년에는 빈 대학교와 그다니스크 대학교의 연구진이 처음으로 비국소성과 실재론 모두를 시험대에 올렸다. 실험은 영국의 물리학자 앤서니 레깃 경의 연구에서 영감을 얻었다. 1973년에 아직 작위를 받지 않았던 레깃은 얽힌 입자들 사이에 전달되는 순간적 영향의 존재를 가정함으로써 벨 정리를 수정하는 아이디어를 생각했다. 액체 헬륨의 양자적 성질에 대한 업적으로 노벨상을 받았던 2003년에 레깃은 양자역학에서 비국소적 숨어 있는 변수이론을 찾아내는 새로운 부등식을 발표했다.

마르쿠스 아스펠마이어와 안톤 차일링거가 이끄는 오스트리아–폴란드 연구진은 과거에 시험해보지 않았던 얽힌 광자 쌍 사이의 상관성을 측정했다. 그들은 양자역학이 예측했던 것처럼 상관관계가 레깃 부등식을 위반한다는 사실을 발견했다. 그 결과가 2007년 4월 학술지 『네이처』에 발표되자, 알랭 아스페는 철학적 "결론은 논리보다는 오히려 취향의 문제이다"라고 지적했다.[19] 레깃 부등식의 위반은 실재론과 어떤 형태의 비국소성이 양립할 수 없다는 뜻이지만, 모든 가능한 비국소적 모형을 배제하지는 않았다.

아인슈타인은 1935년 EPR 논문의 끝 부분에서 그런 접근을 함축적으로 숨은 변수이론으로 옹호한 것처럼 보였지만, 실제로 그런 이론을 제안한 적은 없었다. "파동함수가 물리적 실재의 완전한 서술을 제공하지 못한다는 사실을 밝혔지만, 그런 서술이 존재하는지의 여부에 대한 의문은 미해결로 남겨둔다. 그러나 우리는 그런 이론이 가능할 것이라고 믿는다."[20] 그리고 1949년에 자신의 70회 생일을 기념하는 논문집에 기여한 사람들에 대한 답신에서 아인슈타인은 "사실 나는 현대 양자이론이 근본적으로 가진 통계적인 성질은 오직 이것[이론]이 물리적 시스템의 불완전한 서술로 작동한다는 사실 때문이라고 분명하게 확신합니다"라고 했다.[21]

양자역학을 "완전하게" 만들기 위해서 숨은 변수를 도입하는 것은 이론이 "불완전하다"는 아인슈타인의 견해에 따른 것처럼 보이지만, 1950년대 초에 그는 양자역학을 완전하게 만드는 그런 시도에 더 이상 동조하지 않았다. 1954년에 그는 단호하게 "전체 구조에 대한 근본적인 개념을 바꾸지 않고 현재의 양자이론에 단순히 무엇을 추가함으로써 그 이론에서 통계적 성격을 제거하는 것은 불가능하다"고 말했다.[22] 그는 원자보다 작은 수준에서는 고전물리학의 개념으로 돌아가기보다는 좀더 극단적인 무엇이 필요하다는 사실을 확신했다. 만약 양자역학이 불완전해서 전체 진리의 한 부분에 지나지 않는다면, 앞으로 우리는 완전한 이론이 개발되기를 기다려야 할 것이다.

아인슈타인은 그것이 바로 자신이 일생에서 마지막 25년 동안 찾고 있던 일반상대성이론과 전자기학을 결합한 교묘한 통일장이론이라고 믿었다. 그것이 내부에 양자역학을 포함하는 완전한 이론이 될 수 있을 것이었다. "신이 갈라놓은 것을 인간이 다시 합치지 말게 하라"는 것이 아인슈타인이 추구하던 통일의 꿈에 대한 파울리의 신랄한 판결이었다.[23] 당시에 대부분의 물리학자들은 아인슈타인이 현실을 모른다고 비웃었다. 그러나 방사성과 관련된 약한 핵력과 핵을 함께 결합시켜주는 강한 핵력이 발견되어 물리학자들이 다루어야 할 힘의 숫자가 4개로 늘어나면서 그런 이론을 찾으려는 노력은 물리학의 성배가 되었다.

양자역학에 대해서는 하이젠베르크처럼 단순히 아인슈타인이 "우리와는 상관없이 확실한 법칙에 따라서 공간과 시간에서 전개되는 물리적 과정의 객관적 세계"를 탐구하는 일을 하고 나서 "자신의 입장을 바꾸지 못했다"고 비난하는 사람들이 있다.[24] 하이젠베르크에 따르면, 아인슈타인이 "원자 수준에서는 시간과 공간의 객관적 세계가 존재조차 하지 않는다"고 주장하는 이론을 받아들일 수 없다고 생각한 것은 놀라운 일이 아니었다.[25] 보른은 아인슈타인이 "자신의 확고부동한 철학적 신념과 상충되는 물리학의 새로운 아이디어를 더 이상 받아들일 수 없었다"고 믿었다.[26] 보른은 자신의 오랜 친구가 "양자 현상의 황무지를 정복하려는 노력의 선구자"였음은 인정하면서도, 그가 양자역학에 대해서는 "거리를 두고 회의적"이었던 사실은 "외로움 속에서 자신의 길을 더듬던 아인슈타인은 물론이고, 지도자와 선구자를 잃어버린 우리"에게도 "비극"이었다고 한탄했다.[27]

아인슈타인의 영향력은 줄어들었고, 보어의 영향력은 커졌다. 하이젠베르크와 파울리 같은 선교사들이 적극적으로 메시지를 전파한 덕분에 코펜하겐 해석은 양자역학과 동의어가 되었다. 1960년대에 학생이었던 존 클로저는 아인슈타인과 슈뢰딩거가 "노망이 들었고", 물질 양자에 대한 그들의 의견은 신뢰할 수 없다는 이야기를 자주 들었다.[28] "명망 높은 기관에서 일하는 많은 유명한 물리학자들이 나에게 반복적으로 이런 소식을 전해주었다." 1972년에 벨 부등식을 시험한 최초의 인물이 되고 몇 년 후의 그의 기억이었다. 정반대로 보어는 추론과 직관에 관한 한 거의 초자연적인 능력을 가지고 있었던 것처럼 보였다. 사람들은 직접 계산을 해봐야 했지만, 보어는 그렇게 하지 않았다고 이야기하는 사람들도 있었다.[29] 클로저의 회고에 따르면, 그가 학생이었던 시절에는 코펜하겐 해석을 넘어서는 "양자역학에 대한 의문과 특이성에 대한 자유 탐구"는 "다양한 종교적, 사회적 압력 때문에 불가능했고, 모든 점에서 상황은 그런 생각을 거부하는 복음주의 십자군 운동과도 같았다."[30] 그러나 코펜하겐 정설(正說)에 도전할 준비가 된 불신자(不信者)들도 있었다. 휴 에버렛 3세도 그중 한 사람이었다.

아인슈타인이 사망했던 1955년 4월에 에버렛은 스물네 살이었고, 프린스턴 대학교의 석사학위 과정 학생이었다. 2년 후에 그는 양자 실험의 모든 가능한 결과를 실재 세계에서 실제로 존재하는 것으로 생각할 수 있다는 사실을 증명한 「양자역학의 기초에 대하여」라는 제목의 학위 논문으로 PhD를 받았다. 에버렛에 따르면, 상자에 갇힌 슈뢰딩거 고양이의 경우에는 상자를 여는 순간에 우주가 둘로 나눠진다. 한 우주에는 고양이가 죽어 있고, 다른 우주에는 여전히 살아 있다. 에버렛은 자신의 해석을 "양자역학의 상대적 상태 표현"이라고 했고, 모든 양자 가능성이 존재한다는 그의 가정으로부터 코펜하겐 해석과 똑같은 양자역학적 실험 결과의 예측을 얻을 수 있다는 사실을 증명했다. 에버렛은 1957년 7월에 자신의 대안을 지도교수인 프린스턴의 유명한 물리학자 존 휠러의 노트와 함께 발표했다. 그것이 그의 첫 논문이었지만, 10년 이상 거의 주목을 받지 못했다. 그러자 관심 부족에 실망한 에버렛은 대학을 떠나서 펜타곤에서 게임 이론을 전략적 전쟁 계획에 적용하는 일을 하고 있었다.

언젠가 미국의 영화감독 우디 알렌은 "보이지 않는 세상이 있다는 것은 의문의 여지가 없다"고 말했다. "문제는 그것이 도심에서 얼마나 멀리 떨어져 있고, 얼마나 늦게까지 문을 열고 있느냐는 것이다."[31] 알렌과 달리 대부분의 물리학자들은 모든 가능한 실험 결과의 모든 상상할 수 있는 결과가 존재하는 무한히 많은 수의 공존하는 평행 대안의 실재를 인정해야 한다는 의미를 꺼렸다. 안타깝게도 1982년 쉰한 살에 심장마비로 사망했던 에버렛은 "다중세계 해석"으로 알려지게 된 자신의 해석이 우주가 어떻게 존재하게 되었는지의 신비를 설명하려고 노력하는 양자 우주론학자들에 의해서 심각하게 받아들여지는 것을 보지 못했다. 다중세계 해석을 이용하면 코펜하겐 해석이 해결할 수 없는 문제를 피해갈 수 있게 된다. 관찰의 어떤 행위가 우주 전체의 파동함수를 붕괴시킬 수 있을까?

코펜하겐 해석에서는 우주 바깥에서 우주를 관찰하는 관찰자가 필요하다. 그러나 신을 제외하고 나면 그런 관찰자가 존재할 수 없기 때문에 우주는 영원히 수많은 가능성의 겹침으로 남아 있을 뿐 실제로 존재할 수는 없다. 그것이 오래전부터 잘 알려진 측정의 문제이다. 양자적 실재를 가능성의 겹침으로 서술하고, 각각의 가능성에 확률을 부여하는 슈뢰딩거 공식에는 측정의 행위가 포함되어 있지 않다. 양자역학의 수학에는 관찰자가 존재하지 않는다. 양자이론은 양자 시스템의 상태가 관찰이나 측정에 의해서 가능성이 사실로 바뀌는 과정에서 갑작스럽고 불연속적으로 변하는 파동함수의 붕괴에 대해서는 아무것도 설명해주지 않는다. 에버렛의 다중세계 해석에서는 모든 가능한 양자 가능성이 수많은 평행 우주에서 현실적인 존재로 공존하기 때문에 관찰이나 측정이 파동함수를 붕괴시켜야 할 필요가 없다.

"해석을 얻으려는 이 문제는 단순히 공식을 푸는 것보다 훨씬 더 어려운 것으로 밝혀졌다."[32] 1927년 솔베이 학술회의가 끝나고 50년이 지난 후에 폴 디랙이 한 말이었다. 미국의 노벨상 수상자 머리 겔만은 "닐스 보어가 이전 세대의 물리학자들에게 문제가 해결되었다고 믿도록 세뇌시켰던 것"

이 그 부분적인 이유였다고 믿었다.[33] 1999년 7월에 케임브리지 대학교에서 개최되었던 양자물리학 학술회의에서의 설문 조사가 골치 아픈 해석의 문제에 대한 새 세대의 분위기를 보여주었다.[34] 설문에 응했던 90명의 물리학자들 중에서 코펜하겐 해석에 표를 던진 사람은 4명뿐이었고, 30명은 현대적 해석인 에버렛의 다중세계를 선호했다.[35] 중요한 점은 50명이 "위의 어느 것도 아니거나 판단 유보"로 표시된 상자를 선택했다는 것이다.

측정 문제나 양자 세계가 정확하게 어디에서 끝나고 일상의 고전 세계가 어디에서 시작되는지를 말할 수 없다는 것과 같은 해결되지 않은 개념적 어려움 때문에 점점 더 많은 물리학자들이 양자역학보다 더 심오한 무엇인지를 찾고 싶어한다. 노벨상을 수상한 네덜란드의 이론학자 헤라르 뒤스 토프트는 "'만약'이라는 답을 주는 이론은 정확하지 않은 이론으로 생각해야만 한다"고 말했다.[36] 우주가 결정론적이라고 믿는 그는 양자역학의 이상하고, 반(反)직관적인 특징을 모두 설명할 수 있는 더욱 근본적인 이론을 찾고 있다. 얽힘을 연구하고 있는 선도적인 실험학자인 니콜라 기생과 같은 사람들은 "양자이론이 불완전하다고 생각하는 데에 아무런 문제가 없다"고 했다.[37]

다른 해석의 등장과 양자역학의 완전성이 심각하게 의심스럽다는 지적 때문에 보어와의 오랜 논쟁에서 아인슈타인에게 불리했던 오랜 판결도 재검토되고 있다. 영국의 수학자이며 물리학자인 로저 펜로즈 경은 "보어의 추종자들이 주장했듯이 아인슈타인이 어떤 중요한 의미에서 심각하게 '틀렸다'는 것이 정말 사실일 수 있을까?"라는 의문을 제기했다. "나는 그렇게 믿지 않는다. 내 자신은 미시적 실재에 대한 믿음에 대한 아인슈타인의 믿음과 현재의 양자역학이 근본적으로 불완전하다는 그의 확신을 강력하게 지지한다."[38]

아인슈타인은 보어와의 만남에서 결정적인 타격을 가한 적은 없었지만, 그의 도전은 지속적이고 의미심장한 것이었다. 보어의 주장이 압도적으로 우세했고, 아무도 이론과 해석을 구분하지 않았던 시절에도 그의 주장은 봄, 벨, 에버렛과 같은 사람들에게 보어의 코펜하겐 해석을 들여다보고 평가하도록 했다. 물리적 실재의 본질에 대한 아인슈타인-보어 논쟁이 벨 정리에 숨겨진 영감이었다. 벨의 부등식에 대한 시험은 직접 또는 간접으로 양자 암호학, 양자 정보이론, 양자 컴퓨팅을 비롯한 새로운 연구 분야의 탄생을 도왔다. 이들 새 분야들 중에서 가장 주목할 필요가 있는 것이 바로 얽힘 현상을 이용하는 양자 공간 이동이다. 과학 소설의 영역에 속하는 것처럼 보이지만, 1997년에는 한 팀도 모자라서 두 팀의 물리학자들이 입자의 공간 이동에 성공했다. 입자가 물리적으로 공간 이동된 것이 아니라 양자 상태가 다른 곳에 위치한 두 번째 입자로 이전됨으로써 현실적으로는 첫 입자가 한 곳에서 다른 곳으로 공간 이동된 것과 같다.

코펜하겐 해석에 대한 비판과 양자 악령을 죽이려던 시도 때문에 인생의 마지막 30년 동안을 변변치 않게 보냈던 아인슈타인은 부분적이기는 하지만 명예를 회복했다. 아인슈타인과 보어의 논쟁은 양자역학의 수학에 의해서 만들어지는 공식과 숫자와는 아무 관계도 없다. 양자역학은 무엇을 뜻하는가? 그것이 실재의 본질에 대해서 무엇을 말하는가? 두 사람을 구분시켜주었던 것은 이런 식의 의문에 대한 답이었다. 아인슈타인은 물리학적 이론에 따라서 자신의 철학을 만들려고 노력하지 않았기 때문에 자기 스스로의 해석을 제시하지는 않았다. 오히려 그는 관찰자와 관계가 없는 실재에 대한 자신의 믿음을 이용해서 양자역학을 평가했고, 그 이론이 부족하다는 사실을 발견했다.

1900년 12월에는 고전물리학이 모든 것을 설명해주었고, 거의 모든 것이 정돈되어 있었다. 그런데 막스 플랑크가 우연히 양자를 만나게 되었고, 물리학자들은 아직도 그것을 받아들이려고 애쓰고 있다. 아인슈타인은 50년이라는 긴 세월에 걸친 "의식적인 고민"으로도 자신이 양자를 더 잘 이해하지 못했다고 말했다.[39] 그는 독일의 희곡작가이며 철학자였던 고트홀트 레싱의 말을 위안 삼아서 마지막까지 노력을 계속했다. "진실에 대한 열망은 진실에 대한 확실한 소유보다 더 소중하다."[40]

연대표

1858년	4월 23일 : 막스 플랑크가 독일 킬에서 출생한다.
1871년	8월 30일 : 어니스트 러더퍼드가 뉴질랜드의 스프링 그로브에서 출생한다.
1879년	3월 14일 : 알베르트 아인슈타인이 독일 울름에서 출생한다.
1882년	12월 11일 : 막스 보른이 독일 슐레지엔 주 브레슬라우에서 출생한다.
1885년	10월 7일 : 닐스 보어가 덴마크 코펜하겐에서 출생한다.
1887년	8월 12일 : 에르빈 슈뢰딩거가 오스트리아 빈에서 출생한다.
1892년	8월 15일 : 루이 드 브로이가 프랑스 디에프에서 출생한다.
1893년	2월 : 빌헬름 빈이 흑체 복사의 변위법칙을 발견한다.
1895년	11월 : 빌헬름 뢴트겐이 X-선을 발견한다.
1896년	3월 : 앙리 베크렐이 우라늄 화합물에서 당시까지 알려져 있지 않았던 빛이 방출되는 것을 발견하고, "우라늄 선"이라고 부른다.
	6월 : 빈이 당시에 알려진 자료와 일치하는 흑체의 변위법칙에 대한 논문을 발표한다.
1897년	4월 : J. J. 톰슨이 전자의 발견을 발표한다.
1900년	4월 25일 : 볼프강 파울리가 오스트리아의 빈에서 출생한다.
	7월 : 아인슈타인이 취리히 연방공과대학을 졸업한다.
	9월 : 흑체 스펙트럼의 원적외선 부분에서 빈의 변위법칙이 성립하지 않는다는 사실이 명백하게 확인된다.
	10월 : 플랑크가 독일물리학회의 베를린 학술회의에서 자신의 흑체 복사법칙을 발표한다.
	12월 14일 : 플랑크가 독일물리학회의 강연에서 자신의 흑체 복사법칙의 유도 과정을 제시한다. 에너지의 양자 개념을 소개한 사실은 거의 주목을 받지 못한다. 기껏해야 언젠가는 제거해야 할 이론학자의 교묘한 속임수로 인식된다.
1901년	12월 5일 : 베르너 하이젠베르크가 독일의 뷔르츠부르크에서 출생한다.
1902년	6월 : 아인슈타인이 스위스 베른의 특허사무소에서 "3급 기술전문가"로 일하기 시작한다.
	8월 : 폴 디랙이 영국 브리스톨에서 출생한다.
1905년	6월 : 광양자의 존재와 광전 효과에 대한 아인슈타인의 논문이 『물리학 연보』에 발표된다.
	7월 : 브라운 운동을 설명하는 아인슈타인의 논문이 『물리학 연보』에 발표된다.
	9월 : 특수상대성이론을 설명하는 「움직이는 물체의 전기동력학에 대하여」라는 아인슈타인의 논문이 『물리학 연보』에 발표된다.

1906년	1월 : 아인슈타인이 「분자 크기를 결정하는 새로운 방법」이라는 학위 논문으로 세 번째 시험을 통해서 취리히 대학교에서 Ph.D.를 받는다.
	4월 : 아인슈타인이 베른의 특허사무소에서 "2급 기술전문가"로 승진한다.
	9월 : 루트비히 볼츠만이 이탈리아 트리에스테에서 휴가 중에 자살한다.
	12월 : 비열의 양자이론에 대한 아인슈타인의 논문이 『물리학 연보』에 발표된다.
1907년	5월 : 러더퍼드가 맨체스터 대학교의 교수 및 물리학과 과장으로 임용된다.
1908년	2월 : 아인슈타인이 베른 대학교의 객원강사로 채용된다.
1909년	5월 : 아인슈타인이 10월부터 취리히 대학교의 특별 이론물리학 교수로 임용이 결정된다.
	9월 : 아인슈타인이 오스트리아 잘츠부르크에서 개최된 독일 과학자 및 의사회 연례 회의에서 기조강연을 한다. 아인슈타인은 "이론물리학 발전의 다음 단계에서는 우리가 빛의 파동과 방출이론이 융합된 형태의 빛에 대한 이론을 보게 될 것"이라고 말한다.
	12월 : 보어가 코펜하겐 대학교에서 석사학위를 받는다.
1911년	1월 : 아인슈타인의 프라하 독일대학교 정교수로 임용이 결정된다. 취임은 1911년 4월에 시작된다.
	3월 : 러더퍼드가 영국 맨체스터에서 원자핵 발견을 발표한다.
	5월 : 보어가 금속의 전자이론에 대한 논문으로 코펜하겐 대학교에서 학위를 받는다.
	9월 : 보어가 J. J. 톰슨과 박사후 연구를 위해서 케임브리지 대학교에 도착한다.
	10월 30일-11월 4일 : 제1회 솔베이 학술회의가 브뤼셀에서 열린다. 아인슈타인, 플랑크, 마리 퀴리, 러더퍼드 등이 초청을 받아 참가한다.
1912년	1월 : 아인슈타인이 모교인 연방공과대학을 개편한 스위스 연방공과대학(ETH)의 이론물리학 교수로 임용된다.
	3월 : 보어가 케임브리지에서 맨체스터 대학교의 러더퍼드 실험실로 옮긴다.
	9월 : 보어가 코펜하겐 대학교의 강사 및 물리학 교수의 조수로 임용된다.
1913년	2월 : 보어가 원자 모형 개발의 결정적인 실마리가 된 수소 선 스펙트럼에 대한 발머 공식에 대한 이야기를 처음으로 듣는다.
	7월 : 3편으로 된 수소 원자의 양자이론에 대한 보어의 논문 중 첫 번째 논문이 『철학지(誌)』에 발표된다. 플랑크와 발터 네른스트가 아인슈타인을 베를린으로 데려오기 위해서 취리히로 간다. 아인슈타인이 그들의 제안을 받아들인다.
	9월 : 보어가 영국 버밍엄에서 개최된 영국과학진흥협회에서 양자원자에 대한 자신의 새 이론을 소개한다.
1914년	4월 : 프랑크-헤르츠 실험으로 광자 도약과 원자 에너지 레벨에 대한 보어의 개념이 확인된다. 그들은 수은 증기에 전자를 충돌시켜 방출되는 빛의 진동수

를 측정해서 그 결과가 서로 다른 에너지 레벨 사이의 전이에 해당한다는 사실을 밝힌다. 아인슈타인이 베를린 대학교와 프로이센 과학원의 교수에 취임하기 위해서 베를린에 도착한다.

8월 : 제1차 세계대전이 시작된다.

10월 : 보어가 맨체스터 대학교로 돌아간다. 플랑크와 뢴트겐이 독일은 전쟁에 대한 책임이 없고, 벨기에의 중립을 파괴하지 않았고, 잔혹 행위를 하지 않았다는 "93인 선언문"에 서명한다.

1915년   11월 : 아인슈타인이 일반상대성이론을 완성한다.

1916년   1월 : 아르놀트 조머펠트가 수소 선 스펙트럼의 미세 구조를 설명하는 이론을 제안하고, 보어의 원형 궤도를 타원 궤도로 변형시키기 위한 두 번째 양자수를 도입한다.

5월 : 보어가 코펜하겐 대학교의 이론물리학 교수로 임용된다.

7월 : 아인슈타인이 양자이론에 대한 연구를 다시 시작하고, 원자에서 광자의 자발적 방출과 유도 방출 현상을 발견한다. 조머펠트가 보어의 원자 모형에 자기 양자수를 추가한다.

1918년   9월 : 파울리가 뮌헨 대학교의 아르놀트 조머펠트에게 배우기 위해서 빈을 떠난다.

11월 : 제1차 세계대전이 끝난다.

1919년   11월 : 플랑크가 1918년 노벨 물리학상을 받는다. 런던에서 개최된 왕립학회와 왕립천문학회의 합동회의에서 빛이 중력장에 의해서 휘어진다는 아인슈타인의 예측이 5월 영국의 두 탐사 팀의 태양 일식 관측에 의해서 확인되었다는 사실이 공식적으로 발표된다.

1920년   3월 : 조머펠트가 4번째 양자수를 소개한다.

4월 : 보어가 베를린을 방문해서 처음으로 플랑크와 아인슈타인을 만난다.

8월 : 군중들이 베를린 교향악단 홀에서 상대성이론에 반대하는 시위를 한다. 화가 난 아인슈타인은 신문 기고를 통해서 비판자들을 반박한다. 아인슈타인이 코펜하겐에서 보어를 만난다.

10월 : 하이젠베르크가 물리학을 공부하기 위해서 뮌헨 대학교에 입학하여 동료 학생인 볼프강 파울리를 만난다.

1921년   3월 : 보어가 창립한 이론물리학연구소가 코펜하겐에서 공식적으로 문을 연다.

4월 : 보른이 이론물리학 연구소의 교수와 소장에 취임하기 위해서 프랑크푸르트에서 괴팅겐에 도착한다. 그는 자신의 연구소를 뮌헨의 조머펠트 연구소에 버금가는 수준으로 만들 생각이었다.

10월 : 뮌헨 대학교에서 박사학위를 마친 파울리가 괴팅겐에서 보어의 조수가 된다.

1922년	4월 : 작은 지방 대학 도시에서의 삶보다 도시 생활을 좋아하던 파울리가 괴팅겐을 떠나 함부르크 대학교의 조수가 된다.
	6월 : 보어가 괴팅겐에서 원자론과 주기율표에 대한 유명한 강연을 한다. "보어 축제"에서 하이젠베르크와 파울리가 보어를 처음으로 만난다. 보어는 젊은 두 사람 모두에게 깊은 인상을 받는다.
	10월 : 하이젠베르크가 괴팅겐에서 보른과 6개월을 지내기 시작한다. 파울리가 보어의 조수로 일하기 위해서 코펜하겐으로 와서 1923년 9월까지 머문다.
	11월 : 아인슈타인이 1921년 노벨상을 받고, 보어는 1922년 상을 받는다.
1923년	5월 : 원자의 전자에 의한 X-선 광자의 산란에 대한 아서 콤프턴의 종합적인 보고서가 발표된다. "콤프턴 효과"로 알려진 광자의 산란이 아인슈타인의 1905년 광자가설에 대한 반박할 수 없는 증거가 된다.
	7월 : 아인슈타인이 보어를 만나기 위해서 두 번째로 코펜하겐을 방문한다. 하이젠베르크가 뮌헨 대학교의 구두시험에서 실험물리학 문제에 대한 엉성한 답변으로 어렵게 박사학위를 받는다.
	9월 : 드 브로이가 파동–입자 이중성을 확장하여 물질에 적용되도록 만들기 위해서 파동과 전자를 연결시킨다.
	10월 : 하이젠베르크가 괴팅겐에서 보른의 조수가 된다. 파울리가 1년 간 코펜하겐에서 머문 후에 함부르크로 돌아온다.
1924년	2월 : 보어, 크라머스, 슬레이터(BKS)가 아인슈타인의 광자가설에 대한 반론으로 원자 과정에서 에너지는 통계적으로만 보존된다고 제안한다. BKS의 아이디어는 1925년 4월과 5월의 실험을 통해서 잘못된 것으로 밝혀진다.
	3월 : 하이젠베르크가 코펜하겐의 보어를 처음으로 방문한다.
	9월 : 하이젠베르크가 괴팅겐으로 가서 보른의 연구소에서 1925년 5월까지 머문다.
	11월 : 드 브로이가 파동–입자 이중성을 물질로 확장하는 박사학위 논문의 시험에 합격한다. 그의 지도교수가 보내준 학위 논문의 사본을 미리 받아본 아인슈타인은 동의를 표시했다.
1925년	1월 : 파울리가 배타원리를 발견한다.
	6월 : 하이젠베르크가 심한 화분증으로 병치레를 한 후 회복을 위해서 북해의 헬골란트의 작은 섬으로 간다. 그곳에 머무는 동안 그는 매우 인기가 높았던 양자역학을 자신의 방식으로 정리한 행렬역학에 대한 매우 중요한 기초를 마련한다.
	9월 : 하이젠베르크가 행렬역학의 독창적인 첫 논문인 「운동학과 역학적 관계의 양자이론적 재해석에 대하여」를 『물리학 잡지』에 발표한다.
	10월 : 하우드스미트와 올렌베크가 양자 스핀 개념을 제안한다.

11월 : 파울리가 수소 원자에 행렬역학을 적용한다. 정말 절묘했던 그의 논문은 1926년 3월에 발표된다.

12월 : 슈뢰딩거가 아로사의 알파인 스키 휴양지에서 옛 연인과 은밀한 재회를 즐기면서 훗날 유명해진 자신의 파동 방정식을 만든다.

1926년 1월 : 취리히로 돌아온 슈뢰딩거가 파동 방정식을 수소 원자에 적용해서 보어-조머펠트 수소 원자의 에너지 레벨이 재현된다는 사실을 발견한다.

2월 : 하이젠베르크, 보른, 파스쿠알 요르단 세 사람이 공동으로 행렬역학의 수학적 구조를 자세하게 밝힌 논문이 1925년 11월에 『물리학 잡지』에 발표된다.

3월 : 파동역학에 대한 슈뢰딩거의 첫 논문이 1월에 투고되어 『물리학 연보』에 발표된다. 그후 5편의 논문이 짧은 간격으로 발표된다. 슈뢰딩거를 비롯한 여러 사람들이 파동역학과 행렬역학이 수학적으로 동등하다는 사실을 증명한다. 두 역학은 양자역학이라는 똑같은 이론의 두 가지 형식이다.

4월 : 하이젠베르크가 아인슈타인과 플랑크가 참석한 가운데 행렬역학에 대해서 2시간 동안 강연한다. 그후 아인슈타인은 젊은 혁명가를 자신의 집으로 초청해서 이야기를 나눈다. 훗날 하이젠베르크는 "최근 연구에 대한 철학적 배경"에 대한 이야기였다고 기억한다.

5월 : 하이젠베르크가 코펜하겐 대학교에서 강사로 그리고 보어의 조수로 임용된다. 보어가 심한 녹감에서 회복된 후 하이젠베르크는 파동역학을 이용하여 헬륨의 선 스펙트럼을 분석하기 시작한다.

6월 : 디랙이 「양자역학」이라는 학위 논문으로 케임브리지 대학교에서 박사학위를 받는다.

7월 : 보른이 파동함수의 확률적 해석을 제안한다. 슈뢰딩거가 뮌헨에서 강연하고, 질의-응답 시간에 하이젠베르크가 파동역학의 단점에 대해서 불평한다.

9월 : 디랙이 코펜하겐에서 머무는 동안에 슈뢰딩거의 파동역학과 하이젠베르크의 행렬역학이 양자역학에 대한 더욱 일반적인 표현의 특별한 경우에 해당한다는 것을 보여주는 변환이론을 개발한다.

10월 : 슈뢰딩거가 코펜하겐을 방문한다. 그는 보어와 하이젠베르크와 행렬역학이나 파동역학의 물리적 해석을 넘어서는 어떤 합의에도 이르지 못한다.

1927년 1월 : 클린턴 데이비슨과 레스터 거머가 전자의 회절 실험에 성공함으로써 파동-입자 이중성이 물질에도 적용된다는 결정적인 증거를 얻는다.

2월 : 보어와 하이젠베르크가 몇 달 동안의 노력에도 불구하고 양자역학의 일관된 물리적 해석에 접근하지 못하면서 자주 다투기 시작한다. 보어는 한 달 동안 노르웨이로 스키 휴가를 떠난다. 보어가 없는 동안 하이젠베르크가 불확정성 원리를 발견한다.

5월 : 하이젠베르크와 보어가 그 해석에 대해서 논쟁을 벌인 후에 불확정성 원리가 발표된다.

9월 : 이탈리아의 코모 호수에서 볼타 학술회의가 개최된다. 보어가 자신의 상보성 원리와 함께 훗날 양자역학의 코펜하겐 해석으로 알려지게 된 핵심 요소를 발표한다. 보른, 하이젠베르크, 파울리는 참석했지만, 슈뢰딩거나 아인슈타인은 참석하지 않았다.

10월 : 브뤼셀의 제5차 솔베이 학술회의에서 양자역학의 기초와 실재의 본질에 대한 아인슈타인-보어 논쟁이 시작된다. 슈뢰딩거가 플랑크에 이어서 베를린 대학교의 이론물리학 교수가 된다. 콤프턴은 "콤프턴 효과"를 발견한 공로로 노벨상을 받는다. 겨우 스물다섯 살이었던 하이젠베르크가 라이프치히 대학교의 교수로 임용된다.

11월 : 전자를 발견한 J. J. 톰슨의 아들인 조지 톰슨이 데이비슨과 거머와는 다른 방법을 이용하여 전자의 회절 실험에 성공했다고 보고한다.

1928년 1월 : 파울리가 스위스 연방공과대학의 이론물리학 교수로 임용된다.

2월 : 하이젠베르크가 라이프치히 대학교의 이론물리학 교수 취임 강연을 한다.

1929년 10월 : 드 브로이가 전자의 파동성을 발견한 공로로 노벨상을 받는다.

1930년 10월 : 브뤼셀의 제6차 솔베이 학술회의에서 있었던 두 번째 아인슈타인-보어 논쟁에서 보어가 코펜하겐 해석의 일관성에 이의를 제기하는 아인슈타인의 "상자 속 고양이" 사고실험을 반박한다.

1931년 12월 : 덴마크 과학원이 보어를 칼스버그 양조회사의 창업자가 세운 "명예의 집"의 차기 입주자로 선정한다.

1932년 1월 : 존 폰 노이만의 저서 『양자역학의 수학적 기초』가 독일어로 발간된다. 이 책에는 숨은 변수가 포함된 이론으로는 양자역학의 예측을 재현할 수 없다는 유명한 "불가능성 증명"이 소개된다. 디랙이 한때 뉴턴이 가지고 있던 케임브리지 대학교의 루카스 수학 석좌 교수직에 선출된다.

1933년 1월 : 독일에서 나치가 집권한다. 다행히 아인슈타인은 캘리포니아 공과대학의 방문교수로 미국에 체류한다.

3월 : 아인슈타인이 공개적으로 독일에 돌아가지 않을 것이라고 발표한다. 그는 벨기에에 도착한 즉시 프로이센 과학원 회원직을 사퇴하고, 공식적으로 독일연구소와의 모든 관계를 끊는다.

4월 : 나치가 정적, 사회주의자, 공산주의자, 유대인을 목표로 하는 "직업공무원 회복에 관한 법률"을 제정한다. 이 법의 제3장에는 "아리아 혈통이 아닌 공무원은 퇴직한다"는 유명한 "아리아인 조항"이 들어 있다. 1936년까지 1,600명 이상의 학자들이 퇴출되었고, 그중 3분의 1이 노벨상을 받았거나 받게 될 20명을 포함한 과학자들이었다.

5월 : 베를린에서 2만 권의 서적을 불태우고, 전국적으로 "비(非)독일적" 서적에 대해서 비슷한 일이 벌어진다. 보른을 비롯한 다른 동료와 달리 나치 통제의 영향을 받지는 않았던 슈뢰딩거도 독일을 떠나 옥스퍼드로 옮긴다. 하이젠베르크는 남는다. 영국에는 망명 과학자, 예술가, 저술가들을 지원하기 위해서 학술지원위원회가 설립되고, 러더퍼드가 회장이 된다.

9월 : 안전에 대한 우려가 커지면서 아인슈타인은 벨기에를 떠나 영국으로 간다. 파울 에렌페스트가 자살한다.

10월 : 아인슈타인이 예정되어 있던 방문을 위해서 뉴저지의 프린스턴에 도착한다. 당초에는 고등연구소(IAS)에 몇 달 동안 머물 예정이었던 아인슈타인은 유럽으로 돌아가지 않는다.

11월 : 하이젠베르크가 연기되었던 1932년 노벨상을 받고, 디랙과 슈뢰딩거가 1933년 노벨상을 공동으로 수상한다.

1935년   5월 : 아인슈타인, 포돌스키, 로젠(EPR)의 「물리적 실재에 대한 양자역학적 기술은 완전하다고 할 수 있을까?」라는 논문이 『피지컬 리뷰』에 발표된다.

10월 : EPR에 대한 보어의 반박 논문이 『피지컬 리뷰』에 발표된다.

1936년   3월 : 슈뢰딩거와 보어가 런던에서 만난다. 보어는 슈뢰딩거와 아인슈타인이 양자역학을 공격하는 것이 "끔찍하고", "대역죄"라고 말한다.

10월 : 보른이 케임브리지에서 거의 3년을 지내고 인도의 방갈로르에서 몇 달을 보낸 후에 에든버러 대학교의 자연철학 교수로 임명된다. 그는 1953년 정년퇴임까지 그곳에서 머문다.

1937년   2월 : 보어가 세계 일주 중 1주일간의 일정으로 프린스턴에 도착한다. 아인슈타인과 보어는 EPR 논문이 발표된 후 처음으로 직접 만나서 양자역학의 해석에 대해서 논의하지만, 서로 동문서답을 주고받으면서 많은 것에 대해서는 침묵한다.

7월 : 하이젠베르크가 아인슈타인의 상대성이론과 같은 "유대인" 물리학을 가르친다는 이유로 SS(나치 친위대) 문서에 "백색 유대인"으로 분류된다.

10월 : 러더퍼드가 탈장 수술을 받은 후 케임브리지에서 66세의 나이로 사망한다.

1939년   1월 : 보어가 한 학기 동안 방문교수로 IAS(고등연구소)에 도착한다. 아인슈타인은 보어와의 토론을 피한다. 넉 달 동안 두 사람은 응접실에서 단 한 번 만난다.

8월 : 아인슈타인이 루스벨트 대통령에게 원자폭탄 제조 가능성과 독일이 그런 무기를 개발할 위험이 있음을 지적하는 편지에 서명한다.

9월 : 제2차 세계대전이 시작된다.

10월 : 슈뢰딩거가 그라츠 대학교와 헨트 대학교에서 머문 후에 더블린에 도착한다. 그는 1956년 빈으로 돌아갈 때까지 고등연구소의 원로 교수로 더블린에 체류한다.

1940년   3월 : 아인슈타인이 루스벨트 대통령에게 원자폭탄 개발에 대한 두 번째 편지를 보낸다.

	8월 : 파울리가 전쟁에 찌든 유럽을 떠나 프린스턴 고등연구소에서 아인슈타인과 합류한다. 그는 1946년 취리히와 스위스 연방공과대학(ETH)으로 돌아갈 때까지 그곳에 남는다.
1941년	10월 : 하이젠베르크가 코펜하겐의 보어를 방문한다. 덴마크는 1940년 4월부터 독일군에 의해서 점령되었다.
1943년	9월 : 보어가 가족과 함께 스웨덴으로 탈출한다.
	12월 : 보어가 프린스턴을 방문하여 뉴멕시코의 로스 알라모스에서 원자탄에 대해서 연구하러 떠나기 전에 아인슈타인, 파울리와 함께 저녁 식사를 한다. 1939년 1월의 방문 후로 따지면, 보어에게는 아인슈타인과의 첫 만남이 되었다.
1945년	5월 : 독일이 항복한다. 하이젠베르크는 연합군에게 체포된다.
	8월 : 원자폭탄이 히로시마와 나가사키에 투하된다. 보어는 코펜하겐으로 돌아간다.
	11월 : 파울리가 배타원리를 발견한 공로로 노벨상을 받는다.
1946년	7월 : 하이젠베르크가 훗날 막스 플랑크 연구소로 이름이 바뀐 괴팅겐의 카이저 빌헬름 물리학연구소의 소장으로 임명된다.
1947년	10월 : 플랑크가 괴팅겐에서 89세의 나이로 사망한다.
1948년	2월 : 보어가 6월까지 방문교수로 고등연구소에 도착한다. 아인슈타인과의 관계는 지난 번 방문 때보다 가까워지지만, 두 사람은 여전히 양자역학의 해석에 대해서 합의하지 못한다. 프린스턴에서 보어는 1949년 3월에 아인슈타인의 70세 생일을 축하하기 위한 논문집에 실린 논문에서 1927년과 1930년의 솔베이 학술회의에서 벌였던 아인슈타인과의 논쟁에 대한 이야기를 쓴다.
1950년	2월 : 보어가 5월까지 고등연구소에 머문다.
1951년	2월 : 데이비드 봄이 『양자이론』을 발간한다. 그의 책에는 EPR 사고실험에 대한 새롭고 단순화된 해석이 실려 있다.
1952년	1월 : 봄이 2편의 논문을 발표하여 폰 노이만의 주장이 불가능하다는 사실을 밝힌다. 그는 양자역학에 대한 숨은 변수 해석을 제시한다.
1954년	9월 : 보어가 12월까지 고등연구소에 머문다.
	10월 : 하이젠베르크가 1932년 영예를 차지한 사실에 크게 실망했던 보른이 "양자역학에서의 핵심적인 성과와 특히 파동함수의 통계적 해석에 대한 공로"로 노벨상을 받는다.
1955년	4월 : 아인슈타인이 프린스턴에서 76세의 나이로 사망한다. 소박한 영결식 후에 그의 유해는 공개되지 않은 장소에 뿌려진다.
1957년	7월 : 휴 에버렛 3세가 훗날 다중세계 해석으로 알려지게 된 양자역학의 "상대적 상태" 이론을 제시한다.
1958년	12월 : 파울리가 취리히에서 58세의 나이로 사망한다.

1961년	1월 : 슈뢰딩거가 빈에서 73세의 나이로 사망한다.
1962년	11월 : 보어가 코펜하겐에서 77세의 나이로 사망한다.
1964년	11월 : 존 벨이 양자역학의 해석과 일치하는 숨은 변수이론은 반드시 비국소적이어야 한다는 발견을 잘 알려지지 않은 2류 학술지에 발표한다. 벨 부등식으로 알려진 그의 이론은 모든 국소적 숨은 변수이론이 반드시 만족해야 하는 얽힌 입자쌍의 양자 스핀이 가진 상관 정도의 한계를 알려준다.
1966년	7월 : 벨이 1932년에 폰 노이만이 발간한 『양자역학의 수학적 기초』에서 숨은 변수이론을 제외시켰던 증명이 잘못된 것임을 명백하게 밝힌다. 벨은 1964년 말에 자신의 논문을 『현대 물리학 리뷰』에 제출했지만, 불행한 몇 가지 문제 때문에 게재가 지연된다.
1970년	1월 : 보른이 괴팅겐에서 87세의 나이로 사망한다.
1972년	4월 : 캘리포니아 버클리 대학교의 존 클로저와 스튜어트 프리드먼이 벨 부등식에 대한 최초의 실험을 한 후에 국소적 숨은 변수들이 양자역학의 예측을 재현하지 못하기 때문에 벨 부등식이 성립하지 않는다는 보고를 한다. 그러나 두 사람이 제시한 실험 결과의 정확성에 대한 의혹이 제기된다.
1976년	2월 : 하이젠베르크가 뮌헨에서 75세의 나이로 사망한다.
1982년	몇 년에 걸친 예비 연구 후에 알랭 아스페와 파리 수 대학교의 이론 및 응용광학 연구소의 동료들이 벨 부등식에 대해서 당시 가능했던 가장 엄밀한 시험을 한다. 그들의 결과는 부등식이 성립하지 않는다는 것이다. 아직도 일부 문제를 해결해야 하지만, 벨을 포함한 대부분의 물리학자들이 결과를 인정한다.
1984년	10월 : 디랙이 플로리다 탈라하세에서 82세의 나이로 사망한다.
1987년	3월 : 드 브로이가 프랑스에서 94세의 나이로 사망한다.
1997년	12월 : 인스부르크 대학교의 안톤 차일링거 연구진이 입자의 양자 상태를 한 곳에서 다른 곳으로 옮기는 공간이동에 성공했다고 발표한다. 그런 과정의 핵심은 양자 얽힘 현상이다. 로마 대학교의 프란체스코 드마르티니 연구진도 역시 양자 공간이동에 성공한다.
2003년	10월 : 앤서니 레깃이 실재가 비국소적이라는 근거에서 유도된 벨형 부등식을 제안한다.
2007년	4월 : 마르쿠스 아스펠마이어와 안톤 차일링거가 이끄는 오스트리아-폴란드 연구진이, 얽힌 광자쌍 사이의 당시까지 시험해보지 않았던 상관관계를 측정함으로써 레깃 부등식도 성립하지 않는다고 발표한다. 그의 실험은 가능한 비국소적 숨은 변수이론들의 일부만을 제거한다.
20??년	중력의 양자이론? 만물의 이론? 양자를 넘어선 이론?

용어 해설

따옴표 속의 단어는 이 "용어 해설"에 포함된 것이다.

각운동량(angular momentum) 직선을 따라서 움직이는 물체의 '운동량(모멘텀)'에 대응하는 회전하는 물체의 성질. 물체의 각운동량은 질량, 크기, 회전 속도에 따라서 달라진다. 다른 물체의 주위를 회전하는 물체도 역시 질량, 궤도 반지름, 속도에 의해서 결정되는 각운동량을 가진다. 원자의 영역에서 각운동량은 '양자화'된다. '플랑크 상수'를 2π로 나눈 값의 정수배에 해당하는 값만큼만 변할 수 있다.

간섭(interference) 두 파동이 상호작용하는 경우에 파동의 움직임에 나타나는 독특한 현상. 두 파동의 마루나 골이 만나면 서로 합쳐져서 더 큰 마루나 골이 만들어지는 경우에는 보강간섭이라고 한다. 그러나 마루가 골을 만나는 경우에는 서로 상쇄되기 때문에 상쇄간섭이라고 부른다.

감마선(gamma rays) '파장'이 극도로 짧은 '전자기 복사.' 방사성 물질에서 방출되는 3가지 복사 중에서 가장 침투력이 강하다.

결정론(determinism) '고전역학'에서 주어진 순간에 우주의 모든 입자의 위치와 운동량이 알려져 있고 입자들 사이에 작용하는 모든 힘이 알려져 있으면, 원칙적으로 그후의 우주의 상태도 결정될 수 있다. 양자역학에서는 어느 순간의 입자의 위치와 운동량을 동시에 결정하는 것은 불가능하다. 따라서 양자이론은 원칙적으로 미래를 결정할 수 없다는 우주에 대한 비결정론적 입장이다. 입자의 상태도 결정할 수 없다.

겹침(superposition) 두 개 이상의 상태로 구성된 '양자' 상태. 그런 상태는 구성 상태의 성질을 나타낼 일정한 확률을 가지게 된다. '슈뢰딩거 고양이'를 참조하라.

고전물리학(classical physics) '전자기학'과 '열역학'처럼 양자이론이 포함되지 않는 모든 물리학을 일컫는다. 물리학자들이 '현대적' 20세기 물리학이라고 생각하는 아인슈타인의 '일반상대성이론'도 역시 '고전' 이론이다.

고전역학(classical mechanics) 뉴턴의 세 운동법칙에서 유래된 물리학에 붙여진 이름. 뉴턴 역학이라고 부르기도 한다. 원칙적으로 위치나 '운동량'과 같은 입자의 성질들을 무한히 정확하게 동시에 측정할 수 있다.

관찰량(observable) 원칙적으로 측정을 할 수 있는 시스템이나 물체의 모든 '동력학적 변수.' 예를 들면, 전자의 위치, '운동량', '운동 에너지' 등이 모두 관찰량이다.

광양자(light-quantum) 1905년 아인슈타인이 빛의 입자를 나타내기 위해서 처음 사용했던 이름이지만, 훗날 '광자(photon)'로 바뀌었다.

광자(photon) E = hv의 에너지와 p = h/λ의 운동량을 가진 빛의 양자. 여기서 v는 복사의 '진동수'이고, λ는 '파장'이다. 광자라는 이름은 1926년 미국의 화학자 길버트 루이스에 의해서 붙여졌다. '양자'를 참조하라.

광전 효과(photoelectric effect) 어떤 최소 '진동수'('파장')를 넘는 '전자기 복사'가 금속 표면에 쪼여졌을 때 금속의 표면에서 '전자'가 방출되는 현상.

교환성(commutativity) A × B = B × A의 관계가 성립하면 두 변수 A와 B가 교환적 이라고 부른다. 예를 들면, A와 B가 숫자 5와 4이면, 5 × 4 = 4 × 5가 된다. 숫자를 곱하는 순서가 중요하지 않기 때문에 숫자의 곱셈은 교환적이다. A와 B가 '행렬'인 경우에는 A × B가 반드시 B × A와 똑같지는 않다. 그런 경우에는 A와 B가 비(非)교환적이라고 부른다.

구름 상자(cloud chamber) 1911년경에 C. T. R. 윌슨이 발명한 장치. 상자 속에 포화된 증기를 채워서 입자들의 궤적을 관찰할 수 있다.

국소성(locality) 원인과 결과가 반드시 같은 장소에서 일어나야 하고, 떨어진 곳에 영향을 미치는 작용은 없다는 조건. A에서 일어난 사건이 B에서 일어나는 다른 사건의 원인이라면 A에서 출발해서 빛의 속도로 진행하는 신호가 B에 도달해야 하기 때문에 두 사건 사이에는 충분한 시간 간격이 있어야만 한다. 국소성이 포함된 이론을 국소적이라고 부른다. '비국소성'을 참고하라.

나노미터(nanometer, nm) 1나노미터는 1미터의 10억 분의 1에 해당한다.

대응원리(correspondence principle) 닐스 보어가 주장했던 지도적인 원리로 양자역 학의 법칙과 방정식들은 '플랑크 상수'의 영향을 무시할 수 있는 조건에서는 '고전역학'의 법칙과 방정식으로 환원된다.

동력학적 변수(dynamical variables) 위치, '운동량', '퍼텐셜 에너지', '운동 에너지' 처럼 입자의 상태를 나타내기 위해서 사용되는 양.

동위원소(isotope) 같은 원소의 서로 다른 형태로 '핵'을 구성하는 '양성자'의 수가 같아서 '원자 번호'는 같지만 '중성자'의 수가 서로 다르다. 예를 들면, 수소의 경우에는 중성자가 0, 1, 2개 들어 있는 세 종류의 동위원소가 있다. 세 동위원 소 모두 비슷한 화학적 성질을 가지지만 질량은 서로 다르다.

드 브로이 파장(de Broglie wavelength) 입자의 '운동량' p와 λ = h/p의 관계식에 의해서 주어지는 입자의 '파장' λ. 여기서 h는 '플랑크 상수'이다.

맥스웰 방정식(Maxwell's equations) 1864년 제임스 클러크 맥스웰이 유도한 4개의 방정식으로 전기와 자기의 이질적인 현상을 '전자기학'이라는 하나의 틀로 통 일해서 설명한다.

물질파(matter wave) 입자가 파동성을 가진 것처럼 행동할 때 입자를 나타내는
　　파동을 물질파 또는 드 브로이 파동이라고 부른다. '드 브로이 파장'을 참조하라.
미세 구조(fine structure) '에너지 레벨'이나 '선 스펙트럼'이 몇 개의 분명한 성분으
　　로 분리되는 것.
바닥 상태(ground state) 원자가 가질 수 있는 가장 낮은 에너지 상태. 모든 다른
　　원자 상태는 들뜬 상태라고 한다. 수소 원자의 가장 낮은 에너지 상태는 전자가
　　가장 낮은 에너지 레벨에 들어 있는 상태에 해당한다. 전자가 그밖의 다른
　　에너지 레벨에 들어 있으면 수소는 들뜬 상태가 된다.
발머 계열(Balmer series) '전자'가 두 번째 '에너지 레벨'과 더 높은 에너지 레벨
　　사이에서 전이가 일어나면서 수소의 스펙트럼에 나타나는 방출 선이나 흡수 선.
방사능(radioactivity) 불안정한 원자 '핵'이 자발적으로 붕괴하여 '알파선', '베타선',
　　'감마선'을 방출하는 현상. 불안정 상태의 방사성 원소의 원자핵은 붕괴할 때보
　　다 안정적인 핵이 된다. 더욱 안정된 상태를 얻기 위해서 자발적으로 부서지는
　　과정을 방사능 또는 방사성 붕괴라고 부른다.
배타원리(exclusion principle) 두 개의 '전자'는 같은 양자 상태를 차지할 수 없다.
　　즉, 4개의 '양자수'가 똑같을 수가 없다.
베타 입자(beta particle) 방사성 원소의 '핵'에서 '양성자'와 '중성자'의 상호교환으로
　　방출되는 빠르게 움직이는 '전자.'
벨 부등식(Bell's inequality) 모든 '숨은 변수'이론에 따라서 만족해야 할 얽힌 입자
　　쌍의 양자 스핀의 상관 정도에 대해서 1964년 존 벨이 유도한 수학적 조건.
벨 정리(Bell's theorem) 양자역학의 예측과 일치하는 모든 '숨은 변수'이론은 반드시
　　비국소적이어야 한다는 1964년 존 벨이 찾아낸 수학적 증명. '비국소성' 참고.
보존법칙(conservation law) '운동량'이나 '에너지'와 같은 어떤 물리량이 물리적
　　과정에서 보존된다고 하는 법칙.
복사(radiation) 에너지나 입자의 방출. '전자기 복사', '열복사', 방사성 물질로부터
　　방출되는 것이 예가 된다.
복소수(complex number) a와 b가 연산에서 익숙한 보통의 실수일 때, a + ib의 형식
　　으로 표현되는 숫자. i는 −1의 제곱근이기 때문에 i^2은 −1이고, b는 복소수의
　　'허수' 부분이라고 부른다.
분광학(spectroscopy) 흡수 스펙트럼과 방출 스펙트럼을 분석하고 연구하는 물리학
　　의 영역.
불확정성 원리(uncertainty principle) 1927년 베르너 하이젠베르크에 의해서 발견된
　　원리. 위치와 '운동량', 또는 '에너지'와 시간처럼 어떤 '관찰량'의 짝은 '플랑크
　　상수' h로 표현되는 한계를 넘는 정확도로 동시에 측정될 수 없다.

브라운 운동(Brownian motion)　1827년 로버트 브라운이 처음 관찰했던 현상. 유체 속에 떠 있는 꽃가루 입자의 어지러운 운동. 1905년 아인슈타인은, 브라운 운동은 유체의 분자들이 꽃가루 입자에 의해서 무작위적으로 흔들리기 때문에 나타나는 현상이라고 설명했다.

비국소성(non-locality)　빛의 속도에 의해서 주어진 한계를 넘어서 순간적으로 두 시스템이나 입자들 사이에 영향이 전달되는 것이 허용되기 때문에 한 곳에서의 원인이 떨어진 곳에서 즉각적인 결과를 만들어낼 수 있다. 비국소성을 허용하는 이론은 비국소적이라고 부른다. '국소성'을 참조하라.

빈 변위법칙(Wien's displacement law)　빌헬름 빈이 1893년에 발견한 법칙으로 '흑체'의 온도가 높아지면 가장 강한 '복사'가 방출되는 '파장'은 더 짧은 파장 쪽으로 이동한다.

빈 분포법칙(Wien's distribution law)　1896년 빌헬름 빈이 발견한 공식으로 당시 실험으로 얻을 수 있는 자료와 일치하는 '흑체 복사'의 분포를 서술하고 있다.

빛(light)　인간의 눈은 모든 '전자기 파동' 중의 매우 적은 부분만을 인식할 수 있다. '전자기 스펙트럼'의 가시광선 '파장'은 400나노미터(보라)에서 700나노미터 (빨강)에 이른다. 백색광은 빨강, 주황, 노랑, 초록, 파랑, 남색, 보라 빛으로 구성된다. 백색광이 유리 프리즘을 통과하면, 색들이 서로 분리되어 연속 띠 또는 연속 스펙트럼이라고 부르는 무지개 띠가 만들어진다.

사고실험(thought experiment)　물리이론이나 개념의 일관성이나 한계를 시험하는 수단으로 고안된 이상화된 가상적인 실험.

산란(scattering)　한 입자가 다른 입자에 의해서 휘어지는 현상.

상대성이론, 일반(relativity, general)　중력을 시공간의 왜곡으로 설명하는 아인슈타인의 중력이론.

상대성이론, 특수(relativity, special)　빛의 속도는 관찰자가 움직이는 속도에 상관없이 모든 관찰자들에게 똑같다는 1905의 아인슈타인의 시공간이론. 이 이론은 가속되거나 중력의 영향을 받는 물체에는 적용되지 않기 때문에 '특수'이론이라고 부른다.

상보성(complementarity)　빛과 물질의 파동성과 입자성은 상보적이면서 배타적이라는 보어가 주장한 원칙. 빛과 물질의 이런 이중적 본질은, 두 면 가운데 어느 한 면을 보여줄 수는 있지만 두 면을 동시에 보여줄 수는 없는 동전의 두 면과 같다. 예를 들면, 빛의 파동성이나 입자성 가운데 어느 하나를 보여주는 실험을 고안할 수는 있지만, 두 성질을 동시에 보여주는 실험은 불가능하다.

선 스펙트럼(spectral lines)　검은 배경에 나타나는 색깔이 있는 빛의 선들의 패턴은 방출 스펙트럼이라고 부른다. 색깔이 있는 배경에 나타나는 검은 선들은 흡수 스펙트럼이라고 부른다. 각각의 원소들은 '원자'를 구성하는 '전자들'이 서로 다른 '에너지 레벨들' 사이에서 일어나는 기본적인 도약 과정에서 '광자'를 방출하거나 흡수하기 때문에 나타나는 독특한 방출 선 스펙트럼과 흡수 선 스펙트럼을 가지고 있다.

속도(velocity)   주어진 방향으로 움직이는 물체의 빠르기(스피드).

숨은 변수(hidden variables)   양자역학의 이론이 완전하지 못해서 양자 세계에 대한 추가적 정보가 담긴 실재(reality)의 층이 있다는 해석. 그런 추가 정보가 실재적 물리적 형태로는 보이지 않지만 실제로 존재하는 물리적 양에 해당하는 숨은 변수의 형태가 된다. 그런 숨은 변수의 정체를 밝혀내면 측정의 결과를 단순한 확률이 아니라 정확하게 예측할 수 있게 될 것이다. 옹호자들은 '코펜하겐 해석' 과는 달리 관찰에 따라서 달라지지 않는 실재를 복원할 수 있을 것이라고 믿는다.

슈뢰딩거 고양이(Schrödinger's cat)   '양자역학'의 법칙에 따라서 관찰될 때까지는 고양이가 죽은 상태와 살아 있는 상태의 겹침으로 존재한다는 에르빈 슈뢰딩거가 고안한 사고실험.

슈뢰딩거 방정식(Schrödinger's equation)   입자의 행동이나 물리적 시스템의 진화를 지배하는 '파동역학'으로 표현한 '양자역학'의 기본 방정식으로 파동함수가 시간에 따라서 어떻게 변화하는지를 나타낸다.

$$ -\left(\frac{\hbar^2}{2m}\right)\nabla^2\psi + V\psi = i\hbar\left(\frac{\partial\psi}{\partial t}\right) $$

여기서 m은 입자의 질량이고, ∇^2는 파동함수 ψ가 공간에서 어떻게 변화하는지를 추적하는 '델-제곱 연산자(del-squared operator)'라고 부르는 수학적 양이고, V는 입자에 작용하는 힘과 관련된 것이고, i는 −1의 제곱근이고, $\partial\psi/\partial t$는 파동함수 ψ가 시간에 따라서 어떻게 변화하는지를 나타내고, $\hbar$는 '플랑크 상수' h를 2π로 나눈 것으로 h-바라고 부른다. 시간에서의 스냅 촬영을 보여주는 시간-독립 슈뢰딩거 방정식도 있다.

슈타르크 효과(Stark effect)   원자를 전기장에 넣었을 때 선 스펙트럼이 분리되는 현상.

실재론(realism)   관찰자와 상관없이 그곳에 실재(reality)가 존재한다는 입장을 주장하는 철학적 세계관. 실재론자들의 입장에서는 아무도 쳐다보지 않더라도 달은 존재한다.

알칼리 원소(Alkali element)   '주기율표'의 1족에 속하면서 같은 화학적 성질을 공유하는 리튬, 소듐(나트륨), 포타슘(칼륨)과 같은 원소들.

알파 붕괴(alpha decay)   '원자'의 '핵'이 '알파 입자'를 방출하는 방사성 붕괴 과정.

알파 입자(alpha particle)   두 개의 '양성자'와 두 개의 '중성자'가 결합되어 구성된

아(亞)원자 입자. '알파 붕괴'의 과정에서 방출되는 것으로 헬륨 '원자'의 '핵'과 동일하다.

양성자(proton) '원자'의 '핵' 속에 있는 '전자'와는 정반대의 양전하를 가지고, 전자의 2천 배 정도의 질량을 가진 입자.

양자(quantum) 1900년 막스 플랑크가 '흑체 복사'의 분포를 재현하기 위해서 유도하고 있던 방정식에서 진동자가 방출하거나 흡수하는 보이지 않는 '에너지' 덩어리를 설명하기 위해서 도입했던 개념. 에너지(E)의 양자는 E = hv로 정해지는 다양한 크기가 된다. h는 '플랑크 상수'이고, v는 '복사'의 '진동수'이다. 더 정확하게는 '양자화된(quantised)'이라고 해야 할 '양자'는 불연속적이거나, 불연속적인 단위만으로 변할 수 있는 미세 물리적 시스템이나 물체의 모든 물리적 성질에 적용된다.

양자 도약(quantum jump) '광자'의 방출이나 흡수에 의해서 '원자'나 분자의 두 '에너지 레벨' 사이에서 일어나는 전자의 전이.

양자수(quantum number) '에너지', '양자 스핀', 또는 '각운동량'과 같은 '양자화된' 물리량을 표현하는 숫자. 예를 들면, 수소의 양자화된 에너지 레벨은 '바닥 상태'를 나타내는 n = 1로 시작되는 숫자들의 집합으로 나타낸다. 여기서 n은 주양자수이다.

양자 스핀(quantum spin) '고전물리학'에서는 대응되는 부분을 찾을 수 없는 입자의 기본적인 성질. '회전'을 하는 전자를 회전을 하는 팽이와 비교하는 멋진 비유는 '양자' 개념의 핵심을 제대로 설명해주지 못하는 나쁜 수단일 뿐이다. 입자의 양자 스핀은 정수나 반(半)정수에 '플랑크 상수' h를 2π로 나눈 값($\hbar$로 나타냄)을 곱한 특정한 값만을 가질 수 있기 때문에 고전적인 회전으로는 설명할 수 없다. 양자 스핀은 측정 방향을 기준으로 업(시계 방향) 또는 다운(반시계 방향)이라고 부른다.

양자역학(quantum mechanics) '고전역학'과 1900-1925년에 등장한 양자 아이디어를 독특한 형식으로 혼합하여 원자와 아(亞)원자 세계를 설명하려는 물리학이론. 서로 다른 것처럼 보이지만, 하이젠베르크의 '행렬역학'과 슈뢰딩거의 '파동역학'은 양자역학을 표현하는 수학적으로 동등한 두 개의 표현이다.

양자화(quantisation) 어떤 불연속적인 값만을 가질 수 있는 물리량은 양자화되어 (quantised) 있다. 원자는 불연속적인 에너지 레벨을 가지기 때문에 에너지는 양자화되어 있다. 전자의 스핀도 +½('업' 스핀)과 −½('다운' 스핀)의 값만을 가지기 때문에 양자화되어 있다.

얽힘(entanglement) 두 개 이상의 입자들이 서로 떨어져 있는 거리에 상관없이 분명하게 연결된 상태로 존재하는 양자 현상.

에너지(energy) '운동 에너지', '퍼텐셜(위치) 에너지', 화학 에너지, 열 에너지, 복사 에너지처럼 서로 다른 형태로 존재할 수 있는 물리량.

에너지 레벨(energy levels) 원자의 서로 다른 '양자' 에너지 상태에 해당하는 '원자'의 불연속적으로 허용된 내부 에너지 상태의 집합.

에너지 보존(conservation of energy) '에너지'는 생성되거나 파괴될 수 없고, 다만 한 형태에서 다른 형태로 바뀔 수 있을 뿐이라는 법칙. 예를 들면, 사과가 나무에서 떨어지면 '퍼텐셜(위치) 에너지'가 '운동 에너지'로 변환된다.

에테르(ether) 모든 공간을 가득 채우고 있는 것으로 믿었던 가상적이고 눈에 보이지 않는 매질로 빛을 포함한 다른 모든 '전자기 파동'은 그런 매질을 통해서 전달된다고 믿었다.

X-선(X-rays) 1895년 빌헬름 뢴트겐이 처음 발견한 '복사.' 뢴트겐은 그 업적으로 1901년 노벨 물리학상을 받았다. X-선은 훗날 매우 빠르게 움직이는 '전자'가 목표에 충돌할 때 방출되는 매우 짧은 '파장'을 가진 '전자기 복사'로 확인되었다.

엔트로피(entropy) 19세기 루돌프 클라우지우스는 엔트로피를 물체나 시스템을 출입하는 열의 양을 그런 이동이 일어나는 온도로 나눈 것으로 정의했다. 엔트로피는 시스템의 무질서를 나타내는 척도이다. 엔트로피가 클수록 무질서도가 크다. 고립계의 엔트로피가 줄어드는 물리적 과정은 자연에서 일어날 수가 없다.

열역학(thermodynamics) 흔히 열을 다른 형태의 '에너지'로 변환시키는 물리학으로 설명된다.

열역학, 제1법칙(thermodynamics, the first law) 고립계의 내부 '에너지'는 일정하다. 에너지는 생성되거나 소멸될 수 없다는 '에너지 보존법칙.'

열역학, 제2법칙(thermodynamics, the second law) 열은 차가운 물체에서 뜨거운 물체로 자발적으로 흘러가지 않는다. 열역학 법칙을 설명하는 다른 형식에 따라서, 고립계의 '엔트로피'는 줄어들 수 없다.

운동량(momentum, p) 움직이는 물체의 질량과 '속도'를 곱한 것에 해당하는 물리적 양.

운동 에너지(kinetic energy) 물체의 움직임과 관련된 '에너지.' 정지하고 있는 물체, 행성, 또는 입자는 운동 에너지가 없다.

원자(atom) 양전하를 가진 '핵'이 음전하를 가진 '전자들'의 갇힌 시스템으로 둘러싸여 있는 원소들의 가장 작은 단위. 원자는 전기적으로 중성이기 때문에 핵 속에 있는 양전하를 가진 '양성자'의 수는 전자의 수와 같다.

원자 번호(atomic number, Z) '원자'의 '핵' 속에 있는 '양성자'의 수. 모든 원소는 독특한 원자 번호를 가지고 있다. 핵을 구성하는 하나의 양성자와 그 주위를 회전하는 하나의 전자를 가진 수소는 원자 번호가 1이다. 92개의 양성자와 92개의 전자를 가진 우라늄은 원자 번호가 92이다.

인과성(causality)　모든 원인은 결과로 이어진다.

자극 방출(stimulated emission)　입사 '광자'가 들뜬 '원자'에 의해서 흡수되는 대신 원자를 자극함으로써 같은 '진동수'를 가진 두 번째 광자가 방출되는 현상.

자발적 방출(spontaneous emission)　'원자'가 들뜬 상태에서 낮은 에너지 상태로 전이할 때 자발적으로 '광자'를 방출하는 현상.

자외선(ultraviolet light)　가시광선의 보라색보다 파장이 짧은 '전자기 복사.'

자외선 재앙(ultraviolet catastrophe)　'고전역학'에서는 '흑체 복사'의 높은 진동수에 무한한 양의 '에너지'가 분포하게 된다. 고전이론에서 예상되는 이런 소위 자외선 재앙은 자연에서는 나타나지 않는다.

자유도(degrees of freedom)　시스템(계)의 상태를 표현하기 위해서 n개의 좌표가 필요한 시스템은 자유도가 n이라고 한다. 각각의 자유도는 물체가 움직이거나 시스템이 변화하는 독립적인 방법을 나타낸다. 일상에서의 물체는 물체가 움직일 수 있는 위와 아래, 앞과 뒤, 양쪽 옆의 3가지 방향에 해당하는 3개의 자유도를 가진다.

적외선 복사(infrared radiation)　가시광선의 붉은색보다 '파장'이 긴 '전자기 복사.'

전자(electron)　'양성자'나 '중성자'와 달리 더 기본적인 요소로 구성되어 있지 않은 음전하를 가진 기본입자.

전자 볼트(electron volt, eV)　원자, 핵, 입자 물리학에서 사용하는 에너지의 단위로 대략 줄(joule)의 10억 분의 100억 분의 1에 해당한다(1.6×10^{-19}J).

전자기 복사(electromagnetic radiation)　'전자기 파동'이 전달하는 에너지의 양이 다른 전자기 파동. 라디오파처럼 낮은 진동수의 파동은 감마선처럼 높은 진동수의 파동보다 적은 양의 전자기 복사를 방출한다. 전자기 파동과 전자기 복사를 구별하지 않고 사용하기도 한다. '전자기 파동'과 '복사'를 참조하라.

전자기 스펙트럼(electromagnetic spectrum)　'전자기 파동'의 전체 영역 : 라디오파, '적외선 복사', 가시광선, '자외선 복사', 'X-선', '감마선.'

전자기 파동(electromagnetic waves)　진동하는 전하에서 발생하는 것으로 '파장'과 '진동수'에 상관없이 모든 전자기 파동은 진공에서 대략 초속 30만 킬로미터라는 똑같은 속도로 움직인다. 이것이 빛의 속도이고, 빛이 전자기 파동이라는 실험적 근거이기도 하다.

전자기학(electromagnetism)　19세기 후반까지는 전기와 자기는 서로 다른 방정식으로 설명되는 두 개의 구별되는 현상으로 알려져 있었다. 마이클 패러데이와 같은 과학자들의 실험적 연구에 뒤이어 맥스웰이 전기와 자기를 전자기학으로 통합해서 4개의 방정식으로 설명하는 이론을 개발하는 데에 성공했다.

제이만 효과(Zeeman effect) '원자'를 자기장에 놓았을 때 '선 스펙트럼'이 분리되는 현상.

조화 진동자(harmonic oscillator) 진동의 '진동수'가 '진폭'에 따라서 달라지지 않는 진동계.

주기(period) 하나의 '파장'이 고정된 한 점을 지나가는 데에 걸리는 시간으로 진동이 한 주기를 완성하기까지 걸리는 시간. 주기는 파동이나 진동의 '진동수'에 반비례한다.

주기율표(periodic table) 원소들을 '원자 번호'에 따라서 열과 행으로 배열하여 원소들의 반복적인 화학적 성질이 나타나도록 만든 표.

줄(joule) '고전역학'에서 사용되는 '에너지'의 단위. 100와트의 전구는 1초당 100줄의 전기 에너지를 열과 빛으로 변환시킨다.

중성자(neutron) '양성자'와 비슷한 질량을 가진 전하가 없는 입자.

진동수(frequency, ν) 1초 동안에 진동이나 진동하는 시스템이 나타내는 완전한 사이클의 개수. 파동의 진동수는 1초 동안에 고정된 한 점을 지나가는 완전한 '파장'의 수에 해당한다. 측정의 단위는 헤르츠(Hz)이고, 1초당 사이클 또는 파장에 해당한다.

진폭(amplitude) '파동'이나 진동의 최대 변위로 파동(또는 진동)의 정점에서 바닥까지 거리의 절반과 같다. '양자역학'에서 어떤 과정의 진폭은 그런 과정이 일어날 확률과 관계된 숫자가 된다.

켤레 변수(conjugate variables) 위치와 '운동량' 또는 '에너지'와 시간처럼 '불확정성 원리'를 통해서 서로 연결된 '동적 변수들'의 짝을 켤레 변수 또는 켤레 쌍(conjugate pairs)이라고 부른다.

코펜하겐 해석(Copenhagen interpretation) 코펜하겐에서 활동하던 닐스 보어를 중심으로 만들어진 '양자역학'의 해석. 시간이 지나면서 보어와 코펜하겐 해석을 주장하던 베르너 하이젠베르크와 같은 선구자들 사이에서는 서로 다른 의견이 생겼다. 그러나 모두가 핵심 교리인 보어의 '대응원리', 하이젠베르크의 '불확정성 원리', 보른의 '파동함수'의 '확률적 해석', 보어의 '상보성' 원리, 그리고 '파동함수의 붕괴'에 대해서는 동의를 했다. 측정이나 관찰의 작용에 의해서 드러나는 것을 넘어선 양자적 실재는 없다. 따라서, 예를 들면 '전자'가 실제 관찰과 관계없이 어느 곳인가에서 존재한다고 말하는 것은 의미가 없다. 보어와 그의 지지자들은 양자역학이 완전한 이론이라는 입장을 유지했지만, 아인슈타인은 그런 주장에 도전했다.

콤프턴 효과(Compton effect) 미국 물리학자 아서 H. 콤프턴이 1923년에 발견한

원자의 '전자'에 의해서 일어나는 '광자의 산란.'

파동 덩어리(wave packet) 서로 다른 여러 파동의 '겹침'으로 공간의 제한된 작은 영역을 제외한 모든 곳에서는 서로 상쇄되어 입자의 상태를 나타낼 수 있게 된다.

파동역학(wave mechanics) 1926년 에르빈 슈뢰딩거가 개발한 '양자역학'의 한 표현 방법.

파동-입자 이중성(wave-particle duality) '전자'와 '광자', 그리고 물질과 '복사'는 어떤 실험을 사용하는지에 따라서 파동처럼 행동할 수도 있고, 입자처럼 행동할 수도 있다.

파동함수(wave function, ψ) 시스템이나 입자의 파동성과 관련된 수학적 함수. 파동함수는 '양자역학'에서 물리적 시스템이나 입자의 상태에 대해서 알 수 있는 모든 것을 나타낸다. 예를 들면, 수소 원자의 파동함수를 사용하면 '핵' 주위의 어떤 점에서 '전자'를 발견할 확률을 계산할 수 있다. '확률 해석'과 '슈뢰딩거 방정식'을 참조하라.

파동함수의 붕괴(collapse of the wave function) '코펜하겐 해석'에 따르면, '전자'와 같은 미세 물리적 대상은 관찰되거나 측정될 때까지는 어느 곳에도 존재하지 않는다. 측정을 한 후에 다음 측정을 하기까지는 '파동함수'의 추상적 확률을 벗어나서는 존재하지 않는다. 관찰이나 측정이 이루어져야만 전자의 여러 '가능한' 상태들 중 하나가 '실제(actual)' 상태가 되고, 다른 모든 가능성의 확률은 0이 된다. 측정의 작용에 의해서 파동함수에서 일어나는 갑작스럽고 불연속적인 변화를 '파동함수의 붕괴'라고 부른다.

파장(wavelength, λ) 파동의 인접한 두 골의 사이나 두 마루 사이의 거리. '전자기 복사'의 파장은 '전자기 스펙트럼'의 어느 영역에 속하는지를 결정한다.

퍼텐셜 에너지(potential energy) 물체나 시스템이 그 위치나 상태 때문에 가지게 되는 '에너지.' 예를 들면, 물체의 중력 퍼텐셜 에너지는 지표면에서부터의 높이에 의해서 결정된다.

플랑크 상수(Planck's constant, h) 양자역학의 핵심에 있는 6.626×10^{-34}J-s의 값을 가진 자연의 기본 상수. 플랑크 상수가 0이 아니기 때문에 원자 세계에서 에너지를 비롯한 물리적 양들을 조각으로 자르는 양자화가 나타난다.

핵(nucleus) '원자'의 중심에 있는 양전하를 가진 덩어리. 처음에는 '양성자'만으로 구성되어 있다고 믿었지만, 훗날 '중성자'도 포함되어 있는 것으로 밝혀졌다. 핵은 원자 질량의 거의 전부를 차지하지만, 부피의 아주 작은 일부만을 차지한다. 1911년 맨체스터 대학교의 에른스트 러더퍼드와 그의 동료 연구자들에 의해서 발견되었다.

행렬(matrices) 독자적인 대수 규칙이 적용되는 숫자들(또는 변수를 비롯한 다른 요소들)의 배열. 행렬은 물리적 시스템의 정보를 표현하는 데에 매우 유용하다. n × n 정방행렬(正方行列)은 n개의 행과 n개의 열로 구성된다.

행렬역학(matrix mechanics) 1925년 하이젠베르크가 처음 발견한 후에 막스 보른과 파스쿠알 요르단과 함께 발전시킨 '양자역학'의 한 표현 형식.

확률 해석(probability interpretation) 막스 보른에 의해서 제안된 해석으로 '파동함수'는 특정한 위치에서 입자를 발견할 확률을 계산할 수 있도록 해줄 뿐이다. 이것은 '양자역학'이 '관찰량'의 측정으로부터 어떤 결과를 얻을 수 있는 상대적 확률을 제공할 수 있을 뿐이고, 임의의 경우에 어떤 구체적인 결과가 얻어질 것인지를 예측할 수 없다는 아이디어의 일부이다.

회절(diffraction) 파동이 날카로운 모서리나 구멍 속을 통과하면서 퍼지는 현상으로 바닷물이 방파제의 출입구를 통해서 항구로 들어올 때도 회절 현상이 나타난다.

흑체(blackbody) 표면에 도달하는 모든 '전자기 복사'를 흡수하고 방출하는 가상적이고 이상화된 물체. 실험실에서는 작은 구멍이 뚫린 뜨거운 상자라고 근사할 수 있다.

흑체 복사(blackbody radiation) 흑체에서 방출되는 '전자기 복사.'

흑체 복사의 스펙트럼 에너지 분포(spectral energy distribution of blackbody radiation) 주어진 온도에서 '흑체'에 의해서 방출되는 '전자기 복사'의 '파장'(또는 '진동수')에 따른 세기. 흑체 스펙트럼이라고 부르기도 한다.

주

서문 : 거인들의 만남

1 Pais (1982), p. 443.

2 Mehra (1975), quoted p. xvii

3 Mehra (1975), quoted p. xvii.

4 브뤼셀의 자유대학교에서 손님으로 초청받아 참석한 세 명의 교수 (드 동데, 앙리오, 피카르), 솔베이 가족을 대표하는 헤르첸, 그리고 과학 간사의 자격으로 참석했던 베르샤펠트를 제외하면, 24명의 참석자 중 17명은 이미 노벨상을 받았거나 받게 될 상황이었다. 그들은 로런츠 1902년, 퀴리 1903년(물리학)과 1911년(화학), W. L. 브래그 1915년, 플랑크 1918년, 아인슈타인 1921년, 보어 1922년, 콤프턴 1927년, 윌슨 1927년, 리처드슨 1928년, 드 브로이 1929년, 랭뮤어 1932년(화학), 하이젠베르크 1932년, 디랙 1933년, 슈뢰딩거 1933년, 파울리 1945년, 디바이 1936년(화학), 그리고 보른 1954년이다. 노벨상을 받지 못한 7명은 에렌페스트, 파울러, 브릴루앙, 크누센, 크라머스, 구에, 그리고 랑주뱅이었다.

5 Fine (1986), quoted p. 1. Letter from Einstein to D. Lipkin, 5 July 1952.

6 Snow (1969), p. 94.

7 Fölsing (1997), quoted p. 457.

8 Pais (1994), quoted p. 31.

9 Pais (1994), quoted p. 31.

10 Jungk (1960), quoted p. 20.

11 Gell-Mann (1981), p. 169.

12 Hiebert (1990), quoted p. 245.

13 Mahon (2003), quoted p. 149.

14 Mahon (2003), quoted p. 149.

1 소극적인 혁명가

1 Planck (1949), pp. 33-4.

2 Hermann (1971), quoted p. 23. Letter from Planck to Robert Williams Wood, 7 October 1931.

3 Mendelssohn (1973), p. 118.

4 Heilbron (2000), quoted p. 5.

5 Mendelssohn (1973), p. 118.

6 Hermann (1971), quoted p. 23. Letter from Planck to Robert Williams Wood, 7 October 1931.

7 Heilbron (2000), quoted p. 3.

8 햇빛을 프리즘에 통과시키면 빛의 스펙트럼이 만들어진다는 사실은 17세기에도 잘 알려져 있었다. 그렇게 만들어지는 색의 무지개는 빛이 프리즘을 통과하는 과정에서 일어나는 어떤 종류의 변환의 결과라고 생각했다. 그러나 프리즘이 색깔을 만든다는 주장에 동의하지 않았던 뉴턴은 두 가지 실험을 했다. 첫 번째 실험에서는, 백색광을 프리즘에 통과시켜서 빛의 스펙트럼을 만든 후, 그중 한 가지 색깔만을 선택하여 판의 틈새를 통해서 두 번째 프리즘을 통과시켰다. 빛이 첫 번째 프리즘을 통과하는 과정에서 일어나는 어떤 변화에 의해서 색깔이 만들어진다면, 두 번째 프리즘을 통과할 때에도 같은 변화가 나타나야 한다는 것이 뉴턴의 생각이었다. 그런데 놀랍게도 실험을 여러 차례 반복했지만, 어떤 색깔을 선택하는지에 상관없이 두 번째 프리즘에 의해서 본래의 색깔이 바뀌는 경우는 없었다. 두 번째 실험에서는, 서로 다른 색깔의 빛을 혼합해서 백색광을 만드는 데에 성공했다.

9 허셜이 우연한 발견을 하게 된 것은 1800년 9월 11월이었지만, 논문은 그 다음 해에 발표되었다. 빛의 스펙트럼은 장치의 배열에 따라서 수평으로 볼 수도 있고, 수직으로 볼 수도 있다. "적외(infra)"라는 접두사는 "아래"라는 뜻의 라틴어에서 유래된 것이다. 위쪽에 보라가 위치하고, 아래쪽에 빨강이 오도록 스펙트럼을 수직으로 세웠을 경우에 해당한다.

10 붉은빛을 비롯한 여러 가지 색깔을 가진 빛의 파장은 610나노미터(nm)에서 700나노미터 사이에 해당한다. 1나노미터는 1미터의 10억 분의 1이다. 700나노미터의 붉은 빛은 초당 430조의 진동수를 가진다. 가시광선의 반대쪽 끝에 있는 보라색은 450-400나노미터의 짧은 파장과 초당 750조 이상의 진동수를 가진다.

11 Kragh (1999), quoted p. 121.

12 Teichmann et al. (2002), quoted p. 341.

13 Kangro (1970), quoted p. 7.

14 Cline (1987), quoted p. 34.

15 1900년 런던의 인구는 약 7,488,000명이었고, 파리는 2,714,000명, 베를린은 1,889,000명이었다.

16 Large (2001), quoted p. 12.

17 Planck (1949), p. 15.

18 Planck (1949), p. 16.

19 Planck (1949), p. 15.

20 Planck (1949), p. 16.

21 Planck (1949), p. 16.

22 열은 흔히 생각하듯이 에너지의 형태가 아니라 온도 차이에 의해서 A로부터 B로 에너지를 운반하는 과정에서 나타난다.

23 Planck (1949), p. 14.

24 Planck (1949), p. 13.

25 켈빈 경도 역시 제2법칙을 정의했다. 100퍼센트의 효율로 열을 일로 변환시킬 수 있는 열기관은 없다는 그의 법칙은 클라우지우스의 법칙과 동일하다. 두 법칙은 같은 내용을 서로 다르게 표현한 것일 뿐이다.

26 Planck (1949), p. 20.

27 Planck (1949), p. 19.

28 Heilbron (2000), quoted p. 10.

29 Heilbron (2000), quoted p. 10.

30 Planck (1949), p. 20.

31 Planck (1949), p. 21.

32 Jungnickel and McCormmach (1986), quoted p. 52, Vol. 2.

33 1899년 오토 루머와 에른스트 프링스하임은 빈의 발견에 "변위법칙(Verschiebungsgesetz)" 이라는 이름을 붙였다.

34 진동수와 파장의 반비례 관계 때문에 온도가 올라가면 최대 세기에 해당하는 복사의 진동수도 역시 증가한다.

35 파장을 마이크로미터로 나타내고, 온도를 켈빈으로 나타내면, 상수의 값은 2900이 된다.

36 1845년에 창립되었던 베를린 물리학회(Berliner Physikalische Gesellschaft)가 1898년에 독일물리학회(Deutsche Physikalische Gesellschaft zu Berlin)로 이름을 바꿨다.

37 스펙트럼의 적외선 부분은 대략 근적외선, 근가시광선(0.0007-0.003mm), 중적외선 (0.003-0.006mm), 원적외선(0.006-0.015mm), 그리고 초적외선(0.015-1mm) 등 4개의 파장 영역으로 세분할 수 있다.

38 Kangro (1976), quoted p. 168.

39 Planck (1949), pp. 34-5.

40 Jungnickel and McCormmach (1986), Vol. 2, quoted p. 257.

41 Mehra and Rechenberg (1982), Vol. 1, Pt. 1, quoted p. 41.

42 Jungnickel and McCormmach (1986), Vol. 2, quoted p. 258.

43 Kangro (1976), quoted p. 187.

44 Planck (1900a), p. 79.

45 Planck (1900a), p. 81.

46 Planck (1949), pp. 40-1.

47 Planck (1949), p. 41.

48 Planck (1949), p. 41.

49 Planck (1993), p. 106.

50 Mehra and Rechenberg (1982), Vol. 1, p. 50, footnote 64.

51 Hermann (1971), quoted p. 23. Letter from Planck to Robert Williams Wood, 7 October 1931.

52 Hermann (1971), quoted p. 23. Letter from Planck to Robert Williams Wood, 7 October 1931.

53 Hermann (1971), quoted p. 24. Letter from Planck to Robert Williams Wood, 7 October 1931.

54 Hermann (1971), quoted p. 23. Letter from Planck to Robert Williams Wood, 7 October 1931.

55 Heilbron (2000), quoted p. 14.

56 Planck (1949), p. 32.

57 Hermann (1971), quoted p. 16.

58 Planck (1900b), p. 84.

59 숫자는 반올림했다.

60 Planck (1900b), p. 82.

61 Born (1948), p. 170.

62 우주의 어디에서나 적용되고 쉽게 재현할 수 있는 새로운 단위로 길이, 시간, 질량을 측정하는 방법을 개발했던 플랑크도 반가워했다. 인류 역사에서 지역과 시대에 따라서 다양한 측정 시스템을 도입했던 것은 관습과 편리함의 문제였다. 길이를 미터로 나타내고, 시간을 초로 나타내고, 질량을 킬로그램으로 나타내는 것이 가장 최근의 측정 시스템이다. 플랑크는 h와 함께 빛의 속도 c와 뉴턴의 중력 상수 G를 사용하여 고유하고, 측정의 보편적인 단위의 근거가 될 수 있는 길이, 질량, 시간의 값을 계산했다. h와 G의 값이 작기 때문에 실질적으로 일상적인 목적으로는 사용할 수 없었지만, 외계 문명과 소통을 할 때에 사용할 수 있는 단위가 될 수는 있다.

63 Heilbron (2000), quoted p. 38.

64 Planck (1949), pp. 44-5.

65 James Franck, Archive for the History of Quantum Physics (AHQP) interview, 7 September 1962.

66 James Franck, AHQP interview, 7 September 1962.

2 특허 노예

1 Hentschel and Grasshoff (2005), quoted p. 131.

2 Collected Papers of Albert Einstein (CPAE), Vol. 5, p. 20. Letter from Einstein to Conrad Habicht, 30 June-22 September 1905.

3 Fölsing (1997), quoted p. 101.

4 Hentschel and Grasshoff (2005), quoted p. 38.

5 Einstein (1949a), p. 45.

6 CPAE, Vol. 5, p. 20. Letter from Einstein to Conrad Habicht, 18 or 25 May 1905.

7 CPAE, Vol. 5, p. 20. Letter from Einstein to Conrad Habicht, 18 or 25 May 1905.

8 Brian (1996), quoted p. 61.

9 CPAE, Vol. 9, Doc. 366.

10 CPAE, Vol. 9, Doc. 366.

11 Calaprice (2005), quoted p. 18.

12 CPAE, Vol. 1, xx, M. Einstein.

13 Einstein (1949a), p. 5.

14 Einstein (1949a), p. 5.

15 Einstein (1949a), p. 5.

16 Einstein (1949a), p. 8.

17 10월 축제는 바이에른의 왕세자 루트비히(훗날 루트비히 1세)와 테레세 공주의 10월 17일 결혼을 축하하기 위해서 1810년에 시작되었다. 그 이후 인기가 좋았던 축제는 매년 열리게

되었다. 축제는 10월이 아니라 9월에 시작되어 16일 동안 계속되어 10월의 첫 번째 일요일에 끝난다.

18 CPAE, Vol. 1, p. 158.

19 Fölsing (1997), quoted p. 35.

20 아인슈타인은 최고점 6점 중에서 다음과 같은 성적을 받았다. 대수학 6점, 기하학 6점, 역사학 6점, 서술식 기하학 5점, 물리학 5-6점, 이탈리아어 5점, 화학 5점, 자연사 5점, 독일어 4-5점, 지리학 4점, 예술 회화 4점, 응용 회화 4점, 프랑스어 3점.

21 CPAE, Vol. 1, pp. 15-16.

22 Einstein (1949a), p. 17.

23 Einstein (1949a), p. 15.

24 Fölsing (1997), quoted pp. 52-3.

25 Overbye (2001), quoted p. 19.

26 CPAE, Vol. 1, p. 123. Letter from Einstein to Mileva Maric, 16 February 1898.

27 Cropper (2001), quoted p. 205.

28 Einstein (1949a), p. 17.

29 CPAE, Vol. 1, p. 162. Letter from Einstein to Mileva Maric, 4 April 1901.

30 CPAE, Vol. 1, pp. 164-5. Letter from Hermann Einstein to Wilhelm Ostwald, 13 April 1901.

31 CPAE, Vol. 1, pp. 164-5. Letter from Hermann Einstein to Wilhelm Ostwald, 13 April 1901.

32 CPAE, Vol. 1, p. 165. Letter from Einstein to Marcel Grossmann, 14 April 1901.

33 CPAE, Vol. 1, p. 177. Letter from Einstein to Jost Winteler, 8 July 1901.

34 공고는 1901년 12월 11일 연방관보(Bundesblatt)에 실렸다. CPAE, Vol. 1, p. 88.

35 CPAE, Vol. 1, p. 189. Letter from Einstein to Mileva Maric, 28 December 1901.

36 체링겐 공작 베르히톨트가 1191년에 도시를 세웠다. 전설에 따르면, 베르히톨트는 가까운 곳으로 사냥을 나가서 처음으로 곰(독일어로는 Bär)을 잡은 후에 도시를 "베른(Bäm)"이라고 이름 지었다.

37 CPAE, Vol. 1, p. 191. Letter from Einstein to Mileva Maric, 4 February 1902.

38 Pais (1982), quoted pp. 46-7.

39 Einstein (1993), p. 7.

40 CPAE, Vol. 5, p. 28.

41 Hentschel and Grasshoff (2005), quoted p. 37.

42 Fölsing (1997), quoted p. 103.

43 Fölsing (1997), quoted p. 103.

44 Highfield and Carter (1994), quoted p. 210.

45 See CPAE, Vol. 5, p. 7. Letter from Einstein to Michele Besso, 22 January 1903.

46 CPAE, Vol. 5, p. 20. Letter from Einstein to Conrad Habicht, 30 June-22 September 1905.

47 Hentschel and Grasshoff (2005), quoted p. 23.

48 CPAE, Vol. 1, p. 193. Letter from Einstein to Mileva Maric, 17 February 1902.

49 Fölsing (1997), quoted p. 101.

50 Fölsing (1997), quoted p. 104.

51 Fölsing (1997), quoted p. 102.

52 Born (1978), p. 167.

53 Einstein (1949a), p. 15.

54 Einstein (1949a), p. 17.

55 CPAE, Vol. 2, p. 97.

56 Einstein (1905a), p. 178.

57 Einstein (1905a), p. 183.

58 아인슈타인은 스토크스의 광발광법칙과 자외선에 의한 기체의 이온화를 설명하는 데에도 자신의 광양자가설을 이용했다.

59 Mulligan (1999), quoted p. 349.

60 Susskind (1995), quoted p. 116.

61 Pais (1982), quoted p. 357.

62 "실험의 입장에서의 전자와 광양자"라는 제목의 노벨 강연에서 밀리컨도 역시 "처음부터 광전자 방출의 에너지를 실험적으로 정확하게 측정해서 온도와 파장과 물질의 함수로 표현하는 것을 목표로 하는 노력에서 10년에 걸친 시험, 수정, 학습, 그리고 가끔의 실수를 겪은 후에야 이런 결과를 얻었다. 그 결과는 내 기대와는 정반대였지만 1914년 이후 아인슈타인 방정식에 대한 실험 오류의 좁은 한계 안에서 엄밀하게 유효한 최초의 직접적인 실험적 증거였고, 플랑크 상수 h에 대한 최초의 직접적인 광전자 측정이었다"고 말했다.

63 CPAE, Vol. 5, pp. 25-6. Letter from Max Laue to Einstein, 2 June 1906.

64 CPAE, Vol. 5, pp. 337-8. Proposal for Einstein's Membership in the Prussian Academy of Sciences, dated 12 June 1913 and signed by Max Planck, Walther Nernst, Heinrich Rubens and Emil Warburg.

65 Park (1997), quoted p. 208. Written in English, *Opticks* was first published in 1704.

66 Park (1997), quoted p. 208.

67 Park (1997), quoted p. 211.

68 Robinson (2006), quoted p. 103.

69 Robinson (2006), quoted p. 122.

70 Robinson (2006), quoted p. 96.

71 In German: "War es ein Gott der diese Zeichen schrieb?"

72 Baierlein (2001), p. 133.

73 Einstein (1905a), p. 178.

74 Einstein (1905a), p. 193.

75 CPAE, Vol. 5, p. 26. Letter from Max Laue to Einstein, 2 June 1906.

76 1906년 아인슈타인은 자신의 이론을 더욱 우아하고 확장된 형식으로 제시한 「브라운 운동의 이론에 대하여」라는 논문을 발표했다.

77 CPAE, Vol. 5, p. 63. Letter from Jakob Laub to Einstein, 1 March 1908.

78 CPAE, Vol. 5, p. 120. Letter from Einstein to Jakob Laub, 19 May 1909.

79 CPAE, Vol. 5, p. 120. Letter from Einstein to Jakob Laub, 19 May 1909.

80 CPAE, Vol. 5, p. 120. Letter from Einstein to Jakob Laub, 19 May 1909.

81 CPAE, Vol. 5, p. 120. Letter from Einstein to Jakob Laub, 19 May 1909.

82 CPAE, Vol. 2, p. 563.

83 CPAE, Vol. 5, p. 140. Letter from Einstein to Michele Besso, 17 November 1909.

84 Jammer (1966), quoted p. 57.

85 CPAE, Vol. 5, p. 187. Letter from Einstein to Michele Besso, 13 May 1911.

86 CPAE, Vol. 5, p. 190. Letter and invitation to the Solvay Congress from Ernst Solvay to Einstein, 9 June 1911.

87 CPAE, Vol. 5, p. 192. Letter from Einstein to Walter Nernst, 20 June 1911.

88 Pais (1982), quoted p. 399.

89 CPAE, Vol. 5, p. 241. Letter from Einstein to Michele Besso, 26 December 1911.

90 Brian (2005), quoted p. 128.

91 CPAE, Vol. 5, p. 220. Letter from Einstein to Heinrich Zangger, 7 November 1911.

3 황금의 덴마크인

1 Niels Bohr Collected Works (BCW), Vol. 1, p. 559. Letter from Bohr to Harald Bohr, 19 June 1912.

2 Pais (1991), quoted p. 47. 1946년 이후에는 코펜하겐 대학교의 의학사 박물관이 소장하고 있다.

3 Pais (1991), quoted p. 46.

4 Pais (1991), quoted p. 99.

5 Pais (1991), quoted p. 48.

6 오르후스의 두 번째 대학교는 1928년에 설립되었다.

7 Pais (1991), quoted p. 44.

8 Pais (1991), quoted p. 108.

9 Moore (1966), quoted p. 28.

10 Rozental (1967), p. 15.

11 Pais (1989a), quoted p. 61.

12 Niels Bohr, AHQP interview, 2 November 1962.

13 Niels Bohr, AHQP interview, 2 November 1962.

14 Heilbron and Kuhn (1969), quoted p. 223. Letter from Bohr to Margrethe Nørland, 26 September 1911.

15 BCW, Vol. 1, p. 523. Letter from Bohr to Ellen Bohr, 2 October 1911.

16 Weinberg (2003), quoted p. 10.

17 Aston (1940), p. 9.

18 Pais (1991), quoted p. 120.

19 BCW, Vol. 1, p. 527. Letter from Bohr to Harald Bohr, 23 October 1911.

20 BCW, Vol. 1, p. 527. Letter from Bohr to Harald Bohr, 23 October 1911.

21 분명한 역사적 증거는 없지만, 보어가 10월에 있었던 원자 모형에 대한 러더퍼드의 케임브리지 강연에 참석했을 가능성은 있다.

22 Bohr (1963b), p. 31.

23 Bohr (1963c), p. 83. 제1회 솔베이 회의에 대한 공식 보고서는 1912년에 프랑스어로 발간되었고, 1913년에는 독일어로 발간되었다. 보어는 발간된 직후에 보고서를 읽어보았다.

24 Kay (1963), p. 131.

25 Keller (1983), quoted p. 55.

26 Nitske (1971), quoted p. 5.

27 Nitske (1971), p. 5.

28 Kragh (1999), p. 30.

29 Wilson (1983), quoted p. 127.

30 교과서나 과학사에서는 흔히 프랑스의 과학자 폴 빌라르가 1900년에 감마선을 발견했다고 한다. 사실 빌라르는 라듐이 감마선을 방출한다는 사실을 발견했고, 그런 사실을 1899년 1월에 발표했다. 그러나 1898년 9월에 완성했던 우라늄 복사에 대한 자신의 첫 논문에서 그런 사실을 보고한 사람은 러더퍼드였다. 윌슨[Wilson(1983), pp. 126-8]이 그런 사실을 밝힘으로써 감마선 발견은 분명하게 러더퍼드의 업적이 되었다.

31 Eve (1939), quoted p. 55.

32 Andrade (1964), quoted p. 50.

33 더 정확한 측정에 의한 반감기는 56초였다.

34 Howorth (1958), quoted p. 83.

35 Wilson (1983), quoted p. 225.

36 Wilson (1983), quoted p. 225.

37 Wilson (1983), quoted p. 286.

38 Wilson (1983), quoted p. 287.

39 Pais (1986), quoted p. 188.

40 Cropper (2001), quoted p. 317.

41 Wilson (1983), quoted p. 291.

42 Marsden (1948), p. 54.

43 Rhodes (1986), quoted p. 49.

44 톰슨은 1902년에 켈빈이 제안한 비슷한 아이디어에 대해서 알고 난 후에야 자신의 모형에 대한 자세한 수학적 내용에 대한 연구를 시작했다.

45 Badash (1969), quoted p. 235.

46 From quoted remarks by Geiger, Wilson (1983), p. 296.

47 Rowland (1938), quoted p. 56.

48 Cropper (2001), quoted p. 317.

49 Wilson (1983), quoted p. 573.

50 Wilson (1983), quoted p. 301. Letter from William Henry Bragg to Ernest Rutherford, 7 March 1911. Received on 11 March.

51 Eve (1939), quoted p. 200. Letter from Hantaro Nagaoka to Ernest Rutherford, 22 February 1911.

52 나가오카는 천문학자들이 200년 이상 의아스럽게 생각했던 토성 고리의 안정성에 대한 제임스 클러크 맥스웰의 유명한 분석에서 영감을 받았다. 그 문제는 1855년에 문제를 해결할 최고의 물리학자를 찾는 과정에서 케임브리지 대학교의 권위 있는 격년 경연에서 상을 주는 애덤스 상의 주제로 선정되었다. 맥스웰은 1857년 12월의 마감일까지 논문을 접수한 유일한 사람이었다. 그런 사실은 상의 가치나 맥스웰의 성과를 떨어뜨리기는커녕 오히려 문제의 난이도를 입증해서 그의 명성을 높여주는 역할을 했다. 아무도 경연에 제출할 논문을 완성하지 못하고 있었다. 맥스웰은 망원경을 통해서 보면 단단하게 보이는 고리가 고체이거나 액체라면 불안정할 것이라는 사실을 확실하게 보여주었다. 그는 놀라운 수준의 수학적 기교를 이용해서 토성 고리의 안정성은 고리가 엄청나게 많은 수의 입자들이 행성 주위를 동심원을 그리면서 회전하기 때문이라는 사실을 증명했다. 왕립 천문대장 조지 에어리 경은 맥스웰의 결론이 "내가 지금까지 보았던 것 중에서 수학을 물리학에 응용한 가장 훌륭한 경우 중 하나"라고 밝혔다. 맥스웰은 당연히 애덤스 상을 수상했다.

53 Rutherford (1906), p. 260.

54 Rutherford (1911a), reprinted in Boorse and Motz (1966), p. 709.

55 1913년 4월에 발표된 그들의 논문에서 가이거와 마스든은 자신들의 결과가 "원자는 그 중심에 지름보다 훨씬 작은 크기의 강한 전하를 가지고 있다는 근본 가정이 옳다는 강력한 증거"라고 주장했다.

56 Marsden (1948), p. 55.

57 Niels Bohr, AHQP interview, 7 November 1962.

58 Niels Bohr, AHQP interview, 2 November 1962.

59 Niels Bohr, AHQP interview, 7 November 1962.

60 Rosenfeld and Rüdinger (1967), quoted p. 46.

61 Pais (1991), quoted p. 125.

62 Andrade (1964), quoted p. 210.

63 Andrade (1964), p. 209, note 3.

64 Rosenfeld and Rüdinger (1967), quoted p. 46.

65 Bohr (1963b), p. 32.

66 Niels Bohr, AHQP interview, 2 November 1962.

67 Howorth (1958), quoted p. 184.

68 Soddy (1913), p. 400. 그도 역시 "동위원소적 원소(isotopic elements)"를 대안으로 제안했다.

69 라디오토륨, 라디오악티늄, 이오늄, 우라늄-X는 훗날 25종의 토륨 동위원소 중 4가지로 확인되었다.

70 Niels Bohr, AHQP interview, 2 November 1962.

71 Bohr (1963b), p. 33.

72 Bohr (1963b), p. 33.

73 Bohr (1963b), p. 33.

74 Niels Bohr, AHQP interview, 2 November 1962.

75 Niels Bohr, AHQP interview, 31 October 1962.

76 Niels Bohr, AHQP interview, 31 October 1962.

77 Boorse and Motz (1966), quoted p. 855.

78 Georg von Hevesy, AHQP interview, 25 May 1962.

79 Pais (1991), quoted p. 125.

80 Pais (1991), quoted p. 125.

81 Bohr (1963b), p. 33.

82 Blaedel (1985), quoted p. 48.

83 BCW, Vol. 1, p. 555. Letter from Bohr to Harald Bohr, 12 June 1912.

84 BCW, Vol. 1, p. 555. Letter from Bohr to Harald Bohr, 12 June 1912.

85 BCW, Vol. 1, p. 561. Letter from Bohr to Harald Bohr, 17 July 1912.

4 양자원자

1 Margrethe Bohr, Aage Bohr and Léon Rosenfeld, AHQP interview, 30 January 1963.

2 Margrethe Bohr, Aage Bohr and Léon Rosenfeld, AHQP interview, 30 January 1963.

3 Margrethe Bohr, AHQP interview, 23 January 1963.

4 Rozental (1998), p. 34.

5 보어는 알파 입자의 속도에 대해서 맨체스터에서 진행 중이던 실험이 끝날 때까지 논문 발간을 연기하기로 결정했다. 「물질을 통과하는 과정에서 전하를 가진 움직이는 입자의 속도의 이론에 대하여」라는 논문은 1913년 『철학지』에 실렸다.

6 See Chapter 3, note 6.

7 Nielson (1963), p. 22.

8 Rosenfeld and Rüdinger (1967), quoted p. 51.

9 BCW, Vol. 2, p. 577. Letter from Bohr to Ernest Rutherford, 6 July 1912.

10 Niels Bohr, AHQP interview, 7 November 1962.

11 BCW, Vol. 2, p. 136.

12 BCW, Vol. 2, p. 136.

13 Niels Bohr, AHQP interview, 1 November 1962.

14 Niels Bohr, AHQP interview, 31 October 1962.

15 BCW, Vol. 2, p. 577. Letter from Bohr to Ernest Rutherford, 4 November 1912.

16 BCW, Vol. 2, p. 578. Letter from Ernest Rutherford to Bohr, 11 November 1912.

17 파이(π)는 원의 둘레와 지름의 비를 나타나는 숫자이다.

18 1전자볼트(eV)는 1.6×10^{-19}줄(joule)의 에너지에 해당한다. 100와트 전구는 1초에 100줄의 전기 에너지를 열로 변환시킨다.

19 BCW, Vol. 2, p. 597. Letter from Bohr to Ernest Rutherford, 31 January 1913.

20 Niels Bohr, AHQP interview, 31 October 1962.

21 발머의 시대로부터 시작하여 20세기가 시작되고 상당한 기간까지도 파장은 안데르스 옹스트룀을 기리기 위해서 붙여진 단위로 표시했다. 1옹스트룀은 1센티미터의 1억 분의 일에 해당하고($1Å = 10^{-8}$cm), 오늘날 사용하는 나노미터의 10분의 1이다.

22 See Bohr (1963d), with introduction by Léon Rosenfeld.

23 1890년 스웨덴의 물리학자 요하네스 뤼드베리는 발머의 공식보다 더 일반적인 공식을 개발했다. 그 공식에는 훗날 뤼드베리 상수라고 부르는 숫자가 들어 있고, 보어는 자신의 모형으로 그 값을 계산할 수 있었다. 그는 뤼드베리 상수를 플랑크 상수, 전자의 질량, 전자의 전하로 다시 표현할 수 있었다. 그는 실험으로 결정된 값과 거의 일치하는 뤼드베리 상수의 값을 유도할 수 있었다. 보어는 러더퍼드에게 자신은 그것을 "엄청나고 예상하지 못했던 결과"라고 믿는다고 말했다. (See BCW, Vol. 2, p. 111.)

24 Heilbron (2007), quoted p. 29.

25 Gillott and Kumar (1995), quoted p. 60. 노벨상 수상자의 강연은 www.nobelprize.org에서 볼 수 있다.

26 BCW, Vol. 2, p. 582. Letter from Bohr to Ernest Rutherford, 6 March 1913.

27 Eve (1939), quoted p. 221.

28 Eve (1939), quoted p. 221.

29 BCW, Vol. 2, p. 583. Letter from Ernest Rutherford to Bohr, 20 March 1913.

30 BCW, Vol. 2, p. 584. Letter from Ernest Rutherford to Bohr, 20 March 1913.

31 BCW, Vol. 2, pp. 585-6. Letter from Bohr to Ernest Rutherford, 26 March 1913.

32 Eve (1939), p. 218.

33 Wilson (1983), quoted p. 333.

34 Rosenfeld and Rüdinger (1967), quoted p. 54.

35 Wilson (1983), quoted p. 333.

36 Blaedel (1988), quoted p. 119.

37 Eve (1939), quoted p. 223.

38 Cropper (1970), quoted p. 46.

39 Jammer (1966), quoted p. 86.

40 Mehra and Rechenberg (1982), Vol. 1, quoted p. 236.

41 Mehra and Rechenberg (1982), Vol. 1, quoted p. 236.

42 BCW, Vol. 1, p. 567. Letter from Harald Bohr to Bohr, autumn 1913.

43 Eve (1939), quoted p. 226.

44 모즐리도 역시 주기율표에 세 쌍의 원소를 배열하면서 발생하는 몇 가지 이상한 점을 해결할 수 있었다. 원자량에 따르면, 아르곤(39.94)은 주기율표에서 포타슘(39.10) 다음에 위치해야 한다. 그러나 그런 배열은 포타슘이 비활성 기체가 되고, 아르곤이 알칼리 금속이 되어 화학적 성질과 맞지 않게 된다. 그런 화학적 모순을 피하기 위해서 그는 원소를 원자량의 역순으로 배열했다. 그러나 원자번호를 사용하면 원소들이 옳은 순서로 배열된다. 원자번호를 이용한 배열은 텔루륨-아이오다인과 코발트-니켈을 포함한 두 쌍의 위치도 바로잡아준다.

45 Pais (1991), quoted p. 164.

46 BCW, Vol. 2, p. 594. Letter from Ernest Rutherford to Bohr, 20 May 1914.

47 Pais (1991), quoted p. 164.

48 CPAE, Vol. 5, p. 50. Letter from Einstein to Arnold Sommerfeld, 14 January 1908.

49 훗날 조머펠트의 k는 0이 될 수 없다는 사실이 밝혀졌다. 그래서 k는 l + 1이었고, l은 오비탈 각운동량수이다. l = 0, 1, 2 ⋯ n − 1이고, n은 주양자수이다.

50 실제로 두 가지 형식의 슈타르크 효과가 있다. 선형 슈타르크 효과는 분리가 전기장에 비례하는 것으로 수소의 들뜬 상태에서 나타난다. 다른 모든 원자는 선 분리가 전기장 세기의 제곱에 비례하는 2차 슈타르크 효과를 나타낸다.

51 BCW, Vol. 2, p. 589. Letter from Ernest Rutherford to Bohr, 11 December 1913.

52 BCW, Vol. 2, p. 603. Letter from Arnold Sommerfeld to Bohr, 4 September 1913.

53 현대적 기호로 m은 ml로 나타낸다. 주어진 l에 대해서 −l에서 +l까지 2l + 1개의 ml 값이 존재한다. l = 1이면 ml은 −1, 0, +1의 3개의 값을 가질 수 있다.

54 Pais (1994), quoted p. 34. Letter from Arnold Sommerfeld to Bohr, 25 April 1921.

55 Pais (1991), quoted p. 170.

56 보어가 여든 살이 되던 1965년에 닐스 보어 연구소로 이름이 바뀌었다.

5 아인슈타인이 보어를 만났을 때

1 Frank (1947), quoted p. 98

2 CPAE, Vol. 5, p. 175. Letter from Einstein to Hendrik Lorentz, 27 January 1911.

3 CPAE, Vol. 5, p. 175. Letter from Einstein to Hendrik Lorentz, 27 January 1911.

4 CPAE, Vol. 5, p. 187. Letter from Einstein to Michele Besso, 13 May 1911.

5 Pais (1982), quoted p. 170.

6 Pais (1982), quoted p. 170.

7 CPAE, Vol. 5, p. 349. Letter from Einstein to Hendrik Lorentz, 14 August 1913.

8 Fölsing (1997), quoted p. 335.

9 CPAE, Vol. 8, p. 23. Letter from Einstein to Otto Stern, after 4 June 1914.

10 CPAE, Vol. 8, p. 10. Letter from Einstein to Paul Ehrenfest, before 10 April 1914.

11 CPAE, Vol. 5, p. 365. Letter from Einstein to Elsa Löwenthal, before 2 December 1913.

12 CPAE, Vol. 8, pp. 32-3. Memorandum from Einstein to Mileva Einstein-Maric, 18 July 1914.

13 CPAE, Vol. 8, p. 41. Letter from Einstein to Paul Ehrenfest, 19 August 1914.

14 Fromkin (2004), quoted pp. 49-50.

15 러시아, 프랑스, 영국, 세르비아에 이어서 일본(1914), 이탈리아(1915), 포르투갈과 루마니아(1916), 미국과 그리스(1917)가 참전했다. 영연방은 독일 동맹국과도 싸웠다. 독일과 오스트리아-헝가리는 터키(1914)와 불가리아(1915)의 지원을 받았다.

16 CPAE, Vol. 8, p. 41. Letter from Einstein to Paul Ehrenfest, 19 August 1914.

17 CPAE, Vol. 8, p. 41. Letter from Einstein to Paul Ehrenfest, 19 August 1914.

18 Heilbron (2000), quoted p. 72.

19 Fölsing (1997), quoted p. 345.

20 Fölsing (1997), quoted p. 345.

21 Gilbert (1994), quoted p. 34.

22 Fölsing (1997), quoted p. 346.

23 Fölsing (1997), quoted p. 346.

24 Large (2001), quoted p. 138.

25 CPAE, Vol. 8, p. 77. Letter from Einstein to Romain Rolland, 22 March 1915.

26 CPAE, Vol. 8, p. 422. Letter from Einstein to Hendrik Lorentz, 18 December 1917.

27 CPAE, Vol. 8, p. 422. Letter from Einstein to Hendrik Lorentz, 18 December 1917.

28 CPAE, Vol. 5, p. 324. Letter from Einstein to Arnold Sommerfeld, 29 October 1912.

29 CPAE, Vol. 8, p. 151. Letter from Einstein to Heinrich Zangger, 26 November 1915.

30 CPAE, Vol. 8, p. 22. Letter from Einstein to Paul Ehrenfest, 25 May 1914.

31 CPAE, Vol. 8, p. 243. Letter from Einstein to Michele Besso, 11 August 1916.

32 CPAE, Vol. 8, p. 243. Letter from Einstein to Michele Besso, 11 August 1916.

33 CPAE, Vol. 8, p. 246. Letter from Einstein to Michele Besso, 6 September 1916.

34 CPAE, Vol. 6, p. 232.

35 CPAE, Vol. 8, p. 613. Letter from Einstein to Michele Besso, 29 July 1918.

36 Born (2005), p. 22. Letter from Einstein to Max Born, 27 January 1920.

37 Analogy courtesy of Jim Baggott (2004).

38 Born (2005), p. 80. Letter from Einstein to Max Born, 29 April 1924.

39 Large (2001), quoted p. 134.

40 CPAE, Vol. 8, p. 300. Letter from Einstein to Heinrich Zangger, after 10 March 1917.

41 CPAE, Vol. 8, p. 88. Letter from Einstein to Heinrich Zangger, 10 April 1915.

42 일반상대성이론은 약한 중력장에서도 뉴턴 이론과 똑같은 휘어짐이 일어날 것을 예측한다.

43 Pais (1994), quoted p. 147.

44 Brian (1996), quoted p. 101.

45 자신의 연구에 대한 엄청난 관심 속에서 「상대성」의 첫 영어 번역이 1920년에 발간되었다.

46 CPAE, Vol. 8, p. 412. Letter from Einstein to Heinrich Zangger, 6 December 1917.

47 Pais (1982), quoted p. 309.

48 Brian (1996), quoted p. 103.

49 Calaprice (2005), quoted p. 5. Letter from Einstein to Heinrich Zangger, 3 January 1920.

50 Fölsing (1997), quoted p. 421.

51 Fölsing (1997), quoted p. 455. Letter from Einstein to Marcel Grossmann, 12 September 1920.

52 Pais (1982), quoted p. 314. Letter from Einstein to Paul Ehrenfest, 4 December 1919.

53 Everett (1979), quoted p. 153.

54 Elon (2003), quoted pp. 359-60.

55 Moore (1966), quoted p. 103.

56 Pais (1991), quoted p. 228. Postcard from Einstein to Planck, 23 October 1919.

57 CPAE, Vol. 5, p. 20. Letter from Einstein to Conrad Habicht, sometime between 30 June and 22 September 1905.

58 CPAE, Vol. 5, pp. 20-1. Letter from Einstein to Conrad Habicht, sometime between 30 June and 22 September 1905.

59 CPAE, Vol. 5, p. 21. Letter from Einstein to Conrad Habicht, sometime between 30 June and 22 September 1905.

60 Einstein (1949a), p. 47.

61 Moore (1966), quoted p. 104.

62 Moore (1966), quoted p. 106.

63 Pais (1991) quoted p. 232.

64 CPAE, Vol. 6, p. 232.

65 Fölsing (1997), quoted p. 477. Letter from Einstein to Bohr, 2 May 1920.

66 Fölsing (1997), quoted p. 477. Letter from Einstein to Paul Ehrenfest, 4 May 1920.

67 Fölsing (1997), quoted p. 477. Letter from Bohr to Einstein, 24 June 1920.

68 Pais (1994), quoted p. 40. Letter from Einstein to Hendrik Lorentz, 4 August 1920.

69 *Arbeitsgemeinschaft deutscher Naturforscher zur Erhaltung reiner Wissenschaft.*

70 Born (2005), p. 34. Letter from Einstein to the Borns, 9 September 1920.

71 Born (2005), p. 34. Letter from Einstein to the Borns, 9 September 1920.

72 Pais (1982), quoted p. 316. Letter from Einstein to K. Haenisch, 8 September 1920.

73 Fölsing (1997), quoted p. 512. Letter from Einstein to Paul Ehrenfest, 15 March 1922.

74 BCW, Vol. 3, pp. 691-2. Letter from Bohr to Arnold Sommerfeld, 30 April 1922.

75 보어가 전자 껍질이라고 불렀던 것은 사실 전자 궤도의 집합이었다. 1차 궤도는 1에서 7까지의 번호가 주어졌고, 1은 핵에 가장 가까운 것이었다. 2차 궤도는 s, p, d, f (분광학자들이 원자 스펙트럼의 선을 설명하기 위해서 사용하는 용어인 "sharp", "principla", "diffuse", "fundamental"에서 유래한다)의 글자로 표시되었다. 핵에서 가장 가까운 궤도는 1s라고 하는 하나의 궤도이고, 다음은 2s와 2p로 표시하는 한 쌍의 궤도이고, 다음은 3s, 3p, 3d 궤도의 트리오 등이다. 핵에서 멀리 있는 궤도일수록 더 많은 수의 전자가 들어갈 수 있다. s에는 2개, p에는 6개, d에는 10개, f에는 14개의 전자가 들어갈 수 있다.

76 Brian (1996), quoted p. 138.

77 Einstein (1993), p. 57. Letter from Einstein to Maurice Solovine, 16 July 1922.

78 See Fölsing (1997), p. 520. Letter from Einstein to Marie Curie, 11 July 1922.

79 Einstein (1949a), pp. 45-7.

80 French and Kennedy (1985), quoted p. 60.

81 Mehra and Rechenberg (1982), Vol. 1, Pt. 1, p. 358. Letter from Bohr to James Franck, 15 July 1922.

82 Moore (1966), quoted p. 116.

83 Moore (1966), quoted p. 116.

84 BCW, Vol. 4, p. 685. Letter from Bohr to Einstein, 11 November 1922.

85 Pais (1982), quoted p. 317.

86 BCW, Vol. 4, p. 686. Letter from Einstein to Bohr, 11 January 1923.

87 Pais (1991), quoted p. 308.

88 Pais (1991), quoted p. 215.

89 보어의 만찬 연설은 www.nobelprize.org에서 얻을 수 있다.

90 Bohr (1922), p. 7.

91 Bohr (1922), p. 42.

92 Robertson (1979), p. 69.

93 Weber (1981), p. 64.

94 Bohr (1922), p. 14.

95 Stuewer (1975), quoted p. 241.

96 Stuewer (1975), quoted p. 241.

97 See Stuewer (1975).

98 가시광선에서도 "콤프턴 효과"가 나타난다. 그러나 1차 광선과 산란된 가시광선의 파장 차이는 X-선의 경우보다 매우 작아서 실험실에서는 측정이 가능하지만, 눈으로는 그런 효과를 감지할 수가 없다.

99 Compton (1924), p. 70.

100 Compton (1924), p. 70.

101 Compton (1961). "콤프턴 효과"의 발견을 가능하게 해준 실험적 증거와 이론적 고려를 소개하는 콤프턴의 짧은 논문.

102 미국 화학자 길버트 루이스가 1926년 빛의 원자에 "광자(photon)"라는 이름을 제안했다.

103 Fölsing (1997), quoted p. 541.

104 Pais (1991), quoted p. 234.

105 Compton (1924), p. 70.

106 Pais (1982), quoted p. 414.

6 이중성의 공작

1 Ponte (1981), quoted p. 56.

2 공작(Duc)과 달리 왕자(Prince)는 프랑스의 작위가 아니었다. 루이는 형이 사망한 후에 프랑스 작위가 우선이었기 때문에 공작이 되었다.

3 Pais (1994), quoted p. 48. Letter from Einstein to Hendrik Lorentz, 16 December 1924.

4 Abragam (1988), quoted p. 26.

5 Abragam (1988), quoted pp. 26-7.

6 Abragam (1988), quoted p. 27.

7 Abragam (1988), quoted p. 27.

8 Ponte (1981), quoted p. 55.

9 See Abragam (1988), p. 38.

10 프랑스어로 Corps du Génie.

11 Ponte (1981), quoted pp. 55-6.

12 Pais (1991), quoted p. 240.

13 Abragam (1988), quoted p. 30.

14 Abragam (1988), quoted p. 30.

15 Abragam (1988), quoted p. 30.

16 Abragam (1988), quoted p. 30.

17 Abragam (1988), quoted p. 30.

18 Wheaton (2007), quoted p. 58.

19 Wheaton (2007), quoted pp. 54-5.

20 Elsasser (1978), p. 66.

21 Gehrenbeck (1978), quoted p. 325.

22 CPAE, Vol. 5, p. 299. Letter from Einstein to Heinrich Zangger, 12 May 1912.

23 Weinberg (1993), p. 51.

7 스핀 닥터들

1 Meyenn and Schucking (2001), quoted p. 44.

2 Born (2005), p. 223.

3 Born (2005), p. 223.

4 Paul Ewald, AHQP interview, 8 May 1962.

5 Enz (2002), quoted p. 15.

6 Enz (2002), quoted p. 9.

7 Pais (2000), quoted p. 213.

8 Mehra and Rechenberg (1982), Vol. 1, Pt. 2, quoted p. 378.

9 Enz (2002), quoted p. 49.

10 Cropper (2001), quoted p. 257.

11 Cropper (2001), quoted p. 257.

12 Cropper (2001), quoted p. 257.

13 Mehra and Rechenberg (1982), Vol. 1, Pt. 2, p. 384.

14 Pauli (1946b), p. 27.

15 Mehra and Rechenberg (1982), Vol. 1, Pt. 1, quoted p. 281.

16 CPAE, Vol. 8, p. 467. Letter from Einstein to Hedwig Born, 8 February 1918.

17 Greenspan (2005), quoted p. 108.

18 Born (2005), p. 56. Letter from Born to Einstein, 21 October 1921.

19 Pauli (1946a), p. 213.

20 Pauli (1946a), p. 213.

21 로런츠는 빛을 내는 소듐 기체의 원자 내부에서 진동하는 전자들이 제이만이 분석했던 빛을 방출한다고 가정했다. 로런츠는 하나의 스펙트럼 선이 방출되는 빛을 자기장과 평행이나 수직 방향으로 보는지에 따라서 가까이 있는 두 개의 선(이중선)이나 세 개의 선(삼중선)으로 분리된다는 사실을 밝혔다. 로런츠는 두 인접한 선의 파장 차이를 계산해서 제이만의 실험 결과와 일치하는 값을 얻었다.

22 Pais (1991), quoted p. 199.

23 Pais (2000), quoted p. 221.

24 Pauli (1946a), p. 213.

25 노벨 화학상 수상자의 아들이었던 스물여덟 살의 독일 물리학자 발터 코셀이 1916년

처음으로 양자원자와 주기율표 사이의 관계를 정립했다. 그는 첫 세 개의 비활성 기체인 헬륨, 네온, 아르곤의 원자번호 2, 10, 18 사이의 차이가 8이라는 사실을 주목하고, 그런 원자들의 전자는 "채워진 껍질"의 궤도를 차지한다고 주장했다. 첫 번째 껍질에는 2개만 들어가고, 두 번째와 세 번째 껍질에는 각각 8개가 들어간다. 보어는 코셀의 연구를 인정했다. 그러나 코셀은 물론이고 어느 누구도 덴마크 청년처럼 주기율표 전체에서 전자의 분포를 설명하지는 못했다. 그 최고점은 하프늄을 희토류 원소가 아닌 것으로 옳게 분류한 것이었다.

26 BCW, Vol. 4, p. 740. Postcard from Arnold Sommerfeld to Bohr, 7 March 1921.

27 BCW, Vol. 4, p. 740. Letter from Arnold Sommerfeld to Bohr, 25 April 1921.

28 Pais (1991), quoted p. 205.

29 n = 3이면 k = 1, 2, 3. k = 1이면 m = 0이고 에너지 상태는 (3, 1, 0). k = 2이면 m = −1, 0, 1이고, 에너지 상태는 (3, 2, −1), (3, 2, 0), (3, 2, 1). k = 3이면 m = −2, −1, 0, 1, 2이고, 에너지 상태는 (3, 3, −2), (3, 3, −1), (3, 3, 0), (3, 3, 1), (3, 3, 2). n = 3인 세 번째 껍질에 있는 에너지 상태의 총수는 9이고, 전자의 최대수는 18이다. n = 4이면 에너지 상태는 (4, 1, 0), (4, 2, −1), (4, 2, 0), (4, 2, 1), (4, 3, −2), (4, 3, −1), (4, 3, 0), (4, 3, 1), (4, 3, 2), (4, 4, −3), (4, 4, −2), (4, 4, −1), (4, 4, 0), (4, 4, 1), (4, 4, 2), (4, 4, 3). 주어진 n에 대해서 전자 에너지 상태의 수는 단순히 n^2으로 주어진다. 처음 4개의 껍질, n = 1, 2, 3, 4의 경우에 에너지 상태의 수는 각각 1, 4, 9, 16이다.

30 *Atombau und Spektrallinien*의 초판은 1919년에 발간되었다.

31 Pais (2000), quoted p. 223.

32 보어는 양자원자의 모델에서 각운동량(L = nh/2π = mvr)의 양자화를 통해서 원자에 양자를 도입했다. 원형 궤도를 따라서 움직이는 전자는 각운동량을 가진다. 계산에서 L로 표현하는 전자의 각운동량은 질량과 속도와 궤도의 반지름을 곱해서 얻어지는 값에 지나지 않는다 (기호로는 L = mvr). 각운동량이 nh/2π (여기서 n은 1, 2, 3, ……)인 전자 궤도만 허용이 되고, 다른 모든 궤도는 금지된다.

33 Calaprice (2005), quoted p. 77.

34 Pais (1989b), quoted p. 310.

35 Goudsmit (1976), p. 246.

36 Samuel Goudsmit, AHQP interview, 5 December 1963.

37 Pais (1989b), quoted p. 310.

38 Pais (2000), quoted p. 222.

39 실제로 두 값은 +1/2(h/2π)과 −1/2(h/2π), 또는 동등하게 +h/4π과 −h/4π이다.

40 Mehra and Rechenberg (1982), Vol. 1, Pt. 2, quoted p. 702.

41 Pais (1989b), quoted p. 311.

42 George Uhlenbeck, AHQP interview, 31 March 1962.

43 Uhlenbeck (1976), p. 253.

44 BCW, Vol. 5, p. 229. Letter from Bohr to Ralph Kronig, 26 March 1926.

45 Pais (2000), quoted p. 304.

46 Robertson (1979), quoted p. 100.

47 Mehra and Rechenberg (1982), Vol. 1, Pt. 2, quoted p. 691.

48 Mehra and Rechenberg (1982), Vol. 1, Pt. 2, quoted p. 692.

49 Ralph Kronig, AHQP interview, 11 December 1962.

50 Ralph Kronig, AHQP interview, 11 December 1962.

51 Pais (2000), quoted p. 305.

52 Pais (2000), quoted p. 305.

53 Pais (2000), quoted p. 305.

54 Pais (2000), quoted p. 305.

55 Uhlenbeck (1976), p. 250.

56 Pais (2000), quoted p. 305.

57 Pais (2000), quoted p. 305.

58 Pais (2000), quoted p. 230.

59 Enz (2002), quoted p. 115.

60 Enz (2002), quoted p. 117.

61 Goudsmit (1976), p. 248.

62 Jammer (1966), p. 196.

63 Mehra and Rechenberg (1982), Vol. 2, Pt. 2, quoted p. 208. Letter from Pauli to Ralph Kronig, 21 May 1925.

64 Mehra and Rechenberg (1982), Vol. 1, Pt. 2, quoted p. 719.

8 양자 마술사

1 Mehra and Rechenberg (1982), Vol. 2, quoted p. 6.

2 Heisenberg (1971), p. 16.

3 Heisenberg (1971), p. 16.

4 Heisenberg (1971), p. 16.

5 Heisenberg (1971), p. 16.

6 Werner Heisenberg, AHQP interview, 30 November 1962.

7 Heisenberg (1971), p. 24.

8 Heisenberg (1971), p. 24.

9 Werner Heisenberg, AHQP interview, 30 November 1962.

10 Heisenberg (1971), p. 26.

11 Heisenberg (1971), p. 26.

12 Heisenberg (1971), p. 26.

13 Heisenberg (1971), p. 38.

14 Heisenberg (1971), p. 38.

15 Werner Heisenberg, AHQP interview, 30 November 1962.

16 Heisenberg (1971), p. 42.

17 Born (1978), p. 212.

18 Born (2005), p. 73. Letter from Born to Einstein, 7 April 1923.

19 Born (1978), p. 212.

20 Cassidy (1992), quoted p. 168.

21 Mehra and Rechenberg (1982), Vol. 2, quoted pp. 140-1. Letter from Heisenberg to Pauli, 26 March 1924.

22 Mehra and Rechenberg (1982), Vol. 2, quoted p. 133. Letter from Pauli to Bohr, 11 February 1924.

23 Mehra and Rechenberg (1982), Vol. 2, quoted p. 135. Letter from Pauli to Bohr, 11 February 1924.

24 Mehra and Rechenberg (1982), Vol. 2, quoted p. 142.

25 Mehra and Rechenberg (1982), Vol. 2, quoted p. 127. Letter from Born to Bohr, 16 April 1924.

26 Mehra and Rechenberg (1982), Vol. 2, quoted p. 3.

27 Mehra and Rechenberg (1982), Vol. 2, quoted p. 150.

28 Frank Hoyt, AHQP interview, 28 April 1964.

29 Mehra and Rechenberg (1982), Vol. 2, quoted p. 209. Letter from Heisenberg to Bohr, 21 April 1925.

30 Heisenberg (1971), p. 8.

31 Pais (1991), quoted p. 270.

32 Mehra and Rechenberg (1982), Vol. 2, quoted p. 196. Letter from Pauli to Bohr, 12 December 1924.

33 Cassidy (1992), quoted p. 198.

34 Pais (1991), quoted p. 275.

35 Heisenberg (1971), p. 60.

36 Heisenberg (1971), p. 60.

37 Heisenberg (1971), p. 61.

38 Heisenberg (1971), p. 61.

39 Heisenberg (1971), p. 61.

40

$$A=\begin{pmatrix} a & b \\ c & d \end{pmatrix} \quad B=\begin{pmatrix} e & f \\ g & h \end{pmatrix} \quad A\times B=\begin{pmatrix} (a\times e)+(b\times g) & (a\times f)+(b\times h) \\ (c\times e)+(d\times g) & (c\times f)+(d\times h) \end{pmatrix}$$

$$\text{If } A=\begin{pmatrix} 1 & 2 \\ 3 & 4 \end{pmatrix} \text{ If } B=\begin{pmatrix} 5 & 6 \\ 7 & 8 \end{pmatrix} \text{ then } A\times B=\begin{pmatrix} (1\times 5)+(2\times 7) & (1\times 6)+(2\times 8) \\ (3\times 5)+(4\times 7) & (3\times 6)+(4\times 8) \end{pmatrix}=\begin{pmatrix} 5+14 & 6+16 \\ 15+28 & 18+32 \end{pmatrix}=\begin{pmatrix} 19 & 22 \\ 43 & 50 \end{pmatrix}$$

$$\text{If } B=\begin{pmatrix} 5 & 6 \\ 7 & 8 \end{pmatrix} \text{ If } A=\begin{pmatrix} 1 & 2 \\ 3 & 4 \end{pmatrix} \text{ then } B\times A=\begin{pmatrix} (5\times 1)+(6\times 3) & (5\times 2)+(6\times 4) \\ (7\times 1)+(8\times 3) & (7\times 2)+(8\times 4) \end{pmatrix}=\begin{pmatrix} 5+18 & 10+24 \\ 7+24 & 14+32 \end{pmatrix}=\begin{pmatrix} 23 & 34 \\ 31 & 46 \end{pmatrix}$$

$$\text{Therefore } (A\times B)-(B\times A)=\begin{pmatrix} 19 & 22 \\ 43 & 50 \end{pmatrix}-\begin{pmatrix} 23 & 34 \\ 31 & 46 \end{pmatrix}=\begin{pmatrix} -4 & -12 \\ 12 & 4 \end{pmatrix}$$

41 Enz (2002), quoted p. 131. Letter from Heisenberg to Pauli, 21 June 1925.

42 Cassidy (1992), quoted p. 197. Letter from Heisenberg to Pauli, 9 July 1925.

43 Mehra and Rechenberg (1982), quoted p. 291.

44 Enz (2002), quoted p. 133.

45 Cassidy (1992), quoted p. 204.

46 Heisenberg (1925), p. 276.

47 Born (2005), p. 82. Letter from Born to Einstein, 15 July 1925. 보른이 아인슈타인에게 편지를 보냈을 때에 하이젠베르크의 곱셈 규칙이 행렬의 곱하기 규칙과 똑같다는 사실을 발견했을 수도 있다. 보른은 하이젠베르크가 7월 11일 또는 12일에 자신에게 논문을 주었다고 회고했다. 그러나 자신이 이상한 곱셈이 행렬의 곱하기와 같다는 사실을 깨달은 것이 7월 10일이라고 믿었던 적도 있었다.

48 Born (2005), p. 82. Letter from Born to Einstein, 15 July 1925.

49 Cropper (2001), quoted p. 269.

50 Born (1978), p. 218.

51 Schweber (1994), quoted p. 7.

52 Born (2005), p. 80. Letter from Born to Einstein, 15 July 1925.

53 1925년과 1926년에 하이젠베르크, 보른, 요르단은 "행렬역학"이라는 용어를 사용하지 않았던 것이 분명하다. 그들은 언제나 "새 역학" 또는 "양자역학"에 대해서 이야기를 했다. 다른 사람들도 처음에는 "하이젠베르크 역학"이나 "괴팅겐 역학"이라고 불렀는데 일부 수학자들이 그것을 "행렬물리학(Matrizenphysik)"이라고 부르기 시작했다. 1927년에는 하이젠베르크가 싫어했던 "행렬역학"이라는 이름이 일상적으로 사용되기 시작했다.

54 Born (1978), p. 190.

55 Born (1978), p. 218.

56 Mehra and Rechenberg (1982), Vol. 3, quoted p. 59. Letter from Born to Bohr, 18 December 1926.

57 Greenspan (2005), quoted p. 127.

58 Pais (1986), quoted p. 255. Letter from Einstein to Paul Ehrenfest, 20 September 1925.

59 Pais (1986), quoted p. 255.

60 Pais (2000), quoted p. 224.

61 Born (1978), p. 226.

62 Born (1978), p. 226.

63 Kursunoglu and Wigner (1987), quoted p. 3.

64 Paul Dirac, AHQP interview, 7 May 1963.

65 Kragh (2002) quoted p. 241.

66 Dirac (1977), p. 116.

67 Dirac (1977), p. 116.

68 Born (2005), p. 86. Letter from Einstein to Mrs Born, 7 March 1926.

69 Bernstein (1991), quoted p. 160.

9 "뒤늦게 폭발한 욕정"

1 Moore (1989), quoted p. 191.

2 Born (1978), p. 270.

3 Moore (1989), quoted p. 23.

4 Moore (1989), quoted pp. 58-9.

5 Moore (1989), quoted p. 91.

6 Moore (1989), quoted p. 91.

7 Mehra and Rechenberg (1987) Vol. 5, Pt. 1, quoted p. 182.

8 Moore (1989), quoted p. 145.

9 Mehra and Rechenberg (1987), Vol. 5, Pt. 2, quoted p. 412.

10 Bloch (1976), p. 23. 슈뢰딩거가 언제 콜로퀴움에서 강연을 했는지는 분명하지 않지만, 11월 23일이 다른 날짜보다 알려진 사실들과 맞을 가장 가능성이 높다.

11 Bloch (1976), p. 23.

12 Bloch (1976), p. 23.

13 Abragam (1988), p. 31.

14 Bloch (1976), pp. 23-4.

15 이 방정식은 1927년 오스카르 클라인과 월터 고든에 의해서 재발견되어서 클라인-고든 방정식으로 알려지게 되었다. 이 방정식은 스핀이 0인 입자에만 적용된다.

16 Moore (1989), quoted p. 196.

17 Moore (1989), quoted p. 191.

18 슈뢰딩거의 논문 제목은 자신의 이론에서 원자 에너지 레벨의 양자화는 전자 파장의 허용된 고유값(eigenvalues)을 근거로 한다는 의미였다. 독일어에서 "eigen"은 "적절한" 또는 "독특한"이라는 뜻이다. 독일어 "eigenwert"는 어쩔 수 없이 영어로는 eigenvalues로 번역되었다.

19 Cassidy (1992), quoted p. 214.

20 Moore (1989), quoted p. 209. Letter from Planck to Schrödinger, 2 April 1926.

21 Moore (1989), quoted p. 209. Letter from Einstein to Schrödinger, 16 April 1926.

22 Przibram (1967), p. 6.

23 Moore (1989), quoted p. 209. Letter from Einstein to Schrödinger, 26 April 1926.

24 Cassidy (1992), quoted p. 213.

25 Pais (2000), quoted p. 306.

26 Moore (1989), quoted p. 210.

27 Mehra and Rechenberg (1987), Vol. 5, Pt. 1, quoted p. 1. Letter from Pauli to Pascual Jordan, 12 April 1926.

28 Cassidy (1992), quoted p. 213.

29 Cassidy (1992), quoted p. 213. Letter from Heisenberg to Pascual Jordan, 19 July 1926.

30 Cassidy (1992), quoted p. 213.

31 Cassidy (1992), quoted p. 213. Letter from Born to Schrödinger, 16 May 1927.

32 Mehra and Rechenberg (1987), Vol. 5, Pt. 2, quoted p. 639. Letter from Schrödinger to Wilhelm Wien, 22 February 1926.

33 Mehra and Rechenberg (1987), Vol. 5, Pt. 2, quoted p. 639. Letter from Schrödinger to Wilhelm Wien, 22 February 1926.

34 Pauli, Dirac and the American Carl Eckhart all independently showed that Schrödinger

was correct.

35 Mehra and Rechenberg (1987), Vol. 5 Pt. 2, quoted p. 639. Letter from Schrödinger to Wilhelm Wien, 22 February 1926.

36 Moore (1989), quoted p. 211.

37 Moore (1989), quoted p. 211.

38 Cassidy (1992), quoted p. 215. Letter from Heisenberg to Pauli, 8 June 1926.

39 Cassidy (1992), quoted p. 213. Letter from Heisenberg to Pascual Jordan, 8 April 1926.

40 하이젠베르크의 논문은 7월 24일에 『물리학 잡지』에 접수되었고, 1926년 10월 26일에 발간되었다.

41 Pais (2000), quoted p. 41. Letter from Born to Einstein, 30 November 1926. Not included in Born (2005).

42 Bloch (1976), p. 320. 독일어로는 : Gar Manches rechnet Erwin schon/ Mit seiner Wellenfunktion./ Nur wissen möcht' man gerne wohl/ Was man sich dabei vorstell'n soll.

43 엄밀하게 말하면 파동함수의 "절댓값(modulus)"의 제곱이다. 절댓값은 숫자가 양이거나 음이거나 상관없이 숫자의 부호를 떼어낸 값이다. 예를 들면, $x = -3$이면 x의 절댓값은 3이다. $|x| = |-3| = 3$으로 쓴다. 복소수 $z = x + iy$의 경우에 z의 절댓값 $|z| = \sqrt{x^2 + y^2}$으로 주어진다.

44 복소수의 제곱은 다음과 같이 계산된다. $z = 4 + 3i$일 때, z^2은 $z \times z$가 아니라 $z \times z^*$이다. 여기서 z^*은 복소수 컬레라고 부른다. $z = 4 + 3i$이면 $z^* = 4 - 3i$이다. 따라서, $z^2 = z \times z^* = (4 + 3i) \times (4 - 3i) = 16 - 12i + 12i - 9i^2 = 16 - 9(\sqrt{-1})^2 = 16 - 9(-1) = 16 + 9 = 25$이 된다. $z = 4 + 3i$이면 z의 절댓값은 5가 된다.

45 Born (1978), p. 229.

46 Born (1978), p. 229.

47 Born (1978), p. 230.

48 Born (1978), p. 231.

49 Born (2005), p. 81. Letter from Born to Einstein, 15 July 1925.

50 Born (2005), p. 81. Letter from Born to Einstein, 15 July 1925.

51 Pais (2000), quoted p. 41.

52 Pais (1986), quoted p. 256.

53 Pais (2000), quoted p. 42.

54 두 번째 논문은 9월 14일에 『물리학 잡지』에 실렸다.

55 Pais (1986), quoted p. 257.

56 Pais (1986), quoted p. 257.

57 다시 한번, 기술적으로 말해서 그것은 파동함수의 절댓값 제곱이다. 또한 기술적으로는 파동함수의 절댓값 제곱은 "확률"이 아니라 "확률 밀도"가 된다.

58 Pais (1986), quoted p. 257.

59 Pais (1986), quoted p. 257.

60 Pais (2000), quoted p. 39.

61 Mehra and Rechenberg (1987), Vol. 5, Pt. 2, quoted p. 827. Letter from Schrödinger to

Wien, 25 August 1926.

62 Mehra and Rechenberg (1987), Vol. 5, Pt. 2, quoted p. 828. Letter from Schrödinger to Born, 2 November 1926.

63 Heitler (1961), quoted p. 223.

64 Moore (1989), quoted p. 222.

65 Moore (1989), quoted p. 222.

66 Heisenberg (1971), p. 73.

67 Cassidy (1992), quoted p. 222. Letter from Heisenberg to Pascual Jordan, 28 July 1926.

68 Cassidy (1992), quoted p. 222. Letter from Heisenberg to Pascual Jordan, 28 July 1926.

69 Mehra and Rechenberg (1987), Vol. 5, Pt. 2, quoted p. 625. Letter from Bohr to Schrödinger, 11 September 1926.

70 Heisenberg (1971), p. 73.

71 Heisenberg (1971), p. 73.

72 이 경우에 슈뢰딩거와 보어 사이의 대화를 완전하게 재구성하려면 Heisenberg (1971) 참고.

73 Heisenberg (1971), p. 76.

74 Moore (1989), p. 228. Letter from Schrödinger to Wilhelm Wien, 21 October 1926.

75 Mehra and Rechenberg (1987), Vol. 5, Pt. 2, quoted p. 826. Letter from Schrödinger to Wilhelm Wien, 21 October 1926

76 Born (2005), p. 88. Letter from Einstein to Born, 4 December 1926.

10 코펜하겐의 불확정성

1 Heisenberg (1971), p. 62.

2 Heisenberg (1971), p. 62.

3 Heisenberg (1971), p. 62.

4 Heisenberg (1971), p. 62.

5 Heisenberg (1971), p. 63.

6 Heisenberg (1971), p. 63.

7 Heisenberg (1971), p. 63.

8 Werner Heisenberg, AHQP interview, 30 November 1962.

9 Heisenberg (1971), p. 63.

10 Heisenberg (1971), p. 63.

11 Heisenberg (1971), p. 64.

12 Heisenberg (1971), p. 64.

13 Heisenberg (1971), p. 64.

14 Heisenberg (1971), p. 65.

15 Cassidy (1992), quoted p. 218.

16 Pais (1991), quoted p. 296. Letter from Bohr to Rutherford, 15 May 1926.

17 Heisenberg (1971), p. 76.

18 Cassidy (1992), quoted p. 219.

19 Pais (1991), quoted p. 297.

20 Robertson (1979), quoted p. 111.

21 Pais (1991), quoted p. 300.

22 Heisenberg (1967), p. 104.

23 Mehra and Rechenberg (2000), Vol. 6, Pt. 1, quoted p. 235. Letter from Einstein to Paul Ehrenfest, 28 August 1926.

24 Werner Heisenberg, AHQP interview, 25 February 1963.

25 Werner Heisenberg, AHQP interview, 25 February 1963.

26 Werner Heisenberg, AHQP interview, 25 February 1963.

27 Heisenberg (1971), p. 77.

28 Heisenberg (1971), p. 77.

29 Heisenberg (1971), p. 77.

30 Heisenberg (1971), p. 77.

31 그가 훗날 남긴 다른 글에는 하이젠베르크가 답변할 문제에 대한 결정적인 전환이 담겨 있다. "알려진 수학적 형식에서 주어진 실험적 상황을 어떻게 표현할 수 있는가를 묻는 대신 어쩌면 자연에서 수학적 형식으로 표현할 수 있는 실험적 상황만 일어날 수 있을까를 물어볼 수도 있다." Heisenberg (1989), p. 30.

32 Heisenberg (1971), p. 78.

33 Heisenberg (1971), p. 78.

34 Heisenberg (1971), p. 79.

35 운동량을 속도보다 선호하는 이유는 그것이 고전역학과 양자역학 모두의 핵심 방정식에 나타나기 때문이다. 두 물리적 변수는 운동량이 질량에 속도를 곱한 것이라는 사실에 의해서 밀접하게 연결되어 있다. 특수상대성이론에 의한 보정이 포함된 빠르게 움직이는 전자의 경우에도 마찬가지다.

36 막스 야머(1874)가 지적했듯이, 하이젠베르크는 "Ungenauigkeit(부정확성, 불명확성)" 또는 "Genauigkeit(정밀성, 정밀한 정도)"를 사용했다. 그의 논문에는 이 두 용어가 30회 이상 나오지만, "Unbestimmtheit(비결정성)"는 2번만, "Unsicherheit"는 3번만 나온다.

37 발표된 논문에서 하이젠베르크는 실제로 $\triangle p \triangle q$-h, 즉 $\triangle p$ 곱하기 $\triangle q$는 대략 플랑크 상수라고 표현했다.

38 몇 년 동안 하이젠베르크가 비결정적인 것은 원자적 세계에 대한 우리의 지식이라고 했던 것처럼 보였던 경우도 있었다. "불확정성 원리는 양자이론이 다루는 다양한 양의 동시 값에 대한 가능한 현재의 지식에서의 비결정성의 정도를 뜻한다.……" 자연의 고유한 특징이 아니라는 뜻이다. Heisenberg (1949), p. 20 참조.

39 Heisenberg (1927), p. 68. 영어 번역은 Wheeler and Zurek (1983), pp. 62-84. 모든 페이지는 이 재판에 대한 것이다.

40 Heisenberg (1927), p. 68.

41 Heisenberg (1927), p. 68.

42 Heisenberg (1989), p. 30.

43 Heisenberg (1927), p. 62.

44 Heisenberg (1989), p. 31.

45 Heisenberg (1927), p. 63.

46 Heisenberg (1927), p. 64.

47 Heisenberg (1927), p. 65.

48 Heisenberg (1989), p. 36.

49 Mehra and Rechenberg (2000), Vol. 6, Pt. 1, quoted p. 146. Letter from Pauli to Heisenberg, 19 October 1926.

50 Mehra and Rechenberg (2000), Vol. 6, Pt. 1, quoted p. 147. Letter from Pauli to Heisenberg, 19 October 1926.

51 Mehra and Rechenberg (2000), Vol. 6, Pt. 1, quoted p. 146. Letter from Pauli to Heisenberg, 19 October 1926.

52 Mehra and Rechenberg (2000), Vol. 6, Pt. 1, quoted p. 93.

53 Pais (1991), quoted p. 304. Letter from Heisenberg to Bohr, 10 March 1927.

54 Pais (1991), quoted p. 304.

55 Cassidy (1992), quoted p. 241. Letter from Heisenberg to Pauli, 4 April 1927.

56 Werner Heisenberg, AHQP interview, 25 February 1963.

57 Werner Heisenberg, AHQP interview, 25 February 1963.

58 Werner Heisenberg, AHQP interview, 25 February 1963.

59 Heisenberg (1927), p. 82.

60 본래 독일어 제목은 "Über den anschaulichen Inhalt der quanten-theoretischen Kinematik und Mechanik", *Zeitschrift für Physik*, 43, 172-98 (1927). Wheeler and Zurek (1983), pp. 62-84 참조.

61 Mehra and Rechenberg (2000), Vol. 6, Pt. 1, quoted p. 182. Letter from Heisenberg to Pauli, 4 April 1927.

62 Bohr (1949), p. 210.

63 파동-입자 상보성과 위치나 운동량과 같은 물리적 관찰량의 쌍 사이의 상보성에는 미묘한 차이가 있었다. 보어에 따르면, 전자나 빛의 상보적 파동과 입자적 측면은 상호 배타적이다. 이것이거나 저것이다. 그러나 예를 들면, 전자의 위치나 운동량이 아주 정확하게 측정되는 경우에만 위치와 운동량은 상호 배타적이 된다. 그렇지 않으면, 두 가지 모두를 측정함으로써 알려질 수 있는 정밀성은 위치-운동량 불확정성 관계식에 의해서 주어진다.

64 BCW, Vol. 6, p. 147.

65 BCW, Vol. 3, p. 458.

66 Werner Heisenberg, AHQP interview, 25 February 1963.

67 Werner Heisenberg, AHQP interview, 25 February 1963.

68 Bohr (1949), p. 210.

69 Bohr (1928), p. 53.

70 BCW, Vol. 6, p. 91.

71 Mehra and Rechenberg (2000), Vol. 6, Pt. 1, quoted p. 187. Letter from Bohr to Einstein,

13 April 1927.

72 Mehra and Rechenberg (2000), Vol. 6, Pt. 1, quoted p. 187. Letter from Bohr to Einstein, 13 April 1927.

73 BCW, Vol. 6, p. 418. Letter from Bohr to Einstein, 13 April 1927.

74 Mackinnon (1982), quoted p. 258. Letter from Heisenberg to Pauli, 31 May 1927.

75 Cassidy (1992), quoted p. 243. Letter from Heisenberg to Pauli, 16 May 1927. Heisenberg uses the symbol $\approx$ that means "approximately".

76 Mehra and Rechenberg (2000), Vol. 6, Pt. 1, quoted p. 183. Letter from Heisenberg to Pauli, 16 May 1927.

77 Heisenberg (1927), p. 83.

78 Mehra and Rechenberg (2000), Vol. 6, Pt. 1, quoted p. 184. Letter from Heisenberg to Pauli, 3 June 1927.

79 Heisenberg (1971), p. 79.

80 Pais (1991), quoted p. 309. Letter from Heisenberg to Bohr, 18 June 1927.

81 Pais (1991), quoted p. 309. Letter from Heisenberg to Bohr, 21 August 1927.

82 Cassidy (1992), quoted p. 218. Letter from Heisenberg to his parents, 29 April 1926.

83 Pais (2000), quoted p. 136.

84 Pais (1991), quoted p. 309. Letter from Heisenberg to Pauli, 16 May 1927.

85 Heisenberg (1989), p. 30.

86 Heisenberg (1989), p. 30.

87 Heisenberg (1927), p. 83.

88 Heisenberg (1927), p. 83.

89 Heisenberg (1927), p. 83.

90 Heisenberg (1927), p. 83.

11 1927년 솔베이

1 Mehra (1975), quoted p. xxiv.

2 CPAE, Vol. 5, p. 222. Letter from Einstein to Heinrich Zangger, 15 November 1911.

3 Mehra (1975), quoted p. xxiv. Lorentz's Report to the Administrative Council, Solvay Institute, 3 April 1926.

4 Mehra (1975), quoted p. xxiv.

5 Mehra (1975), quoted p. xxiii. Letter from Ernest Rutherford to B.B. Boltwood, 28 February 1921.

6 Mehra (1975), quoted p. xxii.

7 The statute of the League of Nations was drawn up in April 1919.

8 1936년 히틀러는 독일군을 비무장 지대의 라인란트에 진입시킴으로써 로카르노 협약을 위반했다.

9 윌리엄 H. 브래그는 다른 일을 핑계로 1927년 5월에 위원직을 사임했고, 초청을 받았지만 참석하지 않았다. 여전히 위원으로 활동하고 있던 에드몬트 판 아우벨은 독일인들이 초청

되었다는 이유로 참석을 거부했다.

10 Mehra and Rechenberg (2000), Vol. 6, Pt. 1, quoted p. 232.

11 Mehra and Rechenberg (2000), Vol. 6, Pt. 1, quoted p. 241. Letter from Einstein to Hendrik Lorentz, 17 June 1927.

12 Mehra and Rechenberg (2000), Vol. 6, Pt. 1, quoted p. 241. Letter from Einstein to Hendrik Lorentz, 17 June 1927.

13 Bohr (1949), p. 212.

14 Bacciagaluppi and Valentini (2006), quoted p. 408.

15 Bacciagaluppi and Valentini (2006), quoted p. 408.

16 Bacciagaluppi and Valentini (2006), quoted p. 432.

17 Bacciagaluppi and Valentini (2006), quoted p. 437.

18 Mehra (1975), quoted p. xvii.

19 Bacciagaluppi and Valentini (2006), quoted p. 448.

20 Bacciagaluppi and Valentini (2006), quoted p. 448.

21 Bacciagaluppi and Valentini (2006), quoted p. 470.

22 Bacciagaluppi and Valentini (2006), quoted p. 472.

23 Bacciagaluppi and Valentini (2006), quoted p. 473.

24 Pais (1991), quoted p. 426. "믿음의 대상으로 만든다고 결정론을 포기할 수 있을까? 비결정론을 원리로 격상시켜야만 할까?"(Bacciagaluppi and Valentini (2006), p. 477.)

25 Bohr (1963c), p. 91.

26 보어는 가끔씩 일반 논의에서 자신의 기여를 "보고서(report)"라고 표현했기 때문에 보어에게도 이런 혼란에 대해서 부분적인 책임이 있었다. 예를 들면, "솔베이 학술대회와 양자물리학의 개발[reprinted in Bohr (1963c)]"이라는 강연에서 그렇게 말했다.

27 Bohr (1963c), p. 91.

28 Mehra and Rechenberg (2000), Vol. 6, Pt. 1, quoted p. 240.

29 Bohr (1928), p. 53.

30 Bohr (1928), p. 54.

31 Petersen (1985), quoted p. 305.

32 Bohr (1987), p. 1.

33 Einstein (1993), p. 121. Letter from Einstein to Maurice Solovine, 1 January 1951.

34 Einstein (1949a), p. 81.

35 Heisenberg (1989), p. 174.

36 Bacciagaluppi and Valentini (2006), quoted p. 486. 번역은 아인슈타인 서고의 노트를 근거로 한 것이다. 공개된 프랑스어 번역은 "양자역학에 대해서 깊이 다루지 않은 것에 대해서 사과한다. 그럼에도 불구하고 몇 가지 일반적인 지적을 하고 싶다."

37 Bohr (1949), p. 213.

38 Bacciagaluppi and Valentini (2006), quoted p. 487.

39 Bacciagaluppi and Valentini (2006), quoted p. 487.

40 See Chapter 9, note 43.

41 Bacciagaluppi and Valentini (2006), quoted p. 487.

42 Bacciagaluppi and Valentini (2006), quoted p. 489.

43 Bacciagaluppi and Valentini (2006), quoted p. 489.

44 Bohr (1949).

45 Bohr (1949), p. 217.

46 Bohr (1949), p. 218.

47 Bohr (1949), p. 218.

48 Bohr (1949), p. 218.

49 Bohr (1949), p. 218.

50 Bohr (1949), p. 222.

51 De Broglie (1962), p. 150.

52 Heisenberg (1971), p. 80.

53 Heisenberg (1967), p. 107.

54 Heisenberg (1967), p. 107.

55 Heisenberg (1967), p. 107.

56 Heisenberg (1983), p. 117.

57 Heisenberg (1983), p. 117.

58 Heisenberg (1971), p. 80.

59 Bohr (1949), p. 213.

60 Mehra and Rechenberg (2000), Vol. 6, Pt. 1, pp. 251-3. Letter from Paul Ehrenfest to Samuel Goudsmit, George Uhlenbeck and Gerhard Diecke, 3 November 1927.

61 Bohr (1949), p. 218.

62 Bohr (1949), p. 218.

63 Bohr (1949), p. 206.

64 Brian (1996), p. 164.

65 Cassidy (1992), quoted p. 253. Letter from Einstein to Arnold Sommerfeld, 9 November 1927.

66 Marage and Wallenborn (1999), quoted p. 165.

67 Cassidy (1992), quoted p. 254.

68 Werner Heisenberg, AHQP interview, 27 February 1963.

69 Gamov (1966), p. 51.

70 Calaprice (2005), p. 89.

71 Fölsing (1997), quoted p. 601. Letter from Einstein to Michele Besso, 5 January 1929.

72 Brian (1996), quoted p. 168.

73 Mehra and Rechenberg (2000), Vol. 6, Pt. 1, quoted p. 256.

74 Mehra and Rechenberg (2000), Vol. 6, Pt. 1, quoted p. 266. Letter from Schrödinger to Bohr, 5 May 1928.

75 Mehra and Rechenberg (2000), Vol. 6, Pt. 1, quoted pp. 266-7. Letter from Bohr to Schrödinger, 23 May 1928.

76 Przibram (1967), p. 31. Letter from Einstein to Schrödinger, 31 May 1928.

77 Fölsing (1997), quoted p. 602. Letter from Einstein to Paul Ehrenfest, 28 August 1928.

78 Brian (1996), quoted p. 169.

79 Pais (2000), quoted p. 215. Letter from Pauli to Hermann Weyl, 11 July 1929.

80 Pais (1982), quoted p. 31.

12 상대성을 잊어버린 아인슈타인

1 Rosenfeld (1968), p. 232.

2 Pais (2000), quoted p. 225.

3 Rosenfeld (1968), p. 232.

4 Rosenfeld (1968), p. 232.

5 Rosenfeld, AHQP interview.

6 Clark (1973) quoted p. 198.

7 "The Fabric of the Universe", *The Times*, 7 November 1919. 8

8 Thorne (1994), p. 100.

9 또는 지시봉과 자를 비출 때 빛 상자로 운동량이 통제할 수 없는 전이 때문에 상자는 예측할 수 없이 움직이게 되어 내부의 시계는 이제 중력장 속에서 움직이게 된다. 시계가 재깍거리는 속도(시간의 흐름)는 예측할 수 없이 변화하기 때문에 셔터를 열어서 광자가 탈출할 때의 정밀한 시각에서도 불확정성이 생기게 된다. 다시 한번, 불확정성의 사슬은 하이젠베르크의 불확정성 원리에 의해서 주어지는 제한을 따르게 된다.

10 Pais (1982), quoted p. 449.

11 Pais (1982), quoted p. 515. 아인슈타인은 스웨덴 과학원에 하이젠베르크와 슈뢰딩거의 업적은 매우 중요하므로 두 사람에게 노벨상을 공동으로 수여하는 것은 적절하지 않다고 지적했다. 그러나 그는 "누가 상을 먼저 받아야 하는지에 대해서는 답을 하기 어렵다"고 인정하고 나서 슈뢰딩거를 추천했다. 그는 1928년에 하이젠베르크와 슈뢰딩거를 처음 추천했지만, 그때는 드 브로이와 데이비슨에게 우선권이 있다고 추천했다. 그가 제시했던 다른 가능성은 드 브로이와 슈뢰딩거가 공동으로 수상하고, 보른, 하이젠베르크, 요르단이 공동으로 수상하는 것이었다. 1928년 상은 1929년까지 연기된 후에 영국 물리학자 오언 리처드슨에게 주어졌다. 아인슈타인이 제안했듯이, 루이 드 브로이는 1929년 상을 수상하는 영예를 차지한 양자이론 학자의 새로운 세대 중 첫 과학자가 되었다.

12 Fölsing (1997), quoted p. 630.

13 Brian (1996), quoted p. 200.

14 Calaprice (2005), p. 323.

15 Brian (1996), quoted p. 201.

16 Brian (1996), quoted p. 201.

17 Brian (1996), quoted p. 201.

18 Henig (1998), p. 64.

19 Brian (1996), quoted p. 199.

20 Fölsing (1997), quoted p. 629.

21 Brian (1996), quoted p. 199. Letter from Sigmund Freud to Arnold Zweig, 7 December 1930.

22 Brian (1996), quoted p. 204.

23 Levenson (2003), quoted p. 410.

24 Brian (1996), quoted p. 237.

25 Fölsing (1997), quoted p. 659. Letter from Einstein to Margarete Lenbach, 27 February 1933.

26 Clark (1973), quoted p. 431.

27 Fölsing (1997), quoted p. 661 and Brian (1996), p. 244.

28 Fölsing (1997), quoted p. 662. Letter from Planck to Einstein, 19 March 1933.

29 Fölsing (1997), quoted p. 662. Letter from Planck to Einstein, 31 March 1933.

30 Friedländer (1997), quoted p. 27.

31 Physics: Albert Einstein (1921), James Franck (1925), Gustav Hertz (1925), Erwin Schrödinger (1933), Viktor Hess (1936), Otto Stern (1943), Felix Bloch (1952), Max Born (1954), Eugene Wigner (1963), Hans Bethe (1967), and Dennis Gabor (1971). Chemistry: Fritz Haber (1918), Pieter Debye (1936), Georg von Hevesy (1943), and Gerhard Hertzberg (1971). Medicine: Otto Meyerhof (1922), Otto Loewi (1936), Boris Chain (1945), Hans Krebs (1953), and Max Delbrück (1969).

32 Heilbron (2000), quoted p. 210.

33 Heilbron (2000), quoted p. 210.

34 Beyerchen (1977), quoted p. 43. "그렇게 말함으로써 그는 스스로 무릎을 치고, 더욱 더 빨리 이야기를 하고, 불같이 화를 내서 나는 조용히 있다가 나왔다"로 끝나는 부분은 발간된 자료[Heilbron (2000), pp. 210-11]에는 나오지 않는다.

35 Forman (1973), quoted p. 163.

36 Holton (2005), quoted pp. 32-3.

37 Greenspan (2005), quoted p. 175.

38 Born (1971), p. 251.

39 Greenspan (2005), quoted p. 177.

40 Born (2005), p. 114. Letter from Born to Einstein, 2 June 1933.

41 Born (2005), p. 114. Letter from Born to Einstein, 2 June 1933.

42 Born (2005), p. 111. Letter from Einstein to Born, 30 May 1933.

43 Cornwell (2003), quoted p. 134.

44 Jungk (1960), quoted p. 44.

45 Clark (1973), quoted p. 472.

46 Pais (1982), quoted p. 452. Letter from Abraham Flexner to Einstein, 13 October 1933.

47 Fölsing (1997), quoted p. 682.

48 Fölsing (1997), quoted p. 682. Letter from Einstein to the Board of Trustees of the Institute for Advanced Study, November 1933.

49 Fölsing (1997), quoted pp. 682-3. Letter from Einstein to the Board of Trustees of the

Institute for Advanced Study, November 1933.

50 Moore (1989), quoted p. 280.

51 Cassidy (1992), quoted p. 325. Letter from Heisenberg to Bohr, 27 November 1933.

52 Greenspan (2005), quoted p. 191. Letter from Heisenberg to Born, 2 1933.

53 Born (2005), p. 200. Letter from Born to Einstein, 8 November 1953.

54 Mehra (1975), quoted p. xxvii. Letter from Einstein to Queen Elizabeth of Belgium, 20 November 1933.

13 양자적 실재

1 Smith and Weiner (1980), p. 190. Letter from Robert Oppenheimer to Frank Oppenheimer, 11 January 1935.

2 Smith and Weiner (1980), p. 190. Letter from Robert Oppenheimer to Frank Oppenheimer, 11 January 1935.

3 Born (2005), quoted p. 128.

4 Bernstein (1991), quoted p. 49.

5 제임스 채드윅은 1935년에 노벨 물리학상을 받았고, 엔리코 페르미는 1938년에 받았다.

6 Brian (1996), quoted p. 251.

7 Einstein (1950), p. 238.

8 Moore (1989), quoted p. 305, Letter from Einstein to Schrödinger, 8 August 1935.

9 Jammer (1985), quoted p. 142.

10 Reprinted in Wheeler and Zurek (1983), pp. 138-41.

11 New York Times, 7 May 1935, p. 21.

12 Einstein et al. (1935), p. 138. References to paper reprinted in Wheeler and Zurek (1983).

13 Einstein et al. (1935), p. 138. Italics in the original.

14 Einstein et al. (1935), p. 138. Italics in the original.

15 EPR은 하이젠베르크의 불확정성 원리에 도전하기 위해서 두 입자 실험을 이용하고 싶은 유혹을 뿌리쳤다. 입자 A의 정확한 운동량을 직접 측정하고, 입자 B의 운동량을 결정할 수 있다. A에 대해서 이미 측정을 했기 때문에 A의 위치를 알아내는 것은 불가능하지만, B에 대해서는 직접 측정을 하지 않았기 때문에 B의 위치를 직접 결정하는 것은 가능하다. 따라서 입자 B의 운동량과 위치를 동시에 결정할 수 있고, 따라서 불확정성 원리를 회피할 수 있다고 주장할 수 있다.

16 Einstein et al. (1935), p. 141. Italics in the original.

17 Einstein et al. (1935), p. 141.

18 BCW, Vol. 7, p. 251. Letter from Pauli to Heisenberg, 15 June 1935.

19 BCW, Vol. 7, p. 251. Letter from Pauli to Heisenberg, 15 June 1935.

20 Fölsing (1997), quoted p. 697.

21 Rosenfeld (1967), p. 128.

22 Rosenfeld (1967), p. 128.

23 Rosenfeld (1967), p. 128.

24 Rosenfeld (1967), p. 128.

25 Rosenfeld (1967), p. 129. Also in Wheeler and Zurek (1983), quoted p. 142.

26 See Bohr (1935a).

27 See Bohr (1935b).

28 Bohr (1935b), p. 145.

29 Bohr (1935b), p. 148.

30 Heisenberg (1971), p. 104.

31 Heisenberg (1971), p. 104.

32 Heisenberg (1971), p. 104.

33 Heisenberg (1971), p. 105.

34 Bohr (1949), p. 234.

35 Bohr (1935b), p. 148.

36 Bohr (1935b), p. 148. Italics in the original. 37

37 Bohr (1935b), p. 148.

38 Fölsing (1997), quoted p. 699. Letter from Einstein to Cornelius Lanczos, 21 March 1942.

39 Born (2005), p. 155. Letter from Einstein to Born, 3 March 1947.

40 Petersen (1985), quoted p. 305.

41 Jammer (1974), quoted p. 161.

42 Niels Bohr, AHQP interview, 17 November 1962.

43 Moore (1989), quoted p. 304. Letter from Schrödinger to Einstein, 7 June 1935.

44 Moore (1989), quoted p. 304. Letter from Schrödinger to Einstein, 7 June 1935.

45 Schrödinger (1935), p. 161.

46 Schrödinger (1935), p. 161.

47 Fine (1986), quoted p. 68. Letter from Einstein to Schrödinger, 17 June 1935.

48 Murdoch (1987), quoted p. 173. Letter from Einstein to Schrödinger, 19 June 1935.

49 Moore (1989), quoted p. 304. Letter from Einstein to Schrödinger, 19 June 1935.

50 Fine (1986), quoted p. 78. Letter from Einstein to Schrödinger, 8 August 1935.

51 Fine (1986), quoted p. 78. Letter from Einstein to Schrödinger, 8 August 1935.

52 Schrödinger (1935), p. 157.

53 Mehra and Rechenberg (2001) Vol. 6, Pt. 2, quoted p. 743. Letter from Einstein to Schrödinger, 4 September 1935.

54 Fine (1986), quoted pp. 84-5. Letter from Einstein to Schrödinger, 22 December 1950.

55 Fine (1986), quoted pp. 84-5. Letter from Einstein to Schrödinger, 22 December 1950.

56 Moore (1989), quoted p. 314. Letter from Schrödinger to Einstein, 23 March 1936.

57 Fölsing (1997), quoted p. 688.

58 Fölsing (1997), quoted p. 688.

59 Born (2005), p. 125. Letter from Einstein to Born, undated. 60

60 Born (2005), p. 127.

61 Fölsing (1997), quoted p. 704.

62 Brian (1996), quoted p. 305.

63 Brian (1996), quoted p. 305.

64 Petersen (1985), quoted p. 305.

65 Einstein (1993), p. 119. Letter from Einstein to Maurice Solovine, 1 January 1951.

66 Fine (1986), quoted p. 95. Letter from Einstein to M. Laserna, 8 January 1955.

67 Einstein (1934), p. 112.

68 Einstein (1993), p. 119. Letter from Einstein to Maurice Solovine, 1 January 1951.

69 Heisenberg (1989), p. 117.

70 Heisenberg (1989), p. 117.

71 Heisenberg (1989), p. 116.

72 Einstein (1950), p. 88.

73 Heisenberg (1989), p. 44.

74 Przibram (1967), p. 31. Letter from Einstein to Schrödinger, 31 May 1928.

75 Fölsing (1997), quoted p. 704.

76 Fölsing (1997), quoted p. 705.

77 Mehra (1975), quoted p. xxvii. Letter from Einstein to Queen Elizabeth of Belgium, 9 January 1939.

78 Pais (1994), quoted p. 218. Letter from Einstein to Roosevelt, 7 March 1940.

79 Clark (1973), quoted p. 29.

80 Heilbron (2000), quoted p. 195.

81 Heilbron (2000), quoted p. 195.

82 Fölsing (1997), quoted p. 729. Letter from Einstein to Marga Planck, October 1947.

83 Pais (1967), p. 224.

84 Pais (1967), p. 225.

85 Heisenberg (1983), p. 121.

86 Holton (2005), quoted p. 32.

87 Einstein (1993), p. 85. Letter from Einstein to Solovine, 10 April 1938.

88 Brian (1996), quoted p. 400.

89 Nathan and Norden (1960), pp. 629-30. Letter from Einstein to Bohr, 2 March 1955.

90 Pais (1982), quoted p. 477. Letter from Helen Dukas to Abraham Pais, 30 April 1955.

91 Overbye (2001), quoted p. 1.

92 Clark (1973), quoted p. 502.

93 Bohr (1955), p. 6.

94 Pais (1994), quoted p. 41.

14 누구를 위해서 벨 정리는 울리나?

1 Born (2005), p. 146. Letter from Einstein to Born, 7 September 1944.

2 Stapp (1977), p. 191.

3 Petersen (1985), quoted p. 305.

4 Przibam (1967), p. 39. Letter from Einstein to Schrödinger, 22 December 1950.

5 Goodchild (1980), quoted p. 162.

6 Bohm (1951), pp. 612-13.

7 Bohm (1951), p. 622.

8 Bohm (1951), p. 611.

9 Bohm (1952a), p. 382.

10 Bohm (1952a), p. 369.

11 Bell (1987), p. 160.

12 Bell (1987), p. 160.

13 The German title of von Neumann's book was *Mathematische Grundlagen der Quantenmechanik*.

14 Von Neumann (1955), p. 325.

15 Maxwell (1860), p. 19.

16 Maxwell (1860), p. 19.

17 Von Neumann (1955), pp. 327-8.

18 Bernstein (1991), quoted p. 12.

19 Bernstein (1991), quoted p. 15.

20 Bernstein (1991), quoted p. 64.

21 Bell (1987), quoted p. 159.

22 Bell (1987), quoted p. 159.

23 Bell (1987), quoted p. 159.

24 Bernstein (1991), quoted p. 65.

25 Bell (1987), p. 160.

26 Bell (1987), p. 167.

27 Beller (1999), quoted p. 213.

28 Born (2005), p. 189. Letter from Einstein to Born, 12 May 1952.

29 Bernstein (1991), quoted p. 66.

30 Bernstein (1991), quoted p. 72.

31 Bernstein (1991), quoted p. 72.

32 Bernstein (1991), quoted p. 73.

33 Born (2005), p. 153. Letter from Einstein to Born, 3 March 1947.

34 EPR에 대한 봄의 수정은 그의 『양자이론』 제22장에 나온다. 그의 수정안에서는 스핀이 0인 분자가 스핀 업(+1/)과 스핀 다운(-1/2)의 두 원자로 쪼개진다. 쪼개진 두 원자의 스핀을 합하면 0이 유지된다. 그 이후부터 원자를 한 쌍의 전자로 대체하는 것이 일반적인 관행이 되어버렸다.

35 서로 수직인 축, x, y, z는 편리함과 친숙함 때문에 선택되었다. 3개 축의 집합 중 어떤 것도 양자 스핀의 성분을 측정하는 목적으로 사용할 수 있다.

36 Bell (1987), p. 139.

37 Bell (1987), p. 143.

38 Bell (1987), p. 143.

39 "벨 부등식"으로도 알려져 있다.

40 Bell (1964). Reprinted in Bell (1987) and Wheeler and Zurek (1983).

41 Bell (1966), p. 447. Reprinted in Bell (1987) and Wheeler and Zurek (1983).

42 Bell (1966), p. 447.

43 Born (2005), p. 218. Letter from Pauli to Born, 31 March 1954.

44 Born (2005), p. 218. Letter from Pauli to Born, 31 March 1954.

45 Bell (1964), p. 199.

46 Clauser (2002), p. 71.

47 Clauser (2002), p. 70.

48 Redhead (1987), p. 108, table 1.

49 Aczel (2003), quoted p. 186.

50 Aczel (2003), quoted p. 186.

51 Aspect et al. (1982), p. 94.

52 Davies and Brown (1986), p. 50.

53 Davies and Brown (1986), p. 51.

54 Davies and Brown (1986), p. 47.

15 양자 악령

1 Pais (1982), quoted p. 9.

2 Einstein (1950), p. 91.

3 Pais (1982), quoted p. 460.

4 Pais (1982), p. 9.

5 Feynman (1965), p. 129.

6 Feynman (1965), p. 129.

7 Bernstein (1991), p. 42.

8 Born (2005), p. 162. 1948년 3월 18일 아인슈타인이 보른에게 보낸 원고에 대한 지적.

9 Heisenberg (1983), p. 117. 아인슈타인이 유명한 문구를 사용한 예

10 Born (2005), p. 216. Letter from Pauli to Born, 31 March 1954.

11 Born (2005), p. 216. Letter from Pauli to Born, 31 March 1954.

12 Born (2005), p. 216. Letter from Pauli to Born, 31 March 1954.

13 Born (2005), p. 216. Letter from Pauli to Born, 31 March 1954.

14 Stachel (2002), quoted p. 390. Letter from Einstein to Georg Jaffe, 19 January 1954.

15 Born (2005), p. 88. Letter from Einstein to Born, 4 December 1926.

16 Born (2005), p. 219. Letter from Pauli to Born, 31 March 1954.

17 Isaacson (2007), quoted p. 460. Letter from Einstein to Jerome Rothstein, 22 May 1950.

18 Rosenthal-Schneider (1980), quoted p. 70. Postcard from Einstein to Ilse Rosenthal, 31 March 1944.

19 Aspect (2007), p. 867.

20 Einstein et al. (1935), p. 141.

21 Einstein (1949b), p. 666.

22 Fine (1986), quoted p. 57. Letter from Einstein to Aron Kupperman, 10 November 1954.

23 Isaacson (2007), quoted p. 466.

24 Heisenberg (1971), p. 81.

25 Heisenberg (1971), p. 80.

26 Born (2005), p. 69.

27 Born (1949), pp. 163-4.

28 Clauser (2002), p. 72.

29 Blaedel (1988), p. 11.

30 Clauser (2002), p. 61.

31 Wolf (1988), quoted p. 17.

32 Pais (2000), quoted p. 55.

33 Gell-Mann (1979), p. 29.

34 Tegmark and Wheeler (2001), p. 61.

35 30명 중에는 다중세계 해석에 뿌리를 둔 "일관된 역사" 접근을 지지하는 사람들도 포함되어 있다. 양자역학의 법칙에서는 관찰된 실험 결과의 원인이 될 수 있는 모든 가능한 방법들 중에서 오직 몇 가지만 의미가 있다는 아이디어를 근거로 한 것이다.

36 Buchanan (2007), quoted p. 37.

37 Buchanan (2007), quoted p. 38.

38 Stachel (1998), p. xiii.

39 French (1979), quoted p. 133.

40 Pais (1994), quoted p. 57.

참고 문헌

The Collected Papers of Albert Einstein (CPAE), published by Princeton University Press:

Volume 1 — The Early Years: 1879-1902. Edited by John Stachel (1987)

Volume 2 — The Swiss Years: Writings, 1900-1909. Edited by John Stachel (1989)

Volume 3 — The Swiss Years: Writings, 1909-1911. Edited by Martin J. Klein, A.J. Kox, Jürgen Renn and Robert Schulmann (1993)

Volume 4 — The Swiss Years: Writings, 1912-1914. Edited by Martin J. Klein, A.J. Kox, Jürgen Renn and Robert Schulmann (1996)

Volume 5 — The Swiss Years: Correspondence, 1902-1914. Edited by Martin J. Klein, A.J. Kox and Robert Schulmann (1994)

Volume 6 — The Berlin Years: Writings, 1914-1917. Edited by Martin J. Klein, A.J. Kox and Robert Schulmann (1997)

Volume 7 — The Berlin Years: Writings, 1918-1921. Edited by Michel Janssen, Robert Schulmann, Jozsef Illy, Christop Lehner and Diana Kormos Buchwald (2002)

Volume 8 — The Berlin Years: Correspondence, 1914-1918. Edited by Robert Schulmann, A.J. Kox, Michel Janssen and Jozsef Illy (1998)

Volume 9 — The Berlin Years: Correspondence, January 1919-April 1920. Edited by Diana Kormos Buchwald and Robert Schulman (2004)

CPAE note: Volumes 1 to 5 translated by Anna Beck, Volumes 6 and 7 by Alfred Engel, and Volumes 8 and 9 by Ann Hentschel. Publication dates are for the English translations.

Niels Bohr Collected Works (BCW), published by North-Holland, Amsterdam:

Volume 1 — Early work, 1905-1911. Edited by J. Rud Nielsen, general editor Léon Rosenfeld (1972)

Volume 2 — Work on atomic physics, 1912-1917. Edited by Ulrich Hoyer, general editor Léon Rosenfeld (1981)

Volume 3 — The correspondence principle, 1918-1923. Edited by J. Rud Nielsen, general editor Léon Rosenfeld (1976)

Volume 4 — The periodic system, 1920-1923. Edited by J. Rud Nielsen (1977)

Volume 5 — The emergence of quantum mechanics, mainly 1924-1926. Edited by Klaus Stolzenburg, general editor Erik Rüdinger (1984)

Volume 6 — Foundations of quantum physics I, 1926-1932. Edited by Jørgen Kalckar, general editor Erik Rüdinger (1985)

Volume 7 — Foundations of quantum physics II, 1933-1958. Edited by Jørgen Kalckar, general editors Finn Aaserud and Erik Rüdinger (1996)

Abragam, A. (1988), 'Louis Victor Pierre Raymond de Broglie', *Biographical Memoirs of Fellows of the Royal Society*, **34**, 22–41 (London: Royal Society)

Aczel, Amir D. (2003), *Entanglement* (Chichester: John Wiley)

Albert, David Z. (1992), *Quantum Mechanics and Experience* (Cambridge, MA: Harvard University Press)

Andrade, E.N. da C. (1964), *Rutherford and the Nature of the Atom* (Garden City, NY: Doubleday Anchor)

Ashton, Francis W. (1940), 'J.J. Thomson', *The Times*, London, 4 September

Aspect, Alain, Philippe Grangier, and Gérard Roger (1981), 'Experimental tests of realistic local theories via Bell's theorem', Physical Review Letters, **47**, 460–463

Aspect, Alain, Philippe Grangier, and Gérard Roger (1982), 'Experimental realization of Einstein-Podolsky-Rosen-Bohm *Gedankenexperiment*: A new violation of Bell's inequalities', *Physical Review Letters*, **49**, 91–94

Aspect, Alain (2007), 'To be or not to be local', *Nature*, **446**, 866

Bacciagaluppi, Guido and Anthony Valentini (2006), *Quantum Theory at the Crossroads: Reconsidering the 1927 Solvay Conference*, arXiv:quant-ph/0609184v1, 24 September. To be published by Cambridge University Press in December 2008

Badash, Lawrence (1969), *Rutherford and Boltwood* (New Haven, CT: Yale University Press)

Badash, Lawrence (1987), 'Ernest Rutherford and Theoretical Physics', in Kargon and Achinstein (1987)

Baggott, Jim (2004), *Beyond Measure* (Oxford: Oxford University Press) Baierlein, Ralph (2001), *Newton to Einstein: The Trail of Light* (Cambridge: Cambridge University Press)

Ballentine, L.E. (1972), 'Einstein's Interpretation of Quantum Mechanics', *American Journal of Physics*, **40**, 1763–1771

Barkan, Diana Kormos (1993), 'The Witches' Sabbath: The First International Solvay Congress in Physics', in Beller et al. (1993)

Bell, John S. (1964), 'On The Einstein Podolsky Rosen Paradox', *Physics*, **1**, 3, 195–200. Reprinted in Bell (1987) and Wheeler and Zurek (1983)

Bell, John S. (1966), 'On the Problem of Hidden Variables in Quantum Mechanics', *Review of Modern Physics*, **38**, 3, 447–452. Reprinted in Bell (1987) and Wheeler and Zurek (1983)

Bell, John S. (1982), 'On the Impossible Pilot Wave', *Foundations of Physics*, **12**, 989–999. Reprinted in Bell (1987)

Bell, John S. (1987), *Speakable and Unspeakable in Quantum Mechanics* (Cambridge: Cambridge University Press)

Beller, Mara (1999), *Quantum Dialogue: The Making of a Revolution* (Chicago: University of Chicago Press)

Beller, Mara, Jürgen Renn, and Robert S. Cohen (eds) (1993), *Einstein in Context*. Special issue of *Science in Context*, **6**, no. 1 (Cambridge: Cambridge University Press)

Bernstein, Jeremy (1991), *Quantum Profiles* (Princeton, NJ: Princeton University Press)

Bertlmann, R.A. and A. Zeilinger (eds) (2002), *Quantum [Un]speakables: From Bell to Quantum Information* (Berlin: Springer)

Beyerchen, Alan D. (1977), *Scientists under Hitler: Politics and the Physics Community in the Third Reich* (New Haven, CT: Yale University Press)

Blaedel, Niels (1985), *Harmony and Unity: The Life of Niels Bohr* (Madison, WI: Science Tech Inc.)

Bloch, Felix (1976), 'Reminiscences of Heisenberg and the Early Days of Quantum Mechanics', *Physics Today*, **29**, December, 23–7

Bohm, David (1951), *Quantum Theory* (Englewood Cliffs, NJ: Prentice-Hall)

Bohm, David (1952a), 'A Suggested Interpretation of the Quantum Theory in Terms of "Hidden" Variables I', reprinted in Wheeler and Zurek (1983), 369–382

Bohm, David (1952b), 'A Suggested Interpretation of the Quantum Theory in Terms of "Hidden" Variables II', reprinted in Wheeler and Zurek (1983), 383–396

Bohm, David (1957), *Causality and Chance in Modern Physics* (London: Routledge)

Bohr, Niels (1922), 'The structure of the atom', Nobel lecture delivered on 11 December. Reprinted in *Nobel Lectures* (1965), 7–43

Bohr, Niels (1928), 'The Quantum Postulate and the Recent Development of Atomic Theory', in Bohr (1987)

Bohr, Niels (1935a), 'Quantum Mechanics and Physical Reality', *Nature*, **136**, 65. Reprinted in Wheeler and Zurek (1983), 144

Bohr, Niels (1935b), 'Can Quantum-Mechanical Description of Physical Reality Be Considered Complete?', *Physical Review*, **48**, 696–702. Reprinted in Wheeler and Zurek (1983), 145–151

Bohr, Niels (1949), 'Discussion with Einstein on Epistemological Problems in Atomic Physics', in Schilpp (1969)

Bohr, Niels (1955), 'Albert Einstein: 1879–1955', *Scientific American*, **192**, June, 31–33

Bohr, Niels (1963a), *Essays 1958–1962 on Atomic Physics and Human Knowledge* (New York: John Wiley)

Bohr, Niels (1963b), 'The Rutherford Memorial Lecture 1958: Reminiscences of the Founder of Nuclear Science and of Some Developments Based on his Work', in Bohr (1963a)

Bohr, Niels (1963c), 'The Solvay Meetings and the Development of Quantum Physics', in Bohr (1963a)

Bohr, Niels (1963d), *On the Constitution of Atoms and Molecules: Papers of 1913 reprinted from the* Philosophical Magazine *with an Introduction by L. Rosenfeld* (Copenhagen: Munksgaard Ltd; New York: W.A. Benjamin)

Bohr, Niels (1987), *The Philosophical Writings of Niels Bohr: Volume 1 — Atomic Theory and the Description of Nature* (Woodbridge, CT: Ox Bow Press)

Boorse, Henry A. and Lloyd Motz (eds) (1966), *The World of the Atom*, 2 vols (New York: Basic Books)

Born, Max (1948), 'Max Planck', *Obituary Notices of Fellows of the Royal Society*, **6**, 161-88 (London: Royal Society)

Born, Max (1949), 'Einstein's Statistical Theories', in Schilpp (1969)

Born, Max (1954), 'The statistical interpretation of quantum mechanics', Nobel lecture delivered on 11 December. Reprinted in *Nobel Lectures* (1964), 256-267

Born, Max (1970), *Physics in My Generation* (London: Longman)

Born, Max (1978), *My Life: Recollections of a Nobel Laureate* (London: Taylor and Francis)

Born, Max (2005), *The Born-Einstein Letters 1916-1955: Friendship, Politics and Physics in Uncertain Times* (New York: Macmillan)

Brandstätter, Christian (ed.) (2005), *Vienna 1900 and the Heroes of Modernism* (London: Thames and Hudson)

Brian, Denis (1996), *Einstein: A Life* (New York: John Wiley)

Broglie, Louis de (1929), 'The wave nature of the electron', Nobel lecture delivered on 12 December. Reprinted in *Nobel Lectures* (1965), 244-256

Broglie, Louis de (1962), *New Perspectives in Physics* (New York: Basic Books) Brooks, Michael (2007), 'Reality Check', *New Scientist*, 23 June, 30-33

Buchanan, Mark (2007), 'Quantum Untanglement', *New Scientist*, 3 November, 36-39

Burrow, J.W. (2000), *The Crisis of Reason: European Thought, 1848-1914* (New Haven, CT: Yale University Press)

Cahan, David (1985), 'The Institutional Revolution in German Physics, 1865-1914', *Historical Studies in the Physical Sciences*, **15**, 1-65

Cahan, David (1989), *An Institute for an Empire: The Physikalisch-Technische Reichsanstalt 1871-1918* (Cambridge: Cambridge University Press)

Cahan, David (2000), 'The Young Einstein's Physics Education: H.F. Weber, Hermann von Helmholtz and the Zurich Polytechnic Physics Institute', in Howard and Stachel (2000)

Calaprice, Alice (ed.) (2005), *The New Quotable Einstein* (Princeton, NJ: Princeton University Press)

Cassidy, David C. (1992), *Uncertainty: The Life and Science of Werner Heisenberg* (New York: W.H. Freeman and Company)

Cercignani, Carlo (1998), *Ludwig Boltzmann: The Man Who Trusted Atoms* (Oxford: Oxford University Press)

Clark, Christopher (2006), *Iron Kingdom: The Rise and Downfall of Prussia, 1600-1947* (London: Allen Lane)

Clark, Roland W. (1973), *Einstein: The Life and Times* (London: Hodder and Stoughton)

Clauser, John F. (2002), 'The Early History of Bell's Theorem', in Bertlmann and Zeilinger (2002)

Cline, Barbara Lovett (1987), *Men Who Made a New Physics* (Chicago: University of Chicago Press)

Compton, Arthur H. (1924), 'The Scattering of X-Rays', *Journal of the Franklin Institute*, **198**, 57–72

Compton, Arthur H. (1961), 'The Scattering of X-Rays as Particles', reprinted in Phillips (1985)

Cornwell, John (2003), *Hitler's Scientists: Science, War and the Devil's Pact* (London: Viking)

Cropper, William H. (2001), *Great Physicists: The Life and Times of Leading Physicists from Galileo to Hawking* (Oxford: Oxford University Press)

Cropper, William H. (1970), *The Quantum Physicists* (New York: Oxford University Press)

Cushing, James T. (1994), *Quantum Mechanics: Historical Contingency and the Copenhagen Hegemony* (Chicago: University of Chicago Press)

Cushing, James T. (1998), *Philosophical Concepts in Physics: The Historical Relation Between Philosophy and Scientific Theories* (Cambridge: Cambridge University Press)

Cushing, James T. and Ernan McMullin (eds) (1989), *Philosophical Consequences of Quantum Theory: Reflections on Bell's Theorem* (Notre Dame, IN: University of Notre Dame Press)

Davies, Paul C.W. and Julian Brown (1986), *The Ghost in the Atom* (Cambridge: Cambridge University Press)

De Hass-Lorentz, G.L. (ed.) (1957), *H.A. Lorentz: Impressions of his Life and Work* (Amsterdam: North-Holland Publishing Company)

Dirac, P.A.M. (1927), 'The physical interpretation of quantum dynamics', *Proceedings of the Royal Society* A, **113**, 621–641

Dirac, P.A.M. (1933), 'Theory of electrons and positrons', Nobel lecture delivered on 12 December. Reprinted in *Nobel Lectures* (1965), 320–325

Dirac, P.A.M (1977), 'Recollections of an exciting era', in Weiner (1977)

Dresden, M. (1987), *H.A. Kramers* (New York: Springer)

Einstein, Albert (1905a), 'On a Heuristic Point of View Concerning the Production and Transformation of Light', reprinted in Stachel (1998)

Einstein, Albert (1905b), 'On the Electrodynamics of Moving Bodies', reprinted in Einstein (1952)

Einstein, Albert (1934), *Essays in Science* (New York: Philosophical Library)

Einstein, Albert, Boris Podolsky, and Nathan Rosen (1935), 'Can Quantum-Mechanical Description of Physical Reality Be Considered Complete?', *Physical Review*, **47**, 777–780. Reprinted in Wheeler and Zurek (1983), pp. 138–41.

Einstein, Albert (1949a), 'Autobiographical Notes', in Schilpp (1969) Einstein, Albert (1949b), 'Reply to Criticism', in Schilpp (1969)

Einstein, Albert (1950), *Out of My Later Years* (New York: Philosophical Library)

Einstein, Albert (1952), *The Principle of Relativity: A Collection of original papers on the special and general theory of relativity* (New York: Dover Publications)

Einstein, Albert (1954), *Ideas and Opinions* (New York: Crown)

Einstein, Albert (1993), *Letters to Solovine, with an introduction by Maurice Solovine* (New York: Citadel Press)

Elitzur, A., S. Dolev, and N. Kolenda (eds) (2005), *Quo Vadis Quantum Mechanics?* (Berlin: Springer)

Elon, Amos (2002), *The Pity of it All: A Portrait of Jews in Germany 1743-1933* (London: Allen Lane)

Elsasser, Walter (1978), *Memoirs of a Physicist* (New York: Science History Publications)

Emsley, John (2001), *Nature's Building Blocks: An A-Z Guide to the Elements* (Oxford: Oxford University Press)

Enz, Charles P. (2002), *No Time to be Brief: A scientific biography of Wolfgang Pauli* (Oxford: Oxford University Press)

Evans, James and Alan S. Thorndike (eds) (2007), *Quantum Mechanics at the Crossroads* (Berlin: Springer-Verlag)

Evans, Richard J. (2003), *The Coming of the Third Reich* (London: Allen Lane)

Eve, Arthur S. (1939), *Rutherford: Being the Life and Letters of the Rt. Hon. Lord Rutherford, O.M.* (Cambridge: Cambridge University Press)

Everdell, William R. (1997), *The First Moderns* (Chicago: University of Chicago Press)

Everett, Susanne (1979), *Lost Berlin* (New York: Gallery Books)

Feynman, Richard P. (1965), *The Character of Physical Law* (London: BBC Publications)

Fine, Arthur (1986), *The Shaky Game: Einstein, Realism and the Quantum Theory* (Chicago: University of Chicago Press)

Forman, Paul (1971), 'Weimar Culture, Causality, and Quantum Theory, 1918-1927: Adaptation by German Physicists and Mathematicians to a Hostile Intellectual Environment', *Historical Studies in the Physical Sciences*, **3**, 1-115

Forman, Paul (1973), 'Scientific internationalism and the Weimar physicists: The ideology and its manipulation in Germany after World War I', *Isis*, **64**, 151-178

Forman, Paul, John L. Heilbron, and Spencer Weart (1975), 'Physics circa 1900: Personnel, Funding, and Productivity of the Academic Establishments', *Historical Studies in the Physical Sciences*, **5**, 1-185

Fölsing, Albrecht (1997), *Albert Einstein: A Biography* (London: Viking)

Frank, Philipp (1947), *Einstein: His Life and Times* (New York: DaCapo Press)

Franklin, Allan (1997), 'Are There Really Electrons? Experiment and Reality', *Physics Today*, October, 26-33

French, A. P. (ed.) (1979), *Einstein: A Centenary Volume* (London: Heinemann)

French, A. P. and P.J. Kennedy (eds) (1985), *Niels Bohr: A Centenary* (Cambridge, MA: Harvard University Press)

Friedländer, Saul (1997), *Nazi Germany and The Jews: Volume 1 — The Years of Persecution 1933-39* (London: Weidenfeld and Nicolson)

Frisch, Otto (1980), *What Little I Remember* (Cambridge: Cambridge University Press)

Fromkin, David (2004), *Europe's Last Summer: Why the World Went to War in 1914* (London: William Heinemann)

Fulbrook, Mary (2004), *A Concise History of Germany*, 2nd edn (Cambridge: Cambridge University Press)

Gamov, George (1966), *Thirty Years That Shocked Physics* (New York: Dover Publications)

Gay, Ruth (1992), *The Jews of Germany: A Historical Portrait* (New Haven, CT: Yale University Press)

Gehrenbeck, Richard K. (1978), 'Electron Diffraction: Fifty Years Ago', reprinted in Weart and Phillips (1985)

Gell-Mann, Murray (1979), 'What are the Building Blocks of Matter?', in Huff and Prewett (1979)

Gell-Mann, Murray (1981), 'Questions for the Future', in Mulvey (1981)

Gell-Mann, Murray (1994), *The Quark and the Jaguar* (London: Little Brown)

Geiger, Hans and Ernest Marsden (1913), 'The Laws of Deflection of a-Particles through Large Angles', *Philosophical Magazine*, Series 6, **25**, 604–623

German Bundestag (1989), *Questions on German History: Ideas, forces, decisions from 1800 to the present*, 3rd edition, updated (Bonn· German Bundestag Publications Section)

Gilbert, Martin (1994), *The First World War* (New York: Henry Holt and Co.)

Gilbert, Martin (2006), *Kristallnacht: Prelude to Destruction* (London: HarperCollins)

Gillispie, Charles C. (ed.-in-chief) (1970–1980), *Dictionary of Scientific Biography*, 16 vols (New York: Scribner's)

Gillott, John and Manjit Kumar (1995), *Science and the Retreat from Reason* (London: Merlin Press)

Goodchild, Peter (1980), *J. Robert Oppenheimer: Shatterer of Worlds* (London: BBC)

Goodman, Peter (ed.) (1981), *Fifty Years of Electron Diffraction* (Dordrecht, Holland: D. Reidel)

Goudsmit, Samuel A. (1976), 'It might as well be spin', *Physics Today*, June, reprinted in Weart and Phillips (1985)

Greenspan, Nancy Thorndike (2005), *The End of The Certain World: The Life and Science of Max Born* (Chichester: John Wiley)

Greenstein, George and Arthur G. Zajonc (2006), *The Quantum Challenge: Modern Research on the Foundations of Quantum Mechanics*, 2nd edition (Sudbury, MA: Jones and Bartlett Publishers)

Gribbin, John (1998), *Q is for Quantum: Particle Physics from A to Z* (London: Weidenfeld and Nicolson)

Gröblacher, Simon et al. (2007) 'An experimental test of non-local realism', *Nature*, **446**, 871–875

Grunberger, Richard (1974), *A Social History of the Third Reich* (London: Penguin Books)

Haar, Dirk ter (1967), *The Old Quantum Theory* (Oxford: Pergamon) Harman, Peter M. (1982), *Energy, Force and Matter: The Conceptual Development of Nineteenth Century Physics* (Cambridge: Cambridge University Press)

Harman, Peter M. and Simon Mitton (eds) (2002), *Cambridge Scientific Minds* (Cambridge: Cambridge University Press)

Heilbron, John L. (1977), 'Lectures on the History of Atomic Physics 1900-1922', in Weiner (1977)

Heilbron, John L. (2000), *The Dilemmas of An Upright Man: Max Planck and the Fortunes of German Science* (Cambridge, MA: Harvard University Press)

Heilbron, John L. (2007), 'Max Planck's compromises on the way to and from the Absolute', in Evans and Thorndike (2007)

Heilbron, John L. and Thomas S. Kuhn (1969), 'The Genesis of the Bohr Atom', *Historical Studies in the Physical Sciences*, **1**, 211-90

Heisenberg, Werner (1925), 'On a Quantum-Theoretical Reinterpretation of Kinematics and Mechanical Relations', reprinted and translated in Van der Waerden (1967)

Heisenberg, Werner (1927), 'The Physical Content of Quantum Kinematics and Mechanics', reprinted and translated in Wheeler and Zurek (1983)

Heisenberg, Werner (1933), 'The development of quantum mechanics', Nobel lecture delivered on 11 December. Reprinted in *Nobel Lectures* (1965), 290-301

Heisenberg, Werner (1949), *The Physical Principles of Quantum Theory* (New York: Dover Publications)

Heisenberg, Werner (1967), 'The Quantum Theory and its Interpretation', in Rozental (1967)

Heisenberg, Werner (1971), *Physics and Beyond: Encounters and Conversations* (London: George Allen and Unwin)

Heisenberg, Werner (1983), *Encounters with Einstein: And Other Essays on People, Places, and Particles* (Princeton, NJ: Princeton University Press)

Heisenberg, Werner (1989), *Physics and Philosophy* (London: Penguin Books)

Heitler, Walter (1961), 'Erwin Schrödinger', *Biographical Memoirs of Fellows of the Royal Society*, **7**, 221-228

Henig, Ruth (1998), *The Weimar Republic 1919-1933* (London: Routledge) Hentschel, Anna M. and Gerd Grasshoff (2005), *Albert Einstein: 'Those Happy Bernese Years'* (Bern: Staempfli Publishers)

Hentschel, Klaus (ed.) (1996), *Physics and National Socialism: An Anthology of Primary Sources* (Basel: Birkhäuser)

Hermann, Armin (1971), *The Genesis of Quantum Theory* (Cambridge, MA: MIT Press)

Hiebert, Erwin N. (1990), 'The Transformation of Physics', in Teich and Porter (1990)

Highfield, Roger and Paul Carter (1993), *The Private Lives of Albert Einstein* (London: Faber and Faber)

Holton, Gerald (2005), *Victory and Vexation in Science: Einstein, Bohr, Heisenberg and*

Others (Cambridge, MA: Harvard University Press)

Honner, John (1987), *The Description of Nature: Niels Bohr and the Philosophy of Quantum Physics* (Oxford: Clarendon Press)

Howard, Don and John Stachel (eds)(2000), *Einstein: The Formative Years 1879-1909* (Boston, MA: Birkhäuser)

Howorth, Muriel (1958), *The Life of Frederick Soddy* (London: New World) Huff, Douglas and Omer Prewett (eds) (1979), *The Nature of the Physical Universe* (New York: John Wiley)

Isaacson, Walter (2007), *Einstein: His Life and Universe* (London: Simon and Schuster)

Isham, Chris J. (1995), *Lectures on Quantum Theory* (London: Imperial College Press)

Jammer, Max (1966), *The Conceptual Development of Quantum Mechanics* (New York: McGraw-Hill)

Jammer, Max (1974), *The Philosophy of Quantum Mechanics: The Interpretations of Quantum Mechanics in Historical Perspective* (New York: Wiley-Interscience)

Jammer, Max (1985), 'The EPR problem and its historical development', in Lahti and Mittelstaedt (1985)

Jordan, Pascual (1927), 'Philosophical Foundations of Quantum Theory', *Nature*, **119**, 566

Jungk, Robert (1960), *Brighter Than A Thousand Suns: A Personal History of The Atomic Scientists* (London: Penguin)

Jungnickel, Christa and Russell McCormmach (1986), *Intellectual Mastery of Nature: Theoretical physics from Ohm to Einstein*, 2 vols (Chicago: University of Chicago Press)

Kangro, Hans (1970), 'Max Planck', *Dictionary of Scientific Biography*, 7-17 (New York: Scribner)

Kangro, Hans (1976), *Early History of Planck's Radiation Law* (London: Taylor and Francis)

Kargon, Robert and Peter Achinstein (eds) (1987), *Kelvin's Baltimore Lectures and Modern Theoretical Physics: Historical and Philosophical Perspectives* (Cambridge, MA: MIT Press)

Kay, William A. (1963), 'Recollections of Rutherford: Being the Personal Reminiscences of Lord Rutherford's Laboratory Assistant Here Published for the First Time', *The Natural Philosopher*, **1**, 127-155

Keller, Alex (1983), *The Infancy of Atomic Physics: Hercules in his Cradle* (Oxford: Clarendon Press)

Kelvin, Lord (1901), 'Nineteenth Clouds Over the Dynamical Theory of Heat and Light', *Philosophical Magazine*, **2**, 1-40

Klein, Martin J. (1962), 'Max Planck and the Beginnings of Quantum Theory', *Archive for History of Exact Sciences*, **1**, 459-479

Klein, Martin J. (1965), 'Einstein, Specific Heats, and the Early Quantum Theory', *Science*,

148, 173-180

Klein, Martin J. (1966), 'Thermodynamics and Quanta in Planck's Work', *Physics Today*, November

Klein, Martin J. (1967), 'Thermodynamics in Einstein's Thought', *Science*, **157**, 509-516

Klein, Martin J. (1970), 'The First Phase of the Einstein-Bohr Dialogue', *Historical Studies in the Physical Sciences*, **2**, 1-39

Klein, Martin J. (1985), *Paul Ehrenfest: the making of a theoretical physicist*, Vol. 1 (Amsterdam: North-Holland)

Knight, David (1986), *The Age of Science* (Oxford: Blackwell)

Kragh, Helge (1990), *Dirac: A Scientific Biography* (Cambridge: Cambridge University Press)

Kragh, Helge (1999), *Quantum Generations: A History of Physics in the Twentieth Century* (Princeton, NJ: Princeton University Press)

Kragh, Helge (2002), 'Paul Dirac: A Quantum Genius', in Harman and Mitton (2002)

Kuhn, Thomas S. (1987), *Blackbody Theory and the Quantum Discontinuity, 1894-1912, with new afterword* (Chicago: University of Chicago Press)

Kursunoglu, Behram N. and Eugene P. Wigner (eds) (1987), *Reminiscences about a Great Physicist: Paul Adrien Maurice Dirac* (Cambridge: Cambridge University Press)

Lahti, P. and P. Mittelstaedt (eds) (1985), *Symposium on the Foundations of Modern Physics* (Singapore: World Scientific)

Laidler, Keith J. (2002), *Energy and the Unexpected* (Oxford: Oxford University Press)

Large, David Clay (2001), *Berlin: A Modern History* (London: Allen Lane)

Levenson, Thomas (2003), *Einstein in Berlin* (New York: Bantam Dell)

Levi, Hilde (1985), *George de Hevesy: Life and Work* (Bristol: Adam Hilger Ltd)

Lindley, David (2001), *Boltzmann's Atom: The Great Debate That Launched a Revolution in Physics* (New York: The Free Press)

MacKinnon, Edward M. (1982), *Scientific Explanation and Atomic Physics* (Chicago: University of Chicago Press)

Magris, Claudio (2001), *Danube* (London: The Harvill Press)

Mahon, Basil (2003), *The Man Who Changed Everything: The Life of James Clerk Maxwell* (Chichester: John Wiley)

Marage, Pierre and Grégoire Wallenborn (eds) (1999), *The Solvay Councils and the Birth of Modern Physics* (Basel: Birkhäuser)

Marsden, Ernest (1948), 'Rutherford Memorial Lecture', in Rutherford (1954)

Maxwell, James Clerk (1860), 'Illustrations of the Dynamical Theory of Gases', *Philosophical Magazine*, **19**, 19-32. Reprinted in Niven (1952)

Mehra, Jagdish (1975), *The Solvay Conferences on Physics: Aspects of the Development of Physics since 1911* (Dordrecht, Holland: D. Reidel)

Mehra, Jagdish and Helmut Rechenberg (1982), *The Historical Development of Quantum Theory*, Vol. 1, Parts 1 and 2: *The Quantum Theory of Planck, Einstein, Bohr, and*

Sommerfeld: Its Foundations and the Rise of Its Difficulties 1900-1925 (Berlin: Springer)

Mehra, Jagdish and Helmut Rechenberg (1982), *The Historical Development of Quantum Theory*, Vol. 2: *The Discovery of Quantum Mechanics* (Berlin: Springer)

Mehra, Jagdish and Helmut Rechenberg (1982), *The Historical Development of Quantum Theory*, Vol. 3: *The Formulation of Matrix Mechanics and Its Modifications 1925-1926* (Berlin: Springer)

Mehra, Jagdish and Helmut Rechenberg (1982), *The Historical Development of Quantum Theory*, Vol. 4: *The Fundamental Equations of Quantum Mechanics 1925-1926* and *The Reception of the New Quantum Mechanics 1925-1926* (Berlin: Springer)

Mehra, Jagdish and Helmut Rechenberg (1987), *The Historical Development of Quantum Theory*, Vol. 5, Parts 1 and 2: *Erwin Schrödinger and the Rise of Wave Mechanics* (Berlin: Springer)

Mehra, Jagdish and Helmut Rechenberg (2000), *The Historical Development of Quantum Theory*, Vol. 6, Part 1: *The Completion of Quantum Mechanics 1926-1941* (Berlin: Springer)

Mehra, Jagdish and Helmut Rechenberg (2001), *The Historical Development of Quantum Theory*, Vol. 6, Part 2: *The Completion of Quantum Mechanics 1926-1941* (Berlin: Springer)

Mendelssohn, Kurt (1973), *The World of Walther Nernst: The Rise and Fall of German Science* (London: Macmillan)

Metzger, Rainer (2007), *Berlin in the Twenties: Art and Culture 1918-1933* (London: Thames and Hudson)

Meyenn, Karl von and Engelbert Schucking (2001), 'Wolfgang Pauli', *Physics Today*, February, 43-48

Millikan, Robert A. (1915), 'New tests of Einstein's photoelectric equation', *Physical Review*, **6**, 55

Moore, Ruth (1966), *Niels Bohr: The Man, His Science, and The World They Changed* (New York: Alfred A. Knopf)

Moore, Walter (1989), *Schrödinger: Life and Thought* (Cambridge: Cambridge University Press)

Mulligan, Joseph F. (1994), 'Max Planck and the "black year" of German Physics', *American Journal of Physics*, **62**, 12, 1089-1097

Mulligan, Joseph F. (1999), 'Heinrich Hertz and Philipp Lenard: Two Distinguished Physicists, Two Disparate Men', *Physics in Perspective*, **1**, 345-366

Mulvey, J. H. (ed.) (1981), *The Nature of Matter* (Oxford: Oxford University Press)

Murdoch, Dugald (1987), *Niels Bohr's Philosophy of Physics* (Cambridge: Cambridge University Press)

Nathan, Otto and Heinz Norden (eds) (1960), *Einstein on Peace* (New York: Simon and Schuster)

Neumann, John von (1955), *Mathematical Foundations of Quantum Mechanics* (Princeton, NJ: Princeton University Press)

Nielsen, J. Rud (1963), 'Memories of Niels Bohr', *Physics Today*, October

Nitske, W. Robert (1971), *The Life of Wilhelm Conrad Röntgen: Discoverer of the X-Ray* (Tucson, AZ: University of Arizona Press)

Niven, W. D. (ed.) (1952), *The Scientific Papers of James Clerk Maxwell*, 2 vols (New York: Dover Publications)

Nobel Lectures (1964), *Physics 1942–1962* (Amsterdam: Elsevier)

Nobel Lectures (1965), *Physics 1922–1941* (Amsterdam: Elsevier)

Nobel Lectures (1967), *Physics 1901–1921* (Amsterdam: Elsevier)

Norris, Christopher (2000), *Quantum Theory and the Flight from Reason: Philosophical Responses to Quantum Mechanics* (London: Routledge)

Nye, Mary Jo (1996), *Before Big Science: The Pursuit of Modern Chemistry and Physics 1800–1940* (Cambridge, MA: Harvard University Press)

Offer, Avner (1991), *The First World War: An Agrarian Interpretation* (Oxford: Oxford University Press)

Omnès, Roland (1999), *Quantum Philosophy: Understanding and Interpreting Contemporary Science* (Princeton, NJ: Princeton University Press)

Overbye, Dennis (2001), *Einstein in Love* (London: Bloomsbury)

Ozment, Steven (2005), *A Mighty Fortress: A New History of the German People, 100 BC to the 21st Century* (London: Granta Books)

Pais, Abraham (1967), 'Reminiscences of the Post-War Years', in Rozental (1967)

Pais, Abraham (1982), *'Subtle is the Lord ⋯': The Science and the Life of Albert Einstein* (Oxford: Oxford University Press)

Pais, Abraham (1986), *Inward Bound: Of Matter and Forces in the Physical World* (Oxford: Clarendon Press)

Pais, Abraham (1989a), 'Physics in the Making in Bohr's Copenhagen', in Sarlemijn and Sparnaay (1989)

Pais, Abraham (1989b), 'George Uhlenbeck and the Discovery of Electron Spin', *Physics Today*, December. Reprinted in Phillips (1992)

Pais, Abraham (1991), *Niels Bohr's Times, in Physics, Philosophy, and Polity* (Oxford: Clarendon Press)

Pais, Abraham (1994), *Einstein Lived Here* (Oxford: Clarendon Press)

Pais, Abraham (2000), *The Genius of Science: A portrait gallery of twentieth-century physicists* (New York: Oxford University Press)

Pais, Abraham (2006), *J. Robert Oppenheimer: A Life* (Oxford: Oxford University Press)

Park, David (1997), *The Fire Within The Eye: A Historical Essay on the Nature and Meaning of Light* (Princeton, NJ: Princeton University Press)

Pauli, Wolfgang (1946a), 'Remarks on the History of the Exclusion Principle', *Science*,

103, 213–215

Pauli, Wolfang (1946b), 'Exclusion principle and quantum mechanics', Nobel lecture delivered on 13 December. Reprinted in *Nobel Lectures* (1964), 27–43

Penrose, Roger (1990), *The Emperor's New Mind* (London: Vintage)

Penrose, Roger (1995), *Shadows of the Mind* (London: Vintage)

Penrose, Roger (1997), *The large, the small and the human mind* (Cambridge: Cambridge University Press)

Petersen, Aage (1985), 'The Philosophy of Niels Bohr', in French and Kennedy (1985)

Petruccioli, Sandro (1993), *Atoms, Metaphors and Paradoxes: Niels Bohr and the construction of a new physics* (Cambridge: Cambridge University Press)

Phillips, Melba Newell (ed.) (1985), *Physics History from AAPT Journals* (College Park, MD: American Association of Physics Teachers)

Phillips, Melba (ed.) (1992), *The Life and Times of Modern Physics: History of Physics II* (New York: American Institute of Physics)

Planck, Max (1900a), 'On An Improvement of Wien's Equation for the Spectrum', reprinted in Haar (1967)

Planck, Max (1900b), 'On the Theory of the Energy Distribution Law of the Normal Spectrum', reprinted in Haar (1967)

Planck, Max (1949), *Scientific Autobiography and Other Papers* (New York: Philosophical Library)

Planck, Max (1993), *A Survey of Physical Theory* (New York: Dover Publications)

Ponte, M.J.H. (1981), 'Louis de Broglie', in Goodman (1981)

Powers, Jonathan (1985), *Philosophy and the New Physics* (London: Methuen)

Przibram, Karl (ed.) (1967), *Letters on Wave Mechanics*, translation and introduction by Martin Klein (New York: Philosophical Library)

Purrington, Robert D. (1997), *Physics in the Nineteenth Century* (New Brunswick, NJ: Rutgers University Press)

Redhead, Michael (1987), *Incompleteness, Nonlocality and Realism* (Oxford: Clarendon Press)

Rhodes, Richard (1986), *The Making of the Atomic Bomb* (New York: Simon and Schuster)

Robertson, Peter (1979), *The Early Years: The Niels Bohr Institute 1921–1930* (Copenhagen: Akademisk Forlag)

Robinson, Andrew (2006), *The Last Man Who Knew Everything* (New York: Pi Press)

Rosenkranz, Ze'ev (2002), *The Einstein Scrapbook* (Baltimore, MD: Johns Hopkins University Press)

Rowland, John (1938), *Understanding the Atom* (London: Gollancz)

Rosenfeld, Léon (1967), 'Niels Bohr in the Thirties. Consolidation and extension of the Conception of Complementarity', in Rozental (1967)

Rosenfeld, Léon (1968), 'Some Concluding Remarks and Reminiscences', in Solvay Institute (1968)

Rosenfeld, Léon and Erik Rüdinger (1967), 'The Decisive Years: 1911-1918', in Rozental (1967)

Rosenthal-Schneider, Ilse (1980), *Reality and Scientific Truth: Discussions with Einstein, von Laue, and Planck*, edited by Thomas Braun (Detroit, MI: Wayne State University Press)

Rozental, Stefan (ed.) (1967), *Niels Bohr: His Life and Work as seen by his Friends and Colleagues* (Amsterdam: North-Holland)

Rozental, Stefan (1998), *Niels Bohr: Memoirs of a Working Relationship* (Copenhagen: Christian Ejlers)

Ruhla, Charles (1992), *The Physics of Chance: From Blaise Pascal to Niels Bohr* (Oxford: Oxford University Press)

Rutherford, Ernest (1906), *Radioactive Transformations* (London: Constable)

Rutherford, Ernest (1911a), 'The Scattering of Alpha and Beta Particles by Matter and the Structure of the Atom', *Philosophical Magazine,* **21**, 669-688. Reprinted in Boorse and Motz (1966), Vol. 1

Rutherford, Ernest (1911b), 'Conference on the Theory of Radiation', *Nature,* **88**, 82-83

Rutherford, Ernest (1954), *Rutherford By Those Who Knew Him. Being the Collection of the First Five Rutherford Lectures of the Physical Society* (London: The Physical Society)

Rutherford, Ernest and Hans Geiger (1908a), 'An Electrical Method for Counting the Number of Alpha Particles from Radioactive Substances', *The Proceedings of the Royal Society* A, **81**, 141-161

Rutherford, Ernest and Hans Geiger (1908b), 'The Charge and Nature of the Alpha Particle', *The Proceedings of the Royal Society* A, **81**, 162-173

Sarlemijn, A. and M.J. Sparnaay (eds) (1989), *Physics in the Making* (Amsterdam: Elsevier)

Schilpp, Paul A. (ed.) (1969), *Albert Einstein: Philosopher-Scientist* (New York: MJF Books). Collection first published in 1949 as Vol. VII in the series *The Library of Living Philosophers* by Open Court, La Salle, IL

Schrödinger, Erwin (1933), 'The fundamental idea of wave mechanics', Nobel lecture delivered on 12 December. Reprinted in *Nobel Lectures* (1965), 305-316

Schrödinger, Erwin (1935), 'The Present Situation in Quantum Mechanics', reprinted and translated in Wheeler and Zurek (1983), 152-167

Schweber, Silvan S. (1994), *QED and the Men Who Made It: Dyson, Feynman, Schwinger, and Tomonaga* (Princeton, NJ: Princeton University Press)

Segrè, Emilio (1980), *From X-Rays to Quarks: Modern Physicists and Their Discoveries* (New York: W.H. Freeman and Company)

Segrè, Emilio (1984), *From Falling Bodies to Radio Waves* (New York: W.H. Freeman and Company)

Sime, Ruth Lewin (1996), *Lise Meitner: A Life in Physics* (Berkeley, CA: University of California Press)

Smith, Alice Kimball and Charles Weiner (eds) (1980), *Robert Oppenheimer: Letters and Recollections* (Cambridge, MA: Harvard University Press)

Snow, C. P. (1969), *Variety of Men: Statesmen, Scientists, Writers* (London: Penguin)

Snow, C. P. (1981), *The Physicists* (London: Macmillan)

Soddy, Frederick (1913), 'Intra-Atomic Charge', *Nature*, **92**, 399–400

Solvay Institute (1968), *Fundamental Problems in Elementary Particle Physics: proceedings of the 14th Solvay Council held in Brussels in 1967* (New York: Wiley Interscience)

Stachel, John (ed.) (1998), *Einstein's Miraculous Year: Five Papers That Changed the Face of Physics* (Princeton, NJ: Princeton University Press)

Stachel, John (2002), *Einstein from 'B to Z'* (Boston, MA: Birkhäuser)

Stapp, Henry P. (1977), 'Are superluminal connections necessary?', *Il Nuovo Cimento*, **40B**, 191–205

Stürmer, Michael (1999), *The German Century* (London: Weidenfeld and Nicolson)

Stürmer, Michael (2000), *The German Empire* (London: Weidenfeld and Nicolson)

Stuewer, Roger H. (1975), *The Compton Effect: Turning Point in Physics* (New York: Science History Publications)

Susskind, Charles (1995), *Heinrich Hertz: A Short Life* (San Francisco: San Francisco Press)

Tegmark, Max and John Wheeler (2001), '100 Years of Quantum Mysteries', *Scientific American*, February, 54–61

Teich, Mikulas and Roy Porter (eds) (1990), *Fin de Siècle and its Legacy* (Cambridge: Cambridge University Press)

Teichmann, Jürgen, Michael Eckert, and Stefan Wolff (2002), 'Physicists and Physics in Munich', *Physics in Perspective*, **4**, 333–359

Thomson, George P. (1964), *J.J. Thomson and the Cavendish Laboratory in his day* (London: Nelson)

Thorne, Kip S. (1994), *Black Holes and Time Warps: Einstein's Outrageous Legacy* (London: Picador)

Trigg, Roger (1989), *Reality at Risk: A Defence of Realism in Philosophy and the Sciences* (Hemel Hempstead: Harvester Wheatsheaf)

Treiman, Sam (1999), *The Odd Quantum* (Princeton, NJ: Princeton University Press)

Tuchman, Barbara W. (1966), *The Proud Tower: A Portrait of the World Before the War 1890–1914* (New York: Macmillan)

Uhlenbeck, George E. (1976), 'Personal reminiscences', *Physics Today*, June. Reprinted in Weart and Phillips (1985)

Van der Waerden, B.L. (1967), *Sources of Quantum Mechanics* (New York: Dover Publications)

Weart, Spencer R. and Melba Phillips (eds) (1985), *History of Physics: Readings from Physics Today* (New York: American Institute of Physics)

Weber, Robert L. (1981), *Pioneers of Science: Nobel Prize Winners in Physics* (London:

The Scientific Book Club)

Wehler, Hans-Ulrich (1985), *The German Empire* (Leamington Spa: Berg Publishers)

Weinberg, Steven (1993), *Dreams of a Final Theory: The Search for the Fundamental Laws of Nature* (London: Hutchinson)

Weinberg, Steven (2003), *The Discovery of Subatomic Particles* (Cambridge: Cambridge University Press)

Weiner, Charles (ed.) (1977), *History of Twentieth Century Physics* (New York: Academic)

Wheaton, Bruce R. (2007), 'Atomic Waves in Private Practice', in Evans and Thorndike (2007)

Wheeler, John A. (1994), *At Home in the Universe* (Woodbury, NY: AIP Press)

Wheeler, John A. and Wojciech H. Zurek (eds) (1983), *Quantum Theory and Measurement* (Princeton, NJ: Princeton University Press)

Whitaker, Andrew (2002), 'John Bell in Belfast: Early Years and Education', in Bertlmann and Zeilinger (2002)

Wilson, David (1983), *Rutherford: Simple Genius* (London: Hodder and Stoughton)

Wolf, Fred Alan (1988), *Parallel Universes: The Search for Other Worlds* (London: The Bodley Head)

감사의 글

나는 1927년 10월 제5회 솔베이 학술회의에 참석하기 위해서 브뤼셀에 모였던 사람들의 사진을 몇 년 동안 내 사무실 벽에 걸어두었다. 가끔씩 그 앞을 지나가면서 그 사진이 바로 양자의 역사에 대한 이야기를 풀어가는 가장 완벽한 출발점이라는 생각을 했다. 나는 결국 『양자혁명 : 양자물리학 100년사』에 대한 제안서를 쓰게 되었고, 그 제안서를 패트릭 월시에게 제출하는 행운을 얻게 되었다. 이 작업을 시작하는 데는 그의 열정이 결정적인 역할을 했다. 유능한 과학 편집자이자 발행인인 피터 탈락이 콘빌 앤드 월시에 와서 내 중개인 역할을 하게 된 것이 나에게는 두 번째 행운이었다. 이 책을 쓰는 몇 년 동안 친구이며 중개인 역할을 해주고, 건강하지 못한 탓에 오랫동안 병치레를 하는 동안 모든 어려움을 훌륭하게 극복할 수 있도록 도와준 피터에게 진심으로 감사를 드린다. 피터와 함께 제크 스미스-보산퀴트도 이 책을 다른 언어들로 발간할 수 있도록 도와주었다. 그를 포함하여 콘빌 앤드 월시의 직원들, 특히 변함없는 지원과 도움을 아끼지 않았던 클레어 콘빌과 수 암스트롱에게 감사를 표한다. 이 기회를 빌어서 나를 위해서 미국에서 작업을 도와준 마이클 칼리슬과 특히 에마 패리에게도 감사하고 싶다.

노트와 인용문헌에 수록된 과학자들의 연구에 큰 도움을 받았다. 특히 데니스 브라이언, 데이비드 C.카시다, 올브레흐트 푈싱, 존 L. 하일브론, 마틴 J. 클라인, 자그디시 메흐라, 월터 무어, 데니스 오버바이, 에이브러햄 파이스, 헬무트 레헨버그, 존 슈타첼에게 감사한다. 제6회 솔베이 학술대회의논문과 발언의 영어 번역을 출판도 하기 전에 제공한 구이도 바키아가루피와 앤소니 발렌티니에게도 감사한다.

판도라 케이-크라이즈만, 라비 발리, 스티븐 뵘, 조 케임브리지, 밥 코미칸, 존 길로트, 이브 케이가 모두 책의 원고를 읽어주었다. 한 사람 한 사람 모두에게 그들의 빈틈없는 비평과 제안에 감사한다.

478

한동안 내 편집자로 일했던 미치 앤젤이 초기 원고에 대한 통찰력 있는 지적들은 소중한 것이었다. 크리스토퍼 포터는 처음부터 이 책의 대변자였고, 그런 역할을 맡아준 것에 대해서 감사한다. 아이콘 북스의 내 발행인이었던 사이먼 플린은 책을 인쇄할 때까지 지치지 않고 노력을 아끼지 않았다. 자신의 책임을 넘어선 부분까지 세심하게 살펴준 것에 대해서 감사한다. 던칸 히스는 놀라울 정도로 날카로운 눈을 가진 교열 담당자였다. 모든 저자들에게 환영받을 수 있는 인물이다. 이 책을 위한 열정과 노력에 대해서 앤드루 퍼로우와 나즈마 핀레이와 책에 사용할 훌륭한 그림을 그려준 니컬러스 할리데이에 대해서도 감사한다. 파버 앤드 파버의 닐 프라이스와 그의 동료에게도 감사한다.

람버 람, 구르미트 카우르, 로드니 케이-크라이즈만, 레오노라 케이-크라이즈만, 라진더 쿠마르, 산토시 모르간, 이브 케이, 존 킬로트, 라비 발리의 몇 년 동안에 걸친 확실한 지원이 없었으면, 이 책은 완성될 수가 없었다.

마지막으로 아내 판도라와 아들 라빈더와 야스빈더에게 진심으로 감사한다. 내가 세 사람에게 얼마나 감사하는지는 말로 충분히 표현할 수가 없다.

2008년 8월, 런던
만지트 쿠마르

역자 후기

우리 눈으로 직접 볼 수 없는 미시 세계를 설명하는 "양자물리학(quantum physics)"은 시간과 공간에 대한 새로운 인식을 제공한 "상대성이론"과 함께 현대 과학의 대명사가 되는 두 기둥이다. 양자물리학과 상대성이론이 없었다면, 오늘날 우리의 삶의 모습과 세계에 대한 우리의 인식은 지금과 전혀 달라졌을 것이다. 우리가 세계의 근원적인 구성에 대한 과학적 지식을 바탕으로 138억 년에 이르는 장구한 우주의 역사와 우리 인류를 포함하는 생명의 정체성에 대한 새로운 인식을 하게 된 것이 모두 양자물리학과 상대성이론 덕분이라고 해도 크게 틀리지 않을 것이다.

미시 세계에서는 에너지가 불연속적인 양자(量子, quantum)의 형태로 존재하고, 입자와 파동이 구분되지 않는다는 "양자혁명(quantum revolution)"은 프랑스와의 전쟁에서 승리한 독일이 치열한 국제 경쟁에서 선도적인 위상을 차지하기 위해서 국가 역량을 집중한 전력 산업을 발전시키는 노력에서 시작되었다. 전력 산업에 필요했던 광도(光度)의 국제적 표준을 설정하기 위해서 시작한 흑체(黑體)에 대한 정교한 물리학적 연구가 세상을 바꿔놓은 양자혁명의 출발이었다. 유서 깊은 런던이나 파리에 버금가는 도시로 성장하고 있던 프로이센 제국의 수도 베를린에서 제국의 명예를 상징하는 대학으로 키우고 있던 베를린 대학교와 왕립물리학기술연구소(PTR)가 양자혁명의 산실이다.

양자혁명의 출발은 소박했다. 17세기 아이작 뉴턴의 고전역학과 19세기 제임스 맥스웰의 전자기학으로는 이해할 수 없었던 흑체 복사의 에너지 분포를 설명하기 위해서 뜨거운 물체가 방출하는 복사광이 "양자"라는 작은 에너지의 단위로 구성되어 있다는 1900년의 막스 플랑크의 "양자가설"이 그 출발이었다. 그리고 1905년에는 대표적인 파동 현상으로 이해되고 있던 빛도 사실은 작은 알갱이의 흐름이라는 알베르트 아인슈타인의 "광양자(光量子)"이론이 등장했다. 당시의 물리학으로는 전혀 이해할 수 없는 과격한 주장이었고, 이론물리학이 완성되면 경험적 사실을 설명하기 위해서 궁여지책으로 도입한 양자의 개념은 사라지게 된다는 것이 자신도 모르는 사이에 엄청난 혁명의 바람을 몰고 온 보수적이고 소극적인 막스 플랑크의 순진한 희망이었다.

그러나 닐스 보어가 양자가설을 이용하여 수소 원자의 선(線) 스펙트럼을 설명하고, 러더퍼드가 원자핵과 전자로 구성된 원자의 구조를 밝히면서 양자혁명의 역사는 플랑크의 기대와는 전혀 다른 방향으로 돌진했다. 단순한 설명의 도구로 여겼던 양자가설이 사라지기는커녕 원자에 대한 우리의 혼란스러웠던 지식을 체계적으로 정리해주는 강력한 "양자이론"으로 자리잡게 되었다. 1924년에 프랑스의 루이 드 브로이가 물질파의 개념을 제시하면서 선뜻 이해하기 어려운 "입자-파동 이중성"도 양자이론의 일부로 자리잡았다.

그러나 고전물리학에서 완전히 해방되지는 못했던 양자이론을 획기적으로 도약시켜 현대적 "양자역학"으로 완성시킨 것은 1927년에 "불확정성 원리"를 찾아낸 베르너 하이젠베르크와 1926년에 "파동 방정식"을 발견한 에르빈 슈뢰딩거였다. "황금의 덴마크인" 닐스 보어가 이제는 미시 세계의 모든 물리적 실재(實在)에 대한 확률적 해석을 강조하는 "코펜하겐 해석"을 제시함으로써 새롭게 완성된 양자역학의 가장 적극적인 옹호자가 되었다. 보어의 입장에서는 우리가 관찰을 하기까지는 양자적 실재라는 것 자체가 존재하지 않는다. 우리가 물리학 이론을 통해서 얻을 수 있는 것은 양자적 실재에 대한 이해가 아니라 미시적 자연 현상에 대한 양자적 해석뿐이라는 뜻이다.

파동 방정식과 파동함수에 대한 코펜하겐 해석에 의해서 완성된 양자역학의 실용적인 가치는 대단했다. 원자의 구조와 성질을 명쾌하게 설명하는 양자역학 덕분에 어지럽던 주기율표가 깨끗하게 정리됨으로써 현대의 화학과 생명과학의 본격적인 발전이 가능하게 되었다. 20세기 후반에는 세상에 존재하는 모든 분자들의 화학적 성질과 물리적 성질을 양자역학적으로 이해할 수 있게 되었다. 생명과학의 발전과 우주론과 우주 표준 모형의 등장도 양자역학의 정립과 무관하지 않았다. 상대성이론과 함께 양자역학은 20세기 물리학자들에게 세상의 모든 것을 설명해주는 "모든 것의 이론"을 찾기 위한 본격적인 노력을 가능하게 만들었다.

그러나 하이젠베르크가 말한 것처럼 근본적으로 "플랑크, 아인슈타인, 보어에 의해서 정립된 양자이론의 직접적인 연장"인 양자역학은 거센 역풍을 맞기도 했다. 처음으로 양자가설을 제시했던 플랑크의 입장에서도 양자역학은 수용하기 어려운 이론이었다. "신(神)은 주사위 놀이를 하지 않는다"고 확신했던 아인슈타인은 죽을 때까지도 "양자 악령" 때문에 정신적으로 고통을 받아야 했다. 특히 고전역학의 상징이었던 연속성, 인과성(因果性), 국소성(局所性)을 포함하는 결정론적 세계관을 굳게 믿었던 아인슈타인에게 불연속성, 불확정성, 비국소성을 주장하는 양자역학은 관찰자와는 독립적인 물리적 실재(物理的 實在, physical reality)의 존재를 거부하는 불완전한 이론일 수밖에 없었다. 아인슈타인의 입장에서는 우리의 관찰과 상관없이 존재하는 양자적 실재가 반드시 존재한다고 믿을 수밖에 없었다. 양자적 실재의 존재 자체를 부정하는 보어와 관찰자와 독립된 "실재의 존재(existence of reality)"를 굳게 믿었던 아인슈타인의 치열한 논쟁은 1927년 브뤼셀에서 개최되었던 제5회 솔베이 학술회의에서 본격적으로 시작되어 두 거인이 숨을 거둘 때까지 30년 가까이 계속되었다.

20세기의 후반에 접어들면서 미시세계의 양자역학적 해석에 대한 논쟁도 새로운 국면을 맞이하게 된다. 1964년 평범한 가정의 출신인 무명의 물리학자 존 벨이 아인슈타인의 "양자적 실재"와 보어의 "양자적 서술"의 차이를 구분해줄 수 있는 교묘한 사고실험을 대체할 수 있는 수학적 정리인 "벨 정리(Bell's Theorem)"를 발견한 것이다. 양자가설이 제시되고 100여 년이 지난 현재의 상황에서는 벨의 정리가 국소적 실재의 존재를 포기했던 보어의 손을 들어준 것처럼 보이는 것이 사실이다. 그렇다고 양자혁명의 역사가 마감된 것은 절대 아니다. 우주론을 통해서 등장한 "다중세계 해석(many worlds interpretation)"이 확률적 해석에 근거를 두고 있는 코펜하겐 해석의 문제를 해결하는 새로운 길이 될 수도 있는 형편이다.

한 세기 동안 계속된 양자혁명은 체계적이고 논리적인 연구의 과정을 통해서 진행된 것이 아니었고, 과학의 역사에서 흔히 그랬던 것처럼 한 사람의 뛰어난 천재에 의해서 완성된 혁명도 아니었다. 무려 30여 년에 가까운 세월 동안 독일을 중심으로 하는 유럽의 천재 과학자들 사이에서 진행되었던 긴밀한 협력과 치열한 경쟁이 양자혁명의 원동력이었다. 양자혁명이 시작부터 하나의 곧게 뻗은 길을 따라 발전을 해왔던 것도 아니었다. 어떤 근거도 찾을 수 없는 과격한 추론과 치명적인 실수와 안타까운 퇴보와 납득할 수 없는 역설과 혼란으로 얼룩진 복잡한 과정을 통해서 지금에 이르렀다. 그런 뜻에서 1900년 12월 베를린에서 시작된 양자혁명의 역사 100년은 과학의 역사에서 가장 독특하게 기억될 인류의 소중한 역사적 경험이다.

이 책의 저자 쿠마르는 물리학, 물리학자, 시대 상황이라는 세 가지 요소를 주축으로 하여 이러한 역사적 경험을 훌륭하게 재현하고 있다. 프랑스-독일 전쟁 이후에 전기의 중요성을 인식한 독일의 과학에 대한 국가적 투자, 특허사무소 직원으로 근무했던 아인슈타인의 궁박한 처지, 막스 플랑크의 양자가설의 등장 및 그의 개인사적인 불행, 교직이 극도로 제한되었던 물리학계의 현실에서 비롯된 슈뢰딩거와 하이젠베르크 등 물리학 천재들의 교수 자리 경쟁, 러더퍼드, 보어, 조머펠트, 보른 등의 연구소를 중심으로 한 공동 연구의 성취, 나치의 등장과 유대인 독일 과학자들의 불행과 엑소더스, 양자역학의 전개에서 아인슈타인과 보어의 30여 년에 걸친 격돌 등을 다루는 쿠마르의 역량은 드라마틱하다. 코펜하겐 해석 등이 등장함으로써 수세에 몰린 아인슈타인은 양자물리학의 전장에서 포돌스키와 로젠이라는 원군의 지원을 받으며 "실재"의 전선을 강화했다. "실재"의 존재와 우주의 구조에 대한 물리학의 물음을 형이상학으로까지 "도약"시키는 쿠마르의 솜씨는 우아하다.

대학에서 물리학과 철학을 전공하고 사회와 과학의 진보에 대한 계몽적 인식을 옹호하는 다양한 분야의 저술 활동을 해왔던 만지트 쿠마르의 『양자혁명 : 양자물리학 100년사(원제 : *Quantum*)』는 양자물리학에 대한 혁명적인 과학 교양서이다. 두 차례의 세계대전을 포함해서 인류 역사에서 가장 혼란스러운 시기였음에도 불구하고 가장 위대한 과학적 발전이 이루어진 20세기를 관통하는 양자혁명 100년의 전개과정의 핵심을 놀라운 수준의 절제된 언어와 내용으로 명쾌하고 체계적으로 정리한 훌륭한 책이다. 나는 이 책을 통해서 리처드 파인먼조차 "아무도 양자역학을 이해하지 못한다"고 확신했던 그 실체를 독자들이 이해하는 계기가 되기를 바란다. 또한 양자혁명을 이끌었던 천재 과학자들을 들뜨게 만들었던 과학적 성취에 숨겨진 인간적인 고뇌를 통해서 현대 과학의 비인간적이고 냉혹한 이미지가 개선되기를 바란다.

더욱이 양자혁명과 함께 진행된 일반상대성이론의 역사를 정리한 『완벽한 이론 : 일반상대성 이론 100년사』(페드루 G. 페레이라)가 이 책과 동시에 동일한 출판사에서 출간됨으로써 인류 역사에서 가장 생산적이었던 20세기에 이루어진 현대 과학의 성과를 더욱 분명하게 이해할 수 있는 계기가 마련된 것을 기쁘게 생각한다.

2014년 3월
노고 언덕에서 이덕환

인명 색인